Stadtmarketing

Thomas Breyer-Mayländer · Christopher Zerres
(Hrsg.)

Stadtmarketing

Grundlagen, Analysen, Praxis

Springer Gabler

Hrsg.
Thomas Breyer-Mayländer
Hochschule Offenburg
Offenburg, Deutschland

Christopher Zerres
Hochschule Offenburg
Offenburg, Deutschland

ISBN 978-3-658-26253-2 ISBN 978-3-658-26254-9 (eBook)
https://doi.org/10.1007/978-3-658-26254-9

Die Deutsche Nationalbibliothek verzeichnet diese Publikation in der Deutschen Nationalbibliografie; detaillierte bibliografische Daten sind im Internet über http://dnb.d-nb.de abrufbar.

Springer Gabler

Springer Gabler ist ein Imprint der eingetragenen Gesellschaft Springer Fachmedien Wiesbaden GmbH und ist ein Teil von Springer Nature
Die Anschrift der Gesellschaft ist: Abraham-Lincoln-Str. 46, 65189 Wiesbaden, Germany

Vorwort

Stadtmarketing ist ein Themenfeld, das im Schnittfeld verschiedener Disziplinen und Berufsgruppen liegt. Verwaltungsexperten sind hier genauso involviert wie Marketingfachleute oder Praktiker aus Handel und Gastronomie vor Ort. Da zudem eine Reihe unterschiedlicher Interessengruppen gefordert ist, konstruktiv zusammenzuwirken, die Budgets aber durchweg begrenzt sind, ist es notwendig, dass diejenigen, die sich mit dem Themengebiet befassen, nicht nur multidisziplinär erfolgreich kooperieren, sondern zudem interdisziplinär mit wenig Personenressourcen in der Lage sind, flexibel auf neue Anforderungen zu reagieren.

Seit 2000 hat in diesem Sektor auch eine deutliche Professionalisierung bei vielen Akteursgruppen stattgefunden, die auch durch Generationenwechsel auf betrieblicher Seite begünstigt wurde. Durch die Transformation im Handel in Folge des Wettbewerbs zwischen stationärem Handel und E-Commerce und der starken Prägung durch den filialisierten Einzelhandel haben sich die Rahmenbedingungen gerade im Citymarketing, einer der Kerndisziplinen des Stadtmarketing, verändert, sodass die Anforderungen in den vergangenen Jahren ebenfalls gestiegen sind.

Dieses Buch gibt einen Überblick über die Grundlagen des Stadtmarketing und zeigt dabei auch den Stellenwert auf, den diese Disziplin generell für die Weiterentwicklung von Städten und Kommunen besitzt. Es gibt gleichzeitig einen Einblick in einige erfolgreiche praktische Anwendungen und ermöglicht dadurch gezielte Anregungen für die Marketingpraxis. Damit werden die systematische Erfassung des Themas und die praktische Anwendung gleichermaßen deutlich, sodass das Buch für die Einarbeitung in das Thema für Neulinge aus anderen Fachgebieten oder Studierende genauso hilfreich ist wie für den erfahrenen Praktiker, der nicht nur die Kommunikation und Kooperation mit unterschiedlichen Partnern und Disziplinen verbessern möchte, sondern zugleich nach Impulsen für die eigene Arbeit sucht.

Offenburg
im April 2019

Thomas Breyer-Mayländer
Christopher Zerres

Inhaltsverzeichnis

Teil I

Grundlagen von Stadtmarketing und Stadtentwicklung

Grundlagen eines Stadtmarketing 1

Christopher Zerres

Zusammenfassung
Vor dem Hintergrund wachsender Herausforderungen wird ein professionelles Marketing für Städte und Gemeinden immer wichtiger. Zentrales Ziel dabei ist es, die Attraktivität einer Stadt für die eigene Bevölkerung, Unternehmen und Touristen zu erhöhen. Im vorliegenden Beitrag sollen zunächst einige Rahmenbedingungen des Stadtmarketing skizziert werden. Im Mittelpunkt steht die Vorstellung eines Prozesses, der eine strukturierte Planung und Durchführung des Stadtmarketing ermöglicht.

1.1 Einführung

Städte und Gemeinden sehen sich heute mit zahlreichen Veränderungen und daraus erwachsenden Herausforderungen konfrontiert (vgl. Hollbach-Grömig und zur Nedden 2018, S. 29). Hierzu zählen zum einen gesellschaftliche Entwicklungen, wie etwa der demografische Wandel oder die Notwendigkeit einer durchdachten Integration von Zuwanderern. Andererseits spielen Themen wie die Digitalisierung und andere technische, ökonomische und soziale Entwicklungen eine immer wichtiger werdende Rolle. Daneben kommen spezifische Herausforderungen, wie die häufig schlechte Ressourcenausstattung von Städten und Gemeinden sowie der meist sehr große Stakeholderkreis hinzu. Um all diesen Herausforderungen gerecht zu werden, bedarf es einem durchdachten Vorgehen der jeweiligen Verantwortlichen in den Städten und Gemeinden. Ein wesentliches Ziel ist es dabei, diese durch räumliche, strukturelle, soziale und kulturelle Konzepte attraktiv für die

C. Zerres (✉)
Hochschule Offenburg, Offenburg, Deutschland
E-Mail: christopher.zerres@hs-offenburg.de

T. Breyer-Mayländer und C. Zerres (Hrsg.), *Stadtmarketing*,
https://doi.org/10.1007/978-3-658-26254-9_1

unterschiedlichsten Zielgruppen zu machen (vgl. Block 2018, S. 11). Die wohl wichtigste Rolle in diesem Zusammenhang kommt dem Stadtmarketing zu.

Stadtmarketing ist ein Resultat der in den Sechzigerjahren – damals zunächst wissenschaftlich – geführten Diskussion, das Marketingkonzept von Unternehmen auf Non-Profit-Organisationen (auch des öffentlichen Sektors) zu übertragen. Diese Erweiterung des Marketing (Marketing-Broadening) erklären Kotler und Levy wie folgt „... marketing is a pervasive societal activity that goes considerably beyond selling toothpaste, soap and steel". In Deutschland ist seit den Achtzigerjahren in Wissenschaft und Praxis eine intensivere Auseinandersetzung mit dem Thema Stadtmarketing zu beobachten (vgl. Radtke 2013, S. 106).

Obwohl sich das Stadtmarketing in den letzten Jahrzehnten stark weiterentwickelt hat und insgesamt wesentlich professioneller geworden ist, lassen sich noch immer einige Defizite identifizieren (vgl. Radtke 2013, S. 107 f.):

- Ein zentrales Defizit ist das sehr unterschiedliche Verständnis hinsichtlich des Stadtmarketing. Dies ist insbesondere dann problematisch, wenn innerhalb einer Stadt die verschiedenen Akteure ein unterschiedliches Grundverständnis aufweisen und somit Aufgaben, Verantwortlichkeiten und Inhalte des Stadtmarketing unterschiedlich interpretiert werden.
- Vielfach werden im Stadtmarketing noch immer Maßnahmen mehr oder weniger isoliert eingesetzt. Sie sind häufig nicht auf andere Maßnahmen abgestimmt und in ein strategisches Gesamtkonzept eingebunden. Zumindest theoretisch liegen Ansätze für eine ganzheitliche Stadtentwicklungspolitik vor. Allerdings merkt Radtke in diesem Zusammenhang an, „...dieser theoretisch erwünschten Idee folgten jedoch in der Praxis lediglich 20 % der deutschen Städte. Bei dem weitaus größten Teil dominiert ein Stadtmarketing mit isolierten Einzelelementen" (Radtke 2013, S. 108).
- Viele Maßnahmen im Stadtmarketing wirken austauschbar und wenig innovativ. Eine mögliche Begründung mag in der Imitation sogenannter Best-Practice-Lösungen liegen, ohne dabei die eigenen Rahmenbedingungen zu bedenken.
- Dem Stadtmarketing wird eine geringe theoretische Fundierung attestiert. Zwar liegen mit dem Marketingkonzept und Ansätzen eines Public Management zumindest einige konzeptionelle Ansätze vor, allerdings bieten diese keine ausreichende theoretische Fundierung.
- Die Forschung zum Thema Stadtmarketing, wie auch die Fachdiskussionen dazu werden vielfach auf einer geringen empirischen Basis geführt. Insgesamt ist der Bestand an empirisch fundierten Arbeiten als relativ gering einzustufen.

In diesem einführenden Beitrag werden nach einer Begriffsabgrenzung zunächst einige wichtige Trends und Herausforderungen skizziert und die Entwicklung des Stadtmarketing vorgestellt. Im Anschluss werden die verschiedenen Bereiche des Stadtmarketing dargestellt. Daraufhin werden anhand eines Prozessmodells die verschiedenen Planungs- und Implementierungsphasen eines Stadtmarketing veranschaulicht. Den Abschluss des Beitrages bildet eine Vorstellung eines flankierenden Qualitätsmanagements.

1.2 Begriffsabgrenzungen

Sowohl in der Praxis als auch der Wissenschaft finden sich zahlreiche Begriffsabgrenzungen zum Stadtmarketing. Diese verschiedenen Begriffsabgrenzungen beinhalten teils sehr unterschiedliche Schwerpunkte und weisen so ein unterschiedliches Verständnis bezüglich des Umfangs des Stadtmarketing auf (vgl. Tab. 1.1).

Die Auswahl der Begriffsabgrenzungen beziehungsweise Auffassungen zum Stadtmarketing machen deutlich, dass diese teils sehr unterschiedlich sind. Wie bereits zu Beginn dieses Beitrages skizziert wurde, ist genau dies ein zentrales Problem. Wie auch im privatwirtschaftlichen Sektor ist es unabdingbar, genau zu definieren und festzulegen, was genau die Ziele, Aufgaben und Bereiche einer Organisationseinheit sind. Hieraus entstehen klare Handlungs- und Verantwortlichkeitsfelder, die ein erfolgreiches Handeln ermöglichen und Kompetenzstreitigkeiten verhindern. Im Rahmen dieses Beitrages soll daher Stadtmarketing wie folgt definiert werden:

Stadtmarketing umfasst die Planung, Durchführung und Kontrolle von Maßnahmen, die ausgerichtet sind an den Bedürfnissen der unterschiedlichen Zielgruppen mit dem übergeordneten Ziel, die Attraktivität der Stadt für alle Zielgruppen zu erhöhen.

1.3 Trends und Herausforderungen

Das Stadtmarketing, genauso wie das Marketing von Unternehmen, muss sich mit neuen Entwicklungen und hieraus resultierenden Herausforderungen auseinandersetzen. Im folgenden Abschnitt werden einige dieser Entwicklungen skizziert, die für das Stadtmarketing von Relevanz sind.

1) Digitalisierung

Das Thema Digitalisierung ist allgegenwärtig. Digitalisierung hat in den letzten Jahren ganze Branchen grundsätzlich erfasst und das Angebot vieler Unternehmen und Organisationen grundlegend verändert. Dabei werden immer häufiger digitale Systemkomponenten in das Leistungsangebot integriert beziehungsweise dieses wird um diese Komponenten erweitert. Für das Stadtmarketing ist hier vor allem die Entwicklung hin zu sogenannten Dienstleistungen 4.0 von Bedeutung. Dienstleistungen 4.0 bezeichnen die Verzahnung von Dienstleistungen mit den Möglichkeiten der Informations- und Kommunikationstechnik, das heißt, durch den Einsatz von Technologien werden die Erwartungen im Dienstleistungsprozess individuell und interaktiv mit aktiver technologischer Unterstützung erfüllt, um als Dienstleistungsergebnis nutzenstiftende Wirkungen für die Kunden zu erzielen. In diesem Sinne handelt es sich um eine selbstständige Koordination von Dienstleistungsprozessen, also um wissensbasierte, intelligente Dienstleistungen (vgl. Bruhn und Hadwich 2017, S. 9).

Digitalisierung hat dabei weitreichende Folgen und spielt direkt und indirekt eine entscheidende Rolle im Wettbewerb mit anderen Städten. Dieser Einfluss reicht über

Tab. 1.1 Auswahl an Definitionen des Stadtmarketing

Begriffsabgrenzung	Autor(en)
Stadtmarketing wird als Ansatz der zielgerichteten Gestaltung und Vermarktung einer Stadt definiert und basiert auf der Philosophie der Kundenorientierung. Es dient der nachhaltigen Sicherung und Steigerung der Lebensqualität der Bürger und der Attraktivität der Stadt im Standortwettbewerb	Block und Icks (2010, S. 3)
Maßnahmen von öffentlichen Verwaltungen, Gewerbevereinigungen und Gewerbetrieben zur Profilierung einer Stadt als attraktiven Standort für Industrie, Gewerbe und Dienstleistungen, als einen Ort mit einem breiten Handels-, Freizeit- und Infrastrukturangebot, insgesamt als eine Stadt mit hoher Lebensqualität (Standortmarketing). Bei dem engeren City Marketing wird eine unverwechselbare Profilierung der Innenstadt gegenüber den großflächigen Anbietern auf der „grünen Wiese" mit ihren breiten Sortimenten in SB-Warenhäusern und Fachmärkten sowie dem großzügigen Parkplatzangebot angestrebt. Citymanager sollen hier versuchen, die Wettbewerbsvorsprünge, die Centermanager erreicht haben, einzuholen	Kirchgeorg, Gabler Wirtschaftslexikon (https://wirtschaftslexikon.gabler.de/definition/stadtmarketing-44636/version-267942)
Unter Stadtmarketing versteht man die strategische Planung und operative Umsetzung von Marketinginstrumenten auf städtischer/kommunaler Ebene. Die Zielsetzung ist hierbei der positive Imageaufbau einer bestimmten Stadt beziehungsweise Kommune	Onpuls, https://www.onpulson.de/lexikon/stadtmarketing/
„…alle Aktivitäten, die dem Ziel dienen, die Attraktivität einer Kommune für die verschiedenen Zielgruppen zu erhöhen"	Mauer (2003, S. 19)
Stadtmarketing als kooperative Stadtentwicklung mit dem Ziel, die Lebensqualität der Bürger und der Besucher sowie die Entwicklungschancen der Wirtschaft zu verbessern. Dieses Ziel soll durch verstärkte Kommunikation und langfristige Partnerschaft zwischen allen, die an der Gestaltung des Lebensraums Stadt mitwirken, erreicht werden	Grabow und Hollbach-Grömig (1998, S. 30)
„Stadtmarketing ist die Bündelung aller Kräfte einer Kommune, die gemeinsam […] an einem Ziel arbeiten, nämlich der positiven Entwicklung des Gesamtgebildes Stadt beziehungsweise Gemeinde mit all seinen unterschiedlichen Facetten. Stadtmarketing stellt sich die Aufgabe, Zukunftsperspektiven in konkretes Handeln umzusetzen"	Konken (2000, S. 17)
„Stadtmarketing als Ansatz der zielgerichteten Gestaltung und Vermarktung einer Stadt basiert auf der Philosophie der Kundenorientierung. Es dient der nachhaltigen Sicherung und Steigerung der Lebensqualität der Bürger und der Attraktivität der Stadt im Standortwettbewerb. Dies geschieht im Rahmen eines systematischen Planungsprozesses und durch die Anwendung der Instrumente des Marketing-Mix. Das Produkt „Stadt" ist das Ergebnis der Einstellungen und des Handelns der Menschen in der Stadt. Stadtmarketing wird deshalb idealerweise von allen Menschen mitgetragen. In einem institutionalisierten Verfahren werden die vielfältigen und häufig unterschiedlichen Interessen aus dem öffentlichen wie privaten Bereich zusammengeführt und die Kräfte gebündelt. Dies setzt die Vereinbarung von Zielvorstellungen voraus, zum Beispiel in Form eines ganzheitlichen Stadtleitbildes. Im Stadtmarketing werden Teilstrategien zusammengeführt. Diese unterscheiden sich nach Zielgruppen, Akteuren und räumlichen Schwerpunkten, zum Beispiel Verwaltungsmarketing, Standortmarketing oder City-Marketing"	Saure 2006, S. 35

Umsätze für den innerstädtischen Handel, Besucherzahlen von Sehenswürdigkeiten und moderne Serviceangebote und Kommunikation bis hin zu einer Steigerung der Lebensqualität und der Verbesserung des Images einer Stadt (vgl. BCDS 2017, S. 8). Dies wiederum ist genau ein wesentliches Ziel des Stadtmarketing und bedeutet letztlich, dass digitale Angebote untrennbar vom städtischen Angebot sind.

In vielen deutschen Städten sind bereits erste Aktivitäten zu beobachten, dieser Herausforderung zu begegnen und entsprechende Chancen zu nutzen. Allerdings zeigt sich auch, dass es sich bei vielen dieser Maßnahmen um solche handelt, die eher mit geringerem zeitlichem und finanziellem Aufwand umzusetzen sind (vgl. BCDS 2017, S. 28). Dazu zählen etwa die Einrichtung öffentlicher W-Lan Spots.

2) Kommunikations- und Informationsverhalten

Das Kommunikations- und Informationsverhalten haben sich in den letzten Jahren grundlegend verändert. Die wesentliche Ursache hierfür ist sicherlich die hohe Bedeutung des Internets sowohl für die Informationsbeschaffung als auch für die Kommunikation selbst. Bei einem Großteil der Bevölkerung beginnt heute die Suche nach einer Information mit der Eingabe einer entsprechenden Suchanfrage bei Google. Die Suchmaschine entscheidet dann auf Basis eines Algorithmus, was dem Nutzer angezeigt wird beziehungsweise welche Inhalte für ihn relevant sein könnten. Dies gilt auch für die verschiedenen Stakeholder einer Stadt oder einer Gemeinde. Ein Bürger sucht dabei zum Beispiel nach den Öffnungszeiten des Einwohnermeldeamtes, der potenzielle Besucher der Stadt möchte sich nach Sehenswürdigkeiten erkundigen und ein Unternehmer nach Förderungsmöglichkeiten durch die Stadt suchen. Demnach spielen sowohl die Auffindbarkeit in der Suchmaschine eine wichtige Rolle als auch die hierauf folgende Information auf der Website.

Weiterhin stellen die verschiedenen Social Media-Kanäle wichtige Kommunikationswege dar, mit der mittlerweile nicht mehr nur junge Zielgruppen erreicht werden. Diese Kanäle bieten eine Vielzahl unterschiedlicher Optionen. Neben der Möglichkeit, zahlreiche Medien (zum Beispiel Videos) einzusetzen, bieten Social Media Plattformen auch die Möglichkeit, bezahlte Anzeigen zu schalten; dies kann aufgrund der umfangreichen Targetingoptionen und der hohen Reichweite sehr interessant sein.

Allerdings müssen sich die Verantwortlichen im Stadtmarketing darüber im Klaren sein, dass das Online-Marketing (inkl. Social Media) großen Aufwand verursacht, vor allem ein entsprechendes Know-how voraussetzt. Beispielsweise können Social Media-Kanäle nur dann erfolgreich sein, wenn kontinuierlich interessanter und für die Zielgruppen relevanter Content bereitgestellt wird. Daneben hat sich auch die Erwartungshaltung an die Kommunikation verändert. Insbesondere in der Online-Kommunikation erwarten Nutzer heute eine schnelle Reaktion, etwa auf Anfragen oder Kommentare. Hinzu kommt die veränderte Tonalität vor allem in Social Media. Aufgrund der zahlreichen Interessensgruppen einer Stadt stellen die unterschiedlichen Anforderungen dieser Stakeholder an die Kommunikation so eine große Herausforderung für die Planung und Umsetzung der Kommunikation einer Stadt dar.

Planung und Umsetzung der Kommunikation setzen heute ein Verständnis der sogenannten Customer Journey voraus. Dies gilt insbesondere für das Tourismus-, City- und auch für das Verwaltungsmarketing. Im Mittelpunkt steht ein Verständnis, wo sich die verschiedenen Touchpoints (Berührungspunkte) eines Besuchers mit der jeweiligen Maßnahme beziehungsweise Organisation befinden. Darüber hinaus ist es wichtig zu verstehen, mit welchem Bedürfnis (zum Beispiel ein Bürger benötigt ein Formular oder ein Tourist die Öffnungszeiten eines Museums) der jeweilige Nutzer am jeweiligen Touchpoint auf die Organisation trifft.

3) Mobilität

Das Thema Mobilität hat sehr unterschiedliche Facetten und umfasst unter anderem die Förderung und Verbreitung von E-Mobilität, die intelligente Verknüpfung bestehender Angebote im Nahverkehr sowie die Bereitstellung alternativer Mobilitätskonzepte, um etwa Innenstädte vom Verkehr zu befreien oder aber neuen gesetzlichen Richtlinien gerecht zu werden. Zu den zentralen Aufgaben des Stadtmarketing gehören in diesem Zusammenhang:

- die Koordination der unterschiedlichen Interessengruppen; an vielen Mobilitätsprojekten sind sehr unterschiedliche Interessengruppen beteiligt, zum Beispiel Bürger, Unternehmer, Nahverkehrsnutzer oder Forschungseinrichtungen. Diese haben wiederum entsprechende Anforderungen und Bedürfnisse, welche es zu koordinieren gilt.
- die Bereitstellung relevanter Informationen zur Entscheidungsfindung und Umsetzung von Projekten; Das Stadtmarketing sollte zur Vorbereitung von Mobilitätsprojekten und für eine letztliche Entscheidung relevante Informationen bereitstellen. Hierzu gehören etwa Analysen von Nutzeranforderungen oder Nutzungsstatistiken.
- die Kommunikation der Projekte und der neu geschaffenen Angebote; hierbei gilt es, die neuen Angebote durch entsprechende Kommunikationsmaßnahmen bekannt zu machen und deren Nutzung zu fördern.

Das breite Spektrum des Themas Mobilität und der damit zusammenhängenden Aufgaben für ein Stadtmarketing verdeutlicht unter anderem das Beispiel der Stadt Braunschweig (vgl. https://www.braunschweig.de/leben/stadtplan_verkehr/e-mobilitaet/e-projekte.html).

4) Stakeholder

Bereits zu Beginn des Beitrages ist darauf hingewiesen worden, dass die Anzahl der Stakeholder, mit denen sich das Stadtmarketing auseinandersetzen muss, sehr hoch ist. In Zukunft ist zu erwarten, dass diese Anzahl weiterwachsen wird. Hieraus resultieren unter anderem ein häufig noch größerer Koordinierungsaufwand und eine teils noch schwierigere Entscheidungsfindung. Entsprechend müssen die unterschiedlichen Interessengruppen rechtzeitig in die Prozesse mit eingebunden werden. Zudem ist ein kontinuierliches Monitoring der Anforderungen und Einstellungen der betroffenen Interessengruppen notwendig.

1.4 Entwicklung

Von zentraler Bedeutung für die Entwicklung des Stadtmarketing war die schon angesprochene Erweiterung des Marketingverständnisses in den Siebzigerjahren. Im Mittelpunkt stand hier das Konzept von Kotler und Levy zum „broadening the concept of Marketing". Die Autoren vertreten dabei die Ansicht, dass „...marketing is a relevant discipline for all organizations insofar as all organizations can be said to have customers and products." (Kotler 1972, S. 46; Kotler und Levy 1969). Demnach sollte Marketing nicht nur für gewinnorientierte Organisationen von Relevanz sein, sondern auch für Organisationen, wie etwa Verwaltungen, Museen, Parteien, deren wesentliches Ziel nicht das Erwirtschaften von Gewinnen ist. Im sogenannten Generic Concept of Marketing stehen dabei grundsätzlich alle Austauschbeziehungen im Mittelpunkt.

Zeitgleich entstand die Forderung, dass neben unternehmensorientierten Zielen, wie etwa Rentabilität ebenfalls gesellschaftliche Verantwortung als Teil des Marketingzielsystems Berücksichtigung finden sollte. Dies führte zu einer entsprechenden Erweiterung des Zielsystems sowie zu einer Erweiterung der Interessengruppen, mit denen eine Organisation Beziehungen pflegt. Grundgedanke dieses Verständnisses ist, dass eine Organisation nur dann langfristig erfolgreich sein kann, wenn sie die Bedürfnisse und Anforderungen aller Interessengruppen kennt und diese im Rahmen ihrer Handlungen berücksichtigt. Dieses Verständnis fand unter anderem im Konzept des Corporate Social Responsibility seinen Niederschlag.

Mitte der 70er Jahre entwickelt sich zudem in Deutschland das Dienstleistungsmarketing (vgl. Meffert et al. 2018, S. 9). Da es sich bei den meisten Leistungen einer Stadt um Dienstleistungen handelt, sind Erkenntnisse aus diesem Forschungsfeld von besonderer Relevanz. Diese umfassen dabei das Nachfragerverhalten, strategische und operative Aspekte im Zusammenhang mit dem Dienstleitungsmarketing, aber auch das Qualitätsmanagement von Dienstleistungen.

Eine weitere wichtige Entwicklung im Marketing, die direkten Einfluss auf das Stadtmarketing und dessen Bedeutung hat, ist die Abkehr von einer reinen transaktionsorientierten Sichtweise hin zu einer beziehungsorientierten Sichtweise und dem Verständnis, dass Organisationen auf Basis von Marktbedürfnissen geführt werden sollten. Dies bedeutet zunächst eine Ausweitung der Interessengruppen. So werden nicht mehr nur der Absatzmarkt, sondern auch Wettbewerber, Beschaffer, Mitarbeiter und die Öffentlichkeit berücksichtigt. Die Führung vom Markt her bedeutet auch eine neue Organisationsphilosophie, da alle Teile der Organisation hieran ausgerichtet werden sollen. Für das Stadtmarketing und Städte allgemein bedeutet dies eine konsequente Ausrichtung der Aktivitäten an den Bedürfnissen seiner zahlreichen Interessengruppen, also etwa Bürger, Unternehmer und Touristen. Der Fokus auf langfristige Beziehungen zu seinen Nachfragern führt darüber hinaus dazu, dass es nicht mehr nur um die tatsächliche Transaktion geht, sondern Nachfrager auch hierüber hinaus begleitet werden und so an die Organisation gebunden werden sollen. Daher wird im Rahmen des Relationship Management auch versucht, die Beziehung zu Nachfragern zu pflegen.

Schließlich ist das Markenmanagement ein weiteres wichtiges Forschungsfeld, das Einfluss auf das Stadtmarketing nimmt und wichtige Erkenntnisse liefert. In diesem Zusammenhang hat sich unter anderem das Place Branding entwickelt. Hierbei werden Ansätze entwickelt, die auf die Bedürfnisse von Städten zugeschnitten sind und Empfehlungen bezüglich des Markenmanagements für Städte liefern. In diesem Zusammenhang sind zudem die für das Stadtmarketing wichtigen Ansätze bezüglich der Berücksichtigung interner Zielgruppen, wie eigene Mitarbeiter und Bürger (Stichwort Bürgerintegration) zu nennen.

1.5 Bereiche

Unter dem Dach des Stadtmarketing werden in einer ganzheitlichen Betrachtungsweise meist fünf Fachgebiete subsumiert (vgl. Block und Icks 2010, S. 4) (vgl. Abb. 1.1).

Abb. 1.1 macht deutlich, dass die verschiedenen Teilbereiche des Stadtmarketing sich auf unterschiedliche Zielgruppen fokussieren. Allerdings dürfen die verschiedenen Bereiche nicht getrennt voneinander betrachtet werden. So kann ein interessanter Standort nicht nur für Unternehmen, sondern auch für den Tourismus und die eigenen Bürger hohe Bedeutung aufweisen.

Das Standortmarketing umfasst die Vermarktung der Stadt als interessanten Standort an regionalen, nationalen und internationalen Standortmärkten. Das wesentliche Ziel dabei ist es, Standortentscheidungen zu beeinflussen, also zum Beispiel neue Investoren zu gewinnen oder die Stadt als Wirtschaftsraum für neue Unternehmen attraktiv zu gestalten. Darüber hinaus gilt es auch, gute Beziehungen mit örtlich angesiedelten Unternehmen zu pflegen und deren Bedürfnisse zu berücksichtigen. Die Vermarktung des Standorts ist vorrangig aus folgenden Gründen von zentraler Bedeutung (vgl. Lennardt und Stakemeier 2017, S. 4 f.):

- Standorte, die als attraktiv wahrgenommenen werden, ziehen leichter Unternehmen und Menschen an, die bereit sind, hier ihre Steuern zu zahlen, Investitionen zu tätigen und sich zu engagieren.
- Unternehmen sind auf (qualifizierte) Arbeitskräfte angewiesen, das heißt, bei der Standortwahl spielt die Attraktivität der Stadt auch für potenzielle Arbeitnehmer eine wichtige Rolle.

Abb. 1.1 Teilgebiete des Stadtmarketing

Der Bereich Citymarketing hat den Fokus auf bestimmte räumliche Bereiche, also auf bestimmte Bereiche innerhalb einer Stadt beziehungsweise City. Diese Bereiche sollen durch unterschiedlich weitgehende Maßnahme als funktionaler, ökonomischer, kultureller und geistiger Mittelpunkt und vielfach auch als Identifikationsort der Gesamtstadt und der Region aufgebaut und gefördert werden. Das Citymarketing hat dabei das Ziel, die Bedeutung des Stadtzentrums als Ort des Einkaufens, der Arbeit, der Kultur, der Bildung, der Freizeit und des Wohnens zu steigern. In diesem Zusammenhang müssen vor allem die Angebote und Leistungen, die in der Innenstadt bereitgestellt werden, an den Bedürfnissen der verschiedenen Interessengruppen ausgerichtet werden. Hierbei muss auch stets die Erhaltung einer lebendigen Nutzungs- und Wirtschaftsvielfalt sichergestellt werden. Zu den Gestaltungsbereichen und Akteuren des Citymarketing gehören beispielsweise (vgl. Breyer-Mayländer 2011, S. 13):

- Einzelhandel (u. a. Mix der Betriebstypen und Sortimente, Öffnungszeiten, Service)
- Dienstleister (u. a. Branchenmix)
- Kultur (u. a. Museen, Theater, Veranstaltungen)
- Stadtgestaltung (u. a. Passagen, Spielgelegenheiten, Beleuchtung)
- Bürger (u. a. Vereine, Jugendbeteiligung)
- Gastronomie und Freizeit (u. a. Restaurants, Kino, Fitness)
- Verwaltung (u. a. Tourismusinformationen, Ämter)
- Verkehr (u. a. Parkplätze, Erreichbarkeit, Gehwege)

Verwaltungsmarketing bedeutet die auf den Bürgernutzen orientierte und bürgerfreundliche Führung der Kommunalverwaltung. Es erfordert das Denken in aktivierbaren Marktpotenzialen, also Erkennen von Nachfrage nach kommunalen Leistungen bei optimaler Konzentration der Ressourcen. Das Marketinginstrumentarium kann dabei sowohl nach innen, als auch außengerichtet sein. Personalmarketing sowie Beschaffungsmarketing sind an die Verwaltungsangestellten gerichtet, dagegen stellen die Gestaltung der Austauschbeziehungen zu Nutzern und Partnern, vor allem der Leistungsverwaltung, typische Beispiele für ein außengerichtetes Verwaltungsmarketing dar.

Ziele eines Verwaltungsmarketing sind:

- Das Leistungsangebot der Kommune soll im Konkurrenzvergleich gut sein,
- die angebotenen (Dienst-)Leistungen kommunaler Einrichtungen sollen optimal ausgelastet sein,
- es soll ein positives Image des kommunalen Dienstleistungsangebotes und der Leistungsabgabe (Austauschbeziehungen) bestehen und
- Einwohner und Nutzer sollen mit den kommunalen Leistungen letztlich zufrieden sein.

Tourismusmarketing verfolgt vornehmlich das Ziel der Steigerung der Ankünfte und Übernachtungen auswärtiger Gäste. Zu den wichtigsten Zielgruppen gehören hier Urlaubs- sowie Geschäftsreisende, die etwa Tagungen und Messen besuchen (zum Beispiel die IAA in Frankfurt). In diesem Zusammenhang kooperiert das Stadtmarketing mit zahlreichen Partnern. Hierzu gehören etwa:

- Gastgewerbliche Betriebe
- Veranstalter (zum Beispiel einer Messe oder kulturellen Ausstellung)
- Veranstaltungsorte (zum Beispiel ein Museumsbetreiber)
- Dienstleister und deren Zulieferer
- Verkehrsträger sowie Reise- und Kongressveranstalter

1.6 Prozess

Stadtmarketing ist eine äußerst komplexe Aufgabe. Wie bereits deutlich wurde, müssen die Verantwortlichen mit zahlreichen, sehr heterogenen Stakeholdern umgehen und deren Bedürfnisse und Wünsche berücksichtigen. Damit dies gelingen kann, ist ein entsprechender Prozess notwendig (vgl. Mensing und Rahn 2000, S. 30). Dabei ist es unerheblich, ob es sich um eine einzelne Stadtmarketing-Aktion handelt oder aber das Gesamtkonzept geplant und umgesetzt werden soll. Grundsätzlich basiert dieser Prozess auf dem Vorgehen, das aus dem klassischen Marketing bekannt ist (vgl. Abb. 1.2).

In vielen Fällen folgen Städte und Gemeinden keinem solchen systematischen Prozess und es kommt so häufig zu Schwierigkeiten. Vor dem Hintergrund teils geringer

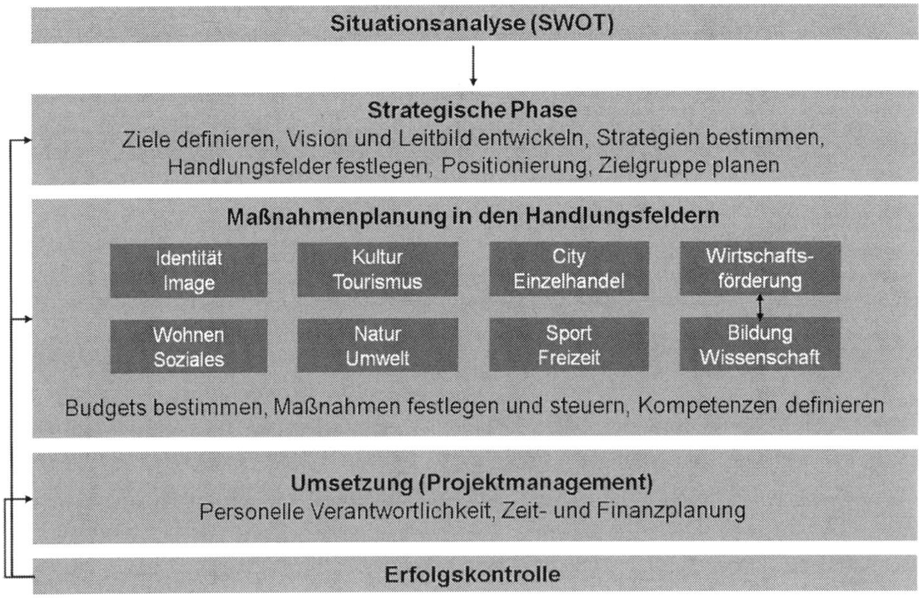

Abb. 1.2 Idealtypischer Stadtmarketing-Prozess

Budgets sind allerdings ein gut definierter Prozess und eine klare Definition der oben genannten Aspekte unabdingbar.

1.6.1 Situationsanalyse

Als inhaltliche Vorbereitung für den Stadtmarketingprozess schlägt Block die folgenden vier Themenblöcke vor, die im Rahmen von Workshops und anderen Treffen diskutiert und definiert werden sollten (vgl. Block 2018, S. 14 und 17):

- Stadtcharakter: Dieser Themenblock umfasst die Diskussion und Festlegung identitätsstiftender Merkmale, etwa mit Bezug auf die Stadtgeschichte, architektonische und städtebauliche Strukturen und emotionale Aspekte.
- Zeitgeist: Hierunter fallen Trends aus Gesellschaft, Kultur und Technik
- Kommunikation
- Ressourcen

Die oben beschriebenen Themenaspekte machen bereits deutlich, dass es wichtig ist, alle Interessengruppen in den Prozess miteinzubeziehen.

Ein Stärken-/Schwächenprofil orientiert sich häufig an harten und weichen Standortfaktoren. Dabei erfolgt in der Regel eine zusätzliche Bewertung dieser Faktoren durch einen Vergleich zu einer oder meist mehreren „Konkurrenzstädten". Harte Standortfaktoren lassen sich oftmals relativ leicht quantifizieren und sind eindeutig zu messen. Zu den harten Standortfaktoren gehören unter anderem:

- Geografische Lage
- Kaufkraft je Einwohner
- Hochschulen/Forschungsstätten
- Infrastruktur
- Bevölkerungsstruktur und -entwicklung

Im Gegensatz zu den harten Standortfaktoren lassen sich weiche Standortfaktoren vielfach schwerer erfassen. Häufig handelt es sich bei diesen Faktoren um subjektive Einschätzungen etwa durch Mitarbeiter eines Unternehmens. Hier ist vor allem die Bewertung eher subjektiv. So lässt sich zwar die Anzahl der kulturellen Einrichtungen relativ einfach messen; ob diese Anzahl allerdings für den einzelnen ausreichend ist, ist wiederum eher subjektiv. Unter die weichen Standortfaktoren fallen:

- Stadtbild/Flair/Aufenthaltsqualität
- Servicequalität der Verwaltung
- Kulturangebot
- Einkaufsattraktivität
- Mentalität der Bewohner

Um die entsprechenden Informationen zu gewinnen und zu systematisieren, kommen die im Marketing üblichen Verfahren der Marktforschung und der strategischen Analyse zum Einsatz. So kann etwa das Image eines bestimmten Ortes durch eine Befragung erhoben werden. Vielfach werden in diesem Zusammenhang Informationen auch von professionellen Marktforschungsinstituten eingekauft.

Neben Stärken-/Schwächenprofilen, sollten weitere Verfahren für eine Situationsanalyse herangezogen werden. Die nachfolgende Aufzählung gibt einen Überblick über einige relevante Verfahren (vgl. ausführlich zu diesen Verfahren Wolf et al. 2018a; Zerres 2018; Wolf et al. 2018b; Rufo und Zerres 2017):

- Imageanalyse
- Wettbewerbsanalyse
- Benchmarking
- Szenarioanalyse
- Delphianalyse

Als integratives Instrument hat sich die SWOT-Analyse etabliert (vgl. Zerres und Zerres 2018, S. 120 ff.). Hierin lassen sich die unterschiedlichsten Informationen aus den verschiedenen Analysen übersichtlich aufbereiten.

Exemplarisch soll hier die Szenarioanalyse etwas ausführlicher dargestellt werden. Die Szenarioanalyse stellt insbesondere für strategische Entscheidungen ein sehr nützliches Instrument dar und ist daher auch für das Stadtmarketing essenziell. Dabei sind es insbesondere Themenfelder, wie die zukünftige Entwicklung von Städten, Entwicklungen in der Bevölkerung und die Abschätzung der Folgen von neuen Technologien, die von hoher Relevanz für Entscheidungen im Stadtmarketing sind. Die Szenarioanalyse umfasst fünf Phasen: Szenariofeld-Bestimmung, Schlüsselfaktor-Identifikation, Schlüsselfaktor-Analyse sowie die eigentliche Szenariogenerierung (vgl. Kosow und Gaßner 2008, S. 20; Zerres et al. 2017). Optional wird der Szenariotransfer als abschließende Stufe der Szenarioanalyse angesehen, wobei hierfür allgemeingültige Methoden der Strategiebewertung und Strategieentwicklung verwendet werden (vgl. Kosow und Gaßner 2008, S. 23).

Szenariofeld-Bestimmung

Zu Beginn eines jeden Szenarioprozesses muss klar definiert werden, zu welchem Gestaltungs- sowie Szenariofeld das Projekt zuzuordnen ist. Einerseits wird hierdurch der Untersuchungsgegenstand konkretisiert sowie eine Themenabgrenzung vorgenommen, sodass diese inhaltliche Festlegung weitgehend mit anderen wissenschaftlichen Untersuchungsdesigns vergleichbar ist (vgl. Kosow und Gaßner 2008, S. 20). Darüber hinaus werden alle Beteiligten durch die vorgenommene Trennung bereits im Vorfeld dahin gehend sensibilisiert, dass die Szenarioerstellung nicht von der Zielsetzung des gesamten Projektes negativ beeinflusst wird (vgl. Gausemeier et al. 1996, S. 100). Die Determination des Gestaltungsfeldes erfolgt anhand des zu bestimmenden Gegenstandes der Untersuchung, dessen zukünftiger Erfolg von den richtigen unternehmerischen

Entscheidungen abhängig ist. In den häufigsten Fällen handelt es sich um ökonomische Fragestellungen (vgl. Gausemeier et al. 1996, S. 127). Das konkrete Szenariofeld bezieht sich auf einen speziellen Betrachtungsbereich des Gestaltungsfeldes, welches mithilfe der Szenarioanalyse näher untersucht werden soll. Eine Kategorisierung der typischen Szenariofelder erfolgt im Kern anhand der möglichen Einflussnahme auf den zu untersuchenden Gegenstand und ist an das zuvor definierte Gestaltungsfeld gekoppelt.

Schlüsselfaktor-Identifikation

Die Phase der Schlüsselfaktoridentifikation ist von entscheidender Bedeutung für den weiteren Verlauf des Szenarioprozesses. Ziel ist es, jene Faktoren zu identifizieren, welche eine Schlüsselfunktion innerhalb des zuvor definierten Szenariofeldes aufweisen. Hierfür sollte im ersten Schritt eine Visualisierung des Szenariofeldes erfolgen, welche die wichtigsten Einflussbereiche (zum Beispiel „medienbezogene Technologien") aufführt. Auf Grundlage eines solchen Systembildes können daraufhin weitere Einflussfaktoren für jeden einzelnen Bereich ermittelt werden (vgl. Fink und Siebe 2006, S. 40). Neben diskursiven sowie intuitiven Verfahren werden die Einflussbereiche auch anhand von Literaturrecherchen weiterführend beschrieben (vgl. Kosow und Gaßner 2008, S. 21). Wenn möglich sollten pro Einflussbereich etwa gleich viele Faktoren erarbeitet werden, um ein ausgewogenes Systembild zu konstruieren. Nicht selten mündet dieser Schritt in einem Einflussfaktorenkatalog, der durchaus bis zu 100 unterschiedliche Faktoren aufweisen kann. Solch eine hohe Anzahl ist für den weiteren Szenarioprozess kaum handhabbar, sodass die Faktorenrelevanz ermittelt werden muss (vgl. Fink und Siebe 2006, S. 41). Um derartige Komplexitätsreduktion durchzuführen, werden die Faktoren mithilfe einer Einflussmatrix bewertet.

Innerhalb eines sogenannten System-Grids erfolgt so die Auswertung der Einflussanalyse; es liefert zugleich die Visualisierung der gewonnen Resultate. Darüber hinaus besteht zudem die Möglichkeit, ein erweitertes System-Grid zu erstellen, um weiterführende Analyse durchführen zu können (vgl. Gausemeier et al. 1996, S. 201). Anhand der Passivitäts- und Aktivitätssumme des Faktors wird die Position im Koordinatensystem ermittelt. Aktive Faktoren werden als Hebel bezeichnet, da sie das System stark beeinflussen, zugleich aber nur sehr gering vom System selbst beeinflusst werden. Komplementär dazu positionieren sich die passiven Faktoren, die kaum einen Einfluss auf das System ausüben, jedoch stark von anderen Faktoren beeinflusst werden. Puffernde Faktoren üben weder Einfluss aus, noch werden sie beeinflusst, sodass deren Vernetzung innerhalb des Systembildes relativ gering ist. Folglich können diese Faktoren als Schlüsselfaktoren ausgeschlossen werden (vgl. Gausemeier et al. 1996, S. 202). Ambivalente Faktoren hingegen üben einen hohen aktiven sowie passiven Einfluss auf das System aus und sind äußert stark vernetzt (vgl. von Reibnitz 1992, S. 37 f.). In Abhängigkeit vom gewählten Szenariofeld können nun die benötigten Schlüsselfaktoren identifiziert werden. Sinnvoll sind in diesem Zusammenhang zwischen 16 und 20 Schlüsselfaktoren, die im weiteren Szenarioprozess zu untersuchen sind (vgl. Fink und Siebe 2006, S. 41). Prinzipiell sind jene Faktoren von Relevanz, welche dem aktiven sowie ambivalenten Bereich angehören. Handelt es sich beim Szenariofeld um ein lenkbares Szenario, so sollten vor allem aktive Faktoren berücksichtigt werden, wohingegen bei nicht-respektive partiell lenkbaren Szenarien die ambivalenten Faktoren im Fokus stehen (vgl. Fink und Siebe 2006, S. 173 f.).

Schlüsselfaktoranalyse
Die zuvor ermittelten Schlüsselfaktoren werden in dieser Phase für den weiteren Verlauf des Szenarioprozesses aufbereitet. Hierfür müssen mehrere Einwicklungsmöglichkeiten benannt, begründet und beschrieben werden, auf deren Basis die zukünftigen Szenarien abzuleiten sind (vgl. von Reibnitz 1992, S. 45). Dieser Schritt ist von entscheidender Bedeutung für die Qualität der Zukunftsbilder, da die Erarbeitung der alternativen Entwicklungsmöglichkeiten sowohl den Inhalt als auch die Qualität der Szenarien maßgeblich bestimmt (vgl. Gausemeier et al. 1996, S. 221). Dabei kann anhand von fünf Gütekriterien die Bildung von Zukunftsprojektionen unterstützt werden (vgl. Gausemeier et al. 1996, S. 227):

- Glaubwürdigkeit einer Zukunftsprojektion
- Unterschiedlichkeit der einzelnen Projektionen
- Vollständigkeit der Zukunftsprojektion
- Relevanz für die Erstellung von Zukunftsbildern
- Informationsgehalt einer Projektion

Szenariogenerierung
Ziel der Szenariogenerierung ist es, konsistente plausible Zukunftsbilder zu entwickeln, die die Entscheidungsträger bei der strategischen Entscheidungsfindung unterstützen. Neben der Konsistenzanalyse wird auch die Wechselwirkungsanalyse für die Entwicklung von konsistenten Zukunftsbildern eingesetzt. Beide Verfahren werden im Folgenden näher beschrieben.

Konsistenzanalyse
Bei der Konsistenzanalyse müssen die einzelnen Projektionskombinationen dahin gehend bewertet werden, ob ihr gemeinsames Auftreten innerhalb eines Szenarios als plausibel empfunden wird. Komplementär zur Einflussanalyse reicht es bei dieser jedoch aus, die paarweise Projektionsbewertung nur auf einer Seite der Matrix durchzuführen. Dies ist auf den Umstand zurückzuführen, dass innerhalb der Konsistenzmatrix keine gerichtete Beziehung zwischen den Projektionen existiert, sondern vielmehr deren gemeinsames Auftreten zu bewerten ist (vgl. Gausemeier et al. 1996, S. 255). Die Beurteilung der einzelnen Projektionspaare erfolgt in der Regel mithilfe einer Skala von eins bis fünf. Inkonsistente Projektionspaare werden mit eins bewertet, wenn ihr gemeinsames Auftreten innerhalb eines Szenarios ausgeschlossen wird. Der Wert fünf repräsentiert hingegen ein hoch plausibles gemeinsames Eintreten. Die Auswertung dieser Matrix muss zwangsläufig computergestützt erfolgen. Nach Abschluss dieser Bewertungen steht eine Vielzahl an möglichen Zukunftsbildern zur Verfügung, die sich mehr oder weniger voneinander unterscheiden. Als weiterführende Analysemethode bietet sich eine

Clusteranalyse an, welche hauptsächlich im Marketingumfeld eingesetzt wird. Die Projektionsbündel werden mithilfe dieses Verfahrens in möglichst homogene und untereinander möglichst heterogene Cluster klassifiziert (vgl. Gausemeier et al. 1996, S. 273). Durch die Verortung der einzelnen Bündel in ein Koordinatensystem lassen sich ausgeprägte Bereiche, die als Grundkonstruktion der Szenarien fungieren, identifizieren.

Wechselwirkungsanalyse

Ein alternatives Instrument für die Bewertung von Verflechtungen innerhalb eines Systems ist die Wechselwirkungsanalyse (Cross-Impact-Analyse). Beschränkte sich die Konsistenzanalyse auf einen Wert pro Projektionspaar, so können mithilfe der Cross-Impact-Analyse auch gegenseitige Einflüsse getrennt voneinander beurteilt werden (zwei Paarwerte). Prinzipiell gestattet es dieses Verfahren auch, Eintrittswahrscheinlichkeiten zu hinterlegen. Zukunftsforschern stehen diesem Verfahren allerdings äußerst skeptisch gegenüber. (vgl. Gausemeier et al. 1996, S. 264).

Ähnlich wie bei der Einflussanalyse wird eine Matrix erstellt, in welcher die einzelnen Projektionen eingetragen werden. Da es sich um wechselseitige Beziehungen handelt, muss die doppelte Anzahl an Kombinationen bewertet werden. Die aus diesen Werten resultierenden Wirkungsbilanzen dürfen jedoch nicht mit dem Konsistenzwert gleichgesetzt werden. Vielmehr wird die zu überprüfende Zukunftsprojektion eines Schlüsselfaktors mit dessen weiteren Entwicklungsmöglichkeiten direkt beurteilt. In Abhängigkeit zu den gewählten Projektionen werden die Bewertungen zeilenweise zu Wirkungssummen addiert, spaltenweise für alle Projektionen erstellt und pro Schlüsselfaktor in einer Wirkungsbilanz zusammengefasst. Von entscheidender Bedeutung ist dabei im nächsten Schritt die Bewertung der einzelnen Wirkungsbilanzen des zu ermittelnden Szenarios. Nur wenn die gewählte Zukunftsprojektion die höchste positive Wirkungssumme aufweist, ist deren Annahme durch das Systemregelwerk legitimiert. Diese Verifizierung findet für alle Wirkungsbilanzen aller Schlüsselfaktoren statt. Dementsprechend sind nur jene Szenarien in sich konsistent, deren Zukunftsprojektionen die höchsten Wirkungssummen innerhalb der Wirkungsbilanzen aufweisen (vgl. Weimer-Jehle 2008, S. 3692).

1.6.2 Ziele

Aufgrund der Vielzahl der Anspruchsgruppen eines Stadtmarketing und deren teils sehr unterschiedlichen Bedürfnisse sind die Ziele, die Rahmen eines Stadtmarketing formuliert und verfolgt werden sollen, ebenfalls äußerst vielfältig. Zu den übergeordneten Zielen gehören (vgl. Wesselmann und Hohn 2017, S. 14):

- Zufriedenheit mit der jeweiligen Stadt bei allen Stakeholdern sicherzustellen und zu verbessern
- Wettbewerbsfähigkeit zu fördern, indem unter anderem das Beschäftigungspotenzial sichergestellt wird sowie
- Verbesserung des Images und der Attraktivität der Stadt

Daneben gilt es auch, die internen Ziele eines Stadtmarketing zu berücksichtigen. Hierzu zählen insbesondere die Bindung der Bewohner und Organisationen an die Stadt, eine Erhöhung deren Identifikation mit der Stadt und die Förderung von Bürgerengagement und -beteiligung (vgl. Wesselmann und Hohn 2017, S. 14 f.).

Darüber hinaus finden sich weitere Ziele, die im Zusammenhang mit den genannten übergeordneten Zielen stehen. Einige sollen hier exemplarisch aufgeführt werden:

- Kooperationen/Vernetzung lokaler Akteure vorantreiben
- Stadtmarke entwickeln und vermarkten
- Einzelhandel vor Ort stärken
- Serviceorientierung gegenüber Bürgern, Unternehmen und Touristen
- Lebensqualität vor Ort steigern
- Drittmittel einwerben

Die formulierten Ziele sollten immer den sogenannten SMART-Kriterien entsprechen. Dies bedeutet, dass diese:

- S: spezifisch,
- M: messbar,
- A: attraktiv,
- R: realistisch und
- T: terminiert

sein sollten.

Eine zentrale Rolle im Rahmen dieser Phase nimmt die Formulierung eines Leitbildes und einer Vision ein. Ein gut formuliertes Leitbild soll ein klares Profil schaffen und zur Orientierung und Motivation dienen. Ziel muss es dabei sein, das jeweilige Leitbild zu formulieren, dass sich alle damit identifizieren können. Daher gilt es hier, möglichst viele Akteure am Leitbilderstellungsprozess zu beteiligen und aktiv einzubeziehen. Allerdings besteht immer wieder die Gefahr, dass ein Leitbild aufgrund der Konsensbildung eher inhaltsarme und häufig austauschbare Formulierungen enthält (vgl. Wesselmann und Hohn 2017, S. 32).

1.6.3 Strategien

Für das Marketing privatwirtschaftlicher Unternehmen liegen umfangreiche strategische Ansätze und entsprechende Strukturierungsrahmen dieser Ansätze vor. Derartige Strategien lassen sich allerdings nur wenig auf ein Stadtmarketing übertragen. Nachfolgend sollen einige relevante strategische Ansätze skizziert werden.

Konkurrenzorientierte Strategien
Im Zusammenhang mit dem Verhalten gegenüber Konkurrenten lassen sich in Anlehnung an Porter drei wesentliche Vorgehensweisen unterscheiden: Angreifen, kooperieren und ausweichen (vgl. Porter 2013). Für das Stadtmarketing ist wohl vor allem der strategische Ansatz eines Kooperierens relevant. Derartige Kooperationen können folgende Ausprägungen annehmen:

- Kooperation mit anderen Städten oder Gemeinden bei Themenfeldern wie Tourismus- und Standortmarketing (zum Beispiel gemeinsame Durchführung von Infrastrukturprojekten zur Verbesserung der Standorte)
- Kooperation mit dem privatwirtschaftlichen Sektor (Public Private Partnership), zum Beispiel um so bessere Bildungsangebote zu schaffen

Abnehmerorientierte Strategien
Einen interessanten Ansatzpunkt für das Stadtmarketing bezüglich der zahlreichen abnehmerorientierten Strategien bietet die Marktparzellierungsstrategie. Dabei geht es im Kern darum, zu definieren, auf welche (Zielgruppen-)Segmente man sich konzentrieren möchte. Damit dies erfolgreich sein kann, müssen die festgelegten Segmente in sich homogen sein und sich deutlich von anderen Segmenten unterscheiden. Ziel ist es daher, für das definierte Segment zielgerichtete und bedarfsgerechte Maßnahmen zu entwickeln. Für das Stadtmarketing ist besonders zu berücksichtigen, dass einige Segmente, ob attraktiv oder nicht, beachtet beziehungsweise berücksichtigt werden müssen. Die beiden strategischen Gegenpole sind dabei die undifferenzierte Bearbeitung eines Massenmarktes (das heißt es findet keine Segmentierung statt) und andererseits die auf den Rahmenbedingungen einer Stadt aufbauende Ausrichtung verschiedener Aktivitäten, zum Beispiel bestimmte Kommunikationsmaßnahmen auf bestimmte genau definierte Zielgruppen. Zum Beispiel kann es so durchaus sinnvoll sein, wenn sich eine an ein Skigebiet angrenzende Stadt auf das Segment der Wintersportler konzentriert und deren Bedürfnisse bei der Ausgestaltung von Maßnahmen entsprechend berücksichtigt.

Zur Bildung solcher Segmente können unterschiedliche Kriterien herangezogen werden. Hierzu gehören demografische und sozio-ökonomische Kriterien (zum Beispiel Alter und Einkommen), geografische Kriterien, verhaltensbezogene Kriterien (zum Beispiel Freizeitverhalten und Mediennutzung) sowie psychografische Kriterien (zum Beispiel Einstellungen, Interessen). Um bestimmte Segmente besser greifbar zu machen, werden häufig sogenannte Personas erstellt. Dabei wird eine fiktive Person als archetypische Repräsentation einer Zielgruppe erfunden, anhand derer die definierten Kriterien sich besser veranschaulichen lassen.

Positionierung
In relativ engem Zusammenhang mit der Definition von Segmenten steht die strategische Frage einer Positionierung. Dabei geht es im Wesentlichen um die Festlegung geeigneter Maßnahmen bei der definierten Zielgruppe (Wie positioniere ich mich? Welche Botschaften

möchte ich an meine definierten Zielgruppen kommunizieren?) mit dem Ziel, sich mit eben diesen Maßnahmen von der Konkurrenz zu differenzieren.

1.6.4 Instrumente

Die Instrumente eines Stadtmarketing lassen sich, wie auch im klassischen Marketing, anhand der sogenannten 4Ps kategorisieren. Hinzu kommt ein weiteres P, die Personalpolitik (siehe Abb. 1.3).

1.6.5 Controlling

Zum Abschluss eines Stadtmarketingprozesses müssen die verschiedenen Phasen hinsichtlich Effizienz und Effektivität kontinuierlich überwacht werden. Das Controlling

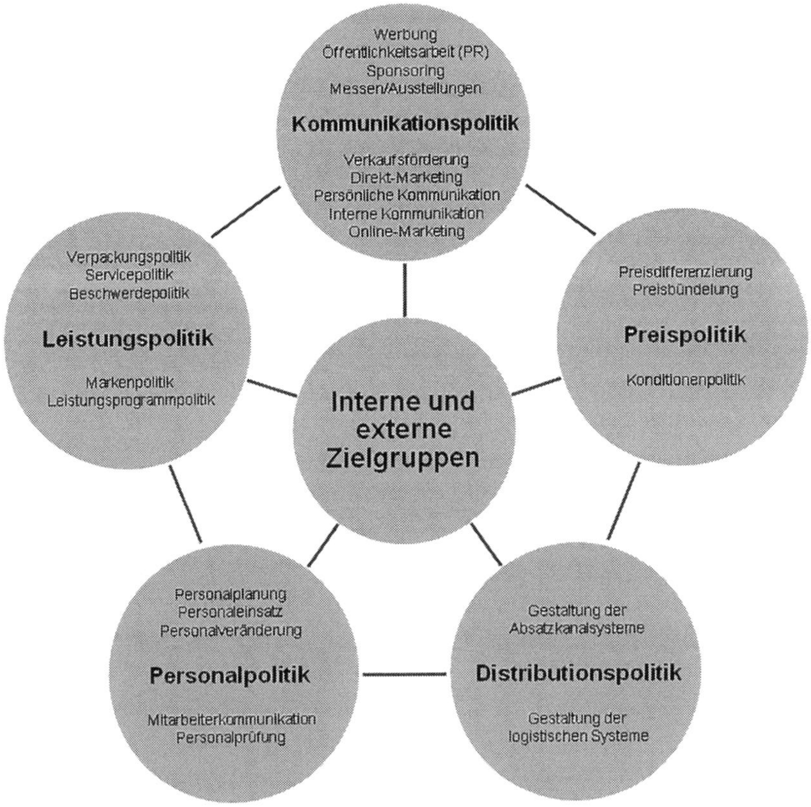

Abb. 1.3 Übersicht der Instrumente eines Stadtmarketing (Quelle: Meffert et al. 2018, S. 269)

umfasst damit nicht nur die Kontrolle der Maßnahmen (operativer Bereich), sondern auch die Kontrolle der gesetzten Ziele und Strategien (strategischer Bereich). Für beide Bereiche liegen zahlreiche Methoden vor (vgl. Zerres und Zerres 2017).

1.7 Qualitätsmanagement

Die Qualität der angebotenen Leistungen und deren Sicherung sind ein zentraler Wettbewerbsvorteil und eine Möglichkeit zur Differenzierung. Hierbei steht die Erfüllung der Kundenerwartungen im Hinblick auf die Qualität der Leistungen im Mittelpunkt. Immer wichtiger ist in diesem Zusammenhang, auch ein Verständnis der Emotionen, die Kunden während des Konsums von Leistungen aufweisen. Dies wird durch ein sogenanntes Customer Experience Management aufgedeckt. Hierbei geht es insbesondere darum, dem Kunden ein positives Erlebnis zu generieren und dies an allen möglichen Berührungspunkten, sogenannten Customer Touchpoints. Neben rein funktionalen Aspekten sollen genau diese Erlebnisse zu einer Kundenbegeisterung führen.

Ein erfolgreiches Qualitätsmanagement setzt voraus, dass alle Mitglieder einer Organisation daran interessiert sind, Qualität zu sichern und ständig zu verbessern. Genau dieser Grundgedanke findet sich im Total-Quality-Management-Konzept wieder. Dabei handelt es sich um einen Ansatz, der sich auf das gesamte Unternehmen bezieht und dabei eine ganzheitliche Qualitätskultur beziehungsweise -philosophie fordert. Dies bedeutet, dass jeder Mitarbeiter „Qualitätsmanager" ist, Qualität eines der obersten Unternehmensziele bildet, Qualität kontinuierlich verbessert wird und eine Orientierung an Urteilen externer und interner Kunden stattfindet. Die einzelnen Bestandteile von TQM sind:

- Total: alle Mitarbeiter, Kunden und Zulieferer, die an der Leistung beteiligt sind, werden mit einbezogen
- Quality: konsequente Ausrichtung der Prozesse an der Qualitätserwartungen der Interessengruppen, also vor allem der Kunden und Mitarbeiter
- Management: das Management hat eine Vorbildungsfunktion und ermöglicht, unter anderem durch einen kooperativen Führungsstil, die Sicherstellung und Verbesserung von Qualität

Um ein TQM-Konzept umzusetzen, müssen verschiedene Instrumente eingesetzt werden. Diese lassen sich in die verschiedenen Phasen eines Regelkreises zum Management der Qualität einordnen (siehe Abb. 1.4), deren Anlehnung an die klassischen Managementfunktionen Planung, Durchführung und Kontrolle die folgenden Phasen aufweist (vgl. Meffert et al. 2018, S. 241):

- Qualitätsplanung
- Qualitätslenkung
- Qualitätsprüfung
- Qualitätsmanagementdarlegung

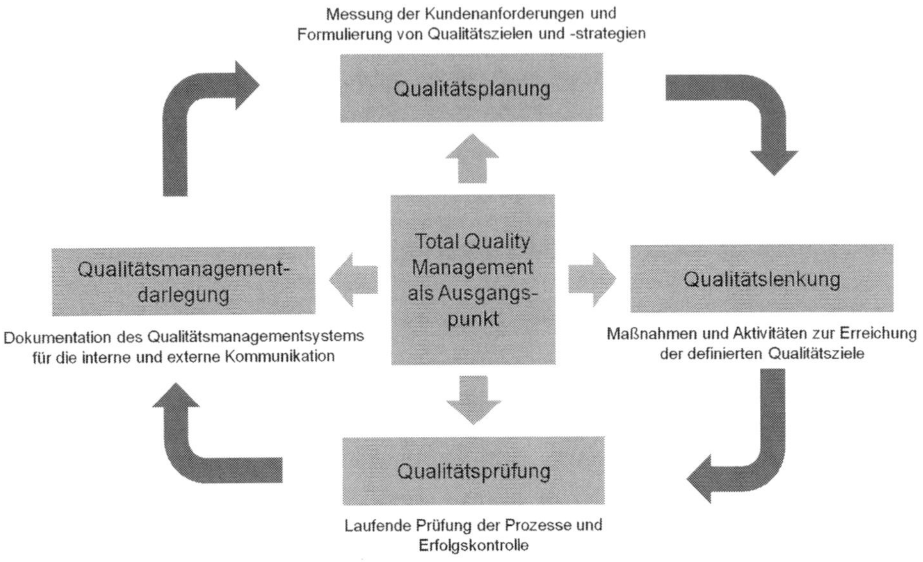

Abb. 1.4 Phasenkonzept des Qualitätsmanagement (Quelle: Meffert et al. 2018. S. 245)

Zu den zentralen Aufgaben im Rahmen der Qualitätsplanung gehören die Ermittlung der Kundenerwartungen, zum Beispiel durch Befragungen und die Definition von Qualitätszielen und die Entwicklung von Umsetzungskonzepten (vgl. Meffert et al. 2018, S. 242). Qualitätslenkung umfasst nach der Definition des DGQ-Lenkungsausschusses Gemeinschaftsarbeit (LAG) der Deutschen Gesellschaft für Qualität e. V. „...sämtliche vorbeugenden, überwachenden und korrigierenden Tätigkeiten bei der Realisierung einer Einheit", mittels derer „unter Einsatz von Qualitätstechniken die Qualitätsforderungen" zu erfüllen sind. Für eine effektive Qualitätslenkung müssen einerseits entsprechend qualifizierte Mitarbeiter eingestellt und bestehende Mitarbeiter durch Schulungen und Anreizsysteme für das Thema sensibilisiert und motiviert werden; andererseits muss das Problemlösungspotenzial der Mitarbeiter, etwa durch Qualitätszirkel, effektiv genutzt werden. Die Qualitätsprüfung bezieht sich auf die eingesetzten Maßnahmen, um zu prüfen, ob die Qualitätsanforderungen erfüllt worden sind. Die Qualitätsprüfung findet dabei sowohl intern als auch extern statt. Zu den Verfahren, die intern zum Einsatz gelangen, gehören unter anderem Mitarbeiterbeobachtung und -befragung. Die externe Qualitätsprüfung hingegen umfasst insbesondere die Beobachtung der Kundenzufriedenheit und des Beschwerdemanagement (vgl. Meffert et al. 2018, S. 243). Die Qualitätsmanagementdarlegung erfüllt mit ihren Instrumenten interne und externe Ziele; einerseits soll sie das Vertrauen der Mitarbeiter in die Qualität der eigenen Leistungen stärken und somit motivieren, anderseits soll sie bei den verschiedenen Interessensgruppen Vertrauen in die Leistungen der Organisation schaffen und eine positive Profilierung ermöglichen. Zu den wichtigsten Instrumenten gehören (vgl. Meffert et al. 2018, S. 244):

- Qualitätsmanagementhandbücher
- Qualitätsstatistiken
- Qualitätskommunikation
- Qualitätsaudits
- Zertifizierung

1.8 Schlussbetrachtung

Das Stadtmarketing hat sich in den letzten Jahren in vielen Bereichen sehr positiv entwickelt und zahlreiche erfolgreiche Maßnahmen umgesetzt. Allerdings führen spezielle Rahmenbedingungen, wie etwa die Themen Digitalisierung und Mobilität, dazu, dass das Stadtmarketing sich kontinuierlich weiterentwickeln muss. Städte stehen heute im oft internationalen Wettbewerb um Touristen, Unternehmen und letztlich auch Bürger. Im Rahmen des vorliegenden Beitrages sind einige dieser zentralen Trends und Herausforderungen skizziert worden. Um diesen Herausforderungen gerecht zu werden, bedarf es einer sorgfältigen Planung und eines entsprechenden Umsetzungsprozesses.

Literatur

Block, J.: Stadtmarketing denken, planen, machen. In: Meffert, H., Spinnen, B., Block, J., bsdv e. V. (Hrsg.) Praxishandbuch City- und Stadtmarketing, S. 11–26. Springer Gabler, Wiesbaden (2018)

Block, J., Icks, S.: Stadtmarketing. Bundesvereinigung City- und Stadtmarketing e. V. (2000), https://www.bcsd.de/media/stadtmarketing.pdf. Zugegriffen: 06. Juni 2019

Breyer-Mayländer, T.: Erfolg für Stadtmarketing und Werbegemeinschaften. Verlag Hochschule Offenburg, Offenburg (2011)

Bruhn, M., Hadwich, K.: Dienstleistungen 4.0. Springer Gabler, Wiesbaden (2017)

Bundesvereinigung City- und Stadtmarketing Deutschland e. V. (Hrsg.) Stadtmarketing im Profil. Die digitale Stadt. Berlin (2017)

Fink, A., Siebe, A.: Handbuch Zukunftsmanagement. Werkzeuge der strategischen Planung und Früherkennung. Campus, Frankfurt (2006)

Gausemeier, J., Fink, A., Schlake, O.: Szenario-Management. Planen und Führen mit Szenarien, 2. Aufl. Hanser, Wien (1996)

Grabow, B., Hollbach-Grömig, B. (Hrsg.) Stadtmarketing eine kritische Zwischenbilanz. Difu-Beiträge zur Stadtforschung 25. Deutsches Institut für Urbanistik. Berlin (1998)

Hollbach-Grömig, B., zur Nedden, M.: Integrierte Stadtentwicklung. In: Meffert, H., Spinnen, B., Block, J., bcsd et al. (Hrsg.) Praxishandbuch City- und Stadtmarketing, S. 29–37. Springer Gabler, Wiesbaden (2018)

Konken, M.: Stadtmarketing Handbuch für Städte und Gemeinden. FBV Medien-Verlag GmbH, Limburgerhof (2000)

Kosow, H., Gaßner, R.: Methoden der Zukunfts- und Szenarioanalyse Überblick, Bewertung und Auswahlkriterien. In: Institut für Zukunftsstudien und Technologiebewertung (Hrsg.) WerkstattBericht Nr. 103. Berlin (2008)
Kotler, P.: A generic concept of marketing. J. Mark. **36**(4), 46–54 (1972)
Kotler, P., Levy, S.J.: Broadening the concept of marketing. J. Mark. **33**(1), 10–15 (1969)
Lennardt, S., Stakemeier, D.: Standortmarketing in der Wirtschaftsförderung. Grundlagen für die Praxis. Springer Gabler, Wiesbaden (2017)
Mauer, U.: Erfolgsfaktoren des Stadtmarketing. Eine theoretische und empirische Analyse mit wirtschaftspolitischen Schlussfolgerungen. Lang, Frankfurt a. M. (2003)
Meffert, H., Bruhn, M., Hadwich, K.: Dienstleistungsmarketing, 9. Aufl. Springer Gabler, Wiesbaden (2018)
Mensing, M., Rahn, T.: Einführung in das Stadtmarketing. In: Zerres, M., Zerres, I. (Hrsg.) Kooperatives Stadtmarketing, S. 21–36. Kohlhammer, Stuttgart (2000)
Onpuls. https://www.onpulson.de/lexikon/stadtmarketing/. Zugegriffen: 27. Okt. 2018
Porter, M.E.: Wettbewerbsstrategie: Methoden zur Analyse von Branchen und Konkurrenten, 12. Aufl. Campus, Frankfurt (2013)
Radtke, B.: Stadtslogans zur Umsetzung der Markenidentität von Städten. Eine theoretisch-konzeptionelle und empirische Untersuchung. Springer Gabler, Wiesbaden (2013)
Rufo, M., Zerres, C.: Strategische Analysetechniken. In: Zerres, C. (Hrsg.) Handbuch marketing-controlling, 4. Aufl., S. 69–90. Springer Gabler, Heidelberg (2017)
Saure, B.: Controlling in Non-Profit-Organisationen am Beispiel von Stadtmarketing-Organisationen. Dissertation an der Universität Göttingen, Göttingen (2006), http://hdl.handle.net/11858/00-1735-0000-0006-B60C-9. Zugegriffen: 06. Juni 2019
Von Reibnitz, U.: Szenario-Technik. Instrumente für die unternehmerische und persönliche Erfolgsplanung, 2. Aufl. Gabler, Wiesbaden (1992)
Weimer-Jehle, W.: Cross-impact balances. Applying pair interaction systems and multi-value Kauffman nets to multidisciplinary systems analysis. Physica A **387**(2008), 3689–3700 (2008)
Wesselmann, S., Hohn, B.: Public Marketing. Marketing-Management für den öffentlichen Sektor, 4. Aufl. Springer Gabler, Wiesbaden (2017)
Wolf, E.E., Zerres, C., Zerres, M.: Delphi-Technik. In: Zerres, C. (Hrsg.) Handbuch Marketing-Methodik, Bd. 1, 2. Aufl., S. 111–119. Bookboon, London (2018a)
Wolf, E.E., Zerres, C., Zerres, M.: Szenario-Technik. In: Zerres, C. (Hrsg.) Handbuch Marketing-Methodik, Bd. 1, 2. Aufl., S. 95–110. Bookboon, London (2018b)
Zerres, C.: Benchmarking. In: Zerres, C. (Hrsg.) Handbuch Marketing-Methodik, Bd. 1, 2. Aufl., S. 141–146. Bookboon, London (2018)
Zerres, C., Israel, K., Rahnenführer, K.: Plädoyer für die Renaissance einer Technikfolgenabschätzung im Innovationsmarketing. In: Zerres, C. (Hrsg.) Schriftenreihe „Arbeitspapiere für Marketing und Management“, Nr. 16, Offenburg (2017)
Zerres, C., Zerres, M.: Einführung in das Marketing-Controlling. In: Zerres, C. (Hrsg.) Handbuch Marketing-Controlling, 4. Aufl., S. 3–13. Springer Gabler, Heidelberg (2017)
Zerres, C., Zerres, M.: SWOT-Analyse. In: Zerres, C. (Hrsg.) Handbuch Marketing-Methodik, Bd. 1, 2. Aufl., S. 120–132. Bookboon, London (2018)

Dr. Christopher Zerres ist Professor für Marketing an der Hochschule Offenburg. Seine Schwerpunkte in Lehre und Forschung liegen auf Social Media- und Online-Marketing sowie Marketing-Controlling. Zuvor war er bei einer Unternehmensberatung sowie einem internationalen Automobilzulieferer tätig. Christopher Zerres ist Autor zahlreicher Publikationen zu den Bereichen Management und Marketing.

Stakeholder-Management

2

Thomas Breyer-Mayländer

Zusammenfassung

Dieses Kapitel befasst sich mit dem Stakeholder-Management als Aufgabengebiet des Stadtmarketings. Es geht dabei um die Identifikation der typischen Anspruchsgruppen, die generell bei kommunalen Aufgaben relevant sind und die Berücksichtigung ihres Stellenwerts und ihrer Interessenlage im Rahmen der allgemeinen Stadtmarketingprozesse. Dabei muss neben den unterschiedlichen Rollen, die Bürgerinnen und Bürger generell einnehmen können, die Stakeholder je nach Detailthema des Stadtmarketings neu sortiert werden. Die beispielhafte Analyse der Anspruchsgruppen und Erwartungshaltungen beim Themenfeld Infrastruktur als Beispiel kommunaler Produktpolitik und des in unterschiedlichen Stadtmarketingfeldern relevanten Bereichs des Tourismus zeigt auf, welche Differenzierungen im Rahmen des Stakeholder-Managements notwendig sind.

2.1 Die Notwendigkeit des Stakeholder-Managements für das Stadtmarketing

Um sicherzugehen, dass die Methoden und Maßnahmen im Rahmen des Stadtmarketings auch tatsächlich wirksam sind, lohnt es sich, gegliedert nach den einzelnen Akteuren, deren Ausgangssituation, Befindlichkeiten und Ziele zu untersuchen. Eine für diese Fragestellung gängige Methode aus dem Bereich des strategischen Managements, mit der unterschiedliche Gruppen in ihrer Einstellung und Erwartungshaltung klassifiziert werden können, um anschließend das zielgruppengerechte Management dieser Gruppen

T. Breyer-Mayländer (✉)
Hochschule Offenburg, Offenburg, Deutschland
E-Mail: breyer-maylaender@hs-offenburg.de

T. Breyer-Mayländer und C. Zerres (Hrsg.), *Stadtmarketing*,
https://doi.org/10.1007/978-3-658-26254-9_2

zu erleichtern, ist das Stakeholder-Management. Ausgehend von den Fragen der strategischen Unternehmensentwicklung hat sich dieser Ansatz inzwischen auch für viele Belange des öffentlichen Bereichs von der Schule bis zum Polizeiwesen durchgesetzt (vgl. Siller 2017; Breyer-Mayländer 2012) und ist daher grundsätzlich für den kommunalen Sektor gut geeignet. Krems sieht in seiner Darstellung für das Online-Verwaltungslexikon in Bezugnahme auf das St. Galler Managementkonzept (vgl. Rüegg-Stürm 2004, S. 74 ff.) die Stakeholder-Managementansätze eher kritisch, da sie dem Ansatz des Gemeinwohls widersprächen (vgl. Krems 2011). Wenn man jedoch davon ausgeht, dass auch bei gemeinwohlorientierten Organisationen das ökonomische Prinzip gilt, wonach ein möglichst günstiges Verhältnis zwischen Ressourceneinsatz und Output angestrebt wird (entweder als Minimal- oder Maximalprinzip), dann wird deutlich, dass auch eine gemeinwohlorientierte öffentliche Einrichtung, wie eine Kommune und ihre Teilgliederungen Prioritäten setzen muss. Genau hier kann das Stakeholder-Management einen wichtigen Beitrag leisten.

> „Ein Stakeholder ist eine Person oder Gruppe, die ein bestimmtes (ob berechtigtes oder unberechtigtes) Interesse an oder direkte Berührungspunkte zu einer Organisation hat. Der Erfolg jeder Organisation kann nur durch sorgfältiges Ausbalancieren der verschiedenen Interessen und Ansprüche der Stakeholder nachhaltig gesichert werden. Die Stakeholderanalyse dient dazu, ein vollständiges Bild von den unterschiedlichen Interessengruppen einer Organisation zu zeichnen. Der alternative Ausdruck „Kraftfeldanalyse" stammt aus den Attributen, die analysiert werden: Macht, Einfluss und Einstellung gegenüber einem Projekt oder einer Strategie" (Siller 2017, S. 1019).

Dabei zeigt sich gerade im Kontext des Stadtmarketings, dass eine Kommune mit ihrer Ausgestaltung der Lebensumstände vor Ort ein zentrales Aufgabenspektrum verfolgt, das für sehr viele Zielgruppen relevant ist. Daher ist die Stakeholderstruktur für alle Fragen des Stadtmarketings sehr komplex, da viele Teilgruppen mit sehr unterschiedlichen Interessen und Erwartungen einbezogen werden müssen. Entsprechend lohnt es sich im Rahmen des Stakeholder-Managements unterschiedliche Perspektiven getrennt zu verfolgen, da eine normale Stakeholderanalyse zu einer undifferenzierten Aneinanderreihung unzähliger Zielgruppen führen würde. Wenn man allein den Blickwinkel der reinen Kommunalverwaltung herausgreift (vgl. Breyer-Mayländer 2019), dann zeigt sich schon ein recht komplexes Gebilde unterschiedlicher Akteure und Interessengruppen. Dabei ist der Verwaltungssektor durchaus im Sinne des Produktmanagements im Rahmen des Marketingmixes ein Gestaltungsfeld, das auch zum Stadtmarketing gehört. Es ist jedoch ein stark strukturierter Aufgabenbereich, der daher mit klaren Stakeholder-Interessen aufwarten kann.

Allein die beispielhafte Darstellung einiger wesentlicher Stakeholder der kommunalen Verwaltungs- und Politikprozesse (vgl. Abb. 2.1) zeigt bereits, dass es sich um ein sehr komplexes Beziehungsgeflecht handelt, das in sehr kleinräumigen und engen Dimensionen wirksam ist und damit umgehen muss, dass mitunter sehr gegensätzliche Grundinteressen und Ziele aufeinandertreffen. Bürgerinteressen und Interessen des Umweltschutzes oder Hochwasserschutzes sind mal kongruent, mal gegensätzlich und

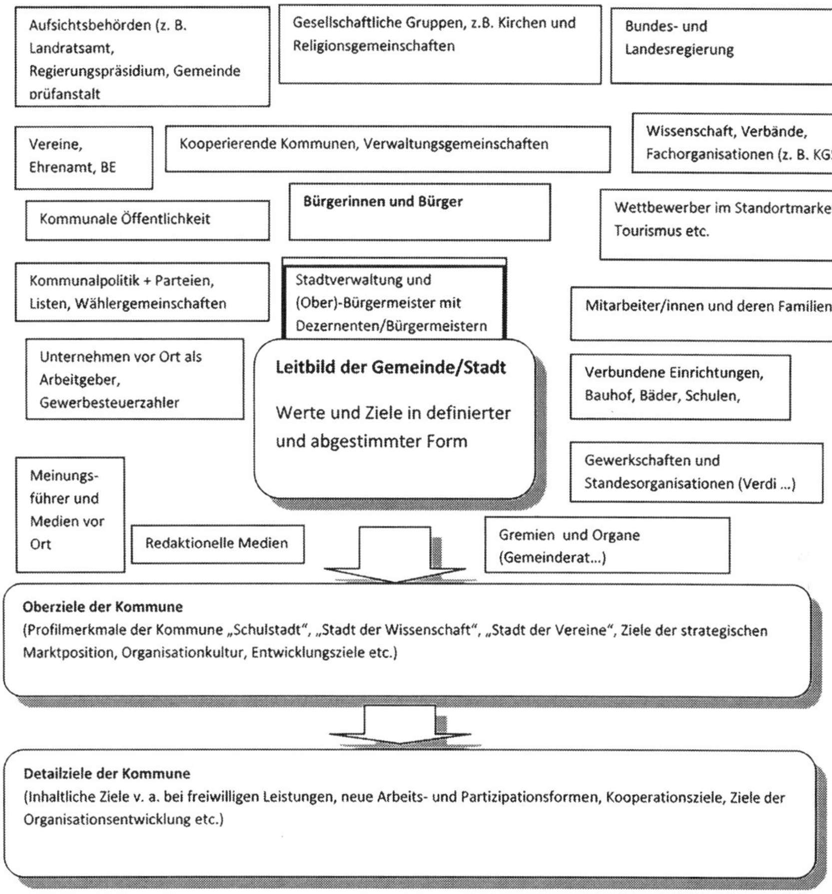

Abb. 2.1 Beispielhafte Auswahl an Stakeholdern einer Kommunalverwaltung. (Quelle: eigene Darstellung, vgl. Breyer-Mayländer 2019, S. 26; abgeleitet von u. a. am Beispiel Schule: Breyer-Mayländer 2012, S. 204; oder genereller: Breyer-Mayländer 2009, S. 38)

es bedarf eines gestaltenden Prozesses der politischen Willensbildung und geordneter Verwaltungsabläufe, um einen zufriedenstellenden Ausgleich schaffen zu können.

Wie bei allen Formen des Stakeholder-Managements ist es für den erfolgreichen Umgang mit Stakeholdern und damit auch für die Positionierung einer Kommune auf der Ebene der Stadtverwaltung notwendig, eine Gewichtung bei den Stakeholdern vorzunehmen. Grundsätzlich haben Bürgerbelange eine sehr hohe Priorität, was bei Bürgerbeteiligungsprozessen (s. Kapitel zur Stadtentwicklung) oder aber auch im Alltagsgeschäft mit Bürgersprechstunden der politisch Verantwortlichen genauso umgesetzt werden muss.

Im Rahmen der Veränderungs- und Entwicklungsprozesse für Kommunen gibt es eine Schnittstelle zwischen Verwaltungsreform und Stadtmarketing. Im Rahmen der Konzepte einer bürgernahen Verwaltung ist es ein wichtiges Ziel, dass die Mitarbeitenden einer Kommune sich nicht auf das Ressort- und Amtsprinzip zurückziehen und damit nicht die interne Organisationsstruktur zum Maß aller Dinge erklären, sondern dem Bürger durch Bürgerbüros und Projekte einer digitalen Kommunalverwaltung begegnen. Das Prinzip des „One-Stop-Shoppings", bei dem ich als Bürger/in mit einer Anlaufstelle alles bekomme, lässt sich sowohl bei digitalen Kanälen und Callcentern als auch bei der persönlichen Beratung im Bürgerbüro umsetzen und stellt aus Marketingsicht eine wertvolle Schnittstelle zwischen der Produktpolitik (Beratung als Dienstleistungsangebot für die Bürger/innen), Kommunikationspolitik (Kommunikation der Leistungen in Richtung Bürgerschaft) und Distributionspolitik (Zugänglichkeit von Ansprechpartner/innen und Verfügbarkeit der Dienstleistung über unterschiedliche Kanäle) dar. Voraussetzung für diese Veränderung ist die Erledigung der Aufgaben für die Organisationsentwicklung einer Kommune. Es geht dabei vor allem um die Strukturierung der internen Abläufe und eine Vorbereitung und Schulung der Mitarbeitenden mit Kundenkontakt zu den Bürger/innen, da diese bei dem Prinzip „One-Face-to-the-Customer" eine entscheidende Rolle einnehmen.

2.2 Der Bürger als Kunde?

Ausgehend vom obigen Beispiel der Verwaltungsstakeholder stellt sich die Frage, ob auch dieses spezifische Segment der kommunalen Aufgabenwahrnehmung im Marketingsinne eine Kundenorientierung voraussetzt. Dominiert also bereits bei der Verwaltung die Stakeholdergruppe der Bürgerinnen und Bürger das Geschehen? Bei einem Wirtschaftsunternehmen, das nach der Definition von Peter Drucker auch nur deshalb eine Existenzberechtigung hat, weil es Kunden für die Leistungen des Unternehmens gibt, wäre die Antwort sehr eindeutig. Aber auch für den Verwaltungspart einer Kommune sind die übrigen Stakeholder einer Kommunalverwaltung gegenüber den Bürgerinnen und Bürgern von nachgeordneter Bedeutung. Ihre Ziele und Erwartungen sind immer im Verhältnis zur Hauptachse Verwaltung-Bürgerschaft zu sehen und können dann auch entsprechend eingeordnet werden. Dabei zeigt sich bei genauerer Betrachtung, dass im Rahmen des Verwaltungshandelns die Bürger/innen nicht nur in einer Kundenrolle, sondern in weiteren Beziehungen gegenüber der Verwaltung auftreten.

Mintzberg (1996) hat eine Differenzierung der Begriffe vorgenommen und schlägt die Verwendung von vier verschiedenen Begriffen für die unterschiedlichen Beziehungen vor: Kunde, Klient, Bürger, Staatsbürger (vgl. Abb. 2.2).

Beim Begriff des „Kunden" schwingt das Interesse mit, möglichst viele Leistungen an den Mann zu bringen, was beim städtischen Schwimmbad noch zutrifft, aber bei der kommunalen Arbeitsförderung und anderen Bereichen der Leistungsverwaltung nicht zutreffend ist. Beim Begriff des „Klienten" steht die Erbringung einer ganz individuellen Dienstleistung für eine Person im Vordergrund, wie wir das u. a. aus dem Bereich der sogenannten freien Berufe, beispielsweise bei Rechtsanwälten, kennen. Die dritte Beziehung besteht in der Bereitstellung öffentlicher Leistungen (Straße, Schulen etc.)

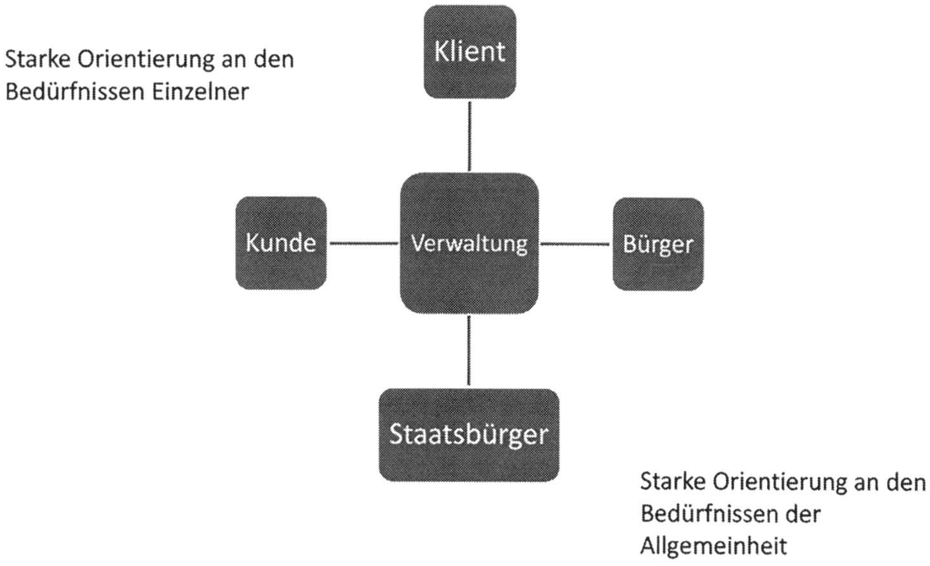

Abb. 2.2 Differenzierte Rollen der Bürger/innen nach Mintzberg. (Quelle: Breyer-Mayländer 2019; nach: Hilgenstock und Jirmann 2001, S. 16)

was nach Mintzberg die eigentliche Rolle des „Bürgers" darstellt. Eng verwandt mit dieser Rolle, in der die Kommunalverwaltung im Sinne der Gemeinschaft aller Bürger/innen Leistungen vorhält, ist die Rolle des „Staatsbürgers", in der nicht die Kommunalverwaltung, sondern die Bürger in der Pflicht sind (Einhaltung von Verordnungen, z. B. Plakatierrichtlinien und die Erbringung von Leistungen der Bürger, wie etwa das Bezahlen der Hunde- oder Gewerbesteuer).

2.3 Differenzierte Anspruchsgruppen in der Produktpolitik des Stadtmarketings am Beispiel kommunaler Infrastruktur

Wenn nun die Rolle der Bürgerinnen und Bürger gegenüber der Stadt im Sinne des Stakeholderanalyse beschrieben wird, dann muss in Ergänzung zu den bisher ausgeführten Inhalten auch die Erwartungshaltung, beispielsweise gegenüber einer Stadt in Bezug auf Lebensqualität, Infrastruktur und ihren gesamten Freizeit- und Tourismuswert, mit einbezogen werden. Daher geht es in Ergänzung zur oben dargestellten Grafik der Stakeholder der Verwaltungsdienstleistungen (vgl. Abb. 2.3) darum eine erweiterte Analyse vorzunehmen.

Wenn es um Fragen der Infrastruktur geht, dann zeigt sich, dass viele Bürgerinnen und Bürger inzwischen einen sehr umfassenden Anspruch gegenüber einer Kommune formulieren. Traditionell wird im Infrastrukturbereich auf der ein eher technischer

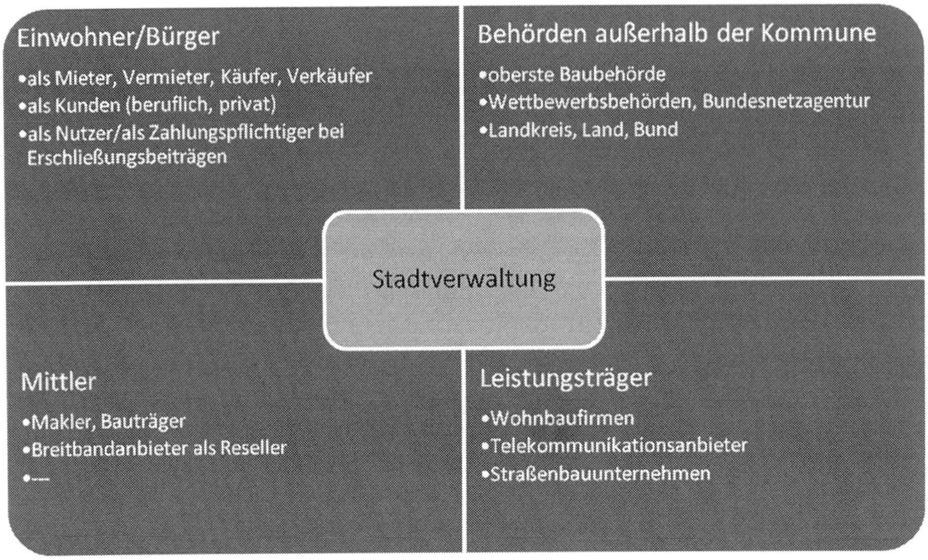

Abb. 2.3 Stakeholder in Bezug auf Infrastruktur an den Beispielen Wohnen, Breitbandversorgung, Straßenbau. (Quelle: eigene Darstellung)

Aspekt verfolgt, der in den Kommunen üblicherweise über die Aktivitäten im Tiefbau und teilweise im Hochbau abgedeckt wird. Die Erwartungshaltung erstreckt sich andererseits jedoch heutzutage bis hin zur Versorgung mit schnellem Internet, was insbesondere in ländlichen Gebieten nach wie vor ein kritischer Infrastrukturpunkt sein kann. Unabhängig davon, ob nun tatsächlich die Kommune oder ein anderer Teil der öffentlichen Hand hier überhaupt aufgrund der rechtlichen Beschränkungen Verantwortung übernehmen kann, geht es um eine breite Palette an Services, die meist als „Low-Involvement-Produkte" aus Marketingsicht zu sehen sind. D. h. die Bürger/innen befassen sich dann mit ihnen, wenn Störungen auftreten, da sie beispielsweise nicht funktionieren (z. B. Keime im Trinkwasser) oder als zu teuer empfunden werden (diese subjektive Wahrnehmung entsteht oft bei Rechnungsversand oder bei Preiserhöhungen und ist auch dann nachweisbar, wenn die Bürger/innen für die Dienstleistung keinerlei Preisvorstellung haben, d. h. im Rahmen von Befragungen keinen Preis nennen können). Die Range der Dienstleistungen reicht von der Wasserver- und -entsorgung über nachgelagerte Bereiche vom Bildungswesen bis zur Gesundheitsversorgung. Aus Marketingsicht sind diese Aspekte unter dem Gesichtspunkt der „Produktpolitik" zu sehen, da sie im Wesentlichen beschreiben, welche Leistungen eine Kommune ihren Bürgerinnen und Bürgern unmittelbar anbieten kann.

Es gilt nun im Rahmen des Stakeholder-Managements herauszuarbeiten, welche Teilanforderungen für einzelne Teilzielgruppen hier an die Kommune gerichtet werden, diese rechtlich überhaupt in das Aufgabenspektrum der Kommune gehören und im politischen Sinne auch tatsächlich als Handlungsfeld ausgestaltet werden können und dürfen. Seit der

Jahrtausendwende hat im Spektrum der Infrastruktur einer Kommune das Thema Wohnen einen immer größeren Stellenwert eingenommen: Es geht darum, dafür zu sorgen, dass ausreichend Wohnraum in unterschiedlichen Preiskategorien für unterschiedliche Lebens- und Familiensituationen vorhanden sind. Die in vielen Regionen Deutschlands in den letzten Jahren zu verzeichnenden Engpässe im Immobilienbereich können nicht nur auf das sehr niedrige Zinsniveau und den daraus resultierenden Bauboom auf Investorenseite zurückgeführt werden, da dies eigentlich zu einer Entlastung des Marktes hätte führen müssen. Zwar ist der Druck auf die Preise im Bereich der Gebäude und Grundstücke durch diese Marktsituation angestiegen, es hätte jedoch auch über die Refinanzierung von Immobilieninvestitionen zu einem Angebotsüberhang führen können, der wiederum zu einer Normalisierung der Preise beiträgt. In Regionen, die aufgrund der wirtschaftlichen Stärke des Umfelds und/oder der Attraktivität der Lebensbedingungen als Zuzugsgebiet gelten, gilt es daher im Rahmen des Stadtmarketings herauszufinden, ob ein weiterer Zuzug von bestimmten Zielgruppen als wünschenswert und damit auch unterstützenswert angesehen wird und welche Folgen es für den Wohnungsmarkt derzeit ergibt. Die Abwägung bei der Ausweisung neuer Wohn- und damit auch Baugebiete mit den Belangen des Natur- und Hochwasserschutzes kann dabei nur im Einzelfall erfolgen. Um im Immobilienmarkt den Druck auf insbesondere Familien mit geringen oder mittleren Einkommen zu nehmen, gibt es die Möglichkeit kommunal dominierte oder kommunale Wohnbaugesellschaften zu gründen, die auch Wohnraum für die weniger attraktiven Segmente im Markt bereitstellen und damit für ein umfassendes Angebot und einen sozialen Ausgleich sorgen.

Bei den Infrastrukturanforderungen im Energiesektor gilt es neben einer Vorbildrolle der Kommune im eigenen Energiemanagement die regenerativen Energien im Umfeld der Kommune und unter Beteiligung der Kommunen zu stärken und damit die Energiewende vor Ort entscheidend mit zu prägen. Dies kann – insbesondere bei größeren Stadtwerken – über die Beteiligung an einem Energieversorger oder gar über den Aufbau eines eigenen Energieversorgers bis hin zur Ausgestaltung von kommunalorientierten regenerativen Projekten im Bereich der Solar- und Windenergie unterschiedliche Formen annehmen.

Die Infrastrukturerwartungen im Umfeld der Mobilität sind im Wesentlichen durch die Zukunftsplanungen in Richtung neuer Mobilitätskonzepte geprägt. Wenn die Sharing Economy und unterschiedliche Formen des autonomen Fahrens mit Individualverkehr auf Basis von Elektroantrieb realisiert werden, kann sich auch die Lebens- und Aufenthaltsqualität ganzer Stadtteile entscheidend verändern. Es gilt daher als eine der zentralen Aufgaben einer Kommune, die Planungen des fließenden und ruhenden Verkehrs auf derartige Zukunftsszenarien abzustimmen, da die sehr langen Planungszyklen, insbesondere bei der Beteiligung von Kreis, Land oder Bund, im Bereich des Straßenbau zu einem mehr als langfristigen Planungshorizont führen.

Die Entwicklung des Bildungswesens im Umfeld einer Kommune steht – wie auch alle anderen Teilbereiche des Blickwinkels „Infrastruktur" – in enger Beziehung zu anderen Teilsegmenten. Bildungsinfrastruktur ist eine Voraussetzung, aber auch eine Auswirkung, beispielsweise von Wachstumsentwicklungen im Bereich der Bevölkerung (insbesondere bei der Erschließung „junger Baugebiete"). Junge Familien ziehen gerne in Regionen, in denen ein breites Bildungsangebot etabliert werden konnte und umgekehrt führt ein Zuwachs an Bevölkerung, insbesondere bei jungen Familien, zur Notwendigkeit Bildungsinfrastruktur auf allen Ebenen weiterzuentwickeln, um dem gestiegenen Bedarf gerecht zu werden. Bildungsinfrastruktur ist jedoch auch eine wichtige Voraussetzung für die anschließende Weiterentwicklung im Umfeld der Kommune als Investitionsstandort. Dabei geht der Bildungsbegriff über die reine Schulbildung hinaus und knüpft an den vor- und nachgelagerten Bereichen wie der Kinderbetreuung und des Kindergartens und im Segment der Berufsausbildung oder der theoretischen Weiterqualifizierung an.

Unternehmen erwarten im Bereich der Infrastruktur eine gute Verkehrsanbindung, gute Voraussetzungen im Bereich der Telekommunikation und Breitbandanbindung (vgl. Wodzak 2018, S. 15) sowie eine funktionsfähige und reaktionsschnelle sowie verlässliche Verwaltung im Bereich der wirtschaftlich relevanten Belange. Dies kann von Tourismus (über Innenstadtentwicklung, Wirtschaftsförderung bis hin zum Bau-Management sehr viele Bereiche der Kommunalverwaltung und des Kommunalmanagements umfassen. Weitere Erwartungen im Bereich der Infrastruktur, die mittelbar mit dem Erwartungshorizont von Unternehmungen verbunden sind, sind die sogenannten weichen Standortfaktoren die, ausgehend von der Bildungsinfrastruktur für Familien von Mitarbeitenden, zusammen mit der Lebensqualität und damit der Attraktivität als Lebensraum und Arbeitsort auch über die Attraktivität eines Firmenstandorten entscheiden. Dies geht bis hin zur Einbettung der Kommune in einen Tourismusraum, der gerade bei überregionaler Personalakquise der Unternehmungen als Vorteil genutzt werden kann. Die Unternehmen ihrerseits wiederum sind ein wesentlicher Standortfaktor für die Kommune selbst, nicht nur auf der Ebene der zur Verfügung stehenden Ergebnisse aus dem Bereich der Gewerbesteuer, die das Steuervolumen und damit die Haushaltsspielräume einer Kommune prägen, sondern auch als Arbeitgeber vor Ort, die für eine entsprechende Attraktivität des Ortes und des Umlandes sorgen können.

Wie bereits bei den obigen Ausführungen deutlich wurde, wirkt sich auch der Tourismus auf unterschiedliche Bereiche aus, indem er mit unterschiedlichen Zielgruppen in Verbindung steht (vgl. Abb. 2.4). Die Zielgruppe der Touristen von außerhalb, die darüber hinaus auch außerhalb der engeren Region ihren Wohnsitz haben, erwarten eine Infrastruktur und Servicequalität vor Ort, was insbesondere bei der Verkehrsinfrastruktur, Tourismusinformation und Serviceinfrastruktur (auf der Ebene scheinbarer Banalitäten bis hin zu öffentlichen Toiletten) direkt vor Ort eine Rolle spielt. Darüber hinaus gilt es im Sinne des Tourismusmarketings im Rahmen des Stadtmarketings auch darauf zu achten, dass das Profil einer Stadt, das für den Tourismus attraktiv erscheint, weiterentwickelt und auch gegenüber anderen Interessen verteidigt wird. So gilt es beispielsweise bei historischen Gebäuden und Stadtteilen/Stadtkernen für eine behutsame Sanierungsarbeit zu sorgen. Die Gesamttourismusinfrastruktur entsteht jedoch erst durch das Zusammenspiel von privaten und öffentlichen Akteuren, die hier eine gemeinsame strategische Zielsetzung und operative Leitplanung benötigen. Übernachtungsmöglichkeiten für unterschiedliche

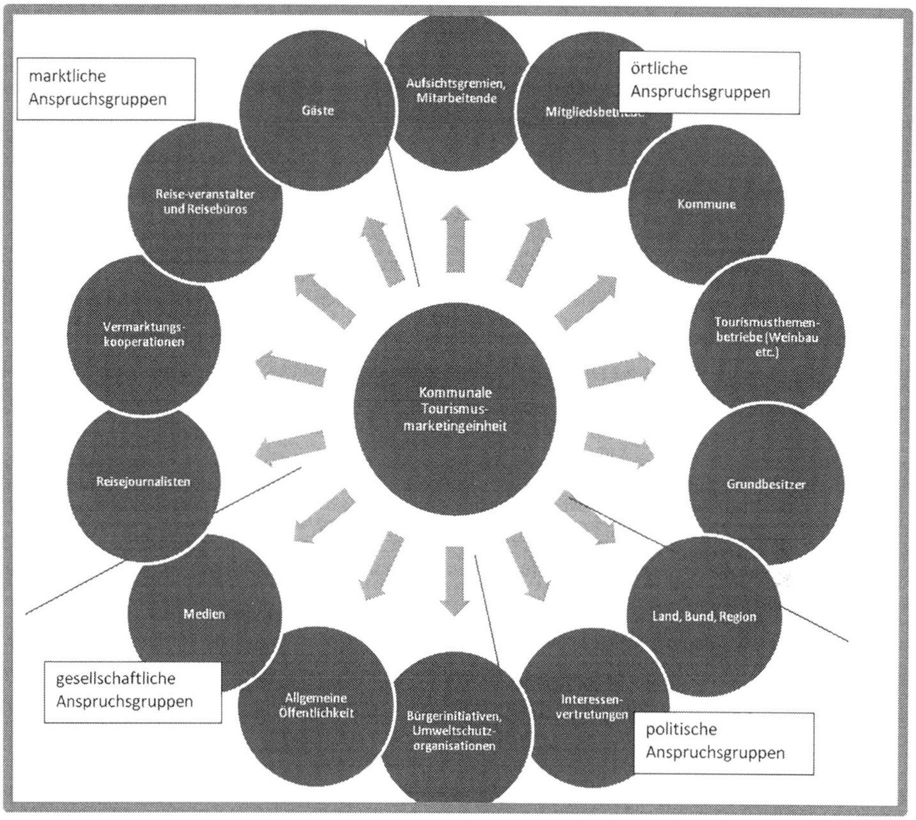

Abb. 2.4 Stakeholder in Bezug auf Tourismus. (Quelle: eigene Darstellung als Erweiterung von: Thilo 2017, S. 93)

Lebenssituationen und Preisniveaus sind hier genauso als Produktbestandteile zu nennen, wie eine entsprechende Gastronomie, die lediglich in privater Regie, gegebenenfalls mit Unterstützung der öffentlichen Hand im Bereich der zur Verfügung stehenden Immobilien innerhalb von Sehenswürdigkeiten etc. realisiert werden kann. Ohne dem Themenfeld des Tourismusmarketings als Teil des Stadtmarketings an dieser Stelle vorgreifen zu wollen, sei der Hinweis gestattet, dass die Integration von Stakeholdern generell im Tourismusmarketing bei der Gesamtstrategie (z. B. der Markenbildung) von hohem Interesse ist (vgl. Völkening 2017, S. 295 f.).

In Bezug auf die Aufenthaltsqualität innerhalb einer Stadt als Aufgabengebiet des Stadtmarketings geht es im Wesentlichen um die Zielgruppen der Bürgerinnen und Bürger in den unterschiedlichen Alterssegmenten als auch um die auswärtigen Besucher, seien es nun Touristen oder Tagestouristen, bzw. bei Kommunen mit einem starken Einzelhandel die Kunden der in der Innenstadt ansässigen Handelsunternehmen (vgl. Abb. 2.5). Mit diesen unterschiedlichen Teilgruppierungen, die in der eigenen Sekundäranalyse in Bezug auf die Aufenthaltsqualität beschrieben werden, sind auch unterschiedliche Erwartungshaltungen und Themensetzungen verbunden.

Eine Familie mit Kleinkindern versteht unter Aufenthaltsqualität in einer Innenstadt ausreichende Bewegungsmöglichkeiten und damit buchstäblich „Spielräume“, in denen auch dem Bewegungsbedürfnis von jüngeren Kindern im Rahmen eines Besuchs in der Innenstadt entsprochen werden kann. Dies wiederum kann für die umliegenden Geschäftsinhaber aus den Bereichen Handel, Dienstleistung und Gastronomie attraktiv sein, da damit eine Auslastung der eigenen Unternehmungen auch zu den Tageszeitungen möglich erscheint, zu denen üblicherweise aufgrund der Überschneidung mit den üblichen Arbeitszeiten keine große Kundenentwicklung vermerkt werden kann.

Für Jugendliche und junge Erwachsene besteht die Aufenthaltsqualität neben einem entsprechend passenden Angebot von gastronomischen Betrieben (vom Straßencafé bis zur Cocktailbar) auch im typischen Freizeitangebot, das in einer Kommune zugänglich ist und gegebenenfalls auch mit der Innenstadt verbunden werden kann. Bei der Gesamtaufenthaltsqualität können hier eine ganze Reihe von privaten Unternehmen wie beispielsweise

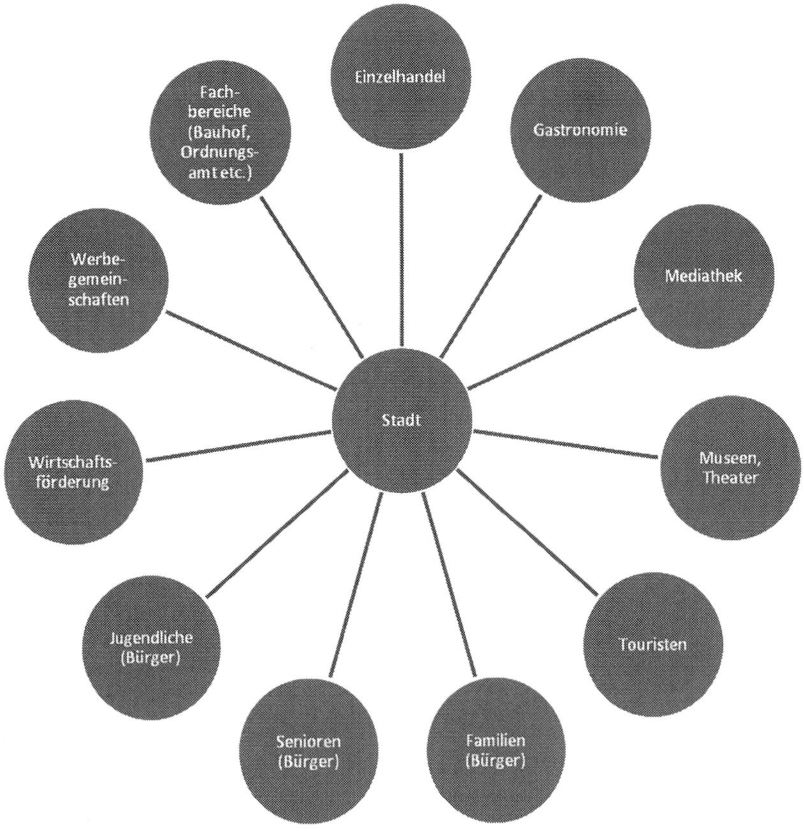

Abb. 2.5 Stakeholder in Bezug auf Aufenthaltsqualität. (Quelle: eigene Darstellung)

Fitnessstudios, entsprechend angesagte Handelsbetriebe oder gastronomische Betriebe wie auch Bars und Klubs eine Rolle spielen. Es gibt aber auch typische Infrastruktureinrichtungen im Freizeitbereich, die sowohl für den Tourismus (s. o.) als auch für die Aufenthaltsqualität für Bürgerinnen und Bürger von großer Bedeutung sind. Dazu gehören beispielsweise Sporteinrichtungen wie Schwimmbäder (insbesondere Freizeitbäder). Für die Stakeholder aus dem Alterssegment der Senioren gelten eine Reihe der Anforderungen, die bereits in Bezug auf die Zielgruppen junge Familien, junge Erwachsene formuliert wurden. Es ist keineswegs so, dass bei dieser Altersklasse das Ruhebedürfnis ein allein dominierender Faktor wäre, der damit die Erwartungshaltung an eine Kommune und kommunales Handeln prägt. Es geht auch hier um altersgerechte Angebote aus dem privaten Sektor (Handelsgeschäfte, gastronomische Betriebe, Cafés etc.). Es geht aber auch um öffentlich geförderte Angebote, die im Bereich von Gesundheit und Freizeiteinrichtungen wie Schwimmbäder oder Saunen die dieselben Zielsetzungen verfolgen. Selbst im Bereich der Spielgeräte hat sich in den vergangenen Jahren ein Trend entwickelt, dass neben typischen Kinderspielplätzen, die bereits für Jugendliche tabu sind, auch Mehrgenerationen-Spielplätze entstehen, die auch Bewegungsgeräte für ältere Bürgerinnen und Bürger bereithalten oder Fitnessparks, die mit Sport- und Spiel-Geräten für Seniorinnen und Senioren ausgestattet werden.

2.4 Detailanalyse von Stakeholdern als Prozess

Für den Prozess des Stakeholder-Managements geht es im Sinne des echten Gestaltens darum, nicht nur – wie oben beispielhaft ausgeführt – Stakeholder zu identifizieren, sondern deren Rolle anhand einiger zentraler Fragen zu analysieren (vgl. Abb. 2.6).

Informationsbedarf über Stakeholder
• Ziele • Reaktionen in der Vergangenheit • voraussichtliches Verhalten • die voraussichtlichen Auswirkungen des Vorhabens • wahrscheinliche Reaktion • Ausmaß, zu dem sie für das Vorhaben gewonnen werden können
Quelle: SSG S. 77 (Online-Quelle)

Abb. 2.6 Informationsbedarf über Stakeholder. (Quelle: UK Cabinet Office Strategy Unit 2004, S. 77)

Dies ist eine der entscheidenden Phasen im Rahmen des Stakeholder-Managements, die sich als mehrstufiger Prozess beschreiben lässt (vgl. Abb. 2.7). Es geht um die Identifikation der Stakeholder, die anschließend auf ihre Interessenlage und das erwartbare Verhalten hin untersucht werden. Für die Prioritätensetzung gibt es eine Reihe von

Daten-erhebung	**STUFE 1: Identifikation der Stakeholder** ▪ Identifikation von Individuen, Gruppen und Koalitionen aus dem Umfeld einer Projektentwicklung ▪ Einschränkungen in der Tiefe durch Gruppierung möglich, nicht in der Breite (interne und externe)
	STUFE 2: Identifikation der Ziele und Interessen der Stakeholder ▪ Systematische Erfassung der auf ein Projekt gerichteten Ziele und Vergleich mit Projektzielen
	STUFE 3: Identifikation der Eigenschaften der Stakeholder ▪ Ermittlung der Legitimität, Macht sowie Dringlichkeit (Aktivität/ Engagement) der Stakeholder
Analyse	**STUFE 4: Analyse der Stakeholder und Priorisierung** ▪ Individuelle Analyse der Stakeholder: Ermittlung der Einstellung (Gegner/Unterstützer/neutral) ▪ Vergleichende Analysen und Priorisierung der Stakeholder in Abhängigkeit von ihrer Bedeutung
	STUFE 5: Analyse von möglichen Koalitionen ▪ Ermittlung potentieller Koalitionen anhand wechselseitiger Akzeptanz verschiedener Stakeholder ▪ Prüfung der Mobilisierungswahrscheinlichkeit und Plausibilität von möglichen Koalitionen
	STUFE 6: Analyse der Strategien der Stakeholder Ermittlung der gegenwärtigen und potentiellen Strategien, die von Stakeholdern gewählt werden
Auswertung/ Ziel	**STUFE 7: Festlegung von Strategien und Auswertung** ▪ Inhalt dieses Analyseschritts stark abhängig von den Adressatengruppen der Stakeholderanalyse ▪ Projektentwickler: Stakeholdermanagement, Projektanpassung (explorative Funktionen) ▪ Öffentlichkeit/Stakeholder: Überblick über Situation und Partizipation (Dokumentationsfunktion) ▪ Stakeholder: Entwicklung von Strategien gegenüber einem Projekt (Tausch der Stufen 6 und 7)
	STUFE 8: Monitoring ▪ Berücksichtigung von Dynamiken durch iterative Durchführung der Analysestufen 1-7
	STUFE 9: Überprüfung der Zielerreichung

Abb. 2.7 Gesamtprozess des Stakeholder-Managements. (Quelle: Krips 2017, S. 12)

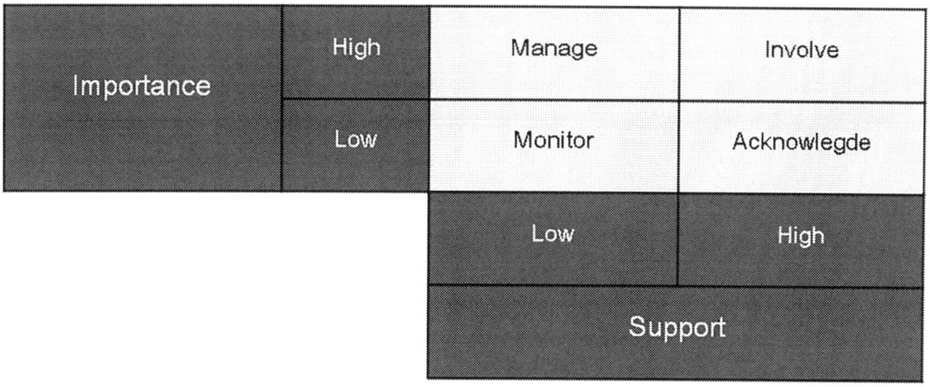

Abb. 2.8 Portfolio-Analyse zur Vorbereitung der Stakeholder-Priorisierung. (Quelle: eigene Darstellung, nach UK Cabinet Office Strategy Unit 2004, S. 79)

Portfoliomethoden, die die Analyse unterstützen und systematisieren (vgl. Krips 2017, S. 21 f. auf Basis u. a. der Arbeiten von Freeman 1984; Johnson 1999; Savage et al. 1991; Winch und Bonk 2002).

Besonders wirksam ist eine Synthese dieser unterschiedlichen Methoden, bei denen man im Rahmen einer eigenen Portfoliodarstellung untersucht, wie groß die Bedeutung des untersuchten Themas für die Stakeholder ist (entweder sind sie sehr stark betroffen oder sie haben einen großen Einfluss). Die zweite Dimension der Analyse ist die Haltung gegenüber dem Grad der Unterstützung (vgl. Abb. 2.8).

Literatur

Breyer-Mayländer, T.: Aktives Wertemanagement: Basis der Unternehmenskommunikation. Expert, Renningen (2009)

Breyer-Mayländer, T.: Marketing für Kommunalverwaltung und Kommunalpolitik – Kommunikations- und Partizipationsstrategien für das Gemeinwohl vor Ort. Springer Gabler, Wiesbaden (2019)

Breyer-Mayländer, T.: Mehr Vielfalt in der Bildungslandschaft – Stakeholdermanagement für die Zukunft. In: Breyer-Mayländer, T., Ritter, B. (Hrsg.) Schulen im Wettbewerb: Bildung zwischen Entwicklung und Marketing, S. 203–211. Schneider, Hohengehren (2012)

Freeman, R.E.: Strategic management. Pitman, Boston (1984)

Hilgenstock, R., Jirmann, R.: Mitarbeiterführung in der öffentlichen Verwaltung: Konzepte, Beispiele, Checklisten. Springer Gabler, Wiesbaden (2001)

Johnson, G., Scholes, K.: Exploring corporate strategy. Prentice Hall, London (1999)

Krems, B.: Stakeholder/Anspruchsgruppe(n)/Interessengruppe(n). In: Online-Verwaltungslexikon olev.de, Version 2.72, (http://www.olev.de/s/stakeholder.htm) Köln, 2011-07-31, (2011). Zugegriffen: 27. Dez. 2018

Krips, D.: Stakeholdermanagement. Kurzanleitung Heft 5, (Hrsg. von Walter Volkmann), 2. neu bearbeitete Aufl. Springer Vieweg, Berlin (2017)

Mintzberg, H.: Den Staat besser managen – nur wie? Harv. Bus. Manag. **4**, 9–20 (1996)

Rüegg-Stürm, J.: Das neue St. Galler Management-Modell. In: Dubs, R. et al. (Hrsg.) Einführung in die Managementlehre, S. 65–141. Haupt, Bern (2004)

Savage, G.T., Nix, T.W., Whitehead, C.J., Blair, J.D.: Strategies for assessing and managing organizational stakeholders. Academy Manag. Executive **2**(5), 61–75 (1991)

Siller, H.: Stakeholder-Management. In: Stierle, J., Wehe, D., Siller, H. (Hrsg.) Handbuch Polizeimanagement: Polizeipolitik – Polizeiwissenschaft – Polizeipraxis, S. 1019–1033. Springer Gabler, Wiesbaden (2017)

Thilo, I.: Identitätsorientierte Markenführung im Tourismus: Entwicklung eines internen Markenführungsmodells für Destinationen. Research (zugleich Dissertation Freie Universität Berlin 2016). Springer Gabler, Wiesbaden (2017)

UK Cabinet Office Strategy Unit: Strategy Survival Guide. Version 2.1 (2004)

Völkening, N.: (Un)bewusste Markenbildung im Tourismus. Standort 2017, 293–299 (2017)

Winch, G.M., Bonk, S.: Project Stakeholder Mapping: Analyzing the Interests of Project Stakeholders [Buchverf.]. Project Management Institute (PMI). The Frontiers of Project Management Research. Pennsylvania: PMI, 2002, S. 385–403 (2002)

Wodzak, Y.: Noch viel zu tun im Standortmarketing, (11). Public Marketing September 2018, S. 12–17 (2018)

Prof. Dr. Thomas Breyer-Mayländer ist seit 2001 Professor für Medienmanagement und aktuell in der dritten Amtsperiode zusätzlich Prorektor für Marketing und Organisationsentwicklung an der Hochschule Offenburg. Der Dipl.-Wirt.-Ing. (FH) und Dipl.-Inf.wiss. hat am Institut für Journalistik der Universität Dortmund promoviert und war vor seiner Hochschultätigkeit u. a. mehrere Jahre Referent beim Bundesverband Deutscher Zeitungsverleger in Bonn und Geschäftsführer der Zeitungs Marketing Gesellschaft in Frankfurt. Er war während seiner Hochschulzeit sechs Jahre Vorsitzender der Werbegemeinschaft seiner Heimatstadt und kennt das Thema Stadtmarketing auch aus der Erfahrung als Stadtrat und Fraktionsvorsitzender. Er ist Leiter des Steinbeis-Beratungszentrums „Leadership in Science and Education“ und Vorstandsmitglied der Bildungsregion Ortenau (BRO). Von ihm stammen zahlreiche Publikationen zu digitaler Transformation (z. B. „Management 4.0 – Den digitalen Wandel erfolgreich meistern“, Hanser 2017), Marketing, Strategie, Führung, Medien; u. a. auch das nach wie vor gefragte „Erfolg für Stadtmarketing und Werbegemeinschaften: Strukturen, Strategien, Analysen und bundesweit erfolgreiche Aktionen“, Offenburg 2011 und der aktuelle Titel „Marketing für Kommunalverwaltung und Kommunalpolitik: Kommunikations- und Partizipationsstrategien für das Gemeinwohl vor Ort“, Springer Essentials, Wiesbaden 2019.

Stadtentwicklung 3

Thomas Breyer-Mayländer

Zusammenfassung

Die Produktpolitik des Stadtmarketings hängt auch von den Zielen, Prozessen und Ergebnissen der Stadtentwicklung ab. Die Veränderungen im Umfeld von Kommunen machen die gezielte Weiterentwicklung von Städten in vielen Feldern wie Wohnen, Demografie, Mobilität und Energie erforderlich. Damit dieser Prozess wirksam werden kann, müssen die zentralen Anspruchsgruppen und Gremien mit einbezogen werden. In diesem Unterkapitel werden einige zentrale Inhalte aufgelistet, die die Interdependenz der unterschiedlichen Entwicklungsfelder verdeutlichen. Es gibt dabei expansiv-offensive oder auch regressiv-defensive Entwicklungssituationen, die beide einer gezielten, kohärenten Steuerung bedürfen.

Für viele Kommunen in Deutschland hat das Thema Stadtentwicklung als strukturierter und partizipativer Prozess an Bedeutung gewonnen. Dafür gibt es eine Reihe von Gründen, die meist auf externe Einflussfaktoren zurückzuführen sind, von denen im Folgenden einige beispielhaft dargestellt werden.

3.1 Relevante Umfeldveränderungen für die Stadtentwicklung

Verringerung bzw. Volatilität der finanziellen Spielräume

Die Finanzausstattung von Kommunen ist sehr stark von der Wirtschaftskraft der jeweiligen Region und der Wirtschaftsunternehmen vor Ort abhängig. Gerade dann, wenn

T. Breyer-Mayländer (✉)
Hochschule Offenburg, Offenburg, Deutschland
E-Mail: breyer-maylaender@hs-offenburg.de

T. Breyer-Mayländer und C. Zerres (Hrsg.), *Stadtmarketing*,
https://doi.org/10.1007/978-3-658-26254-9_3

eine Kommune von einigen wenigen zentralen Gewerbesteuerzahlern abhängig ist, kann bereits eine betriebliche Problematik dieser Lokalmatadoren dazu führen, dass die Finanzausstattung der Stadt leidet und die finanzielle Balance aus dem Gleichgewicht gerät. So haben beispielsweise die finanziellen Folgeprobleme des Dieselskandals mit den jeweiligen Schadensersatzforderungen gegenüber dem VW-Konzern und anderen Automobilherstellern dazu geführt, dass die jeweiligen Standorte in den Unternehmenszentralen in den betroffenen Jahren signifikant weniger Gewerbesteuer zu verzeichnen hatten (vgl. o. V. 2016).

Die Kommunen haben in den vergangenen Jahren eine Reihe von zusätzlichen finanziellen Belastungen schultern müssen. Beispielsweise haben der Rechtsanspruch auf einen Kindergartenplatz und die gestiegenen organisatorischen und finanziellen Anforderungen bei der Betreuung von Kindern unter drei Jahren zu erheblichen finanziellen Mehrbelastungen geführt. Zwar wurden auch die Zuschüsse erhöht, dennoch bleibt allein bei den Bauaktivitäten auf der kommunalen Seite eine Reihe von Zusatzverpflichtungen (vgl. Burger und Wiedemann 2010). Auch bei weiteren Aufgaben, wie der kommunalen Arbeitsförderung oder der Unterbringung von Geflüchteten (vgl. Greive und Hildebrand 2018), hat sich in den letzten zehn Jahren eine Ausweitung der Zuständigkeit der Kommunen, bzw. eine Ausweitung des Regelungs- und Unterstützungsbedarfs durch die Kommune ergeben. Wenn nun in einer Region oder zu anderen Zeiten vielleicht sogar bundesweit die Konjunktur lahmen sollte und keine zusätzlichen Finanzreserven bereit stehen, kann es für einzelne Städte und Gemeinden einen drastischen finanziellen Reformbedarf ergeben, der, wenn er zukunftsgerichtet sein soll, in einen übergeordneten Stadtentwicklungsprozess eingebunden werden sollte.

Ungleichgewichte in der Binnenmigration

Seit der Jahrtausendwende hat sich die Migrationsbewegung innerhalb von Deutschland nicht wesentlich verändert. In den vergangenen Jahren konnte eine Umzugsfreudigkeit der Bevölkerung festgestellt werden, die vermehrt in die Ballungsräume oder in die wirtschaftlich starken Gebiete des ländlichen Raums umzieht und damit in gewissem Sinne marktkonform, wenn auch im internationalen Maßstab noch unterdurchschnittlich ausgeprägt, dem Angebot an Arbeitsplätzen folgt (vgl. Arntz 2011). Auch wenn wir die paradoxe Situation haben, dass der ländliche Raum immer wieder als neues Heimatidyll beschworen wird, wie wir es bei starken Special Interest-Zeitschriften wie dem Segment „Landlust" und Co. sehen können, findet dennoch eine weitere Stärkung der Ballungsräume insgesamt statt (vgl. auch Rohrbeck 2014). Dies hat zur Folge, dass auf der kommunalen Ebene unterschiedliche Herausforderungen zu bewältigen sind. Zuzugsgebiete müssen die Skalierung der Infrastruktur unter Berücksichtigung der übergeordneten naturschutzrechtlichen Planungen bewältigen, während die typischen Rückzugsgebiete, wie beispielsweise wirtschaftlich schwache Landgebiete (beispielsweise in Mecklenburg-Vorpommern) sich mit der Frage auseinandersetzen müssen, wie bei einer schrumpfenden Gesamtbevölkerung die Infrastruktur aufrechterhalten werden kann. Gerade Gegenden mit starkem Bevölkerungsverlust haben in den vergangenen Jahren auch starke Einschränkungen der öffentlichen Infrastruktur vornehmen müssen, was kritisch ist und teilweise in einigen Bereichen zu einer ökonomischen, aber auch politischen und mentalen Destabilisierung der Verhältnisse geführt hat. Ein geordnetes Wachstums- oder Schrumpfungsmanagement ist daher von entscheidender Bedeutung für die Fähigkeit einer Region. Dies bedeutet, dass gerade auch dann, wenn wirtschaftliche Schwierigkeiten vor Ort zu erkennen sind, da eine Region durch Wegzug gerade junge Menschen verliert und sich in der Folge die Demografie weiter verändert, ein nach vorne gerichtetes Entwicklungskonzept erforderlich ist, um diesen negativen Entwicklungen zu begegnen (Abb. 3.1).

Wir sehen anhand der Zahlen des Bundesinstituts für Bevölkerungsforschung (vgl. Abb. 3.1), dass es vor allem die wirtschaftlich interessanten Altersgruppen zwischen 20 und 40 Jahren sind, die die Umzüge über Gemeindegrenzen hinweg prägen, sodass Zu- oder Wegzug sich auch auf die demografische Struktur auswirkt. Gegenbewegungen wie die Ruhestandsmigration können gegenwärtig nicht eindeutig eingeordnet werden. War es früher der „Wegzug aufs Land“, wenn ein Umzug mit Eintritt in den Ruhestand anstand (Counterurbanisierung), gibt es gegenwärtig Indizien für einen weiteren Zuzug in die Ballungsgebiete im Sinne einer „Reurbanisierung“ (vgl. Engfer 2018).

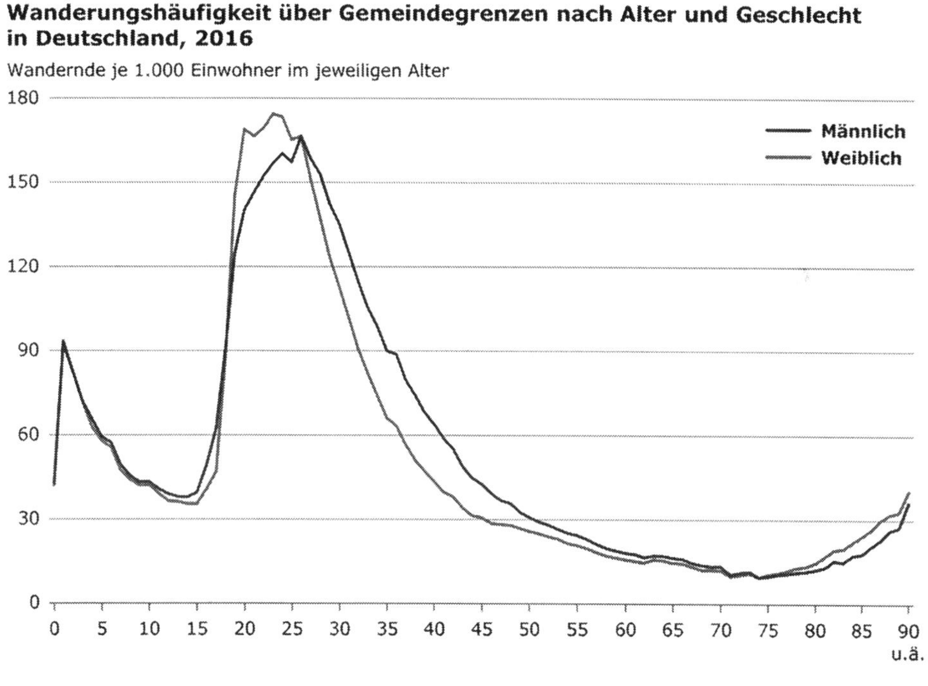

Abb. 3.1 Wanderungshäufigkeit über Gemeindegrenzen nach Alter und Geschlecht. (Quelle: BiB 2018 auf Basis der Daten des Statistischen Bundesamtes)

Demografische Veränderungen
Demografische Veränderungen für die Kommunen sind natürlich im Gesamtrahmen der deutschlandweiten Veränderung der Demografie zu sehen, wonach die Gesellschaft erkennbar älter wird und allein dadurch neue Anforderungen an die öffentliche Infrastrukturplanung und -konzeption von Städten und Gemeinden sowie der öffentlichen Infrastruktur gestellt werden muss. Zugleich hat die erkennbare Trendwende bei den Geburtenraten dazu geführt, dass die Planungen im Bereich der Infrastruktur für Bildung und Kinderbetreuung überdacht werden müssen, zumal die veränderten gesellschaftlichen Realitäten, wenn auch in den westlichen Bundesländern in den Fällen, in denen beide Elternteile berufstätig sind, eine Änderung der Anspruchshaltung gegenüber öffentlicher Betreuungsinfrastruktur zur Folge haben. Die zugleich stattfindenden Veränderungen der Familienstrukturen führen dazu, dass beispielsweise beim Wohnraumangebot darauf geachtet werden muss, dass mehr Single-Haushalte ein entsprechendes Wohnraumangebot benötigen (vgl. Abb. 3.2).

Wer nun an dieser Stelle in erster Linie an junge Singles denkt, sollte sich darüber im Klaren sein, dass sehr viele ältere Menschen in einer Lebenssituation sind, die sich als ein Einpersonenhaushalt darstellt und mitunter zugleich eingeschränkte finanzielle Rahmenbedingungen beinhaltet, die bei der Wohnraumsuche deutlich werden. Gleichzeitig hat bei der Wohnraumplanung der vergangenen Jahre eine Verschiebung der Ansprüche stattgefunden. Die Wohnfläche pro Person ist in den vergangenen 18 Jahren um mehr als 19 % auf 46,5 Quadratmeter gestiegen (vgl. Statistisches Bundesamt 2018). Da zugleich in baulicher Hinsicht der Flächenfraß durch die Ausweitung und Ausweisung von neuen Baugebieten begrenzt werden soll und die naturschutzrechtlichen Bestimmungen (beispielhaft die Fauna-Flora-Habitat-Regelungen) hier Grenzen setzen und eine bewusste

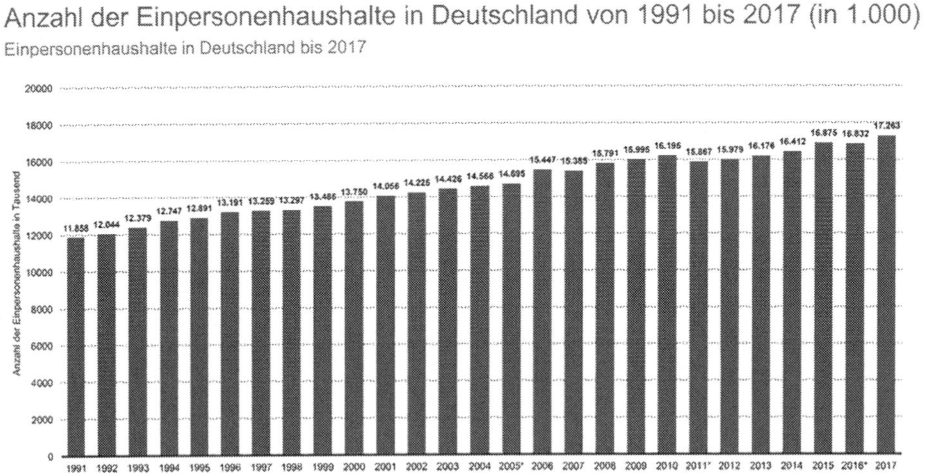

Abb. 3.2 Wachstum der Einpersonenhaushalte in Deutschland. (Quelle: Statista auf Basis der Daten des Statistischen Bundesamtes; ID 156951)

kommunale Siedlungs- und Landschaftsplanung erfordern (vgl. Stein 2018, S. 9), muss das Bauflächenmanagement auch im Zuge der demografischen Entwicklung überdacht werden. Dabei geht es einerseits um das Schließen von Baulücken und damit um eine weitere Verdichtung in den Städten, andererseits um das Bedürfnis auch mit Freiräumen innerhalb der Kommunen etwas mehr Lebensqualität und „Luft" im Innenstadtbereich zu erhalten. Durch die skizzierten Themenfelder, die von der demografischen Entwicklung und den veränderten gesellschaftlichen Realitäten betroffen sind, lässt sich direkt die Notwendigkeit einer geordneten und strukturierten Stadtentwicklung ableiten.

Mobilität

Ein sehr breites Themenfeld, durch den die zahlreichen Veränderungen und gestiegenen Anforderungen zur Notwendigkeit eines Stadtentwicklungsprozesses beitragen, ist der Bereich der Mobilität mit den steigenden Anforderungen in Bezug auf die Individualität der Mobilität und die veränderten Erwartungen hinsichtlich der Mobilität im Alter. Aufgrund gestiegener Umweltauflagen und neuen Möglichkeiten durch neue Technologien sind eine ganze Reihe von Anpassungen und Innovationen erforderlich. Für die Erreichbarkeit zentraler Punkte in Städten und eine gute Aufenthalts- und Lebensqualität in Innenstädten ist eine umfassende Koordination des ruhenden und fließenden Verkehrs notwendig. Parkraumbewirtschaftung und Anbindungen an ein gut getaktetes Öffentliches-Personen-Nahverkehrssystem (ÖPNV) gehören zu den Kernaufgaben der kommunalen Planung. Angesichts der Probleme im Bereich der Luftreinhaltung, wie es die zahlreichen Dieselurteile des Jahres 2018 offensichtlich werden ließen, ist ein umfassendes Mobilitätsmanagement nicht nur in großen Ballungsräumen erforderlich. Es geht dabei um einen Mobilitätsmix, in den auch neue Entwicklungen wie dezentrale Verkehrssysteme oder die Einbeziehung von autonomen Fahrsystemen, wie sie derzeit erprobt werden, für eine zukunftsfähige Planung berücksichtigt werden müssen. Am Ende geht es um einen kommunalen und regional abgestimmten Mobilitätsverbund (vgl. Vallée und Brost 2018, S. 103).

Energie und Umwelt

Wie bereits beim Themenfeld Mobilität deutlich wurde, gibt es nicht nur gestiegene Erwartungen der Bürgerinnen und Bürger gegenüber dem Umwelt- und energiepolitischen Engagement einer Kommune (vgl. Neugebauer 2017), sondern auch eine ganze Reihe neuer, gestiegener Auflagen. Wenn man tatsächlich etwas in Bezug auf Lebensqualität und Luftreinhaltung verändern möchte, muss man die unterschiedlichen Emissionsquellen gemeinsam betrachten und einen Ausgleich schaffen. Kommunen sind daher gefordert, neben der energetischen Sanierung der eigenen Immobilien und dem beispielhaften Fördern von Energiespar- und Umweltschutzkonzeptionen durch eigene kommunale Veranstaltungen, mit denen Unternehmerinnen und Unternehmer aber auch Bürgerinnen und Bürger als Privatleute für umweltpolitische Belange und das Energiesparen motiviert werden sollen, eigene Initiativen im Bereich der Energieerzeugung zu unterstützen. Je nach Region sind daher unterschiedliche Projekte in den vergangenen

Jahren aufgekommen. Elektrische Energieerzeugung durch Fotovoltaikanlagen oder Nutzung der Windkraft durch kommunale oder kommunal initiierte Windparks sowie kommunale und regionale Biogasanlagen sind ein wichtiges Thema, um einen nachhaltigen Energiemix vor Ort zu unterstützen. Im Rahmen der interkommunalen Abstimmung geht es häufig zudem darum, eigene regionale Energie- und Umweltschutzkonzeptionen zu schaffen, die durch unterschiedliche Zwischeninstanzen und Gremien unterstützt und koordiniert werden können. Wenn es um Umweltschutz geht, sind hier auch die entsprechenden Schutz- und Ausgleichsmaßnahmen für den Bereich des Naturschutzes und die Erhaltung der Kulturlandschaft im ländlichen Raum zu verstehen. Die Handlungsfelder sind typischerweise u. a.: Energieversorgung, Bauleitplanung, kommunales Energiemanagement, Gebäudesanierung und Mobilität (vgl. Kreft et al. 2010, S. 398).

Veränderung der Wirtschaftsstruktur

Wenn man über Veränderungen der Wirtschaftsstruktur als Ausgangspunkt für neue kommunale Aufgaben und neue erforderliche Entwicklungsschritte von Städten und Gemeinden nachdenkt, dann kann zunächst der Eindruck entstehen, dass es dabei in erster Linie um Kommunen geht, denen eine dominierende Branche als Arbeitgeber und Gewerbesteuerzahler durch Strukturveränderungen der Branchen-Wirtschaftsstruktur verloren geht. Dies kann in Einzelfällen durchaus ein wesentlicher Motor für wirtschaftliche Veränderungen sein. Kommunen, die eine komplette kommunale Veränderung, beispielsweise durch das Absterben eines großen Arbeitgebers vor Ort, erlebt haben, sehen sich stets besonders in diesem Feld gefordert. Die abwandernden oder absterbenden Arbeitgeber können Branchen, Einzelfirmen oder auch andere große Arbeitgeber aus dem nichtkommerziellen Bereich sein, wie beispielsweise Kasernen bei der Auflösung von Bundeswehrstandorten. Wer dies in den konkreten Einzelfällen analysiert, der weiß, dass eine ganze Reihe von Folgeentscheidungen und -projekten folgen können. Es geht aber nicht nur darum, neue Arbeitsplätze als Ersatz vor Ort bereitzustellen, sondern es geht auch sehr stark im Rahmen der Innenstadt-Entwicklung um die Nutzung der frei gewordenen Fläche, die sonst als wenig attraktive Industriebrache auch für den umliegenden Bereich negative Konsequenzen haben kann.

Ob industrielle Konversionsfläche oder Konversionsflächen durch den Wegzug größerer Verwaltungs- oder Militäreinheiten, stets geht es darum, in der Veränderung die Chance auf Neugestaltung zu entdecken und hierfür ein übergeordnetes Konzept aufzubauen. Derartige Konzepte sind Kernpunkt eines Stadtentwicklungsprozesses, der auf viele andere Bereiche seine Auswirkungen haben kann. Ein weiteres Themenfeld, das aus der Veränderung der Wirtschaftsstruktur der Region oder des Ortes herrührt, ist die Veränderung der Innenstädte durch die Situation des Einzelhandels. Insbesondere der inhabergeführte stationäre Einzelhandel, der für die Atmosphäre von Innenstädten prägend war, hat sich in den vergangenen Jahren seit der Jahrtausendwende dramatisch aufgrund der gestiegenen Wettbewerbsbeziehungen verändert. Sie umfassen jetzt in vielen Branchen nicht nur die Wettbewerbssituation zwischen Discounter und Fachgeschäft, zwischen vielen Filialen einer größeren Einheit und dem kleinen, unabhängigen inhabergeführten Fachgeschäft. Es geht heute vor allem um den Wettbewerb zwischen digitalen Medien als E-Commerce-Plattform und dem stationären Einzelhandel. Die Integration des stationären Handels in eine Omnichannel-Philosophie kann zwar den stationären Handel stärken, die grundsätzlichen Strukturveränderungen mit ihren Folgen jedoch nicht aufhalten (vgl. Breyer-Mayländer 2017a, S. 130 ff.). Die Innenstädte, die neben der Attraktivität des Handels auch von der positiven Entwicklung von Dienstleistungsunternehmen und Gastronomie abhängig sind, erleben hier zum Teil einen dramatischen Transformationsprozess. Vor diesem Hintergrund ist Leerstand in vielen Innenstädten vom Randphänomen zum Kernproblem avanciert und es entsteht damit eine Aufgabe für die kommunalen Planungen, die jedoch nur teilweise von der Kommune selbst gelöst werden können. Gerade dann, wenn die Immobilien der jeweiligen stationären Ladengeschäfte in privater Hand sind, kann die Entscheidung eines Vermieters für das nächste Geschäft derselben Art zwar aus dem Gesichtspunkt der Angebotsvielfalt und Innenstadtentwicklung verfehlt sein, aber für den Vermieter selbst eine reale Option darstellen. Die Stadt kann dagegen ein umfassendes Gesamtkonzept, beispielsweise bei Innenstadtgestaltung und Stadtsanierung anstreben, bei dem auch die Aufenthaltsqualität, beispielsweise Spielplätze und Aufenthaltsmöglichkeiten, in der Stadt eine zentrale Rolle spielt. Gemeinsam mit Werbegemeinschaften und Zusammenschlüssen der Händler, Gastronomen und Dienstleister können Aktionswochen und Events für die Unterstützung einer derartigen Konzeption genutzt werden (vgl. Breyer-Mayländer 2011).

3.2 Von der Vision zur Realisierung

Wenn die wesentlichen Schwerpunkte eines Stadtentwicklungsprozesses festgelegt sind, dann stellt sich die Frage, wie eine gemeinsame Vision aufgebaut sein kann, die unterschiedliche Themenfelder abdecken könnte und wie gleichzeitig sichergestellt werden kann, dass die einmal erarbeiteten inhaltlichen Grundpositionen auch in der Umsetzung ausreichend Berücksichtigung finden. Es geht an dieser Stelle also um die Prozessebene, d. h. die Struktur, die es gestattet in einem eigenen Transformationsprozess die marketingpolitischen und politischen Ziele zu realisieren. Ein wesentliches Aufgabenfeld liegt in der Koordination und Abstimmung der einzelnen Akteure, wie wir es im Stakeholder-Management bereits vorgenommen haben.

Ein wesentlicher Akteur ist das Stadtoberhaupt, das als Bürgermeister oder Oberbürgermeister meist in direkter Wahl gewählt wird und für eine begrenzte Amtszeit, beispielsweise für sechs oder acht Jahre der Stadt oder Gemeinde vorsteht und aufgrund der einflussreichen Position die Möglichkeit hat, wesentliche Elemente der Stadtentwicklung selbst zu prägen und zu gestalten. Im Hinblick auf den Stadtentwicklungsprozess ist es jedoch entscheidend, dass die oftmals sehr starken Persönlichkeiten an der Spitze einer Stadt sich hier etwas zurücknehmen, um tatsächlich einen offenen Entwicklungsprozess vorantreiben zu können und nicht nur lediglich Unterstützer aus dem eigenen inhaltlichen und politischen Lager zu aktivieren und damit eigentlich nur die eigenen Ideen umzusetzen. Gerade der Integrationskraft eines Bürgermeisters, seiner Fähigkeit auf andere Personen und Gruppen zuzugehen und sie in einen gemeinsamen Stadtentwicklungsprozess einzubinden, kommt große Bedeutung zu. Die Kooperationsbereitschaft in einer Kommune, die Offenheit und das Kooperationsklima werden entscheidend durch die Person des (Ober-) Bürgermeisters und die Spitzen der Stadtverwaltung geprägt. Gut vernetzte Bürgermeister haben hier im Regelfall mehr Möglichkeiten und im Zweifel auch schon das erprobte Talent, um mithilfe eines breiten Netzwerks einen Entwicklungsprozess anzuschieben, voranzutreiben und abzuschließen.

Obwohl ein breit gefächerter Stadtentwicklungsprozess keinesfalls nur in den kommunalen Gremien stattfinden sollte, kommt dem Gemeinde- oder Stadtrat und den weiteren Gremien ein hoher Stellenwert zu. Gremien sind gewissermaßen eine Plattform für den städtischen Entwicklungsprozess, bei denen die interne Diskussion in Arbeitsgruppen und Projektgruppen durch die Gremienfunktion und öffentliche Form der Sitzungen gebündelt und transparent gemacht werden und damit überhaupt erst den Dialog mit breiten Teilen der Einwohnerschaft ermöglichen und stärken. Die Gremienmitglieder selbst müssen akzeptieren, dass ein breit angelegter Stadtentwicklungsprozess ihnen selbst nicht als gewählte Mitglieder allein die Möglichkeit zuspricht, auf die weiteren Entwicklungsschritte der Kommune Einfluss zu nehmen.

Stattdessen können sich die Gremienmitglieder selbst wiederum als „normale Bürger" in die entsprechenden Entwicklungsarbeits- und Projektgruppen begeben, um mithilfe ihrer Erfahrung und mit Ausnutzung des Hintergrundwissens in diesen ad hoc-Gremien des Stadtentwicklungsprozesses wirksam zu sein. Im Zweifel ergibt sich dadurch eine sehr enge Verschränkung zwischen Gremienmitgliedern und den aktiven Knotenpunkten des Stadtentwicklungsprozesses.

Da Stadtentwicklung nicht im luftleeren Raum stattfindet, sondern bereits existierende Initiativen, Gruppierungen und Vereine vor Ort eine mehr oder weniger große Affinität zu vielen Entscheidungsbereichen der Stadtentwicklung aufweisen, ist es notwendig, diese bestehende Infrastruktur an Vereinen und Gruppierungen für den Zweck der Stadtentwicklung nutzbar zu machen. Man kann die Organisationen und Vereine bei den ersten Einladungen zu einem offenen Stadtentwicklungsprozess gesondert ansprechen und sie einladen, beispielsweise die Gastgeberrolle für ein bestimmtes Thema zu übernehmen, bei dem in einem offenen Beteiligungsprozess Input für Fragestellungen der Weiterentwicklung gesucht werden. Dabei bietet sich logischerweise die Gastgeberstruktur dann an, wenn eine bestimmte inhaltliche Affinität zu einem Thema besteht. So kann es sinnvoll sein Vertreter eines Vereins gemeinsam mit anderen Einrichtungen zu kombinieren, um beispielsweise eine Arbeitsgruppe einzurichten. Dabei muss notwendigerweise darauf geachtet werden, dass neu angestoßene Themen nicht durch Partikularinteressen der in den Startlöchern befindlichen Gruppierungen und Vereinen verhindert oder erschwert werden.

Die Kernzielgruppe offener Stadtentwicklungsprozesse ist jedoch die Bürgerschaft als solches. Offene Stadtentwicklungsprozesse werden daher von manchen Experten in den Bereich der Bürgerbeteiligungsprozesse integriert, wobei es bei unseren Überlegungen nicht um eine formale oder gar formal-rechtliche, sondern eine inhaltliche Beteiligung geht (vgl. Fischer-Korp 2018, S. 49 ff.). Hier wird in der Praxis zwischen unterschiedlichen Segmenten der Bürgerschaft differenziert. Das kann die Bürgerschaft aus unterschiedlichen Stadtteilen oder aus der Kernstadt und den Ortsteilen sein, das kann aber auch eine Gliederung der Bürgerschaft nach Altersgruppen sein, die hier für eine Zusammenarbeit und die gedeihliche Kooperation mit der Kommune notwendig sind. Wie im Abschnitt „bürgerschaftliches Engagement" deutlich wird, gibt es unterschiedliche Motivationen, um als Bürgerin oder Bürger an einem Stadtentwicklungsprozess teilzunehmen. Es lohnt sich hier die Offenheit des Verfahrens darzustellen und deutlich zu machen, warum die Stadt auf den Input durch Bürgerinnen und Bürger in besonderem Maße angewiesen ist.

Da im Rahmen der Corporate Social Responsibility (CSR) Unternehmen selbst in eine Bürgerrolle innerhalb der Zivilgesellschaft schlüpfen, ist es für viele Firmen auch ein vorwiegend lokales oder regionales Engagement im Sinne einer Corporate Regional Responsibility (CRR) (vgl. Schiek 2017). Daher gibt es inzwischen eine Reihe von Konzepten und erfolgreichen Good-Practice-Modellen, wie Unternehmen in Stadtentwicklungsprozesse einbezogen werden können (vgl. Albers und Hartenstein 2017).

Experten

Neben den Vertreterinnen und Vertretern der Stadtverwaltung, die in Ergänzung zum Bürgermeister oder zur Bürgermeisterin in den Prozess der Stadtentwicklung eingebunden sind, gibt es auch in den meisten Themenfeldern eigene Expertinnen und Experten, die man für dieses Thema zurate ziehen kann. Die externen Experten helfen, um mit Menschen außerhalb des engeren Systems der Kommune in Kontakt zu treten und die erforderlichen Einzelfälle zu analysieren und zu diskutieren.

„Die Experten sollen aufgrund ihres Spezialwissens dafür sorgen, dass sowohl die politischen Entscheider als auch die interessierte Öffentlichkeit in der Lage sind, Fakten zu verstehen und damit auch eine faktenorientierte Meinungsbildung ermöglichen" (Breyer-Mayländer 2017b, S. 134 f.). Experten haben dabei unterschiedliche Aufgaben (vgl. Stehr und Grundmann 2010, S. 43 ff.): Experten sind Mittler und haben die Aufgabe, zwischen den Ratsuchenden und den Ratlosen Wissen zu vermitteln. Experten schaffen Vertrauen, indem sie dazu beitragen, dass aus der Fülle an verfügbaren Informationen die relevanten Bestandteile herausgefiltert und aufbereitet werden. Dabei bedeutet Vertrauen auch, dass man als Nutzer der Expertenarbeit letztlich nicht selbst in der Lage ist, deren Qualität zu beurteilen.

Struktur und Prozess

Der Erfolg der geplanten Stadtentwicklung hängt in vielen Fällen von der sorgfältigen Planung zu Beginn des Gesamtprozesses ab. Es besteht die Notwendigkeit, den Prozess in den einzelnen Phasen vom Start über die einzelnen Entwicklungsabschnitte bis hin zu den unterschiedlichen Formen der Rückkopplung abzubilden. Gerade die Rückkopplungen, bei der die Ergebnisse beispielsweise dem Gemeinderat, der Verwaltung oder einzelnen

Zielgruppen wie Senioren vorgestellt werden und im Rahmen eines „Planungs-Workshops“ ein weiterer Austausch stattfindet, sind ein wichtiger Meilenstein im Gesamtprozess. Wie bei allen organisatorischen Planungen ist jedoch nicht nur der Prozess für den Erfolg der Stadtentwicklung maßgebend, sondern darüber hinaus auch die Struktur, in der die Stadtentwicklung stattfinden soll. Dies betrifft zum einen die klassische Aufbauorganisation, d. h. die Strukturorganisationen, und damit die hierarchische Einordnung des Bereichs Stadtentwicklung in die Gesamtorganisation der Kommune. Zum anderen betrifft Organisationsstruktur auch die Einbeziehung der relevanten Stakeholder, d. h. all derjenigen, die ein besonderes Interesse haben oder haben sollten. Nachfolgende Grafik (Abb. 3.3) zeigt für Struktur und Prozess der Stadtentwicklung ein typisches Beispiel, bei dem beide Darstellungsweisen miteinander kombiniert wurden.

Für offene Entwicklungsprozesse ist es typisch, dass zur Integration möglichst vieler Menschen in den Gesamtprozess auch offene Veranstaltungs- und Interaktionsformate gesucht werden müssen, die eine Bündelung der Informationen, Meinungen und einen gegenseitigen Austausch ermöglichen und fördern. Da im Regelfall eine größere Anzahl von Bürgerinnen und Bürgern in den Gesamtprozess integriert werden soll, geht es dabei um klassische Gruppenmoderationsformate, wie World Café, Fish Bowl oder Open Space (vgl. Bühnert 2017; Lohnert 2017, S. 674 f.).

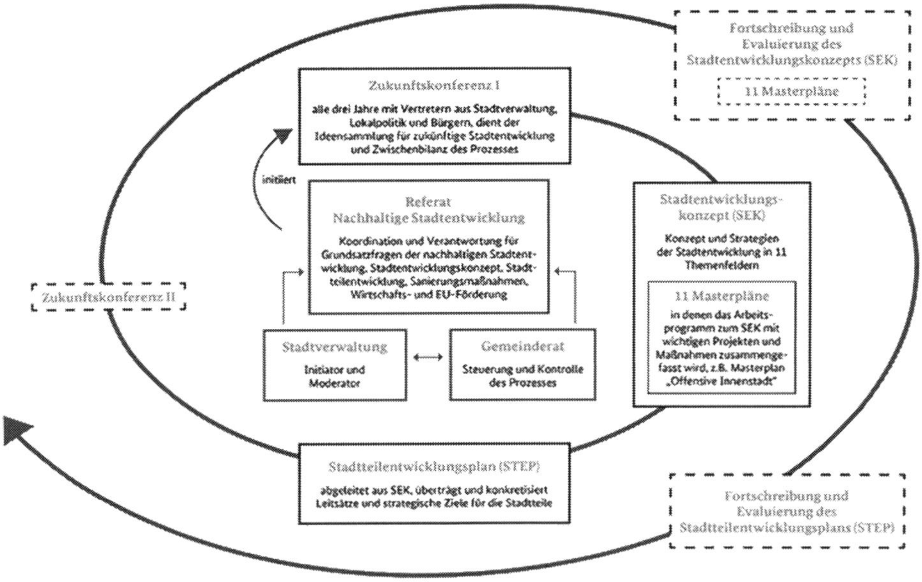

Abb. 3.3 Stadtentwicklungsprozess am Beispiel der Stadt Ludwigsburg. (Quelle: Plan und Praxis Berlin, nach: BMI, https://www.staedtebaufoerderung.info/StBauF/DE/Programm/AktiveStadtUndOrtsteilzentren/Praxis/IntegKonzepte/LudwigsburgIK/LudwigsburgIK_inhalt.html (letzter Abruf: 28.12.2018))

Ziel dieser offenen Veranstaltungsformate ist es, zum einen möglichst viele Menschen in den Prozess einzubinden und damit aus Betroffenen Beteiligte zu machen und somit das Commitment zu erhöhen. D. h. es werden nicht nur die unterschiedlichen Blickwinkel im Rahmen des Austauschprozesses tatsächlich erfasst und somit auch eine realitätsnahe Abbildung der Situation sichergestellt, sondern man hat darüber hinaus durch die Einbindung besonders gut vernetzter Multiplikatoren der Kommune die Gewähr, dass am Ende das Ergebnis eines derartigen Prozesses auch von den Bürgerinnen und Bürgern selbst als ihr Ergebnis wahrgenommen und gegenüber Dritten propagiert oder verteidigt wird. Darüber hinaus sind diese Formate sehr gut geeignet, um zu ermitteln, ob die von der Verwaltung und anderen Gruppierungen identifizierten Problemstellungen auch tatsächlich „Pain-Points" der Bürger darstellen. Die Priorisierung der einzelnen Themen ist ein Kernthema der Kommunalpolitik und gerade bei Prozessen der Stadtentwicklung auch an der Schnittstelle zum Stadtmarketing von besonderer Bedeutung. Ob den Bürgerinnen und Bürgern das Parkplatzproblem tatsächlich als drängendes Problem erscheint, oder ob dies eher aus der Wahrnehmung des lokalen Handels ein Problem darstellt, kann genau in solchen Formaten ermittelt und validiert werden.

Als Ergebnis werden zunächst einmal die Themen selbst definiert. Dabei ist es die Aufgabe der Prozessbegleiterinnen und -begleiter darauf zu achten, dass die Wechselwirkungen zwischen einzelnen Themenbereichen auch für die Bürgerinnen und Bürger transparent sind. Nur so kann sichergestellt werden, dass Einschränkungen der Verwaltung bei der Umsetzung einzelner Anregungen und Wünsche der Bürgerinnen und Bürger auch tatsächlich von ihnen selbst so akzeptiert und als notwendig wahrgenommen werden. In der praktischen Arbeit hat es sich bewährt, Themencluster zu definieren und für einzelne Themencluster im Rahmen des Entwicklungsprozesses aus der Bürgerschaft einzelne Arbeitsgruppen mit entsprechenden Sprechern festzulegen. Dabei ist darauf zu achten, dass dennoch die gesamte Gruppe die einzelnen Themen als ihren Aufgabenbereich wahrnehmen kann und keine Partikularinteressen die weitere Ausarbeitung eines Themenbereichs dominieren. Die Ergebnispräsentation der Analyse der einzelnen Themencluster und die Ausarbeitung beispielsweise einer Zukunftsvision, kann dabei komplett in die Hand einzelner Bürgerinnen und Bürger gelegt werden. Insbesondere dann, wenn bereits eine Ausbildung als Prozessbegleiter oder -moderator bei einigen Akteuren aus der Bürgerschaft stattgefunden hat, kann hier eine Clusterung der Themen stattfinden. Dabei werden zu Kernthemen Unterthemen zugeordnet und gegebenenfalls ebenfalls priorisiert.

Wie bereits deutlich wurde, ist in der Kommunalpolitik und Stadtentwicklung die Festlegung von Prioritäten ein entscheidender Punkt. Wir haben es stets mit sehr beschränkten Budgets zu tun und einer Vielzahl von Wünschen, Plänen und Zielen, die in ein Gesamtsystem und in eine gesamte Planung gebracht werden müssen. Es ist daher wichtig, in der gemeinsamen Planung, die am Ende von möglichst vielen, wenn nicht gar von allen getragen werden sollte, alle Themen aufzulisten und zu strukturieren. Wenn ein ausreichender Überblick über die Vielzahl der Themen und Themenfelder geschaffen wurde, kann eine gemeinschaftliche Priorisierung stattfinden. Im Regelfall nimmt man hier das einfache Hilfsmittel, womit durch Punktevergabe (beispielsweise jede Teilnehmerin, jeder Teilnehmer darf drei Punkte einzeln oder kumuliert vergeben) festgestellt werden kann, welche Themen aus Sicht der Beteiligten Vorrang haben. Wichtig ist bei diesem Schritt ein fairer Umgang mit den Themenfeldern, die bei der ersten Priorisierungsrunde keine Berücksichtigung finden konnten. Diese Themen kommen üblicherweise in einen sogenannten Themenspeicher. Dieser soll deutlich machen, welche Themen ebenfalls als relevant erachtet wurden, auch wenn sie im gegenwärtigen Prozess zunächst keine Berücksichtigung finden konnten. Wenn dann weitere Entwicklungsschritte anstehen, sollte der Themenspeicher dazu benutzt werden, diese Themen nochmals aus dem Speicher zu holen, zu analysieren und festzustellen, ob eines dieser Themen denn inzwischen an Priorität zugelegt haben könnte oder sie einfach in das Abstimmungsverfahren der neuen Themen und bei der dortigen Prioritätensetzung mit einzubeziehen.

Für die effektive Wirkung eines Stadtentwicklungsprozesses muss nicht nur auf die inhaltliche Entwicklungsebene geachtet werden, sondern es muss auch die Verzahnung zwischen Bürgerinnen und Bürgern und den Fachabteilungen der Verwaltung berücksichtigt werden, d. h. die Interaktion zwischen der Fach- und Expertenebene und dem Ehrenamt muss gewährleistet sein. In der Phase der Ideenentwicklung und der Erarbeitung gemeinsamer Visionen hat die Fachebene der Verwaltung eine koordinierende und unterstützende Funktion. Termine und Protokolle werden koordiniert und fachlich werden Fragen abgeklärt, die im Diskussionsprozess entstehen. Die primäre Aufgabe der Ebene des Ehrenamts liegt bei der Diskussion und Analyse von Problemen und bei der Entwicklung von Visionen, ohne bereits detaillierte Fachaufklärungen vorzunehmen. Dies kann parallel und begleitend dazu vonseiten der Verwaltung erfolgen. Oftmals entstehen jedoch kleinere Einzelaufträge, wie die Überprüfung einer finanziellen oder rechtlichen Realisierungschance von einzelnen Teilideen bevor man sie näher ausarbeitet. Es ist nun eine Frage des Fingerspitzengefühls vonseiten der Verwaltung nicht vorschnell bei Visionen und Ideen mit Einwänden aus der Verwaltungspraxis zu kommen und damit den Entwicklungsprozess zu stören. Gleichzeitig darf man eine Gruppe von ehrenamtlich engagierten Bürgerinnen und Bürgern auch nicht über lange Zeiteinheiten hinweg ins Blaue arbeiten lassen, wenn für Fachleute frühzeitig erkennbar ist, dass die eingeschlagene Richtung wohl kaum eine Realisierungschance in der Praxis haben wird, da beispielsweise rechtliche Rahmenbedingungen die Realisierung der Idee erschweren oder überhaupt nicht zulassen. Der zweite kritische Abschnitt bei der Zusammenarbeit zwischen engagierten Bürgerinnen und Bürgern und der Verwaltung entsteht beim Übergang von der Planung und Entwicklungsphase in die Umsetzungsphase. Auch hier bedarf es einer guten fachlichen und personellen Zuordnung der Entwicklungsthemen zu den jeweiligen Fachleuten aus der Stadtverwaltung. Hier muss sichergestellt sein, dass die Umsetzung der Maßnahmen und die weiteren Entwicklungsschritte auch tatsächlich auf fruchtbaren Boden in der Verwaltung fallen und kein Umsetzungsstau zu erwarten ist. Es ist für die Gesamtentwicklung einer Kommune und die Entwicklung des Innovations- und Diskussionsklimas für die Kommune und damit als Basisvoraussetzung für erfolgreiche

Weiterentwicklung im Sinne des Stadtmarketings abträglich, wenn im Ehrenamt etwas erarbeitet wurde, was anschließend verzögert verschleppt oder überhaupt nicht umgesetzt wird.

3.3 Bürgerschaftliches Engagement und Bürgerinitiativen

Wenn es um die zivilgesellschaftliche Stadtentwicklung geht, dann muss nicht nur der Prozess der Stadtentwicklung als verwaltungsinitiiertes Vorgehen analysiert werden, sondern das – oftmals bereits bestehende – sogenannte bürgerschaftliche Engagement (vgl. Gualini 2011) muss hier einbezogen werden (vgl. Breyer-Mayländer 2019a). Die breiteste Definition des bürgerschaftlichen Engagements geht vom einfachen Zusammenhang zwischen den Begriffen bürgerschaftlich und Engagement aus. „Mit dieser breiten Definition soll jegliches Engagement (politisches, soziales oder geselliges) umfasst werden, jedwede Organisationsform und Zielsetzung. Die Kriterien hierfür sind, dass es sich um eine freiwillige selbstorganisierte und auf das Gemeinwohl bezogene Tätigkeit handelt, die nicht auf Einkommenserzielung, durchaus aber am individuellen Nutzen ausgerichtet ist" (Mutz 2011, S. 41).

Durch diese breite, aber anschauliche Definition findet auch eine Einordnung des Begriffs Ehrenamt statt. Es geht dabei um das freiwillige Engagement, das durchaus in unterschiedlichen Organisationsformen wie Verein/Verband, individuell oder im kirchlichen bzw. staatlichen Umfeld (vgl. Redmann 2018, S. 10) stattfinden kann. In diesem Sinne ist auch das Ehrenamt in Gemeinde- und Stadträten zu sehen, die ja einen klaren organisatorischen Rechtsrahmen vorfinden, aber gerade im Hinblick auf die Einbindung in den Stadtentwicklungsprozess als feste Gremien eine andere Rolle spielen (siehe Abschn. 3.1).

Gerade beim Prozess der gemeinschaftlichen Stadtentwicklung muss zwischen bürgerschaftlichem Engagement, dem kommunalen Ehrenamt und der formalen Bürgerbeteiligung trotz enger Bezugspunkte differenziert werden. Freiwillige leisten ehrenamtliche Arbeit; wenn sie aber an den Strukturen Veränderungen vornehmen und sich in den politischen Entscheidungsprozess einbringen (wollen), findet der Übergang vom Engagement zur Beteiligung statt (vgl. Erler 2013, S. 265).

Die Organisationsform der Bürgerinitiative (BI) als Rahmen für politisch geprägtes, bürgerschaftliches Engagement ist zu einem gängigen Instrumentarium auf kommunalpolitischer Ebene geworden. Je nach Themenstellung der BI und zu behandelndem Thema im Rahmen der Stadtentwicklung ist daher im Fortgang des Prozesses (s. o.) die gezielte Einbindung der passenden BI oder BIs unabdingbar. Dabei haben viele BI-Projekte im Kern die Eigenschaft Interessen gegen etwas, insbesondere gegen eine Form der Veränderung zu bündeln. Daher entsteht oft der Eindruck, dass aus einem im Kern ursprünglich einmal progressiven Instrumentarium, bei dem Interessen so gebündelt werden, dass sie außerhalb bestehender politischer Strukturen wirksam werden, ein konservierendes oder konservatives Instrument entsteht. Dies kann der offenen Diskussionsatmosphäre und der nach vorne gerichteten Intention eines Stadtentwicklungsprozesses teilweise zuwiderlaufen. Wenn die Vertreter einer BI zudem noch beanspruchen, die Interessen einer politischen Einheit (Teilort, Ortsteil, Ort, Kreis, Region) zu vertreten, entsteht im Rahmen des Stadtentwicklungsprozesses mit einer derartigen Initiative ein klassischer Legitimationskonflikt, da man so in Widerspruch steht mit dem demokratischen Prinzip der Beauftragung und Transparenz. Es ist ein Grundpfeiler der repräsentativen Demokratie auf kommunaler Ebene, dass man in diesem Prozess im Regelfall auf gewählte Vertreter von Gremien (Ortschaftsräte, Gemeinderäte, Stadträte, Kreisräte, Regionalräte etc.) zurückgreift. Diese haben die Möglichkeit im Rahmen eines Entwicklungsprozesses auf ihr Mandat und ihre besondere Rolle hinzuweisen. Alle anderen Gruppierungen, und seien sie noch so hilfreich und engagiert, können sich nur als Gruppe zur Vertretung spezifischer Interessen in Stellung bringen.

Hier kommt dann der erste Widerspruch zur einen oder anderen Erwartungshaltung (vgl. Breyer-Mayländer 2017b, S. 109 ff.). Wenn sich zum Beispiel jemand mit seinen Nachbarn einig ist, dass er eine bestimmte Veränderung in der Nachbarschaft seines Baugebiets nicht wünscht, bedeutet das noch nicht automatisch, dass damit die Stadträte als gewählte Vertreter diesem Interesse Rechnung tragen müssen. Aus der Gesamtsicht kann es sinnvoll sein, dass trotz dieser Einschätzung einer kleinen Gruppe im Interesse des Ganzen eine andere Entscheidung getroffen wird. Diese Positionen prallen in der Kommunalpolitik generell und daher auch im Rahmen der Stadtentwicklung direkt und im persönlichen Kontakt aufeinander, was mitunter bereits ein gewisses Spannungsmoment bedeutet. Wie stark man mitunter in diesen Prozessen den Unterschied zwischen Gremien- und Verwaltungsmeinung und der Haltung der „normalen" Bürgerinnen und Bürger wahrnimmt, zeigt sich dabei an drei typischen Krisensymptomen, die in der Regel in unterschiedlichen Gewichtungen kombiniert auftreten: Einem erstarkten Populismus (vgl. Kister 2016), einer Verlagerung der politischen Beteiligung auf nicht-institutionelle Gruppierungen (z. B. Bürgerinitiativen oder Lobbygruppen etc.) und als Drittes in einer identitären Verschließung des Volkes (z. B. Ablehnung der Einflüsse von außen, wie sie im Rechtspopulismus auftreten) (vgl. Diehl 2016, S. 329 f.).

3.4 Stadtentwicklung jenseits von Regional- und Bebauungsplan

Die Planung von Stadtentwicklung umfasst eine Reihe von Themengebieten (vgl. Abb. 3.4):

Einen guten Überblick über aktuelle Projekte und Good-Practice-Beispiele aus unterschiedlichen Bereichen der Stadtentwicklung gibt die Projektwebsite des Bundesinstitut für Bau-, Stadt- und Raumforschung im Bundesamt für Bauwesen und Raumordnung: https://www.bbsr.bund.de/BBSR/DE/Stadtentwicklung/StadtentwicklungDeutschland/stadtentwicklungdeutschland_node.html.

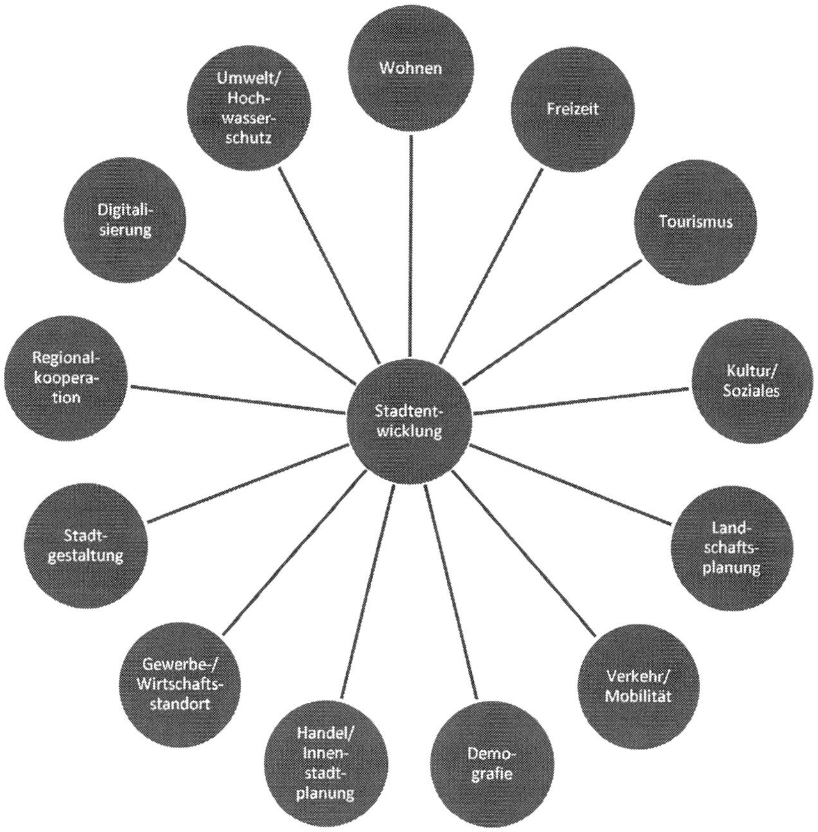

Abb. 3.4 Ausgewählte Aufgaben und Themen der Stadtentwicklung. (Quelle: eigene Darstellung)

Um das Aufgabenspektrum der Stadtentwicklung als Produktpolitik für das Stadtmarketing zu erfassen, werden exemplarisch einige typische Handlungsfelder beschrieben, die über das hinausgehen, was typischerweise als Gegenstand kommunaler Entwicklung im Sinne von Rahmenplanungen für Raum- und Bauentwicklung wahrgenommen wird.

Wirtschaftsstandort

Ein wesentliches Aufgabenfeld der Stadtentwicklung ist die Entwicklung wirtschaftlicher Perspektiven für Kommune, Bürger/innen und Unternehmen. Die Stärke einer Kommune als Wirtschaftsstandort (vgl. Balderjahn 1996), d. h. die Attraktivität für Unternehmen aus unterschiedlichen Branchen, die Attraktivität als Standort für Arbeitnehmer und Arbeitgeber entscheidet signifikant über die Gesamtentwicklungsspielräume, über die Kommunen in Zusammenhang mit der Positionierung als Kommune und kommunale Marke im Sinne des Stadtmarketings und das Potenzial für Stadtentwicklung generell verfügen. Kommunen mit schlechter Wirtschaftskraft haben weniger Möglichkeiten für zielgerichtete Investitionen im Bereich der Infrastruktur und haben somit auch mehr Schwierigkeiten bei der Nutzung ihrer Potenziale in anderen Bereichen, sei es etwa im kulturellen oder sozialen Bereich.

Für die Wirtschaftskraft einer Kommune ist zunächst die vorhandene Struktur von Unternehmen vor Ort als Gewerbesteuerzahler von Bedeutung. Aber auch die Wirtschaftskraft der Unternehmen der unmittelbaren Region spielt für die Attraktivität als Wohnort für Fach- und Führungskräfte eine Rolle. Wenn eine wirtschaftlich durchschnittliche bis schwache Kommune sich im Wettbewerb zu stärkeren Kommunen positionieren muss, droht das Problem einer Abwärtsspirale. Sind Kommunen oder komplette Regionen erst einmal ein typisches Wegzugsgebiet, bedeutet dies, dass durch den Wegzug sowohl Unternehmen und damit Arbeitsplätze aus der Region abwandern. Dadurch fehlen auch Arbeitskräfte, die als Fach- und Führungsnachwuchs notwendig werden, wenn man für potenzielle Neuansiedlungen von Unternehmen die vor Ort bestehende Infrastruktur ins Feld führt. Wie bereits beschrieben wurde, sind insbesondere die jüngeren, agileren und mobileren Bürgerinnen und Bürger von besonderer Bedeutung für die Zukunftsfähigkeit der Kommune und der Region. Bestehen hier in der Bevölkerungsstruktur offensichtliche Schwächen oder droht eine gezielte Abwanderung, wird sich die Negativspirale weiter fortsetzen.

Bei Zuzugsgebieten, bei denen auch eine wirtschaftliche Dynamik vorhanden ist, gelingt es hingegen genau diese Klientel der jungen aktiven Fach- und Führungskräfte zunehmend an die Kommune und die Region zu binden. Es entsteht der gegenteilige Effekt einer dynamischen Aufwärtsspirale. Welche Gesamtentwicklung eine Kommune oder eine Region nimmt, hängt in erster Linie auch von der Wirtschaftsstruktur und der dort vertretenen Branchenstruktur ab. Hier hat sich gezeigt, dass Kommunen mit nahezu monothematischer Ausrichtung an einer oder nur wenigen Branchen in hohem Maße gefährdet sind, bei strukturellen oder konjunkturellen Problemen dieser Branche besonders betroffen zu sein. Waren es für Automobilstandorte bisher eher die konjunkturellen Zyklen, die Schwierigkeiten machten, wie man sie beispielsweise auch im Maschinenbau in den neunziger Jahren feststellen konnte, so sind es in anderen Branchen auch früher schon die strukturellen Probleme gewesen, die die Entfaltungsmöglichkeiten als Wirtschaftsstandort begrenzt hatten.

Am deutlichsten ist die aktuelle Krise einzelner Branchen als Entwicklungsaufgabe für die Wirtschaftsförderung nach wie vor im Kontext des Bergbaus erkennbar. Waren es früher Themen rund um den Steinkohlebergbau, so ist es im Zuge der Diskussion um Klimawandel und Energiewende gegenwärtig der Braunkohleabbau, dessen Stilllegung für strukturelle Probleme von Regionen und eine negative Dynamik in den davon betroffenen Kommunen sorgt. Dabei ist es zunächst einmal unabhängig davon, wie die Zukunft der Branche selbst aussieht, die von einer negativen Dynamik betroffen ist. Ob Schiffbau oder Bergbau, ist hier nicht maßgeblich, sondern der notwendige Strukturwandel, weg von einer monothematischen Strukturierung der Wirtschaft hin zu einer vielfältigen und auf mehrere Branchen verteilten Struktur mit weniger Großunternehmen und mehr kleineren und mittleren Unternehmen heißt hier für viele Kommunen das Entwicklungsziel. Ähnlich wie bei einem Unternehmen, das von einem oder ganz wenigen Großkunden abhängig ist, ist es für eine Kommune nicht hilfreich einer Branche oder gar im schlimmsten Fall von einem Unternehmen in hohem Maße abhängig zu sein. Es ist daher eine sogenannte Konversionsaufgabe, ausgehend von monothematischen Branchenstrukturen eine vielfältige Wirtschaftslandschaft zu fördern. Dabei ist es durchaus ein Entwicklungsziel, Branchencluster zu verbinden und dabei für die Kooperations- und Vernetzungsmöglichkeiten zwischen den Unternehmen als Marktteilnehmer zu sorgen.

Ob Wirtschaftsförderung und Standortmarketing (vgl. Markert 2018) in erster Linie als Teil des Stadtmarketings zu sehen sind, oder dort eine Einordnung in den Themenbereich Stadtentwicklung erfolgen soll, kann unterschiedlich beurteilt werden. Wenn man unter Stadtmarketing eine „kooperative Stadtentwicklung" (vgl. Grabow und Hollbach-Grömig 1998, S. 30) versteht, kommt man dabei ohnehin zu einer gemeinsamen Schlussfolgerung. Zur Ausgestaltung des Wirtschaftsstandorts im Rahmen der Stadtentwicklung gehört dabei nicht nur die Ansiedlungspolitik für Firmen, die beispielsweise über die vorhandene Infrastruktur und insbesondere über günstige Gewerbeimmobilien an den Standort herangeführt und gebunden werden können; dazu gehört auch die Verfügbarkeit von Personal als potenzielle Fach- und Führungskräfte (vgl. Wodzak 2018). Dieses Thema ist für viele Unternehmen, die bereits vor Ort angesiedelt sind oder vorhaben sich dort anzusiedeln, von entscheidender Bedeutung, da der Personalbereich zunehmend als Engpassfaktor wahrgenommen wird, der das künftige Wachstum begrenzen oder gar verhindern kann.

Um nun qualifizierte Menschen in die Region zu holen und in einer Kommune anzusiedeln, kommt es nicht nur auf die Chancen und Perspektiven der potenziellen Mitarbeitenden bei den jeweiligen Arbeitgebern an oder die im wirtschaftlichen Sinne bereits vorhandene Infrastruktur. Es ist darüber hinaus entscheidend, dass die sogenannten weichen Faktoren, d. h. der Freizeitwert, die Infrastruktur für Familien, beispielsweise ein gut ausgebautes Netz von Schulen, Bildungs- und Freizeiteinrichtungen, in der Kommune in einer entsprechenden Quantität und Qualität vorhanden sind, sodass sie im Wettbewerb zu anderen Standorten und damit für die potenziellen Mitarbeitenden zu anderen Karrieremöglichkeiten an anderen Standorten und Regionen mithalten können.

Die zum Thema Wirtschaftsförderung ausgeführten Punkte machen deutlich, dass es hier Bereiche gibt, die die Kommune selbst regeln kann, wie beispielsweise die Bereitstellung von Gewerbeflächen, die Betreuung von potenziellen Investoren etc., dass es aber auch eine Reihe von Themen gibt, die interkommunal gelöst werden müssen. Diese Themen bedürfen also einer regionalen Koordination, da es darum geht, aus einer Wirtschaftsregion und einem Standort im Sinne des Wirtschaftsstandorts einer Kommune eine Innovationsregion zu machen, bei der die einzelne Kommune sich als Innovationsstandort positionieren kann. Thematische Cluster, bei denen Kooperationen zwischen Unternehmen eines Branchensegments möglich sind, werden bei Innovationsregionen typischerweise durch eine entsprechende Infrastruktur an Hochschulen und Forschungseinrichtungen ergänzt. „Um die Gestaltung einer nachhaltigen Regionalentwicklung als Hochschule zu unterstützen, sind die Mitglieder einer Hochschule gefordert, sich mit den Standortbedingungen der Region und den Strukturen und Strategien der kleinen und mittleren Unternehmen zu beschäftigen und ein kontinuierliches Beziehungsmanagement zur Wirtschaft, Politik und weiteren Regionalakteuren zu betreiben" (Engel et al. 2018, S. 264).

Damit kann sichergestellt werden, dass einerseits über den Bereich Forschung ein Transfer aus dem Hochschulbereich in die Wirtschaft stattfinden kann und zu dem den Bereich Lehre auch ein Transfer über Köpfe stattfindet, was von Abschlussarbeiten bis zum Einstieg von Berufsanfängern sich unmittelbar in den Unternehmen niederschlägt. Darüber hinaus gibt es den Wissens- und Technologietransfer (WTT), bei dem ein Dialog zwischen Zivilgesellschaft, und hier ist die Wirtschaft ein Teil davon, und Forschungseinrichtungen sowie Universitäten stattfindet. Es liegt nun im Rahmen der aktiven Entwicklung eines Wirtschaftsstandorts an den Kommunen, sich mit diesen Innovationstreibern der Region zu vernetzen und ihre Ansiedlung unterstützen. Hier können Kommunen über die bevorzugte Vergabe von Bauflächen für Hochschulen und Forschungseinrichtungen oder über die Lösung von Expansionsfragen, beispielsweise durch die Vermietung von Immobilien und die Schaffung eigener Immobilien und Campusstrukturen der Ansiedlung von innovationsfördernden Institutionen Vorschub leisten.

Demografiekonzepte

Die veränderte demografische Struktur in Deutschland hat auch für Kommunen zu eigenen Herausforderungen geführt. Als Handlungsfeld der Stadtentwicklung haben daher klassische Demografiekonzepte einen eigenen Stellenwert bekommen. Um einer Überalterung der Einwohnerschaft zu begegnen und attraktiv für Menschen unterschiedlicher Altersklassen zu sein, müssen für die jeweiligen Altersklassen eigene inhaltliche Angebote und mitunter eigene Infrastrukturangebote geschaffen werden. Ein typisches Aufgabenfeld ist hier die Schaffung attraktiver Wohn- und Lebensbedingungen für kleine Kinder und damit für junge Familien. Dazu gehören auf der funktionalen Ebene Investitionen in unterschiedliche Kinderbetreuungseinrichtungen, die anschließend im Rahmen einer lokalen Bildungsplanung durch Schul-, Ausbildungs- und Weiterbildungsangebote ergänzt werden. Neben dieser Basisinfrastruktur für Kinder und Jugendliche geht es jedoch auch um qualitative Aspekte.

Hier kann beispielsweise die Aufenthaltsqualität für Familien mit Kindern in der Innenstadt, das Angebot an Kursen für junge Familien an der örtlichen Volkshochschule genauso von Bedeutung sein wie die Ausgestaltung eines Ferienprogramms für Kinder und Jugendliche oder die Betreuung von Jugendlichen im Rahmen eines Jugendzentrums. Ein attraktives und lebendiges Vereinsleben, mit unterschiedlichen Angeboten für Kinder und Jugendliche rundet hier das Spektrum ab.

Bei Angeboten für Seniorinnen und Senioren kann man spiegelbildlich die Entwicklung betrachten. Auch hier geht es um kulturelle Angebote, wie Museen, Ausstellungen, Theater und Konzerte, aber auch um Infrastruktur und damit die schlichte Erreichbarkeit kultureller Ereignisse, die damit die Möglichkeiten der Teilnahme und somit indirekt der Teilhabe an gesellschaftlichen Entwicklungsprozessen sicherstellen. Dabei geht es darum erschwingliche Angebote für Seniorinnen und Senioren zur Verfügung zu haben, aber auch schlichte, operativ praktische und physische Teilhabe zu ermöglichen, was beispielsweise durch den Ausbau des Personennahverkehrs oder die Kombination des ÖPNV mit Ruftaxis oder anderen Dienstleistern sichergestellt werden kann. Ähnlich wie die Bildungs- und Betreuungsangebote für Kinder und Jugendliche gibt es auch im Bereich der Seniorinnen und Senioren gerade im Zuge einer alternden Gesellschaft die Notwendigkeit, für eine ausreichende Infrastruktur im Gesundheitswesen sowie für Betreuungs- und Pflegeeinrichtungen zu sorgen (vgl. Ulrich et al. 2018). Dabei kommt für die Stadtentwicklung erschwerend hinzu, dass der Bereich der Pflege üblicherweise nicht in kommunaler Verantwortung liegt und daher auch nur eine begrenzte Stimulation von Gründungsaktivitäten und Betriebskonzepte durch die Kommunen selbst erfolgen kann. Allenfalls nachrangige, ergänzende Angebote, wie ein Mehrgenerationenspielplatz oder die öffentliche Aufstellung von Fitnessgeräten für ältere Menschen, können hier direkt wirksam werden.

Die geschilderten Bereiche von Einzelmaßnahmen für unterschiedliche Altersgruppen sind jedoch nur ein Beispiel dafür, dass das Handlungsfeld der demografischen Struktur nur über kohärente und mit den anderen Ressorts und Bereichen abgestimmte demografische Gesamtkonzepte erfolgreich entwickelt werden kann. Hier gilt es – basierend auf der demografischen Struktur und der absehbaren demografischen Entwicklung aufgrund der Geburtenzahlen und der Zuwachsstatistiken im Rahmen der Stadtentwicklung – eine Vision für eine künftige Stadtentwicklung und für eine künftige Bevölkerungsentwicklung zu entwickeln und diese Vorstellungen mit den Individualvorstellungen und Thesen der entscheidenden Akteure und Altersgruppen abzugleichen.

Im Rahmen eines integrierten Demografiekonzepts geht es nicht nur um die Dialogbereitschaft, mit der die Bedürfnisse und Wünsche unterschiedlicher demografischer Gruppen aktuell erfasst und mit dem bestehenden Angebot verglichen werden, sondern um eine Gesamtplanung, die sich auf die nächsten Jahre erstreckt. Hier spielt nicht nur die Prognose unterschiedlicher Altersstrukturen eine Rolle, sondern der demografische Wandel insgesamt. Das heißt, neben der Frage, wie viele junge und ältere Menschen, wie viele Familien mit wie vielen Kindern in der Kommune leben und ihre spezifischen Anforderungen an die kommunale Infrastruktur stellen werden, geht es auch um die Frage, wie viele Neubürger aus unterschiedlichen Regionen Deutschlands bzw. unterschiedlichen Regionen der Welt in den nächsten Jahren in der Kommune ankommen werden und welche spezifischen Anforderungen sie an ein gutes Leben in der Stadt stellen werden. Auch der soziale, kulturelle und berufliche Hintergrund der Bevölkerung in seiner Veränderung spielt dabei eine Rolle. Wer nun denkt, dass dies allenfalls für große Städte oder Ballungsräume ein Thema ist, da auf dem Land nur eine sehr geringe Situation vorherrscht, der täuscht sich. Selbst in ländlichen Regionen gibt es bei den Kommunen eine nicht zu vernachlässigende Fluktuation, die beispielsweise bei einer Kleinstadt von rund 12.000 Einwohnern bei deutlich über 5 % pro Jahr liegt (vgl. Bertelsmann-Stiftung und Wegweiser Kommune o. J.). Damit geht eine ständige Veränderung einher, die sich vor allem kumuliert über mehrere Jahre auch auf die Zusammensetzung der Bevölkerungsstruktur und damit auf die demografischen Anforderungen auswirken kann. Bei einer Gesellschaft im demografischen Umbruch ist zudem das Thema des barrierefreien Zugangs zu kommunalen Dienstleistungen von neuer Bedeutung (vgl. Klähn 2018, S. 254).

Im Rahmen des Demografiekonzepts müssen auch die damit verbundenen Handlungsfelder in den Bereichen Wohnraum, Mobilität und Wirtschaftsentwicklung mit berücksichtigt werden. In diesem Zusammenhang werden sich auch die typischen KPIs, d. h. die Kennzahlen wie Ein- und Auspendler sowie die Lohnsteuer-pro-Kopf-Entwicklung über die Jahre hinweg verändern. Um den spezifischen Bedürfnissen einzelne Gruppierungen gerecht zu werden, bedarf es einer Überarbeitung der bestehenden und geplanten Wohnformen, beispielsweise wie viele Menschen einer Wohneinheit Raum finden, einer Überarbeitung der bestehenden Struktur im Sinne eines Masterplans, sowie einer gezielten Weiterentwicklung des Arbeitsplatzangebots und des Angebots von Freizeitaktivitäten, die für die Bedürfnisse sowie die kulturellen und sozialen Interessen unterschiedliche Altersgruppen geeignet sind.

Wohnen

Kaum ein Thema hat 2018 stärker die Wahlkämpfe bei kommunalen Wahlen (beispielsweise Wahlen zum Oberbürgermeister oder Bürgermeister) und Landtagswahlen beeinflusst, wie der in vielen Regionen bestehende akute Mangel an bezahlbarem Wohnraum (vgl. SWR 2018; Frasch 2018). Die untypische Zinsentwicklung der letzten Jahre und die Zinssituation mit Negativzinsen für die Aufbewahrung von Geldern in der aktuellen Situation haben dazu geführt, dass zwar sehr viel in Immobilien investiert wurde, dies aber vorwiegend zu einer Ausweitung des Angebots im eher hochpreisigen Segment geführt hat. Da viele Ersparnisse, wenn sie Rendite bringen sollen, möglichst gewinnbringend angelegt werden, besteht aus dem Käufermarkt ein hoher Nachfragedruck, der dazu führt, dass auch im Gefolge die Mietpreise entsprechend angezogen haben. Da zudem durch die Aufteilung von Asylbewerbern auf die Kommunen im Segment des subventionierten Wohnens und des Wohnraums für sozial Schwache eine weitere Gruppe zahlenmäßig zugelegt hat, gerät der Wohnungsmarkt für sozial Schwache, aber auch für Mieter unterer und mittlerer Einkommensschichten zunehmend unter Druck. Da sich teurer Wohnraum unmittelbar auf die soziale Situation von Menschen, insbesondere Familien auswirkt, hat das Thema auch das Potenzial zum „sozialen Sprengstoff". In Deutschland leben 36,4 Mio. Menschen zur Miete, was damit die häufigste Wohnform darstellt (vgl. IfD Allensbach 2018). Der Anteil ihres verfügbaren Gesamteinkommens, den die Deutschen für Wohnen ausgeben, ist in den vergangenen Jahren von 32,6 % (2007) auf 26,3 % (2018) gesunken (Eurostat o. J.), aber die Verteilung ist hier ungleich und der Durchschnittswert täuscht über die eigentliche Problematik hinweg, denn über 14 % der Haushalte gelten als mit Wohnkosten „überbelastet", da sie mehr als 40 % ihres verfügbaren Nettoeinkommens für Wohnen aufwenden. Daher besteht hier generell nach wie vor ein Handlungsbedarf im Rahmen der kommunalen Entwicklungsprozesse.

Wohnen gilt in diesem Sinne als kommunale Gestaltungsaufgabe, „als Kernbereich der Daseinsvorsorge“ (Klus 2013, S. 75 ff.).

Es liegt im Interesse der Verantwortlichen, im Rahmen der Stadtentwicklung darauf zu achten, dass eine ausgewogene Struktur und ein Angebot unterschiedlicher Immobilien in unterschiedlichen Preislagen vorhanden sind. Denn über das Wohnraumangebot werden letztendlich die Zuzüge von ortsansässigen, jungen Familien und Externen stark beeinflusst. Für viele Städte ist es daher sinnvoll, eine Bestandsaufnahme des bestehenden Angebots vorzunehmen und im Rahmen der Stadtentwicklungsplanung die Lücken im Angebot zu identifizieren und durch die Ausweisung geeigneter Baugebiete und die entsprechenden Vorgaben im Bebauungsplan zu schließen.

Dabei muss bei einer Ausdehnung von Wohnbebauung darauf geachtet werden, dass keine negativen Folgen für andere Themenfelder, wie etwa die lokale ökologische Situation, oder als besonderes Teilthema den Hochwasserschutz, entstehen. Viele Hochwasserprobleme der vergangenen Jahrzehnte stehen mit der Politik der Ausweisung von Baugebieten und der Zunahme der Bodenversiegelung in direktem Zusammenhang. Daher gibt es in Deutschland inzwischen eine sehr restriktive Politik bei der Ausdehnung bebauter Flächen, die nicht nur einen ökologischen Ausgleich erfordert (vgl. Greiving et al. 2018). Die Schaffung neuer Baugebiete nur dann möglich, wenn entsprechende Ausgleichsflächen vorhanden sind und zweckbestimmt ausgewiesen werden, und es gilt die grundsätzliche Maßgabe, zunächst einmal im innerstädtischen Bereich die Baulücken zu schließen, bevor neue Baugebiete ausgewiesen werden. Da in vielen Bundesländern die Möglichkeiten des Einspruchs gegenüber Großprojekten vonseiten der Bürgerinnen und Bürger gestärkt wurden und somit sehr viele Bauprojekte von Beginn an infrage gestellt werden, ist der Aufwand, was die zeitliche und kostenmäßige Vorlaufplanung angeht, in den vergangenen Jahren gestiegen.

Auch in den Fällen, in denen die Ausweisung neuer Baugebiete nicht das Mittel der Wahl sein wird, um Wohnraum zu schaffen und den Wohnungsmarkt zu stimulieren, kann eine Kommune gezielt aktiv werden. So ist selbst für kleinere und mittlere Kommunen die Gründung einer eigenen Wohnbaugesellschaft sinnvoll, wenn einerseits der Markt der Niedrigpreisimmobilien stimuliert und mithilfe der städtischen Wohnbau aktiviert werden soll sowie zudem der Betrieb von Anschlussunterbringungsmöglichkeiten für Geflüchtete in diesem Format durchgeführt werden kann. Damit kann auch verhindert werden, dass unterschiedliche sozial schwache Zielgruppen gegeneinander ausgespielt werden und eine entsprechend negative Entwicklung der politischen Grundstimmung entsteht.

Die Ausdifferenzierung des Wohnraumangebots, bei dem auch bewusst auf das Angebot mittlerer und höherer Preislagen geachtet wird, gehört im Verbund mit anderen Maßnahmen – wie der Wirtschaftsförderung – zum Gesamtpaket eines koordinierten Stadtentwicklungsprozesses. Über die Wohn- und Lebensqualität in einer Kommune wird auch die soziale Zusammensetzung definiert. Damit spielt die Wohnungs- und Wohnraumpolitik auch bei der Ausgestaltung des Wirtschaftsstandorts, beispielsweise bei der Akquise von Fach- und Führungskräften außerhalb der Region eine Rolle.

3.5 Regionale Einbindung der Kommune

Bereits bei den bisherigen Handlungsfeldern der Stadtentwicklung wurde in vielen Fällen deutlich, dass es jenseits des kommunalen Entwicklungsprozesses auch eines koordinierten Vorgehens innerhalb der Region bedarf. So kann eine aktive Standortpolitik und damit eine gezielte Entwicklung des kommunalen Wirtschaftsstandorts nur im Verbund mit der Region wirksam ausgestaltet werden. Attraktive Arbeitgeber in der Region können ausschlaggebend sein, um einer Kommune, die beispielsweise im Bereich der weichen Standortfaktoren Wohn- und Lebensqualität ihre Hausaufgaben gemacht hat, einen Schub zu verleihen, obwohl die eigentliche wirtschaftliche Prosperität und die neu entstandenen Arbeitsplätze in Kommunen der Nachbarschaft vor Ort sind. Darüber hinaus gibt es eine ganze Reihe von Themenfeldern, die im Verlauf dieses Abschnitts noch detaillierter ausgeführt werden, bei denen eine Kommune ohnehin allein, insbesondere als kleinere oder mittlere Kommune, sehr schnell überfordert ist. Gerade auch bei diesen Themengebieten ist es sinnvoll, im Rahmen des Stadtentwicklungsprozesses die Ideen und Kräfte zu bündeln (vgl. Kühn und Milstrey 2015).

Die Veränderungen, im Bereich des Umweltschutzes und der Umweltauflagen einerseits, der Technologie und Kundenbedürfnisse andererseits, haben dazu geführt, dass viele Kommunen ihre bisherigen Mobilitätsangebote und ihr bisheriges Mobilitätskonzept überdenken und bearbeiten müssen. Angesichts von Fahrverboten für unterschiedliche Kraftfahrzeuggruppen in Ballungsräumen und Innenstädten muss über die Rolle des privaten Individualverkehrs neu nachgedacht werden. Dies betrifft die Strukturierung und Organisation sowohl des fließenden als auch des ruhenden Verkehrs. Dabei ist für viele Experten absehbar, dass die Phase, in der man bei der Entwicklungsperspektive einer Innenstadt sich den Bedürfnissen des Kraftfahrzeugverkehrs untergeordnet hat, vorbei ist. Es ist zwar nach wie vor üblich, bei neuen Wohngebieten und neuen Bebauungsplänen heute auf eine größere Anzahl an zur Verfügung gestellten Stellflächen pro Einheit zu achten und damit der Tatsache Rechnung zu tragen, dass pro Familie heutzutage 2–3 Autos benutzt werden, dennoch ist gegenwärtig bereits das Ende quantitativen Wachstums absehbar. In die Zukunft gerichtete Mobilitätskonzepte tragen dem Umstand Rechnung, dass zu den Hauptverkehrszeiten viele Innenstädte selbst bei kleineren Kommunen aufgrund von Verkehrsstaus nur eingeschränkt für Bürger nutzbar sind. Der früher vorherrschende Trend zur Schaffung von Umgehungsstraßen gilt heute weder verkehrs- noch umweltpolitisch als sinnvolle Allzweckwaffe. Im Rahmen von Mobilitätskonzepten werden daher eher Modelle der „Sharing Economy" (vgl. Georgi et al. 2018), d. h. Car-Sharing, öffentlicher Personennahverkehr und ergänzende Zusatzangebote wie etwa Sammeltaxis, geplant, von kommunaler Seite unterstützt oder teilweise auch in kommunaler Trägerschaft angeboten und aufeinander abgestimmt.

Die hier beschriebenen Aufgabenfelder liegen durchaus in der Verantwortung einer Kommune und können von ihr beeinflusst werden. Dazu zählt auch die Ausweitung des Fahrradwegnetzes innerhalb der Stadt und die Förderung von Bike-Sharing-Diensten zählen, bei denen E-Bikes und „normale" Fahrräder zusätzlich entliehen und wieder abgegeben werden können. In vielen Fällen obliegen Planung und Umsetzung zunächst der Kommune. Wenn jedoch die Taktfrequenz des öffentlichen Personennahverkehrs sinnvoll erhöht werden soll, ist bereits eine interkommunale und damit regionale Abstimmung erforderlich. Auch der Ausbau des gesamten Radwegenetzes betrifft im Regelfall nicht nur eine einzelne Kommune, sondern in vielen Fällen bereits den kompletten Landkreis. Ähnlich verhält es sich mit dem Ausbau der Straßeninfrastruktur, die ebenfalls nicht nur auf die Straßen innerhalb der Gemeindegemarkung begrenzt ist, sondern erst im regionalen oder überregionalen Kontext zu einer wirklich sinnvollen Gesamtarchitektur von Mobilitätsinfrastruktur führen kann.

Noch umfassender als das Mobilitätsthema ist das umweltpolitisch mindestens genauso hoch gehandelte Themenfeld der Energie. Hier sind Kommunen auf mehreren Ebenen betroffen. Zum einen sind sie beispielhafte Energieverbraucher, was Maßnahmen des Energiesparens angeht. In den letzten Monaten haben viele Kommunen hier vor allem Projekte im Bereich der energetischen Sanierung und Dämmung von kommunalen Immobilien sowie Projekte der Energieeinsparung durch Dämmung von öffentlichen Gebäuden und Senkung der Heiz- und Gebäudekosten vorangetrieben. Als in einigen Fällen noch recht junges Themenfeld, hat die Energieerzeugung in kommunaler Trägerschaft oder in Verbindung mit aktiven kommunalen Belehrungen an Bedeutung gewonnen. Waren es nach der Jahrtausendwende überwiegend Solarprojekte, beispielsweise durch Fotovoltaikanlagen auf öffentlichen Gebäuden, die entweder betrieben oder verpachtet wurden, so sind es heute größere Anlagen der kommunalen Energiegewinnung. Neben Blockheizkraftwerken zur Kraft-Wärme-Kopplung oder Geothermieprojekten zur Nutzung der Oberflächen- oder Tiefengeothermie, geht es hier auch in vielen Regionen Deutschlands um die Nutzung von Windkraft. Die Anlagen werden immer wieder durch Windkraftgegner, die Windräder aus optischen oder grundsätzlichen Erwägungen ablehnen, hinterfragt und als unwirtschaftlich diskreditiert. In der Tat gibt es eine ganze Reihe von Standorten, die für Windkraft nicht oder nur bedingt geeignet sind. Generelle Debatten verstellen jedoch in der Diskussion mitunter den Blick auf gute Standorte, an denen Strom erzeugt werden kann. Im Rahmen eines Stadtentwicklungsprozesses geht es darum, die emotional mitunter höchst angespannte Situation bei der Förderung unterschiedlicher Energiequellen in einem Gesamtkonzept aufzulösen und die Bürgerinnen und Bürger entsprechend mitzunehmen. So gibt es an Standorten, wo die Nutzung von Geothermie zu entsprechenden Verwerfungen, d. h. buchstäblich erdbebenartigen Erschütterungen geführt hat und somit Orte in ihrer Substanz getroffen wurden, nachvollziehbare Proteste und eine ablehnende Haltung der Bevölkerung. Hier können Verfahren der frühzeitigen Partizipation und Einbeziehung von Teilgruppen der Öffentlichkeit sowie eine breite Beteiligung der Bürgerschaft Abhilfe schaffen (vgl. VDI o. J.; Staatsministerium Baden-Württemberg 2014; Verwaltungsvorschrift der Landesregierung o. J.).

Dass daher die Landesregierung in Baden-Württemberg unter der Rubrik „kommunale Bürgerbeteiligung“ direkt auf die Ebene der Großprojekte geht, ist kein Zufall (vgl. Breyer-Mayländer 2019a, S. 42 f.). Großprojekte sind insbesondere bei Bauvorhaben für viele Bürgerinnen und Bürger negativ besetzt (vgl. Köcher 2011), ein Umstand, der unter anderem bei Geothermie als neuer Technologie mit erheblichen kommunalen Risiken berücksichtigt werden muss (vgl. Hofmann und Leinemann 2013). Eine Widerstandsquelle gegen Projekte in der konkreten Umsetzung resultiert aus dem NIMBY-Effekt (Not in my Backyard), der neueren Variante des St.-Florians-Prinzips. Daher werden in einigen empirischen Untersuchungen zur Akzeptanz von Infrastrukturprojekten drei Zielgruppen identifiziert (NIMBYS, FUNDIS und NEUTRALOS) (vgl. Eisenkopf et al. 2014, S. 37) und eine Anlehnung an die VDI-Richtlinie 7001 empfohlen.

„Die VDI-Richtlinie 7001 richtet sich an Vorhabenträger, Generalplaner, Ingenieur- oder Planungsbüros, Projektsteuerer und ausführende Unternehmen. Sie richtet sich aber auch an Behörden und Bauämter sowie an Verbände und Bürgerinitiativen. Die Richtlinie besteht aus zwei großen Abschnitten: 1) Allgemeine Anforderungen an gute Kommunikation und Öffentlichkeitsbeteiligung, 2) Gute Kommunikation und Öffentlichkeitsbeteiligung in den Leistungsphasen der Ingenieurplanung" (Brettschneider 2015, S. 18).

Die Richtlinie kann somit im Sinne der Maßnahmen des Marketings für Kommunalpolitik und Kommunalverwaltung dazu benutzt werden, die notwendige Partizipation und projektstützende Kommunikation mit Ausrichtung auf die unterschiedlichen Interessen von Stakeholdern zu gestalten. Dabei lohnt sich bei allen Maßnahmen der gezielten Partizipation eine weitere Differenzierung (vgl. Renker 2018, S. 90):

- Partizipation: Bürger wirken mit den kommunalen Gremien aktiv und kritisch bei Entscheidungen und Entwicklungsschritten mit. Voraussetzung ist eine ausreichende Information über die Geschehnisse in der Kommune.
- Involvement: „Im ständigen Dialog sammeln die Bürger mündlich und schriftlich Meinungen und werten sie auch gemeinsam aus (Konsultationen)" (Renker 2018, S. 90). Renker sieht hier vor allem das persönliche Engagement im Vordergrund, was auch eine persönliche Betroffenheit und gleichzeitige Konfliktfähigkeit bedingt.
- Identifikation: Die erlebte Partizipation und das Involvement führen zu einer Stärkung der Identifikation mit dem Ort und den damit verbundenen Ritualen und reicht am Ende von der Mitwirkung, Mitbestimmung und Mitentscheidung bis zu einer Selbstverpflichtung der Bürger/innen zur aktiven Beteiligung bei der Umsetzung.
- Commitment: Bürgermeister, Gemeinderat und Bürger/innen verpflichten sich selbst und selbstlos, was ein in der Gruppe konsistentes Verhalten ermöglicht.

Auch beim Thema Windenergie formiert sich mitunter deutlicher Protest. Für viele ist es optisch so ungewohnt, dass entsprechend gegen neu errichtete Windräder oder kleinere Windparks alle rechtlichen Möglichkeiten ausgeschöpft werden. Die emotionale Befindlichkeit der Bürgerinnen und Bürger gegenüber diesen Energieerzeugungsarten zeigt sich auch in zahlreichen Leserbriefen und Online-Statements. Hier gilt es nicht nur frühzeitig zu informieren, sondern beim kompletten Entwicklungsprozess der Großprojekte entsprechend der dafür entwickelten VDI-Richtlinie, Sorgen und Ängste der Bürgerinnen und Bürger wahrzunehmen und bei den skizzierten Befürchtungen und Problemen Abhilfe zu schaffen.

Das Thema Energie bedarf einer regionalen Koordination, da beispielsweise Standorte für Windenergie nicht immer mit den Gemarkungsgrenzen übereinstimmen und in vielen Fällen jedoch eine Investition von Kommune A in Windkraft dazu führt, dass sich die Bürger der Kommune B über den Anblick oder weitere Beeinträchtigungen beschweren. Neben den formalen rechtlichen Abstimmungsprozessen, bei denen eine gegenseitige Rücksichtnahme eingefordert wird, sollte im Rahmen einer regionalübergreifenden Stadtentwicklungsplanung darauf geachtet werden, dass die Probleme bei der Akzeptanz von Bürgerinnen und Bürgern der eigenen Kommune und der umliegenden Kommunen durch eine frühzeitige Einbindung der Bürgerschaft die Planungen begrenzt werden. Damit wird aus einem komplexen kommunalen Entwicklungsprojekt ein noch komplexeres regionales Entwicklungsprojekt. Die Kooperation umfasst dabei die Energieerzeugung genauso wie die Energieverteilung und -verbreitung. In vielen Fällen findet hier nicht nur eine Abstimmung der Koordination statt, sondern es ist aus wirtschaftlichen Gründen oftmals sinnvoll, mit gemeinsamen Tochtergesellschaften den wirtschaftlichen Betrieb von Energieerzeugung und Energieverteilernetzen und den Abschluss mit Konsortialverträgen und Konzessionen mit anderen Partnern zu organisieren.

Ein weiteres Themenfeld für die regionale Kooperation ist die Trinkwasserversorgung. Gerade kleinere Kommunen verfügen nicht über die Ressourcen um ein komplett eigenständiges Wassermanagement kosteneffizient durchzuführen. Hier lohnt sich dann der Zusammenschluss mehrerer kleinerer und mittlerer Kommunen zu einem Wasserzweckverband, mit den die entsprechenden Quellenbrunnen etc. genutzt und im Gegenzug auch gepflegt und gewartet werden können. Bis hin zum Personal, das als „Wassermeister“ für die Trinkwassererzeugung Verantwortung trägt, sind hier Skaleneffekte bei Kooperationen spürbar. Dies bedeutet auch, dass im Rahmen der regionalen Kooperation größere Investitionen, die das Wassergefüge verändern können, wie der Bau eines Hallenfreizeitbads miteinander abgestimmt werden müssen. Auch der Betrieb gemeinsamer Brunnen zur Grundwassernutzung gehört zu diesem Kooperationsfeld.

Bei der regionalen Koordination im Bereich der Wasserversorgung wird durch die Absprache zwischen den kooperierenden Nachbargemeinden auch dem Umstand Rechnung getragen, dass der Grundwasserspiegel – je nach Situation – nicht an den kommunalen Grenzen orientiert ist. Die Inanspruchnahme unterschiedlicher Quellen, der Ausbau von Brunnen und die damit zusammenhängende Bewirtschaftung des Frischwassers bedürfen daher allein aufgrund der geologischen und wasserwirtschaftlichen Notwendigkeiten einer Abstimmung zwischen den betroffenen Städten. Gerade in sehr trockenen Jahren, die aufgrund des merkbaren Klimawandels zugenommen haben, kommt der gemeinschaftlichen und gezielten Bewirtschaftung der knappen Ressource Wasser auch in Deutschland eine noch größere Bedeutung zu als dies in früheren Jahren der Fall war. Aus Sicht der Bürgerinnen und Bürger ist das Thema Wasser als „Low-Involvement-Produkt“ eng mit der Frage der Kosten, d. h. aus Sicht der Verbraucher mit der Frage des Preises und der Qualität verbunden. Dabei können die Kosten bei größeren regionalen Kooperationen aufgrund der Fixkostendegression pro Einheit gesenkt werden. Die unterschiedlichen Qualitätsstufen des Wassers haben viel mit den regionalen

Gegebenheiten zu tun; dennoch kann es bei Kommunen zu größeren Unterschieden in Bezug auf die Wasserqualität kommen, je nachdem welche Stadt- oder Ortsteile an eine spezifische Quelle angeschlossen sind.

Zum Thema Wasser gehört neben dem Frischwasser auch der Bereich des Abwassers, der in vielen Fällen auch auf Basis von regionalen Kooperationen wirtschaftlicher gelöst werden kann. Es geht in diesen Fällen um die Synergie-Effekte bei der gemeinsamen Nutzung von Kläranlagen, sodass die Fixkostendegression auch hier zu einem niedrigeren Kostenrahmen beiträgt, der eine vernünftige Preisgestaltung ermöglicht. Dennoch ist in vielen Kommunen aus Sicht der Bürgerinnen und Bürger das Thema Abwasser in den vergangenen Jahren ein kritisches Thema geworden, da die Kosten und Preise insgesamt durch das notwendige Ökomanagement gestiegen sind, wenn bei gesplitteten Abwasserpreisen die zunehmende Bodenversiegelung Eingang in den Wasserpreis gefunden hatte.

Ein weiteres wasserbezogenes Thema, das in den vergangenen zehn Jahren in Bezug auf die Entwicklungsfähigkeit von Kommunen an Bedeutung gewonnen hat und in vielen Fällen einer regionalen Koordinierung bedarf, ist das Thema Hochwasser. Die Klimaschwankungen der vergangenen Jahre haben dazu geführt, dass die Niederschläge mit besonders dramatischen lokalen Auswirkungen in den vergangenen Jahren zugenommen haben. Dies hängt an einer Klimaentwicklung, die lokale Regenschauer und Gewitter begünstigt, die aufgrund von geringen Windgeschwindigkeiten nur langsam aus den betroffenen Gebieten in die Nachbargebiete weiterziehen. Die damit gestiegene Hochwassergefahr wurde konsequenterweise vom Gesetzgeber erkannt und in Verpflichtungen zum Hochwasserschutz und ein Hochwassernotfallmanagement umgesetzt (vgl. Gall und Jüpner 2018). Für die Kommunen bedeutet dies auf der Ebene der Entwicklung, dass Planungen bei der Weiterentwicklung von Wohn- oder Gewerbegebieten sehr häufig damit verbunden sind, dass zuvor ein neues Hochwasserkonzept aufgelegt werden muss, das anschließend im Generalentwässerungsplan neue Spielräume für die Bebauung eröffnet (vgl. Gujer 2007, S. 202 ff.).

Die in den Medien immer wieder zitierten „Jahrhundertunwetter“, die sich zunehmend jedoch mit einer wesentlich höheren Frequenz wiederholen, sollen auf diese Art und Weise in ihren Auswirkungen für die Bevölkerung, die Wirtschaft sowie das öffentliche Leben der Region und der Stadt begrenzt werden.

Dass der Hochwasserschutz für die Möglichkeiten der Stadtentwicklung von enormer Bedeutung ist, kann man daran erkennen, dass die Umsetzung nicht nur aus Sicht des Gesetzgebers entscheidend ist, sondern in Hochwasserrisikogebieten am Ende des Tages kaum Entwicklungsmöglichkeiten bestehen und diese auch mit großem Aufwand nicht erschlossen werden können. Da auch Hochwasser und Hochwasserschäden nicht an den Grenzen einer Kommune Halt machen, muss im Rahmen der Regionalplanung eine Koordination stattfinden, die über den Zuständigkeits- und Interessenbereich der einzelnen Kommunen hinausgeht. Weil bauliche Maßnahmen letztlich einen Eingriff in ein Gesamtsystem bedeuten, muss eine zusammenhängende Planung erfolgen, die immer wieder aktualisiert und auf die Interessenbereiche abgestimmt wird.

Auch das Thema Bildung als zweiter klassischer Bereich der kommunalen Fachplanungen (vgl. WIBERA 1971, S. 58) bedarf in vielen Fällen einer überregionalen gesonderten Abstimmung. Dies beginnt bei kleinen Kommunen im Bereich der frühkindlichen Betreuungsangebote, die übergreifend abgestimmt werden können, um sicher zu gehen, dass für die Familien einer kleineren Stadt zumindest diejenigen notwendigen Angebotsformen vorhanden sind, die auf Ebene der Bundesländer den einzelnen Familien garantiert werden. Die Anschlussfähigkeit der weiterführenden Schulen der Sekundarstufe vor Ort stellt ein weiteres Merkmal einer abgestimmten ortsübergreifenden Bildungspolitik dar. Hier kann bei kleineren Kommunen auch die Frage, ob überhaupt eine Grundschule im eigenen Ort betrieben werden kann oder mit dem Nachbarort kooperiert werden soll, eine wesentliche Rolle spielen. Maßgebliche Kriterien sind hier die Auslastung der Grundschule und die Größe, was auch die Entwicklungsfähigkeit einer Grundschule angeht. Der Mangel an Bewerberinnen und Bewerbern bei der Ausschreibung von Rektoren- und Lehrerstellen an Grundschulen zeigt, dass auch die Führungsstruktur einer Grundschule nicht ohne weiteres für die nächsten Jahre als zukunftsfähig gelten kann. Hier kann eine Bündelung der Kräfte unter einer einheitlichen Leitung nicht nur kostenmäßig, sondern auch inhaltlich eine günstige Alternative darstellen.

Auf der Ebene der Sekundarstufe empfiehlt sich übergreifend eine Koordination der Angebote, um zu vermeiden, dass bestimmte Schularten und Angebotsformen (Ganztagsschule) wenig koordiniert aufeinandertreffen und damit Angebotslücken auf der einen Seite und Doppelungen auf der anderen Seite entstehen. In dieses Gesamtkonzept sind auch die parallelen Strukturen von öffentlichen und privaten Schulen mit einzubeziehen. Jüngere Schulartentwicklungen, wie die Gemeinschaftsschule in Baden-Württemberg, die Niveaustufen von Werkrealschule/Realschule bis Gymnasium umfasst, können ebenfalls nur im Rahmen einer regionalen Schulplanung weiterentwickelt werden. Insbesondere in Zeiten, in denen geburtenschwache Jahrgänge in die einzelnen Jahrgänge – beispielsweise in die Sekundarstufe 1 – strömen, muss auf der Basis der Auslastung eine Fokussierung auch bei weiterführenden Schulen regional abgestimmt werden. Hier zeigt sich dann immer wieder im Rahmen einer Stadtentwicklung, dass wenig geschätzte und unterstützte Schulen und Schulformen dann intensiv wahrgenommen werden, wenn ihre Schließung droht und die Bürgerinnen und Bürger der eigenen Kommune sich sorgen, ob dieser Rückbau von Infrastruktur sich künftig auch in anderen Bereichen zeigen wird. Hier geht es dann in vielen Fällen – statt übergreifend eine Abstimmung vorzunehmen – darum, auch das Selbstbewusstsein und die Mindestinfrastruktur in den Kommunen zukunftssicher zu erhalten (vgl. auch Breyer-Mayländer 2014). Darüber hinaus gibt es im Bildungswesen einige Themen, die ohnehin nur auf einer regionalen Basis sinnvoll finanziert und gelöst werden können. Hierzu gehören unter anderem Sprachförderkosten für Migrantenkinder, Förderschulen für Schülerinnen und Schüler mit einem gesonderten Betreuungs- und Entwicklungsbedarf sowie sogenannte Trainingsklassen für Schülerinnen und Schüler, die aufgrund ihres Sozialverhaltens aktuell nicht ohne Einschränkungen in den normalen Unterricht integriert werden können. Ergänzend zu dieser ortsübergreifend zu koordinierenden Aufgabenstellung kommt noch die Parallelität des allgemeinbildenden Schulbereichs mit den Berufsschulen hinzu, die im Regelfall einer regionalen Einrichtung wie dem Kreis unterstehen und damit ohnehin als regionale Infrastruktur anzusehen sind. Aus Sicht der Stadtentwicklung führt an einer kommunalen und regionalen Bildungsplanung mit einem entsprechenden Monitoring und Controlling kein Weg vorbei (vgl. Breyer-Mayländer 2013).

3.6 Innenstädte als Thema der Stadtentwicklung

Die Entwicklung der Innenstadt oder je nach kommunaler Situation der Innenstädte ist im Rahmen der Stadtentwicklung eine Querschnittsaufgabe, die mit vielen anderen Themenbereichen in Verbindung steht. Je nach Stand des Mobilitätskonzepts können Fußgängerzonen mit Radschnellwegen kombiniert werden und für Mobilität und Lebensqualität gleichermaßen sorgen. Aber nicht nur mit dem Themenfeld der Mobilität steht eine Innenstadt in Verbindung, sondern auch mit den Entwicklungsmöglichkeiten der Unternehmen vor Ort und damit mit der wirtschaftlichen Gesellschaftsstruktur der Innenstadt und dadurch mit der bestehenden Wohn- und Lebensqualität. Ein besonderes Augenmerk für die Innenstadtentwicklung liegt auf der Entwicklungsperspektive des lokalen Einzelhandels, der aufgrund der Wettbewerbssituation mit Discountern und Geschäften auf der anfangs „grünen Wiese" und dem Wettbewerb mit digitalen Handelskanälen zunehmend unter Druck gerät. Daher wird im Rahmen der stadtübergreifenden Koordination in den Regionalplänen festgelegt, welche Sortimente für den Handel im Innenstadtbereich reserviert sind und welche Sortimentsbereiche für den stationären Handel zugelassen sind. Da diese sogenannten zentrenrelevanten Sortimente am Stadtrand nicht angeboten werden dürfen, sie jedoch marktpolitisch ohne Probleme vom Online-Handel bedient werden können, zeigt sich, dass auf diesen Wegen kein effektiver Schutz der Innenstadt per se möglich ist.

Wie stark im Rahmen der Innenstadtentwicklung dem Handel überhaupt ein ausreichendes Flächenangebot im Innenstadtbereich zumindest theoretisch zur Verfügung steht, ist eine der entscheidenden Fragen als Randbedingung der regional koordinierten Stadtentwicklung. Der gestiegene Flächenbedarf des Facheinzelhandels begünstigt also die Entstehung größerer Handelsansiedlungen am Stadtrand, die aus Sicht der Stadtentwicklung ebenfalls wichtig sind, um die Versorgungsqualität der Bevölkerung zu steigern oder zu erhalten und auch die Wirtschaftskraft am Ort zu stabilisieren.

Die von den Regionalplanern und mitunter auch von den vor Ort zuständigen Industrie- und Handelskammern geführte Abgrenzungsdiskussion zwischen Handel am Stadtrand und der Innenstadt stellt sich für viele Kommunen anders dar. Es geht letztlich um die Förderung beider Segmente. Wenn attraktive Handelscluster am Stadtrand etabliert werden können, ist es eine Aufgabe des Stadtmarketings die Käuferströme am Stadtrand auch zu einem gewissen Teil als Grundlage für Besucherströme in die Innenstadt nutzen zu können. Hier kann mit Hinweisschildern auf Attraktionen und Besonderheiten in der Praxis viel erreicht werden. Auch von der Struktur der Einzelhandelsgeschäfte her geht es nicht um ein Gegeneinander, sondern um eine Verzahnung der unterschiedlichen Geschäftstypen, Einkaufssituationen und Kunden-, bzw. Bürgerbedürfnisse.

Ein weiteres Handicap für die vitale Entwicklung von Innenstädten ist der zunehmende Rückzug von Banken und Dienstleistern aus dem Zentrum. Gerade die regionalen Banken aus dem Bereich der Sparkassen, Volks- und Raiffeisenbanken sind aufgrund der schwierigen Zinslage nicht mehr in der Lage, das komplette Finalgeschäft in allen Kommunen, in denen sie ansässig sind, aufrechtzuerhalten. Neben drastischen Einschränkungen der Öffnungszeiten sind seit 2010 zunehmend Filialschließungen zu verzeichnen. Beide Entwicklungen können dramatische Folgen für die Entwicklungsfähigkeit einer Innenstadt haben. Die Verknüpfung unterschiedlicher Alltagsbesorgungen findet bei zunehmendem Einkauf über digitalen Handel bzw. Onlinehandel und einer Zunahme des Digital-Bankings nicht mehr in Verbindung mit der Innenstadt selbst statt.

Lokale Teilmärkte mit teilweise disruptiven Veränderungen (vgl. Breyer-Mayländer 2016, S. 3; Breyer-Mayländer 2011):

1. Lebensmitteleinzelhandel im Wettbewerb zu Lieferdiensten
2. Textil- und Schuhhandel im Wettbewerb zum Onlinehandel
3. Stationärer Sortimentsbuchhandel im Wettbewerb zum Onlinehandel, insbesondere in Verbindung mit E-Books
4. Fachhandel im Segment Deko und Haushaltwaren im Wettbewerb zum Onlinehandel und zu Nebensortimenten großer Möbelhäuser
5. Autohandel im Wettbewerb zu Re-Importen und Onlinehandel
6. Arztpraxen und medizinische Dienstleistungen im Wettbewerb zu MVZs (Medizinische Versorgungszentren)
7. Handwerksdienstleistungen im Preiswettbewerb (z. B. my-hammer.de)
8. Urbanisierung und Landflucht verschieben Bedeutungen von Regionen und Zentren

Dies führt zu folgenden Effekten der Marktkonzentration und Problemstellungen im Handel (vgl. Breyer-Mayländer 2016, S. 5):

- Filialisierung des Handels
- Steigender Kostendruck
- Standortschließungen ohne lokale Verbundenheit
- Discounter und Großflächen expandieren in Randlagen
- Zunahme des E-Commerce
- Rückzug von Anbietern aus der Fläche (Bsp. Postagenturen)
- Schwäche des Fachhandels (z. T. Bündelung in Fachmärkten)
- Kaufkraftschwäche kleinerer Standorte

Diese Gesamtentwicklung führt dazu, dass nur noch in geringem Umfang planbare Besucher- und Kundenströme in den Innenstädten vorhanden sind. Entsprechend ist bei einem Rückgang des Handelsvolumens in Innenstädten die Transformation in eine neue

Form der Innenstadt, bei der statt Handelsunternehmen in erster Linie die Gastronomie-, Freizeit- und Dienstleistungsbetriebe im Vordergrund stehen, nicht einfach zu lösen. Es bedarf daher eines Gesamtkonzepts. Aus Sicht der Stadtplanung als weitere Rahmenbedingungen für die Stadtentwicklungsplanung geht es dabei auch um eine Steigerung der Aufenthaltsqualität, unter anderem durch Sitz- oder Spielmöglichkeiten für kleinere Kinder. Insgesamt darf im Zuge einer abgestimmten integrierten Stadtentwicklungsplanung nicht vergessen werden, dass Themenfelder wie Aufenthaltsqualität in der Innenstadt auch für die Gesamtattraktivität des Ortes ausschlaggebend sind. Damit hat die Innenstadtentwicklung auch einen weiteren Bezugspunkt zu anderen Entwicklungsfeldern, wie etwa der wirtschaftlichen Entwicklung einer Kommune, wenn es um die Akquisition neuer Mitarbeiterinnen und Mitarbeiter geht.

Ähnlich wie bei der gesamten Attraktivität einer Kommune im Rahmen der Stadtentwicklung muss bei der Innenstadtentwicklung auf die Dynamik geachtet werden, die insbesondere bei einer negativen Tendenz eine Sogwirkung entfalten kann. Innenstädte, die durch Sanierungsstau im Fassadenbereich der in Privatbesitz befindlichen Häuser, durch Leerstand bei den Ladengeschäften und dann noch in der Verantwortung der Kommune durch mangelhafte Aufenthaltsqualität (fehlendes Stadtmobiliar, fehlende Spielmöglichkeiten) und eine ungünstige Verkehrsführung des ruhenden und fließenden Verkehrs gekennzeichnet sind, werden wenig Attraktivität für Besucher und Kunden entfalten und damit letztlich auch für Neuansiedlungen von Unternehmen aus Gastronomie, Handel, Gewerbe und Dienstleistungen nicht attraktiv sein. Es gilt daher auf der Ebene der Entwicklungsplanung darauf zu achten, dass alle Parameter, die im Einflussbereich der öffentlichen Hand liegen und durch die Kommune selbst geprägt werden können, ein Gegengewicht schaffen. Dies kann im Einzelfall so weit gehen, dass auch mit privaten Immobilieneigentümern von Ladengeschäften diskutiert wird, welche Branchen an den jeweiligen Standorten innerhalb der Innenstadt sinnvoll angesiedelt werden können, um für alle Beteiligten eine dauerhafte und erfolgreiche Lösung zu schaffen. Natürlich trifft die Letztentscheidung in diesen Fällen der private Immobilieneigentümer und es kommt immer wieder vor, dass hier Entscheidungen getroffen werden, die kurzfristig aus privater Sicht vorteilhaft sein könnten, auch wenn sie langfristig wieder der Kommune noch dem Immobilieneigentümer helfen. Beispielhaft sind hierfür die Ansiedlung von Filialbetrieben mit dominanter Fassadenwirkung in einem großen Altstadtkern oder die Vermietung an Unternehmen, deren Sortiment in dieser Lage kaum vermarktbar sein dürfte.

3.7 Kulturelle Identität, Offenheit und Migration – Stadt- und Gesellschaftsentwicklung

Nicht erst durch die neuen Migrationsbewegungen seit dem Jahr 2015 kommt bei der Stadtentwicklung dem Identitätsmanagement eine zentrale Bedeutung zu. Bürgerinnen und Bürger, die sich sehr stark mit ihrer Kommune identifizieren, sind eher bereit, beispielsweise im Rahmen des Ehrenamts und des bürgerschaftlichen Engagements sich für ihre „Heimatstadt" einzubringen, als Bürgerinnen und Bürger, die nur eine geringe Bindung an ihren Wohnort aufweisen. Im Rahmen der Stadtentwicklung ist es notwendig, zu definieren, wie die Bürgerschaft an ihre Kommune gebunden werden soll. Dabei geht es um eine emotionale Bindung, die auch in unterschiedlichen Altersstufen und Lebensphasen trägt.

Bei starkem Wachstum einer Stadt verändert sich der Charakter einzelner Wohnbezirke sehr stark. Man kann in diesen Fällen feststellen, dass etwa in Neubaugebieten, wo viele Neubürger mit ihren Familien wohnen, eine andere Wahrnehmung des Wohnorts und der neuen Heimatstadt zu finden ist als in etablierten Wohngebieten, die überwiegend von älteren Menschen bewohnt werden, die beispielsweise in Innenstädten bereits seit Generationen mit dem Ort verbunden sind. Dabei kann an dieser Stelle keineswegs ein qualitativer Unterschied in dem Sinne festgestellt werden, dass die Bindung von Neubürgern stets weniger stark ist als die Bindung von alt eingesessenen Familien. Neubürger schätzen häufig andere Attribute an ihrer neuen Heimat, für die sie sich teilweise bewusst entschieden haben, als dies bei denjenigen der Fall ist, die von Geburt an mit dem Ort in Verbindung stehen. Im Rahmen der Stadtentwicklung geht es nun darum, einerseits zu analysieren, welche Wahrnehmung unterschiedliche Gruppen gegenüber der Stadt haben und welche Konsequenzen dies für die Bindung an die Kommune haben kann. Andererseits geht es im Rahmen des Entwicklungsprozesses auch um die Frage, welche Attribute denn vonseiten der Planenden, d. h. im Zweifel vonseiten der Verwaltung und den im Planungsprozess eingebundenen Bürgern erwartet werden. Dieser Soll-Ist-Vergleich ermöglicht die Festlegung einer Strategie, welche Themenfelder, die gegenwärtig noch defizitär ausgeprägt sind, künftig in der Kommunikation und der Ausgestaltung der Kommune im Rahmen der Stadtentwicklung eine besondere Rolle spielen sollen.

In vielen Fällen ist die kommunale Identität eng mit einigen Wahrzeichen verbunden, die der Kommune auch mehr oder weniger offizielle Beinamen. Wenn etwa eine Kommune aufgrund ihrer Lage unter einem dominierenden Sendemast des Rundfunks über Jahrzehnte hinweg das Etikett „Senderstadt" trägt, dann kann ein solches Merkmal als identitätsstiftend angesehen werden. Wenn nun aufgrund des technischen Fortschritts die Sendemastanlagen obsolet werden und ein Abbau wirtschaftlich geboten wäre, kann dies nicht unerhebliche Teile der Bevölkerung in eine Art Identitätskrise stürzen, da das emotional Verbindende mit dem Ort abhandenkommt. In vielen Fällen geht es dabei um markante Gebäude in der Innenstadt oder eine bestimmte wirtschaftliche oder kulturelle Ausprägung, beispielsweise als „Stadt der Mode" o. ä. Im Rahmen des Stadtentwicklungsprozesses kann es eine wichtige Aufgabe sein, diese identitätsstiftenden Merkmale herauszuarbeiten oder – falls diese noch nicht so klar erkennbar sind – neue identitätsstiftenden Merkmale zu definieren. In einer anschließenden Planung der Kommunikationsstrategie muss man darauf achten, dass identitätsstiftende Merkmale nicht nur rational im Sinne der Information herausgehoben werden, sondern sowohl für Bürgerinnen und Bürger als auch für Besucher und Gäste emotional erlebbar sind.

Diese unterschiedlichen Merkmale einer kommunalen Identität sind oft in regionale, landsmannschaftliche Besonderheiten wie Dialekt oder Ähnliches eingebunden. Gerade in Zeiten, in denen die Globalisierung dazu führt, dass Lebensstile und Lebensbedingungen in einem internationalen Kontext analysiert und miteinander verglichen werden, kommt der kulturellen und auch emotionalen Identität von Bewohnerinnen und Bewohnern einer Kommune eine große Bedeutung zu. Es geht dabei im weitesten Sinne auch um das Gefühl und den Begriff der „Heimat". Der Begriff selbst hat in jüngster Zeit sowohl auf politischer als auch kulturell-künstlerischer Ebene eine klare Aufwertung erfahren. War es früher ein Attribut der eher Ewiggestrigen, die das Leben als einen „Heimatfilm" betrachteten, hat sich daraus in den letzten 20 Jahren ein veritabler gesellschaftlicher Trend entwickelt. Nicht nur bei künstlerischen Trends, wie sie Stefan Strumbel mit der künstlerischen Auseinandersetzung mit seiner Heimatregion Schwarzwald auf der ästhetischen Ebene geschaffen hat, sondern auch auf einer medial-kulturellen Ebene, bei der Ausweitung des entsprechenden Zeitschriftensegments, das sich mit dem Thema „Landleben" und „Heimatliebe" beschäftigt, werden die Sehnsüchte nach einer übergreifenden kulturellen Identität und einer persönlichen Verwurzelung erkennbar (vgl. Lang et al. 2017).

Lokale Identität als Identifikation mit dem Heimatort ist auch dadurch geprägt, ob in diesem Heimatort eine ausreichende Möglichkeit zur Partizipation für die unterschiedlichen Zielgruppen besteht. Daher kommt dem Prozess der Stadtentwicklung eine ähnlich hohe Bedeutung zu wie den inhaltlichen Festlegungen und ersten Prägungen der Zielrichtung einer Stadtentwicklung. Das Bewusstsein, als aktiver Teil des Entwicklungsprozesses die Zukunft mitgestalten zu können, ist bereits ein bedeutender Baustein zur Festigung oder Schaffung einer lokalen und kommunalen Identität. Diese kann durch zusätzliche Maßnahmen, beispielsweise mit entsprechenden Werbeartikeln oder Souvenirs, die die positiven Aspekte der Kommune in den Vordergrund stellen, weiter verstärkt werden. Hier befindet man sich dann aus Sicht der Kommunen im Bereich der Bindung durch einen eigenen Markenprozess (vgl. Rößler 2019, S. 73 ff.).

In manchen Fällen ist die originäre kommunale Identität unstrittig und in der Entwicklung sehr weit fortgeschritten. Neben Fragen der Sprache (Dialekt) geht es dabei auch um Fragen der Kulinarik (lokale kulinarische Besonderheiten bis hin zu eigenen Gerichten oder Produkten). Spezielle lokale Bier- oder Weinsorten können hier genauso relevant sein wie die Betonung von originellen und ästhetischen Bauwerken, die sich in der Palette der Souvenirs und des Tourismus wieder finden.

Für Stadtentwicklungsprozesse hat es sich als günstig erwiesen, wenn eine Kommune ein offenes Klima bei der Integration von Neubürgern besitzt. Dabei ist an dieser Stelle keineswegs nur an Neubürger gedacht, die eine andere religiöse, kulturelle oder ethnische Herkunft haben. Das Signal und die Bereitschaft, Menschen von außerhalb in die Gemeinschaft aufzunehmen, sind für die Integration und Nutzung neuer Potenziale unerlässlich. Durch die weltweiten Migrationsbewegungen und die Notwendigkeit der Erstaufnahme und Anschlussunterbringung von Migranten haben sich die Herausforderungen zur Integration neuer Mitbürgerinnen und Mitbürger in einem offenen und wertschätzenden Prozess weiter erhöht.

Beim Management von Migration aus unterschiedlichen Regionen und Beweggründen muss zwischen der formal-logistischen Abwicklung und der inhaltlich-kulturellen Integration differenziert werden. Wenn es darum geht, Migranten aus anderen Kontinenten oder Zuwanderer aus Ost-Europa, die in vielen Fällen gleichsam formal als Asylbewerber in Deutschland ankommen, zu integrieren, bedarf es einer Versorgung der Einzelpersonen oder Familien mit Wohnraum und Infrastruktur. Obwohl beide exemplarisch genannten Migrantengruppen sehr unterschiedlich sind, nutzen sie gegenwärtig in vielen Fällen gleichermaßen das Asylrecht, um ihren Aufenthaltsstatus zu begründen, da mangels eines Zuwanderungsgesetzes keine andere legale Möglichkeit für die Migration besteht. Entsprechend den Verteilerschlüsseln der Bundesländer und Landkreise werden nun Kontingente an Migranten in einzelnen Kommunen zugewiesen. Diese müssen zunächst einmal für die Unterbringung der Erstaufnahme sorgen. Eine Entscheidung über den jeweiligen Status der Asylsuchenden steht in dieser Phase noch aus. Im Rahmen der logistischen Versorgung geht es bei der Erstaufnahme wie auch bei der späteren Anschlussunterbringung um Wohnraum und eine damit zusammenhängende Basisbetreuung. Entscheidend für die Frage, wie sich Migration auf die Identitätsentwicklung einer Kommune auswirkt, ist jedoch die kaum durch die öffentliche Hand zu leistende Integration der Neuankömmlinge. Hier hat sich in vielen Kommunen und Regionen ein Netzwerk von ehrenamtlichen Helfern etabliert, die unterschiedliche Migrantengruppen bei ihrem Ankommen am jeweiligen Ort begleiten. Dies ist vor allem bei kleineren Kommunen eine große Chance, um abseits großer Aufnahmezentren die Integration in die deutsche Gesellschaft zu fördern. Gute Perspektiven bieten hier Familien mit schulpflichtigen Kindern oder Kindern im Kindergartenalter, wenn es gelingt, die Kinder sehr früh in die deutschen Bildungsstrukturen aufzunehmen und mit gemischten Gruppen zu arbeiten. Im schulischen Bereich bedeutet dies in der Regel, dass nach einer begrenzten Phase in sogenannten Vorbereitungsklassen die Aufnahme in Regelbetrieb einer Schule angestrebt wird. Parallel zum Fachunterricht ist dann über einen längeren Zeitraum eine zusätzliche Unterstützung durch spezifischen Deutschunterricht notwendig, um die Sprachfähigkeit zu stärken. Wenn es nun darum geht, die lokale Identität einer Kommune im Verhältnis zu Neubürgern aus komplett anderen Kulturkreisen weiter zu entwickeln und zu stärken, haben sich Veranstaltungsformate bewährt, bei denen es möglich ist die Vielfalt der kulturellen Hintergründe deutlich zu machen und die gemeinsamen Grundideen und Werte zusammenzufassen.

Um diese abstrakte Aussage zu verdeutlichen, kann ein einfaches Beispiel analysiert werden. An einer Grundschule in einer Kleinstadt in Süddeutschland wurde festgestellt, dass bei den Elternabenden ein Teil der anwesenden Mütter den Ausführungen der Lehrerinnen und Lehrer nur bedingt folgen konnte, da sie kaum der deutschen Sprache mächtig waren. Dies betraf nicht nur Asylantinnen und Asylanten, sondern auch Migranten der zweiten oder dritten Generation, die kaum in der deutschen Sprache sozialisiert waren und ursprünglich aus Osteuropa, Südeuropa oder der Türkei stammten. In den Familien war in vielen Fällen der Vater der deutschen Sprache mächtig, da er in deutschen Unternehmen im Arbeitsprozess integriert war, jedoch war die Betreuung der

Kinder und in der Verbindung damit der Kontakt zur Grundschule in den meisten Fällen das Aufgabenfeld der Mütter. Mit einem Projekt „Mama lernt Deutsch" wurde daraufhin vonseiten der Grundschule mithilfe von ehrenamtlichen Sprachtrainern ein Schulungs- und Integrationsprojekt für Mütter gestartet (vgl. Sieberts 2015). Die Auswirkungen eines solchen Projekts auf die kulturelle Identität und die Wahrnehmung einer positiven kulturellen Vielfalt konnte in dem vorliegenden Fall dadurch erreicht werden, dass im Jahresverlauf bei Frühlings- oder Sommerfesten die kulturelle Vielfalt der Mütter durch unterschiedliche Spenden von Speisen aus der jeweiligen Heimatregion symbolisiert wurden. Kulturelle Vielfalt als kulinarische Vielfalt und die Wertschätzung der jeweils eigenen mitgebrachten kulturellen, kulinarischen Identität können Menschen und Gruppen im positiven Sinne in ihren jeweiligen Integrationsbemühungen bestärken.

Aber nicht nur Neubürger aus anderen Kulturkreisen sind eine Entwicklungsaufgabe, die der Planung und Unterstützung bedarf. In vielen Kommunen ist bereits die Integration von Neubürgern aus anderen Regionen desselben Bundeslandes oder die Integration von Neubürgern aus anderen Bundesländern in Landgebieten keineswegs eine Selbstverständlichkeit. Es bedarf vonseiten der Kommune einer klaren Ansage, dass das Ziel einer großen Offenheit Vorrang hat und beispielsweise die Formate der Bürgerbeteiligung im Rahmen der Stadtentwicklung auch für Neubürgerinnen und Neubürger geeignet sind. Bei der Analyse der Motivation von ehrenamtlichem Engagement kommt auch im Vereinswesen den Neubürgern eine besondere Rolle zu. Für sie ist es in vielen Fällen ein Weg, um die Kommune als eigene Heimat erleben und begreifen zu können, wenn man sich ehrenamtlich wie etwa in Vorstandspositionen bei Vereinen und engagiert. Selbst Organisationen, die mit ihrer Namensgebung schon eher wie traditionell geschlossene Einheiten wirken wie sogenannte „Heimatvereine", bieten für Neubürger eine gute Plattform, um durch den Kontakt zu vor Ort etablierten Personen und Familien neue Anknüpfungspunkte in der neuen Heimat zu finden. Das verbindende Element bei der Integration der angesprochenen, sehr unterschiedlichen Gruppen, die jeweils sehr unterschiedliche ökonomische Rahmenbedingungen und Bildungsvoraussetzungen haben, besteht in der grundsätzlichen Offenheit einer Kommune und seiner kulturellen Gliederung (beispielsweise im Vereinswesen). Integration von Menschen, insbesondere auch von jungen Menschen, kann in vielen Fällen eher durch sportliche und kulturelle Aktivitäten erreicht werden als durch formale organisatorische Bemühungen. Die dabei zunächst einmal entstehende Vielfalt und Heterogenität kann mitunter für Einheimische irritierend wirken. In diesem Prozess ist ein entscheidender Erfolgsfaktor, ob es gelingt, gemeinsam identitätsstiftende Merkmale der Kommune selbst herauszuarbeiten und dann auch in heterogenen Gruppen entsprechend zu leben. Da viele identitätsstiftende Merkmale einer Region oder einer Kommune mit religiös-kulturellen Elementen verbunden sind – beispielsweise durch bestimmte Feiertage für einen Ortsheiligen etc. – gilt es hier die eigenen kulturellen Merkmale der Kommune zu schärfen, ohne neue Gruppen von der Teilhabe auszuschließen. Wenn deutlich wird, dass das Dorffest, das üblicherweise am Patrozinium zum Gedenken an den Schutzheiligen eines Ortes durchgeführt wird, als Volksfest keine ausschließliche religiöse Prägung hat, sondern in enger zeitlicher und inhaltlicher Kopplung zum begleitenden Festgottesdienst und Umzug steht, wird auch für Angehörige anderer Glaubensrichtungen eine Teilnahme am gesellschaftlichen Teil möglich, ohne eine Auseinandersetzung über unterschiedliche religiöse Vorstellungen und Kontexte führen zu müssen. Dies bedeutet, dass gerade nicht die eigenen kulturellen Vorstellungen der Kommune und der ortsansässigen Bürgerinnen und Bürger verändert werden müssen und eine Verdrängung des religiösen Kontextes aus der öffentlichen Wahrnehmung erfolgen muss. Man sieht an diesem kleinen Beispiel bereits, dass Integration und Identitäten nicht nur auf der Ebene der Produktpolitik ein echtes Marketingthema für Kommunen darstellen, sondern auch ein anspruchsvolles Kommunikationsthema sind (vgl. Wodzak 2016).

Es ist auch für Neubürgerinnen und Neubürger attraktiver sich in eine Gemeinschaft zu integrieren, die um die Bedeutung ihrer eigenen kulturellen Elemente weiß und diese auch mit einem gewissen Selbstbewusstsein vertritt. Sowie bei Karneval oder Fasching in den jeweiligen Hochburgen das Thema sehr unterschiedlich mit ganz unterschiedlichen Traditionen ausgefüllt wird, kann dies auch bei anderen Themen im Jahresverlauf der Fall sein. Es ist dann eine Entscheidung der jeweiligen Neubürger, ob sie diese Elemente zu ihrem eigenen Thema machen möchten.

Ohnehin ist es im Rahmen von Stadtentwicklungsprozessen eine Chance durch die gezielte Einbeziehung von Neubürgern bei den offenen Verfahren im Bereich Transparenz und Beteiligung einen doppelten Nutzen zu erzielen. Einerseits gewährleisten Neubürger mit ihren Erfahrungen außerhalb des Systems der jeweiligen Stadt den Blickwinkel von Außenstehenden und liefern damit auch eine wertvolle Rückmeldung über den aktuellen Istzustand. Viele Probleme, die mit der gegenwärtigen Positionierung einer Kommune zu tun haben, sind für die Einheimischen nicht in dem Maße erkennbar, wie dies für Neubürger der Fall ist. Gleichzeitig liefert die Einbeziehung von Neubürgern in die kommunale Entwicklungsarbeit auch einen Beitrag zur Integration unterschiedlicher Bevölkerungsgruppen in die kommunale Gemeinschaft und erhöht deren Identifikation mit ihrem neuen Heimatort.

3.8 Wachstum oder Rückgang managen

Wie in den vorausgehenden Abschnitten zur Stadtentwicklung deutlich wurde, haben viele Schritte und Veränderungen das Potenzial in einen Auf- oder Abwärtszyklus zu münden. Kommunen mit steigender Attraktivität für Neubürger und für Wirtschaftsansiedlungen haben die Möglichkeit, aufgrund des gestiegenen Steueraufkommens stärker in den Bereich Infrastruktur für Bildung, Verkehr oder Attraktivität von Stadtteilen und anderen Bereichen zu investieren. Sie steigern damit wiederum die Attraktivität der Kommune, unter anderem über die sogenannten weichen Standortfaktoren, auch bei der Attraktivität für ortsansässige Arbeitgeber.

Der gleiche Effekt, den wir bei einer Aufwärtsentwicklung beobachten können, lässt sich auch bei einer Abwärtsspirale empirisch nachweisen. Im Rahmen eines

Stadtentwicklungsprozesses wird man zwar stets sehr viel lieber in positiven Szenarien denken und sich Gedanken machen, wie man die positive Dynamik einer Kommune verwaltungstechnisch und organisatorisch unterstützen kann, d. h. wie das Wachstum einer Kommune im Rahmen des Stadtentwicklungsprozesses zu managen ist. Dennoch gilt es auch unter anderen Vorzeichen gleichermaßen die Anforderungen zu managen.

Ein Teil des Stadtentwicklungsprozesses besteht darin zu klären, ob die gegenwärtigen Parameter dafür sprechen, dass ein weiteres Wachstum erzielt werden kann, oder ob die Parameter stärker darauf hindeuten, dass ein Rückgang als wahrscheinlicheres Szenario herangezogen werden muss. Entsprechend muss das Volumen von Bau- und Renovierungsmaßnahmen und als Rahmenbedingungen die gesamte Budgetentwicklung an die Gesamtentwicklung angepasst werden. Kommunen, die beispielsweise vom Abzug wichtiger Infrastrukturelemente, wie etwa dem Abzug von unterschiedlichen Militäreinrichtungen oder dem Niedergang eines dominierenden Arbeitgebers betroffen sind, haben nicht nur das Problem, dass die entstandene Lücke – auch als Budgetlücke – geschlossen werden muss. Darüber hinaus ist es für sie relevant, dass für die inhaltlich entstandene Lücke neue finanzierbare Konzepte diskutiert und entschieden werden, um die negative Dynamik, die sich auch auf das Selbstbild an der ortsansässigen Bevölkerung auswirken kann, gestoppt wird.

Wenn im Rahmen der Stadtentwicklung erkennbar ist, dass eine Kommune im Gesamten oder in Teilbereichen einen Rückgang und damit eine Volumenschrumpfung verzeichnen wird, ist es die Aufgabe im Rahmen des Entwicklung- und Planungsprozesses die öffentliche Infrastruktur auf diese neue Situation anzupassen. Dies bedeutet zunächst eine Anpassung im Bereich der Personalressourcen, seien es nun Ressourcen im Bereich der Kernverwaltung oder Ressourcen in den nachgelagerten Bereichen, wie etwa Betreuungspersonal an Kindertagesstätten und Schulen. Dabei zeigt sich in der Praxis, dass nicht nur der Rückbau in den vom Vertragsrahmen her eher statisch angelegten öffentlichen Dienst ein Problem darstellen kann. Auch das Wachstum, d. h. Expansion von Kapazitäten kann – gerade im Betreuungsbereich – zu Engpässen und damit Wachstumsverzögerungen führen. Weitere typische Kapazitätsanpassungen sind im Bereich der Raumkapazitäten erforderlich, dies reicht dann vom Kindergarten bis zu den Sportstätten. In dem Zusammenhang müssen quer über alle Ressorts die Budgets angepasst werden, was im Kernbereich der Infrastrukturen (beispielsweise Tiefbau) bei Rückgang und schrumpfenden Budgets zu einem weiteren Schub in der Abwärtsspirale führen kann. Infrastrukturen mit erkennbarem Investitionsstau sind insbesondere für die Neuansiedlung von Unternehmungen hoch problematisch.

3.9 Entwicklungsfeld Digitalisierung

Das sehr breite Thema der Digitalisierung ist nicht nur außerhalb der Welt der Kommunen einen dynamisches Entwicklungsfeld, auf dem sehr viel Aufmerksamkeit ruht, sondern auch ein Aufgabenfeld von Städten mit großem Entwicklungs- und Differenzierungspotenzial. Wenn man mit Verwaltungspraktikern spricht, dann kann einem auch 2018 noch die Aussage beim Themenfeld Digitalisierung begegnen, dass man doch schon sehr lange mit „EDV“ arbeite. Natürlich betrifft dies die Digitalisierung im ersten Schritt, wenn es darum geht, auf welcher technologischen Basis die Prozessorganisation strukturiert ist und mit welchen Tools im Prozess gearbeitet wird. Hier wird keine Verwaltung mehr ausschließlich mit papiergebundenen Akten oder gar Lochkartensystemen arbeiten. Die heute im Verwaltungsbereich eingesetzten ERP-Systeme wie SAP, unterscheiden sich in der Komplexität nicht von anderen Branchenlösungen. Die Umstellung von der kameralistischen Buchführung zur Doppik im Rahmen des Neuen Kommunalen Haushaltsrechts hat in den meisten Regionen dazu geführt, dass ohnehin eine stärkere Parallelität zwischen Unternehmenssoftware und Verwaltungslösungen besteht.

Wie in anderen Branchen und Bereichen hat die Steigerung der Ausgaben im IT-Bereich auch bei den Kommunalverwaltungen nicht immer zur erhofften Steigerung der Effizienz geführt und damit nicht immer den Personalaufwand reduziert. Die gestiegene Komplexität der Anwendungen, höhere Erwartungen der Nutzer und damit letztlich auch der Bürgerinnen und Bürger in den unterschiedlichen Rollen haben dazu geführt, dass im Sinne der Steigerung der Produktqualität ein größerer IT-Aufwand notwendig wurde, um eine wettbewerbsfähige Leistungsfähigkeit in der Verwaltung zu erhalten. Im Rahmen der Stadtentwicklung spielt die Investition in die zentralen IT-Systeme insofern eine Rolle, als dass sie mit einer inhaltlichen Vision und ausreichenden Schulungsveranstaltungen verbunden werden müssen, um eine entsprechende Wirksamkeit der teuer beschafften Technologie zu erreichen und damit auch gegenüber dem Bürger, sei er nun als Privatmann oder Investor Partner der Kommune, das Leistungsversprechen halten zu können.

Die Digitalisierung betrifft jedoch nicht nur unterschiedlichen Module eines ERP-Systems, sondern auch die Verwaltungsprozesse insgesamt (vgl. Lüth 2018). Bereits in den neunziger Jahren des vorausgehenden Jahrhunderts wurde die interne Struktur der Ämterlogik in vielen Bereichen auf der Prozessebene so miteinander verbunden, dass ein Großteil der Bürgerservices nach dem Prinzip „One-Face-to-the-Customer“ angeboten werden konnte. Statt dem Weg durch verschiedene Ämter, auf dem sich der Bürger der internen Verwaltungslogik unterordnen muss, wurden Bürgerbüros und Servicebereiche eingeführt. Dies erweist sich heute bei den neuen Möglichkeiten einer digitalisierten Verwaltung als wichtiger Entwicklungsschritt. Die kundenzentrierte Modellierung von Prozessen ist gängiger Standard, nicht nur im Bereich der Kommunalverwaltung. Wie stark diese Prozesse im Rahmen der Digitalisierung der Verwaltung mit Tools so unterstützt werden können, dass ein medienbruchfreier Abschluss von Verwaltungsvorgängen möglich ist, hängt gegenwärtig noch sehr stark an den Regulierungen. In einigen Bereichen, wie etwa der Beantragung von Briefwahl bei Wahlen jeglicher Art, ist durchaus eine spannende Kombination aus traditionellen Kommunikationswegen und digitalen Interaktionsmöglichkeiten gelungen, die es für den Bürger einfach macht. So geht die Wahlbescheinigung, die den Termin der Wahl angekündigt und die Wahlberechtigung dokumentiert, derzeit noch auf dem Briefweg den Bürgerinnen und Bürgern zu. Mithilfe eines aufgedruckten QR-Codes können die Wählerinnen und Wähler jedoch anschließend mit ihrem Smartphone direkt durch sehr wenige Klicks Briefwahl beantragen. Dieser zugegebenermaßen kleine Digitalisierungsschritt führt im konkreten Fall zu einer erheblichen Zeitersparnis aufseiten der Verwaltung und aufseiten der Bürgerinnen und Bürger. Es stellt damit einen schnell erreichbaren Effizienzgewinn der Digitalisierung einer Kommune dar. Jedoch ist nicht nur die Verwaltungs-IT von Veränderungen betroffen, sondern die IT-Systeme der einzelnen Fachabteilungen verändern sich ebenfalls stark im Zusammenhang mit der Digitalisierung der jeweiligen Fachbereiche und Branchensegmente. Beispielhaft kann dies im Bereich des kommunalen Bauwesens festgestellt werden. Die durchgängige Etablierung von Planungs- und CAD-Tools ist dabei im Regelfall seit mehreren Jahren bereits abgeschlossen. Neu ist die Verknüpfung mit mobilen Anwendungen, die bei Kontrollen vor Ort oder bei selbst geplanten Projekten auch bei der Arbeit vor Ort Einsatz finden können. Neben technischen Informationen ist bei diesen Systemen auch ein Set an Zusatzinformationen hinterlegt, mit denen beispielsweise baurechtliche Prüfungen mit größerer Präzision vorgenommen werden können, die zugleich als mögliche Erfassung eines digitalen Datenstands dienen und die Möglichkeiten einer zeitnahen umfassenden Recherche steigern können. In denkmalgeschützten Bereichen können etwa die existierenden Immobilien erfasst und dokumentiert werden, sodass Veränderungen stets datiert werden können und mit den jeweils gültigen Regularien des Denkmalschutzes oder der entsprechenden Quartiersverordnung abgeglichen werden können. Auch im Bereich des Tiefbaus ist zusammen mit der Digitalisierung eine Steigerung der inhaltlichen Qualität der Arbeit möglich.

Die Vielzahl der von der Digitalisierung betroffenen kommunalen Bereiche werden in den unterschiedlichen Modellprojekten deutlich, die unter dem Stichwort „Smart-City" in Deutschland etabliert sind (Abb. 3.5).

Während Veränderungen auf der internen Prozessebene und die Nutzung geeigneter digitaler Tools für die Bürgerinnen und Bürger meist nur auf der Ebene der Geschwindigkeit des Verwaltungshandelns wahrgenommen werden können, ist die öffentliche Kommunikation einer Kommune ein Themenfeld, das durch die Digitalisierung stark beeinflusst wird und direkt im Fokus der Bürgerinnen und Bürger liegt. Dies beginnt bereits bei der klassischen 1:1-Kommunikation, wie sie im Bereich der Presse- und Öffentlichkeitsarbeit durchgeführt wird. Waren es früher typischerweise Pressegespräche und Pressekonferenzen, mit denen man zentrale Themen in die Öffentlichkeit transportierte, so sind es immer noch die oben genannten Formate, die jedoch eine breite Ergänzung durch eine Palette niedrigschwelliger Kommunikationsformate erfahren haben. Viele kleinere Themen, die in ihrer Relevanz und ihrem Nachrichtenwert unterhalb der Schwelle einer Pressemeldung angesiedelt sind, werden über den Newsbereich der kommunalen Website transportiert, die im Idealfall so gestaltet und programmiert ist, dass sie auch bei einschlägigen Websuchen in der Kategorie der relevanten Treffer auftritt. Parallel dazu, bzw. auch als Komplementärkanal können Social-Media-Kanäle zum Einsatz kommen. Es sind zentrale Fragestellungen des Stadtentwicklungsprozesses, welche Social-Media-Kanäle gegenwärtig eingesetzt werden, welche Zielgruppen darü-

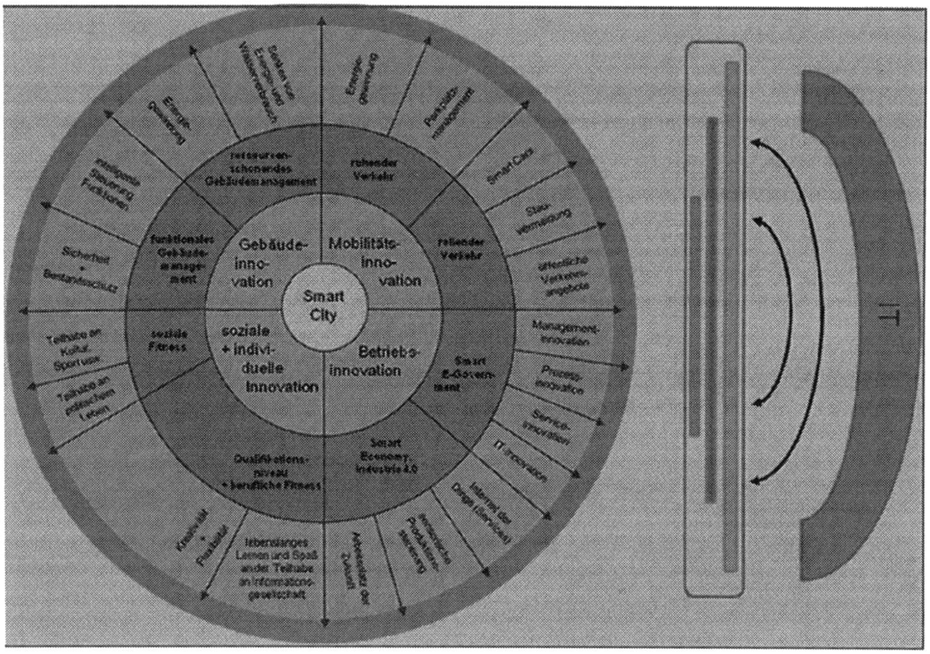

Abb. 3.5 Smart-City-Themen – sachliche Nähe und Synergien. (Quelle: Heuermann et al. 2018, S. 65)

ber effektiv adressiert werden können (beispielsweise die Fokusverschiebung bei Facebook von einem Medium für Jüngere hin zu einem Medium für ältere Menschen) und welche Entwicklungsschritte hier für eine künftige Kommunikation geplant sind. Es ist damit ein Entwicklungsfeld, das auch eine inhaltliche Bedeutung besitzt und mit anderen Entwicklungsthemen in enger Abstimmung gesehen werden muss. Die weitere Planung des Entwicklungsfelds der Digitalisierung beinhaltet im Bereich der Kommunikationsstrukturen auch die Entscheidung in welchem Zeitrahmen und über welche Kanäle die Verwaltung künftig erreichbar sein wird. Dies wird auch künftig nicht unbedingt ein 24/7-Rhythmus sein, aber ein größeres Zeitfenster im Bereich der Erreichbarkeit und eine größere Vielfalt im Bereich der auswählbaren Interaktionskanäle ist ein notwendiger und absehbarer Entwicklungsschritt. Hier können als Benchmark die Servicebereiche anderer Unternehmen herangezogen werden, die etwa einfache Problemstellungen durch Chatdialoge lösen.

Parallel zur Erreichbarkeit, die primär durch die internen Prozesse und die dabei notwendige Datenhaltung im Sinne eines Customer-Relationship-Managements (CRM) in ihrer Performanz geprägt wird, geht es auch um die reine Kommunikation. Bei der Bürgerkommunikation im Sinne einer Digitalisierungsstrategie ist es hilfreich, die unterschiedlichen digitalen Kanäle altersgruppenbezogen einzusetzen. Dabei muss insbesondere darauf geachtet werden, wie sich die Altersstruktur von Kanälen verändert: War es früher ein gängiger Weg junge Zielgruppen über Facebook anzusprechen, ist dies heute ein Kanal, der überwiegend die Generation der über 35-jährigen erreicht, entsprechend müssen die Kanäle für junge Zielgruppen verändert werden.

Wenn es darum geht, neue Servicebereiche für Bürgerinnen und Bürger aufzubauen und die Kundenorientierung der Verwaltung im Zuge der Digitalisierungsstrategie der Stadtentwicklung weiter zu forcieren, dann empfehlen sich auch auf der Ebene der internen Verwaltungsprozesse zur Definition neuer Services agile Strukturen, so wie sie auch außerhalb des Verwaltungsbereichs anzutreffen sind. Für öffentliche Verwaltungen ist es dabei ein großer Schritt weg von der Definition umfassender Angebote zur Definition punktueller Angebote, die aber 80 % der Bürgerinteressen abdecken. Statt einem umfangreichen Lasten- und Pflichtenheft steht am Anfang eines solchen Prozesses eine agile Entwicklungsidee mit einem Minimal funktionsfähigen Produkt (MFP). Die für die Fertigstellung und Entwicklung dieses Serviceprodukts zuständigen Mitarbeiterinnen und Mitarbeiter der Verwaltung sollten im Rahmen ihres Projektmanagements auch mehr Elemente des agilen Projektmanagements (beispielsweise Scrum) einsetzen, anstatt im Rahmen des sonst üblichen ressortübergreifenden Projektarbeiten in ihren Dienst zu versehen. Dies führt zu einer Parallelität der Organisations- und Prozessformen mit neuen Ablaufstrukturen, die eine größere Dynamik aufweisen.

Ein weiteres typisches kommunales Themenfeld im Rahmen der Digitalisierungsstrategie ist der Bereich der Bibliotheken bzw. Mediatheken, der auch stellvertretend ist für einerseits Begegnungsräume und andererseits den Zugang unterschiedlicher Bevölkerungsgruppen und Altersgruppen zu digitalen Medien.

Bibliotheken haben sich in den letzten Jahren deutlich verändert. Waren sie früher primär Ausleihinstitutionen für Bücher und Zeitschriften, entwickelte sich daraus in vielen Fällen ein zentrales kulturelles Angebot, indem das Veranstaltungsprogramm rund um den Kernbereich des Bibliothekswesens (Autorenlesungen etc.) stärker auf allgemeine kulturelle Belange ausgedehnt wurde. Damit kann eine Bibliothek in einer Kommune zu einem zentralen Punkt des kulturellen städtischen Lebens werden, der oftmals in enger Kopplung mit Programmen der Volkshochschule und anderer Einrichtungen steht. Gleichzeitig fand in den vergangenen Jahren die Vernetzung des Ausleihsystems mit anderen Bibliotheken statt, sodass auch kleinere Kommunen mehr Zugang zum „Weltwissen" anbieten können. Waren es in den neunziger Jahren des vorausgehenden Jahrhunderts noch Diskussionen über den in Bibliotheken öffentlich verfügbaren Zugang zu Online-Fachdatenbanken, die dazu beitragen sollten, die digitale Spaltung der Gesellschaft zwischen Bevölkerungsgruppen mit oder ohne Zugang zu relevanten Informationen zu verhindern, sind es heute die Zugänge zu digitalen Literaturbeständen, die bei der Entwicklung der Mediatheken im Vordergrund stehen. Bibliotheken haben sich zum Begegnungsort und mit dem Aufkommen der E-Books auch zu Mediatheken umgewandelt, die eine breite Palette unterschiedlicher digitaler Medienformen anbieten. Entsprechend dem veränderten Charakter einer Mediathek haben sich auch die Anforderungen an die Gebäude verändert. Es geht nicht mehr um die Einlagerung der Bestände allein, sondern Mediatheken bieten heute primär Aufenthalts-, Kommunikations- und Interaktionszonen, die einen verzehrfreien Aufenthalt und die Möglichkeiten der Mediennutzer gestatten. Damit besteht die Chance, dass eine Mediathek auch künftig ein kulturelles Zentrum für das Kulturleben der Stadt darstellt. Im Rahmen der Stadtentwicklung spielen die Mediatheken sowohl auf der Ebene des Bauprogramms für die öffentlichen Gebäude als auch auf der Ebene der Digitalisierungsstrategie eine Rolle.

Da die Kommunen in vielen Fällen Schulträger des öffentlichen Schulwesens außerhalb der Berufsschulstrukturen sind, spielt im Rahmen der Digitalisierungsstrategie der Kommune auch der schulische Sektor eine besondere Rolle (vgl. Breyer-Mayländer 2018; Breyer-Mayländer 2019b). Die veränderten Anforderungen im schulischen Sektor durch die Digitalisierung erkennt man bereits bei den aktuellen Gebäudeplanungen für Schulausbauten und Neubauten. Statt einer reinen tafelzentrierten Bauweise von Klassenzimmern wird im Rahmen der unterschiedlichen Schulbauprojekte ein Angebot unterschiedlicher Begleitmedien und Lernszenarien erforderlich, denn es geht nicht nur um Digitalisierung in der Schule und die Folgekosten für kommunale Bauprojekte, sondern auch um neue pädagogische Konzeptionen, die nach dem Reggio-Pädagogen Loris Malaguzzi den Raum als „dritten Pädagogen" (Roßmann 2018) umfassen. So reicht das Medienangebot vom Visualizer über interaktive Smartboards bis hin zu reinen Beamerprojektionsflächen, mit denen unterschiedliche Lern- und Lehrszenarien unterstützt werden. Bereits diese veränderte Infrastruktur mit einer größeren Vernetzung der Klassenräume und den jeweiligen Übungs- und Laborräumlichkeiten erfordert eine umfassende IT-Vernetzung. Da Schulen selbst kein eigenes Fachpersonal für den administrativen IT-Bereich beschäftigen können, stellt sich die Frage, ob dies nun eine Aufgabe der Bundesländer, die die Hoheit über den pädagogischen Bereich und das pädagogische Personal der Schulen besitzen, oder eine Aufgabe der Kommunen, die den Verwaltungssektor und die baulich infrastrukturellen Rahmenbedingungen setzen, sein soll. Gegenwärtig ist in vielen Schulen die Situation anzutreffen, dass beide Bereiche, dass Bundesland und die Kommune als Schulträger hier in einer gewissen Zurückhaltung üben. Es ist daher im Rahmen der Digitalisierungsstrategie einer Stadt und als elementarer Teil der Stadtentwicklung auch daran zu denken, dass der Bildungssektor einer der Bereiche ist, der künftig höhere Anforderungen an den administrativen Bereich im IT-Sektor stellen wird. Es ist nicht zu erwarten, dass Infrastrukturprogramme, die für die Beschaffung von Hard- und Software geeignet sind, wie etwa der Digitalpakt der Bundesregierung, der bereits seit Jahren angekündigt wurde und noch auf seine Umsetzung wartet, diese Lücke schließen. Im Gegenteil, die erweiterte IT-Ausstattung im schulischen Bereich wird die Anforderungen für den Bereich der IT-Administration weiter erhöhen.

Die Digitalisierung als Aufgabe der Stadtentwicklung umfasst auch den Bereich der für eine weitere Digitalisierung des Stadtgebiets erforderlichen Infrastruktur. Daher geht es bei diesem Thema auch um die Möglichkeiten für schnelles Internet und Breitbandübertragung im Einzugsbereich der Kommune, d. h. der Stadt oder Kernstadt und den jeweiligen Stadt- oder Ortsteilen. Diese Aufgabe klingt auf den ersten Blick nicht besonders anspruchsvoll. Wer sich jedoch intensiver mit dem Thema befasst, wird sehr schnell feststellen, dass die Abhängigkeit der öffentlichen Hand von der Bereitschaft privater Investoren zu einer besonderen Gemengelage führt. Solange private Unternehmen für einen Breitbandanschluss sorgen, kann die öffentliche Hand nicht ohne weiteres in diesem Bereich investieren, ohne gegebenenfalls gegen rechtliche Vorgaben wie das EU-Beihilferecht zu verstoßen. Dies führt in den Rand- bzw. Landgebieten tendenziell zu einer Unterversorgung.

Das bedeutet, dass insbesondere in diesen Rand- und Landgebieten, wo private Anbieter aufgrund der geringen Bevölkerungsdichte Investitionen unter wirtschaftlichen Gesichtspunkten eher als schwierig beurteilen, ein klassischer Aufgabenbereich der Stadtentwicklung liegen könnte. Es hat sich jedoch gezeigt, dass die strategischen Interessen der privaten Telekommunikationsanbieter dazu führen, dass man auch für die unattraktiven Regionen ein Angebot abgibt, um zu verhindern, dass parallel zum eigenen Angebot ein öffentliches Angebot im Markt Bestand hat und die eigenen Preisspielräume durch einen Wettbewerbspreis beschränkt. Die in vielen Fällen abgegebenen taktischen Angebote haben jedoch nicht in allen Fällen tatsächliche Infrastrukturerschließungsmaßnahmen zur Folge. Für viele Kommunen sind die Planung und Entwicklung des Breitbandausbaus ohnehin „eine Nummer zu groß“, sodass auch hier eine regionale Koordination – beispielsweise über die Landkreise – erforderlich und sinnvoll sein kann. Da die Breitbandversorgung jedoch für die Erschließung neuer Wohngebiete und erst recht für die Erschließung neuer Gewerbe- und Industriegebiete eine notwendige Voraussetzung darstellt, kommen die Kommunen im Rahmen der Stadtentwicklung nicht um eine offensive Planung dieses Sektors herum. Im Sinne des Stadtmarketings entsteht hier die problematische Konstellation, dass man als Kommune für etwas in die Verantwortung genommen wird, das man jedoch nur zum Teil tatsächlich selbst beeinflussen kann. Die Komplexität der Rechtslage und der erforderlichen Ausschreibungsverfahren erschwert dabei die Flexibilität und Handlungsfähigkeit der Städte und Gemeinden. Zunehmend wird geplant, im Rahmen von Baumaßnahmen des Tiefbaus Leerrohre mit zu verlegen und damit zumindest technische Grundlagen für einen Ausbau etwa des Glasfasernetzes zu schaffen. Dies ist der Versuch eine öffentlich vorfinanzierte, planbare Basisinfrastruktur zu legen.

Ein weiteres typisches Thema an der Schnittstelle zwischen Stadtentwicklung, Stadtmarketing und Innenstadtmarketing ist die Frage nach einem öffentlich verfügbaren WLAN in sogenannten „öffentlichen Raum“. Inzwischen ist für viele Zielgruppen die Aufenthaltsqualität – beispielsweise in einer Innenstadt – durchaus auch davon abhängig, ob in den meisten Bereichen ein zuverlässiges und einigermaßen schnelles freies WLAN zur Verfügung steht. Damit stellt sich die Frage, ob vom Stadtpark bis zur Innenstadt die Kommune oder die Kommune in Verbund mit Werbegemeinschaften und Händlervereinigungen oder Zusammenschlüssen der Gastronomie eine derartige Infrastrukturleistung anbieten soll. Nachdem die Störerhaftung, die als typisches Hindernis für einen Ausbau der öffentlichen WLAN-Infrastruktur in Deutschland immer wieder herangezogen wurde, eingeschränkt werden konnte, ist der Weg für offensivere Planungen im Sinne einer Stadtentwicklungsplanung frei. Gerade im Innenstadtbereich lassen sich in Verbindung mit flächendeckender WLAN-Abdeckung auch Aktionen aus dem

Bereich Location-Based-Services (LBS) durchführen. Dies könnte das Versenden einer Push-Nachricht mit Aktionsrabatten oder einer „Happy Hour" sein, wenn potenzielle Kunden sich einem Ladengeschäft oder einem Lokal nähern. Dies sind technische Elemente, um ein Multi-Channel-Marketing des stationären Handels und Beteiligten von Gastronomie und Dienstleistung zu erleichtern und damit der Innenstadtentwicklung im Sinne einer prosperierenden Entwicklung der dort ansässigen Unternehmen neue Impulse zu verleihen.

Literatur

Albers, H.-H., Hartenstein, F. (Hrsg.): CSR und Stadtentwicklung: Unternehmen als Partner für eine nachhaltige Stadtentwicklung. Springer Gabler, Wiesbaden (2017)

Arntz, M.: Mobilitätshemmnisse heterogener Arbeitskräfte in Deutschland. ZAF **44**, 135–141 (2011)

Balderjahn, I.: Marketing für Wirtschaftsstandorte. Der Markt J. Mark, https://doi.org/10.1007/BF03032521, 35 Jahrgang, Nr. 138, S. 119–131 (1996)

Bertelsmann Stiftung, Wegweiser Kommune: Demographiebericht: Ein Baustein des Wegweisers Kommune: Ettenheim, Ortenaukreis (o. J.)

BiB – Bundesinstitut für Bevölkerungsforschung: Wanderungshäufigkeit über Gemeindegrenzen nach Alter und Geschlecht in Deutschland. https://www.bib.bund.de/DE/Fakten/Fakt/M33-Wanderungen-Alter-Geschlecht.html?nn=9992182 (2016). Zugegriffen: 28. Dez. 2018

Brettschneider, F.: Kommunikation und Öffentlichkeitsbeteiligung in der Energiewende. In: Bundesnetzagentur (Hrsg.) Wissenschaftsdialog 2014: Technologie, Landschaft und Kommunikation, Wirtschaft, S. 13–31. Bundesnetzagentur, Bonn (2015)

Breyer-Mayländer, T.: Erfolg für Stadtmarketing und Werbegemeinschaften: Strukturen, Strategien, Analysen und bundesweit erfolgreiche Aktionen. Verlag Hochschule Offenburg, Offenburg (2011)

Breyer-Mayländer, T.: Bildungsmonitoring – Grundlagen zur Steuerung des kommunalen Bildungsmanagements. In: Böhmer/Kegelmann/Kientz (Hrsg.): Rechnungswesen und Controlling – Das Steuerungshandbuch für Kommunen, Gruppe 4, Loseblatt-Zeitschrift, S. 887–908, Freiburg i. Br. (2013)

Breyer-Mayländer, T.: Worüber sprechen wir, wenn sich alles ändert? Schul-PR und kommunale, bzw. regionale Bildungsplanung. In: Regenthal, Schütte (Hrsg.): Öffentlichkeitsarbeit macht Schule, Handbuch Öffentlichkeitsarbeit, Wolters Kluwer Deutschland, Aktualisierungslieferung Nr. 13/2014 (2014)

Breyer-Mayländer, T.: Digitale Unternehmenskompetenz im Zeitungsverlag: Vom Kundenmanagement zum „Local Commerce". Hochschule Offenburg, Fakultät Medien und Informationswesen, Whitepaper 1/2016 (2016)

Breyer-Mayländer, T.: Management 4.0: Den digitalen Wandel erfolgreich meistern. Hanser, München (2017a)

Breyer-Mayländer, T.: Ein Quantum Wahrheit: Postfaktischer Populismus als Herausforderung für unsere repräsentative Demokratie. BoD, Norderstedt (2017b)

Breyer-Mayländer, T.: Digitale Bildungsprojekte als Bestandteil der Schulentwicklung als Chance und Gestaltungsfeld für Ganztagesangebote. Die Ganztagssch, (58), 28–47 (2018)

Breyer-Mayländer, T.: Marketing für Kommunalverwaltung und Kommunalpolitik – Kommunikations- und Partizipationsstrategien für das Gemeinwohl vor Ort. Springer Gabler, Wiesbaden (2019a)

Breyer-Mayländer, T.: Digital Leadership an Schulen erfordert klare Führung und Strategie. Schul-Verwalt. Spez. **1**(2019), 8–12 (2019b)

Bühnert, C.: Kongressmanagement per Definition: Veranstaltungsformate und ihre besonderen Eigenschaften. In: Bühnert, C., Luppold, S. (Hrsg.) Praxishandbuch Kongress-, Tagungs- und Konferenzmanagement – Konzeption & Gestaltung, Werbung & PR, Organisation & Finanzierung, S. 125–137. Springer Gabler, Wiesbaden (2017)

Burger, F., Wiedemann, K.-G.: Förderung der Kinderbetreuung im kommunalen Finanzausgleich Baden-Württemberg. Stat. Mon. Baden-Württ. **2**(2010), 45–49 (2010)

Diehl, P.: Die Krise der repräsentativen Demokratie verstehen. Ein Beitrag der politischen Theorie. Z. Politikwiss. **26**(2016), 327–333 (2016)

Eisenkopf, A., Burgdorf, C., Rhomberg, M.: Bürgerbeteiligung bei großen Infra-strukturprojekten: Erfolgsfaktoren guter Kommunikation. In: Bundesnetzagentur (Hrsg.) Wissenschaftsdialog 2014. Technologie, Landschaft und Kommunikation, Wirtschaft, S. 33–51, Bonn (2015)

Engel, D., Zdrowomyslaw, N., Kentsch, F.: Hochschulen als Partner der nachhaltigen Regionalentwicklung. In: Raueiser, M., Kolb, M. (Hrsg.) CSR und Hochschulmanagement: Sustainable Education als neues Paradigma in Forschung und Lehre, S. 263–276. Springer Gabler, Wiesbaden (2018)

Engfer, U.: Ruhestandsmigration und Reurbanisierung – Trends in Deutschland 1995–2012. Raumforsch. Raumordn. Spat. Res. Plan. February 2018, **76**(1), 35–49 (2018)

Erler, G.: Bürgerbeteiligung – vom Helfen zum Mitbestimmen. In: Kegelmann, J., Martens, K.-U. (Hrsg.) Kommunale Nachhaltigkeit: Jubiläumsband zum 40-jährigen Bestehen der Hochschule Kehl und des Ortenaukreises, S. 261–268. Nomos, Baden-Baden (2013)

Eurostat: Anteil der Wohnkosten am gesamten verfügbaren Haushaltseinkommen privater Haushalte in Deutschland von 2005 bis 2017. Statista. https://de.statista.com/statistik/daten/studie/458460/umfrage/wohnkostenanteil-am-haushaltseinkommen-privater-haushalte-in-deutschland/ (o. J.). Zugegriffen: 28. Dez. 2018

Fischer-Korp, C.: Erfolgreiche Change-Prozesse im öffentlichen Bereich: Strategien, Methoden und Tools. Springer Gabler, Wiesbaden (2018)

Frasch, T.: Bezahlbarer Wohnraum in Bayern: Der Dunst der Stunde. faz.net, 14.03.2018. https://www.faz.net/aktuell/politik/inland/bayern-bezahlbarer-wohnraum-wird-zum-csu-wahlkampf-thema-15494560/feines-gespuer-fuer-politische-15494680.html (2018). Zugegriffen: 30. Dez. 2018

Gall, C., Jüpner, R.: Umgang mit Extremereignissen auf kommunaler Ebene – Notfallkonzepte als Mittel der Wahl? In: Heimerl, S. (Hrsg.) Vorsorgender und nachsorgender Hochwasserschutz: Ausgewählte Beiträge aus der Fachzeitschrift WasserWirtschaft, Bd. 2, S. 29–36. Springer Vieweg, Berlin (2018)

Georgi, D. et al.: ShareCity: Sharing-Ansätze, Sharing-Verhalten, Sharing-Strategien, Sharing-Cases in Städten. Springer Gabler, Wiesbaden (2018)

Grabow, B., Hollmann-Grömig, B.: Stadtmarketing – Eine kritische Zwischenbilanz, Difa Beiträge zur Stadtforschung. Deutsches Institut für Urbanistik, Berlin (1998)

Greive, M., Hildebrand, J.: Bund entlastet Länder und Kommunen um 15 Milliarden Euro. Handelsblatt.de, 07.10.2018. https://www.handelsblatt.com/politik/deutschland/fluechtlingskosten-bund-entlastet-laender-und-kommunen-um-15-milliarden-euro/23156944.html?ticket=ST-2221605-z75XdxzYT4P6X7fEPqgb-ap5 (2018). Zugegriffen: 28. Dez. 2018

Greiving, S., Hurth, F., Gollmann, C., Kirstein, M., Fleischhauer, M., Hartz, A., Saad, S.: Siedlungsrückzug als planerische Strategie zur Reduzierung von Hochwasserrisiken. Raumforsch. Raumordn. Spat. Res. Plan. Juni 2018, **76**(3):193–209 (2018)

Gualini, E.: Stadtentwicklung, Zivilgesellschaft und bürgerschaftliches Engagement – Replik auf die Rezension von Klaus Selle in Raumforschung und Raumordnung (2010) Nr. 58, S. 519–521. In: Raumforschung und Raumordnung (11. Januar 2011) Nr. 69, S. 71–72 (2011)

Gujer, W.: Siedlungswasserwirtschaft, 3. bearbeitete Aufl. Springer, Berlin (2007)
Heuermann, R., et al.: Digitalisierung auf kommunaler Ebene. In: Heuermann, R., Tmoendal, M., Bressem, C. (Hrsg.) Digitalisierung in Bund, Ländern und Gemeinden: IT-Organisation, Management und Empfehlungen, S. 51–98. Springer Gabler, Wiesbaden (2018)
Hofmann, T., Leinemann, R.: Bürgerbeteiligung konkret: Kommunikation und Recht bei Tiefengeothermie Projekten. Geothermische Energie Heft, 76(2), 6–8 (2013)
IfD Allensbach: Bevölkerung in Deutschland nach Wohnsituation von 2014 bis 2018 (in Millionen Personen). Statista. https://de.statista.com/statistik/daten/studie/171237/umfrage/wohnsituation-der-bevoelkerung/. Zugegriffen: 28. Dez. 2018
Kister, K.: Die Populisten. Süddeutsc. Zeitung, Jahresrückblick 2016, 24–29 (2016)
Klähn, C.: Ein Zukunftsmodell der Wirkungsforschung für E-Government. In: Stember, J., Eixelsberger, W., Spichiger, A. (Hrsg.) Wirkungen von E-Government: Impulse für eine wirkungsgesteuerte und technikinduzierte Verwaltungsreform, S. 247–283. Springer Gabler, Wiesbaden (2018)
Klus, S.: Die europäische Stadt unter Privatisierungsdruck: Konflikte um den Verkauf kommunaler Wohnungsbestände in Freiburg. Springer VS, Wiesbaden (zugleich Dissertation Humboldt-Universität Berlin 2012) (2013)
Köcher, R.: Wie stehen die Bürger zu großen Infrastrukturvorhaben? Vortrag auf der Veranstaltung „Deutschland im Investitionsstau. Wege zu mehr Akzeptanz für große Infrastrukturmaß-nahmen" von BDI, HDB und BDS/BBZ in Berlin, 12. September 2011 (2011)
Kreft, H., Sinning, H., Steil, C. (Hrsg.): Kommunales Klimaschutzmanagement. Raumforsch. Raumordn Oktober 2010, **68**(5), 397–407 (2010)
Kühn, M., Milstrey, U.: Mittelstädte als periphere Zentren: Kooperation, Konkurrenz und Hierarchie in schrumpfenden Regionen. Raumforsch. Raumordn. **73**, 185–202 (2015)
Lang, B., Möller, A., Schaghaghi, M.: Sind Eichhörnchen AfD? spiegel.de, 29.09.2017. http://www.spiegel.de/stil/s-magazin/stefan-strumbel-der-offenburger-kuenstler-ueber-heimat-a-1169725.html (2017). Zugegriffen: 30. Dez. 2018
Lohnert, S.: Raum für die Räume des Geschehens – Veranstaltungsstätten am Beispiel von Kongresszentren und Tagungshäusern. In: Bühnert, C., Luppold, S. (Hrsg.) Praxishandbuch Kongress-, Tagungs- und Konferenzmanagement – Konzeption & Gestaltung, Werbung & PR, Organisation & Finanzierung, S. 667–675. Springer Gabler, Wiesbaden (2017)
Lüth, A.: Die Städte digitalisieren sich. Publ. Mark., (11) Dezember 2018, 12–17 (2018)
Markert, P.: Wirtschaftsförderung und Standortmarketing. In: Meffert, H., Spinnen, B., Block, J., Bundesvereinigung City- und Stadtmarketing e. V. (Hrsg.) Praxishandbuch City- und Stadtmarketing, S. 205–224. Springer Gabler, Wiesbaden (2018)
Mutz, G.: Bürgerschaftliches Engagement. Sozial Extra **35**(1/2), 41–44 (2011)
Neugebauer, R.: Ressourceneffizienz – Schlüsseltechnologien für Wirtschaft und Gesellschaft. Springer Vieweg, Berlin (2017)
o. V.: So sehr leiden die Gemeinden unter der VW-Krise, welt.de, 29.08.2016. https://www.welt.de/wirtschaft/article157891873/So-sehr-leiden-die-Gemeinden-unter-der-VW-Krise.html (2016). Zugegriffen: 28. Dez. 2018
Redmann, B.: Erfolgreich führen im Ehrenamt: Ein Praxisleitfaden für freiwillig engagierte Menschen, 3. aktualisierte und überarbeitete Aufl. Springer Gabler, Wiesbaden (2018)
Renker, C.: Das neue Dorf: Gestalten, um zu überleben – Vier Handlungsfelder zum Erhalt dörflicher Gemeinschaften. Springer Gabler, Wiesbaden (2018)
Rohrbeck, F.: Sie hassen die Provinz. Zeit.de, 9. Oktober 2014, DIE ZEIT Nr. 40/2014, 25. September 2014. https://www.zeit.de/2014/40/schwarmstaedte-mieten (2014). Zugegriffen: 28. Dez. 2018

Rößler, A.: Internal City Branding: Ein empirisch validiertes Modell zur internen, identitätsbasierten Markenführung von Städten. Mit einem Geleitwort von Prof. Dr. Christoph Burmann, Edition Research, zugleich: Dissertation, Universität Bremen, Springer Gabler, Wiesbaden (2019)

Roßmann, N.: Der Raum als „dritter Pädagoge“: Über neue Konzepte im Schulbau. bpb.de 30.10.2018. https://www.bpb.de/lernen/digitale-bildung/werkstatt/278835/der-raum-als-dritter-paedagoge-ueber-neue-konzepte-im-schulbau (2018). Zugegriffen: 27. Jan. 2019

Schiek, M.: Corporate Regional Responsibility (CRR). In: Albers, H.-H., Hartenstein, F. (Hrsg.) CSR und Stadtentwicklung: Unternehmen als Partner für eine nachhaltige Stadtentwicklung, S. 55–74. Springer Gabler, Wiesbaden (2017)

Sieberts, E.: „Mama lernt Deutsch“: Ettenheimer Projekt erhält Integrationspreis. badische-zeitung.de, 09.05.2015. http://www.badische-zeitung.de/ettenheim/mama-lernt-deutsch-ettenheimer-projekt-erhaelt-integrationspreis–104566528.html#kommentare (2015). Zugegriffen: 30. Dez. 2018

Staatsministerium Baden-Württemberg: Leitfaden für eine neue Planungskultur, Stuttgart 01.03.2014 (2014)

Statistisches Bundesamt: Wohnfläche je Einwohner in Wohnungen in Deutschland von 1999 bis 2017 (in Quadratmetern). Statista. https://de.statista.com/statistik/daten/studie/36495/umfrage/wohnflaeche-je-einwohner-in-deutschland-von-1989-bis-2004/. Zugegriffen: 28. Dez. 2018

Stehr, N., Grundmann, R.: Expertenwissen – Die Kultur und die Macht von Experten, Beratern und Ratgebern. Velbrück Wissenschaft, Weilerswist (2010)

Stein, C.: Steuerungswirkung der kommunalen Landschaftsplanung, Ausgewählte Aspekte der Qualität und Struktur der Landschaft sowie des Landschaftswandels. Mit einem Geleitwort von Univ.-Prof. Dr. Wolfgang Wende Dissertation Technische Universität Dresden, Fakultät Architektur, 2017. Springer Spektrum, Wiesbaden (2018)

SWR: Thema Wohnen bestimmt auch Wahlkampf in Offenburg. swr.de, 10.10.2018. https://www.swr.de/swraktuell/baden-wuerttemberg/suedbaden/Vor-der-OB-Wahl-am-Sonntag-Thema-Wohnen-bestimmt-auch-Wahlkampf-in-Offenburg,artikel-vor-ob-wahl-offenburg-100.html. Zugegriffen: 30. Dez. 2018

Ulrich, L., Faller, B., Barthen, L., Lobeck, M., Erler, A.: Strategien zur Verbesserung der regionalen hausärztlichen Versorgung – Das Konzept der lokalen Zukunftswerkstätten in Rheinland-Pfalz. In: Pfannstiel, M.A., Focke, A., Mehlich, H. (Hrsg.) Management von Gesundheitsregionen IV: Bedarfsplanung und ganzheitliche regionale Versorgung und Zusammenarbeit, S. 77–85. Springer Gabler, Wiesbaden (2018)

Vallée, D., Brost, W.: Mobilitätskonzepte. In: Kampker, A., Vallée, D., Schnettler, A. (Hrsg.) Elektromobilität – Grundlagen einer Zukunftstechnologie, 2. Aufl., S. 87–107. Springer Vieweg, Berlin (2018)

VDI-Richtlinie 7000: Frühe Öffentlichkeitsbeteiligung. VDI, Düsseldorf (o. J.)

Verwaltungsvorschrift der Landesregierung zur Intensivierung der Öffentlichkeitsbeteiligung in Planungs- und Zulassungsverfahren, 17.12.2013, Ziffer 1.1 (2013)

WIBERA: Möglichkeiten zur Vorratsplanung zur Verbesserung der kommunalen Grundausstattung, Forschungsberichte des Landes Nordrhein-Westfalen, Nr. 2226, herausgegeben im Auftrag des Ministerpräsidenten Heinz Kühn vom Minister für Wissenschaft und Forschung Johannes Rau, WIBERA Wirtschaftsberatung Aktiengesellschaft. Westdeutscher, Düsseldorf (1971)

Wodzak, Y.: Integrieren und kommunizieren. Publ. Mark., (9) September 2016, 12–16 (2016)

Wodzak, Y.: Noch viel zu tun im Standortmarketing. Publ. Mark., (11) September 2018, 12–17 (2018)

Prof. Dr. Thomas Breyer-Mayländer ist seit 2001 Professor für Medienmanagement und aktuell in der dritten Amtsperiode zusätzlich Prorektor für Marketing und Organisationsentwicklung an der Hochschule Offenburg. Der Dipl.-Wirt-Ing. (FH) und Dipl.-Inf.wiss. hat am Institut für Journalistik der Universität Dortmund promoviert und war vor seiner Hochschultätigkeit u. a. mehrere Jahre Referent beim Bundesverband Deutscher Zeitungsverleger in Bonn und Geschäftsführer der Zeitungs Marketing Gesellschaft in Frankfurt. Er war während seiner Hochschulzeit sechs Jahre Vorsitzender der Werbegemeinschaft seiner Heimatstadt und kennt das Thema Stadtmarketing auch aus der Erfahrung als Stadtrat und Fraktionsvorsitzender. Er ist Leiter des Steinbeis-Beratungszentrums „Leadership in Science and Education“ und Vorstandsmitglied der Bildungsregion Ortenau (BRO). Von ihm stammen zahlreiche Publikationen zu digitaler Transformation (z. B. „Management 4.0 – Den digitalen Wandel erfolgreich meistern“, Hanser 2017), Marketing, Strategie, Führung, Medien; u. a. auch das nach wie vor gefragte „Erfolg für Stadtmarketing und Werbegemeinschaften: Strukturen, Strategien, Analysen und bundesweit erfolgreiche Aktionen“, Offenburg 2011 und der aktuelle Titel „Marketing für Kommunalverwaltung und Kommunalpolitik: Kommunikations- und Partizipationsstrategien für das Gemeinwohl vor Ort“, Springer Essentials, Wiesbaden 2019.

Personalmarketing

4

Thomas Breyer-Mayländer

Zusammenfassung

Für Kommunen ist die Qualität des Personalmarketings ein entscheidender Erfolgsfaktor, da sie im Wesentlichen eine personalintensive Dienstleistung anbieten, die von den Kompetenzen und Fähigkeiten der Mitarbeitenden und Teams abhängt. Aufgrund der hohen Regulierungsdichte der Beschäftigungsverhältnisse ist das kommunale Personalmarketing bei der inhaltlichen Argumentation auch von der Qualität der Führungsarbeit und den damit verbundenen Erfahrungen der Mitarbeitenden abhängig. Die Sinnhaftigkeit der Arbeit für das Gemeinwohl vor Ort in Verbindung mit spezifischen lokalen Kommunikationskanälen kann dabei die Wahrnehmung und Präsenz der Stadt als Arbeitgebermarke vor Ort stärken.

4.1 Die Notwendigkeit des kommunalen Personalmarketings

Die Qualität der Ausführung der in den vorausgehenden Abschnitten beschriebenen Marketing- und Entwicklungsaufgaben ist bei Kommunen wie auch bei anderen Organisationen und Unternehmen sehr stark davon abhängig, in welchem Gesamtsetting man sie in Angriff nehmen kann. Neben der Führungsstruktur hängt dies auch in entscheidendem Maße von dem zur Verfügung stehenden Team und damit von den Qualifikationen und Motivationen ab, die der Kommune zur Verfügung stehen. Daher kommt unter dem breiten Aufgabenspektrum einer Kommune bei den marketingrelevanten Aufgaben dem Themenfeld des Personalmarketings eine besondere Bedeutung zu. Während in einigen Darstellungen Personalmarketing ausschließlich auf die Gewinnung von potenziellen Mitarbeitenden

T. Breyer-Mayländer (✉)
Hochschule Offenburg, Offenburg, Deutschland
E-Mail: breyer-maylaender@hs-offenburg.de

T. Breyer-Mayländer und C. Zerres (Hrsg.), *Stadtmarketing*,
https://doi.org/10.1007/978-3-658-26254-9_4

bezogen wird und daraus dann beispielsweise branchentypische Schlussfolgerungen gezogen werden (vgl. Grootz et al. 2019), liegt dieser Darstellung eine umfassender Sichtweise zugrunde, wonach es um eine Führungskonzeption geht, die die aktuellen und künftigen Mitarbeitenden im Blick hat. Im Zeitalter von Arbeitgeberbewertungsplattformen im Internet und zunehmender Interaktion mit heute bereits bei einem Arbeitgeber beschäftigten Teammitgliedern über Social-Media-Plattformen lässt sich eine Trennung zwischen internen und externen Zielgruppen kaum aufrecht erhalten und es geht in diesem Sinne um eine ganzheitliche Führungs- und Marketingaufgabe.

Wenn man die Aussagen von Scholz (1995, S. 2009) auf Kommunen überträgt, geht es um:

a. **Profilierung** von kommunalen Arbeitgebern allgemein sowie Profilierung der einzelnen Kommune
b. **Akquisition** durch Steigerung der Bekanntheit der Kommune in ihrer (Neben-) Funktion als Arbeitgeber und Erreichung einer Bewerbungsabsicht auf die einzelnen Stellen
c. **Motivation** für aktuelle und künftige Mitarbeitende durch die Führungskultur in der Stadt allgemein und den einzelnen Fachbereichen sowie die Ausgestaltung der Rahmenbedingungen von Arbeitsumfeld und Arbeitsplatz (Sicherheit, Planbarkeit, Flexibilität etc.)

Wie alle funktionalen Marketingthemen des Stadtmarketings lässt sich auch das Personalmarketing in Teilaufgaben untergliedern (vgl. Abb. 4.1).

In der nachfolgenden kommunalen Analyse geht es vor allem um die Profilierung von Städten als Arbeitgeber, was eine ausführliche Situationsanalyse und eine Ableitung der zentralen Argumente für die entsprechenden Zielgruppen und Generationen beinhaltet, bevor man die für die einzelnen Botschaften passenden Kommunikationskanäle sucht. Im Rahmen der Situationsanalyse ist es für das kommunale Personalmarketing vor allem wichtig, die Wahrnehmung als Arbeitgeber durch die Zielgruppe, insbesondere junge Nachwuchs-, Fach- und Führungskräfte sowie die generelle Wahrnehmung der Arbeitsweise einer öffentlichen Verwaltung im kommunalen Bereich zu analysieren, da diese gerade von jungen Generationen kritisch, aber differenziert wahrgenommen wird.

4.2 Das Arbeitsfeld Kommune aus dem Blickwinkel der Zielgruppe

In diesem Marketingfeld geht es grundsätzlich um eine überschaubare Menge an relevanten Zielgruppen. Bevor diese Zielgruppen nun im Rahmen der Stakeholderanalyse im Einzelnen analysiert werden, soll zunächst an dieser Stelle etwas über den grundsätzlichen Zusammenhang zwischen unterschiedlichen Akteuren innerhalb und außerhalb der Kommune und dem Aspekt des Personalmarketings, insbesondere der Personalakquisition dargestellt werden.

Dabei findet das Personaltableau, auf das eine Kommune bei ihrer Arbeit zurückgreifen kann, auf unterschiedlichen Ebenen statt.

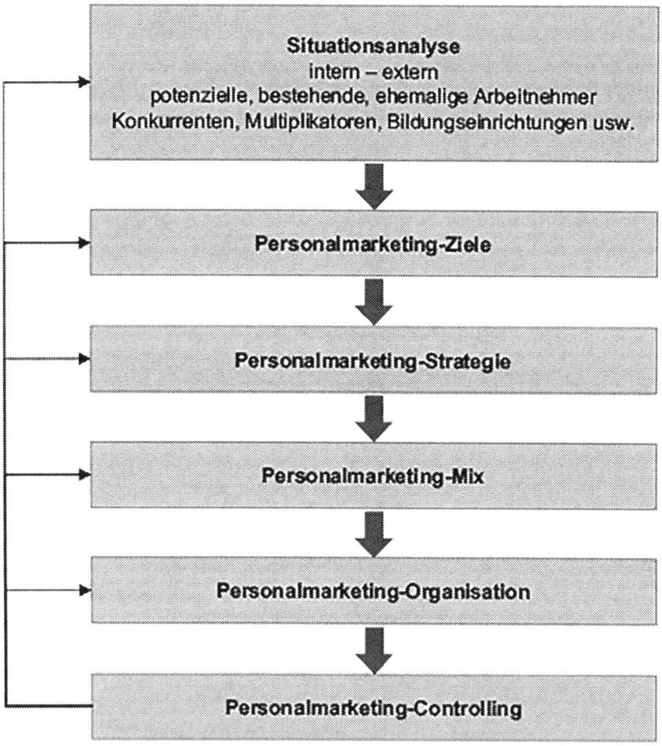

Abb. 4.1 Planungsprozess des Personalmarketing. (Quelle: Kirchgeorg und Müller 2013, S. 76)

Es gibt die Ebene der hauptamtlich Beschäftigten, die – seien es nun Beamte, Angestellte oder Arbeiter – im technischen und nichttechnischen Dienst ihre Aufgaben wahrnehmen und die gut plan- und steuerbar sind. Dann gibt es in unterschiedlicher Form die Ebene der Wahlämter, die je nach Größe der Stadt und Ratsverfassung in unterschiedlichen Wahlmodi für die jeweilige Stelle gewählt werden. Oberbürgermeister, Bürgermeister, Dezernenten, Stadtverordnete, Stadt- und Gemeinderäte sind hier einige der typischen Funktionsbezeichnungen. Sie haben zwar unterschiedlich starken Einfluss auf die Marketingarbeit der Kommune, aber selbst Gemeinderäte, die etwa nach der süddeutschen Ratsverfassung auch zur Verwaltung und damit zur Exekutive gezählt werden, prägen beispielsweise die Kommunikations- und Produktpolitik einer Kommune.

Während bei den „normalen" Beschäftigten die Methoden des Personalmarketings uneingeschränkt zur Anwendung kommen können, ist man bei den politischen Wahlämtern vom Ergebnis der politischen Willensbildung abhängig. Beiden Segmenten ist jedoch gemein, dass es auf das Image ankommt, das die Aufgabengebiete bei einer Kommune in der Öffentlichkeit besitzen. Daher bedarf es jenseits des Stadtmarketings eines gesonderten Marketings für die Kommunalverwaltung und die Kommunalpolitik (vgl. Breyer-Mayländer 2019).

Wenn man die Wahrnehmung der Kommunalverwaltung und des damit eng verbundenen Bereichs der Kommunalpolitik als potenzielles Berufsfeld im Rahmen der

Berufsorientierung an Schulen analysiert, zeigen sich bereits die Herausforderungen. Es gibt eine ganze Reihe externer Stimuli (vgl. Abb. 4.2), die gerade durch die medialen Modelle in Verbindung mit gesellschaftlichen Vorprägungen dazu führen, dass diese Berufsfelder in der „Vermarktung“ alles andere als ein Selbstläufer sind. Vor allem in den Umfeldern, in denen es – gerade in Bundesländern und Regionen mit Vollbeschäftigung – eine ganze Reihe von Berufsalternativen gibt, ist es schwierig, angesichts der finanziell mitunter nicht konkurrenzfähigen Karriereperspektiven, die kommunalen Aufgabenfelder zu positionieren.

Nimmt man das oben stehende Einflussmodell, dann erkennt man die Abhängigkeit der Beliebtheit einzelner Beschäftigungsfelder und Berufsbilder von unterschiedlichen Einflussfaktoren. Generelles Image der Berufe und mediale Stimuli im Sinne der medialen Darstellung und Berichterstattung über die Berufe sind im Fall der Kommunalverwaltung (und in teilweise noch problematischerer Form auch im Anwendungsgebiet der Kommunalpolitik als Berufsfeld) nicht durchgängig positiv. Es wird im Sinne der Medien als „vierte Gewalt“ medial in der Regel vorwiegend über Probleme oder gar Missstände in Verwaltungen und Kommunalpolitik berichtet. Rollenbilder durch mediale Helden aus diesem

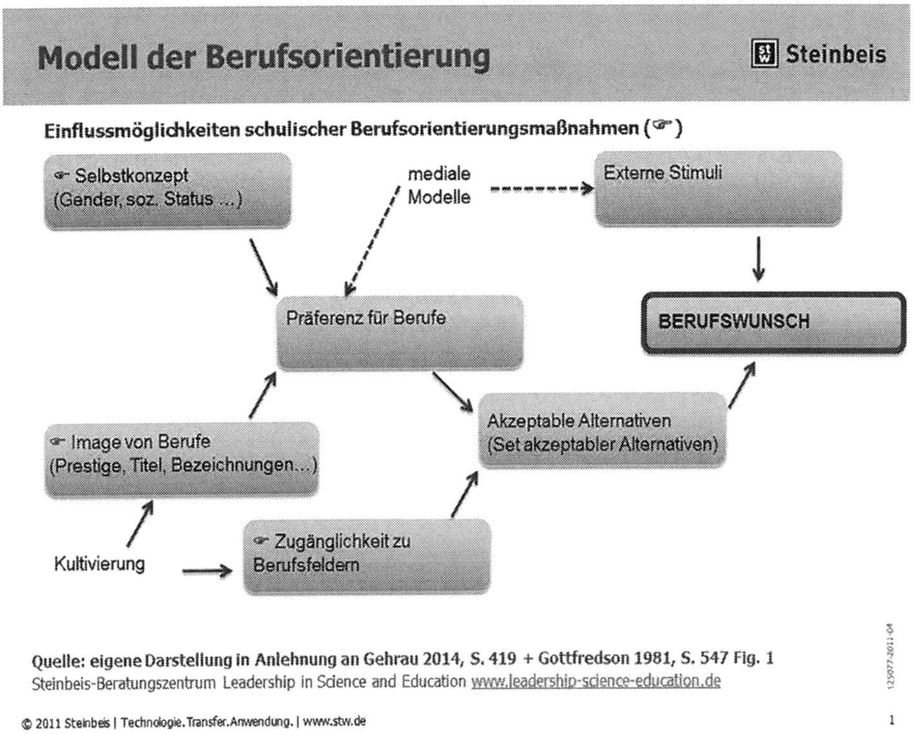

Abb. 4.2 Verwaltungsberufe als Teil der Berufsorientierung im Wechselfeld der Einflussgruppen. (Quelle: Breyer-Mayländer 2019, S. 25, nach: Steinbeis-Beratungszentrum Leadership in Science and Education: Workshop: Personalmarketing-Tools für die Akquise vor Ort, Städtetag Baden-Württemberg, Stuttgart, 20. Juli 2015, Chart 7)

Umfeld sind sehr rar, sodass gerade für junge Menschen wenig Identifikationsangebote bestehen. Die Präferenz für die damit verbundenen Berufe (Verwaltungsausbildung, Studium Public Management etc.) wird dadurch nicht unbedingt erhöht.

Gerade vor diesem Hintergrund lohnt sich bei der Frage nach dem generellen Image der Themenfelder Kommunalverwaltung und Kommunalpolitik ein Blick auf die beteiligten Bezugsgruppen (Stakeholder) und deren Ziele und Erwartungen. Erfolgreiche Kommunen erkennt man unter anderem daran, dass sie sehr gezielt entscheiden, welchen Erwartungen sie ausgesetzt sind und welchen davon sie entsprechen wollen (und welchen Erwartungen eher nicht).

4.3 Wie erleben Bürger generell die Arbeitsweise von Verwaltung?

Für die Bindung der derzeitigen, bzw. künftigen Mitarbeitenden an den Arbeitgeber Stadt ist das Erleben und die Vorstellung von der Arbeitsweise einer Verwaltung aus Sicht der Bürgerschaft ein maßgeblicher Faktor. Es stellt sich in diesem Zusammenhang zunächst die Frage nach der Bürgerorientierung der Verwaltung, wenn man die unterschiedlichen Rollen der Bürgerinnen und Bürger nach Mintzberg im Blick behält. Oft sind Vorstellungen von öffentlicher Verwaltung und Bürokratie präsent, die keineswegs schmeichelhaft sind und durch Initiativen wie zahlreiche Kommissionen zum „Bürokratieabbau“ eher noch verfestigt werden. Neben den sehr innovativen Verwaltungsansätzen, wonach man aus dem „Lean-Startup“-Prinzip (vgl. Ries 2013, S. 73) ein generelles Managementprinzip ableiten kann, das digitalisierte Prozesse und damit auch Dienstleistungsprodukte gestattet, die über Minimal Funktionsfähige Produkte (MFP)/Minimal Viable Products (MVP) in klaren Entwicklungsschleifen am Kundennutzen orientiert werden (vgl. Breyer-Mayländer 2017, S. 82), geht es auch um die erfolgreiche Basisarbeit von Kommunalverwaltungen. Mit dem Einsatz von „User Stories“, d. h. klaren Zielgruppenvorstellungen für neue Verwaltungsprozesse kann die Kundenorientierung in der Verwaltung gesteigert werden. Sie sorgen dafür, dass der einzige, wirklich für den Erfolg maßgebliche Maßstab, nämlich die Akzeptanz durch die Bürgerinnen und Bürger in der realen Situation, Gültigkeit besitzt. Die „User Stories“ sind knapp formulierte Beschreibungen, die die wesentlichen Motivationselemente beinhalten und auf den Punkt bringen (vgl. Schmikat und Friedrich 2015, S. 75). Dabei kann ganz im Sinne des Marketingansatzes nach einzelnen typischen Anwendern in Form sogenannter „Persona“ (beispielhafte Festlegung der Bürger/innen, für die dieses Produkt gedacht ist) differenziert werden.

Die Dominanz des Blickwinkels der Bürgerinnen und Bürger führt zu den von Hilgenstock und Jirmann bereits (2001) prognostizierten kooperativen Entwicklungsschritten, bei denen die Bürgerinnen und Bürger direkt in die Weiterentwicklung von Leistungen der Kommunalverwaltung und letztlich auch indirekt der Kommunalpolitik mit einbezogen werden (vgl. Abb. 4.3).

Kommunalverwaltungen als Dienstleistungsorganisationen hängen in der Ergebnisqualität und Wahrnehmung direkt von der Leistungsfähigkeit des Personals ab. Im Rahmen

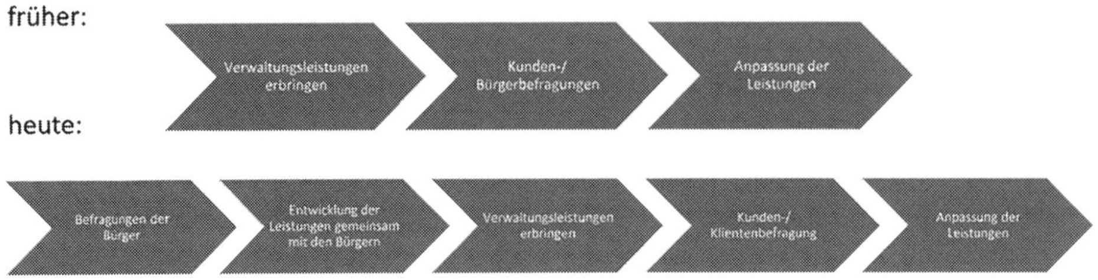

Abb. 4.3 Imageveränderung durch kooperative Produktentwicklung. (Quelle: Breyer-Mayländer 2019, S. 42; auf Basis von: Hilgenstock und Jirmann 2001, S. 17)

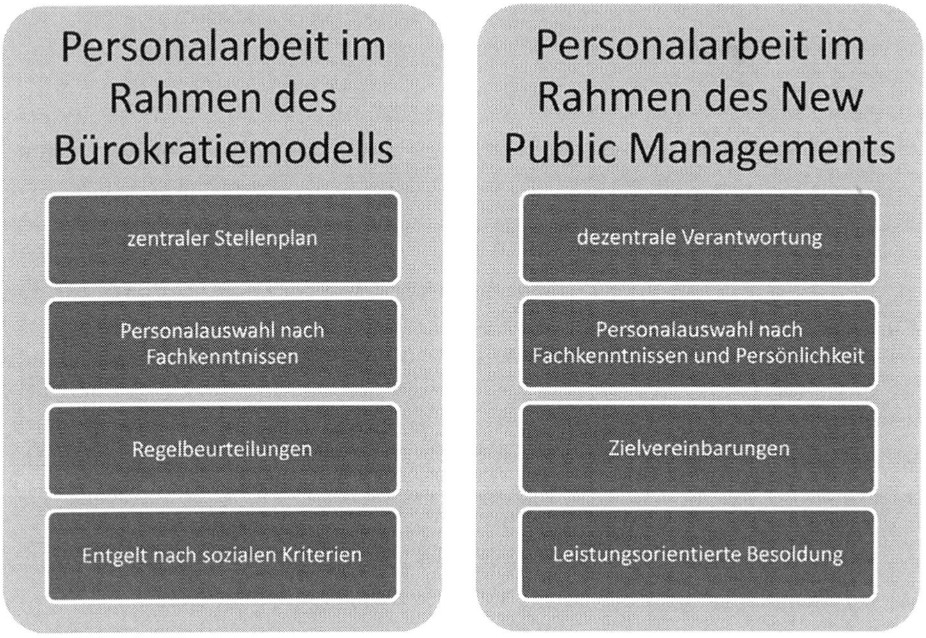

Abb. 4.4 Personalarbeit im Rahmen des Bürokratiemodells und des New Public Managements. (Quelle: Breyer-Mayländer 2019. S. 33; vgl. auch Oechsler 2011, S. 254)

des New Public Managements hat das Beschäftigungsfeld der öffentlichen Verwaltung zwar eine Dynamisierung erfahren, diese ist jedoch noch nicht in der Umsetzung und auch nicht in der Wahrnehmung der Kommunalverwaltung von außen bereits Allgemeingut. Die Wahrnehmung als Arbeitgeber-Marke (Employer Brand) hängt direkt vom Erfolg dieser Veränderungen und der Wahrnehmbarkeit ab (vgl. Nelke und Steffen 2019).

Dies gilt für die komplette Prozesskette kommunaler Personalarbeit, von der Einstellungspolitik und der damit verbundenen Professionalität der Personalauswahl über die begleitende Weiterqualifizierung und den Personaleinsatz. Die Fähigkeiten der Führungskräfte auf Basis ihrer Personalentwicklung und Begleitung (vgl. Abb. 4.4) sind die Voraussetzung dafür, dass die erforderliche Leistung der Teams auch abrufbar ist.

4.4 Unterschiedliche Erwartungen der Generationen an die Arbeitsbedingungen

Ob Berufsfelder als attraktiv wahrgenommen werden, hängt auch davon ab, welche Erwartungen die unterschiedlichen Generationen – und hier geht es dann vorwiegend um die jetzt im Arbeitsprozess befindliche Generation Y und die neu in den Arbeitsmarkt eintretende Generation Z – an „gute Arbeit" (vgl. Vašek 2013) stellt.

Nehmen wir das Ziel der Selbstbestimmtheit des Lebens als Ausgangspunkt für die typischen Entwicklungsprozesse, die in einer Berufsbiografie anstehen, dann lohnt sich zunächst ein Blick auf die grundsätzlichen typischen biografischen Verläufe, die im Kontext der Berufs- und Lebensplanung bestehen (vgl. Abb. 4.5).

Hier stellt sich zunächst die Frage, ob kommunale Arbeitgeber in der Lage sind, unterschiedliche Varianten der Karriereentwicklung anzubieten. Bei vielen Themenfeldern geht es zunächst darum, ob bei den Entscheidungsträgern ein Bewusstsein für das Themenfeld vorhanden ist. Das Beispiel „Sabbatical" ist ein Themenfeld, bei dem selbst kleine Kommunen punkten können. So hat die süddeutsche Kleinstadt Ettenheim im Dezember 2018 eine Regelung für ein „Sabbatjahr" verabschiedet („Abschluss einer Dienstvereinbarung für ein Freistellungsjahr"), indem sie eine bestehende Richtlinie des zuständigen Landkreises auf ihre Bedürfnisse hin anpasste. „Die Stadt Ettenheim führt das Freistellungsjahr als eine besondere Form der Teilzeitbeschäftigung ein. Hauptziel des Freistellungsjahres ist, den Beschäftigten einen Freiraum zu ermöglichen, den diese für sich persönlich nutzen können" (Stadt Ettenheim 2018). In der dazugehörigen Diskussion innerhalb der Ausschüsse und Gremien sollte auch der Aspekt der Attraktivität als Arbeitgeber eine Rolle spielen (vgl. Schade 2018).

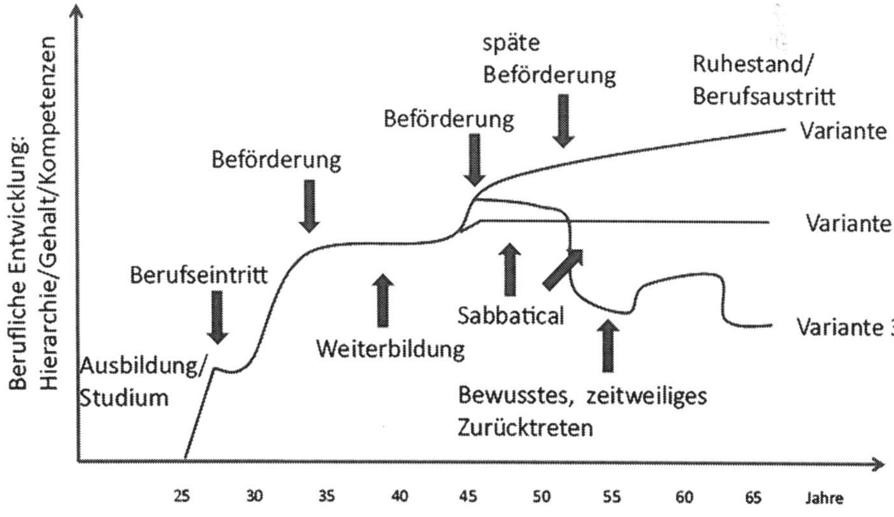

Abb. 4.5 Aufteilung und Gestaltung der Lebensarbeitszeit. (Quelle: Bruch et al. 2010, S. 221; nach Breyer-Mayländer 2017, S. 169)

Dabei ist es wichtig zu bedenken, dass klassische Karrierevorstellungen, bei denen eine erfolgreiche berufliche Sozialisation und der erfolgreiche Karrierepfad typischerweise über den hierarchischen Aufstieg im Rahmen einer Führungsrolle erfolgten, nicht immer das Ziel der Bewerber/innen sein müssen. Anhand der Entwicklung unterschiedlicher generationenspezifischer Wertepräferenzen lässt sich anhand der bereits im qualifizierten Erwerbsleben angekommenen Generationen Y und Z feststellen, dass es kaum mehr konsistente, lineare Karrierevorstellungen gibt (vgl. Abb. 4.6). Aufgabe des Personalmarketings in Kommunen ist es, sich auf die neuen Zielgruppenanforderungen einzustellen. Kommunen können hier durch Veränderungen der Führungsstruktur und Arbeitsorganisation als Arbeitgeber sehr leicht „Boden gut machen".

Hier besteht mit dem Wunsch nach Flexibilität von Arbeitszeit und Arbeitsort und dem Streben nach persönlicher Weiterentwicklung eine Chance für den kommunalen Sektor. Dies trifft nicht in allen Bereichen zu, denn wer im Frontoffice-Bereich in einem Bürgerbüro an Kundenkontaktzeiten gebunden ist, hat hier merkbar weniger Möglichkeiten zur Flexibilisierung, aber es ist ein generelles Handlungsfeld mit Perspektiven. Gute Möglichkeiten der Steigerung der persönlichen Flexibilität ergeben sich für die Zielgruppe der Stadtverwaltungen, die im Sinne der Definition des Management-Papstes Peter Drucker Wissensarbeiter (Knowledge Worker) sind, d. h. qualifizierte und selbstständig motivierte Mitarbeiter/-innen (Vgl. Wartzmann 2014). Eine Steigerung der Unabhängigkeit von Arbeitszeit und Arbeitsort beinhaltet jedoch auch signifikante Änderungen im Bereich Führungsorganisation und Verwaltungskultur, da es nicht nur arbeitsrechtlich das Ende des klassischen Direktionsrechts beinhaltet.

Bezogen auf die Nutzung der Flexibilität zeigt sich, dass es weniger um ein technologisches als um ein organisatorisches Aufgabenfeld geht, bei dem der Gestaltung der Schnittstellen von Mensch-Technik-Organisation eine besondere Bedeutung zukommt (vgl. Hirsch-Kreinsen 2017, S. 475 f.). Die empirischen Befunde etwa für die Nutzung von Homeoffice belegen, dass es auf das Gesamtzusammenspiel ankommt, um Digitalisierung

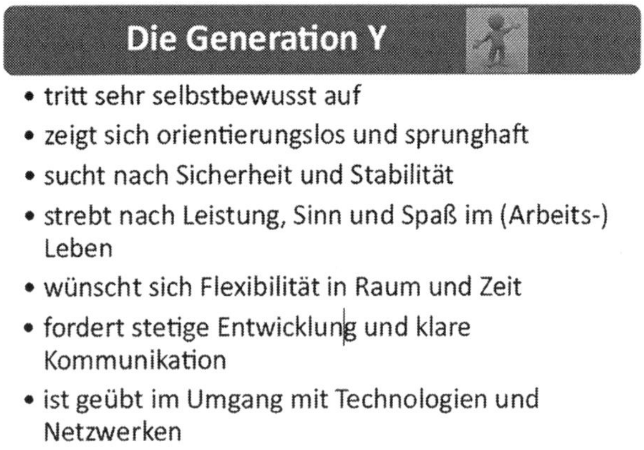

Abb. 4.6 Merkmale der Generation Y. (Quelle: DGFP 2011, S. 11; nach Breyer-Mayländer 2017, S. 189)

positiv erfahren zu können und beispielsweise auch Homeoffice zu nutzen (vgl. Steffes et al. 2017, S. 464).

An diesem Punkt, wenn es um die Probleme der Abgrenzung von Privat- und Berufsleben geht, muss man das Bild der Work-Life-Balance hinterfragen, wie es Vašek (2013) bereits gemacht hat. Er kritisiert die Darstellungen, wonach die Arbeit den unerfreulichen Teil der Lebenszeit darstellt, den man wohl oder übel in Kauf nehmen muss, um den angenehmen Teil der Lebenszeit, das Privatleben, als das wahre Leben genießen zu können (vgl. Breyer-Mayländer 2018, S. 161). Die Arbeit ist selbst ein zentraler Teil des Lebens, der je nach Aufgabenstellung auch entscheidende positive Impulse für das private Leben mit sich bringen kann. Es geht darum, die Arbeit in das eigene Privatleben zu integrieren, was zeitliche und räumliche Flexibilität, aber auch inhaltliche Integration und sinnhafte Aufgabenstellungen erfordert. Genau hier liegt einer der Ansatzpunkte des Personalmarketings für Kommunalverwaltungen. Aus Work-Life-Balance wird bei genauerer Betrachtung Work-Life-Blending (vgl. Jugel 2015, S. 38 ff.). Es gibt eine Reihe von Mitarbeiterinnen und Mitarbeitern, die bereit sind, auch in ihrer Freizeit und am Wochenende an Problemlösungen für den Job zu arbeiten. Diese Gruppe von Mitarbeitenden erwartet nicht nur im Gegenzug die Chance, sich auch entsprechend mit Leidenschaft und Engagement bei ihrer Arbeit einbringen zu können. Zusätzlich erwarten sie auch, dass sie während der Arbeitszeiten oder während der Anwesenheit bei der Arbeit ihre privaten Interessen nicht aus dem Blick verlieren müssen bis hin zu dem Punkt, dass in einem gewissen Rahmen auch die Nutzung digitaler (sozialer) Medien für private Kontakte gestattet wird.

Wenn man nun auf Basis der obigen Analysephase die Ziele und die möglichen Maßnahmen ableitet, ist man im Sinne des Marketingmixes sehr schnell bei den Inhalten und Wegen der Kommunikation im Sinne des Kommunikationsmixes. Die komplette Palette des Marketingmixes für das Personalmarketing stellt sich nach Kirchgeorg und Müller (2013, S. 85, sowie Abb. 4.7) wie folgt dar:

1. Product: Leistungspolitik
2. Process: Prozesse
3. Price: Gehaltspolitik
4. Place: Standortpolitik
5. Promotion: Kommunikationspolitik
6. People: Mitarbeiter

Bei der Leistungspolitik geht es für die Kommunen um die konkrete Ausgestaltung der Arbeitsaufgaben, aber auch der Arbeitsplätze, die durch die baulichen Gegebenheiten (Ausgestaltung, Lage etc. der Rathäuser und Verwaltungsgebäude) gezielt positiv beeinflusst werden können. Die Ebene der Prozesse, beispielsweise als Ablauf einer Bewerbungsphase, ist im Regelfall durch die Professionalisierung der Personalarbeit in

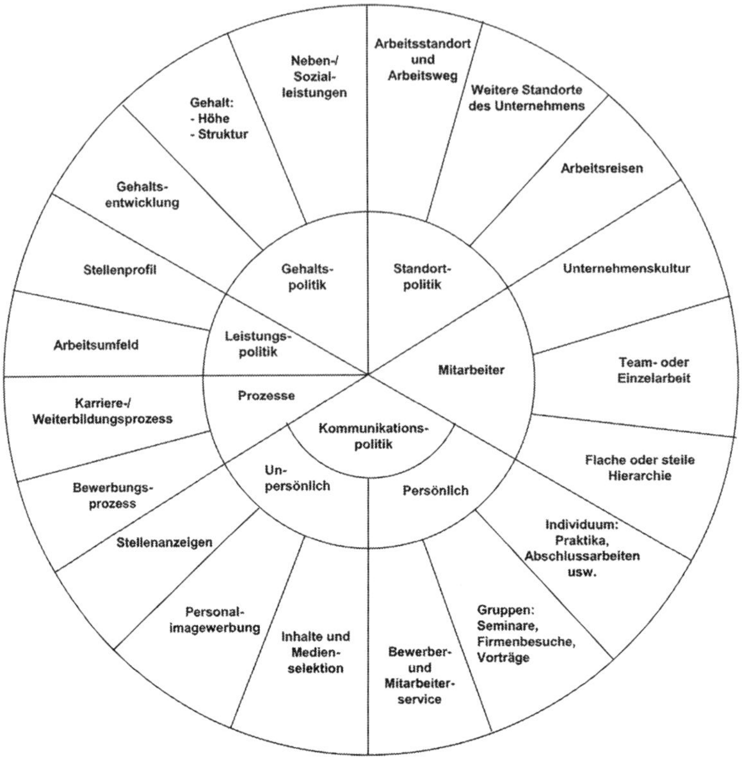

Abb. 4.7 Allgemeine, branchenunabhängige Systematisierung des Personalmarketing-Mix. (Quelle: Kirchgeorg und Müller 2013, S. 86)

den öffentlichen Verwaltungen genauso wie die Personalentwicklungsprozesse gut strukturiert. Mehr Flexibilität und Agilität und durchgehend digitale Prozesse sind die zentralen Aufgaben, die Kommunalverwaltungen in diesem Umfeld derzeit leisten. Die Gehaltspolitik ist durch den Rahmen des öffentlichen Dienstes für Städte eng reglementiert und bei aller Zuverlässigkeit als Pluspunkt in vielen Bereichen gerade in wirtschaftlich starken Regionen in Deutschland nur bedingt wettbewerbsfähig. Die Standortpolitik ist durch den Standort der Stadt festgelegt. Was sich auf den ersten Blick wie ein Nachteil darstellt, kann jedoch bereits zu einer gezielten inhaltlichen Bestätigung der Planbarkeit des geografischen Einsatzgebiets in der Argumentation auch positiv genutzt werden. Die größten Spielräume, die im Folgenden diskutiert werden, liegen im Bereich der Mitarbeitenden (People), deren Bedürfnisse eine zentrale Rolle spielen (siehe auch die Argumentation für eine agilere Verwaltung in Abschn. 4.2 und für eine Berücksichtigung der Bedürfnisse jüngerer Generationen in Abschn. 4.3), sowie im Bereich der Kommunikation.

4.5 Kommunikationsaufgaben im Rahmen des Personalmarketings

Wenn es um die Kommunikationsmaßnahmen geht, mit denen man die Verwaltung und Politik in Kommunen positionieren kann, dann muss zu Beginn die Frage geklärt werden, wie im Rahmen der Markenführung die Stadt als Marke und Arbeitgebermarke wahrgenommen werden soll. Mit diesem Themenfeld wird auch direkt deutlich, dass, ausgehend von den obigen Überlegungen zur „Produktpolitik", das zweite Thema auch im Schnittfeld zwischen Produkt und Kommunikation zu sehen ist. Dabei sind die Marke und der Markenwert nur ein Teil des Zielsystems der Kommunikation. Es geht meist um Marke, Image, öffentliche Meinung, Vertrauensbeziehung und dann schlussendlich um die Übermittlung von Informationen (vgl. Breyer-Mayländer 2011a, S 30 ff.).

An dieser Stelle lohnt sich ein Blick auf die zentralen Botschaften, mit denen im Personalmarketing der Kommunen geworben werden kann (vgl. Abb. 4.8). Im Wettbewerb mit Angeboten aus der freien Wirtschaft ist die Sinnfrage das entscheidende Element. Die Möglichkeit, durch ein Mitwirken in der Kommunalverwaltung oder analog auch in der Kommunalpolitik etwas für das Gemeinwohl vor Ort im unmittelbaren Lebensumfeld zu tun, liefert oftmals den signifikanten Unterschied zu anderen Möglichkeiten der Arbeit.

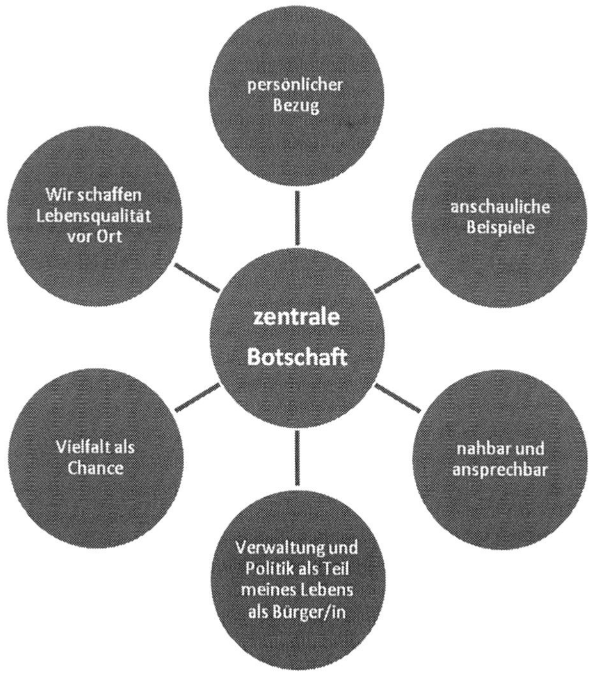

Abb. 4.8 Elemente der zentralen Botschaft, die direkt oder indirekt kommuniziert werden sollte. (Quelle: Breyer-Mayländer 2019, S. 35)

1. Persönlicher Bezug:
   Wenn es um Aufgaben in der Verwaltung geht, dann lässt sich das sehr gut über entsprechende Kolleginnen und Kollegen darstellen. Diese werden vor Ort im Regelfall nicht nur abstrakt für das Thema stehen, sondern gerade in kleineren Gemeinden und Mittelstädten werden die Personen auch direkt mit dem Thema identifiziert.
2. Veranschaulichen abstrakter Themen:
   Veranschaulichen abstrakter Themen: Statt der abstrakten Kommunikation der Millionenausgaben, z. B. für ein Hochwasserschutzkonzept, bildet der konkrete Einstieg mit dem jüngsten Hochwasser und einer nachvollziehbaren Einordnung der finanziellen Themen (Relation zu anderen Ausgaben, Schäden etc.) eine bessere Möglichkeit, Menschen für die Themen zu motivieren.
3. Nahbar und ansprechbar:
   Nahbar und ansprechbar: Ob Kommunalverwaltung auf unterschiedlichen Hierarchieebenen oder Kommunalpolitik in Gestalt der Verwaltungsspitze oder der Gremien: Kommunale Arbeit ist ein sehr persönliches und personenbezogenes Thema. Dies gilt für (Ober-)Bürgermeister- und Kommunalwahlen als Persönlichkeitswahlen oder auch für die Social Media-Aktivitäten einer Kommune, bei denen es auch aufseiten der Nutzenden um „people" geht (vgl. Lindner 2014).
4. Teil meines Lebens:
   Teil meines Lebens: Für die Bürgerinnen und Bürger muss deutlich werden, dass die Arbeit und die Themen der Kommunalverwaltung und damit auch der Kommunalpolitik einen elementaren Teil ihres eigenen Lebens ausmachen. Damit geben diese Aufgabenfelder die Gelegenheit einen wesentlichen Bereich des eigenen Lebens mitzugestalten.
5. Vielfalt der Lebenslagen und Lebenskonzepte:
   Vielfalt der Lebenslagen und Lebenskonzepte: Die Vielfalt der Aufgaben statt die Eindrücke einer langweiligen Amtsstube zum Thema zu machen, ist das eine. Die Gelegenheit nutzen und gleichzeitig auf die gewünschte Vielfalt der Lebenslagen und Lebenskonzepte in der Bürgerschaft und die Berechtigung ganz unterschiedlicher Erwartungen und Bedürfnisse aufmerksam zu machen, das andere, um dem Themenfeld „Kommunales" entsprechendes Leben einzuhauchen.
6. Wir schaffen Lebensqualität vor Ort:
   Wir schaffen Lebensqualität vor Ort: Der Umstand, dass die Lebensqualität und Entwicklungsperspektive vor Ort wesentlich durch Kommunalpolitik und -verwaltung geprägt werden, bietet in der Regel eine große Chance für eine auch emotional ansprechende Kernbotschaft. Man muss jedoch realistisch feststellen, dass es auch Situationen gibt, in denen dieses Argument nicht ohne Weiteres eingesetzt werden kann. Wenn etwa eine Kommune als „heruntergewirtschaftet" eingestuft wird, kann diese Botschaft nur als hoffnungsvolle Zukunftsvision Anklang finden kann.

4.6 Kommunikationskanäle des Personalmarketings

Da wir auch bei großen Kommunen und regionalen Verwaltungseinheiten wie Landkreisen stets eng umgrenzte Kommunikationsräume antreffen, ist die Basis einer gezielten Kommunikation im Bereich der lokalen Kommunikationskanäle angesiedelt (vgl. Abb. 4.9). Die lokalen Kanäle reichen jedoch nur für die Zielgruppe des regionalen Arbeitsmarkts bis zur Stufe der zweiten Führungsebene in Kleinstädten. Bei großen Kommunen und Aufgabengebieten mit einer entsprechenden Spezialisierung oder Führungsverantwortung sind überregionale Arbeitsmärkte über Fachmedien (z. B. „Staatsanzeiger") oder entsprechende Plattformen und Stellenmärkte zu nutzen.

Diese klassischen lokalen Kommunikationskanäle, die branchenunabhängig allen Werbungtreibenden zur Verfügung stehen, können für den Zweck des kommunalen Personalmarketings durch Kanäle ergänzt werden, die die Stärken der Kommune als Institution vor Ort nutzen (vgl. Abb. 4.10).

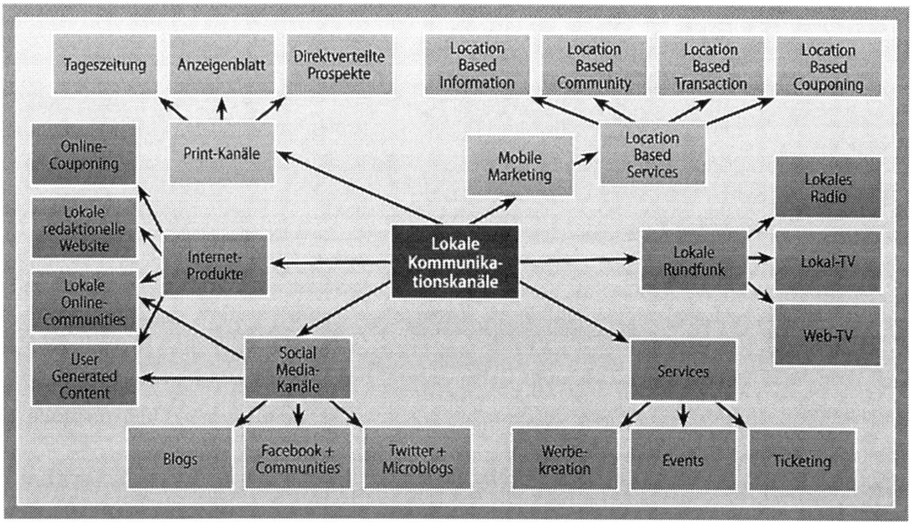

Abb. 4.9 Lokale Kommunikationskanäle als Basis kommunalen Personalmarketing. (Quelle: Breyer-Mayländer 2011b, S. 26)

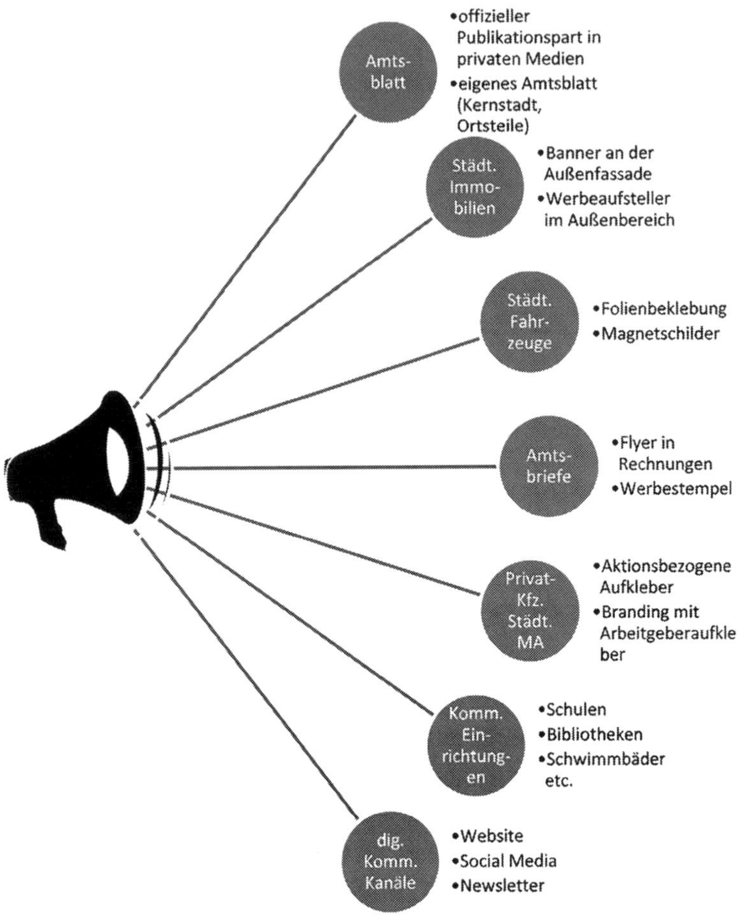

Abb. 4.10 Mögliche stadteigene Kommunikationswege zur Bürgerschaft. (Quelle: Breyer-Mayländer 2019, S. 41)

Literatur

Breyer-Mayländer, T.: Erfolg für Stadtmarketing und Werbegemeinschaften: Strukturen, Strategien, Analysen und bundesweit erfolgreiche Aktionen. Hochschulverlag, Offenburg (2011a)

Breyer-Mayländer, T.: Mehr als nur ein „Communication Shift“: Neue Formen des Mediamix im lokalen Markt. Mark. Rev. St. Gallen **5**(2011), 22–27 (2011b)

Breyer-Mayländer, T.: Management 4.0 – Den digitalen Wandel erfolgreich meistern: Das Kursbuch für Führungskräfte. Hanser, München (2017)

Breyer-Mayländer, T.: Autonomes Arbeiten und Leben – Die permanente Verfügbarkeit. In: Breyer-Mayländer, T. (Hrsg.) Das Streben nach Autonomie – Reflexionen zum digitalen Wandel, S. 153–167. Nomos, Baden-Baden (2018)

Breyer-Mayländer, T.: Marketing für Kommunalverwaltung und Kommunalpolitik – Kommunikations- und Partizipationsstrategien für das Gemeinwohl vor Ort. Springer Gabler, Wiesbaden (2019)
Bruch, H., Kunze, F., Böhm, S.: Generationen erfolgreich führen: Konzepte und Erfahrungen im Management des demografischen Wandels. Springer Gabler, Wiesbaden (2010)
DGFP: Zwischen Anspruch und Wirklichkeit: Generation Y finden, fördern und binden. Praxis Papier 9/2011, Düsseldorf (2011).
Grootz, S., Brandstädter, M., Schaefer, F., Huthwelker, K.: Personalmarketing im Pflegedienst: Erfolgreiche Personalsuche für Krankenhaus und Pflegeheim. Springer, Berlin (2019)
Hilgenstock, R., Jirmann, R.: Mitarbeiterführung in der öffentlichen Verwaltung: Konzepte, Beispiele, Checklisten. Gabler, Wiesbaden (2001)
Hirsch-Kreinsen, H.: Arbeiten 4.0 – Qualifikationsentwicklung und Gestaltungsoptionen. In: ZBW Leibniz-Informationszentrum Wirtschaft (Hrsg.) Arbeiten 4.0 – Folgen der Digitalisierung für die Arbeitswelt. Wirtschaftsdienst 7/2017, S. 473–476 (2017)
Jugel, D.: Die Neuinterpretation des Begriffs Work-Life-Balance und die Motivationsinstrumente der Führung von und für Digital Natives. Bachelorthesis Fakultät Medien und Informationsweisen. Hochschule, Offenburg (2015)
Kirchgeorg, M., Müller, J.: Personalmarketing als Schlüssel zur Gewinnung, Bindung und Wiedergewinnung von Mitarbeitern. In: Stock-Homburg, R. (Hrsg.) Handbuch Strategisches Personalmanagement, 2. überarbeitete und erweiterte Aufl., S. 73–90. Springer Gabler, Wiesbaden (2013)
Lindner, C.: Social Media als Verlagsaufgabe – People nicht User. In: Breyer-Mayländer, T. (Hrsg.) Vom Zeitungsverlag zum Medienhaus – Geschäftsmodelle in Zeiten der Medienkonvergenz, S. 193–201. Springer Gabler, Wiesbaden (2014)
Nelke, A., Steffen, A.: Visionen und Empowerment: Wie Employer Branding in der öffentlichen Verwaltung funktionieren kann. In: Hermeier, B., Heupel, T., Fichtner-Rosada, S. (Hrsg.) Arbeitswelten der Zukunft: Wie die Digitalisierung unsere Arbeitsplätze und Arbeitsweisen verändert. FOM-Edition, S. 517–539. Springer Gabler, Wiesbaden (2019)
Oechsler, W. A.: Reorganisation des Personalmanagement. In: Koch, R., Conrad, P., Lorig, W.H. (Hrsg.) New Public Service: Öffentlicher Dienst als Motor der Staats- und Verwaltungsmodernisierung, 2. überarbeitete und erweiterte Aufl. Springer Gabler, Wiesbaden (2011)
Ries, E.: Lean Startup: Schnell, risikolos und erfolgreich Unternehmen gründen, 2. Aufl. Redline, München (2013)
Schade, K.: Ratsnotizen: Freistellungsjahr. In: badische-Zeitung.de, 28.12.2018. http://www.badische-zeitung.de/ettenheim/ratsnotizen-xbqsdejix–162858576.html (2018). Zugegriffen: 30. Dez. 2018
Schmikat, R., Friedrich, M.: Agiles Requirements Engineering mit User Stories und Story Maps. In: Lang, M., Scherber, S. (Hrsg.) Agiles Management: Innovative Methoden und Best Practices, S. 72–88. Symposion, Düsseldorf (2015)
Scholz, C.: Personalmarketing. In: Tietz, B. (Hrsg.) Handwörterbuch des Marketing, S. 2004–2019. Schäffer-Poeschel, Stuttgart (1995)
Steffes, S., Maier, M.F., Arnold, D.: Qualifikation und flexible Arbeitsformen in der digitalen Arbeitswelt: Neue Handlungsfelder für Politik und Wirtschaft. In: ZBW Leibniz-Informationszentrum Wirtschaft (Hrsg.) Arbeiten 4.0 – Folgen der Digitalisierung für die Arbeitswelt. Wirtschaftsdienst 7/2017, S. 463–466 (2017)
Vašek, T.: Work-Life-Bullshit: Warum die Trennung von Arbeit und Leben in die Irre führt. Riemann, München (2013)
Wartzmann, R.: What Peter Drucker Knew About 2020. In: Harvard Business Review, October 16, 2014. https://hbr.org/2014/10/what-peter-drucker-knew-about-2020 (2014). Zugegriffen: 30. Dez. 2018

Prof. Dr. Thomas Breyer-Mayländer ist seit 2001 Professor für Medienmanagement und aktuell in der dritten Amtsperiode zusätzlich Prorektor für Marketing und Organisationsentwicklung an der Hochschule Offenburg. Der Dipl.-Wirt.-Ing. (FH) und Dipl.-Inf.wiss. hat am Institut für Journalistik der Universität Dortmund promoviert und war vor seiner Hochschultätigkeit u. a. mehrere Jahre Referent beim Bundesverband Deutscher Zeitungsverleger in Bonn und Geschäftsführer der Zeitungs Marketing Gesellschaft in Frankfurt. Er war während seiner Hochschulzeit sechs Jahre Vorsitzender der Werbegemeinschaft seiner Heimatstadt und kennt das Thema Stadtmarketing auch aus der Erfahrung als Stadtrat und Fraktionsvorsitzender. Er ist Leiter des Steinbeis-Beratungszentrums „Leadership in Science and Education“ und Vorstandsmitglied der Bildungsregion Ortenau (BRO). Von ihm stammen zahlreiche Publikationen zu digitaler Transformation (z. B. „Management 4.0 – Den digitalen Wandel erfolgreich meistern“, Hanser 2017), Marketing, Strategie, Führung, Medien; u. a. auch das nach wie vor gefragte „Erfolg für Stadtmarketing und Werbegemeinschaften: Strukturen, Strategien, Analysen und bundesweit erfolgreiche Aktionen“, Offenburg 2011 und der aktuelle Titel „Marketing für Kommunalverwaltung und Kommunalpolitik: Kommunikations- und Partizipationsstrategien für das Gemeinwohl vor Ort“, Springer Essentials, Wiesbaden 2019.

Markenmanagement im Stadtmarketing

5

Christopher Zerres

Zusammenfassung

Das Markenmanagement spielt für das Stadtmarketing eine immer wichtigere Rolle. Im vorliegenden Beitrag wird dabei zunächst auf die Bedeutung und die Besonderheiten des Markenmanagements für Städte eingegangen. Im Mittelpunkt des Beitrages steht ein kompakter Überblick über die zentralen Aspekte des Markenmanagements für Städte. Schließlich wird in einem Exkurs die Bedeutung von Global Cities im Zusammenhang mit dem Markenmanagement vorgestellt.

5.1 Einführung

Das Thema Markenmanagement hat sich mittlerweile als ein zentrales Element innerhalb des Stadtmarketing etabliert. Ähnlich wie im Marketing für Unternehmen wird der Marke auch im Stadtmarketing eine sehr wichtige Bedeutung im Zusammenhang mit dem Erfolg einer Stadt beigemessen (vgl. Lucarelli und Berg 2011, S. 9). Städte können sich so zum Beispiel erfolgreich von einer „Konkurrenzstadt" abgrenzen bzw. differenzieren oder eine Präferenz bei einer Zielgruppe schaffen (vgl. Kavaratzis 2009). Dabei wird es immer wichtiger, dass Städte, Gemeinden und teilweise auch ganze Regionen ein für die jeweiligen Zielgruppen attraktives Profil bzw. Image vermitteln, um im Wettbewerb zum Beispiel um Touristen, Unternehmen oder Arbeitnehmer bestehen zu können (vgl. Balderjahn 2004, S. 2366). Dementsprechend lässt sich ein Anstieg in den Bemühungen und Initiativen in Städten und Gemeinden beobachten. Dies spiegelt sich zunehmend auch in den bereitgestellten Budgets für das Markenmanagement

C. Zerres (✉)
Hochschule Offenburg, Offenburg, Deutschland
E-Mail: christopher.zerres@hs-offenburg.de

T. Breyer-Mayländer und C. Zerres (Hrsg.), *Stadtmarketing*,
https://doi.org/10.1007/978-3-658-26254-9_5

in Städten wider (vgl. Seisdedos 2006, S. 5). Aber auch in der wissenschaftlichen Literatur finden sich immer mehr Arbeiten, die das Thema „Städte als Marke“ thematisieren (vgl. Lucarelli und Berg 2011; Kavaratzis 2004). Allerdings sind Bemühungen im Markenmanagement auch immer mit einem relativ hohen Aufwand sowie in der Regel entsprechenden Kosten verbunden (vgl. Ashworth et al. 2015, S. 4). Darüber hinaus lässt sich bei zahlreichen Markenmanagement Bemühungen beobachten, dass ein falsches bzw. stark reduziertes Verständnis des Themas Markenmanagement zugrunde gelegt wird. Dabei wird Markenmanagement zum Beispiel auf die Erstellung eines neuen Logos und einer neuen CI reduziert. Zudem folgen in einigen Fällen die Aktivitäten keiner Strategie, zum Beispiel im Sinne eins umfassenden Verständnisses u. a. der Zielgruppe und vor allem der eigenen Markenidentität.

Für das Markenmanagement in Städten und Gemeinden sind einige wichtige Besonderheiten zu beachten, die nachfolgend skizziert werden sollen (vgl. Radtke 2013, S. 115 ff.):

- Hohe Komplexität des Angebots: Städte weisen, insbesondere im Vergleich zu den meisten Konsumgütern, zahlreiche und manchmal sogar widersprüchliche Komponenten auf.
- Keine konsistente und konstante Qualität: Städte unterliegen einem ständigen Wandel und verändern sich permanent. Hierzu gehört auch, dass die Qualität der Leistungserstellung von vielen sehr unterschiedlichen Anbietern innerhalb der Stadt abhängig ist (dies reicht vom Kiosk am Bahnhof über das Stadtmuseum und das Restaurant am Marktplatz) (vgl. Balderjahn 2004, S. 2361).
- Begrenzte Gestaltbarkeit des Angebots und der Identität: Verschiedene Aspekte bzw. Komponenten einer Stadt lassen sich nicht planen bzw. lassen sich erst gar nicht verändern. Hierzu gehören zum Beispiel die geografische Lage einer Stadt oder das Klima.
- (In der Regel) Unveränderbarer Name und lange Historie (es gibt einige wenige Beispiele einer Namensänderung, wie etwa Chemnitz (Karl-Marx-Stadt) und Mumbai (Bombay)).
- Teil eines räumlichen Hierarchiegefüges: Städte können nicht unabhängig ihrer geografischen Lage betrachtet werden. Als Stadt gehört man einer bestimmten Region, eines Bundeslandes etc. an. Mit dieser geografischen Lage gehen bestimmte Assoziierungen einher.
- Vielzahl heterogener Träger und Frage der Verantwortlichkeit: In Entscheidungen im Stadtmarketing sind zahlreiche, teilweise sehr unterschiedliche Stakeholder involviert.
- Nicht-hierarchische, heterogene Zielstruktur: Im Stadtmarketing werden im Gegensatz zu profitorientierten Zielsetzungen weitaus heterogener Zielsetzungen verfolgt. So spielen etwa außerökonomische Zielsetzungen, wie etwa im Zusammenhang mit kulturellen oder sozialen Leistungen eine wichtige Rolle.
- Demokratische Entscheidungsstrukturen: In privatwirtschaftlichen Unternehmen treffen die Eigentümer bzw. Vertreter der Eigentümer die Entscheidungen. Dagegen

unterliegen viele Entscheidungen im Stadtmarketing einem demokratischen Entscheidungsprozesses, in den etwa die Bürger eingebunden werden.

- Eingeschränkte Weisungsmöglichkeiten: Im Gegensatz zu einem Unternehmen, haben Stadtmarketingverantwortliche vielfach keine oder nur eingeschränkte Weisungsbefugnis gegenüber anderen in die Entscheidung miteingebundenen Stakeholdern.
- Bedeutung nicht-autorisierter Kommunikation Dritter: Zahlreiche Kommunikationskanäle, die u. a. ein Bild der Marke transportieren bzw. die Wahrnehmung einer Stadt in den Köpfen der Menschen stark beeinflussen, lassen sich vom Stadtmarketing nicht kontrollieren. Hierzu gehören etwa Städtereiseführer, Postkartenmotive oder aber auch Filme, die ein bestimmtes Bild der Stadt vermitteln.

Ziel des vorliegenden Beitrages ist es, Stadtmarketingverantwortlichen einen kompakten Überblick über die wichtigsten Elemente eines Markenmanagements für Städte zu geben. Hierzu gehören neben einem grundsätzlichen Verständnis des Begriffes Marke und der zentralen Funktionen von Marken insbesondere ein Prozess zur Planung, Umsetzung und Kontrolle des Markenmanagements für Städte. Hierbei ist es zudem wichtig, die Struktur der Markenführung und die Wirkungszusammenhänge im Markenmanagement verstanden zu haben. Ergänzend wird in einem Exkurs das Thema Global Cities aufgegriffen und am Beispiel der Stadt Dubai analysiert.

5.2 Definition Marke

In der wissenschaftlichen Literatur liegen zahlreiche Definitionen und Abgrenzungen des Begriffes Marke vor (vgl. Radtke 2013, S. 38). Diese legen dabei teilweise sehr unterschiedliche Schwerpunkte (z. B. Differenzierung nach dem Träger der Marke, wie Händler oder Hersteller) und variieren hinsichtlich einer eher engeren oder weiteren Auffassung des Begriffs Marke. Basierend auf wissenschaftlichen Erkenntnissen findet zudem eine Weiterentwicklung des Markenbegriffes statt. So verwischt etwa der Unterschied zwischen Handelsmarken und Markenartikeln zusehends, sodass ein Fokus auf derartige Merkmale in einer Definition keinen Sinn mehr ergibt (vgl. Esch 2018, S. 19). Im Rahmen dieses Beitrages soll die Definition von Esch Verwendung finden: „Marken sind Vorstellungsbilder in den Köpfen der Anspruchsgruppen, die eine Identifikations- und Differenzierungsfunktion übernehmen und Wahlverhalten prägen“ (Esch 2018, S. 21).

Von besonderer Bedeutung im Zusammenhang mit dem Stadtmarketing ist das sogenannte Place-Branding. Unter Place-Branding wird ein „...multidisziplinärer, strategischer, verhaltenswissenschaftlicher Ansatz, der an den Wurzeln und der Identität der jeweiligen Stadt ansetzt, die Besonderheiten von Städten berücksichtigt, Erkenntnisse der Wirtschaftsgeografie, Stadtsoziologie, Kultur-, Verwaltungs- und Politikwissenschaften und weiterer relevanter Disziplinen in das struktur- und prozessbestimmende Markenkonzept integriert und dadurch der Komplexität, gesellschaftlichen Bedeutung und ethischen Verantwortung von Städten, Regionen und Staaten gerecht wird" verstanden (Radtke 2013, S. 113). Die wichtigsten Instrumente des Place-Branding sind:

- Signature buildings und Urban design (Gestaltung des öffentlichen Raums und insbesondere wichtige und symbolträchtige Gebäude)
- Großveranstaltungen (umfasst einmalige und regelmäßige Veranstaltungen)
- Verwendung berühmter Persönlichkeiten

5.3 Funktionen einer Marke

Eine Marke kann zahlreiche Funktionen erfüllen. Diese Funktionen können in Anbieter- (also zum Beispiel eine Stadt) und in Abnehmerfunktionen (zum Beispiel der Besucher einer Stadt) unterteilt werden.

Aus Sicht eines Anbieters soll eine Marke die folgenden Funktionen erfüllen (vgl. Radtke 2013, S. 29 f.; Esch 2018, S. 23):

- Differenzierungs- und Profilierungsfunktion
- Stabilisierungsfunktion
- Preispremiumfunktion
- Potenzialfunktion
- Rückkoppelungsfunktion
- Schutzfunktion

Auf der anderen Seite erfüllen Marken für Verbraucher einige wichtige Funktionen (vgl. Esch 2018, S. 22). Eine zentrale Funktion ist in diesem Zusammenhang die Orientierungs- und Informationsfunktion. Marken liefern hierbei wichtige zusätzliche Informationen etwa zur Qualität eines Produktes und können hierdurch zusätzlich eine Art Komplexitätsreduktionsfunktion übernehmen. Durch eine derartige Komplexitätsreduktion erfüllt eine Marke gleichzeitig eine Entlastungsfunktion, indem sie einen Verbraucher bei einer Entscheidung entlastet. Darüber hinaus können Verbraucher Marken nutzen, um sich von anderen Menschen abzugrenzen und bestimmte Wertvorstellungen zu vermitteln.

5.4 Markenwirkungszusammenhänge

Die Führung und Steuerung von Marken setzen ein entsprechendes Zielsystem voraus. Ein derartiges Zielsystem sollte dabei alle relevanten Zielgrößen darstellen, die Beziehungen zwischen den einzelnen Größen verdeutlichen und die Kausalbeziehungen und Wirkungen deutlich machen (vgl. Esch 2018, S. 70). Ein solches Zielsystem legt Esch vor (vgl. Esch 2018, S. 70). In diesem Modell ist der Markenwert die zentrale Zielgröße (vgl. Abb. 5.1). Diese Zielgröße wird maßgeblich durch das Markenwissen

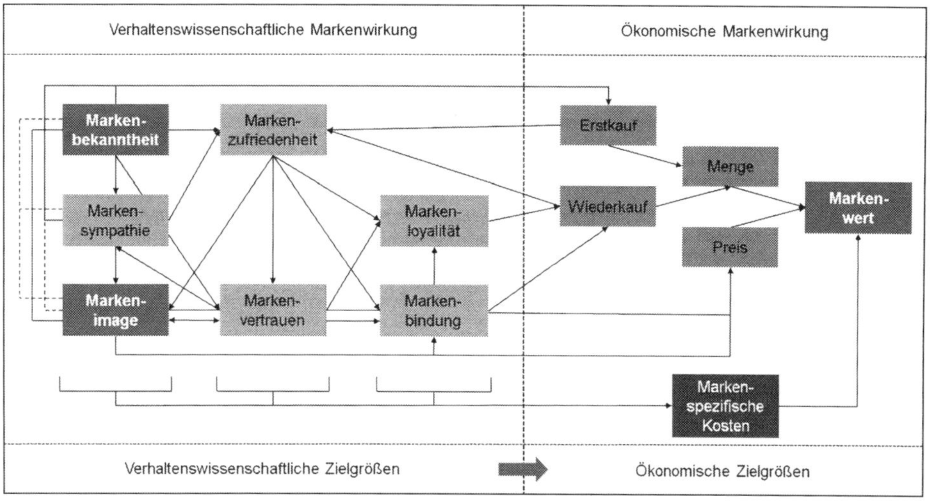

Abb. 5.1 Zielsystem im Markenmanagement. (Quelle: Esch 2018, S. 71)

beeinflusst. Das Markenwissen wiederum wird durch die beiden Konstrukte Markenbekanntheit und Markenimage operationalisiert. Daneben werden weitere Größen in das Zielsystem integriert. Hierzu gehören die Markenzufriedenheit und das Markenvertrauen sowie die Markenloyalität und die Markenbindung.

5.5 Struktur der Markenführung

Das Grundkonzept einer identitätsbasierten Markenführung umfasst zwei zentrale Perspektiven, die Managementperspektive und die Wirkungsperspektive (vgl. Burmann et al. 2018, S. 14) (siehe Abb. 5.2). Das sogenannte Selbstbild aus der Managementperspektive wird als Markenidentität bezeichnet. Es handelt sich dabei um das aktiv im Unternehmen verankerte Verständnis hinsichtlich der Marke. Demgegenüber steht das Fremdbild der externen Zielgruppe, also das Markenimage. Dieses Fremdbild stellt die Reaktion auf die verschiedenen Maßnahmen der Markenführung dar. Am Brand Touch Point kommt es somit letztlich zu einem Soll-Ist-Abgleich. Das Resultat hieraus hat wiederum Einfluss auf das Markenimage.

Der Aufbau einer Marke erfordert in einem ersten Schritt die Formulierung eines Markennutzenversprechens. Dabei geht es insbesondere um die Formulierung von kaufverhaltensrelevanten Nutzenaspekten, die den Kundenbedürfnissen entsprechen und die eine klare Differenzierung zum Wettbewerb erlauben. Dieses Markennutzenversprechen trifft am Brand Touch Point mit den Markenbedürfnissen des Nachfragers zusammen. Das Markenbedürfnis beruht dabei auf Erfahrungen und vor allem Erwartungen des Konsumenten. Produkt- und Serviceleistungen, das Verhalten von Mitarbeitern und alle

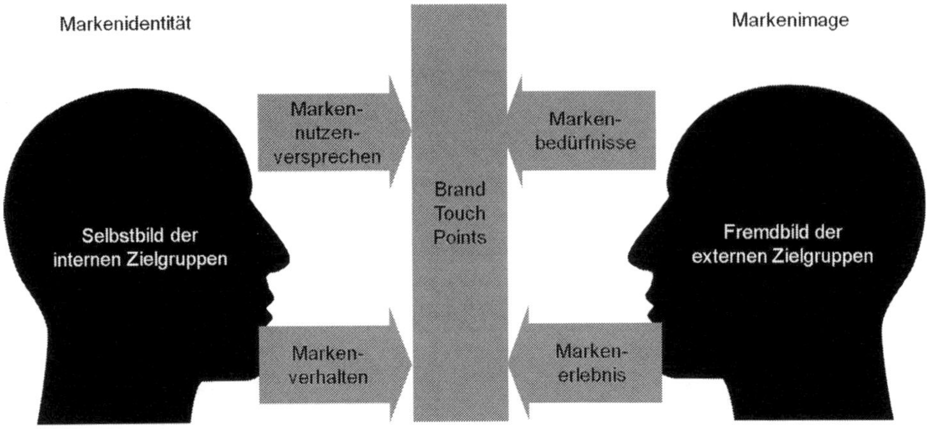

Abb. 5.2 Grundkonzept der identitätsbasierten Markenführung. (Quelle: Burmann et al. 2018, S. 15)

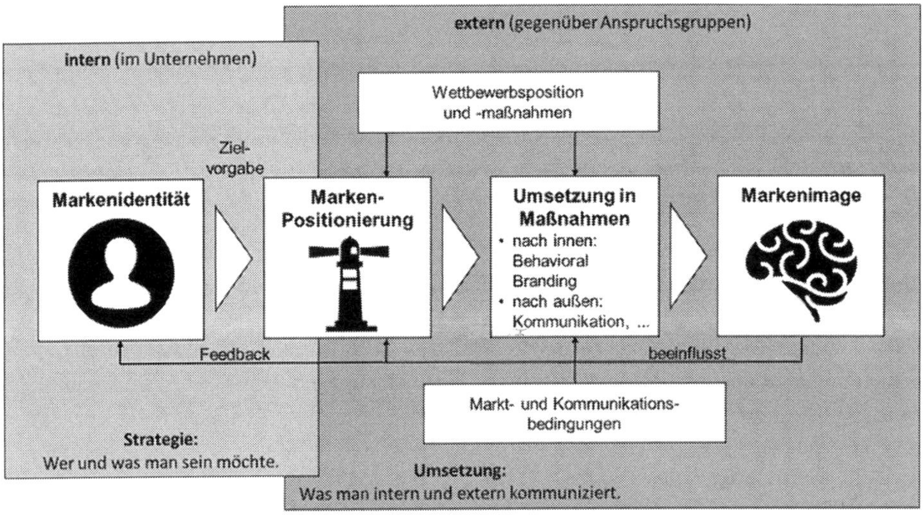

Abb. 5.3 Zusammenhang zwischen Markenidentität, Markenpositionierung und Markenimage. (Quelle: Esch 2018, S. 91)

weiteren Kontaktpunkte des Kunden mit einer Marke (z. B. über Kommunikationsmittel, wie Social Media Kanäle) werden als Markenverhalten bezeichnet. Dieses Markenverhalten prägt insbesondere das Markenerlebnis des Nachfragers.

Der Zusammenhang zwischen Markenidentität, Markenpositionierung und Markenimage wird in Abb. 5.3 visualisiert.

5.6 Markenmanagement Prozess

Das Markenmanagement sollte entlang eines entsprechenden Prozesses erfolgen (siehe Abb. 5.4). Ein derartiger Prozess weist in Anlehnung an Burmann et al. drei wesentliche Phasen auf (vgl. Burmann et al. 2018; Esch 2018). In der ersten Phase, dem strategischen Markenmanagement, werden zunächst in einer Situations- und Identitätsanalyse für das Markenmanagement relevante Faktoren untersucht und evaluiert. Dieser Schritt sollte immer eine interne und eine externe Perspektive umfassen. Hierzu gehören zum Beispiel eine Analyse der Kundenbedürfnisse, der Wettbewerbsmarken sowie der eigenen Stärken und Schwächen mit Bezug auf das Markenmanagement. Zusätzlich gilt es auch herauszufinden, wo man sich aktuell befindet (Ist-Situation) und wo man gerne hinmöchte (Soll-Situation). Üblicherweise kommt hier zur Integration aller Analyseergebnisse eine SWOT-Analyse zum Einsatz. Auf diesen Schritt folgen die Definition von Zielen und die strategische Festlegung der Positionierung. Eine gute Positionierung sollte dabei so gestaltet sein, dass die eigenen Marken in der Wahrnehmung der definierten Zielgruppe so attraktiv ist und sich gegenüber Konkurrenzmarken abgrenzt, sodass sie diesen

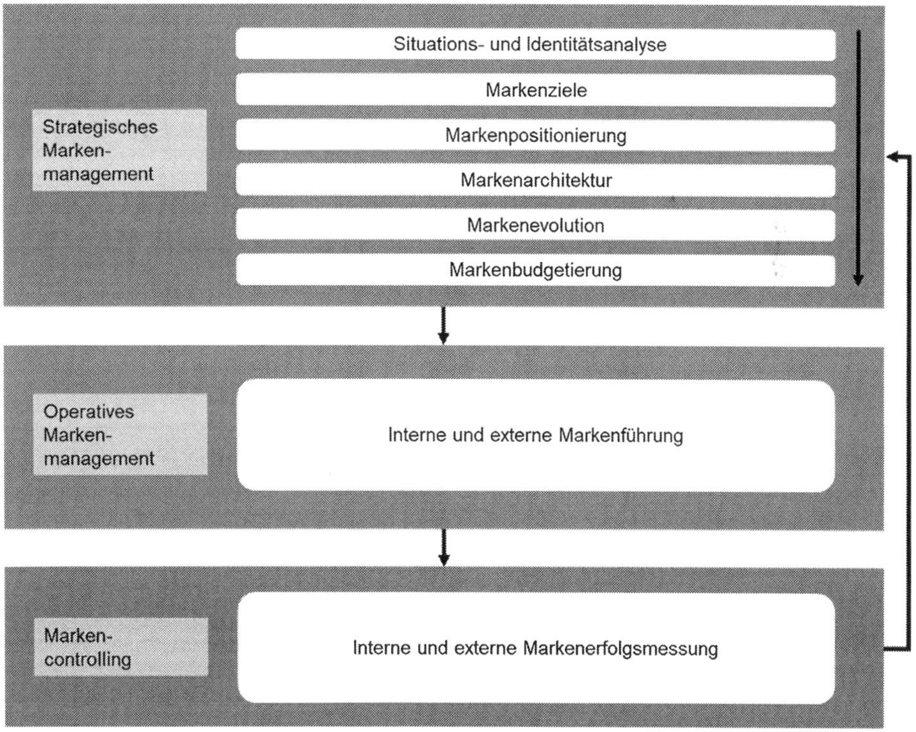

Abb. 5.4 Prozess des Markenmanagement. (Quelle: Burmann et al. 2018, S. 63)

entsprechend vorgezogen wird (vgl. Esch 2018, S. 115). Grundsätzlich liegen drei mögliche Positionierungsstrategien vor (vgl. Esch 2018, S. 128):

- Beibehaltung der Markenposition
- Umpositionierung der Marke
  - Innerhalb des alten Positionierungsraums durch Anpassungs- und/oder Beeinflussungsstrategie
  - Im neuen Positionierungsraum durch Anbaustrategie
- Neupositionierung der Marke

Der nächste Schritt bzw. die nächste Phase, nämlich die Gestaltung der Markenarchitektur, ist nur dann notwendig, wenn eine Organisation mehrere Marken besitzt. Grundsätzlich geht es darum, die Abstimmung und Koordination zwischen den verschiedenen Marken vorzunehmen (vgl. Burmann et al. 2018, S. 116).

Die Markenevolution als nächste Phase umfasst strategische Entscheidungen bezüglich einzelner Marken der Organisation. Zu den grundsätzlichen Handlungsoptionen innerhalb dieser Phase gehören die Markenkonsolidierung und die Markenerweiterung. Bei der Markenkonsolidierung werden Organisationsressourcen von einzelnen Marken abgezogen. Die Markenerweiterung umfasst hingegen strategische Entscheidung bezüglich der Erweiterung bzw. Übertragung positiver Eigenschaften einer existierenden Marke auf neue Produkte und Dienstleistungen.

Im letzten Schritt des strategischen Markenmanagements der Markenbudgetierung muss entschieden werden, welche finanziellen Ressourcen für die einzelnen Marken bereitgestellt werden sollen. Die hier getroffenen Entscheidungen legen den Rahmen für die operative Umsetzung der strategischen Planung.

Das operative Markenmanagement baut auf den Erkenntnissen und Entscheidungen des strategischen Markenmanagements auf. Hierbei geht es einerseits darum, die Markenidentität einer internen Zielgruppe zu vermitteln und andererseits das Markenimage bei der externen Zielgruppe zu beeinflussen. Den Kern des internen Markenmanagements bilden dabei die drei Zielgrößen Brand Citizenship Behavior, Brand Commitment und Markenwissen (vgl. Burmann et al. 2018, S. 175).

Im Mittelpunkt der externen Markenführung steht das Management der Brand Touch Points, um das Markennutzenversprechen zu vermitteln. Hierbei muss dieses in die vier klassischen Marketinginstrumente übersetzt werden. So muss etwa eine adäquate Markenkommunikation erfolgen, um an den identifizierten Touchpoints den Markennutzen zu kommunizieren.

Den Abschluss des Markenmanagementprozesses bildet das Markencontrolling. Hierbei geht es im Kern darum, sicherzustellen, dass alle Entscheidungen und Maßnahmen sowohl im strategischen als auch operativen Markenmanagement zu den definierten Zielen beigetragen haben (vgl. Esch und Eichenauer 2017). Darüber hinaus gilt es, Optimierungsbedarf abzuleiten und eventuell Empfehlungen für Anpassungen zu geben. Allerdings zeigt sich hier nicht nur bei Unternehmen noch großer Nachholbedarf. So fehlt vielfach ein Steuerungs- und Kontrollsystem, um dem komplexen Wirkungsmechanismus des Markenmanagements gerecht zu werden (vgl. Esch und Eichenauer 2017, S. 274). In der Praxis haben sich verschiedene Modelle des Markencontrollings etabliert. Diese legen bei der Modellierung der verschiedenen Zielgrößen des Markenmanagements unterschiedliche Schwerpunkte. Dabei handelt es sich einerseits um kausalanalytische Verfahren bei denen die kausalen Zusammenhänge zwischen Zielgrößen modelliert und deren Intensität gemessen werden und andererseits um Modelle, die den Entscheidungsprozess des Nachfragers abbilden (kaufprozessorientierte Modelle) (vgl. Esch und Eichenauer 2017, S. 283).

5.7 Markenidentität von Städten

Wie im vorangegangenen Abschnitt deutlich geworden ist, stellt die Markenidentität den Ausgangspunkt einer identitätsorientierten Markenführung dar. In der wissenschaftichen Literatur liegen mittlerweile einige Modelle vor, die direkt oder indirekt Erkenntnisse für eine Beschreibung der Markenidentität von Städten liefern. Dabei beziehen sich diese Modelle u. a. auf die Imagemessung von Städten oder auf die Identitätsmessung von Regionen oder ganzen Ländern (vgl. Radtke 2013, S. 161). Die nachfolgende Tabelle (Tab. 5.1) gibt einen Überblick über einige dieser Ansätze.

Im folgenden Abschnitt sollen zwei Modelle näher beschrieben werden, das Modell von Kavaratzis und das von Radtke.

Das Modell von Kavaratzis konzentriert sich explizit auf die Bewohner einer Stadt, da nach Ansicht des Autors alle Aktivitäten, wie etwa kulturelle, soziale oder ökonomische Aktivitäten, immer im Namen der Bürger einer Stadt durchgeführt und getragen werden (vgl. Kavaratzis 2004, S. 66). Darüber hinaus wird in dem Modell ein klarer Fokus auf die Kommunikation eines Images gelegt. Diese wird durch drei Kommunikationstypen vermittelt, die primäre, sekundäre und tertiäre Kommunikation. Die primäre Kommunikation beschreibt die kommunikative Wirkung von Aktionen der Stadt. Hierunter fasst Karavatzis vier Bereiche. „Landscape strategies" sind Aktionen und Maßnahmen der Stadt mit Bezug auf das urbane Design, die Architektur, Grünflachen und generell alle öffentlichen Plätze. Diese Kategorie ähnelt der Produktkomponente des klassischen Marketing Mixes. „Infrastructure projects" umfassen alle Projekte, die darauf abzielen,

Tab. 5.1 Überblick ausgewählter Ansätze zur Beschreibung der Markenidentität von Städten

Kavaratzis (2004)	City Brand Communication
Laaksonen et al. (2006)	Structure of City Image
Yeoman et al. (2005)	Brand Essence Wheel
Echtner und Ritchie (1993)	Components of Destination Image
Konecnik und Go (2008)	Aaker/Joachimsthaler's Brand Identity Model
Radtke (2013)	

Infrastruktur zu schaffen, zu verbessern oder sich durch diese zu differenzieren. Einerseits sind dies Projekte, die auf eine bessere Erreichbarkeit der Stadt und deren Einrichtungen (z. B. Einkaufsstraßen, Museen) abzielen. Andererseits handelt es sich um Projekte, die eine ausreichende und zufriedenstellende Anzahl wichtiger Einrichtungen, wie kulturelle Zentren oder Konferenzeinrichtungen sicherstellen sollen. Die dritte Komponente ist die „Organisational and administrative structure“, die sich auf die Effizienz und ständige Verbesserung der Stadtverwaltung bezieht. Die letzte Kategorie bezeichnet Kavaratzis als „behaviour“. Hierunter fasst er u. a. die Visionen der Stadtführung und die übergeordneten Strategien für die Stadt. Als wichtige Kernelemente werden der Service und die Anzahl sowie Arten von verschiedenen Events gesehen.

Die sekundäre Kommunikation stellt die klassische Kommunikation dar. Hierunter fallen der Einsatz der bekannten Kommunikationsinstrumente, wie etwa Werbung, aber auch alles Aspekte mit Bezug auf Corporate Design (Logo etc.). Dabei betont Kavaratzis, dass die zentralen Voraussetzungen für den Erfolg der Kommunikation gute Inhalte und Kommunikationskompetenz sind (vgl. Kavaratzis 2004, S. 69).

Die tertiäre Kommunikation, nämlich word-of-mouth, ist stark verbunden mit den beschriebenen Kommunikationsformen. Word-of-mouth ist dabei nicht direkt zu kontrollieren. Allerdings zielen die anderen Maßnahmen darauf ab, positive word-of-mouth zu erzeugen.

Aufgrund der Ermangelung vorhandener Modelle, die sich explizit auf die Markenidentität von Städten beziehen hat Radtke ein umfangreiches und fundiertes Modell entwickelt (vgl. Radtke 2013). Er nimmt hierbei auf das Modell von Esch Bezug, welches für kommerzielle Marken entwickelt wurde, und modifiziert dies um stadtspezifische Sachverhalte (Abb. 5.5). Hierunter fasst er:

- Die lange Historie von Städten
- Die hohe Komplexität
- Die hohe Bedeutung der internen Zielgruppe
- Die unterschiedlichen Formen der Kommunikation

Des Weiteren greift er auf das Modell von Karavatzis zurück und berücksichtigt die im Modell beschriebenen drei Kommunikationsformen. Für sein Modell trifft Radtke in diesem Zusammenhang die folgenden Annahmen bzw. macht folgende Modifikationen:

- Die primäre Kommunikation hat für Städte eine wesentlich höhere Bedeutung als die sekundäre Kommunikation. Die primäre Kommunikation wird daher im Modell als Markenbild (analog zum kommerziellen Modell) eingesetzt (die Bezeichnung wird allerdings beibehalten).
- Wie in der Abbildung des Modells deutlich wird, wird die sekundäre Kommunikation direkt um die vier Dimensionen gezogen und als sekundäre Markenidentität bezeichnet.
- Die tertiäre Kommunikation geht als weiterer Ring in das Modell ein und wird als tertiäre Markenidentität bezeichnet.

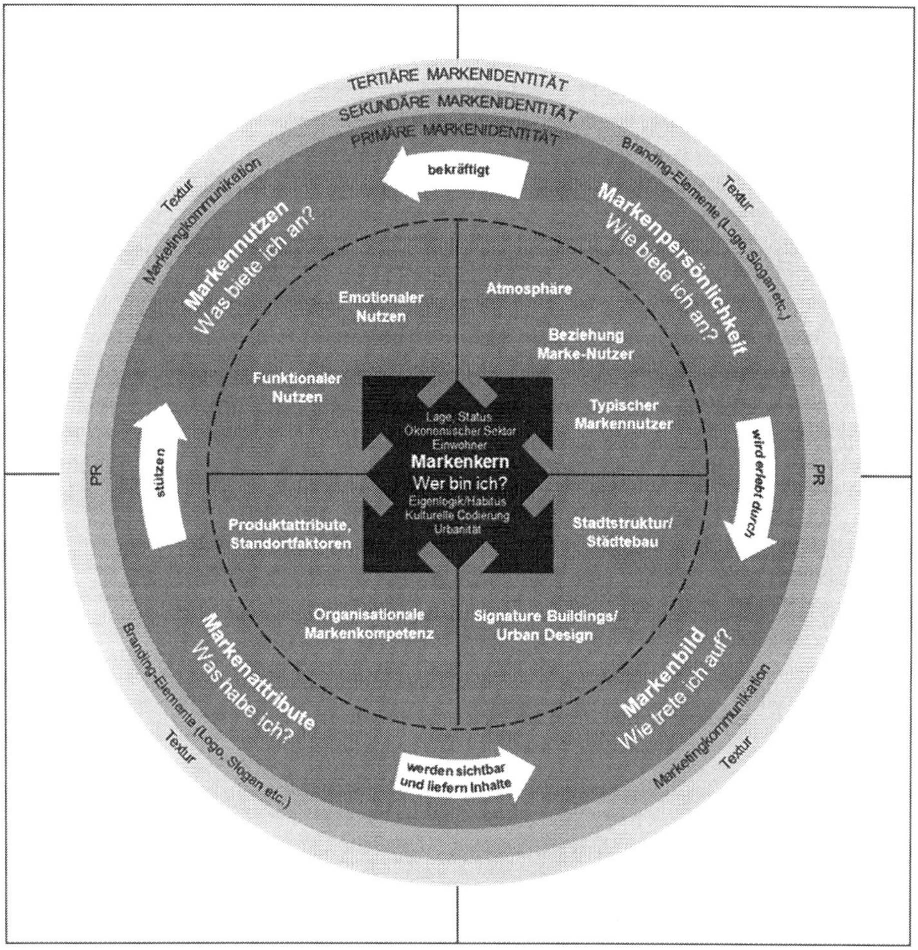

Abb. 5.5 Markenidentitätsmodell für das Stadtmarketing. (Quelle: Radtke 2013, S. 192)

Somit entsteht ein Modell, das aus einem Markenkern besteht und durch drei Ringe umrandet wird. Die primäre Markenidentität wird im Modell weiter differenziert in Markennutzen, Markenpersönlichkeit, Markenattribute und Markenbild.

Bei der Ausgestaltung der Markenidentität übernimmt Radtke die Komponenten des Modells für kommerzielle Marken und erweitert dies um elf stadtspezifische Elemente.

Im nächsten Schritt werden die Elemente des Markenkerns festgelegt. Der Markenkern wird definiert „…als die zentralen wissensprägenden Aspekte oder Eigenschaften einer Stadt […], die sie einzigartig macht und von anderen Städten unverwechselbar unterscheidet“ (Radtke 2013, S. 195). Das Modell berücksichtigt dabei als Markenkern die stadtkonstitutiven Elemente Lage (u. a. geografische Lage), Status (u. a. Einwohnerzahl), ökonomischer Sektor (dominierende Branchen) und Einwohner (u. a. Mentalität). Darüber hinaus werden Eigenlogik/Habitus, kulturelle Codierung und Urbanität integriert.

5.8 Exkurs: Global City als Stadtmarke

5.8.1 Grundlagen

Im Zuge der Globalisierung der Wirtschaft haben sich in den letzten dreißig Jahren eine kleine Anzahl sogenannter Global Cities, also Weltmetropolen, als Zentren von finanz- und unternehmensnahen Dienstleistungen entwickeln können. Diese bilden heute ein transnationales Städtesystem, bei dem sich stärker aufeinander als auf das unmittelbare Umfeld bezogen wird. Einen solch begehrten Status als Global City begründen dabei verschiedene konkrete Kriterien. Nach London und New York rangiert aktuell Dubai, neben u. a. Paris, Hongkong, Shanghai, Singapur und Tokio, bereits auf einem der vordersten Ränge als derartige Weltmetropole, mit dem ununterbrochen lautstark propagierten Anspruch, baldmöglichst die Nummer 1 zu werden.

Die Bezeichnung Global City ist in den letzten Jahren immer mehr zu einer begehrten Stadtmarke für, im internationalen Wettbewerb stehende Großstädte weltweit geworden. In diesem Zusammenhang hört man auch öfters die Einordnung nach Metropole, Gateway City und Global City. Der Prestigewert einer solchen Bezeichnung sowie oftmals auch der Rang in den verschiedenen Rankinglisten finden daher in den unterschiedlichsten Kommunikationsmaßnahmen des jeweiligen Stadtmarketing entsprechend Ausdruck.

Der Begriff Global City wurde bereits in den 1990er Jahren von der renommierten Stadtsoziologin Saskia Sassen geprägt (vgl. Sassen 1996). Es handelt sich um Orte, die im Zentrum eines transnationalen, weltweiten Städtesystems stehen. Für dessen Entstehen zeichnet die seit dieser Zeit beginnende und bis heute immer stärker werdende Globalisierung der Weltwirtschaft verantwortlich. Seit dieser Zeit nimmt das Gewicht internationaler, weltweit agierender Konzerne zu. Deren Produktion wird mehr und mehr unter Rentabilitätsgesichtspunkten auf die ganze Welt, vielfach Schwellenländer und Entwicklungsländer verteilt. Gleichzeitig wurden die Finanzmärkte in den meisten Ländern dereguliert. Vor diesem Hintergrund war eine wachsende Konzentration der notwendig werdenden produktions- sowie finanzorientierten Steuerungsfunktionen auf einige Großstädte zu beobachten – eine Entwicklung, die einherging mit den wachsenden Möglichkeiten der Informations- und Kommunikationstechnologien, allen voran des Internets. Die Herausbildung derartiger Finanz- und Dienstleistungszentren bedingte den Zuzug von Erbringern hochwertiger Dienstleistungen mit ökonomischen, aber auch kulturellem Hintergrund, ebenso wie den Zuzug von Erbringern zum Teil sehr einfacher Dienstleistungen. Die so entstandenen Global Cities sind dadurch stets auch große Migrationszentren. Während Großstädte ihr Einzugsgebiet bislang auf ihr unmittelbares Hinterland mehr oder weniger konzentrieren, umfasst das Einzugsgebiet von Global Cities nun supernationale Wirtschaftsräume, oft über Kontinentgrenzen hinaus. In diesem Sinne kann man Global Cities als sich verselbstständigende Knotenpunkte einer globalisierten Weltwirtschaft interpretieren.

Es gibt heute die unterschiedlichsten Rankings von Global Cities (vgl. ATKearney 2019). Während früher die Einwohnerzahl im Mittelpunkt stand, findet heute eine Vielzahl an Merkmalen mit jeweils unterschiedlichen Gewichtungen für eine derartige Charakteristik beziehungsweise Einordnung Anwendung (vgl. Friedmann 1986, S. 69–83):

- Hohe Einwohnerzahl,
- internationales Finanzzentrum,
- Standort von Zentralen großer multinationaler Konzerne,
- bedeutendes Industriezentrum,
- bedeutendes Zentrum von unternehmensorientierten Dienstleistungen,
- Sitz von großen internationalen Institutionen und
- Knotenpunkt internationaler Transportnetze.

Zu den wichtigsten Global Cities rechnet man üblicherweise New York und London. Daneben wird auch asiatischen Großstädten, wie Dubai, Tokio oder Singapur, immer größeres Potenzial zugesprochen (vgl. Global Influence 2017).

In der nun folgenden Analyse sollen einmal am Beispiel von Dubai die wesentlichen Kriterien kritisch betrachtet werden, die den Status und damit die Marke einer Global City ausmachen. Dabei soll nicht nur ein Blick auf die harten, sondern auch auf die hier zu beobachtenden weichen Faktoren geworfen werden.

5.8.2 Analyse

Dubai liegt an der südwestlichen Küste des Persischen Golfes. Es gilt mit seinen 2,7 Mio. Einwohnern als Ausgangspunkt und Treiber der wirtschaftlichen und technologischen Entwicklung der Vereinigten Arabischen Emirate (VAE). Vor dem Hintergrund eines ungeheuren Wandlungsprozesses einer bislang erdöldominierten Wirtschaft hin zu einem kosmopolitisch geprägten, kulturell, insbesondere kreativ-künstlerisch in jeder Beziehung innovativem Zentrum, gehen von Dubai in den letzten Jahren enorme Impulse für die gesamte Region aus. Es gilt bereits als ein „Übermorgenland" für viele Staaten der Region, die angesichts schwindender Erdölressourcen nach wirtschaftlichen Alternativen suchen und deshalb wirtschaftspolitisch eine Diversifikationsstrategie betreiben wollen (vgl. Steinecke und Herntrei 2017).

Eine Weltmetropole muss zunächst problemlose Ein- und Ausreisemöglichkeiten aufweisen. Diese gewährleisten in Dubai nicht nur ein großer internationaler Flughafen, der mittlerweile zum wichtigsten Drehkreuz im Nahen Osten werden konnte, mit zum Beispiel täglichen Direktflügen von und nach Hamburg, sondern etwa auch eine Visafreiheit für Bürger der EU.

In Dubai gibt es eine außergewöhnlich hohe Anzahl von Luxushotels, wodurch ebenfalls ein Kriterium einer Global City erfüllt ist.

Eine „Schmelztiegelfunktion", wie sie eine Weltmetropole aufweisen sollte, besitzt Dubai eher nicht. Im Gegenteil, eine Integration der, zu Niedrigstlöhnen rekrutierten ausländischen Arbeitskräfte ist gar nicht erwünscht. Deren Arbeitsdauer ist stets befristet, ein Verbleiben nicht gestattet. Die arabische Bevölkerung bleibt unter sich, von einer multikulturellen Atmosphäre einer Weltmetropole findet sich nur wenig. Die Gesellschaft setzt sich aus vielen verschiedenen Ethnien zusammen. Lediglich 19 % der Bevölkerung sind Emiratis. Weitere 23 % der Bevölkerung stammen aus anderen arabischen Ländern und dem Iran. 50 % kommen aus Südostasien. Die restlichen 8 % der Bevölkerung setzen sich aus Expatriates aus unterschiedlichsten westlichen Ländern und den Ländern des Fernen Ostens zusammen. Seit die VAE 1971 ihre politische Unabhängigkeit erhielten, stieg die Zahl der arabischen Expatriates im Verhältnis zu denen aus anderen Ländern stark an und die Arabisierung wesentlicher Arbeitsplätze begann. Die einheimische Bevölkerung bevorzugt es, im Regierungssektor zu arbeiten, da diese Tätigkeit sowohl gewinnbringender als auch prestigeträchtiger ist. Auch die meisten Führungspositionen werden von der einheimischen Bevölkerung besetzt (vgl. El Sauaf 2017, S. 164 f.).

Der Besucher einer Weltmetropole erwartet Superlative. Hier trumpft Dubai mit dem höchsten Gebäude der Welt, dem Burj al Khalifa, und dem angeblich besten Hotel der Welt, dem Burj al Arab, auf. Ob dieses auf Dauer genügt, in dieser Beziehung auch langfristig attraktiv zu bleiben, muss abgewartet werden, zumal im saudi-arabischen Djidda mit 1000 m Höhe gerade ein noch höheres Gebäude errichtet wird.

Mit Sicherheit stellt das Klima ein wichtiges Kriterium für die Lebensqualität in einer Weltmetrolope dar. Der teilweise, mit Ausnahme in den kurzen Wintermonaten, extremen Hitze begegnet man in Dubai zwar mit fast allerorts klimatisierten Räumen in den Unternehmen, Hotels oder Shopping Malls, doch trübt diese in jedem Fall alle Arten von Aktivitäten im Freien und sei es nur der abendliche Besuch in einem Strandlokal.

Weltmetropolen sollten auch über entsprechende Kunst- und Kulturstätten verfügen. Das hat vor allem die nahe Dubai liegende Hauptstadt der Emirate, Abu Dhabi, erkannt. So weist etwa die prachtvolle neue Zayed Moschee eine Kuppel auf, die größer ist, was stets mit Stolz erwähnt wird, als die Kuppel von St. Paul in London. In diesem Zusammenhang verfolgt Abu Dhabi zurzeit das größte und wohl ehrgeizigste Kulturprojekt der Welt, die Errichtung einer riesigen Kulturstadt auf der ihr vorgelagerten Insel Saadiyat. Die bekanntesten Architekten der Welt, darunter Sir Norman Foster oder Frank O. Gehry, schaffen riesige Museumstempel, wie den gerade eingeweihten Louvre Abu Dhabi oder das Guggenheim Abu Dhabi. Schon jetzt kaufen die Emiratis fast alles an Kunst, was auf den Markt kommt, meist zu irrwitzigen Preisen, um einmal diese ganzen Museen bestücken zu können. Auch will man internationale Kunstkongresse in Abu Dhabi veranstalten, in einem Kongresszentrum, das größer werden wird, worauf wiederum sehr stolz hingewiesen wird, als die Royal Albert Hall in London. Ob sich hier aber Tiffanys Satz „Geld kreiert Stil“ bewahrheitet und ob „ein da Vinci in der Wüste“ die gewünschte Anziehungskraft zeigt, muss man abwarten, vor allem auch im Hinblick auf das nahe gelegene Dubai.

Eigene Bemühungen, künstlerisch-innovatives Potenzial zu generieren, waren dagegen erfolgreicher. Gerade wurde Dubai so als erste Creative City of Design im Mittleren Osten von der UNESCO gekürt (vgl. UNESCO Creative Cities Network 2018, The National 2018, Butler 2018).

In diesem Zusammenhang sind auch „Zeugen der Vergangenheit" ein Kriterium, das den Status einer Global City durchaus weiter zu fundieren vermag. An diesen ist allerdings Dubai, wie die gesamten Emirate, nicht reich. Zwar bemüht man sich durchaus, meist in sogenannten Heritage Villages, Forts, Häuser der früheren Emire und teilweise ganze Dörfer zu rekonstruieren, doch wo fast nichts ist, kann auch die beste, mit viel Geld geförderte Rekonstruktion nichts ausrichten. Unter diesem historischen Aspekt sind ebenfalls die dynastischen Selbstdarstellungen oder besser -verklärungen der verschiedenen Herrscherfamilien zu sehen.

Auch Bildungseinrichtungen prägen als entsprechendes Kriterium eine Global City. Hier bemühen sich die verschieden Emirate mit jeweils großen finanziellen Aufwendungen, zahlreiche prächtige, teilweise palastähnliche Universitätsgebäude zu errichten.

Dubai gilt als Einkaufsparadies und so locken auch die zahlreichen, teilweise äußerst luxuriös gestalteten, angenehm klimatisierten, riesigen Einkaufszentren mit internationalen Luxuslabels, wie man sie gleichsam in anderen Metropolen vorfindet.

Dubai kann heute, unterstützt durch seine Stadtmarke als Global City, bei aller Skepsis im Einzelnen, durchaus eindrucksvolle Erfolge aufweisen. So ist die Stadt 2017 nicht nur die weltweit am vierthäufigsten besuchte Stadt geworden (Tab. 5.2), sondern, und dies ist aus Marketingsicht wohl noch höher einzuschätzen, die Stadt, in der von den Besuchern am meisten ausgegeben wurde (Tab. 5.3).

Tab. 5.2 Global Top 10 Destination Cities

	2017 International Overnight Visitors (Mio.)	Growth Forecast for 2018 (%)	Average Length of Stay
Bangkok	20.05	9.6	4.7 nights
London	19.83	3.0	5.8 nights
Paris	17.44	2.9	2.5 nights
Dubai	15.79	5.5	3.5 nights
Singapore	13.91	4.0	4.3 nights
New York	13.13	4.1	8.3 nights
Kuala Lumpur	12.58	7.5	5.5 nights
Tokio	11.93	1.6	6.5 nights
Istanbul	10.70	19.7	5.8 nights
Seoul	9.54	6.1	4.2 nights

Tab. 5.3 Top Cities by Dollar Spend

	2017 International Overnight Visitor Spend USD) (Mio.)	Forecast for 2018 (%)	Average spend by Day (USD)
Dubai	29.70	7.8	537
Makka	18.45	7.4	135
London	17.45	13.7	153
Singapore	17.02	7.4	286
Bangkok	16.36	13.8	173
New York	16.10	4.1	147
Paris	13.05	716.0	301
Palma de Mallora	11.96	16.2	220
Tokyo	11.91	7.8	154
Phuket	10.46	12.6	239

Quelle: Lee 2018

5.9 Schlussbetrachtung

Das Markenmanagement ist heute ein zentraler Bestandteil des Stadtmarketing. Die Bedeutung der Marke ist für Städte sehr hoch, da diese das Potenzial bietet sich zu differenzieren und eine wichtige Orientierung für die verschiedenen Interessengruppen zu geben. Der Aufbau, die Umsetzung und die Kontrolle eines entsprechenden Markenmanagementprozesse sind allerdings aufwendig und bedürfen eines sorgfältigen Vorgehens. Darüber hinaus müssen auch immer die jeweiligen Rahmenbedingungen einer Stadt berücksichtigt werden und in die Planung mit einbezogen werden.

Literatur

Ashworth, G.J., Kavaratzis, M., Warnaby, G.: The Need to Rethink Place Branding. In: Kavaratzis, M., Warnaby, G., Ashworth, G.J. (Hrsg.) Rethinking Place Branding. Comprehensive Brand Development for Cities and Regions, S. 1–11. Springer, Cham (2015)

ATKearney: Global cities. https://www.atkearney.com/global-cities (2019). Zugegriffen: 3. Jan. 2019

Balderjahn, I.: Markenführung für Städte und Regionen. In: Bruhn, M. (Hrsg.) Handbuch Markenführung, Bd. 3, S. 2357–2374. Gabler, Wiesbaden (2004)

Burmann, C., Halaszovich, T., Schade, M., Piehler, R.: Identitätsbasierte Markenführung. Grundlagen – Strategie – Umsetzung – Controlling, 3. Aufl. Springer Gabler, Wiesbaden (2018)

Butler, A.: Dubai is the first Unesco creative city of design in the Middle East. In: Lonely Planet, 11.06.2018. https://www.lonelyplanet.com/news/2018/06/11/dubai-creative-city-design/ (2018). Zugegriffen: 8. Jan. 2019

Echtner, C.M., Ritchie, J.R.B.: The measurement of destination image: An empirical assessment. J. Travel Res. **31**(4), 3–13 (1993)
El Sauaf, S.: Kultur in den Vereinigten Arabischen Emiraten und ihre Auswirkungen auf das Management. Springer Gabler, Wiesbaden (2017)
Esch, F.-R.: Strategie und Technik der Markenführung. 9. Aufl. Vahlen, München (2018)
Esch, F.-R., Eichenauer, S.: Markencontrolling. In: Zerres, C. (Hrsg.) Handbuch Marketing-Controlling, 4. Aufl., S. 273–292. Springer Gabler, Heidelberg (2017)
Friedmann, J.: The world cities hypothesis. Dev. Change **17**(3), 69–83 (1986)
Global Influence: Rangliste global cities. http://www.globalinfluence.world/de/global-cities-2017/ (2017). Zugegriffen: 5. Jan. 2019
Kavaratzis, M.: From city marketing to city branding: Towards a theoretical framework for developing city brands. Place Brand. **1**(1), 58–73 (2004)
Kavaratzis, M.: Cities and their brands: Lessons from corporate branding. Place Brand. Public Dipl. **5**(1), 27–37 (2009)
Konecnik, M., Go, F.: Tourism destination brand identity: The case of Slovenia. J. Brand Manage. **15**(3), 177–189 (2008)
Laaksonen, P., Laaksonen, M., Borisov, P., Halkoaho, J.: Measuring image of a city: A qualitative approach with case example. Place Brand. Public Dipl. **2**(3), 210–219 (2006)
Lee, J.: Dubai is world's 4th most visited city. In: Forbes Middle East, 26.09.2018. https://archives.forbesmiddleeast.com/en/dubai-ranks-4th-on-worlds-most-visited-cities-list/ (2018). Zugegriffen: 4. Jan. 2019
Lucarelli, A., Berg, P.O.: City branding: A state-of-the-art review of the research domain. J. Place Manage. Dev. **4**(1), 9–27 (2011)
Radtke, B.: Stadtslogans zur Umsetzung der Markenidentität von Städten. Eine theoretisch-konzeptionelle und empirische Untersuchung. Springer Gabler, Wiesbaden (2013)
Sassen, S.: Metropolen des Weltmarktes. Campus, Frankfurt (1996)
Seisdedos, G.: State of the art of city marketing in European cities. Paper presented at the 42nd IsoCaRP Congress, Istanbul (2006)
Steinecke, A., Herntrei, M.: Destinationsmanagement, 2. Aufl. UTB, Stuttgart (2017)
The National: Dubai's creative city status is recognition of a global wonder. 04.06.2018. https://www.thenational.ae/opinion/editorial/dubai-s-creative-city-status-is-recognition-of-a-global-wonder-1.736896 (2018). Zugegriffen: 20. Dez. 2018
UNESCO Creative Cities Network: Dubai. https://en.unesco.org/creative-cities/dubai. Zugegriffen: 5. Jan. 2019
Yeoman, I., Durie, A., McMahon-Beattie, U., Palmer, A.: Capturing the essence of a brand from its history: The case of Scottish tourism marketing. J. Brand Manage. **13**(2), 134–147 (2005)

Dr. Christopher Zerres ist Professor für Marketing an der Hochschule Offenburg. Seine Schwerpunkte in Lehre und Forschung liegen auf Social Media- und Online-Marketing sowie Marketing-Controlling. Zuvor war er bei einer Unternehmensberatung sowie einem internationalen Automobilzulieferer tätig. Christopher Zerres ist Autor zahlreicher Publikationen zu den Bereichen Management und Marketing.

Kommunikationspolitik im Stadtmarketing

6

Christopher Zerres

Zusammenfassung
Städte und Gemeinden müssen sich heute den veränderten Informations- und Kommunikationsverhalten in der Gesellschaft anpassen und entsprechend den Kommunikationsmix erweitern beziehungsweise neu ausrichten. Dabei bieten insbesondere die Online-Kommunikationsmaßnahmen zahlreiche neue Möglichkeiten, zum Beispiel das Targeting. Der folgende Beitrag gibt zunächst einen Überblick über den Kommunikationsprozess und das Content-Marketing. Im Anschluss werden einige wichtige Kommunikationsinstrumente für das Stadtmarketing näher vorgestellt.

6.1 Einführung

Das Kommunikations- und Informationsverhalten der Gesellschaft hat sich in den letzten Jahren grundlegend geändert. Dabei spielen insbesondere die Kommunikation und die Informationsbeschaffung über digitale Kanäle eine immer wichtigere Rolle. Großen Einfluss, etwa auf die Wahl eines Urlaubsortes oder aber allgemein hinsichtlich der Bewertung der Attraktivität einer Stadt, haben Kommentare und Bewertungen von Nutzern in Social Media oder auf anderen Internetseiten. Daneben sind zudem andere, nicht digitale Kommunikationsmittel weiterhin zu beachten und sinnvoll in den Kommunikationsmix zu integrieren. Vor allem die hohe Heterogenität der Zielgruppen eines Stadtmarketing macht eine Berücksichtigung sowohl neuer als auch klassischer Kommunikationsmittel unabdingbar.

C. Zerres (✉)
Hochschule Offenburg, Offenburg, Deutschland
E-Mail: christopher.zerres@hs-offenburg.de

T. Breyer-Mayländer und C. Zerres (Hrsg.), *Stadtmarketing*,
https://doi.org/10.1007/978-3-658-26254-9_6

Allerdings werden Menschen heute gleichzeitig mit einer unüberschaubaren Menge an Informationen über die unterschiedlichsten Kanäle konfrontiert. Resultat dieser Informationsüberflutung ist vielfach ein Ausblenden beziehungsweise eine Nichtwahrnehmung dieser Informationen.

Daher wird es immer wichtiger für Städte und Gemeinden einerseits, dem veränderten Kommunikations- und Informationsverhalten Rechnung zu tragen, indem etwa verstärkt das Online-Marketing in den Kommunikationsmix integriert wird. Andererseits müssen die einzelnen Kommunikationsaktivitäten noch sorgfältiger geplant und gestaltet werden, damit sie die gewünschten auch Zielgruppen erreichen.

Eine kritische Würdigung der aktuellen Bestrebungen in der Kommunikation von Städten und Gemeinden führt zu einem sehr heterogenen Bild. Während einige Städte mit sehr durchdachten und teils innovativen Kommunikationsmaßnahmen sehr erfolgreich sind, wirken die Kommunikationsaktivitäten in vielen anderen Städten und Gemeinden eher ziellos und schlecht geplant. Häufig werden hier grundlegende Aspekte des Marketing missachtet, wie etwa die Durchführung einer Situationsanalyse oder die Definition von Zielgruppen. Die Folgen sind teilweise gravierend und reichen von einem Imageschaden bis hin zu finanziellen Einbußen.

In diesem Beitrag soll, in Anlehnung an Bruhn, die Kommunikation einer Stadt oder Gemeinde die Gesamtheit sämtlicher Kommunikationsinstrumente und -maßnahmen, die eingesetzt werden, um die Leistungen den relevanten internen und externen Zielgruppen der Kommunikation darzustellen und/oder mit den Zielgruppen in Interaktion zu treten (vgl. Bruhn 2015, S. 5). Diese Definition umfasst so alle Kommunikationsinstrumente sowie die Ansprache interner und externer Zielgruppen.

Im vorliegenden Beitrag wird zunächst ein Überblick über den Kommunikationsprozess gegeben. Dieser sollte stets der Ausgangspunkt jeglicher Kommunikationsaktivitäten darstellen. Da Inhalte immer wichtiger werden und ein zentrales Element der Kommunikation bilden, wird im Anschluss auf das Content Management eingegangen. Hierauf folgt eine Darstellung der Kommunikationsinstrumente. Aus diesem Kanon werden dann ausgewählte Instrumente, wie das Online-Marketing, näher beschrieben.

6.2 Kommunikationsprozess

Grundsätzlich gilt die Kommunikationspolitik, im Vergleich zu den weiteren 4Ps, als das wichtigste Instrument im Stadtmarketing (vgl. Wesselmann und Hohn 2017, S. 104). Das Vorgehen in der Kommunikationspolitik wird häufig mit der Kommunikationsformel von Lasswell beschrieben (vgl. Lasswell 1960):

- Wer (Sender),
- sagt was (Botschaft),
- unter welchen Bedingungen (Umweltsituationen),
- über welche Kanäle (Medien, Kommunikationswege),

- zu wem (Zielgruppe) und
- mit welcher Wirkung (Kommunikationserfolg)?

Wie diese etwas vereinfachte Kommunikationsformel deutlich macht, müssen zahlreiche Entscheidungen im Rahmen der Kommunikationspolitik getroffen werden. Um diese fundiert treffen zu können, muss eine Planung der einzelnen Phasen beziehungsweise Teilentscheidungen erfolgen. Ähnlich wie bei anderen Marketinginstrumenten kommt hierzu ein Planungsprozess zum Einsatz (vgl. Bruhn 2015, S. 53). Dieser Planungsprozess ist idealtypisch in Abb. 6.1 dargestellt. Auf eine fundierte Situationsanalyse folgen die Festlegung von Kommunikationszielen und die Identifikation der Zielgruppen. Hierauf aufbauend, lässt sich nun eine Kommunikationsstrategie festlegen. In einem nächsten Schritt werden das Kommunikationsbudget definiert, der Einsatz der Kommunikationsinstrumente geplant und die Maßnahmenplanung durchgeführt. Die Maßnahmenplanung umfasst dabei die Kommunikationsbotschaft und die Mediaplanung. Abschließend hat eine adäquate Erfolgskontrolle stattzufinden.

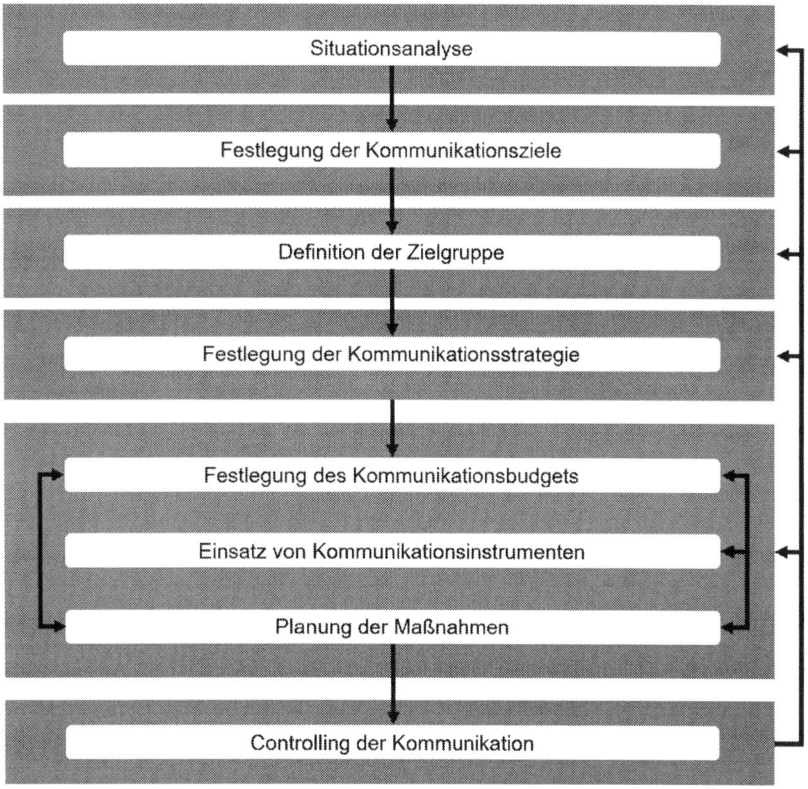

Abb. 6.1 Idealtypischer Planungsprozess. (Quelle: Bruhn 2015, S. 54)

6.3 Content-Marketing

Für jeglichen Kommunikationskanal müssen zielgruppenrelevante Inhalte bereitgestellt werden. Insbesondere vor dem Hintergrund der Informationsüberflutung stellen interessante und für die jeweilige Zielgruppe relevante Inhalte einen zentralen Erfolgsfaktor in den Kommunikationsbemühungen dar. Sogenanntes Content-Marketing bedarf einer sorgfältigen Planung mit klar definierten Zielen und Methoden (vgl. Kemmner und Zerres 2018).

Die Ziele, die mit Content-Marketing verfolgt werden können, lassen sich in kurzfristige, mittelfristige und langfristige Content-Marketing-Ziele unterteilen (vgl. Kopp 2016):

- Kurzfristige Ziele: Erzeugung von Social Buzz über Social Media und/oder Word of Mouth, Backlinks, neue Besucher, Downloads/Newsletter-Abonnenten/Anfragen.
- Mittelfristige Ziele: Community-Aufbau, Schaffung von Vertrauen, Optimierung der Reputation, Verbesserung von Abschlussraten, Auffindbarkeit in Suchmaschinen, Regelmäßige Leser beziehungsweise Besucher, Bindung von Influencern, Aufträge, wiederkehrende Besucher.
- Langfristige Ziele: Aufbau eines eigenen reichweitenstarken Kommunikationssystems, Aufbau einer Marke, langfristige loyale Kundenbeziehungen.

In der Literatur werden verschiedene Ansätze diskutiert, wie ein Content-Marketing idealerweise konzipiert wird. Im Folgenden wird exemplarisch ein Ansatz von Löffler (Vier-Säulen-Prinzip) vorgestellt (vgl. Löffler 2014, S. 50). Dieser Ansatz weist vier Phasen auf (vgl. Abb. 6.2).

In der ersten Phase, dem Content-Audit, liegt der Fokus darauf, eine Bestandsaufnahme durchzuführen und zu ermitteln, welche Inhalte bereits vorliegen. Hierbei sollen sowohl Quantität als auch Qualität der Inhalte überprüft werden. Das Ziel ist es, so beispielsweise herauszufinden, ob Inhalte veraltet, mehrfach vorhanden, gut lesbar und verständlich sind. Entsprechen sie nicht den Anforderungen, werden sie gelöscht und eventuell in der Phase Content-Produktion neu aufbereitet. Inhalte können in diesem Zusammenhang auf die folgenden qualitativen Aspekte überprüft werden:

- Auffindbar (Kann der Nutzer die Inhalte leicht finden?): Die Inhalte sollten korrekte Metadaten, einen h1-Tag, Links zu weiterführendem Content und Alt-Tags bei Bildern bieten.

Abb. 6.2 Die vier Säulen der Content-Strategie. (Quelle: Eigene Darstellung in Anlehnung an Löffler 2014, S. 50)

- Lesbar (Kann der Nutzer die Inhalte problemlos lesen?): Die Inhalte sollten sinnvoll gegliedert sein, über übersichtliche Aufzählungen, geeignete Wortwahl und strukturierten Textaufbau verfügen.
- Verständlich (Kann der Nutzer die Inhalte gut verstehen?): Die Inhalte sollten so formuliert und dargestellt sein, dass die Zielgruppe diese einfach versteht und die Botschaft somit auch wirklich vom Adressaten wahrgenommen und verstanden wird.
- Aktivierend (Bewegen die Inhalte den Nutzer zu einer Aktion?): Die bereitgestellten Inhalte sollten Nutzer in der Regel auch zu einer Aktion motivieren beziehungsweise anregen, also zum Beispiel weitere Informationen zu wollen.
- Teilenswert (Wird der Nutzer dazu angeregt, die Inhalte zu teilen?): Ein wesentliches Ziel, das mit guten Inhalten verfolgt wird, ist die Interaktion. Hierzu gehört auch, dass Nutzer die Inhalte teilen und so für eine größere Reichweite sorgen. Entsprechend müssen Inhalte so gestaltet sein, dass der Nutzer diese gerne mit anderen teilt.

Die Content-Planung teilt Löffler wiederum in drei weitere Stufen ein: Content-Sammlung, Content-Filterung und Content-Konsolidierung. Die Content-Sammlung soll als Ergänzung zum Audit dienen. Hier werden Inhalts-, Markt- und Zielgruppenanalysen durchgeführt, Content-Ideen gesammelt und die Ergebnisse zusammengefasst. In der zweiten Stufe werden die Inhalte aussortiert, die nicht zur Erreichung der langfristigen Ziele beitragen. Die restlichen Inhalte werden genauer ausgearbeitet und in der letzten Stufe der Konsolidierung verbindlich für die Content-Produktion festgehalten.

In der Phase Content-Produktion werden die längerfristigen Vorgaben zum Umgang mit Inhalten festgelegt. Die Produktion von aufwendigen Inhalten, wie Videos und Apps, wird meist an externe Agenturen abgegeben, aber auch die Textproduktion kann entweder von einer Agentur, einer Crowdsourcing-Plattform, freien Mitarbeitern oder anderen Drittanbietern übernommen werden. Hierbei müssen die Unternehmen je nach Budget, Ressourcen und Bedürfnissen entscheiden, ob sie selbst ihren Content produzieren oder eine der genannten Alternativen nutzen möchten. Zudem müssen Zeit und Kosten für die Produktion kalkuliert werden. In einem Themenplankalender und in einem Produktionskalender werden dann jeweils die geplanten Aufgaben für die Woche beziehungsweise das Tagesgeschäft festgehalten. Zuletzt müssen noch Content-Guidelines festgelegt werden. Hier sollen die Content-Verantwortlichen einen Leitfaden für den Umgang mit Texten und anderen Inhalten erhalten, wie zum Beispiel festgelegte Schreibweisen von Slogans oder Markennamen, Anleitungen für die Nutzung des Content Management Systems, SEO-Standards oder die Tonalität der Texte und eine zielgruppengerechte Ansprache.

Im Content-Marketing müssen schließlich Strukturen und Prozesse mit klaren Verantwortlichen eingeführt werden. Zur Strukturierung lassen sich sieben Prozesse festgelegen:

- Content-Anforderungsprozess (Wie werden Themen eingereicht beziehungsweise beantragt?),
- Planungsprozess (Mit welchen Tools wird Content geplant und wer ist dafür zuständig?),

- Freigabeprozess (Wer darf Inhalte freigeben und nach welchen Kriterien?),
- QA-Prozess (Qualitätsprüfung aller Inhalte),
- Analyseprozess (Welche Kennzahlen werden überprüft, in welchen Abständen finden Reportings statt?),
- Testprozesse (Frequenz von A/B Tests, Umfragen, Usability-Tests, usw.) und
- Archivierungsprozesse (Was passiert mit nicht mehr benötigten Inhalten?).

Neben den Kenntnissen einer strukturierten Vorgehensweise sollten sich Verantwortliche im Stadtmarketing im Klaren über die verschiedenen Content-Arten sein. In diesem Zusammenhang können zwölf Content-Gruppen unterschieden werden (vgl. Löffler 2014, S. 51):

- Navigations-Content,
- Service- und Hilfe-Content,
- Redaktioneller Content,
- Engaging Content (z. B. Videos, Rätsel, Umfragen- und Abstimmungen),
- Marketing- und Kommunikations-Content (z. B. Online-PR-Meldungen, Aktions-Landingpages),
- Image-Content,
- Social-Media-Content,
- SEO-Content,
- Verkaufs-Content,
- User-generated-Content,
- juristischer-Content und schließlich
- systemischer und funktionaler Content.

6.4 Kommunikationsinstrumente

6.4.1 Übersicht

Wie bereits in der Einleitung angeführt wurde, soll im Rahmen dieses Beitrages eine Auswahl bezüglich der näher vorzustellenden Kommunikationsinstrumente getroffen werden. Zunächst soll allerdings ein Überblick über die weiteren Instrumente gegeben werden. In Anlehnung an Bruhn können hierzu die folgenden Instrumente gezählt werden (vgl. Bruhn 2016, S. 11):

- Werbung,
- Öffentlichkeitsarbeit (Public Relations),
- Sponsoring,
- Messen und Ausstellungen,
- Verkaufsförderung,

- Direkt-Marketing,
- Persönliche Kommunikation und
- Interne Kommunikation.

Nachfolgend werden nun Öffentlichkeitsarbeit, Event-Marketing, Online-Marketing, Apps und Virtual Reality näher vorgestellt.

6.4.2 Öffentlichkeitsarbeit

Eine zentrale Aufgabe des Stadtmarketing umfasst die Öffentlichkeitsarbeit (Public Relations oder PR), also die Gestaltung und die Pflege der Beziehung zur Öffentlichkeit, zum Beispiel zu den Bürgern. Grundsätzlich sollen durch Public Relations-Maßnahmen bei ausgewählten Zielgruppen Verständnis und Akzeptanz für Maßnahmen der Stadt oder der Gemeinde erzielt werden. Dabei sollen aktiv ein positives Image und vor allem Glaubwürdigkeit geschaffen werden. Ein wichtiges Merkmal der Öffentlichkeitsarbeit ist es, dass viele PR-Maßnahmen darauf abzielen, zum Beispiel Blogger oder Journalisten dazu zu bringen, über Maßnahmen der Stadt zu berichten (vgl. Borrmann 2018, S. 120; Röttger 2016, S. 297). Erfolgreiche Öffentlichkeitsarbeit setzt, wie bei allen Kommunikationsinstrumenten, eine differenzierte Situationsanalyse, Planung und Kontrolle aller Aktivitäten voraus (vgl. Röttger 2016, S. 292 f.). PR richtet sich sowohl an interne als auch externe Zielgruppen.

Die zentralen Funktionen von Public Relations lassen sich mit Bezug auf das Stadtmarketing folgendermaßen zusammenfassen (vgl. Bruhn 2015, S. 417):

- Informationsfunktion,
- Führungsfunktion,
- Imagefunktion,
- Stabilisierungsfunktion,
- Kontinuitätsfunktion und
- Kontaktfunktion.

Bei der Maßnahmenplanung müssen die Verantwortlichen entscheiden, wie umfangreich die PR-Maßnahmen gehen sollen. Grunig und Hunt schlagen diesbezüglich die vier Alternativen Publicity, Informationstätigkeit, Überzeugungsarbeit und Dialog vor (vgl. Grunig und Hunt 1984). Publicity ist demnach die einfachste Form, bei der die Stadt einseitig mit der Zielgruppe kommuniziert und zum Beispiel die Bürger über eine unproblematische Neuigkeit informiert. Auch im Rahmen der Informationstätigkeit kommuniziert die Stadt einseitig mit der Zielgruppe; allerdings geht es hier um eine wesentlich umfangreichere und vollständigere Darlegung von Sachverhalten, welche durchaus problematische Aspekte umfassen kann. Die Überzeugungsarbeit ist eine zweiseitige Kommunikation, wobei hier aktiv versucht wird, die Zielgruppe mit Argumenten von einem Sachverhalt zu überzeugen. So haben die definierten Zielgruppen die Möglichkeit zur Stellungnahme oder Abgabe von Feedback. Bei einem Dialog handelt es sich um den direkten Austausch mit einer Zielgruppe. Diese soll dabei nicht nur überzeugt, sondern aktiv in einen Sachverhalt beziehungsweise in einen Entscheidungsprozess miteingebunden werden.

In Abhängigkeit zur definierten Zielgruppe und bezüglich der oben dargestellten grundsätzlichen PR- Handlungsalternativen werden die Instrumente ausgewählt. Zu den wichtigsten Instrumenten der Öffentlichkeitsarbeit gehören (vgl. Bruhn 2015, S. 423; Borrmann 2018, S. 123 ff.):

- Pressearbeit (u. a. Presseverteiler, Pressemitteilungen, Pressekonferenz, Imagebroschüren),
- Maßnahmen des persönlichen Dialoges (Aufbau und Pflege von Beziehungen u. a. zu Pressevertretern sowie Redaktionsbesuche),
- Journalistenreisen,
- Medienkooperationen,
- Online-PR sowie
- Medienarbeit.

Eine essenzielle Zielgruppe der Kommunikation einer Stadt oder Gemeinde bilden die Bürger. Die richtige Kommunikation der verschiedenen Entwicklungen und Herausforderungen an die eigenen Bürger ist mit zahlreichen Herausforderungen verbunden. Dies ist vor allem auf die große Themenvielfalt zurückzuführen. Dabei handelt es sich teilweise um emotionale Themen, rationale/sachliche Themen, Themen, welche eine Beteiligung der Bürger erfordern usw. Hinzu kommen die große Heterogenität einer Bürgerschaft und die hieraus resultierende Herausforderung, die Kommunikationsbotschaft für alle verständlich und nachvollziehbar zu gestalten.

Für eine derartige Bürgerkommunikation kommen verschiedene Instrumente zum Einsatz (vgl. Ebert und Fisiak 2018, S. 131 ff.).

- Formulare,
- Regelungs- und Instruktionstexte,
- Ablehnungs- und Absageschreiben,
- Begrüßen und Gratulieren,
- Pressemitteilung,
- Informations- und Aufklärungstexte,
- Kampagnen,
- Bürgerzeitung und
- Online-Kommunikation (inkl. Social Media).

6.4.3 Event-Marketing

Eventmarketing nimmt eine zentrale Rolle im Stadtmarketing ein und wird nach vielen Begriffsauffassungen als eigenes Kompetenzfeld des Stadtmarketing angesehen. In den letzten Jahren ist die Anzahl verschiedener Events, die von Städten und Gemeinden durchgeführt wurden, stark gestiegen. Die angebotenen Events reichen dabei von kleineren Aktionen bis hin zu mehrtägigen und oft sehr aufwendigen Veranstaltungen.

Die folgenden Beispiele sollen dieses Spektrum verdeutlichen:

- Lange Nacht der Museen (Stuttgart) beziehungsweise der Theater (Hamburg) (eintägige Events),
- Silvesterparty am Brandenburger Tor (einer der weltweit größten Silvester-Open-Air-Veranstaltungen),
- Kölner Rosenmontagsumzug (eintägiges Event, größter Karnevalsumzug Deutschlands),
- Neuburger Donauschwimmen (eintägiges Event im Winter, Europas größtes Winterschwimmen),
- Deutsche Beachvolleyball Meisterschaften in Timmendorfer Strand (mehrtägiges Event),
- Hamburger Hafengeburtstag (jährlich im Mai stattfindendes, dreitägiges Event und größtes Hafenfest der Welt),
- Schlosslichtspiele in Karlsruhe (anlässlich des 300. Stadtgeburtstags von Karlsruhe gestartet, also aus einmaligen Event entstanden und mit Unterstützung der lokalen Politik bis zum Jahr 2020 fortgeführt) sowie
- Münchner Oktoberfest/Cannstatter Wasen (mehrwöchige Events im Herbst).

Aufgrund der Vielzahl von Events im Stadtmarketing und dem gleichzeitigen Angebot von Events durch Unternehmen müssen Stadtmarketing-Events heute in der Regel aufwendig und spektakulär sein, um Erfolg zu haben. Aus Nutzersicht sollten Events stets etwas Einzigartiges darstellen.

Beim Event-Marketing handelt es sich um ein Kommunikationsinstrument, welches die zielorientierte, systematische Planung, konzeptionelle und organisatorische Vorbereitung, Realisierung, Nachbereitung sowie das Controlling sogenannter Marketing-Events im Rahmen der Kommunikationspolitik umfasst. Als wichtige Besonderheiten beziehungsweise Kennzeichen von Marketing-Events lassen sich die nachfolgenden Aspekte nennen (vgl. Zanger und Drenger 2016, S. 114 ff.):

- Kommunikation findet gegenüber einer größeren Anzahl an Personen statt, die sich während eines fest definierten Zeitraums an einen Ort befinden.
- Möglichkeit der multisensualen Botschaftsvermittlung.

- Persönliches Markenerlebnis und damit eine höhere Wahrscheinlichkeit, dass Nachfrager Wissen über die Marke aufbauen und so eine persönliche Bindung gestärkt wird.
- Möglichkeit einer Interaktion mit der Marke.

Erfolgreiche Konzipierung und Durchführung des Event-Marketing erfordern einen in sich schlüssigen Prozess (vgl. Abb. 6.3). Insbesondere ist in diesem Zusammenhang zu beachten, dass die Planung von Events nur in enger Abstimmung mit der strategischen Planung der gesamten Kommunikationspolitik erfolgen sollte.

Aufbauend auf der strategischen Planung aller Kommunikationsinstrumente, wird in einer strategischen Eventplanung festgelegt, welche Events in einer definierten Planungsperiode durchgeführt werden sollen. Darüber hinaus gilt es, die Ziele der jeweiligen Events zu präzisieren und genau festzulegen, welche Zielgruppen angesprochen werden sollen. Zu den klassischen Zielen des Event-Marketing zählen hier vor allem die Steigerung der Markenbekanntheit und die Emotionalisierung der Marke. Im Zusammenhang mit der Zielgruppendefinition bieten sich die bekannten Segmentierungskriterien, wie etwa demografische Faktoren, an. Neben der Zielgruppe, die direkt am Event teilnimmt, sollte ebenfalls die Zielgruppe definiert werden, welche nicht unmittelbar beim Event anwesend ist, aber über dieses berichtet (vgl. Fuchs und Unger 2014, S. 324). Die strategische Eventplanung umfasst, neben den genannten Aspekten, die Budgetierung der einzelnen Events und eine genaue Terminierung. Daneben sollten zudem die Frequenz und die Dauer festgelegt werden.

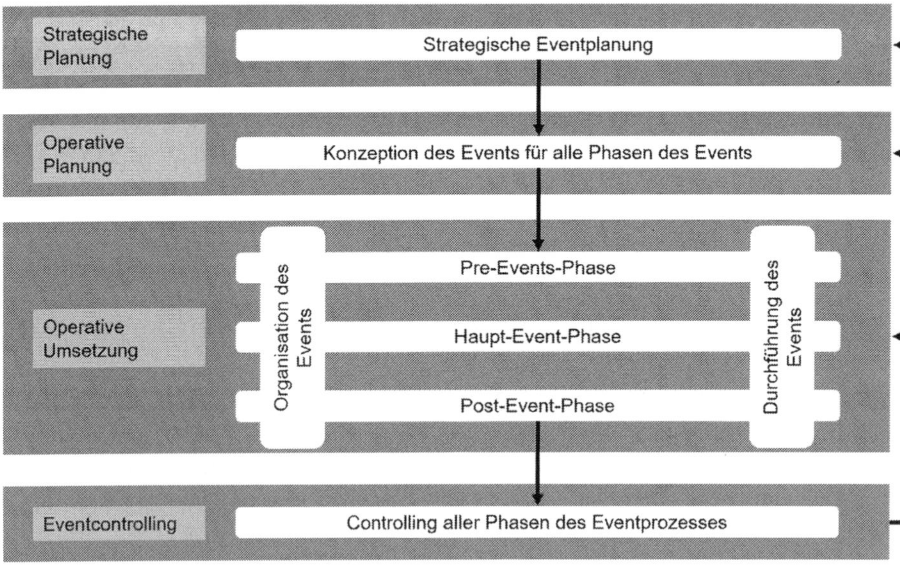

Abb. 6.3 Event-Marketing Prozess. (Quelle: In Anlehnung an Zanger und Drengner 2016, S. 117)

Auf Basis der Festlegung der Botschaft, die der Zielgruppe durch das Event vermittelt werden soll, wird im Rahmen der Eventkonzeption diese Botschaft durch eine entsprechende Inszenierung verschlüsselt (vgl. Zanger und Drengner 2016, S. 119). Eine derartige Inszenierung beschränkt sich dabei nicht nur auf das Event an sich, sondern beinhaltet auch die Pre-Event- und Post-Event-Phase, also einerseits beispielsweise die mediale Vorankündigung des Events sowie andererseits dessen Nachberichtserstattung.

Die Gestaltung der Inszenierungselemente eines Events umfasst die folgenden Aspekte:

- Thematische Gestaltung des Erlebnisrahmens (Definition des thematischen Rahmens),
- Location,
- Medien und Technik,
- Akteure (unternehmensinternes Personal und externe Akteure) sowie
- Integration der Zielgruppe.

Dieser Prozess schließt mit dem Controlling von Marketing-Events. Das Event-Controlling umfasst „…die systematische Unterstützung der Planung, Steuerung und Kontrolle aller strategischen und operativen Entscheidungen im Eventmarketing, um dessen Kommunikationswirkung zu optimieren" (Zanger 2017 S. 239). Somit setzt das Event-Controlling in allen Phasen des Event-Marketing an. Allerdings ist, im Vergleich zu vielen anderen Kommunikationsinstrumenten die Messung der Wirkung von Events sehr komplex beziehungsweise schwierig. In diesem Zusammenhang lassen sich einige zentrale Herausforderungen identifizieren (vgl. Zanger 2017, S. 241):

- Differenzierter Zielgruppenfokus,
- Inhaltliche Vielschichtigkeit,
- Zusammenwirken zahlreicher Partner bei der Konzipierung und Umsetzung von Events,
- Eventteilnehmer als Teil der Wertschöpfungskette sowie
- Erfolgsentstehung über mehrere zeitlich auseinanderliegenden Phasen (Pre-Event-, Main-Event- und Post-Event-Phase).

Das Event-Controlling setzt auf allen Ebenen des Eventmanagementprozesses an, um prozessphasenübergreifend sinnvoll unterstützen zu können. Hierbei werden die strategische und operative Eventplanung durch Planungsaudits, die Eventorganisation und -durchführung durch Ablaufaudits und der Eventerfolg durch entsprechende Erfolgskontrollen begleitet und so unterstützt.

6.4.4 Online-Marketing

Vor dem Hintergrund des sich wandelnden Informations- und Kommunikationsverhalten in der Gesellschaft gewinnt das Online-Marketing als Kommunikationsinstrument immer mehr an Bedeutung (vgl. Zerres et al. 2017, S. 174). Für immer größere Teile der Gesellschaft stellt das Internet die zentrale Informationsquelle dar.

In diesem Beitrages soll Online-Marketing verstanden werden „...als Planung, Organisation, Durchführung und Kontrolle aller marktorientierten Aktivitäten, die sich [...] des Internets zur Erreichung von Marketing-Zielen bedienen und die darauf abzielen, Besucher auf die eigene oder eine ganz bestimmte Internetpräsenz zu lenken" (Kreutzer 2014, S. 4; Lammenett 2015, S. 26). In dieser Definition werden drei zentrale Aspekte hervorgehoben:

- Online-Marketing ist als Prozess zu verstehen.
- Es müssen klare Ziele formuliert werden, die immer auch mit anderen Marketing-Zielen abgestimmt werden müssen.
- Im Mittelpunkt steht, Besucher auf die eigene Website zu führen.

Die verschiedenen Instrumente des Online-Marketing haben somit die wesentliche Aufgabe, Besucher auf die eigene Website zu führen. Daher kommt der Website einer Organisation eine zentrale Bedeutung zu und sollte vor der Nutzung weiterer Maßnahmen entsprechend optimiert werden. Wird ein Nutzer zum Beispiel aufgrund einer sehr ansprechenden und interessanten Online-Werbung auf die Organisation aufmerksam und gelangt dann mit einem Klick auf die Anzeige auf die Website, die ein schlechtes Design aufweist und/oder nicht gut zu nutzen ist, wird dieser einen schlechten Eindruck bekommen und im Zweifelsfall eine andere Seite besuchen. Dementsprechend muss die Website einer Organisation bestimmten Anforderungen gerecht werden, wobei hierzu insbesondere ein ansprechendes Design und eine hohe Usability gehören. Merkmale für fehlende oder mangelnde Web-Usability lassen sich in verschiedene Kategorien einordnen (vgl. Keckes und Zerres 2017, S. 1). Zum einen gibt es viele unstrukturierte Websites, die kaum einen Mehrwert für den Nutzer bieten und eine unübersichtliche Navigation aufweisen, die keine Orientierung bietet. Zum anderen hängen Usability-Probleme häufig mit einer fehlenden Informationsarchitektur, hohen Ladezeiten, schlechter Zugänglichkeit sowie einer schlechten Suchfunktion zusammen.

In der Online-Kommunikation und hier insbesondere in Social Media-Kanälen sind die Erwartungen der Nutzer bezüglich der Interaktion mit einer Organisation (also zum Beispiel der Verwaltung einer Gemeinde) deutlich gestiegen. In diesem Zusammenhang wird von Organisationen eine sogenannte Interaktionskompetenz erwartet. Diese umfasst die in Abb. 6.4 dargestellten Bereiche.

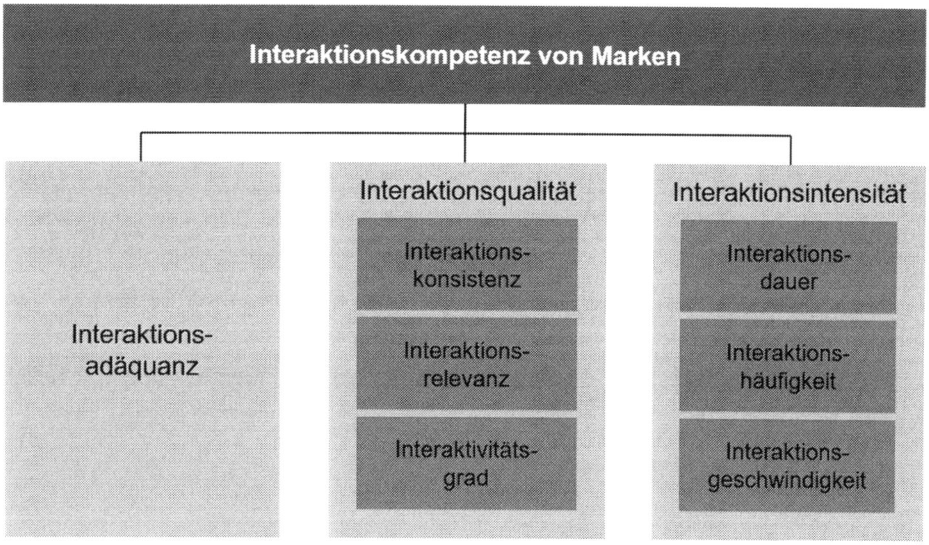

Abb. 6.4 Komponenten der Interaktionsqualität. (Quelle: Burmann et al. 2018, S. 260)

Neben der Website werden die folgenden weiteren Instrumente unter das Online-Marketing subsumiert (vgl. Zerres und Israel 2016, S. 6 ff.):

- Online-Werbung,
- E-Mail-Werbung,
- Affiliate-Marketing,
- Suchmaschinenmarketing,
- Social Media-Marketing und
- Online-Public-Relations.

Suchmaschinenmarketing umfasst in diesem Kontext Suchmaschinenoptimierung und Suchmaschinenwerbung. Aufgrund der hohen Bedeutung von Suchmaschinen für den Nutzer, wie etwa bei Google, nimmt das Suchmaschinenmarketing eine äußerst wichtige Rolle in der Kommunikation von Organisationen ein. Suchmaschinenoptimierung bezeichnet dabei alle Aktivitäten, die dazu dienen, das eigene Webangebot gut in den organischen Trefferlisten der Suchmaschinen zu platzieren. Hingegen ist Suchmaschinenwerbung das Platzieren bezahlter Anzeigen in den Trefferlisten der Suchmaschinen.

Im Affiliate-Marketing werden unter anderem Werbebanner auf der Website von Partnerwebsites eingebunden. Dabei platziert der Werbetreibende (auch Advertiser oder

Merchant genannt) Links und/oder Werbebanner bei einem Partnerunternehmen (Publisher oder Affiliate). Wenn ein Nutzer über den Link des Affiliate auf die Website des Online-Händlers gelangt und dort eine Transaktion tätigt, bezahlt der Online-Händler dem Affiliate eine Provision, etwa einen Anteil am Umsatz.

Für die jeweiligen Kaufphasen eines Nutzers bietet das E-Mail-Marketing verschiedene Optionen. Hierzu gehören die Trigger-Mail (Kaufvorbereitungsphase), Transaktions-Mail (während der Transaktion), After-Sales-Mail (Nachkaufphase) und E-Newsletter.

Online-Public-Relations umfasst die Öffentlichkeitsarbeit im Internet. Dies kann zum Beispiel über eigene Presseberichte auf der Website oder Presseportalen geschehen.

Aufgrund der sehr großen Reichweite und weiterer Eigenschaften, wie etwa die Darstellungs- und Interaktionsmöglichkeiten, werden Social Media für das Stadtmarketing ein immer wichtigeres Kommunikationsinstrument. Social Media-Kommunikation vollzieht sich auf online-basierten Plattformen und bezeichnet sowohl die Kommunikation als auch die Zusammenarbeit zwischen Unternehmen und Social Media-Nutzern sowie deren Vernetzung untereinander. Die Social Media-Kommunikation erfolgt sowohl aktiv als auch passiv mit dem Ziel des gegenseitigen Austausches von Informationen, Meinungen, Eindrücken und Erfahrungen sowie des Mitwirkens an der Erstellung von unternehmensrelevanten Inhalten, Produkten oder Dienstleistungen (vgl. Meffert et al. 2018, S. 333).

Die Ausführungen zeigen, dass den Organisationen in ihrer Social Media-Kommunikation zahlreiche Kanäle und Instrumente zur Verfügung stehen, um ihre Kommunikationsziele zu verfolgen. Entsprechend gewinnt die Social Media-Kommunikation zunehmend an Bedeutung (vgl. Kreutzer 2018, S. 374). Begründen lässt sich dies auch und vor allem durch die vielfältigen Chancen der Kommunikation über online-basierte Plattformen:

- Immer größere Teile der Bevölkerung nutzen Social Media (insbesondere zur Kommunikation, aber auch zur Informationssuche).
- Social Media-Plattformen bieten Organisationen die Möglichkeit, einen direkten Dialog mit den Konsumenten zu führen und so unmittelbar Feedback zu Leistungen zu erhalten.
- Die rasche Informationsverbreitung ermöglicht es in kürzester Zeit, auch gering involvierte Konsumenten zu erreichen.
- Durch Social Media-Kommunikation wird es den Organisationen ermöglicht, sowohl dem gesamten Unternehmen als auch einzelnen Marken und Dienstleistungen ein „Gesicht“ zu geben.
- Social Media-Plattformen haben enorme Reichweiten, die über klassische Medien nicht erreicht werden können (z. B. Facebook mit über zwei Milliarden Nutzern).

Neben zahlreichen Chancen werden jedoch auch Risiken thematisiert, die mit der Social Media-Kommunikation einhergehen (vgl. Kreutzer 2018):

- Der Kunde selbst schafft über Social Media sowohl positive wie auch negative Inhalte über die Dienstleistungen (User-Generated-Content). Negative Stellungnahmen können sich rasch verbreiten (u. a. im Extremfall in Form eines Shitstorms). Darüber hinaus unterscheidet sich die Tonalität stark zu klassischen Medien. Problematisch ist zudem, dass die Kritik nicht immer konstruktiv ist und Informationen oft verzerrt weitergegeben werden.
- Akteure müssen konstant neuen und zielgruppenrelevanten Content bereitstellen. Dies verursacht in der Regel hohen Aufwand und ist zudem meist auch mit entsprechenden Kosten verbunden.

Zu den gängigsten Social Media-Kategorien gehören:

- Soziale Netzwerke (z. B. Facebook),
- Blogs,
- Microblogs (z. B. Twitter) sowie
- Foto- und Videoplattformen (z. B. Instagram und YouTube).

Soziale Netzwerke und hier insbesondere Facebook bieten für das Stadtmarketing vielfältige Möglichkeiten der Kommunikation. Diese Möglichkeiten lassen sich grundsätzlich in sogenannte Paid-Maßnahmen und organische Maßnahmen unterteilen. Paid-Maßnahmen fassen alle Maßnahmen zusammen, für die eine Stadt einen gewissen Betrag an eine Plattform bezahlt, also Werbung, oder an eine in Social Media aktive Person (Influencer). Hier bietet Facebook ein umfangreiches Spektrum an Alternativen unter anderem hinsichtlich der Formate. Einzigartig sind zudem die Targeting-Optionen, die Facebook Werbekunden anbietet (vgl. Litterst 2018).

Aus Sicht einer Stadt oder Gemeinde können mit Blogs zwei wesentliche Ziele verfolgt werden: Einerseits bieten sich Blogs zur Kommunikation an; andererseits stellen sie sehr wertvolle Quellen für Informationen dar (zum Beispiel Trends im Tourismus). Der Aufbau und die Pflege eines eigenen Blogs erfordern allerdings einen hohen Aufwand, da nur ein Blog mit regelmäßigem und für die Zielgruppe relevanten Content erfolgreich sein kann.

Viele Städte nutzen heute schon Blogs für ihr Marketing:

- Karlsruhe Blog (Karlsruhe Blog Team und Gastblogger, Themen Karlsruhe (er)leben; (er)forschen, (er)gründen; Promotion von Karlsruher „Privatbloggern“) (vgl. https://www.karlsruhe-blog.de/ueber-uns/).
- Der 17-Städte-Blog für Niedersachsen und Bremerhaven: Aboutcities.de (Städteblog für Niedersachsen und Bremerhaven, Zusammenschluss, um Städtetourismus

in Niedersachsen zu profilieren; Insider der jeweiligen Stadt bloggen über Shopping, Gastronomie, Kultur, Hintergrundinfos, Ausflugsziele etc.).
- Blog.Muenchen.de, „Geschichten aus unserer Lieblingsstadt" (Blog des offiziellen Stadtportals München.de).

Microblogs sind Kurznachrichtendienste, wobei der relevanteste sicherlich Twitter ist. Twitter eignet sich vor allem für die Kommunikation aktueller Nachrichten. Darüber hinaus kann die Plattform für das Monitoring, zum Beispiel von Trends, genutzt werden.

Foto- und Videoplattformen, wie etwas Instagram und YouTube, bieten Privatnutzern und Organisationen die Möglichkeit, Bilder und Videos hochzuladen. Daneben besteht die Möglichkeit, mit diesem Content zu interagieren, also Bilder zum Beispiel zu kommentieren.

Im Zusammenhang mit einer Nutzung von Social Media sollten Verantwortliche im Stadtmarketing zusammenfassend die nachfolgenden Aspekte berücksichtigen:

- Es zeigt sich immer wieder, dass der Aufwand in Verbindung mit einem Social Media-Engagement unterschätzt wird.
- Social Media erfordert Know-how (ständig neue Möglichkeiten/schnell wandelnde Trends).
- Social Media setzt immer eine genaue Kenntnis der Zielgruppe voraus.
- Social Media sollte immer anhand einer genau definierten Planung erfolgen.

6.4.5 Apps

Die starke Zunahme der Nutzung von mobilen Endgeräten hat zu der Notwendigkeit geführt, dass das Stadtmarketing größere Bemühungen in den Bereich Mobile Marketing investieren sollte. Aktuelle Initiativen, wie etwa die Dresden App (http://dresden-app.de/), die Leipzig App (http://leipzig.one/), die Koblenz App (https://koblenz-app.de/) oder auch die Mainz App (https://www.mainz-app.de/) belegen das große Potenzial dieses Kommunikationskanals.

Die meisten Apps bieten dabei zunächst einige grundsätzliche Funktionen an. Hierzu gehören die Bereiche Navigation/Orientierung, Informationen zum öffentlichen Nahverkehr, Kontaktmöglichkeiten, Sehenswürdigkeiten, Events sowie unterschiedliche Bürgerservices.

Daneben finden sich aber auch weitere Funktionen, die bereits in unterschiedlichen Apps zu finden sind:

- Neuigkeiten aus der Stadt- oder Region,
- Kontaktmöglichkeiten: Ansprechpartner/Bürgerservice,

- Umfragen und Bürgerbeteiligung („eGovernment"). Zum Beispiel bietet die App „mein Heidelberg" die Möglichkeit Beschwerden und Hinweise direkt einzureichen (z. B. Hinweis auf einen noch nicht gestreuten Gehweg),
- Bonuspunktesysteme und Angebote (z. B. die Schatzkarten-App des Stadtmarketing Lennestadt e. V.),
- Freizeit/Sport/Natur: Rad-App RADolfszell (Tourenvorschläge),
- Nahverkehr und Parken: Wegbeschreibungen, ÖPNV-Fahrpläne, Baustellen, Umleitungen, freie Parkplätze (z. B. Ulm-App),
- Veranstaltungskalender (z. B. Stuttgart-App)/Kultur (z. B. Kinoprogramm wie bei Mannheimer App),
- Gastronomie und Einzelhandel: Öffnungszeiten, Anfahrt, Gutscheinaktionen, besondere Angebote etc.,
- Daten und Fakten (z. B. Stadtgeschichte und Einwohnerzahlen),
- Wetter und Webcam/Fotogalerie der Stadt. Hier gibt es die Möglichkeit, auch User-Generated-Content mit einzubauen, wenn z. B. Bilder von App-Nutzern gezeigt werden sowie schließlich
- Einbindung der Social Media-Kanäle.

Bei der Entwicklung von Apps sollte darauf geachtet werden, dass diese den entsprechenden Zielgruppen tatsächlich einen Mehrwert bieten. Eine gute App liefert dabei alle wichtigen Informationen zu verschiedenen Themenbereichen gebündelt auf einer Plattform, sodass der Nutzer die „ganze Stadt in der Jackentasche" hat. Zudem sollte auch bei Apps das vorhandene Corporate Design aufgegriffen werden. Mit Apps können Städte eine relativ breite Zielgruppe ansprechen. So sind diese nicht nur für Bürger und Touristen interessant. Wie bereits deutlich wurde, können auch Unternehmen in diese eingebunden werden und hier etwa ihre Öffnungszeiten bekannt geben.

6.4.6 Virtual Reality

Neben den genannten Kommunikationsinstrumenten werden heute von einigen Städten auch relativ innovative Instrumente eingesetzt. Hierzu zählt vor allem Virtual Reality (VR). Durch die Verfügbarkeit preisgünstiger Endgeräte (z. B. Samsung Gear, Google Cardboard) nutzen immer mehr Personen Virtual Reality. VR ist aus Sicht des Nutzers so besonders, da er in dieser medial konstruierten, fiktiven Welt direkt mit den dargestellten Objekten in Interaktion treten kann, sodass die Trennlinie zwischen der realen und virtuellen Welt verschwimmt. Da die virtuelle Realität das Sichtfeld des Nutzers systembedingt komplett umschließt, befindet sich dieser aus visueller Perspektive tatsächlich in einer anderen Welt (vgl. Burg et al. 2018, S. 5). Für das Stadtmarketing bietet diese neue Technologie zahlreiche neue Anwendungsfelder. Hierzu zählen vor allem die einzigartige Präsentation der Stadt, von ihren Sehenswürdigkeiten und besonderen Orten.

Die Technologie bietet sich gerade bei Erfahrungsgütern an, da der Nutzer bereits vor der eigentlichen Erfahrung die Möglichkeit erhält, sich einen recht fundierten Eindruck zu verschaffen.

Die nachfolgenden Beispiele zeigen einige interessante Anwendungsfelder für Virtual Reality insbesondere im Tourismusmarketing:

- Stadt Worms (https://www.pressebox.de/inaktiv/htc-germany-gmbh/Stadt-Worms-setzt-auf-modernste-VR-Technologie-im-Tourismusmarketing/boxid/908199): Benutzer können mit der Unterstützung einer HTC Vive verschiedene Wormser Veranstaltungen kennenlernen (z. B. Nibelungen-Festspiele).
- Stadt Ulm (https://www.wuv.de/agenturen/vr_case_stadtmarketing_aus_der_vogelperspektive): Mit dem Ganzkörper-VR-Flugsimulator Birdly können Nutzer die historische Altstadt von Ulm um 1890 aus der Vogelperspektive betrachten.
- Stadt Luxembourg (vgl. Digital Devotion Group 2017): Besucher der Stadt Luxembourg erleben mit einer VR-Brille während einer Stadtrundfahrt den Stadtkern, wie er im 19. Jahrhundert aussah.
- Stadt Lahr (vgl. Beck 2018).
- Stadt Bamberg (https://visionsbox.de/projekt/exklusive-stadtfuehrung/): Virtuelle Stadtführung durch Bamberg mit VR-Brille.

6.5 Schlussbetrachtung

Für Städte und Gemeinden haben sich in den letzten Jahren, umfangreiche neue Möglichkeiten der Kommunikation mit den jeweiligen Zielgruppen eröffnet. So ergänzen heuten unter anderem Apps und Virtual Reality Anwendungen das bestehenden Kommunikationsinstrumentarium. Gleichzeitig haben sich aber auch die Kommunikationsrahmenbedingungen verändert, etwa mit Bezug auf das Informations- und Kommunikationsverhalten der Nutzer. Grundsätzlich muss die Kommunikationspolitik von Städten und Gemeinden daher immer auf einem durchdachten Planungsprozess aufbauen. Dabei ist zunächst eine Analyse der Kommunikationsrahmenbedingungen von zentraler Bedeutung. Im Anschluss sollten immer klare und messbare Ziele für die Kommunikation definiert werden und die Zielgruppen festgelegt werden. Gerade für das Stadtmarketing mit seinen vielfältigen Zielgruppen ist dies ein sehr wichtiger Prozessschritt. Darüber hinaus müssen strategische Entscheidungen getroffen werden und die passenden Instrumente gewählt werden. Schließlich stellt das Controlling der einzelnen Prozessphasen einen weiteren wichtigen Schritt dar.

Literatur

Beck, W.: Pavillon im Bürgerpark soll Lust auf Lahr machen. Badische Zeitung, 19.02.2018. http://www.badische-zeitung.de/lahr/pavillon-im-buergerpark-soll-lust-auf-lahr-machen–149562607.html (2018). Zugegriffen: 7. Jan. 2019

Borrmann, C.: Presse- und Öffentlichkeitsarbeit. In: Meffert, H., Spinnen, B., Block, J. (Hrsg.) Praxishandbuch City- und Stadtmarketing, S. 119–138. Springer Gabler, Wiesbaden (2018)

Bruhn, M.: Kommunikationspolitik. Vahlen, München (2015)

Bruhn, M.: Instrumente der Kommunikation – eine Einführung in das Handbuch. In: Bruhn, M., Esch, F.-R., Langner, T. (Hrsg.) Handbuch Instrumente der Kommunikation, 2. Aufl. S. 1–22. Springer Gabler, Wiesbaden (2016)

Burg, S., Zerres, C., Heitz, B., Israel, K., Körner, S., Löhmann, M., Scheil, M.: Virtual-Reality. Ein einführender Überblick. In: Hochschule Offenburg (Hrsg.) Schriften der Hochschule Offenburg, Nr. 5. Offenburg (2018)

Burmann, C., Halaszovich, T., Schade, M., Piehler, R.: Identitätsbasierte Markenführung. Grundlagen – Strategie – Umsetzung – Controlling. 3. Aufl. Springer Gabler, Wiesbaden (2018)

Digital Devotion Group: Virtual Reality: Touristen erleben das Luxembourg des 19. Jahrhunderts. Pressemitteilung, 26.09.2017. https://www.digitaldevotion.com/wp-content/uploads/2017/09/17-09-26-Pressemitteilung-VR-Timetravel-Digital-Devotion-Group.pdf (2017). Zugegriffen: 7. Jan. 2019

Dresden App. http://dresden-app.de/. Zugegriffen: 5. Jan. 2019

Ebert, H., Fisiak, I.: Bürgerkommunikation auf Augenhöhe. Wie Behörden und öffentliche Verwaltung verständlich kommunizieren können, 3. Aufl. Springer Gabler, Wiesbaden (2018)

Fuchs, W., Unger, F.: Management der Marketing-Kommunikation. 5. Aufl. Springer Gabler, Wiesbaden (2014)

Grunig, J.E., Hunt, T.: Managing Public Relations. Holt, Rinehart and Winston, New York (1984)

Keckes, J., Zerres, C.: Web-Usability Optimierung: Nutzerorientierte Gestaltung von Internetpräsenzen. In: Zerres, C. (Hrsg.) Schriftenreihe „Arbeitspapiere für Marketing und Management", Februar 2017, Nr. 15, ISSN 2510–4799. Offenburg (2017)

Kemmner, S., Zerres, C.: Content Marketing. Eine empirische Untersuchung. In: Zerres, C. (Hrsg.) Schriftenreihe „Arbeitspapiere für Marketing und Management", August 2018, Nr. 34, ISSN 2510–4799. Offenburg (2018)

Koblenz App. https://koblenz-app.de/. Zugegriffen: 5. Jan. 2019

Kopp, O.: Content-Marketing-Definition, -Strategie, -Ziele & -Prozess. https://www.sem-deutschland.de/content-marketing/ (2016). Zugegriffen: 16. Apr. 2018

Kreutzer, R.T.: Praxisorientiertes Online-Marketing. 2. Aufl. Springer Gabler, Wiesbaden (2014)

Kreutzer, R.T.: Praxisorientiertes Online-Marketing. 3. Aufl. Springer Gabler, Wiesbaden (2018)

Lammenett, E.: Praxiswissen Online-Marketing. 5. Aufl. Springer Gabler, Wiesbaden (2015)

Lasswell, H.D.: The structure and function of communication in society. In W. Schramm (Hrsg.) Mass Communications, 2. Aufl., S. 117–130. University of Illinois Press, Urbana (1960)

Leipzig App. http://leipzig.one/. Zugegriffen: 5. Jan. 2019

Litterst, F.: Einführung und Überblick über die Möglichkeiten des Social Media Advertisings. In: Zerres, C., Drechsler, D. (Hrsg.) Social Media Marketing und Data Analytics, S. 164–177. Hampp, Augsburg (2018)

Löffler, M.: Think Content! Grundlagen und Strategien für erfolgreiches Content-Marketing, 3. Aufl. Rheinwerk, Bonn (2014)

Mainz App. https://www.mainz-app.de/. Zugegriffen: 5. Jan. 2019

Meffert, H., Bruhn, M., Hadwich, K.: Dienstleistungsmarketing. Grundlagen - Konzepte - Methoden. 9. Aufl. Springer Gabler, Wiesbaden (2018)

PresseBox: Stadt Worms setzt auf modernste VR-Technologie im Tourismusmarketing. https://www.pressebox.de/inaktiv/htc-germany-gmbh/Stadt-Worms-setzt-auf-modernste-VR-Technologie-im-Tourismusmarketing/boxid/908199. Zugegriffen: 4. Jan. 2019

Röttger, U.: Einsatz der Public Relations im Rahmen der Unternehmenskommunikation. In: Bruhn, M., Esch, F.-R., Langner, T. (Hrsg.) Handbuch Instrumente der Kommunikation, 2. Aufl. S. 285–300. Springer Gabler, Wiesbaden (2016)

Schobelt, F.: VR-Case: Stadtmarketing aus der Vogelperspektive. W&V, 15.06.2017. https://www.wuv.de/agenturen/vr_case_stadtmarketing_aus_der_vogelperspektive (2017). Zugegriffen: 7. Jan. 2019

Visionsbox: Exklusive Stadtführung. Bamberg VR Tours. https://visionsbox.de/projekt/exklusive-stadtfuehrung/. Zugegriffen: 14. Jan. 2019

Wesselmann, S., Hohn, B.: Public Marketing. Marketing-Management für den öffentlichen Sektor. 4. Aufl. Springer Gabler, Wiesbaden (2017)

Zanger, C.: Event-Controlling. In: Zerres, C. (Hrsg.) Handbuch Marketing-Controlling, 4. Aufl., S. 239–253. Springer Gabler, Heidelberg (2017)

Zanger, C., Drengner, J.: Einsatz des Eventmarketing für die Marketingkommunikation. In: Bruhn, M., Esch, F.-R., Langner, T. (Hrsg.) Handbuch Instrumente der Kommunikation, S. 113–139. Springer Gabler, Wiesbaden (2016)

Zerres, C., Israel, K.: Online-Marketing. Nutzung bei klein- und mittelständischen Unternehmen. In: Hochschule Offenburg (Hrsg.) Schriften der Hochschule Offenburg, Nr. 4. Offenburg (2016)

Zerres, C., Tscheulin, D.K., Israel, K.: Online-Marketing-Controlling. In: Zerres, C. (Hrsg.) Handbuch Marketing-Controlling, 4. Aufl., S. 173–190. Springer Gabler, Heidelberg (2017)

Dr. Christopher Zerres ist Professor für Marketing an der Hochschule Offenburg. Seine Schwerpunkte in Lehre und Forschung liegen auf Social Media- und Online-Marketing sowie Marketing-Controlling. Zuvor war er bei einer Unternehmensberatung sowie einem internationalen Automobilzulieferer tätig. Christopher Zerres ist Autor zahlreicher Publikationen zu den Bereichen Management und Marketing.

7 Rechtsrahmen eines Stadtmarketing

Thomas Zerres

Zusammenfassung
Inhalt dieses Beitrages ist der Rechtsrahmen eines Stadtmarketing mit einem Fokus auf die hier zum Einsatz gelangenden kommunikationspolitischen Instrumente.

7.1 Einführung

Der Rechtsrahmen eines umfassenden, modernen Stadtmarketing beinhaltet heute grundsätzlich sämtliche Rechtsgebiete. In diesem Beitrag soll ein Fokus gelegt werden auf die rechtlichen Vorschriften der hier am häufigsten zum Einsatz gelangenden Maßnahmen, also auf die Instrumente der Kommunikationspolitik. In einem ersten Abschnitt wird es zunächst darum gehen, die Elemente eines derartigen Rechtsrahmens näher zu beleuchten, denen für alle Instrumente gemeinsame Bedeutung beizumessen ist. Dies ist vorrangig das Vertragsrecht; daneben werden die einschlägigen Vorschriften des Urheberrechts und des Wettbewerbsrechts betrachtet. Den Abschluss dieses ersten Teiles stellen das Datenschutzrecht und, in Form eines Exkurses, das Umweltrecht dar. Im zweiten Abschnitt dieses Beitrages werden anschließend die gesetzlichen Vorschriften vorgestellt, denen als Rechtsrahmen eines Stadtmarketing speziell für konkrete Instrumente Beachtung zukommt, also für Markenkommunikation, Werbung, Events, Sponsoring und Social Media.

T. Zerres (✉)
HTWG Hochschule für Technik, Wirtschaft und Gestaltung, Konstanz, Deutschland
E-Mail: thomas.zerres@htwg-konstanz.de

T. Breyer-Mayländer und C. Zerres (Hrsg.), *Stadtmarketing*,
https://doi.org/10.1007/978-3-658-26254-9_7

7.2 Instrumentengemeinsamer Rechtsrahmen

7.2.1 Vertragsrecht

Rechtliche Grundlage für einen Leistungsaustausch sind vertragliche Beziehungen. Ein derartiger Vertrag kommt durch zwei übereinstimmende Willenserklärungen zustande und bestimmt sich grundsätzlich nach den Regelungen im Allgemeinen Teil des Bürgerlichen Gesetzbuches (BGB), insbesondere der §§ 145 ff. BGB sowie der §§ 164 ff. BGB im Falle der Stellvertretung. Das BGB sieht dabei für die typischen, in der Praxis vorkommenden Verträge spezielle gesetzliche Regelungen vor. Für das Stadtmarketing von besonderer Bedeutung sind hier vor allem der Dienst- und der Werkvertrag als Grundlage von eigenen Dienstleistungen beziehungsweise bei der Inanspruchnahme oder auch der Entgegennahme von fremden Dienstleistungen. Die rechtlichen Rahmenbedingungen des Vertragsrechts betreffen dabei nicht nur die Kommunikationspolitik, sondern auch die anderen Marketinginstrumente, wie etwa die Preis- oder die Distributionspolitik. In diesem Kontext geht es schwerpunktmäßig um die Dienstleistungen im Rahmen der Kommunikationspolitik.

Bei Dienstleistungsverträgen handelt es sich aus rechtlicher Sicht regelmäßig um einen Dienst- oder einen Werkvertrag (vgl. §§ 611 ff. BGB, 631 ff. BGB). Während bei einem Dienstvertrag das Erbringen der Tätigkeit grundsätzlich vergütet wird, geht es beim Werkvertrag um die Herbeiführung eines „Erfolges" beziehungsweise Ergebnisses. Es steht also nicht (nur) die Leistung von „Diensten" im Vordergrund, sondern das Erreichen eines bestimmten „Erfolges".

Wird bei einem Dienstvertrag die Tätigkeit in persönlicher Abhängigkeit erbracht, so handelt es sich um einen Arbeitsvertrag (vgl. § 611a BGB). Durch diesen wird ein Arbeitnehmer im Dienste eines anderen zur Leistung weisungsgebundener, fremdbestimmter Arbeit in persönlicher Abhängigkeit verpflichtet. Das Weisungsrecht kann Inhalt, Durchführung, Zeit und Ort der Tätigkeit betreffen. Weisungsgebunden ist, wer nicht im Wesentlichen frei seine Tätigkeit gestalten und seine Arbeitszeit bestimmen kann. Der Grad der persönlichen Abhängigkeit hängt hier auch von der Eigenart der jeweiligen Tätigkeit ab. Für die Feststellung, ob ein Arbeitsvertrag vorliegt, ist eine Gesamtbetrachtung aller Umstände vorzunehmen. Zeigt die tatsächliche Durchführung des Vertragsverhältnisses, dass es sich um ein Arbeitsverhältnis handelt, so kommt es auf die Bezeichnung im Vertrag nicht an (vgl. § 611a Abs. 1 BGB). Bei selbstständigen Dienstverhältnissen hat der Dienstverpflichtete die Arbeiten selbstständig und eigenverantwortlich auszuführen. Typische Beispiele sind hier Verträge mit einer Konzertagentur, einem Eventmanager oder einem Grafikstudio.

Werkvertrag

Typisch für das Vorliegen eines Werkvertrages ist die Erfolgs- beziehungsweise Ergebnisbezogenheit der Leistung (vgl. § 631 BGB). Üblicherweise zählen hierzu Reparaturen, Transporte, die Erstellung von Gutachten, die Entwicklung einer speziellen Software, die

Durchführung eines Transports oder die Erstellung eines Bauplans. Im Rahmen eines Stadtmarketing könnte es zum Beispiel explizit um den Erfolg bei der Durchführung einer Veranstaltung gehen. Bei einem Werkvertrag hat der Unternehmer dem Besteller das Werk frei von Sach- und Rechtsmängeln zu verschaffen. Es handelt sich um eine Hauptleistungspflicht. Dies hat zur Folge, dass der Besteller nicht in Annahmeverzug gerät, wenn er das (mangelhafte) Werk nicht abnimmt; unwesentliche Mängel sind nach § 640 Abs. 1 BGB dabei unbeachtlich. Die vereinbarte Vergütung ist bei Abnahme fällig (vgl. § 641 Abs. 1 BGB). Ein Dienstleistungsanbieter muss somit grundsätzlich das Werk erstellen, bevor er eine Vergütung beanspruchen kann. Nach der Abnahme bestimmen sich die Rechte des Bestellers, wenn das Werk zum Zeitpunkt der Abnahme einen Mangel aufweist, nach den §§ 634 ff. BGB. Die Mängelrechte des Bestellers sind, ebenso wie im Kaufrecht, zweistufig ausgestaltet. Der Besteller kann und muss zunächst Nacherfüllung verlangen (vgl. §§ 634 Nr. 1, 635 BGB). Die weiteren Mängelrechte, das heißt Selbstvornahme, Rücktritt, Minderung, Schadensersatz und Aufwendungsersatz, kommen erst dann in Betracht, wenn zuvor eine Frist zur Nacherfüllung gesetzt worden und diese fruchtlos verstrichen ist.

Dienstvertrag

Im Dienstvertrag ist die Hauptpflicht des Dienstberechtigten nach § 611 Abs. 1 BGB die Zahlung der vereinbarten Vergütung. Nach § 612 Abs. 1 BGB gilt eine Vergütung als stillschweigend vereinbart, „wenn die Dienstleistung den Umständen nach nur gegen eine Vergütung zu erwarten ist". Die Fälligkeit bestimmt sich nach § 614 BGB. Danach muss der Dienstberechtigte die Vergütung grundsätzlich erst nach der Leistungserbringung entrichten. Der Dienstverpflichtete hat also vorab zu leisten. Das Dienstvertragsrecht enthält, im Unterschied zum Kauf- und Werkvertragsrecht, kein spezielles Gewährleistungsrecht. Gleichwohl ist auch bei Dienstleistungen eine Schlechtleistung denkbar. Selbst wenn der Dienstverpflichtete keinen Erfolgseintritt schuldet, so muss die, nach dem Vertrag zu leistende Tätigkeit in aller Regel bestimmten qualitativen Anforderungen entsprechen. Ein Dienstverpflichteter hat die, von ihm geschuldete Tätigkeit im Allgemeinen, unter Berücksichtigung seiner persönlichen Fähigkeiten, „lege artis", also nach den jeweils anerkannten Regeln und Standards, die für die geschuldete Tätigkeit gelten, zu erbringen. Dabei sind im Einzelfall die vertraglichen Vereinbarungen, aus denen sich bestimmte (weitere) Anforderungen ergeben können, zu beachten. Auch eine mangelhafte Arbeit ist grundsätzlich voll vom Dienstgläubiger zu vergüten. Im Falle einer grob vertragsverletzenden Verhaltens kann nach der Rechtsprechung der Gerichte dem Vergütungsanspruch der Einwand der Arglist entgegengesetzt werden (vgl. BGH, NJW-RR 1988, 352; BGHZ 55, 274). Es findet ansonsten das allgemeine Leistungsstörungsrecht Anwendung. Unter Umständen kann der Dienstgläubiger im Falle einer Pflichtverletzung, zum Beispiel bei einer vertragsverletzenden Schlechtleistung, einen Schadensersatzanspruch aus §§ 280 ff. BGB gegen den Vergütungsanspruch des Dienstverpflichteten aufrechnen (vgl. §§ 387 ff. BGB). Voraussetzung für das Bestehen eines vertraglichen Schadensersatzanspruches ist, neben dem

Bestehen eines wirksamen Vertragsverhältnisses, eine objektive Pflichtverletzung, also das Verschulden des Dienstverpflichteten; ein solches Verschulden wird nach § 280 Abs. 1 S. 2 BGB vermutet und entfällt nur bei Nachweis der Entlastung. Nach § 626 BGB besteht bei einem wichtigen Grund das Recht zur außerordentlichen Kündigung. Das Kündigungsrecht ersetzt dabei das sonst bei Pflichtverletzungen bestehende Recht zum Rücktritt.

Mietvertrag

Im Rahmen eines Stadtmarketing müssen des Öfteren etwa auch Räumlichkeiten angemietet werden, um bestimmte Maßnahmen bewerkstelligen zu können. Dazu wird ein Mietvertrag notwendig.

Ein Mietvertrag ist ein gegenseitiger Vertrag, in dem sich eine Partei (Vermieter) verpflichtet, der anderen Partei (Mieter) den Gebrauch einer Sache zu gewähren (vgl. § 535 Abs. 1 S. 1 BGB), während sich die andere Partei verpflichtet, den vereinbarten Mietzins zu zahlen (vgl. § 535 Abs. 2 BGB). Gegenstand eines Mietvertrages können bewegliche Sachen, zum Beispiel Fahrzeuge, Maschinen oder Kleidung, sowie unbewegliche Sachen (Grundstücke) sein, nicht aber Rechte. Es handelt sich um einen gegenseitigen Vertrag im Sinne der §§ 320 ff. BGB.

Ein Mietvertrag ist, im Unterschied zum Kauf- oder Werkvertrag, nicht auf den einmaligen Austausch von Leistungen, sondern auf eine dauerhafte Sachüberlassung gerichtet. Es handelt sich um ein sogenanntes Dauerschuldverhältnis. Nach § 535 Abs. 1 S. 1 BGB hat der Vermieter dem Mieter den Gebrauch der Mietsache zu gewähren (vgl. § 535 Abs. 1 S. 1 BGB). Ein Vermieter ist nach § 535 Abs. 1 S. 2 BGB weiterhin verpflichtet, die, dem Mieter einmal eingeräumte Gebrauchsmöglichkeit während der Mietzeit zu erhalten (Gebrauchserhaltungs- beziehungsweise Instandhaltungspflicht), da die Überlassung des Mietgegenstandes eine Dauerverpflichtung ist.

Zu den Nebenleistungspflichten des Vermieters von Räumen gehören die Versorgung mit Wasser und Strom sowie die Funktion der Heizung sicherzustellen. Der Vermieter hat zudem die Lasten der Mietsache (Müllabfuhrgebühren, Grundsteuer oder auch Gebäudeversicherungen) zu übernehmen. Eine Abwälzung der Kosten auf den Mieter durch Vertrag ist zulässig, sofern dieser die Belastungen deutlich erkennen kann. Die Nebenpflichten des Vermieters bestimmen sich nach dem Inhalt des Mietvertrages und der Art der Mietsache. Zu seinen Sorgfalts- und Schutzpflichten (vgl. § 241 Abs. 2 BGB) zugunsten des Mieters zählen zum Beispiel Warnpflichten in Bezug auf Einbruchsgefahr oder Verkehrssicherungspflichten, die sich nicht nur auf die Mietsache selbst, sondern zum Beispiel auch auf dazugehörenden Hausflur oder Treppenabsatz beziehen können.

Nach § 535 Abs. 2 BGB besteht die Hauptleistungspflicht des Mieters in der Zahlung der Miete sowie der vereinbarten Nebenkosten (vgl. § 535 Abs. 2 BGB). Verletzt der Vermieter seine vertraglichen Pflichten, so richten sich die Ansprüche des Mieters nach den allgemeinen Vorschriften (vgl. §§ 280 ff., 320 ff. BGB). Weist die Sache allerdings einen Sach- oder Rechtsmangel im Zeitpunkt der Überlassung der Mietsache auf, so bestimmen sich die Ansprüche und Rechte des Mieters alleine nach den Sonderregeln der §§ 536 ff. BGB. Der Gesetzgeber hat die Gewährleistungsrechte des Mieters nicht in das allgemeine Pflichtverletzungskonzept integriert. Der Vermieter haftet nach den §§ 280 ff. BGB, 320 ff. BGB also nur dann, wenn die Nichterfüllung seiner Pflicht nicht auf einem Sach- oder Rechtsmangel beruht.

Dem Mieter steht zunächst, unabhängig von den Gewährleistungsrechten, der primäre Anspruch auf Beseitigung des Mangels nach § 535 Abs. 1 S. 2 BGB zu. Kommt der Vermieter dieser Pflicht nicht nach, dann kann der Mieter die Miete nach § 320 BGB auch über den Minderungsbetrag hinaus zurückbehalten. Er kommt nicht in Annahmeverzug, wenn er die mangelhafte Sache nicht als Erfüllung anerkennt und keine Miete zahlt; benutzt er sie allerdings, ist dies als Annahme zu werten. Dem Mieter stehen bei Vorliegen eines Sach- oder Rechtsmangels die Rechte aus §§ 536, 536a BGB zu, zum Beispiel Minderung (vgl. § 536 BGB), Schadensersatz (vgl. § 536a BGB) oder auch das Recht zur Kündigung (vgl. § 543 BGB). Die jeweiligen Vertragsparteien können im Rahmen der Privatautonomie den Inhalt des Schuldverhältnisses frei festlegen. Sie können dabei von den gesetzlichen Regelungen abweichende Vereinbarungen treffen, sofern sie die Schranken der §§ 134, 138 BGB oder der §§ 305 ff. BGB nicht überschreiten (vgl. Zerres und Zerres 2018, S. 86 ff.).

7.2.2 Urheber- und Kunsturheberrecht

Das Urheber- und das Kunsturheberrecht erlangen im Stadtmarketing immer dann Bedeutung, wenn es darum geht, fremde Textbeiträge, Bilder, auch in bewegter Form, oder Musik in die eigenen Kommunikationsbotschaften zu integrieren. Bei all den genannten Handlungen ist zunächst das Urheberrecht zu beachten, das im Urheberrechtsgesetz (UrhG) geregelt ist. Schutzgegenstand dieses Gesetzes sind Werke gemäß § 2 UrhG, welche vor unerlaubten Verwendungen Dritter geschützt werden sollen, also Sprachwerke, Fotos als Lichtbildwerke, Bilder als Werke der bildenden Künste und Videos als Filmwerke. Damit diese Werke aber auch unter dem Schutz des UrhG stehen, muss das betreffende Werk ausdrücklich eine persönliche geistige Schöpfung in diesem Sinne sein. Das bedeutet, dass das Werk einen gewissen Grad an Individualität und Kreativität aufweisen muss. Ist eine solche, sogenannte Schöpfungshöhe erreicht, so ist ein Werk schutzfähig. Fotos erreichen in der Regel die notwendige Schöpfungshöhe. Bei Sprachwerken muss jedoch eine individuelle Betrachtung erfolgen. Grundsätzlich darf nur der Urheber, welcher das Werk erstellt hat, darüber entscheiden, was mit dem Werk geschieht. Ihm steht das ausschließliche Recht zur Verwertung des Werks zu. Die Verwertungshandlungen sind in § 15 UrhG aufgeführt. So darf zum Beispiel nur der Urheber das Werk vervielfältigen oder verbreiten. Dies führt dazu, dass fremde Werke nur mit Zustimmung des Urhebers beziehungsweise des Rechteinhabers verwendet werden dürfen. Die Zustimmung muss sich dabei auch konkret auf die Verwertungshandlung beziehen. Ein Verstoß gegen das Urheberrecht hat nach § 97 UrhG zur Folge, dass der Urheber Anspruch auf Beseitigung der Beeinträchtigung, Unterlassung bei Erstbegehungs- und Wiederholungsgefahr und Schadensersatz bei Vorsatz oder Fahrlässigkeit hat.

Möchte eine Stadt im Rahmen ihrer Marketingaktivitäten etwa Fotos oder Videos, auf denen Personen zu sehen sind, veröffentlichen, hat sie das sogenannte Recht am eigenen Bild zu beachten. Dieses ist eine besondere Ausprägung des allgemeinen Persönlichkeitsrechts und steht jedem Menschen zu. Es lässt sich aus Art. 2 Abs. 1 GG in Verbindung mit Art. 1 Abs. 1 GG ableiten. Das Recht am eigenen Bild ist gesetzlich in den §§ 22 bis 24 des Kunsturhebergesetz (KUG) geregelt.

§ 22 KUG verbietet grundsätzlich die Veröffentlichung eines Bildnisses, ohne die Einwilligung des Abgebildeten. Ein solches Bildnis liegt immer dann vor, wenn die abgebildete Person erkennbar ist. Dabei genügt es auch, wenn nur der Bekanntenkreis die betreffende Person identifizieren kann, zum Beispiel aufgrund von Statur, Frisur oder markantem Schmuck (vgl. Fricke, in: Wandtke und Bullinger 2014, § 22 KUG, Rn. 5 bis 7). Ausnahmen stellen die Vorschriften der §§ 23 und 24 KUG dar; sie erlauben eine Veröffentlichung auch ohne Einwilligung, wenn die geforderten Voraussetzungen vorliegen. Eine Ausnahme stellt § 23 Abs. 1 Nr. 1 KUG bei Bildnissen aus dem Bereich der Zeitgeschichte dar. Darunter sind alle Ereignisse zu verstehen, die von der Öffentlichkeit beachtet werden und an denen ein öffentliches Interesse besteht. Die Ereignisse können aus verschiedenen Bereichen, wie etwa Politik, Gesellschaft, Wirtschaft oder Kultur stammen. Personen, die im Rahmen von zeitgeschichtlichen Ereignissen abgebildet werden, können sich somit nicht auf ihr Recht am eigenen Bild berufen, es sei denn, dass der Eingriff in das Persönlichkeitsrecht höher wiegt wie das Informationsinteresse der Öffentlichkeit (vgl. Fricke, in Wandtke und Bullinger 2014, KUG § 23, Rn. 6). Dies gilt es, im Einzelfall abzuwägen. Berühmte Persönlichkeiten, wie Staatsoberhäupter oder Sportler, die selbst zur Zeitgeschichte gehören, dürfen auch ohne Bezug zu einem öffentlichen Ereignis abgebildet werden. Ausgeschlossen sind jedoch Handlungen innerhalb des Privatlebens, an welchen die Öffentlichkeit kein berechtigtes Interesse hat; auch ist das wirtschaftliche Ausnutzen von Bildnissen berühmter Persönlichkeiten verboten. Diese dürfen zum Beispiel nicht ohne Einwilligung mit Werbebotschaften versehen werden (vgl. Schwenke 2014, S. 121 ff.).

Bei Bildern, auf denen die Person nur als Beiwerk, etwa in einer Landschaft oder einer sonstigen Örtlichkeit, erscheint, ist nach § 23 Abs. 1 Nr. 2 KUG ebenfalls keine Einwilligung erforderlich. In diesem Fall steht die jeweilige Örtlichkeit im Vordergrund. Die Person wird lediglich als Beiwerk bezeichnet, wenn der Charakter des Bildes auch ohne diese derselbe bleibt. Jedoch ist die Privatsphäre der Person zu beachten. Ist diese zum Beispiel unbekleidet am Strand zu sehen, so muss diese der Veröffentlichung zustimmen (vgl. Schwenke 2014, S. 123).

Eine weitere Ausnahme enthält § 23 Abs. 1 Nr. 3 KUG für Bilder von Versammlungen, Aufzügen und ähnlichen Vorgängen, an denen dargestellte Personen teilgenommen haben. Im Vordergrund müssen dabei das Geschehen und die Abbildung der Menschenansammlung stehen. Versammlungen, Aufzüge und ähnliche Vorgänge umfassen Ansammlungen von Menschen, welche den kollektiven Willen haben, etwas gemeinsam zu tun. Das ist zum Beispiel bei Demonstrationen, Konzerten, Sportveranstaltungen oder größeren Tagungen der Fall. Bei zufälligen Zusammenkünften größerer

Menschengruppen, wie beispielsweise in der U-Bahn, fehlt es dagegen an einem kollektiven Willen, sodass eine Abbildung der Einwilligung bedarf (vgl. Fricke, in: Wandtke und Bullinger 2014, § 23 KUG, Rn. 25). Zudem muss es sich um eine Versammlung handeln, die für die Öffentlichkeit zugänglich ist. Private Ansammlungen von Menschen, zum Beispiel bei Hochzeiten oder Beerdigungen, fallen in der Regel nicht unter die Ausnahme. Zur öffentlichen Zugänglichkeit ist also die Möglichkeit zur Teilnahme ohne Einladung oder besondere Erlaubnis notwendig (vgl. Schwenke 2014, S. 124). Darüber hinaus muss der Vorgang der Versammlung im Vordergrund stehen, das heißt, dass das Geschehen als Ganzes auf dem Bild festgehalten werden soll. Eine Hervorhebung einzelner Personen ist also in der Regel nicht vom Ausnahmetatbestand des § 23 Abs. 1 Nr. 3 KUG gedeckt (vgl. Herrmann, in: Gersdorf und Paal 2017, § 23 KUG, Rn. 22).

Greift keine der aufgeführten Ausnahmen, so ist eine Veröffentlichung nur unter Einwilligung des Abgebildeten möglich. Diese ist in § 183 BGB als vorherige Zustimmung definiert, für die keine besonderen Formerfordernisse zu beachten sind. Demnach kann die Einwilligung ausdrücklich oder stillschweigend erfolgen (vgl. BGH GRUR 2005, 74, 75). Eine stillschweigende Einwilligung liegt stets dann vor, wenn der Betroffene sich so verhält, dass ein objektiver Erklärungsempfänger darin eine Einwilligung erkennen kann; außerdem muss dem Betroffenen Zweck, Art und Umfang der Veröffentlichung bekannt sein (vgl. OLG München, ZUM 2009, 429). Wer sich zum Beispiel für ein Fernsehinterview bereitstellt, willigt stillschweigend auch in dessen Ausstrahlung ein (vgl. Fricke, in: Wandtke und Bullinger 2014, § 22 KUG, Rn. 15). Eine stillschweigende Einwilligung birgt jedoch immer Risiken, da es keinen konkreten Beweis einer Zustimmung gibt und jeder Sachverhalt einer Einzelbetrachtung unterliegt.

Wird gegen das Recht am eigenen Bild verstoßen, so kann der Abgebildete Ansprüche gegen den Verwender geltend machen. In Betracht kommen hier insbesondere Beseitigungs-, Unterlassungs-, Schadensersatz- und Geldentschädigungsansprüche.

7.2.3 Wettbewerbsrecht

Im Rahmen einer städtischen Marketingkommunikation ist stets auch das Wettbewerbsrecht zu beachten. Darunter versteht man die Gesamtheit aller Normen, die den Wettbewerb gewährleisten und ordnen. Hierzu zählen vornehmlich das Gesetz gegen den unlauteren Wettbewerb (UWG) und das Kartellrecht, vornehmlich geregelt im Gesetz gegen Wettbewerbsbeschränkungen (GWB). Für das Stadtmarketing ist in erster Linie das UWG von Bedeutung, das dazu dient, die Qualität des Wettbewerbs zu sichern, vor allem durch Schutzvorschriften gegen unfaire beziehungsweise unlautere Wettbewerbspraktiken, zum Beispiel bei vergleichender oder irreführender Werbung. Auf den Bereich des Sports übertragen wäre eine vorherige Abrede über den Ausgang eines Fußballspiels, etwa mit dem Ziel, sich hohe Einnahmen aus Sportwetten zu verschaffen, eine Wettbewerbsbeschränkung. Ein regelwidriges Verhalten, zum Beispiel ein Foul bei diesem Fußballspiel, wäre im übertragenen Sinne ein unlauterer Wettbewerb, der durch das

UWG unterbunden werden soll. Zum UWG gehören auch Nebengesetze, zum Beispiel die Preisangabenverordnung (PAngV), das, auf einer entsprechenden EG-Verordnung beruhende EG-Verbraucherschutzdurchsetzungsgesetz (VSchDG), mit dem die europaweite Zusammenarbeit im Verbraucherschutz verbessert werden soll, das Unterlassungsklagengesetz (UKlaG) oder auch die Dienstleistungsinformationspflichtenverordnung (DL-InfoV).

Aufgrund des praktisch bedeutsamen Tatbestandes des Rechtsbruches in § 3a UWG werden aber auch zahlreiche Regelungen aus anderen Gesetzen, die das Marketing unmittelbar und mittelbar beeinflussen, erfasst, die aber nicht typischerweise zum Wettbewerbsrecht gezählt werden können. So handelt etwa unlauter im Sinne dieser Vorschrift, wer einer gesetzlichen Vorschrift zuwiderhandelt, die auch dazu bestimmt ist, im Interesse der Marktteilnehmer das Marktverhalten zu regeln, und der Verstoß geeignet ist, die Interessen von Verbrauchern, sonstigen Marktteilnehmern oder auch Mitbewerbern spürbar zu beeinträchtigen. Damit wird eine kaum überschaubare Anzahl an Regelungen, beispielsweise aus dem Bürgerlichen Recht, aus dem Öffentlichen Recht und aus dem Strafrecht, in den Schutzbereich des UWG einbezogen.

Die für das Stadtmarketing im UWG enthaltenen relevanten Vorschriften betreffen vor allem das Verbot irreführender oder vergleichender Werbung sowie die Direktwerbung, die im Rahmen der instrumentenspezifischen Regelungen dargestellt werden. Außerdem unterliegen Eventmanagement, Product Placement, Sponsoring oder auch Social Media-Aktivitäten grundsätzlich stets dem UWG.

Bei Kommunikationsaktivitäten mit grenzüberschreitendem Bezug stellt sich vorab die Frage, welches nationale Recht bei grenzüberschreitenden Werbeaktivitäten im Einzelfall anzuwenden ist. Grundsätzlich wird diese Frage durch die Rom II-VO (Verordnung Nr. 864/2007) beantwortet; so ist nach Art. 6 Abs. 1 Rom II-VO auf außervertragliche Schuldverhältnisse aus unlauterem Wettbewerbsverhalten das Recht des Staates anzuwenden, in dessen Gebiet die Wettbewerbsbeziehungen oder die kollektiven Interessen der Verbraucher beeinträchtigt worden sind oder wahrscheinlich beeinträchtigt werden.

Im Folgenden sollen einige grundlegende Regelungen des UWG vorgestellt werden. Im zweiten Abschnitt dieses Beitrages wird später dann ein Fokus zu legen sein auf die diesbezüglichen instrumentenspezifischen Regelungen.

Das Gesetz gegen den unlauteren Wettbewerb dient dem Schutz der Mitbewerber, der Verbraucherinnen und Verbraucher sowie der sonstigen Marktteilnehmer vor unlauteren geschäftlichen Handlungen. Es schützt zugleich das Interesse der Allgemeinheit an einem unverfälschten Wettbewerb (vgl. § 1 UWG). Das UWG enthält, neben allgemeinen Bestimmungen. materielle, verfahrensrechtliche sowie strafrechtliche Regelungen.

In § 1 UWG werden die Schutzwecke bestimmt. Die eigentlichen, materiell-rechtlichen Regelungen finden sich in den §§ 3 bis 7 UWG. In § 3 Abs. 1 UWG ist die Aussage vorangestellt, dass unlautere geschäftliche Handlungen unzulässig sind. Es handelt sich um einen eigenständigen Tatbestand mit einer Rechtsfolgenregelung. Wann eine geschäftliche Handlung unzulässig ist, ergibt sich aus § 3 Abs. 1 UWG in Verbindung mit den Beispielstatbeständen der §§ 3 Abs. 2 und 3, 3a bis 6 UWG. Als spezielle Tatbestände sind zunächst § 3a UWG (Rechtsbruch), § 4 UWG (Mitbewerberschutz), 4a UWG (Aggressive geschäftliche Handlung), § 5, 5a UWG (Irreführende geschäftliche Handlung, auch durch Unterlassung) sowie § 6 UWG (Vergleichende Werbung) vorrangig zu prüfen. Einen, von § 3 Abs. 1 UWG unabhängigen Tatbestand enthält § 7 UWG. Danach ist eine geschäftliche Handlung, durch die ein Marktteilnehmer in unzumutbarer Weise belästigt wird, unzulässig. Ein zweites Kapitel enthält die Rechtsfolgen, vor allem den Anspruch auf Unterlassung, Beseitigung, Schadensersatz (bei Verschulden), Gewinnabschöpfung sowie die Verjährung.

Diese Ansprüche stehen zunächst jedem Mitbewerber zu (vgl. § 8 Abs. 3 Nr. 1 UWG), weiterhin rechtsfähigen Verbänden zur Förderung gewerblicher oder selbstständiger beruflicher Interessen, explizit Industrie- und Handelskammern, sowie Verbraucherverbänden. Nicht klagebefugt ist dagegen der einzelne Verbraucher, auch wenn er unmittelbar von einer unseriösen Werbemaßnahme betroffen ist; dieser kann jedoch zivilrechtliche Ansprüche, zum Beispiel aus §§ 823, 1004 BGB, geltend machen.

7.2.4 Datenschutzrecht

Im Rahmen eines Stadtmarketing werden häufig personenbezogene Daten erhoben, analysiert und genutzt. Rechtsrahmen hierfür ist die, im Mai 2018 in Kraft getretene europäische Datenschutzgrundverordnung (DS-GVO). Diese vereinheitlicht die Regeln für die Verarbeitung von personenbezogenen Daten durch private Unternehmen und öffentliche Stellen in der Europäischen Union (EU). Ziel soll einerseits der Schutz von personenbezogenen Daten innerhalb der EU sein und andererseits die Gewährleistung eines freien Datenverkehrs innerhalb dieser. Die DS-GVO gilt unmittelbar in allen EU-Mitgliedstaaten. Sie ersetzt weitgehend das bis dahin geltende Bundesdatenschutzgesetz (BDSG). Der deutsche Gesetzgeber hat im Vorfeld das BDSG-Anpassungsgesetz erlassen, das gleichzeitig mit der DS-GVO im Mai 2018 in Kraft trat. Dieses enthält in seinem Kern eine Neukonzeption des Bundesdatenschutzgesetzes und gilt für öffentliche Stellen des Bundes und der Länder (soweit nicht landesrechtliche Regelungen greifen) sowie für nicht-öffentliche Stellen. Das BDSG-Anpassungsgesetz ergänzt somit die unmittelbar geltende DS-GVO um die Bereiche, in denen die EU-Verordnung den Mitgliedstaaten Gestaltungsspielräume belässt.

Grundsätzlich kommen Datenschutzvorschriften immer dann zur Anwendung, wenn es um personenbezogene Daten geht. Art. 4 Nr. 1 DS-GVO umfasst dabei alle Informationen, die sich auf eine identifizierte oder identifizierbare natürliche Person beziehen. Die DS-GVO behält zwar grundsätzliche Prinzipien des bisherigen Datenschutzrechts bei, jedoch finden sich in ihr zahlreiche Fortentwicklungen dieser Prinzipien und in ihren Konkretisierungen zahlreiche Anforderungen, Regelungsinstrumente, Aufsichtsstrukturen und Durchsetzungsmechanismen. Sie folgt dem Grundsatz des Verbots mit Erlaubnisvorbehalt, das heißt, personenbezogene Daten zu erheben, zu verarbeiten und zu nutzen ist immer verboten, es sei denn, der Betroffene hat ausdrücklich eingewilligt oder es ist gesetzlich erlaubt (vgl. Art. 6 Abs. 1 DS-GVO beziehungsweise § 4 BDSG). Nach welchen Grundsätzen eine wirksame Einwilligung zu erfolgen hat, richtet sich nach Art. 4 Nr. 11, Art. 6 Abs. 1 a, Art. 7, Art. 8 DS-GVO beziehungsweise § 4a BDSG. Die Anforderungen an die Einwilligung bleiben, mit einer Ausnahme, unverändert. Die DS-GVO verlangt, im Gegensatz zum BDSG, nicht ausdrücklich die Schriftform. Die Grundprinzipien der Zweckbindung, Erforderlichkeit, Datenvermeidung und Datensparsamkeit bleiben ebenfalls erhalten. Auch die Grundsätze zur Zweckbindung (vgl. Art. 5 Abs. 1 lit. b DS-GVO) und Erforderlichkeit (vgl. Art. 5 Abs. 1 lit. c DS-GVO – nunmehr Datenminimierung genannt) gelten im Grundsatz fort. Daneben werden wesentliche Definitionen der personenbezogenen Daten, also Informationen, die sich auf eine identifizierte oder identifizierbare natürliche Person beziehen (vgl. Art. 4 Abs. 1 DS-GVO) und der Verarbeitung (vgl. Art. 4 Abs. 2 DS-GVO) der Sache nach unverändert übernommen.

Die DS-GVO enthält jedoch eine Reihe an wesentlichen Änderungen und Neuerungen. Der Datenschutz soll künftig auch durch eine entsprechende Technikgestaltung gewährleistet werden. Die verantwortlichen Stellen werden so in Art. 25 Abs. 1 DS-GVO verpflichtet, geeignete technische und organisatorische Maßnahmen zu treffen, um die Datenschutzgrundsätze wirksam umzusetzen und die Rechtmäßigkeit der Verordnung sicherzustellen. Die Transparenzpflichten und die Betroffenenrechte sind nunmehr ausgeweitet und detaillierter. Verhaltensregelungen werden an verschiedenen Stellen in der DS-GVO gesetzlich privilegiert. Vor diesem Hintergrund wird ein europaweites Zertifizierungsverfahren eingeführt, durch das verantwortliche Stellen und Auftragsverarbeiter nachweisen können, die Verordnung einzuhalten. Die Zuständigkeit der Aufsichtsbehörden für grenzüberschreitende Datenverarbeitung innerhalb der EU wird vereinfacht, die Bußgeldbeträge werden stark erhöht.

Exkurs: Umweltrecht

Zahlreiche Maßnahmen eines Stadtmarketing, allen voran etwa die Vorbereitung und Durchführung von Veranstaltungen, haben oftmals mehr oder weniger Auswirkungen auf die Umwelt. Hier ist das Umweltrecht zu beachten.

Mit dem allgemeinen Bewusstseinswandel breiter Bevölkerungsschichten und der Erkenntnis der Endlichkeit natürlicher Ressourcen kam es in den letzten Jahrzehnten des vergangenen Jahrhunderts zu einer Entwicklung einer Umweltpolitik, die sich eigenständig neben den klassischen Politikbereichen behauptet. Im Umweltprogramm der Bundesregierung von 1971 wird Umweltpolitik bereits als Gesamtheit der Maßnahmen bezeichnet, die notwendig sind, um erstens dem Menschen eine Umwelt zu sichern, wie dieser sie für seine Gesundheit und für ein menschenwürdiges Dasein braucht, zweitens Boden, Luft und Wasser, Pflanzen- und Tierwelt vor nachteiligen Wirkungen menschlicher Eingriffe zu schützen und drittens Schäden oder bereits eingetretene Nachteile aus menschlichen Eingriffen zu beseitigen. Dieses „Umwelttrias" ist im Grundsatz auch heute noch zutreffend, allerdings von den nachfolgenden Bundesregierungen in programmatischen Äußerungen, wie Koalitionsverträgen oder Umweltberichten, je nach

Entwicklung der Umweltbelastung weiter entfaltet und in ihrem Schwerpunkten und Unterzielen jeweils neu gewichtet worden.

Diese vorgenannten grundsätzlichen Ziele der Umweltpolitik fanden im Jahre 1994 zusammengefasst als Staatsziel „Umweltschutz" Eingang in das Grundgesetz (GG) der Bundesrepublik Deutschland. Art. 20a GG richtet so staatliches Handeln auf den Schutz der natürlichen Lebensgrundlagen oder die Umweltpflege auch in Verantwortung für die zukünftigen Generationen aus; damit dient dieses verfassungsrechtliche Umweltpflegeprinzip auch unmittelbar der Würde des Menschen (vgl. Art. 1 Abs. 1 GG).

In vergleichbarer Weise hat auch die Europäische Union seit 1986, erweitert 2009 durch den Vertrag von Lissabon, ihre Umweltpolitik mit dem „Unionsziel Umweltschutz" ausdrücklich auf ein Umweltzielquintett verpflichtet (vgl. Art. 191 Abs. 1, 194 Abs. 1 c) AEUV). Es handelt sich um folgende Ziele:

- Erhaltung und Schutz der Umwelt sowie Verbesserung ihrer Qualität,
- Schutz der menschlichen Gesundheit,
- umsichtige und rationale Verwendung der natürlichen Ressourcen,
- Förderung von Maßnahmen auf internationaler Ebene zur Bewältigung regionaler und globaler Umweltprobleme und insbesondere zur Bekämpfung des Klimawandels und
- Förderung der Energieeffizienz, Energieeinsparungen und Entwicklung neuer und erneuerbarer Energiequellen.

Zum Umweltrecht zählt eine Vielzahl an Vorschriften. Auf nationaler Ebene gehören zu den Kernregelungen des Umweltrechts, neben den verfassungsrechtlichen Normen in Art. 20a GG mit der Staatszielbestimmung zum Umweltschutz, das Naturschutzrecht, das Tierschutzrecht, das Forstrecht, das Bodenschutzrecht, das Gewässerschutzrecht, das Verkehrswegerecht, das Immissionsschutzrecht, das Gentechnikrecht, das Atomrecht und das Kreislaufwirtschafts- und Abfallrecht. Hinzu treten als allgemeine Bereiche das Raumordnungsrecht, das Bauplanungsrecht, das Recht der strategischen Umweltprüfung oder auch das Verwaltungsverfahrensrecht. Neben dem Staats- und Verwaltungsrecht, finden sich umweltbezogene Vorschriften auch im Privatrecht, dessen Gegenstand insbesondere Haftungsfragen sind, im Strafrecht und im Gesetz über Ordnungswidrigkeiten. Zahlreiche Gesetze haben eine Konkretisierung durch eine Vielzahl an Rechtsverordnungen der Exekutive erfahren; die entsprechende Ermächtigungsgrundlage ergibt sich jeweils aus den formellen Gesetzen (vgl. Peters et al. 2016, Rn. 1 ff.).

Das Normgefüge des Umweltrechts basiert auf fünf Prinzipien. Diese sind als Grundsätze nicht unmittelbar anwendbares Recht. Sie haben allerdings eine strukturbildende Funktion (vgl. Peters et al. 2016, Rn. 13.). Es handelt sich um das

- Vorsorgeprinzip,
- Verursacherprinzip,
- Kooperationsprinzip,
- Integrationsprinzip und
- Nachhaltigkeitsprinzip.

7.3 Instrumentenspezifischer Rechtsrahmen

7.3.1 Marke

Heute versuchen Städte, oft mithilfe ihres Marketing, selbst zu einer Marke zu werden. In diesem Zusammenhang gibt es eine große Vielfalt an kommunikationspolitischen Maßnahmen, bei denen die Verwendung einer solchen Stadtmarke im Sinne einer Corporate Identity-Strategie Erfolg versprechend zu beobachten ist. Eine solche Marke gilt es zu schützen.

Marken sind nach § 3 Abs. 1 Markengesetz (MarkenG) alle (nur denkbaren) Zeichen, insbesondere Wörter einschließlich Personennamen, Abbildungen, Buchstaben, Zahlen, Hörzeichen, dreidimensionale Gestaltungen, einschließlich der Form einer Ware oder ihrer Verpackung, sowie sonstige Aufmachungen, einschließlich Farben und Farbzusammenstellungen, zum Beispiel blau/weiß des Mineralölkonzerns ARAL, magenta/grau der Deutschen Telekom oder das „Milka-Lila", sowie Werbeslogans, die geeignet sind, Waren oder Dienstleistungen eines Unternehmens von denjenigen anderer Unternehmen zu unterscheiden. Die häufigsten Markenformen sind dabei Wort- und Bildmarken oder die Wort-Bild-Marke als Verbindung von Wörtern mit Abbildungen. Eine Wortmarke ist etwa Golf. Beispiele für, als Bildmarken geschützte Logos sind zum Beispiel der „Stern" von Mercedes Benz oder das Logo der Deutschen Bank. Häufig werden diese auch miteinander verbunden. Diese werden nur dann geschützt, wenn ein Produktbezug gegeben ist. Das schließt nicht aus, dass die Kennzeichnung gleichzeitig für das gesamte Unternehmen stehen kann. So ist McDonalds gleichzeitig der Name des Unternehmens wie auch das Leistungskennzeichen des einzelnen Restaurants.

Grundsätzlich sind auch Domainnamen nach dem MarkenG schutzfähig. Zu beachten ist allerdings, dass das Deutsche Patent- und Markenamt (DPMA) keine Domainnamen vergibt, sondern die DENIC in Frankfurt. Ist ein Markenschutz beabsichtigt, empfiehlt sich eine Markenrecherche vor der Beantragung einer Domain.

Werktitel sind nach § 5 Abs. 3 MarkenG die Namen oder besonderen Bezeichnungen von Druckschriften, zum Beispiel „Hansestyle", Filmwerken, zum Beispiel „Babylon Berlin", Bühnenwerken, zum Beispiel „Cats" oder sonstigen vergleichbaren Werken (vgl. BGH, GRUR 1998, 155). Einem solchen Werktitel müssen Unterscheidungskraft und Verkehrsgeltung für das Werk zukommen, wobei Rechtsprechung und Literatur bei Zeitungs- oder Zeitschriftentiteln im Allgemeinen recht großzügig sind (vgl. BGH, GRUR, 1992, 547 – Berliner Morgenpost). Unternehmenskennzeichen und Werktitel erlangen grundsätzlich Schutz mit der ersten Benutzung im Geschäftsverkehr, sofern sie unterscheidungskräftig sind. Es besteht dabei „Anspruchskonkurrenz" mit dem Namensrecht (vgl. § 12 BGB).

Im MarkenG sind auch Regelungen enthalten, die den Schutz geografischer Herkunftsangaben, das heißt Namen von Orten, Gegenden oder Ländern, vorsehen (vgl. §§ 1, 126 ff. MarkenG). Ein Unterschied zu den bisher betrachteten Marken besteht im Wesentlichen darin, dass es hier um Angaben über die „geographische Herkunft" von Waren oder Dienstleistungen geht und nicht um deren „betriebliche" Herkunft. Zudem handelt es sich beim Markenrecht um ein Ausschließlichkeitsrecht zugunsten eines bestimmten Inhabers, bei geografischen Herkunftsangaben dagegen um Rechtspositionen, die allen in einem bestimmten Gebiet in Bezug auf ihre Leistungen zustehen, zum Beispiel Lübecker Marzipan oder Dresdner Stollen. Nach § 127 MarkenG dürfen geografische Herkunftsangaben im wirtschaftlichen Verkehr nicht für Waren oder Dienstleistungen benutzt werden, die nicht aus dem bezeichneten Gebiet stammen, wenn bei Benutzung solcher Angaben eine Gefahr der Irreführung über die geografische Herkunft besteht. Die Bezeichnung „Schwarzwälder Uhren" darf als geografische Herkunftsangabe von allen, im Schwarzwald ansässigen Uhrenproduzenten verwendet werden (vgl. § 127 MarkenG). Kein Schutz besteht dagegen mehr für solche Herkunftsbezeichnungen, die zu Gattungsbezeichnungen geworden sind, wenn also nur noch ein ganz unerheblicher Teil der angesprochenen Verkehrskreise die Angabe als Hinweis auf die Herkunft der Ware auffasst; beispielsweise ist bei „Wiener Schnitzel" offensichtlich, dass es nicht aus Wien selbst stammen muss.

Im Hinblick auf die Entstehung von Markenschutz lassen sich drei Kategorien von Marken unterscheiden:

- Marken durch Eintragung,
- Marken durch Benutzung mit Verkehrsgeltung und
- Marken durch notorische Bekanntheit.

Zu den materiellen Voraussetzungen zählen:

- das Vorliegen allgemeiner Merkmale (vgl. § 3 MarkenG),
- das Fehlen von „absoluten" Eintragungshindernissen (vgl. § 8 MarkenG) und
- dass kein Plagiat einer notorisch bekannten Marke vorliegt (vgl. Art. 6 bis PVÜ).

Das DPMA prüft die Anmeldung dahin gehend, ob alle formellen Anmeldeerfordernisse erfüllt sind, das heißt, ob die Gebühren (Grundgebühr; ca. 300 EUR für bis zu 3 Klassen) bezahlt sind und ob der Antragsteller nach § 7 MarkenG Inhaber einer Marke sein kann (vgl. § 36 MarkenG). In einem zweiten Schritt prüft das DPMA von Amts wegen, ob die allgemeinen Merkmale nach § 3 MarkenG vorliegen, das heißt Zeichenqualität, abstrakte Unterscheidungskraft sowie grafische Darstellbarkeit. Das DPMA prüft also, neben den formelle Anforderungen (vgl. § 36 MarkenG), auch die genannten absoluten Eintragungshindernisse (vgl. § 37 MarkenG). Zu diesen zählen nach §§ 3 Abs. 2, 8 und 10 MarkenG die Zeichen, für die ein Freihaltebedürfnis besteht.

Im Anmeldeverfahren wird das Bestehen relativer Schutzhindernisse, das heißt eine Identität oder Ähnlichkeit mit prioritätsälteren Marken nicht geprüft. Während die absoluten Eintragungshindernisse im Interesse der Allgemeinheit von Amts wegen geprüft werden, obliegt es dagegen bei den relativen Schutzhindernissen dem verletzen Markeninhaber, seine Rechte geltend zu machen.

Ein Markenschutz entsteht nicht nur durch Eintragung, sondern auch durch Benutzung eines Zeichens im wirtschaftlichen Verkehr, soweit es innerhalb beteiligter Verkehrskreise als Marke „Verkehrsgeltung" (vgl. § 4 Nr. 2 MarkenG), das heißt einen bestimmten Bekanntheitsgrad, erreicht hat. Zu den beteiligten Verkehrskreisen zählen die Abnehmer, nicht dagegen die Mitbewerber.

Markenschutz entsteht schließlich auch noch nach § 4 Ziff. 3 MarkenG durch die in Art. 6 bis Pariser Verbandsübereinkommen (PVÜ) normierte notorische Bekanntheit einer Marke. Notorietät ist die Allbekanntheit der Marke im Verkehr, wie sie zum Beispiel der Weltmarke Coca Cola zukommt. Der Bekanntheitsgrad im Inland muss dabei noch höher sein als nach § 4 Ziff. 2 MarkenG. Regelmäßig werden notorisch bekannte Marken zugleich Markenschutz nach § 4 Ziff. 2 MarkenG genießen, sofern sie im Inland benutzt worden sind.

Der Inhaber erwirbt an der Marke ein ausschließliches Recht (vgl. § 14 Abs. 1 MarkenG), das in zwei Richtungen wirkt. Er ist zum einen berechtigt, die Marke in der Weise, wie sie für ihn eingetragen ist, zur Kennzeichnung seiner Leistungen zu benutzen, zum anderen können ihm im Falle eines Eingriffs in sein Markenrecht Unterlassungs- und Schadensersatzansprüche zustehen (vgl. § 14 Abs. 2 bis 6 MarkenG). Die Schutzdauer ist, im Gegensatz zum Patent, Gebrauchsmuster oder auch Geschmacksmuster, zeitlich nicht begrenzt. Der Schutz dauert zwar zunächst „nur" zehn Jahre (vgl. § 47 MarkenG), kann aber zeitlich unbegrenzt verlängert werden. Nach § 14 Abs. 3 und 4 MarkenG kann der Markeninhaber einem Dritten unter anderem untersagen, im wirtschaftlichen Verkehr eine identische oder verwechslungsfähig ähnliche Marke zur Kennzeichnung seine Leistungen anzubringen oder unter dieser Marke anzubieten oder diese Marke in der Werbung zu benutzen.

Bei einem Verschulden des Verletzers, das heißt bei Vorsatz oder Fahrlässigkeit, steht dem Rechtsinhaber zusätzlich ein Schadensersatzanspruch zu (vgl. § 14 Abs. 6, 7 MarkenG). Ferner kann der Verletzte die Vernichtung (und Rückruf) der widerrechtlich gekennzeichneten Gegenstände verlangen (vgl. § 18 MarkenG). Er hat einen Anspruch auf Auskunft über die Herkunft und den Vertriebsweg der widerrechtlich gekennzeichneten Leistungen (vgl. § 19 MarkenG; Zerres und Zerres 2018, S. 53 ff.).

7.3.2 Werbung

Regelmäßig werden im Rahmen eines Stadtmarketing werbliche Aktivitäten auszumachen sein. Die hierbei zu beachtenden rechtlichen Rahmenbedingungen fokussieren sich dabei auf die Tatbestände einer irreführenden wie einer vergleichenden Werbung.

Irreführende Werbung

Das Irreführungsverbot in den §§ 5, 5a UWG, das zwischen der Irreführung durch geschäftliche Handlungen (vgl. § 5 UWG) und der Irreführung durch Unterlassen (vgl. § 5a UWG) unterscheidet, dient der Verwirklichung eines der grundlegendsten Elemente des Lauterkeitsrechts, nämlich des Wahrheitsgrundsatzes. Es schützt im Vertikalverhältnis nicht nur Verbraucher, sondern auch sonstige Marktteilnehmer, etwa unternehmerisch tätige Abnehmer, wenn sie hier den maßgeblichen Personenkreis bilden.

Nach § 5 Abs. 1 S. 1 UWG handelt derjenige unlauter, der eine irreführende Handlung vornimmt, die geeignet ist, den Verbraucher oder sonstigen Marktteilnehmer zu einer Entscheidung zu veranlassen, die er andernfalls nicht getroffen hätte. Dabei sind nicht nur unwahre Angaben unlauter, sondern auch solche, die zwar wahr, aber zur Täuschung geeignet sind, also Fakenews.

Voraussetzung ist zunächst eine geschäftliche Handlung. § 5 UWG enthält einen Katalog derjenigen Umstände, die als Gegenstand einer Irreführung die Unlauterkeit begründen können. Angaben in diesem Sinne sind Aussagen des Werbenden, die sich auf Tatsachen beziehen und daher inhaltlich nachprüfbar sind, zum Beispiel „die Anzahl der Sonnentage in der Werbung eines Ferienortes". Keine Tatsachenangaben sind dagegen Meinungsäußerungen beziehungsweise nichtssagende Anpreisungen, deren Wahrheitsgehalt nicht nachgeprüft werden kann oder denen keinerlei Informationsgehalt zu entnehmen ist, zum Beispiel Aussagen, wie „Sylt und nichts anderes" oder „Timmendorfer Strand – eine wunderbare Destination". Werturteile können Angaben enthalten, wenn sie erkennbar auf Tatsachen beruhen, das heißt, wenn sich die Richtigkeit oder Unrichtigkeit objektiv nachprüfen lassen. Auf die Ausdrucksform, also schriftlich, mündlich, durch Ton oder Bild, kommt es dabei nicht an (vgl. Wünsche 2016, S. 59).

Irreführend ist eine Angabe auch dann, wenn eine Diskrepanz zwischen der Wirklichkeit und der Vorstellung der angesprochenen Verkehrskreise, insbesondere der jeweiligen Zielgruppe, über die Bedeutung der Aussage besteht. Richtet sich die Werbung an Touristen, ist, wie erwähnt, auf den durchschnittlich informierten, aufmerksamen und verständigen Verbraucher abzustellen, der die Werbung mit situationsadäquater Aufmerksamkeit wahrnimmt. Nicht erforderlich allerdings ist, dass eine Täuschung des Beworbenen tatsächlich eingetreten ist. Es genügt, dass die Angabe geeignet ist, bei diesem eine irrige Vorstellung hervorzurufen; die Gefahr einer Irreführung reicht also aus.

Eine Handlung ist stets dann irreführend, wenn sie unwahre Angaben oder sonstige zur Täuschung geeignete Angaben über die in § 5 Abs. 1 S. 2 Nr. 1 bis 7 UWG aufgezählten Umstände enthält. In § 5 Abs. 1 Nr. 1 geht es vor allem um Angaben über wesentlichen Merkmale der Leistung, wie „Verfügbarkeit, Art, Ausführung, Vorteile, Risiken, Zusammensetzung oder Verfahren, Lieferung oder Erbringung, Zwecktauglichkeit, Verwendungsmöglichkeit, Menge, Beschaffenheit, Service und Beschwerdeverfahren, geografische oder betriebliche Herkunft, von der Verwendung zu erwartende Wirkungen oder die Ergebnisse oder wesentlichen Bestandteile von Tests der Leistungen". Eine Irreführung ist dabei stets bei einer objektiv unrichtigen Angabe anzunehmen, ohne dass es darauf ankommt, ob sie Aussagen über die aufgezählten Umstände enthält. Objektiv unwahr ist zum Beispiel die Angabe „Der günstigste Strand der Ostsee" in einer Stadtwerbung, wenn andere Mitbewerber, und sei es auch nur vorübergehend, nachweisbar billiger sind (vgl. OLG Hamburg, GRUR-RR 2007, 369 – Der beste Preis der Stadt).

Eine Irreführung kann aber auch durch Aussagen erfolgen, die als solche richtig beziehungsweise wahr, jedoch mehrdeutig oder unvollständig sind und aufgrund derer die Gefahr einer Täuschung besteht. Bei objektiv mehrdeutig oder unvollständigen Aussagen muss grundsätzlich jede nicht ganz fernliegende Deutung wahr sein, die ein aufmerksamer und verständiger Durchschnittskunde für möglich hält. So ist etwa die Bezeichnung „Restzimmer" bei noch umfangreichem Angebot oder besonders in der Werbung herausgestellte „Sonderangebote", wenn nur ganz wenige verfügbare Waren vorrätig waren („Lockvogelwerbung") wegen unzutreffender Angaben über die Verfügbarkeit irreführend. Irreführend sind weiterhin unwahre Angaben über die Bezugsquelle, zum Beispiel die Bezeichnung „Ab Hof" für Handelsware, sowie über die Herstellungsart, zum Beispiel die Bezeichnung „Bäckernudeln" für Industrieerzeugnisse oder „Handarbeit" für ein fabrikmäßig hergestelltes Produkt. Weiterhin zur Täuschung geeignet sind Angaben über die Beschaffenheit des Produkts, die Bezeichnung „Markenqualität" für ein No-Name-Produkt oder Angaben über die geografische oder betriebliche Herkunft, zum Beispiel die Bezeichnung „Lübecker Marzipan", das nicht in Lübeck hergestellt wird (vgl. BGH, GRUR 1982, 71). Die Bezeichnung „Warsteiner" wird üblicherweise als Herkunftshinweis verstanden (Paderborn), ebenso wie „Solinger Stahlwaren" und „Bielefelder Wäsche", die aus dem jeweiligen Raum stammen müssen. Dagegen handelt es sich bei „Wiener Würstchen", „Hamburger" oder „Dresdner Stollen" (vgl. BGH, NJW 1989, 1804) um entlokalisierte Begriffe, die zu Gattungsbezeichnungen geworden sind. Werden ein vergleichender Warentest durch ein unabhängiges Testinstitut durchgeführt und das Ergebnis veröffentlicht, so ist eine Werbung mit diesen Ergebnissen grundsätzlich zulässig. Voraussetzung ist allerdings, dass die Tests von einem unabhängigen, neutralen und anerkannten Institut in einem sachgerechten Verfahren durchgeführt worden sind, zum Beispiel von der bundeseigenen „Stiftung Warentest". Eine Werbung mit derartigen Testergebnissen ist bei den „Gewinnern" beliebt und grundsätzlich zulässig, vor allem, wenn der Testbericht vollständig unter Fundstellenangabe wiedergegeben ist (vgl. Eisenmann und Jautz 2015, Rn. 560 ff.).

Werbung mit der Umweltfreundlichkeit hat in den letzten Jahren eine zunehmende Bedeutung erlangt. Bei der rechtlichen Beurteilung dieser Art der Werbung sind zwei Aspekte von Bedeutung. Zum einen hat sich mit der allgemeinen Anerkennung der Umwelt als ein wertvolles und schutzbedürftiges Gut zunehmend ein Umweltbewusstsein entwickelt, das dazu geführt hat, dass der Verbraucher vielfach Produkte beziehungsweise Leistungen bevorzugt, auf deren besondere Umweltverträglichkeit werblich hingewiesen wird. Gefördert wird ein solches Kaufverhalten durch den Umstand, dass sich Werbemaßnahmen, die an den Umweltschutz anknüpfen, als besonders geeignet erweisen, emotionale Bereiche im Menschen anzusprechen, die von einer Besorgnis um die eigene Gesundheit bis hin zum Verantwortungsgefühl für spätere Generationen reichen. Zudem bestehen noch weitgehende Unklarheiten, insbesondere über Bedeutung und Inhalt der verwendeten Begriffe, etwa „umweltfreundlich", „umweltverträglich" oder „umweltschonend" sowie dem deutschen Umweltzeichen, dem „Blauen Engel" oder anderen selbst geschaffenen Zeichen. Der „Blaue Engel" ist ein, in Deutschland seit 1978 von dem zuständigen Institut für Gütesicherung und Kennzeichnung in Bonn vergebenes Umweltzeichen für besonders umweltschonende Produkte und Dienstleistungen.

Irreführend wirbt hier derjenige, der im geschäftlichen Verkehr ein Umweltzeichen benutzt, ohne die dafür erforderlichen Voraussetzungen zu erfüllen (vgl. BGH, WRP 2014, 697 – Umweltengel für Tragetaschen), das heißt, es muss von der, für die Vergabe zuständigen Institution tatsächlich an den Nutzer vergeben worden sein. Auch sind pauschal verwendete produktbezogene Aussagen, wie etwa die Verwendung der Vorsilbe „Bio" oder „Öko" unzulässig; nicht ausreichend beziehungsweise erklärungsbedürftig sind im Rahmen einer Werbung auch die Hinweise „schadstoffarm" oder „luftentlastend". Der Grund hierfür ist, dass die beworbenen Waren meist nicht insgesamt und nicht in jeder Beziehung, sondern nur in Teilbereichen mehr oder weniger umweltschonend sind und daher ein höheres Aufklärungsbedürfnis der umworbenen Verkehrskreise über Bedeutung und Inhalt der in der Werbung verwendeten Begriffe, Zeichen und Hinweisen besteht. Zur Vermeidung einer Irreführung ist daher ein Hervorheben der konkreten Umweltvorzüge (der Leistung) erforderlich. Es sind unmissverständliche Aufklärungshinweise anzugeben, die erläutern, in welcher Weise die Leistung umweltfreundlicher („umweltfreundlich, weil...") ist als andere. Dies gilt auch bei Nutzung der Umweltzeichen, etwa des bereits erwähnten „Blauen Engels" oder markeneigener Ökolabels, wie die „Erdkugel" oder den „Baum". Auch bei ihnen sind zur Vermeidung einer Irreführung aufklärende Hinweise über Bedeutung und Inhalt der verwendeten Begriffe und Zeichen erforderlich (vgl. BGHZ 105, 277 – Umweltengel; Köhler, in Köhler et al. 2018, § 3 UWG, Rn. 9.19 m. w. N.).

Der Schutz vor unzutreffenden Angaben im Hinblick etwa auf die Förderung von Kultur- und Sportveranstaltungen, dient den Interessen des Verbrauchers, der dem Sponsor einen gewissen Sympathiebonus gewährt, aber auch den Sponsoren, die ein Interesse daran haben, dass nicht andere Unternehmen als „Trittbrettfahrer" von den positiven Auswirkungen der gesponserten Veranstaltung profitieren (vgl. § 5 Abs. 1 S. 2, Nr. 4 UWG). Daher ist es zum Beispiel unlauter, als „offizieller Ausrüster der deutschen Handball-Nationalmannschaft" zu werben, wenn dies nachweislich nicht zutrifft.

Zur Täuschung geeignete Angaben erfolgen meistens durch positives Tun, insbesondere durch Wort und Bild. Aber auch ein „Unterlassen", etwa durch Verschweigen von relevanten Tatsachen oder durch Unvollständigkeiten, kann irreführend sein. Nach § 5a Abs. 6 UWG handelt zum Beispiel unlauter, wer den kommerziellen Zweck einer geschäftlichen Handlung nicht kenntlich macht, sofern sich dieser nicht unmittelbar aus den Umständen ergibt und das Nichtkenntlichmachen geeignet ist, den Verbraucher zu einer geschäftlichen Entscheidung zu veranlassen, die er andernfalls so nicht getroffen hätte. Das bedeutet, dass Werbung stets als solche zu erkennen sein muss. Unlauter ist es auch, zu einer Veranstaltung zu locken, ohne dass auf deren Verkaufscharakter hingewiesen wird. Für Werbung in Zeitungen, im Rundfunk und Fernsehen oder im Internet hat eine deutliche Trennung von Werbung von anderen Inhalten zu erfolgen. Dem Trennungsgebot entspricht es, dass auch redaktionelle, das heißt wie ein journalistischer

Beitrag gestaltete Werbung, als solche deutlich zu kennzeichnen ist. Die Erwartung des Kunden ist hier auf einen neutralen Beitrag gerichtet. Für die Abgrenzung zwischen einem zulässigen (auch lobenden) redaktionellen Beitrag und einer redaktionellen Werbung kommt es maßgebend auf die inhaltlichen Kriterien an (vgl. Wünsche 2016, S. 74).

Das Internet bietet Unternehmen vielfältige Möglichkeiten der Werbung und damit auch der Verschleierung von Werbung. Dazu gehört Werbung in sozialen Netzwerken, in Bewertungsportalen, in Internetforen, einschließlich Blogs und in Suchmaschinen. Die fortschreitende technische Entwicklung ermöglicht dabei immer neue Formen der Verschleierung der Werbung. Ähnlich wie bei den Printmedien geht die Tendenz auch im Internet dahin, Werbung mit nichtwerblichem Inhalt zu vermischen. Das Grundprinzip besteht darin, dass der Nutzer nicht erkennt, dass er es mit Werbung zu tun hat. Zunehmende Bedeutung erlangt hier auch das „Influencer-Marketing".

Die Anwendung des UWG setzt zunächst grundsätzlich stets eine geschäftliche Handlung voraus. Diese liegt in jedem Fall vor, wenn eine Stadt Werbung selbst platziert oder Dritte gegen Entgelt damit beauftragt werden. Ob auch Äußerungen von Privatpersonen im Internet zugunsten einer Stadt als geschäftliche Handlung anzusehen sind, ist schwieriger zu beurteilen. Eine solche liegt jedenfalls vor, wenn Private dafür ein Entgelt (oder sonstige Vorteile) erhalten oder erwarten (vgl. Köhler, in: Köhler et al. 2018, § 5a UWG, Rn. 7.70). Grundsätzlich handelt es sich um getarnte Werbung, wenn ein Durchschnittsnutzer diese als solche nicht erkennt. Geht die Werbung von einem Dritten, zum Beispiel einem „Influencer" aus, so ist es ein Indiz, wenn dieser dafür eine Gegenleistung erhält oder wenn es sich um einen Mitarbeiter der betreffenden Stadt handelt.

Im Rahmen der Internetwerbung ist die Impressumpflicht nach § 5 Telemediengesetz (TMG) zu beachten. Wird ein solches Impressum nicht (oder nicht deutlich) angegeben, so kann dadurch der Eindruck entstehen, dass es sich um einen nicht gewerblich tätigen Anbieter handelt, sodass sowohl ein Verstoß nach § 3a UWG wegen Rechtsbruch als auch nach § 5a UWG vorliegen kann, wenn die Werbung als solche nicht erkennbar ist. Für kommerzielle Kommunikation in Telemedien sind die Anforderungen nach § 6 TMG zu beachten.

Zusammenfassend ist festzuhalten, dass Schleichwerbung oder auch getarnte Werbung grundsätzlich unzulässig ist. Dies gilt nicht nur im Printbereich, im Radio oder Fernsehen, sondern auch im Internet und auf Social Media. Kommerzielle Kommunikation muss als solche stets erkennbar beziehungsweise gekennzeichnet sein (vgl. Zerres und Zerres 2018, S. 333 ff.).

Vergleichende Werbung

Grundsätzlich gehört zum Wesen eines funktionierenden Wettbewerbs, dass man die Mitbewerber durch Qualität und Preis der eigenen Leistung zu überflügeln versucht. Eine wettbewerbswidrige Behinderung liegt allerdings dann vor, wenn besondere Umstände hinzutreten, zum Beispiel, wenn mit einer Maßnahme ausschließlich bezweckt wird, den Mitbewerber an seiner wettbewerblichen Entfaltung zu hindern oder sogar zu vernichten. Die wichtigsten Fälle der Behinderung sind hier die Diskriminierung und vor allem die vergleichende Werbung.

§ 6 Abs. 1 UWG definiert vergleichende Werbung als jede Werbung, die unmittelbar oder mittelbar einen Mitbewerber oder die Erzeugnisse oder Dienstleistungen, die von einem Mitbewerber angeboten werden, erkennbar macht. Es kommt bei der vergleichenden Werbung maßgebend auf die konkrete Erkennbarkeit an. Ist das nicht der Fall, liegt keine vergleichende Werbung im Sinne von § 6 UWG vor, zum Beispiel bei Eigenvergleichen, bei der Verwendung von Werbeimperativen oder allgemeinen Werbefloskeln. Liegt allerdings ein Vergleich mit einem Mitbewerber vor, so kommt es darauf an, ob die Bedingungen nach § 6 Abs. 2 UWG erfüllt sind.

Aus der Systematik des § 6 Abs. 2 UWG ergibt sich, dass vergleichende Werbung als grundsätzlich zulässig angesehen wird und nur bei einem Verstoß gegen § 6 Abs. 2 UWG unlauter ist. Unlauter handelt danach, wer vergleichend wirbt, wenn sich der Vergleich nicht auf Waren oder Dienstleistungen für den gleichen Bedarf oder dieselbe Zweckbestimmung bezieht, wenn der Vergleich nicht objektiv auf eine oder mehrere wesentliche, relevante, nachprüfbare und typische Eigenschaften oder den Preis dieser Waren oder Dienstleistungen bezogen ist. Weiterhin darf vergleichende Werbung nicht die Gefahr einer Verwechslung begründen oder den Ruf des Mitbewerbers ausnutzen oder beeinträchtigen (vgl. § 6 Abs. 2 Ziff. 3 und 4 UWG). Nach § 6 Abs. 2 Nr. 5 UWG handelt zudem unlauter, wer vergleichend wirbt, wenn der Vergleich die Waren, Dienstleistungen, Tätigkeiten oder persönlichen oder geschäftlichen Verhältnisse eines Mitbewerbers herabsetzt oder verunglimpft. Preisvergleiche sind zulässig, solange nicht der Eindruck entsteht, der Mitbewerber biete generell überteuert und außerhalb eines vernünftigen Preis-Leistungs-Verhältnisses an (vgl. Zerres und Zerres 2018, S. 341 ff.)

Direktwerbung

Das UWG erfasst die Formen der Direktwerbung im rechtlichen Sinne unter der aus Marketingsicht etwas irreführenden und negativ besetzten Überschrift „Unzumutbare Belästigungen" in § 7 UWG. Danach ist eine geschäftliche Handlung, durch die ein Marktteilnehmer in unzumutbarer Weise belästigt wird, unzulässig. Unter einer Belästigung versteht man die Beeinträchtigung der privaten oder geschäftlichen Sphäre durch die Art und Weise der Kontaktaufnahme mit dem jeweiligen Marktteilnehmer. Es geht dabei nicht um den belästigenden Inhalt einer Werbebotschaft. Dieser Grundtatbestand wird durch ein Beispiel dahin gehend ergänzt, dass insbesondere eine erkennbar unerwünschte Werbung nicht zulässig ist. Nicht jede Belästigung führt zu einer Unlauterkeit. Erforderlich ist stets eine „Interessenabwägung" zwischen dem Interesse des Einzelnen, keine unerwünschte Werbung zu erhalten und dem Interesse des Werbenden an einer wirksamen Werbung. Eine unzumutbare Belästigung liegt stets dann vor, wenn das Interesse des Einzelnen, vor unerwünschter Werbung geschützt zu werden, überwiegt, wobei als Maßstab die Auffassung eines durchschnittlich informierten, angemessen aufmerksamen und verständigen Adressaten anzunehmen ist.

§ 7 Abs. 2 UWG enthält Tatbestände, bei denen die Werbung stets unzulässig ist. Danach ist eine unzumutbare Belästigung stets anzunehmen bei Werbung mit einem Telefonanruf gegenüber einem Verbraucher ohne dessen vorherige ausdrückliche Einwilligung oder gegenüber einem sonstigen Marktteilnehmer ohne dessen zumindest mutmaßliche Einwilligung oder bei Werbung unter Verwendung einer automatischen Anrufmaschine oder elektronischer Post, ohne dass eine vorherige ausdrückliche Einwilligung des Adressaten vorliegt (vgl. § 7 Abs. 2 Nr. 2 und 3 UWG); letzteres gilt auch gegenüber sonstigen Marktteilnehmern.

Product Placement
Oftmals bemühen sich Ortschaften, Städte oder auch ganze Regionen darum, sich in den Medien zu profilieren. Wenn etwa eine Fernsehserie an der Nordsee (bei permanent gutem Wetter) oder, international, in Südengland (natürlich auch bei gutem Wetter) spielt, werden sicherlich der ein oder andere Reise- beziehungsweise Urlaubswunsch geweckt. Den Rechtsrahmen eines solchen Product Placement stellt im Wesentlichen der 13. Rundfunkänderungsstaatsvertrag von 2010 dar. Grundsätzlich erlaubt ist das Product Placement danach nur in Kinofilmen, Computerspielen, Serien, Sportsendungen oder in Sendungen der leichten Unterhaltung. Bei Kinofilmen und Computerspielen fehlt es zwar an einer gesetzlichen Regelung, jedoch dürfen keine strengeren Anforderungen gestellt werden als an Produktplatzierungen in Rundfunk und Fernsehen. In den genannten Sendungen werden die Prinzipien der Objektivität, der Neutralität und der Trennung von Werbung und Programm seit jeher weniger streng gehandhabt. Produzent und Regisseur sind grundsätzlich frei zu entscheiden, in welchem Rahmen sie mit Vertretern der Werbetreibenden zusammenarbeiten. Product Placement darf bei privaten Sendern gegen Entgelt, bei den öffentlich-rechtlichen Sendern gegen kostenfreie Bereitstellung von Requisiten erfolgen. Richtet sich die Werbung allerdings an Kinder, sind strengere Maßstäbe anzusetzen (vgl. Köhler, in Köhler et al. 2018, § 5a UWG, Rn. 7.86). Ein Verbot des Product Placement besteht für Nachrichtensendungen, Kindersendungen, Ratgeber- und Verbrauchersendungen sowie für Sendungen zum politischen Zeitgeschehen. Soweit Product Placement erlaubt ist, ist das Transparenzgebot zu beachten. Sendungen, in denen es Produktplatzierungen gibt, müssen eine entsprechende Kennzeichnung enthalten. Dies geschieht nach Absprache zwischen ARD, ZDF und den Landesmedienanstalten sowohl durch einen Hinweis zu Beginn und am Ende der jeweiligen Sendung, beziehungsweise der sie unterbrechenden Werbepausen als auch durch die Einblendung eines weißen „P“ in der oberen rechten Ecke des Bildschirms. Ebenso gelten als Rahmenbedingung, dass die gezeigten Produkte nicht in werblicher Form gezeigt werden dürfen und die redaktionelle Freiheit der Sender unangetastet bleibt.

7.3.3 Events

Plant eine Stadt ein Event, seien es Festspiele, Konzerte, Kongresse oder auch Veranstaltungen wie einen Weihnachtsmarkt, so sind stets von den jeweiligen Organisatoren zahlreiche rechtliche Rahmenbedingungen zu beachten, und zwar in jeder Phase des Projektmanagements, das heißt bei Konzeption, Vorbereitung, Durchführung und Nachbereitung. Dabei geht es um Fragen des Vertrags-, Haftungs-, Arbeits-, Handels-,

Gesellschafts-, Versicherungs-, Medien-, Urheber- und Steuerrechts sowie um weitere Vorschriften aus dem Bereich des öffentlichen Rechts. Diese Aufzählung macht die Komplexität der Rechtsverhältnisse deutlich und zeigt, dass es sich um eine Querschnittmaterie handelt.

Diese Komplexität zeigt sich auch im Detail, insbesondere im Vertragsrecht als einen zentralen Aspekt des „Eventrechts". So reicht die Spanne der veranstaltungstypischen Verträge vom Konzert- oder Aufführungsvertrag, Künstlervertrag, Agenturvertrag und Managementvertrag im Umfeld des Künstlers bis hin zum Sponsoringvertrag zwischen dem Veranstalter und zahlungskräftigen Werbepartnern. Weiterhin verpflichtet dieser in Subunternehmerverträgen Licht- und Tontechnikbetriebe, Caterer, Sicherheitskräfte, Garderobenpersonal und andere Subunternehmer. Auch die Besucher stehen in einem vertraglichen Verhältnis zum Veranstalter, dem Besucher- oder Zuschauervertrag. Dabei sind eine genaue Unterscheidung und Abgrenzung der diversen Vertragsverhältnisse bedeutsam, da das Prinzip gilt: „Jeder muss in seinem eigenen Vertragsverhältnis bleiben". Grundsätzlich bedeutet dieses, dass nur die jeweiligen Vertragspartner einen Anspruch auf die Erfüllung der vertraglich vereinbarten Leistung haben. Hat zum Beispiel ein Konzertveranstalter bei der Eventagentur eine Opernsängerin für ein großes Konzert gebucht, hängt die Frage, ob er den Vertrag mit der Künstlerin selbst oder mit der Eventagentur geschlossen hat, davon ab, ob die Sängerin und die Agentur ihre Zusammenarbeit rechtlich in Form eines Agentur- oder als Künstlervertrag geregelt haben. Bei den oben genannten Verträgen handelt es sich, je nach Vereinbarung, um Dienst- oder Werkverträge. Geht es um die Nutzung von Veranstaltungsräumen, dann schließt der Veranstalter, hier also eine Stadt, mit dem Betreiber des Veranstaltungsortes einen Hallenmietvertrag ab (vgl. Risch und Kerst 2011, S. 2 ff.).

7.3.4 Sponsoring

Regelmäßig haben Funktions- und Entscheidungsträger eines Stadtmarketing mit Einzelpersonen oder auch Personenvereinigungen, oftmals Stiftungen, zu tun, die der betreffenden Stadt in unterschiedlichster Form eine Schenkung machen wollen, sei es, dass jemand seiner Heimatstadt seine wertvolle Gemäldesammlung vermachen möchte oder sich durch eine besondere Baumaßnahme, etwa die Renovierung des maroden Stadtschlosses, profilieren möchte, sei es, dass etwa ein Unternehmen durch identitätsstiftende, dem speziellen Unternehmenszweck dienende, also öffentliche Aufmerksamkeit erregende Leistungen im kulturellen, sportlichen oder auch ökonomischen Bereich, hier aktiv zu werden beabsichtigt. Derartige Aktivitäten gelten als Sponsoring.

In rechtlicher Hinsicht verpflichtet sich ein solcher Sponsor im Rahmen eines nicht formbedürftigen, aber aus Beweisgründen zu empfehlenden schriftlichen Sponsoringvertrages gegenüber seinem Vertragspartner, in diesem Falle also der Stadt, finanzielle, personelle und/oder sonstige Ressourcen zur Verfügung zu stellen, um dadurch den Gesponserten und/oder dessen Aktivitäten zu fördern, verbunden mit der Gegenleistung, um so die eigenen kommunikativen Ziele verfolgen zu können. Es handelt sich um einen komplexen Vertrag mit unterschiedlichen Leistungspflichten, auf die jeweils andere rechtliche Vorschriften Anwendung finden.

Im Rahmen des Sponsoring sind, neben wettbewerbsrechtlichen Vorschriften, auch andere rechtliche, vor allem zivil- und steuerrechtliche Rahmenbedingungen, zu beachten. Es steht außer Frage, dass ein Unternehmen sich nicht wahrheitswidrig als Sponsor einer sportlichen oder kulturellen Veranstaltung darstellen darf (vgl. § 3 Abs. 3, Anhang Nr. 4 UWG). Allerdings deutet der Umstand, dass Karten zu einer bestimmten Veranstaltung von einem Unternehmen verlost werden, noch nicht auf seine Stellung als Sponsor hin, zumal wenn es sich um freiverkäufliche Karten handelt (vgl. OLG Frankfurt, WRP 2014, 215). Das Sponsoring wird im Medienrecht, in § 8 Rundfundstaatsvertrag (RStV), spezialgesetzlich geregelt; dies gilt für das Sponsoring bei audiovisuellen Mediendiensten auf Abruf entsprechend (vgl. § 58 Abs. 3 RStV). Außerhalb des Rundfunkbereichs existieren für das Sponsoring keine speziellen wettbewerbsrechtlichen Regeln. Es ist grundsätzlich zulässig, muss sich jedoch an die allgemeinen rechtlichen Anforderungen an eine Werbung halten. Eine Verschleierung oder Tarnung von Werbung und eine Täuschung des Verkehrs erfolgen hier nicht. Der deutliche Hinweis auf die Unterstützung durch den Sponsor ist aus Marketingsicht geradezu ein Wesensmerkmal dieses Kommunikationsinstruments. Allerdings dürfen die Angaben im Zusammenhang mit dem Sponsoring nicht gegen das Verbot der Irreführung in §§ 5, 5a UWG verstoßen (vgl. Birk und Löffler 2012, S. 266; Köhler, in Köhler et al., 2018, § 5a UWG, Rn. 7.88 ff.).

7.3.5 Social Media

Heute ist die Nutzung von Social Media eine Selbstverständlichkeit im Stadtmarketing. Dabei sind eine Vielzahl an rechtlichen Rahmenbedingungen zu beachten. Zu nennen ist zunächst das Vertragsrecht, da die Nutzung von Social Media-Plattformen zunächst einen Vertrag mit einem Plattformanbieter voraussetzt, in dem die jeweiligen Nutzungsbedingungen bestätigt werden müssen. Diese Bedingungen legen den rechtlichen Rahmen der Nutzung fest. Bei den Nutzungsbedingungen handelt es sich um Allgemeine Geschäftsbedingungen (AGB). Dem Anbieter steht hier ein virtuelles Hausrecht zu, das heißt, er kann den Rahmen vorgeben, in dem sich die Nutzer bewegen dürfen. Häufig stellen die Plattformanbieter Verhaltensregeln auf, die ebenfalls Bestandteil der Vertragsbeziehung sind. Diese Regeln schreiben zum Beispiel den Umgang der Nutzer untereinander vor. Eine Missachtung derartiger Vorschriften des Anbieters kann dazu führen, dass der Nutzeraccount gesperrt oder gelöscht wird (vgl. Schwartmann und Ohr 2015, S. 18). Neben dem Vertragsverhältnis zum Plattformbetreiber ist auch die Beziehung zu Dritten von Relevanz.

Rechtlich ist weiterhin das Urheberrecht, soweit es um die Nutzung beziehungsweise Übernahme fremder Leistungen, insbesondere Texte und Fotos, geht zu nennen. Betrifft es die Verwendung von Bildnissen anderer Personen, so sind in Bezug auf die Nutzung, zum Beispiel einer Veröffentlichung, die Vorschriften in §§ 22 bis 24 KUG (Kulturhebergesetz) zu beachten.

Jede Präsenz in sozialen Medien benötigt einen Account-Namen, unter welchem die jeweilige Stadt auftritt und gefunden werden kann. Dabei sind die jeweiligen Nutzungsbedingungen der Plattformanbieter zu beachten, insbesondere in Bezug auf die Wahl eines Account-Namens einschließlich der Konsequenzen bei Verstößen. Grundsätzlich werden Account-Namen der zeitlichen Rangfolge nach vergeben. Bei der Wahl eines Account-Namens gelten grundsätzlich dieselben Rechtsgrundsätze wie bei der Wahl von Domainnamen. Ein Unterschied besteht darin, dass es, anders als bei Domainnamen bei der TLD (zum Beispiel „de", „com"), keine regionalen oder Branchen-Kategorien gibt. So kann zum Beispiel ein Twitter-Account weltweit nur einmal registriert werden. Das macht das Prinzip so bedeutsam, dass derjenige, der als erstes eine Bezeichnung bei einem Plattformanbieter für sich beansprucht, das Recht hat, den Namen zu verwenden, das heißt, ein Name kann auf der entsprechenden Plattform nur einmal verwendet werden. Aus diesem Grund ist auch ein sogenanntes Account-Grabbing zu beobachten. Dabei werden fremde Namen oder Marken registriert, um diese anschließend zu verkaufen, die ein Interesse an dem Account-Namen haben. Es gibt gesetzliche Regelungen, die das Prinzip „first come, first served" durchbrechen. Hat ein Dritter ein „besseres Recht" an dem Namen aus Marken- oder Namensrechten, so kann dieser gegen den unrechtmäßigen Verwender unter bestimmten Voraussetzungen vorgehen. Die Grundsätze entsprechen dabei weitgehend denen des Domain-Grabbings (vgl. Schwenke 2014, S. 33). Darunter wird das missbräuchliche Reservieren eines Marken- oder Firmennamens, mit anschließender Geldforderung für eine Domain-Rückübertragung, verstanden. Bei der Nutzung eines Stadtnamens als Account-Name handelt es sich um ein Kennzeichen, welches nach §§ 5 Abs. 2, 15 MarkenG geschützt ist.

Wird ein solches Kennzeichen unbefugt im geschäftlichen Verkehr benutzt und liegt eine Verwechslungsgefahr vor, so kann sich ein Anspruch auf Unterlassung oder Schadensersatz ergeben. Der Begriff geschäftlicher Verkehr ist weit auszulegen und erfasst jede Tätigkeit, die „der Förderung eines eigenen oder fremden Geschäftszwecks dient" (vgl. BGH, Urteil v. 30.04.2008 – Az. I ZR 73/05, GRUR 2008, 702, 703). Liegt eine gezielte Behinderungsabsicht in der Anmeldung des Profilnamens, so können sich ebenfalls wettbewerbsrechtliche Ansprüche ergeben. Wurde der Account-Name jedoch nicht im geschäftlichen Verkehr verwendet, zum Beispiel im Falle einer Fanseite, scheiden Ansprüche aus dem MarkenG sowie aus dem UWG aus. In diesem Fall kann das zum Markenrecht subsidiäre Namensrecht nach § 12 BGB zur Anwendung kommen, welches einen verschuldensunabhängigen Beseitigungs- beziehungsweise Unterlassungsanspruch zur Folge hat. § 12 BGB ist einschlägig, wenn das Interesse des Marken- beziehungsweise Stadtkennzeicheninhabers dadurch verletzt wird, dass ein anderer unbefugt den gleichen Namen gebraucht. Ein derartiger unbefugter Gebrauch kann schon dann vorliegen, wenn durch die Verwendung desselben Namens eine Zuordnungsverwirrung entstehen könnte. Ein solcher Fall wird juristisch als Namensanmaßung bezeichnet.

Neben den rechtlichen Anforderungen an einen Präsenznamen, sind auch die jeweiligen Nutzungsbedingungen der Plattformbetreiber zu beachten. So macht zum Beispiel das soziale Netzwerk Facebook in seinen Nutzungsbedingungen für Seiten darauf aufmerksam, dass bei der Namenswahl keine allgemeinen Begriffe verwendet werden dürfen, auf korrekte Rechtschreibung zu achten ist und keine überflüssigen Zeichen zu gebrauchen sind. Darüber hinaus sind Markenrechte auch im weiteren Verlauf der Nutzung von Social Media zu beachten.

Auf den einschlägigen Kommunikationsplattformen können sich Menschen frei äußern. Meinungsfreiheit ist ein Grundrecht nach Art. 5 Abs. 1 S. 1 GG, und sie ermöglicht jedem Bürger die Äußerung und Verbreitung seiner Meinung. Jedoch unterliegt der Inhalt einer Äußerung rechtlichen Grenzen. Nach Art. 5 Abs. 2 GG wird die Meinungsfreiheit durch allgemeine Gesetze, den gesetzlichen Bestimmungen zum Schutze der Jugend und dem Recht der persönlichen Ehre eingeschränkt. Für die Beurteilung der Zulässigkeit einer Äußerung muss dabei zwischen Tatsachenbehauptung und Meinungsäußerung unterschieden werden. Tatsachenbehauptungen sind solche Äußerungen, die „einer Überprüfung auf ihren Wahrheitsgehalt zugänglich" sind; hingegen gelten Aussagen als Meinungen im Sinne des Grundgesetzes, wenn sie Elemente „der Stellungnahme, des Dafürhaltens, des Meinens im Rahmen einer geistigen Auseinandersetzung" aufweisen. Im Gegensatz zu einer Tatsachenbehauptung sind Meinungen subjektiv und nicht beweisbar. Daraus folgt, dass Meinungsäußerungen weitreichender vom Grundrecht der Meinungsfreiheit geschützt sind als Tatsachenbehauptungen. Eine Rechtswidrigkeit liegt hier nur dann vor, wenn die Äußerung eine Beleidigung oder eine Schmähung darstellt (vgl. BVerfG, NJW 1994, 1779).

Um eine Beleidigung kann es sich handeln, wenn die Ehre einer Person verletzt wird. Ob eine Rechtswidrigkeit vorliegt, wird anhand einer Abwägung zwischen dem Grundsatz der Meinungsfreiheit und dem Schutz des Ehr- und Persönlichkeitsrechts festgestellt. Hat eine Aussage die Herabsetzung einer Person oder in diesem Fall einer Stadt, mittels unsachlicher Kritik zum Ziel, dann liegt eine Schmähung vor. Die Rechtswidrigkeit einer Meinung bestimmt sich stets durch eine einzelfallbezogene Abwägung.

Eine Tatsachenbehauptung unterliegt grundsätzlich engeren rechtlichen Grenzen als eine Meinungsäußerung. Unzulässigkeit ist immer bei der Äußerung oder Verbreitung unwahrer Tatsachen gegeben. Wirken sich diese negativ auf Dritte aus, so liegt bei Personen eine Verletzung des allgemeinen Persönlichkeitsrechts und bei Städten eine Verletzung des Rechts am eingerichteten und ausgeübten Betrieb vor.

Ist eine Äußerung aufgrund des Verstoßens gegen das „Persönlichkeitsrecht" einer Stadt unzulässig, können Beseitigungsansprüche sowie bei Wiederholungsgefahr Unterlassungsansprüche geltend gemacht werden (vgl. §§ 823 Abs. 1, 1004 Abs. 1 BGB analog in Verbindung mit Art. 2 Abs. 1, Art. 1 Abs. 1 GG). Des Weiteren können bei gravierenden Eingriffen in das Persönlichkeitsrecht Schadensersatzansprüche nach § 823 ff. BGB bestehen (vgl. Schwartmann und Ohr 2015, S. 46). Ansprüche aus Schutzgesetzen im Sinne des § 823 Abs. 2 BGB sind ebenfalls in Betracht zu ziehen. Ein Beispiel für ein solches Schutzgesetz ist die strafrechtliche Norm der Beleidigung nach § 185 Strafgesetzbuch (StGB) (vgl. Ulbricht 2016, S. 23).

In sozialen Medien geben die Nutzer unzählige Daten von sich preis, die als personenbezogene Daten vom Gesetzgeber geschützt werden. Da soziale Medien als Telemedium zu qualifizieren sind, haben die Vorschriften zum Datenschutz der §§ 11 ff. Telemediengesetz (TMG) für Social Media-Anbieter eine zentrale Bedeutung. Neben dem TMG, gilt seit Mai 2018 die europäische Datenschutzverordnung (DS-GVO).

Anbieter eines Telemediums haben nach § 13 Abs. 1 TMG die Pflicht, eine Datenschutzerklärung für den Nutzer bereitzuhalten, damit dieser sich über Art, Umfang und Zweck der Erhebung und Verwendung seiner Daten informieren kann. Da eine Stadt bei der üblichen Nutzung von sozialen Netzwerken selbst keine Daten erhebt und ihre Präsenz lediglich in den Rahmen des Netzwerks einbindet, ist die Datenschutzerklärung der Plattform ausreichend. Anders ist es zum Beispiel bei Blogs zu bewerten. Diese stehen für sich alleine und benötigen daher eine eigene Datenschutzerklärung (vgl. Schwenke 2014, S. 68).

Erhebt eine Stadt in sozialen Netzwerken selbstständig personenbezogene Daten, so ist allerdings eine zusätzliche Datenschutzerklärung erforderlich. Dies kann zum Beispiel der Fall sein, wenn eine Erhebung von Daten, wie E-Mail-Adressen im Rahmen eines Gewinnspiels oder einer Newsletter-Anmeldung, stattfindet (vgl. Schwenke 2014, S. 395). Die aktuellen Anforderungen, die sich aus § 13 Abs. 1 TMG ergeben, sind allgemein formuliert. Es wird gefordert, dass der Nutzer Informationen darüber erhält, welche Daten zu welchen Zwecken erhoben werden. Die DS-GVO, welche als Verordnung nationale Regelungen verdrängt, präzisiert und steigert zukünftig die Anforderungen an eine wirksame Datenschutzerklärung.

Literatur

Birk, A., Löffler, J.: Marketing- und Vertriebsrecht. Beck, München (2012)

Eisenmann, H., Jautz, U.: Grundriss Gewerblicher Rechtsschutz und Urheberrecht, 10. Aufl. Müller, Heidelberg (2015)

Gersdorf, H., Paal, B. (Hrsg.): BeckOK Informations- und Medienrecht, 16. Aufl. Beck, München (2017)

Köhler, H., Bornkamm, J., Feddersen, J.: Gesetz gegen den unlauteren Wettbewerb (Kommentar), 36. Aufl. Beck, München (2018)

Peters, H.-J., Hesselbarth, T., Peters, F.: Umweltrecht, 5. Aufl. Kohlhammer, Stuttgart (2016)

Risch, M., Kerst, A.: Eventrecht kompakt, 2. Aufl. Springer, Heidelberg (2011)

Schwartmann, R., Ohr, S.: Recht der Sozialen Medien. Vahlen, Heidelberg (2015)

Schwenke, T.: Social Media, Marketing & Recht, 2. Aufl. Springer Gabler, Köln (2014)

Ulbricht, C.: Social Media und Recht – Praxiswissen für Unternehmen, 3. Aufl. Haufe, Freiburg (2016)

Wandtke, A.-A., Bullinger W. (Hrsg.): Praxiskommentar zum Urheberrecht, 4. Aufl. Beck, München (2014)

Wünsche, K.: Wettbewerbsrecht, 4. Aufl. Niederle media, Altenberge (2016)

Zerres, T., Zerres, C.: Marketingrecht. Springer Gabler, Heidelberg (2018)

Dr. Thomas Zerres ist Professor für Zivil- und Wirtschaftsrecht an der Hochschule Konstanz. Vor seinem Ruf an die Hochschule Konstanz lehrte Prof. Dr. Thomas Zerres 15 Jahre an der Hochschule Erfurt, nachdem er mehrere Jahre als Rechtsanwalt und als Bundesgeschäftsführer eines großen Wirtschaftsverbandes der Dienstleistungsbranche tätig war. Seine Lehr- und Forschungsschwerpunkte sind das Marketingrecht sowie das Europäische Privatrecht.

Teil II

Entwicklungsfeld belebte Innenstadt

Projekt „Gutscheinkarte Neumünster"

8

Michael Keller

Zusammenfassung

Im Folgenden wird das Projekt „Neumünster Gutscheinkarte" des Citymanagements Neumünster als erfolgreiche Stadtmarketingmaßnahme beschrieben. Zuerst wird auf die Struktur der Stadt Neumünster und die Organisation des Stadtmarketing am Standort eingegangen. Daraufhin werden die Planung und die Umsetzung des Projektes beschrieben. Das Layout der Gutscheinkarte wird dabei genauer betrachtet, wobei ein besonderer Fokus auf der Sicherheit dieses Instruments liegt. Des Weiteren beschreibt der Autor das die Gutscheinkarte ergänzende Zubehör. Auch auf das Finanzierungsmodell des Projektes wird eingegangen. Die Vertriebsstruktur und der Gutscheinkartenkreislauf werden am Ende des Projektes ebenfalls betrachtet. Zum Abschluss werden die Ergebnisse nach zwei Jahren der Durchführung bewertet und Maßnahmen zur Verbesserung vorgeschlagen.

8.1 Struktur Neumünsters

Neumünster ist eine kreisfreie Stadt und Oberzentrum in der Mitte Schleswig-Holsteins. Mit rund 82.000 Einwohnern (Stand 2017) ist sie nach Kiel, Lübeck und Flensburg die viertgrößte Stadt in diesem Bundesland. Ein Designer-Outlet Center an der südlichen Peripherie unterstützt den Ruf der Stadt als Einkaufsstadt. Die Innenstadt beherbergt etwa 270 Einzelhandelsgeschäften; ein Einkaufszentrum mit 90 Fachgeschäften komplettiert die Innenstadt. Durch die zentrale Lage im Norden mit drei direkten Autobahnzubringern

M. Keller (✉)
Wirtschaftsagentur Neumünster GmbH, Neumünster, Deutschland
E-Mail: mke@city-nms.de

T. Breyer-Mayländer und C. Zerres (Hrsg.), *Stadtmarketing*,
https://doi.org/10.1007/978-3-658-26254-9_8

(A7) wird Neumünster stark als Wirtschafts- und Logistikstandort wahrgenommen und setzt dies auch strategisch in der Unternehmensbesetzung fort. Seit Mai 2012 gehört Neumünster als nördlichste Stadt mit zur Metropolregion Hamburg.

8.2 Organisation des Stadtmarketing

Das Stadtmarketing in Neumünster wird von drei Funktions- und Entscheidungsträgerorganisationen wahrgenommen, dem Stadtmarketing Neumünster e. V., dem Citymanagement Neumünster und einem Stadtmarketingbeirat.

8.2.1 Stadtmarketing Neumünster e. V.

Zunächst gibt es den Stadtmarketing Neumünster e. V., welcher die strategische und politische Themenführung des Stadtmarketing übernimmt. Der Vorstand des Vereins entsendet insgesamt fünf fachliche Mitglieder für die Arbeit im Stadtmarketingbeirat und genehmigt die von diesem beschlossenen Projekte. Darüber hinaus agiert der Vorstand des Vereins als Kontrollorgan für das Citymanagement und stellt ein Drittel (40.000 EUR) der Grundfinanzierung sowie 20.000 EUR Projektbudget für das Citymanagement zur Verfügung. Der Verein verzeichnet insgesamt 90 Mitglieder aus allen Branchen der Stadt.

8.2.2 Citymanagement Neumünster

Das Citymanagement ist ein Bereich der Wirtschaftsförderungsgesellschaft in Neumünster, welche eine 100 % Tochtergesellschaft der Stadt ist. Es bildet mit einer Außenstelle als Citymanagement in der Innenstadt die Verbindung zu den lokalen Einzelhändlern der Stadt und der Wirtschaftsförderung. Neben dem Citymanagement, welches operativ die Themen im Stadtmarketing umsetzt, gibt es zwei Aufsichtsgremien, den Stadtmarketingbeirat und den Stadtmarketing Neumünster e. V. Das Citymanagement konzentriert sich mit 2,5 Mitarbeitern vorrangig auf die Umsetzung der Projekte. Buchhaltung, Einkaufsverwaltung und IT laufen über das Backoffice der Wirtschaftsförderungsgesellschaft. Diese Struktur ermöglicht für das Citymanagement den benötigten Freiraum, um die Projekte konzeptionell und auch operativ umzusetzen. In der Außenwahrnehmung agiert das Citymanagement als eigene Einheit und wird auch als eigene Organisation mit eigenem Corporate Design wahrgenommen. Das Citymanagement gewann 2016 beim deutschlandweiten Wettbewerb „Best Christmas City" der Christmas World und der Messe Frankfurt den ersten Platz in der Kategorie Mittelstadt. Darüber hinaus wurde das Citymanagement für das Gutscheinprojekt mit dem Wirtschaftspreis Schleswig-Holstein im Stadtmarketing „Ausrufezeichen!" ausgezeichnet.

Das Budget des Citymanagements beträgt in der Grundfinanzierung 120.000 EUR jährlich. Zwei Drittel des Budgets werden durch die Stadt Neumünster und ein weiteres

Drittel wird durch den Stadtmarketing Neumünster e. V. getragen. Darüber hinaus stellt der Verein dem Citymanagement jährlich 20.000 EUR weitere finanzielle Mittel für die Projektrealisierung zur Verfügung. Zusätzliche Einnahmen für das Citymanagement werden durch die Veranstaltungsorganisation, das Gutscheinkartengeschäft und verschiedene Einzelprojekte realisiert.

8.2.3 Stadtmarketingbeirat

Der Stadtmarketingbeirat besteht aus insgesamt 11 Personen; dabei sind neun dieser Personen stimmberechtigt. Er setzt sich aus fünf Personen aus dem Einzelhandel beziehungsweise der Touristik, zwei Vertretern aus der Politik und zwei weiteren Vertretern aus der Stadtverwaltung zusammen. Darüber hinaus sitzen zwei nicht stimmberechtigte Mitglieder (Geschäftsführung der Wirtschaftsförderung und der Citymanager) mit im Gremium. Der Stadtmarketingbeirat hat die Aufgabe, die inhaltliche Arbeit des Citymanagements zu steuern, dieses zu beraten und die durchzuführenden Projekte für das Citymanagement fachlich zu genehmigen.

8.3 Gutscheinprojekt

8.3.1 Ausgangssituation

Um die Kaufkraftbindung in der Stadt gegenüber dem Onlinehandel zu stärken, wurde ein Kundenbindungsinstrument gesucht, welches das Geld im lokalen Einzelhandel bindet und gleichzeitig den Einzelhandel medial und umsatztechnisch stärkt. Darüber hinaus wurde vor dem Hintergrund eines Fachkräftemangels ein Instrument zur Mitarbeitermotivation gesucht, um Anreize für Arbeitnehmer im Rahmen der Mitarbeiterbindung zu schaffen. Eine weitere ständige Aufgabe des Stadtmarketing ist die Sicherstellung der Finanzierung der Organisation; hier wurde eine weitere Erlösquelle für die Finanzierung des Citymanagements beziehungsweise der Projekte gesucht. Darüber hinaus wurde auch überlegt, welche Möglichkeiten bestehen könnten, damit neue Mitglieder das Stadtmarketing inhaltlich und finanziell unterstützen.

8.3.2 Ziele

Gutscheine sind eine vielfältig einsetzbare Geschenkidee, die sich schon in vielen Unternehmen durchgesetzt hat. Während der Analyse wurde festgestellt, dass sich dieses Instrument für den lokalen Handel als Erlösquelle und für die Kundenbindung gut eignen könnte. Gutscheinkarten liegen im Trend und sind eine bequeme Alternative für Schenkende und vielfältig nutzbar für Beschenkte. Die vorhandene Einzelhandelsstruktur lässt einen Stadtgutschein durch seine sehr große Produktbreite zu einem vielseitigen

Handelsgut für den Konsumenten werden. Darüber hinaus existiert bei Gutscheinen eine höhere Ausgabebereitschaft im Vergleich zu Bargeld. In einigen Städten in Deutschland gibt es bereits lokale Stadtgutscheine. Diese werden von Werbegemeinschaften, Initiativen oder Stadtmarketinggesellschaften organisiert und herausgegeben.

Durch den Einsatz von Stadtgutscheinen ist es daher möglich, das Geld im lokalen Bereich zu binden, da es nur die Möglichkeit gibt, diese Gutscheine in der jeweiligen Stadt/Region einzusetzen. Das Geld ist damit lokal gebunden! Darüber hinaus entsteht ein „patriotischer" Gedanke bei den Bürgern/Kunden, denn er bringt den Kunden dazu, sich mit dem lokalen Einzelhandel zu identifizieren und leistet dabei einen aktiven Beitrag zum Erhalt des innerstädtischen Einzelhandels. Gerade die Stärkung des inhabergeführten Einzelhandels steht so im Projekt dabei auch im Vordergrund.

8.3.3 Planungsphasen

8.3.3.1 Einführung

Die „Gutscheinkarte Neumünster" ist kein elektronisches Zahlungsmittel mit variablem Wert, also keine aufladbare Karte, sondern mit festgelegten Werten in Höhe von 10, 20, 50 und 100 EUR. Das bedeutet, dass alle Gutscheinkarten mit der Hand für den Verkauf konfektioniert beziehungsweise vorbereitet werden müssen. Exklusiv für Arbeitgeber wurde auch eine Gutscheinkarte im Wert von 44 EUR eingeführt, die Arbeitgebern und Arbeitnehmern durch die maximale Freigrenze für Sachbezüge maximale Steuervorteile bietet.[1] Diese spezielle Gutscheinkarte verfolgt zwei primäre Ziele: Zum einen das Ziel der Mitarbeitermotivation und zum anderen sollte eine weitere Zielgruppe für den Absatz erschlossen werden. Es war der Plan, dass mindestens 50 Unternehmen bei der Startphase mitmachen, damit der Gutschein von Beginn an Attraktivität für den Kunden gewinnt. Darüber hinaus wurde festgelegt, möglichst viele verschiedene Branchen in der Startphase dabei zu haben, um eine möglichst große Diversifikation im Produkt für den Kunden zu erhalten. Weitere Akzeptanzstellen[2] sollten in Laufe der Zeit dazu kommen, damit das Angebot weiter attraktiv bleibt und die Kommunikation immer wieder neue Themen beinhaltet. Dabei sollte der Gutschein möglichst branchen- und stadtteilübergreifende Akzeptanzstellen beinhalten, um möglichst in der gesamten Stadt eingelöst werden zu können. Damit erhält der Kunde einen großen Zusatznutzen und profitiert von der Vielseitigkeit des Systems. Es wurde eine 50 %-Regelung im Umgang mit der Annahme des Gutscheins eingeführt. Diese Regelung beinhaltet, dass der Kunde mindestens 50 % des Gutscheinbetrages bei der Akzeptanzstelle einlösen muss. Bei einer Gutscheinkarte mit einem Wert von 20 EUR muss der Kunden beispielsweise für mindestens 10 EUR

---

[1] § 8 EStG.

[2] Unternehmen, welches den Gutschein als Wert akzeptiert.

einkaufen, der Restwert wird dem Kunden dann in bar ausgezahlt.[3] Eine Ausnahme besteht allerdings bei der Arbeitgeberkarte (44 EUR). Hier sagt der Gesetzgeber, dass eine Auszahlung des Betrages beziehungsweise Teilbetrages nicht zulässig ist. Das Buchungssystem des Gutscheins sollte dabei an das vorhandene Buchungssystem der Gesellschaft passen und die benötigten Schnittstellen (z. B. für Datev) mitbringen.

8.3.3.2 Einführungsphasen

Die Projektvorlaufzeit von der Konzeptionierung bis zur Einführung der Gutscheinkarte war ein Jahr. Innerhalb dieses Jahres wurden verschiedene Planungsphasen festgelegt und im Rahmen einer zeitlichen Rückwärtskalkulation der Zeitpunkt des Gutscheinverkaufes bestimmt. Folgende Planungsphasen galt es dabei zu berücksichtigen:

1. Konzeptionierung

Die Konzepterstellung und die Festlegung des zeitlichen Rahmens zur Realisierung der Gutscheinkarte war die erste Umsetzungsphase – hierbei wurde im Rahmen einer zeitlichen Rückwärtskalkulation der Start im Septembermonat festgelegt, damit im ersten Monat die Organisationsabläufe überprüft werden konnten und erste Erfahrungen im Umgang mit den Gutschein gesammelt werden konnten. Für die Monate Oktober bis Dezember sollten dann für das kommende Weihnachtsgeschäft erste Umsatzerfolge und damit das erste Ziel, also Verkauf von Gutscheinkarten an den Kunden, erreicht werden. Auch die Festlegung des finanziellen Rahmens wurde in der ersten Phase berücksichtigt (Abschn. 8.3.4).

2. Ausschreibung

Nach der Konzepterstellung wurde eine Ausschreibung für eine Werbeagentur vorbereitet und erstellt. In dieser Ausschreibung ging es vorrangig um die Layoutgestaltung des Gutscheins sowie des Zusatzmaterials. In einem Designwettbewerb wurden verschiedene Layouts des Gutscheins nach folgender Vorgabe bewertet:

Vorgaben Gutscheinkarte:

- Einhaltung des Corporate Design Manuel des Auftraggebers,
- Handhabung und Design der Gutscheinkarte und des Zubehörs (Klebepunkte, Kartenumschläge, Kuvert, Einlegeblätter und Partnerverzeichnisse),
- Einhaltung der Größe, Art und Form (Vorgabe Plastikkarte),
- Einhaltung der vorgegebenen Sicherheitsmerkmale (Abb. 8.1 und Abb. 8.2):
  - Eindeutige Identifikationsnummer des Gutscheins (Kartennummer),
  - QR-Code in Verbindung mit der Kartennummer,
  - zerstörbares Spezialhologramm (Abb. 8.3),
  - Hochprägung der Kartennummer und
  - verstecktes haptisches Sicherheitsmerkmal.

[3]Die Akzeptanzstelle erhält den vollen Gutscheinbetrag nach einem Clearingvorfall, sodass eine Barauszahlung an den Kunden nur als durchlaufende Position zu verbuchen ist.

Abb. 8.1 Vorderseite der Gutscheinkarte mit Sicherheitsmerkmal Hochprägung der Kartennummer

Abb. 8.2 Rückseite der Gutscheinkarte mit Sicherheitsmerkmale QR-Code, zerstörbares Spezialhologramm und verstecktes haptisches Sicherheitsmerkmal

Abb. 8.3 Detailansicht zerstörbares Spezialhologramm

Die Gültigkeit des Gutscheins wurde mithilfe eines speziell angefertigten Hologramms im eigenen Corporate Design festgelegt, welches sich nach Entfernen von der Plastikkarte selbst zerstört.

3. Werbe- und Vertriebsstrategie
Nachdem das Layout feststand, wurde im nächsten Schritt die Werbestrategie für die Print- und Onlinemedien festgelegt und in Abstimmung mit der Werbeagentur und den örtlichen Medien zeitlich für den Start geplant. Auch die Anpassung der Webseiten und der Aufbau eines eigenen Online-Shops wurden in dieser Phase ebenfalls realisiert.

4. Organisation
In der vierten Phase beschäftigte sich das Team hauptsächlich mit der Organisation des Gutscheins und der damit verbundenen Software, mit Schulungen sowie mit der Vertragsverwaltung. Es war hier also die Herausforderung, ein System zu finden, welches es ermöglicht, den Kreislauf eines jeden Gutscheins lückenlos nachzuvollziehen und das Clearing (Abrechnung/Buchung) des Gutscheins mit den Direktkunden und den Akzeptanzstellen durchzuführen. Bei der vertraglichen Gestaltung mit den Akzeptanzstellen wurde ein spezieller Partnervertrag zur Teilnahme am Gutscheinsystem geschlossen.

5. Schulung und Einführung
In der letzten Phase wurden alle Verkaufsstellen und Akzepttanzstellen bezüglich der Handhabung der Gutscheinkarte geschult. Diese Phase diente der Einführung der Gutscheinkarte bei den Kunden; in dieser Phase wurde auch das mediale Storyboard (Werbeanzeige, Abb. 8.4) umgesetzt. Hier wurde verstärkt der „Lokalpatriotismus“ in den Vordergrund gestellt, damit sich der Kunde für „seine“ Stadt gegenüber dem Onlinehandel einsetzt.

Abb. 8.4 Anzeige für die Werbestrategie

8.3.3.3 Zusatzfunktionen

Um die „Gutscheinkarte Neumünster" besonders ansprechend als Geschenk zu präsentieren, erhält der Kunde beim Kauf zusätzlich eine zum Anlass passende Klappkarte, in die die Gutscheinkarte eingeklebt wird, sowie ein Kuvert in Sonderformat und das Partnerverzeichnis in der jeweils aktuellsten Auflage.

Grußkarte

Die Klappkarten für die „Gutscheinkarte Neumünster" werden in verschiedenen Designs angeboten. Es gibt neutrale Motive (Abb. 8.5), Glückwünsche sowie Oster- und Weihnachtskarten. Die Klappkarten werden mit einem Klebepunkt im Innenteil versehen und an die Verkaufsstellen ausgeliefert. Der Gutschein kann in den Innenteil der Karte eingeklebt werden. Auf der gegenüberliegenden Seite weist die Klappkarte eine beschreibbare Fläche für persönliche Worte auf.

Einlegeblatt 44 EUR-Gutscheinkarte

Da im Falle der 44 EUR-Gutscheinkarte die Rückzahlung von Restbeträgen ausgeschlossen ist, wird bei deren Kauf mit einem Einlegeblatt (Abb. 8.6) noch einmal auf diese Besonderheit hingewiesen. Das Einlegeblatt weist dasselbe Format wie die Klappkarte auf.

Abb. 8.5 Frontansicht neutrale Klappkarte

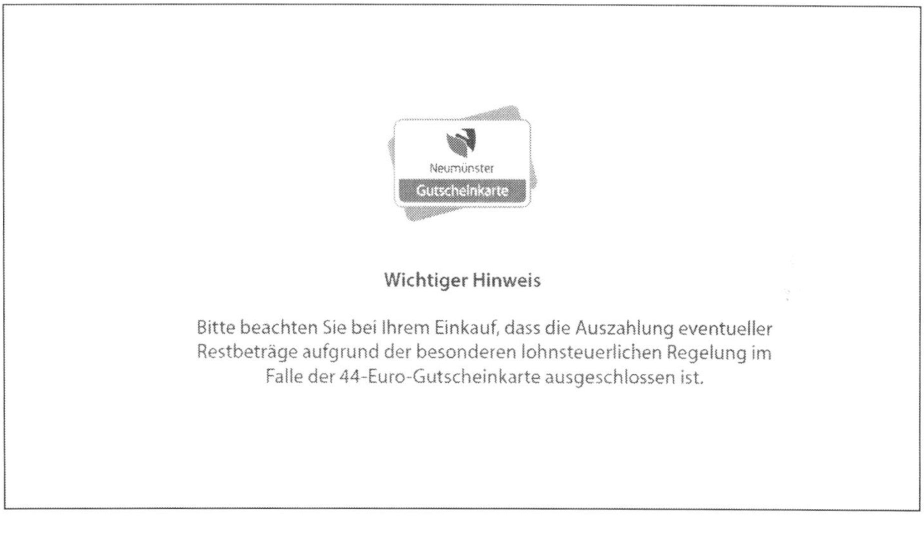

Abb. 8.6 Einlegeblatt 44 EUR-Gutscheinkarte

Partnerverzeichnis

Ein Partnerverzeichnis in Druckform gehört zum Lieferumfang jeder Gutscheinkarte. Zwei Mal im Jahr wird es neu aufgelegt und beinhaltet alle am Projekt teilnehmenden Akzeptanzstellen. Verkaufsstellen sind im Partnerverzeichnis besonders gekennzeichnet. Alle Partner sind übersichtlich nach Kategorien sortiert. Das Format des Partnerverzeichnisses entspricht dem Format der Klappkarte (Abb. 8.7).

Abb. 8.7 Frontansicht Partnerverzeichnis

Briefumschlag
Um die Klappkarte und das Partnerverzeichnis besonders ansprechend zu verpacken beziehungsweise zu präsentieren, wurde ein transparenter Briefumschlag im Sonderformat hergestellt. Dieser ist ausschließlich für die Gutscheinkarte nutzbar.

8.3.4 Finanzierung

8.3.4.1 Investitionskosten

Damit die Investitionskosten in der Anfangsphase möglichst gering bleiben, wurde eine Plastikkarte als wiederverwendbares Medium als Gutscheinkarte ausgewählt. Es war die Idee, dass so der Gutschein mehrmals verwendet werden kann, damit die Investitionskosten beziehungsweise die laufenden Kosten planbar bleiben. Zu den Investitionskosten gehört auch die Aufstockung von Personalstunden, um die Verwaltung des Gutscheins zu bearbeiten. Zu den Investitionskosten zählen folgende Punkte:

- Produktion der Plastikkarten
  - 1500 × 10 EUR
  - 750 × 20 EUR
  - 500 × 44 EUR
  - 250 × 50 EUR
  - 250 × 100 EUR
- Produktionskosten von vier Motivklappkarten (Gesamterstauflage 5000 Stück),
- Produktionskosten von 44 EUR Einlegern (Gesamterstauflage 1000 Stück),
- Produktionskosten von Briefumschlägen (Gesamterstauflage 5000 Stück),
- Produktionskosten von Spezialhologrammen (Gesamterstauflage 5000 Stück),
- Kosten für Anpassung der Webseite,
- Kosten für Erstellung des Onlineshops,
- Werbekosten für mediale Begleitung sowie
- Schulung der Mitarbeiter für das Buchungssystem.

8.3.4.2 Fixe Erlöse

Zur Finanzierung des Projektes wurden feste Gebühren für die Teilnahme als Akzeptanzstelle an der Gutscheinkarte festgelegt, damit in der Anfangsphase zumindest die fixen Kosten (Lizenzen Software, Personal, Verbrauchsmaterial, Werbung etc.) gedeckt werden konnten. Die monatlichen Teilnahmekosten für Unternehmen betragen 10 EUR für diejenigen, die Mitglied im Stadtmarketing sind. Für Unternehmen, die nicht Mitglied im Stadtmarketing sind, besteht ein Mitgliedsbeitrag von 18 EUR pro Monat. Der monatliche Beitrag reduziert sich um zwei Euro, wenn die teilnehmenden Unternehmen eine Werbefläche (A1 oder A2 Alu-Plakatrahmen) für das Stadtmarketing im eigenen Unternehmen zur Verfügung stellen. Damit wurde sichergestellt, dass im Rahmen der Werbestrategie kostengünstig Werbung direkt am Point of Sale beim Endverbraucher umgesetzt werden kann, was das Budget des Projektes noch einmal in der Anfangsphase merklich entlastete.

8.3.4.3 Variable Erlöse

Ein System zur prozentualen Beteiligung an dem Umsatz der Gutscheine mit „kleineren" Akzeptanzstellen (<fünf Mitarbeiter im Unternehmen) wurde darüber hinaus vereinbart, um weitere Erlöse im Hinblick auf die Kostendeckung zu erzielen. Diese prozentuale Beteiligung orientiert sich an dem Gutscheinwert. Auch hier wird zwischen Mitgliedern im Stadtmarketing (2 % vom Gutscheinwert) und Nichtmitgliedern (4 % vom Gutscheinwert) unterschieden. Unternehmen, die pro Jahr mehr als 12.000 EUR Gesamtumsatz mit der Gutscheinkarte erzielen, wird als Mitglied im Stadtmarketing Neumünster e. V. 1 % beziehungsweise als Nicht-Mitglied 2,5 % vom eingelösten Gutscheinkartenjahresumsatz als zusätzliche Bearbeitungsgebühr berechnet.

Eine weitere wichtige Erlössituation ergibt sich nach dem gesetzlichen Verfall des Anspruches der Gutscheinkarten (BGB § 195 & § 199). Gutscheine haben eine gesetzliche Gültigkeit von drei Jahren plus des Jahres, in dem sie erworben wurden. Es wurde im Vorfeld ermittelt, dass durchschnittlich zwischen acht und 15 % im Bereich des Stadtmarketing (im Handel sogar bis zu 25 %) aller gekauften Gutscheine nicht eingelöst werden (vgl. https://www.welt.de/wirtschaft/article150419870/Das-Verfall-Kalkuel-von-Jochen-Schweizer-und-Mydays.html – v. 21.10.18). Diese zusätzlichen Erträge sollen nach Ablauf der Verjährungsfristen dem Stadtmarketing zur Finanzierung weiterer Projekte zur Verfügung gestellt werden.

8.3.5 Vertriebsstruktur

8.3.5.1 Vertriebsstruktur Einzelhandel

Die Gutscheinkarten zu 10, 20, 50 und 100 EUR können bei verschiedenen Vertriebspartnern im Stadtbereich (mindestens in jedem Stadtteil eine Verkaufsstelle) erworben werden. Der Vorteil für die Vertriebsstellen ist, dass sich für den Vertriebspartner neue Kundenschichten erschließen, die sonst vorher nicht das Unternehmen aufgesucht haben. Darüber hinaus werden die Vertriebspartner kostenlos und exklusiv durch das Citymanagement in den örtlichen und digitalen Medien und im Partnerverzeichnis zusätzlich beworben. Die Vertriebsstellen werden nach Bedarf durch das Citymanagement

Neumünster beliefert. Sie erhalten zu Beginn des Jahres eine Grundausstattung an Gutscheinen im Wert von 500 EUR (10 × 10 EUR, 10 × 20 EUR, 2 × 50 EUR und 1 × 100 EUR) beziehungsweise 1000 EUR (20 × 10 EUR, 20 × 20 EUR, 4 × 50 EUR und 2 × 100 EUR). Zu den größeren Vertriebsstellen zählen zum Beispiel Hotels (24 Std. Verkauf, 365 Tage) oder auch die Tourist-Information, welche zentral in der Innenstadt liegt. Zusätzlich erhalten die Vertriebsstellen transparente Kuverts in Sondergröße, verschiedene anlassspezifische Grußkarten (Weihnachten, Ostern, Geburtstag...) sowie das Partnerverzeichnis in der aktuellsten Auflage. Dem Partnerverzeichnis sind alle Annahmestellen zu entnehmen. Beispiele für Vertriebspartner sind Blumenshops, Banken, Tourist-Information, Hotels etc.

8.3.5.2 Vertriebsstruktur Onlineshop

Geschäftskunden haben die Möglichkeit, über den Onlineshop Gutscheinkarten direkt zu bestellen. Die Bestellung von Gutscheinkarten erfolgt per Vorkasse, PayPal- oder Kreditkartenzahlung sowie Sofortüberweisung. Im Onlineshop kann der Kunde seine gewünschte Grußkarte und eine Versandart (versichert, unversichert oder Selbstabholung) auswählen. Für den Vertrieb wurde eine eigene Struktur aufgebaut, welche ähnlich zum Onlinehandel auch 24 h, 365 Tage im Jahr einen Gutschein zu erwerben ermöglicht. Über die städtischen Hotelstrukturen ist diese Idee auch umzusetzen (Abschn. 8.3.5.1).

8.3.6 Modellbeispiel Gutscheinkartenkreislauf

8.3.6.1 Kartenaktivierung

Bevor ein Verkauf der Gutscheinkarten erfolgen kann, müssen die Nummernkreise mit dem Buchhaltungssystem erfasst werden. Einmalig wird dann auch der jeweilige Kartenwert mit erfasst. So haben zum Beispiel die Karten mit den Nummern 1000000 bis 1000999 jeweils den Wert 10 EUR, Karten mit den Nummern 2000000 bis 2000999 den Wert von 20 EUR. Das Buchhaltungsprogramm nimmt die Karten in das Inventar auf. Daraufhin werden die Karten mit Hologramm-Aufklebern (Abb. 8.3) durch das Citymanagement aktiviert, über das System als „Kartenausgabe" erfasst und als Kommissionsware an die Vertriebsstellen per Lieferschein und Unterschrift ausgegeben.

8.3.6.2 Kartenabrechnung mit den Vertriebsstellen

Die Vertriebsstellen verkaufen die Gutscheinkarte als Kommissionsware, weswegen sie angehalten sind, den Verkauf der Gutscheinkarten zu melden (s. Abb. 8.8). Sie erhalten daraufhin eine Rechnung über die verkauften Gutscheinkarten. Nachbestellungen sind an das Citymanagement Neumünster direkt zu stellen.

8.3.6.3 Kundenverkauf

Der Endkunde kann die Gutscheinkarte bei den verschiedenen Verkaufsstellen erwerben. Er kann aus den Grußkarten eine auswählen und erhält ein passendes Kuvert und das Partnerverzeichnis in der aktuellsten Auflage beim Kauf kostenlos dazu. Die Karten weisen einen EAN-Code auf der Rückseite (Abb. 8.2) für die Einbindung in die Kassensysteme der Vertriebs- und Annahmestellen auf. Die Vertriebsstelle notiert sich den Verkaufserfolg und meldet ihn an das Citymanagement Neumünster. Die arbeitgeberexklusive 44 EUR-Karte kann nur über den Onlineshop oder direkt beim Citymanagement bezogen werden, da diese Karte nicht für den „normalen" Endkunden käuflich zu erwerben ist.

8.3.6.4 Einlösung durch den Kunden

Der Kunde kann seinen Gutschein wie Bargeld in den teilnehmenden Geschäften einlösen; eine vollständige Rückerstattung des Gutscheinkartenwertes an den Kunden ist ausgeschlossen. Es ist mit den Annahmestellen vereinbart, dass ab einer Einlösung von 50 % des Kartenwerts der Restbetrag in bar ausgezahlt wird. Anders als bei den anderen Kartenwerten ist die Rückerstattung der 44 EUR-Karte auch in Teilbeträgen ausgeschlossen, da 44 EUR einen steuerlichen Freibetrag darstellen, den der Arbeitgeber seinen Arbeitnehmern zur Verfügung stellen kann. Die Teilauszahlung würde eine versteckte Gehaltserhöhung darstellen und ist somit unzulässig. Im Geschäft wird die Karte vor der Annahme auf Echtheit geprüft.

Folgende Sicherheitsmerkmale weisen alle „Gutscheinkarten Neumünster" auf:

- eine Kartennummer in Hochprägung (Abb. 8.1),
- ein unbeschädigtes Hologramm mit Gültigkeitsdatum (Abb. 8.3),
- einen QR-Code, in dem die Kartennummer und die Webseitenadresse hinterlegt ist (Abb. 8.2),
- ein haptisches Merkmal auf der Rückseite (Abb. 8.2).

Den Akzeptanzstellen stehen zwei Informationsblätter zum Handling der Gutscheinkarten zur Verfügung: Auf dem Informationsblatt Teil 1 werden die Sicherheitsmerkmale der Karte, die Rückerstattung von Teilbeträgen und allgemeine Informationen zur „Gutscheinkarte Neumünster" dargelegt. Dieses Informationsblatt ist für die Angestellten bestimmt, die zum Beispiel die Kasse der Akzeptanzstelle bedienen. Ein zweites Informationsblatt beinhaltet Informationen für die Geschäftsleitung der Akzeptanzstelle; hier werden die Vorgänge für die Rückvergütung der Gutscheinkarten und weitere Details erklärt. Das Logo der Gutscheinkarte kann durch die Akzeptanzstelle für werbliche Aktivitäten genutzt werden.

Die Shoppingcenter als Akzeptanzstelle, die die Gutscheinkarten ebenfalls annehmen, weisen eine Besonderheit auf: Die Gutscheinkarte wird vor Ort in einen Geschenkgutschein des jeweiligen Shoppingcenters umgetauscht und kann dort in sämtlichen Geschäften eingelöst werden.

Abrechnungsformular

Neumünster Gutscheinkarte

Firma: ______________________________

Name: ______________________________

Anschrift: ______________________________

Datum: ______________________________

Wir haben Gutscheinkarten wie folgt verkauft

______	Stück Gutscheinkarten à 10 Euro	Summe	______	Euro
______	Stück Gutscheinkarten à 20 Euro	Summe	______	Euro
______	Stück Gutscheinkarten à 50 Euro	Summe	______	Euro
______	Stück Gutscheinkarten à 100 Euro	Summe	______	Euro
		Gesamt	______	**Euro**

Bitte beachten Sie:

Die Abrechnung der Gutscheinkarten sollte **wöchentlich** erfolgen, sofern ein Verkauf erzielt wurde. Nach Eingang des Formulars erhalten Sie von uns automatisch eine Rechnung mit der Zahlungsanweisung der von Ihnen gemeldeten Karten-Summe sowie neue Gutscheinkarten für den Verkauf. **Die Überweisung des Betrages sollte innerhalb von 5 Werktagen erfolgen.** Sie können uns dieses Formular wie folgt übermitteln:

Fax:	04321 96469-19
E-Mail:	gutschein@city-nms.de
Postalisch:	Citymanagement Neumünster, Kleinflecken 26, 24534 Neumünster

Bei Rückfragen erreichen Sie uns telefonisch unter 04321 96469-10

______________________ ______________________

Ort, Datum Unterschrift / Stempel Firma (Verkaufsstelle)

Abb. 8.8 Abrechnungsformular Gutscheinkarte

8.3.6.5 Clearing (Rückerstattung) der Gutscheinkarten

Die Akzeptanzstellen sammeln die Gutscheinkarten und reichen sie mit einem Formular (Abb. 8.9) vor Ort im Büro des Citymanagement Neumünsters ein. Die Anzahl und die Echtheit der Karten werden vor Ort noch einmal geprüft. Dann werden die Karten im Buchhaltungsprogramm als zurückgegeben erfasst (Clearingvorfall). Das Buchhaltungsprogramm erstellt eine Gutschrift, deren Wert auf das Konto der Annahmestelle automatisch überwiesen wird. Zurückgegebene Karten können sofort erneut ausgegeben werden und stehen so dem Kreislauf wieder zur Verfügung (Abschn. 8.3.4.1).

Mithilfe des Buchhaltungsprogramms kann jederzeit nachvollzogen werden, wo sich aktuell welche Karte bei welcher Vertriebsstelle befindet und welcher Umsatz im jeweiligen Geschäftsjahr bei den Akzeptanzstellen erwirtschaftet wurde beziehungsweise wie hoch der Wert des Kartenumlaufes ist.

8.3.7 Ergebnisanalyse

Als positiv zu verzeichnen ist, dass sehr schnell viele Arbeitgeber die 44 EUR-Karte bestellt haben und damit das System erfolgreich begonnen wurde. Auch die gute Resonanz der Presse und der Kunden wirkte sich sehr schnell positiv auf das System aus. Das Buchhaltungsprogramm arbeitet stabil und durch den Einsatz eines QR-Scanners konnte die Zeit für die Konfektionierung stark verringert werden. Besonders nach dem Start der Gutscheinkarte konnten viele weitere Akzeptanzstellen hinzugewonnen werden. Insgesamt als schwierig zu betrachten bei diesem Projekt war allerdings die Gewinnung der Akzeptanzstellen in der Startphase, da bereits viele Unternehmen eigene Gutscheinsysteme in Betrieb haben und diese neue Form der Kundenbindung anfangs eher als Wettbewerb zum eigenen hausinternen Gutscheinsystem ansahen. Des Weiteren war die Umsetzung der Annahme des Gutscheins durch das Personal in den einzelnen Akzeptanzstellen kritisch zu betrachten, da teilweise die Mitarbeiter nicht den genauen Umgang mit diesem Gutschein (s. 44 EUR Arbeitgeberkarte) kannten und dadurch den Kunden abwiesen. Auch die Aufbereitung der recycelten Gutscheinkarten nimmt einen größeren Zeitbedarf in Anspruch, da diese vor Wiederverwendung aufwendig von Kleberesten und Gebrauchsspuren gereinigt werden müssen.

8.3.8 Schlussbetrachtung

Die Einführung eines Stadtgutscheines erfordert viel organisatorischen und zeitlichen Aufwand. Dabei ist zu berücksichtigen, dass gerade in der Startphase viel Zeit zur Gewinnung der Akzeptanzstellen eingeplant werden sollte. Die im ersten und zweiten Jahr dargestellten Umsätze und die daraus resultierende Nichtrücklaufquote von zurzeit 18 % zeigen, dass das System als eine zukünftige gute Einnahmequelle im Stadtmarketing funktionieren kann. Der starke Zuwachs im ersten Jahr (116 %) an weiteren

Neumünster
Gutscheinkarte

Einreichungsformular

Neumünster Gutscheinkarte

Firma: ____________________

Name: ____________________

Anschrift: ____________________

Datum: ____________________

Die Gutscheine sollen folgendem Firmenkonto gutgeschrieben werden:

Kontoinhaber: ____________________

BIC: ____________________

IBAN /Bank: ____________________

Wir haben Gutscheinkarten wie folgt entgegengenommen:

______	Stück Gutscheinkarten à 10 Euro	Summe	______	Euro
______	Stück Gutscheinkarten à 20 Euro	Summe	______	Euro
______	Stück Gutscheinkarten à 44 Euro	Summe	______	Euro
______	Stück Gutscheinkarten à 50 Euro	Summe	______	Euro
______	Stück Gutscheinkarten à 100 Euro	Summe	______	Euro
		Gesamt	______	**Euro**

Ort, Datum

Unterschrift / Stempel Citymanagement Neumünster

Wichtig:

Die Gutscheinkarten sollten persönlich beim Citymanagement Neumünster eingereicht werden, nur dadurch ist die sofortige Prüfung auf Echtheit und Vollständigkeit möglich. Sollten Sie uns die Gutscheinkarten per Post zusenden, behalten wir uns vor, die Einreichung bei Unstimmigkeiten entsprechend zu ändern.

Wirtschaftsagentur Neumünster GmbH | Citymanagement | Kleinflecken 26 | 24534 Neumünster

Abb. 8.9 Einreichungsformular Gutscheinkarte Clearingpartner

Akzeptanzstellen zeigt auch, dass die Unternehmen offen sind für solche Projekte, allerdings anfangs oft erst einmal skeptisch dem System gegenüberstehen. Es muss im ersten Anlauf eine starke und mediale Aufmerksamkeit erfolgen, damit der Kunde und die Unternehmen den Erfolg in der Öffentlichkeit wahrnehmen. Nicht nur in der Stadt hat sich der Erfolg dieses Systems bewährt, sondern bereits im gesamten Umland, da die Umlandgemeinden einfach in das vorhandene System mit integriert werden können. Besonders die Arbeitgebergutscheinkarte (44 EUR-Gutschein) zeigt, dass das Thema der Mitarbeitermotivation und der Entlastung der Personalkosten des Arbeitgebers sehr gut angenommen wird. Nachdem dieses System sich am Markt profiliert hat, ist jetzt der nächste Schritt, auf eine digitale Gutscheinkarte umzustellen, damit die organisatorischen Abläufe schneller und effizienter umgesetzt werden können. Darüber hinaus eröffnet eine digitale Gutscheinkarte neue Märkte gegenüber den Arbeitgebern und den Kunden einen weiteren Zusatznutzen. Ein weiterer Vorteil einer digitalen Gutscheinkarte wäre, dass es zu keinen Barauszahlungen an den Endkunden kommen wird und somit profitiert das Unternehmen als Akzeptanzstelle und damit der Standort noch einmal stärker als zuvor.

Michael Keller, 44 Jahre, Studium Event-/und Kulturmanagement sowie Betriebswirtschaftslehre mit dem Schwerpunkt Tourismusmanagement. Seit 2011 Referent Stadtmarketing, Citymanager bei der Wirtschaftsagentur Neumünster GmbH, 2009–2011 Geschäftsführer der Stadtmanagement Schleswig-Schlei GmbH, 2006–2009 Dozent im Bereich Erlebnismarketing und Kosten-Leistungsrechnung bei der Deutschen Angestellten Akademie. Seit 2017 ehrenamtlich Vorstandsmitglied Tierpark Neumünster, seit 2013 Vorsitzender der Prüfungskommission der IHK Rendsburg für Kaufleute im Bereich der Marketingkommunikation, 2011–2015 stellvertretender Landesbeauftragter der bcsd in Schleswig-Holstein.

Von der europäischen Stadt als Kraftort zur Marke

9

Jan Röttgers und Valentin Hadelich

Zusammenfassung

Städte stehen im Wettbewerb. Zwar nicht erst seit heute, die Erfahrung aber zeigt, dass es zunehmend schwieriger wird, ein Profil zu entwickeln, das identitätsstiftend für den Bürger und gleichzeitig attraktiv für potenzielle Fachkräfte sowie für die Wirtschaft ist. Dieser Beitrag beschäftigt sich damit, wie Städte in Zeiten, in denen die Herausforderungen durch smarte Vernetzung, soziale Netzwerke und Onlinehandel rasant wachsen, ein Profil entwickeln, das durch eine starke Marke zu Wettbewerbsvorteilen führt. Die Autoren gehen der Frage nach, was die Kernaufgaben, die Herausforderungen und die kritischen Erfolgsfaktoren für eine Markenbildung sind und wie das Markenimage eine Stadt durch geschickte Markenführung zum Erfolg führen kann. Im Fokus steht die Herausforderung der Städte, sich in einem zunehmenden Wettbewerb zu positionieren und einen komparativen Konkurrenzvorteil herauszuarbeiten.

9.1 Die europäische Stadt als identitätsstiftender Lebensraum

Die europäische Stadt ist kompakt, gemischt und Ort für urbane Lebensweisen. Gekennzeichnet ist sie durch Öffentlichkeit, privates Engagement und politische Steuerung. Sie ist in der Regel über Jahrhunderte in ihrer Struktur gewachsen und ein Produkt bewusster Planung und strategischer Ausprägung. Bis in die Moderne vereint die Stadt dabei verschiedene

J. Röttgers (✉) · V. Hadelich
ECE Projektmanagement G.m.B.H. & Co. KG, Hamburg, Deutschland
E-Mail: jan.roettgers@ece.com

V. Hadelich
E-Mail: valentin.hadelich@ece.com

T. Breyer-Mayländer und C. Zerres (Hrsg.), *Stadtmarketing*,
https://doi.org/10.1007/978-3-658-26254-9_9

Funktionen: Wohnen, Arbeiten, Handel, Kultur, Freizeit etc. Die Stadt ist damit zentraler Lebensmittelpunkt ihrer Bürgerinnen und Bürger. Mit der Moderne entflechten sich die Funktionen der traditionellen europäischen Stadt mehr und mehr mit dem Ziel, im Wesentlichen monofunktionale, voneinander getrennte Stadtteile zu schaffen. Im alten Stadtkern wird kaum noch gewohnt, Verwaltungen werden auf die sogenannte Grüne Wiese verlegt, Büro- und Gewerbeflächen um die Stadtmitte herum angeordnet und der großflächige Einzelhandel an den Ausfallstraßen konzentriert. Der alte Stadtkern verarmt funktional, behält zwar in Teilen seine Rolle als Marktplatz und als Handelsstandort, wird aber im Wesentlichen zum identitätsstiftenden Element für die mittlerweile außerhalb lebenden Bürger.

Städte entwickeln sich dynamisch und passen sich immer wieder den fortlaufenden sozioökonomischen Veränderungen an. Gerade solche, die eine starke Identität haben und sich auch in Zeiten des Wiederaufbaus und des wirtschaftlichen Drucks an ihren Leitbildern festgehalten und auf ihre Eigenlogik besonnen haben, scheinen heute besonders attraktiv. Natürlich gibt es auch immer Faktoren, die außerhalb des Einflussbereichs einer Stadt liegen und großen Einfluss auf die Attraktivität der Stadt haben. So gibt es Städte, die ein starkes Bevölkerungswachstum verzeichnen, wie z. B. Hamburg mit heute 1,88 Mio. Einwohnern, im Vergleich zu 1,69 Mio. Einwohner im Jahr 1990 (vgl. Statistisches Landesamt Hamburg und Schleswig Holstein, 2019) und schrumpfende Städte, wie z. B. Görlitz in Sachsen mit heute 56.100 Einwohnern, im Vergleich zu 72.200 Einwohner im Jahr 1990 (vgl. Statistisches Landesamt des Freistaates Sachsen, 2019). Die Ursachen für diese Veränderungen können ganz unterschiedlich sein. So übt die Metropole Hamburg eine starke Anziehungskraft für Arbeitskräfte, Unternehmen, Studierende etc. aus und auf der anderen Seite leidet Görlitz unter dem massiven Wegzug von Bevölkerungsgruppen aus den östlichen Bundesländern.

Eines haben aber alle Städte gemeinsam: Sie stehen im Wettbewerb untereinander oder zu Regionen und müssen für sich und ihre besonderen Vorzüge werben, wenn sie entweder weiter wachsen oder nicht noch mehr Einwohner verlieren wollen. Viele Städte müssen sich hierfür zunächst bewusst machen, was ihre besonderen Stärken sind. Diese sollten klar herausgestellt und als besonderer Vorzug – als Alleinstellungsmerkmal, auch USP (Unique Selling Proposition) – kommuniziert werden. Als USP wird im Marketing und in der Verkaufspsychologie das herausragende Leistungsmerkmal bezeichnet, durch das sich ein Angebot, in diesem Fall ein nicht nur funktionales, sondern auch ein Raum- und Erlebnisangebot, deutlich vom Wettbewerb abhebt. Städte und Regionen stehen nicht erst seit heute im Wettbewerb. Schon in der Antike mit den Griechischen Stadtstaaten oder den Römischen Provinzhauptstädten war der Wettbewerb um Menschen, Kapital und Macht treibende Kraft. Auch in der Renaissance und den Italienischen Republikstädten oder den späteren Residenzstädten in Europa geht es darum, den anderen überlegen zu sein. Heute würde man von einem komparativen Wettbewerbsvorteil sprechen.

Erfolgreich waren die Städte und Regionen, welche Markt und Kapital mit Macht und Politik zusammenführen konnten (vgl. Sloterdijk 2004). Diese weichen Erfolgsfaktoren fanden ihren Niederschlag in Architektur, Städtebau, durch Veranstaltungen und Kultur. Im Kern geht es immer um die Frage, was Stadt A besser kann als Stadt B.

Im 21. Jahrhundert zielt der Wettbewerb der Städte auf die Ansiedlung von Kapital, Unternehmen, Arbeitskräften, den Zuzug von Menschen aus anderen Städten, Regionen und Ländern sowie nicht zuletzt auf den Tourismus ab. Exemplarisch wird dies an der Entwicklung des Tourismus in Hamburg deutlich. Konnte man 2001 in Hamburg noch jährlich 4,8 Mio. Übernachtungen verzeichnen, so stieg diese Zahl 2017 auf 13 Mio. Übernachtungen. Bis zum Jahr 2025 sind bis zu 25 Mio. Übernachtungen prognostiziert. Innerhalb von 25 Jahren wird sich die Zahl der Übernachtungen in Hamburg um den Faktor 5 vervielfacht haben (vgl. Hamburg Tourismus 2017, S. 72). Diese Zahl verdeutlicht den hohen Stellenwert von Stadtmarketing: Nicht zuletzt der Bau der Elbphilharmonie (siehe Abb. 9.1) zwischen 2007 und 2016 (die Eröffnung erfolgte am 11. Januar 2017) hat zu einer spürbaren Attraktivitätssteigerung des kulturellen Angebots der Stadt Hamburg und nicht zuletzt zu einer Steigerung der Besucherzahlen geführt. Auch wenn die ursprünglich geschätzten Kosten für die Elbphilharmonie bei ca. 100 Mio. EUR lagen und sie letzten Endes mit über 800 Mio. EUR um ein Vielfaches überschritten wurden. Die Elbphilharmonie hat sich neben Michel, Elbe, Alster und Rathaus in kürzester Zeit zu einem weiteren Wahrzeichen von Hamburg entwickelt. Der touristische Effekt dürfte – gemessen an zusätzlichen Touristen und damit verbunden zusätzlichen Übernachtungen und Umsatz in Gastronomie und Einzelhandel – die Mehrkosten für die Errichtung der Elbphilharmonie deutlich überkompensieren.

Abb. 9.1 Elbphilharmonie. (Quelle: Bild Valentin Hadelich)

Mit der Elbphilharmonie hat die Marke Hamburg von Beginn an eine vollkommen andere Strahlkraft entwickelt. Der Vertrauensverlust in die Marke Hamburg durch die Kostenexplosion ist nach Eröffnung der Elbphilharmonie längst wieder aufgeholt und weit übertroffen worden. Das gilt auch für „den Hamburger", der sich im Großen und Ganzen mit dem Bauwerk identifiziert. Ein Indiz für die Außenwirkung: Heute ist die Elbphilharmonie auf Instagram bei den Sehenswürdigkeiten in Deutschland das beliebteste Motiv (vgl. Mobil, Das Magazin der Deutschen Bahn 01/2019, S. 15). So hat beispielsweise die New York Times die Stadt Hamburg nach Eröffnung der Elbphilharmonie in den Top-Ten-Sehnsuchtsorten 2017 gelistet und einen Besuch in der Speicherstadt empfohlen (vgl. Spiegel 2018).

Im Rahmen des Jahreskongresses der Stiftung „Lebendige Stadt" 2016 in Düsseldorf befasste sich Prof. Dr. Bernd Radtke von der Hochschule Aalen mit der Frage, ob die Stadt als Unternehmen tätig sein sollte. In seinem Beitrag über den Stiftungskongress, erschienen im Stiftungsjournal 33/2016, formuliert Ralf von der Heide von der Stiftung „Lebendige Stadt" die Kernbotschaft von Prof. Dr. Radtke wie folgt: „Zwar sind Stadtmarken Unternehmensmarken sehr ähnlich, letztlich sind sie aber eine eigenständige Markenkategorie, so Radtke. Als Vorbild tauge am ehesten der Unternehmenstypus der ‚Hidden Champion'. Wichtig sei auf jeden Fall eine klare Fokussierung und Kundenorientierung. Radtke forderte, einen Lehrstuhl für Stadtmarketing einzurichten und empfahl den Städten, ihre Markenstärke regelmäßig zu messen und ihr Know-how immer wieder mit Marketing- und Strategieworkshops aufzufrischen" (Journal Stiftung Lebendige Stadt, Ausgabe 33/2016, S. 12).

Viele Städte entwickeln eine Dachmarke. Ziel dieser Dachmarke ist es, etwas herauszustellen, das unverwechselbar ist und somit für die Stadt steht. Gleichzeitig dient die Dachmarke als Abgrenzung zu anderen Städten. Die Dachmarke steht für Unverwechselbarkeit und drückt gleichzeitig die Identität einer Stadt aus. Wenn man von Hamburg lediglich als Stadt an der Elbe sprechen würde, dann ist das zwar zutreffend, aber nicht unverwechselbar. An der Elbe liegen auch Städte wie Dresden oder Magdeburg. Wenn jedoch z. B. von Hamburg als „Tor zur Welt" gesprochen wird, dann drückt das Weltoffenheit, Weitläufigkeit und Internationalität aus. Dieser Anspruch wird nicht zuletzt durch den Hafen mit Containerschiffen aus aller Welt, dem Hamburger Weltwirtschaftsinstitut (HWWI), Veranstaltungen wie dem Hamburg Summit „China meets Europe" der Handelskammer oder auch der oben bereits erwähnten Elbphilharmonie zum Ausdruck gebracht. Die Elbphilharmonie ist einzigartig und es gibt sie nur in Hamburg und eben nicht in Dresden oder Magdeburg.

9.2 Das Einkaufserlebnis im Zeitalter des Onlinehandels

Eine weitere Herausforderung für die Städte ist die Einzelhandelsentwicklung vor dem Hintergrund der zunehmenden Bedeutung des Onlinehandels. Das Einzelhandelsangebot einer Stadt ist ein wesentlicher Erfolgsfaktor für die Attraktivität einer Stadt und deren

Entwicklungsperspektiven. Der Onlinehandel hat heute einen Anteil von ca. zehn Prozent am Gesamtumsatz des Einzelhandels, der 2017 bei ca. 500 Mrd. EUR lag (vgl. HDE Online Monitor 2018). In den letzten zehn Jahren ist der Onlinehandel durchschnittlich um 20 % gewachsen, während der stationäre Handel im Schnitt nur Wachstumsraten von zwei Prozent aufweisen konnte. Damit gewinnt der Onlinehandel einen immer größeren Anteil am Einzelhandelsumsatz, wobei die Wachstumsraten des Onlinehandels abnehmen. Der Einzelhandel kämpft schon seit mehreren Jahren mit rückläufigen Besucherfrequenzen in der Innenstadt. Weniger Besucher in der Innenstadt bedeuten in der Folge auch weniger Besucher in den Geschäften.

Die bis zum Anbruch des Autozeithalters zu Beginn des 20. Jahrhunderts geltende Symbiose von Stadt und Handel beginnt sich aufzulösen, wie in Abb. 9.2 dargestellt. Fachmarktzentren und Discount-Agglomerationen in Stadtrandlagen werden immer stärker und ziehen Frequenzen aus der Innenstadt ab. Erstmals löst sich die Verbindung zwischen Stadt und Handel, wie Prof. Christ es formuliert: „Die Stadt braucht den Handel, der Handel aber nicht die Stadt“ (Christ 2018, S. 9).

Mit dem Frequenzverlust ist für viele Einzelhändler eine abnehmende Flächenproduktivität verbunden. Geschäftsmodelle, nicht nur von lokalen Einzelhändlern, geraten unter Druck. Inzwischen sehen wir, dass selbst Filialisten massive Einbußen zu verzeichnen haben. So musste etwa der Filialist Strauss Innovation nach 115 Jahren im Jahr 2017 Insolvenz anmelden, weitere Insolvenzen in den letzten Jahren waren u. a. die Drogeriemarktkette Schlecker, der Baumarktfilialist Praktiker oder die Warenhausunternehmen Hertie. Der einst größte Einzelhändler der Welt, der US-Einzelhändler Sears meldete 2018 Insolvenz an und musste in der Konsequenz Hunderte von Läden schließen. Das Unternehmen hat den Sprung ins Onlinezeitalter ebenso wenig geschafft wie das Spielwarenunternehmen Toys “R” Us. In Deutschland musste der Modeanbieter Gerry Weber hunderte Filialen schließen und selbst der langjährige Modefilialist H&M ist dabei, sein Portfolio zu bereinigen. Sicher sind viele dieser Probleme „hausgemachte“ Fehler in der unternehmensstrategischen Ausrichtung der Firmen. Allerdings ist eine Ursache auch der weitergehende Schwund von Frequenz in der Innenstadt.

Der Onlinehandel verändert die Beziehung zwischen analogen und digitalen Orten, Räumen, Dingen und Menschen auf eine dramatische Weise, wie in Abb. 9.3 dargestellt.

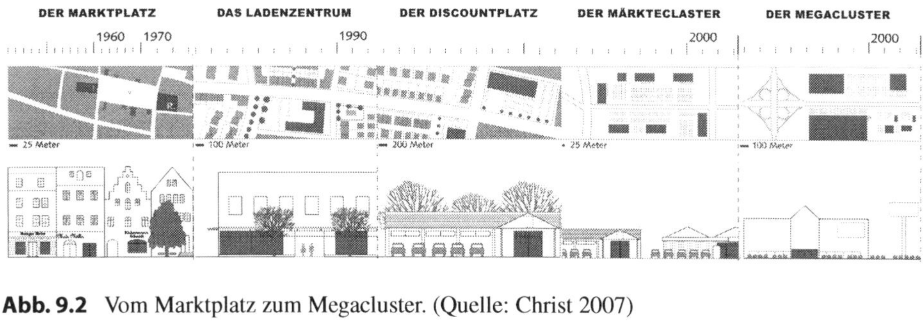

Abb. 9.2 Vom Marktplatz zum Megacluster. (Quelle: Christ 2007)

Abb. 9.3 Spannungsfeld zwischen Marktplatz und Onlineplattform. (Quelle: Valentin Hadelich)

Die Herausforderung des 21. Jahrhunderts lautet – in Anlehnung an den oben zitierten Satz – schlicht: „Die Stadt und der Handel brauchen das Internet – das Internet braucht aber beide nicht“ (vgl. Christ 2018, S. 21).

Es reicht heute eben nicht mehr aus, nur sein Ladenlokal aufzuschließen und darauf zu warten, dass der Kunde kommt und einkauft. Der Kunde will persönlich angesprochen werden und sucht das Besondere. Dieses bieten vor allen Dingen Unternehmen, die Kunden einen exklusiven Service oder auch ein außergewöhnliches Erlebnis bieten. Und natürlich gibt es auch die Gegenbewegungen zur Smart City und zum Onlineshopping (vgl. Graham 2001). So wird das Erfahren durch „Achtsamkeit“ geschult. Die „slow“-Bewegung setzt auf die atmosphärische Wirkung des Analogen, und auch die stark wachsenden DIY (do-it-yourself)-Angebote im Handel deuten auf existierende Gegenströmungen hin (vgl. Böhme 2006). Dieses ist Chance und Herausforderung zugleich für die Neupositionierung der ca. 200 Warenhäuser von Kaufhof und Karstadt, die von der Ausstrahlung eher in den 70er-Jahren stehen geblieben sind. Der dort vorhandene Investitionsstau ist mit Händen zu greifen. Hatten in den 70er-Jahren die Warenhäuser in Deutschland einen Marktanteil von ca. elf Prozent am Einzelhandelsumsatz, sind es heute noch ca. zweieinhalb Prozent (vgl. Gesellschaft für Konsumforschung, GfK, HDE 2018). Auf der anderen Seite gibt es mit dem KaDeWe (Kaufhaus des Westens) in Berlin, dem Oberpollinger in München und dem Alsterhaus in Hamburg drei sogenannte Weltstadtwarenhäuser, die dem Kunden besondere Erlebnisse bieten und jeweils eine Klasse für sich sind. Hier wurde in den vergangenen Jahren allerdings auch regelmäßig investiert und zurzeit werden alle drei Häuser für ca. 300 Mio. EUR umgebaut. So kann der Kunde im KaDeWe, das 1907 in der Tauentzienstraße in Berlin seine Pforten öffnete und über 60.000 m^2 Verkaufsfläche verfügt, in der Lebensmittelabteilung in der 6. Etage Champagner trinken, Austern essen oder diverse Delikatessen erwerben. Hier wird ein internationales Publikum angesprochen, so wurde z. B. eigens Russisch sprechendes Personal eingestellt. Das KaDeWe ist ein gutes Beispiel dafür, dass bei vielen erfolgreichen Konzepten nicht mehr das Einkaufen im Sinne der Bedarfsdeckung im Vordergrund steht, sondern das besondere Erlebnis (vgl. Rifkin 2000). Erlebnis muss hier klar von Konsum unterschieden werden, da es nicht um die kurzfristige Befriedigung von Bedürfnissen oder die ultimative Selbstverwirklichung bzw. Selbstoptimierung geht, sondern um das Schaffen von bleibenden Erinnerungen (vgl. Wikipedia 2018a). Das Erlebnis wird verstanden als ein Ereignis im individuellen Leben eines Menschen, das sich vom Alltag des Erlebenden so sehr unterscheidet und emotional verarbeitet wird, dass es ihm lange im Gedächtnis bleibt (vgl. Schulze 2000).

Es ist eine Lust erkennbar, nicht digitalisierbare Erlebnisse und unvergessliche Momente zu erfahren. Die Befriedigung dieser Lust kann auch der Besuch eines Bekleidungshauses wie Engelhorn in Mannheim sein, das eine Sternegastronomie bietet oder das Bekleidungshaus L+T in Osnabrück mit der Hasewelle. Auf der Homepage beschreibt L+T dieses Erlebnis so: „Die stehende Welle ist ein neues Highlight in Osnabrück. Lange Zeit konnte nur der surfen, wer direkt am Meer wohnt. Ein ganz neuer Surfspot liegt nun im Zentrum Osnabrück. Auf der stehenden Welle bei L&T Sport können jetzt Groß und Klein das Surfen lernen. Dabei werden die Bedingungen an die Fähigkeiten der Gruppe angepasst. Außerdem stehen Surflehrer mit Tipps und Hilfestellungen zur Seite“ (Homepage L+T 2019).

Die CIMA beschreibt in ihrer Zeitschrift CIMA.direkt in der Ausgabe 1/2019 die Perspektiven des Innenstadthandels 2035 wie folgt: „Städte sind als Orte des Handels entstanden und seitdem dadurch geprägt. Unter dem Einfluss der demografischen Entwicklung der Veränderungen im Konsumverhalten und der Digitalisierung ist der alleinige Einkauf von Waren im Jahr 2035 nicht mehr Hauptmotiv für den Innenstadtbesuch. Erfolgreiche Innenstädte sind Orte, an denen der Einkauf zum kommunikativen und emotionalen Erlebnis wird, sie bieten die Chance zum Entdecken, persönlichen Kontakten und Unterhaltung. Es ist ein koordiniertes Schrumpfen auf absolute 1-a-Lagen erforderlich, insbesondere Nebenlagen brauchen in der Folge individuelle Lagenprofile und eine Abkehr von bisherigen Vorstellungen. In einer globalisierten und vernetzten Welt übernimmt die Innenstadt als Ort der Begegnung („Dritter Ort“) neben dem eigenen Ort („Erster Ort“) und dem Arbeitsplatz („Zweiter Ort“) eine Schlüsselrolle für das Funktionieren einer Gesellschaft. Zielgruppen wie die Generation Z, die heute 15- bis 25-Jährigen, zieht es wieder in die Innenstädte“ (vgl. CIMA.direkt 2019, S. 18 und 21).

9.3 Das Alleinstellungsmerkmal einer Stadt herausstellen

Wer in Zukunft noch selbst aus seinem „Smart Home“ zur Ware kommt, braucht dafür einen guten Grund. Das ist immer weniger die Ware und immer mehr die Stadt (vgl. Christ 2018, S. 25). Wenn die Stadt in den Fokus rückt, ist ein strategisches Stadtmarketing ein Schlüssel, dem Frequenzverlust entgegenzuwirken. Es geht nicht nur darum, die Stadt zu bewerben, sondern vielmehr gilt es zunächst zu erfassen, was das Besondere der Stadt ist und was sie unverwechselbar macht. Es geht um alles, was nicht digitalisierbar ist: um Aura, Atmosphäre und Authentizität. Prof. Christ beschreibt in seinem Plädoyer diese Begriffe wie folgt: Atmosphäre, die alle Sinne anspricht und zum Beispiel einen Raum wie ein Musikinstrument „stimmen“ kann; Authentizität, die das

Besondere, Einzigartige, Unverwechselbare erlebbar macht, vergleichbar mit dem „Terroire“ eines Weines; Aura, als das nicht reproduzierbare einer Lage, eines Raumes oder einer Person (vgl. Christ 2018, S. 21). Letztlich geht es darum, einen Grund zu liefern, das Haus zu verlassen und ein Alleinstellungsmerkmal herauszuarbeiten, das für die Stadt steht.

Das Alleinstellungsmerkmal sollte „verteidigungsfähig“ und zielgruppenorientiert sein. Eine Stadt, die für nichts steht, ist beliebig, verwechselbar und damit austauschbar. Die Qualität einer Stadt zeichnet sich in erster Linie nicht dadurch aus, ob gewisse Filialisten wie H&M, P&C, Primark oder Apple vertreten sind. Vielmehr sind es besondere Sehenswürdigkeiten, Plätze, Parks, Landschaften, Stadtstrukturen oder besondere Quartiere etc., die einer Stadt ein unverwechselbares Gesicht geben. So wie für Lübeck das Holstentor steht, steht für Paris der Eiffelturm oder für New York die Freiheitsstatue. Selbst eine Stadt, die bisher keine besondere Bedeutung hatte, kann durch die Schaffung eines USP eine besondere Bedeutung gewinnen. Stellvertretend dafür steht die nordspanische Stadt Bilbao. Hier wurde 1997 das Guggenheim-Museum des US-amerikanischen Architekten Frank O. Gehry fertiggestellt. Die Stadt hat eine vorher nicht dagewesene Aufmerksamkeit durch Touristen erfahren. Man spricht seitdem auch vom Bilbao-Effekt. Der Bilbao-Effekt bezeichnet die gezielte Aufwertung von Orten durch spektakuläre Bauten von Architekten. Das Projekt alleine hätte allerdings auch niemals die Dynamik entfaltet, die es bekommen hat, wenn die Stadt nicht massiv in die Aufwertung des öffentlichen Raumes der Altstadt, in den ÖPNV und in die Transformation der Hafenbereiche investiert hätte. Auch wenn die Stadt Hamburg bereits vor der Errichtung der Elbphilharmonie ein Touristenmagnet war, so ist auch hier mit der Elbphilharmonie ein weiterer USP für die Stadt hinzugekommen und letzten Endes kann man auch hier von einem Bilbao-Effekt sprechen.

Dr. Sebastian Zenker, Professor für Stadtmarketing am Department of Marketing an der Copenhagen Business University beschäftigt sich mit einem weiteren interessanten Aspekt im Stadtmarketing: dem Community Branding. Das Community Branding beschreibt das nach innen gerichtete Marketing mit dem Ziel, Bewohner und andere Shareholder stärker als bisher als aktive Markenbotschafter zu begeistern und einzubinden. Schließlich vermitteln die Einwohner einer Stadt nicht nur die zentralen Werte an andere Bezugsgruppen, wie bspw. die lokale Wirtschaft oder Touristen („Köln ist ein Gefühl“), sondern agieren idealerweise auch als Markenbotschafter mit einer hohen persönlichen Identifikation („I am Amsterdam“). Bewohner und andere Shareholder sind daher Teil der Marke und Zielgruppe zugleich. Damit ist jeder Bewohner einer Stadt nicht nur deren Botschafter, sondern auch Multiplikator. Er vertritt die „Marke der Stadt“ nach außen mit hoher Authentizität und damit einer hohen Glaubwürdigkeit. Dieses stärkt die „Marke der Stadt“ mehr als jede Werbeagentur dieses leisten könnte. So war bspw. der Altbundeskanzler Helmut Schmidt, der 2018 100 Jahre alt geworden wäre, ein idealer Markenbotschafter seiner Stadt. Die Stadt Hamburg hat dies nicht zuletzt damit zum Ausdruck gebracht, dass sie dem Airport Hamburg den Zusatz „Helmut Schmidt Flughafen“ gegeben hat.

9.4 Herausforderungen für Städte im Wettbewerb

Nur wenige Städte werden wirklich konsequent wie eine Marke geführt. Dieses liegt u. a. daran, dass man eine Stadt nicht wie ein Unternehmen führen kann. Es gibt in einer Stadt verschiedene Interessen, die nicht alle gleichgerichtet sind. Da sind Bürgerinnen und Bürger, die im Wettbewerb um mehr Wohnraum stehen, da ist der öffentliche Nahverkehr, der in manchen stark wachsenden Städten kurz vor dem Zusammenbruch steht und darüber stellt sich noch die Frage, wie weltoffen ist unsere Stadt und wie viel Zuzug verkraftet das Gemeinwohl.

Dr. Justus Bobke stellt in seinem Beitrag „Die Stadt als Marke – Konzept für Kommunen in der Krise" folgende These auf: „Zunächst steht jede deutsche Stadt vor elementaren Herausforderungen, die sich vereinfacht in soziologische und ökonomische Zukunftsfragen einteilen lassen. Bei den soziologischen Zukunftsfragen handelt es sich um solche Fragen, die den Bürger unmittelbar angehen: Wie kann das städtische Angebot an Dienstleistungen erhalten/verbessert werden? Wie ist auf das Älterwerden der Bevölkerung zu reagieren? Wie können unterschiedliche Ethnien und Gruppen integriert werden? Wie ist das Verwaltungspersonal optimal weiterzuentwickeln? Wie kann man das Engagement der Bürger im Gemeinwesen steigern?" (vgl. Bobke 2011) Im Grunde geht es um die Frage, wie die Bürgerinnen und Bürger in ihrer Stadt leben.

Diese Lebensqualität beeinflusst auch die Stadt als Marke. Gibt es hier eine große Unzufriedenheit, dann kann die Marke der Stadt darunter leiden. Zuletzt wurde dies bei den Ausschreitungen beim G20-Gipfel im Sommer 2017 in Hamburg oder in Frankreich Ende 2018 durch die „Gelbwesten"-Bewegung sichtbar: In Paris protestierten Bürgerinnen und Bürger gegen die Regierung und ihre Innenpolitik. Unter solchen Rahmenbedingungen lebt und arbeitet keiner gern in einer Stadt und noch viel mehr fühlen sich Touristen durch solche Bilder abgeschreckt.

Bezogen auf die Zukunft der Innenstädte stellt die CIMA unumwunden fest: „Das traditionsreiche Kaufhaus als Magnetbetrieb einer Innenstadt gibt es 2035 nicht mehr. Weiterhin wird und muss es jedoch besondere Anziehungspunkte des Einzelhandels geben. Dazu zählen Flagship-Stores internationaler Marken, moderne Spezialanbieter, aber auch Warenhäuser mit zielgruppenorientierten Shop-in-Shop-Konzepten. Die klassischen Verkaufsräume wandeln sich zunehmend zu Kombinationen von Verkaufs-, Show- und „Feelrooms". Die dort erlebten Produkte werden vielfach online bestellt – vor Ort oder später mobil. Magnete der Innenstadt werden auch Szeneviertel, einzelne exponierte Kulturbauten oder innerstädtische Frei- und Aufenthaltsräume von besonderer Qualität sein. Städtebauliche Individualität oder die Verknüpfung von historischen und modernen Elementen werden zu Markenelementen einer Stadt. Social-Media-Angebote bestimmen die Planung des Stadtbesuchs und die Besucherlenkung. Neben dauerhaften Magneten existieren temporäre Magnete in Form von Events, Pop-up-Stores etc." (CIMA.direkt 2019, S. 21).

9.5 Markenbildung einer Stadt am Beispiel von Hamburg

Die Stadt Hamburg ist ein Stadtstaat und bildet somit eines von 16 Bundesländern der Bundesrepublik Deutschland. Hamburg ist nach Berlin und vor München die zweitgrößte Stadt Deutschlands. So ließen sich noch zahlreiche weitere Eckdaten zu Hamburg anführen, die allerdings die Stadt nur faktisch und statistisch beschreiben und sicher unzureichend bis gar nicht auf den Charakter, das Lebensgefühl, die Identität und den Stolz der Freien und Hansestadt Hamburg eingehen. Vielmehr geht es also darum, zu identifizieren, wofür Hamburg steht und dieses dann auch entsprechend zu kommunizieren. Hier spielt die Markenbildung eine entscheidende Rolle, insbesondere vor dem Hintergrund des zunehmenden Wettbewerbs, in dem die Städte untereinander stehen.

Peter Pirck, Mitbegründer und Gesellschafter der Brandmeyer Markenberatung in Hamburg, hat im Interview mit dem Journal der Stiftung „Lebendige Stadt" am Beispiel der Stadt Hamburg erläutert, wie Markenbildung funktioniert und wie Städte ihre Stärken erfolgreich vermarkten können (Pirck 2013): „Kennzeichnend für die Marke ist, dass sie durch positive Vorurteile konstituiert wird – wenn ganz viele Menschen bestimmte Vorstellungen mit etwas verbinden, obwohl sie es vielleicht auch gar nicht direkt beurteilen können. Beispielsweise Miele. Jeder sagt, das sind die Waschmaschinen mit der besten Qualität. Das sagen sogar Menschen, die selber gar keine eigenen Erfahrungen mit Miele-Waschmaschinen haben. Oder, dass Volvo ein sicheres Auto ist – auch das sagt jeder".

Pirck weiter: „Sobald viele Menschen positive Vorstellungen mit etwas verbinden, es also positive Vorurteile gibt, haben wir es mit einer Marke zu tun. Das funktioniert auch bei Städten. (…) Bei Städten handelt es sich zwar nicht klassisch um verpackte Konsumgüter, doch hier hat sich das Verständnis von Marke seit den 70er-Jahren deutlich weiterentwickelt. Städte haben zunehmend entdeckt, dass auch sie Marke sein können – und es in aller Regel auch schon sind. Denn unabhängig vom Stadtmarketing verbinden die Menschen mit Städten ganz automatisch bestimmte Vorstellungen. Die Frage ist nur, ob eine Stadt mehr daraus machen möchte. Und dafür gibt es gute Gründe: Für die Zukunftsfähigkeit von Städten ist ganz entscheidend, dass sie Anziehungskraft auf die relevanten Zielgruppen ausüben. (…) Jede Stadt hat ihr ganz eigenes Erfolgsmuster. Gemeint sind damit die Faktoren und Gegebenheiten, die eine Stadt einzigartig machen. Wenn ich weiß, was beispielsweise Hamburg für Touristen und Unternehmen attraktiv macht, dann kann ich die Markenbildung sehr gut steuern. Ich kann dann nämlich gezielt die richtigen Themen nach vorne bringen. Wenn wir von Erfolgsmuster sprechen, meinen wir also kein generalisierbares Konzept, sondern die ganz individuelle, ganz spezifische DNA einer Stadtmarke. (…) Meistens fehlt es an einer übergeordneten Struktur oder auch an einer Langfristigkeit. Da wird im November beispielsweise der Weihnachtsmarkt beworben und später dann andere saisonal bedingte, meist kurzfristige Themen. Für die Bildung von Stadtmarken ist es jedoch wichtig, bestimmte Themenfelder – wie beispielsweise den Hamburger Hafen – mit wechselnden Geschichten und vielleicht auch wechselnden Bildern immer wieder und wieder zu bespielen. Nur so gelangen die Botschaften irgendwann in die Köpfe."

Pirck geht in dem Interview auch auf immer wieder gemachte Fehler im Stadtmarketing ein: „Tatsächlich wird immer wieder versucht, es allen Akteuren einer Stadt, ob aus Kultur, Bildung, Politik oder Sport, recht zu machen. Dabei einigt man sich meistens auf den kleinsten gemeinsamen Nenner. Mit dem Ergebnis, dass man schließlich einen Slogan hat, der absolut austauschbar und nichtssagend ist. Ich muss mir als Stadt einfach bewusst sein, dass Unternehmen andere Dinge an einer Stadt schätzen als Touristen. Und die schätzen wiederum andere Gegebenheiten als die Einwohner (…). Es gibt in der Tat Schnittmengen zwischen diesen verschiedenen Zielgruppen. So ist beispielsweise die besondere Lebensqualität Hamburgs nicht nur für Privatpersonen ein wichtiger Treiber, sondern auch für Unternehmen. Aber es gibt auch Facetten, die nur für eine Zielgruppe relevant sind. Dem Touristen ist beispielsweise ganz egal, ob Hamburg Europas Drehscheibe für den Handel mit China ist. Deswegen kommen die Touristen nicht in die Stadt. Sie kommen wegen der Musicals, um sich den Hafen anzuschauen etc. Das heißt, dass ich im Stadtmarketing sehr zielgruppenspezifisch agieren muss, ohne den gemeinsamen Nenner aller anderen Marketingakteure aus dem Blick zu verlieren. Das streift kurz noch ein anderes Thema: Wir haben in aller Regel ja nicht die Situation, dass es nur eine Stadtmarketinggesellschaft gibt. Meistens gibt es viele Marketing treibende Gesellschaften in einer Stadt. Bleiben wir bei dem Beispiel Hamburg. Zentral gibt es die Hamburg Marketing GmbH, aber es gibt natürlich auch die Messe, die Flughafengesellschaft oder die HafenCity und weitere Gesellschaften. Sie alle kommunizieren Hamburg, und man kann natürlich nicht sagen: Jetzt erzählt mal alle dasselbe. Das würde nicht funktionieren. Insofern ist es wichtig, die Überschneidungen zu kennen, um am Ende als eine Marke aufzutreten. Daher gibt es in Hamburg bestimmte grafisch wiedererkennbare Elemente, mit denen die unterschiedlichen Akteure arbeiten und so wiederum eine Einheitlichkeit des Außenbildes gewährleisten.“ (Pirck 2013, S. 12).

Die Hamburg Marketing GmbH hat sich intensiv mit der Markenbildung beschäftigt und führt in seinem Internetauftritt aus: „Bereits 2004 und 2009 wurden mit Hilfe einer umfassenden Markenanalyse die positiven Assoziationen zu Hamburg gemessen (Hamburg Marketing). Aus den Ergebnissen (siehe Abb. 9.4) entstanden die sogenannten Erfolgsbausteine der Marke Hamburg, welche die strategischen Grundlagen des Hamburg-Marketings bilden. 2015 wurde erneut eine Folgemessung durchgeführt, auf deren Basis die Marken- und Kommunikationsstrategie basiert. Grundlage der Analyse bildet eine umfassende Befragung von insgesamt 4800 Privatpersonen und 1200 Unternehmen aus Hamburg, der Metropolregion Hamburg, Deutschland und ausgewählten internationalen Zielmärkten des Hamburg-Marketings. Neben der inhaltlichen Grundlage bietet das sogenannte Kommunikationsmuster die gemeinsame visuelle Grundlage der Marke Hamburg und schafft eine optische Wiedererkennung über alle Kommunikationskanäle und -medien. Die Metropolregion Hamburg befindet sich bei der Umwerbung von Unternehmern, Fachkräften und Touristen sowie bei Investitionen in den Standort in einem globalen Wettbewerb mit mehr als 300 Millionenstädten weltweit. Um sich in diesem Umfeld zu behaupten, wurde der strategische Marketingplan 2013–2018 für das institutionenübergreifende Hamburg-Marketing verabschiedet. Dieser liefert die Eckpfeiler mit deren Hilfe die nationale und internationale Bekanntheit und Wahrnehmung der Metropolregion Hamburg gesteigert werden.“ (vgl. Hamburg Marketing).

Abb. 9.4 Hamburg – das Erfolgsrezept. (Quelle: Hamburg Marketing 2019)

9.6 Das Branding einer Stadt – weniger ist manchmal mehr!

Heute ist es ja schon ein „Must-have" als Stadt ein Branding zu haben. So nennt sich die Stadt Weil am Rhein „Stadt der Stühle" vor dem Hintergrund des dort ansässigen Vitra Design Museums oder die Stadt Harsewinkel „Die Mähdrescherstadt", weil hier der Landmaschinenhersteller Claas seinen Sitz hat. Dabei ist allerdings fraglich, ob die Reduzierung auf Firmenzentralen wirklich ausreichend für die Markenbildung einer Stadt ist. Da kann man sicher mit Beethovenstadt Bonn oder Lutherstadt Wittenberg schon mehr anfangen. Viele der Stadtbrandings haben kaum Ausstrahlungskraft nach außen und gehen somit eher ins Leere. Ein schönes Beispiel ist auch die manchmal eher etwas rückwärtsgewandte Beschwörung der guten alten Zeit. In der Schuhstadt „Pirmasens" arbeiten nicht mehr 22.000 Menschen in der Schuhindustrie, sondern nur noch 1200 Menschen. Hier wäre es sicher besser, gänzlich auf ein Branding in dieser Richtung zu verzichten. Viele Brandings von Städten wirken eher verkrampft und können ggf. sogar kontraproduktiv sein. Der Soziologe Andreas Reckwitz schreibt in seinem Buch „Explosion des Besonderen": „An die Stelle der austauschbaren Räume der klassischen Moderne sollen in der globalisierten und urbanisierten Spätmoderne nun wiedererkennbare einzelne Orte mit je eigener Atmosphäre treten, an die sich spezifische Narrationen und Erinnerungen heften. Städte und Metropolen bemühen sich entsprechend (...), eine lokale Eigenlogik zu entwickeln, die Lebensqualität und Alleinstellungsmerkmale verspricht." (Reckwitz 2017) Offenbar gibt es einen besonderen Druck, besonders sein zu müssen. Wer normal ist, bleibt unsichtbar... Allerdings kann sich die Wertschätzung für ein identitätsstiftendes

Ereignis auch verändern. „1964 war es für Innsbruck noch ein identitätsstiftendes Projekt, die Olympischen Spiele auszurichten. Es hat die Spiele überhaupt erst auf die touristische Landkarte gesetzt. 50 Jahre später haben sich die Innsbrucker – wie viele andere – gegen eine Olympiabewerbung entschieden. Nicht nur, aber auch, weil sie nicht mehr an den großen Werbeeffekt glauben. Olympia hat sich abgenutzt" (Jacobsen 2018). Das Beispiel Innsbruck zeigt eindrücklich, dass sich eine Marke wie „Olympiastadt Innsbruck" nicht nur abnutzt, sondern ohne die Zustimmung und somit ohne die Akzeptanz in der Bevölkerung nicht mehr glaubwürdig kommunizierbar ist. 2017 haben sich 53 % der Wähler bei einem Bürgerentscheid gegen die Olympischen Winterspiele 2026 ausgesprochen – ein Beispiel dafür, dass ein glaubwürdiges Branding ohne Akzeptanz der Bevölkerung nicht geht. Auch in Hamburg ist die Teilnahme an der Bewerbung für die Olympischen Sommerspiele 2024 in einem Bürgerentscheid im November 2015 denkbar knapp mit 51,6 % bei einer sehr hohen Wahlbeteiligung von 50,2 % abgelehnt worden. Dieses Abstimmungsergebnis zeigt auf der einen Seite, wie schwer es geworden ist, Großprojekte durchzusetzen, auch wenn Hamburg sich gemeinhin als Stadt des Sports sieht. Auf der anderen Seite steht die hohe Wahlbeteiligung für die Bereitschaft der Bürgerinnen und Bürger, sich an entsprechenden Entscheidungsprozessen zu beteiligen. Die Hamburger sind durchaus sportbegeistert, man muss dennoch immer wieder darum werben, die Bürgerinnen und Bürger zu begeistern, um das Verkaufsversprechen einzulösen. Dies hat übrigens auch die Stadt Hamburg erkannt, die den Bürgerentscheid selbst initiiert hat. Im Juni 2015 änderte die Hamburgische Bürgerschaft mit Zweidrittelmehrheit die Volksgesetzgebung in Hamburg, um ein Bürgerschaftsreferendum über die Olympiakandidatur der Stadt zu ermöglichen. Die Stadt hat erkannt, dass Olympische Spiele gegen die Bürgerinnen und Bürger und ohne ein entsprechendes Community Branding nicht durchführbar sind. Bei den Stadtmarken hat sich die Marken-Wahrnehmung geteilt: auf der einen Seite das (Marken-)Image, das die Marke bei ihrer Zielgruppe hat und die damit ganz bestimmte Gefühle oder Ideen assoziiert, auf der anderen Seite die vom Markeneigentümer gesteuerte und bewirtschaftete Markenidentität – also die Eigenschaften und Merkmale, die für diese Marke charakteristisch sind und für verschiedene Zwecke angepasst und umformuliert werden können. Zwischen Markenidentität und Markenimage bestehen durchaus Unterschiede, die durch externe Einflüsse auf dem Weg zum Empfänger entstehen. Das können Meinungen anderer sein, die Medien, persönliche Einstellungen etc.

Auch bei einer Stadt wird somit die Markenführung, im Sinne der Steuerung und Pflege einer Marke sowie ihre Anwendung auf verschiedene Bereiche, zur Kernaufgabe.

9.7 Kritische Erfolgsfaktoren im Rahmen der Markenbildung

Ebenso wie bei einer produktbezogenen Marke, ist die Markenbildung einer Stadt kein Selbstzweck, sondern letzten Endes werden damit Ziele verfolgt. Nur wer diese Ziele für sich formuliert, kann daraus auch eine entsprechende Markenbildung definieren und Maßnahmen ableiten, die auf die Marke einzahlen und eine aktive Markenführung betreiben. Für die Markenbildung gibt es verschiedene kritische Erfolgsfaktoren, die bei der Positionierung einer Stadt als Marke berücksichtigt werden sollten:

1. Was ist das Ziel der Markenbildung der Stadt?
2. Welche Zielgruppen (Touristen, Unternehmen, Investoren, Studierende, Fachkräfte etc.) sollen angesprochen werden?
3. Was ist das Leitbild der Stadt?
4. Welche besonderen Stärken hat die Stadt?
5. Wofür steht die Stadt, was ist die „DNA" der Stadt?
6. Gibt es in der Stadt Alleinstellungsmerkmale (USP)?
7. Wie sieht das Wettbewerbsumfeld aus – welche Städte sind die Hauptwettbewerber?
8. Wie wird die Marke kommuniziert?
9. Welche Maßnahmen zahlen auf die Marke ein?
10. Wie wird der Erfolg der Marke gemessen?

Dieser Kriterienkatalog erhebt keinen Anspruch auf Vollständigkeit. Es geht vielmehr darum, anhand von prägnanten Fragestellungen Antworten auf die eigene realistische Situation der Stadt zu finden, bevor man mit der Marktpositionierung beginnt. Die Fragestellungen haben die Autoren aus der in diesem Beitrag dargelegten Analyse zur Positionierung der „Stadt als Marke" vorgenommen.

9.8 Innerstädtische Einkaufszentren stärken die Stadt als Marke

Das Unternehmen ECE (Einkaufs-Center Entwicklungsgesellschaft), das 1965 von Werner Otto gegründet wurde, ist europäischer Marktführer in der Planung, Errichtung und dem Management von Einkaufszentren. Heute betreibt ECE europaweit ca. 200 Einkaufszentren. Bei der Entstehung eines innerstädtischen Einkaufszentrums geht es nicht nur um die Errichtung eines bloßen Handels-, Dienstleistungs- und Gastronomiekomplexes mit einer in Deutschland durchschnittlichen Verkaufsfläche von gut 30.000 m^2. Vielmehr steht im Fokus, das Einkaufszentrum am Markt bzgl. Zielgruppe, Vermietungskonzept und Serviceangeboten zu positionieren. Dies geschieht mit dem Branchen- und Mietermix, der bezogen auf das Einzugsgebiet zur Kaufkraft und Wettbewerbssituation im Einzelhandel passen muss. Eine herausragende Rolle spielen ferner der Städtebau und die Architektur. Das Gebäude muss sich in den Stadtgrundriss einfügen und die Architektur sollte eine passende Antwort auf die vorhandene innerstädtische Bebauung geben. Die entstehenden städtebaulichen Räume, die Architektur und die funktionale Mischung müssen sowohl die rationale wie die funktionale Erwartungshaltung der Kunden ansprechen. Widersprüche zwischen der Markenführung im Sinne des funktionalen Angebotes, der städtebaulichen und architektonischen Ausformulierung sowie dem Markenimage im Sinne der empfundenen Introvertiertheit,

Geschlossenheit oder Gleichförmigkeit im Angebot führen zu sinkender Kunden-Loyalität. Das spiegelt sich in schwierigen Marktsituationen schnell in sinkenden Frequenzen und Umsätzen wider.

Anders bei den Schloss-Arkaden in Braunschweig. In Braunschweig hat die ECE das Braunschweiger Schloss in Teilen rekonstruiert und wieder aufgebaut. Das Braunschweiger Schloss wurde 1717 errichtet und war von 1753 bis 1918 Residenz der braunschweigischen Herzöge aus dem Hause der Welfen. Das Gebäude wurde durch Luftangriffe im Zweiten Weltkrieg stark beschädigt und 1960 endgültig abgerissen. Die so entstandene Brache wurde in Teilen zu einem Hauptverkehrsknoten ausgebaut, auf den übrigen Flächen wurde zwischen 1961 und 1963 der Schlosspark angelegt. Mit dem Abriss haben die Bürger eines ihrer wichtigsten identitätsstiftenden Merkmale zugunsten der autogerechten Stadt bewusst beseitigt. Die Wunde im Stadtgefüge und die Barriere der Straße „Bohlweg“ war aber weit mehr als nur irgendeine Straße oder eine Baulücke. Braunschweig fehlte etwas. Als die ECE im Jahr 2000 in Braunschweig ein Einkaufszentrum errichten wollte, wurde Prof. Ackers von der Stadt beauftragt, ein städtebauliches Gutachten anzufertigen (siehe Abb. 9.5). Schwerpunkte waren die Ermittlung der städtebaulichen Rahmenbedingungen, die Neuordnung der öffentlichen Räume, der Stellenwert der Stadtgeschichte am Standort sowie die Qualitätssicherung der öffentlichen Räume. Prof. Ackers kommt zu dem Schluss, dass eine Reparatur im Bereich des Schlossplatzes einen hohen städtebaulichen und ideellen Wert für Braunschweig haben würde. Er sollte damit Recht behalten.

Die Stadt machte es daher für den Neubau zur Bedingung, dass das Schloss wiederaufgebaut werden müsse. Man einigte sich auf die optische Rekonstruktion der Außenfassade des Braunschweiger Residenzschlosses.

2007 wurden die Schloss-Arkaden in Braunschweig eröffnet (vgl. Abb. 9.6). In dem Gebäude hat die Stadt Braunschweig 13.000 m^2 Fläche für kulturelle Zwecke angemietet, u. a. als Stadtbibliothek und als Schlossmuseum. In Braunschweig ist mit dem Wiederaufbau des Schlosses ein neuer Kraftort entstanden, der eine hohe identitätsstiftende Funktion für Braunschweig hat (vgl. Röttgers 2017, S. 44).

Abb. 9.5 Analyse der Veränderung der Stadtstruktur. (Quelle: Prof. Walter Ackers)

Abb. 9.6 Vom Verkehrsknoten zum Schloßplatz. (Quelle: ECE Projektmanagement G.m.b.H. & Co. KG)

Natürlich ist der Wiederaufbau von zerstörten Gebäuden immer umstritten, was nicht zuletzt die Diskussion um den Wiederaufbau des Berliner Stadtschlosses gezeigt hat. Auch hier ging es um die Frage, ob es zeitgemäß ist, einmal „untergegangene" Gebäude wiederaufzubauen und einer neuen Nutzung zuzuführen. In Dresden wurde nach dem Fall der Mauer die Frauenkirche originalgetreu wieder aufgebaut. Beide Vorhaben in Berlin und Dresden wurden übrigens mit Spenden- bzw. Steuergeldern finanziert. Dies zeigt das hohe private und öffentliche Interesse an der Stärkung und damit auch die Bedeutung der Stadtkultur. Sowohl in Braunschweig als auch in Berlin hat man sich jeweils nach kontroversen Diskussionen für den Wiederaufbau entschieden. Die Diskussionen und die letzten Endes getroffenen Entscheidungen zeigen, dass die Städte stets auf der Suche nach der eigenen Identität und damit der eigenen DNA sind. Alle diese Entscheidungen für den Wiederaufbau stärken auch die Marke der Stadt. Es ist kaum vorstellbar, dass man sich bei einer Zerstörung des Brandenburger Tores in Berlin gegen einen Wiederaufbau entscheiden würde. Das Brandenburger Tor steht wie kein zweites Gebäude einer deutschen Großstadt für die Marke einer Stadt und hat sogar darüber hinaus nationale Symbolkraft. An diesem Beispiel kann man erkennen, wie stark die Stadt als Marke wirkt. Besonders interessant wird es, wenn man bekannte Stadtmarken und damit verbundene identitätsstiftende Gebäude untersucht. Oft sind es Gebäude, wie etwa das Stuttgarter Schloss oder der Campanile di San Marco in Venedig. Dieser war am 14. Juli 1902 eingestürzt (vgl. Abb. 9.7). Der Stadtrat von Venedig beschloss bereits am Abend des Turmeinsturzes einstimmig, den Campanile wieder aufzubauen (vgl. Abb. 9.8), wie und wo er gewesen war „com'era e dov'era" (vgl. Wikipedia 2018b). Daran ist ablesbar, welche Bedeutung das Stadtbild für die Marke Venedig und für das Selbstverständnis seiner Bürger hat. Es sind eben oft keine „Originale", sondern Wiederaufbauten, die das Gesicht einer Stadt prägen, weil sich mit ihnen ein Markenimage verbindet, das gleichzeitig identitätsstiftend ist.

Darüber hinaus erinnern auch Namen an alte Orte mit Identität. So wird heute bei der Namenswahl von bspw. Einkaufszentren Bezug auf die Identität dieser Orte genommen. In Dortmund hat das Einkaufszentrum am Westenhellweg den Namen Thier-Galerie,

Abb. 9.7 Der eingestürzte Campanile di San Marco in Venedig. (Quelle:https://commons.wikimedia.org/wiki/File:Ruins_of_St_Mark%27s_Campanile.jpg)

benannt nach der traditionsreichen Thierbrauerei, die an diesem Standort ihren Sitz hatte. Das Milaneo in der Stuttgarter Bahnstadt leitet seinen Namen aus der Partnerstadt Mailand ab, das Loom (Webstuhl) in Bielefeld erinnert an die Textilfabriktradition in der Stadt. Auch wenn es sich hier lediglich um den Namen handelt, so geht es doch immer auch um die Identität des Ortes, an dem das Einkaufszentrum gebaut wurde, was somit auf die Marke der Stadt einzahlt.

Zunehmend ist zu erkennen, wie stark sich Bürgerinnen und Bürger mit ihrer jeweiligen Stadt identifizieren. So protestieren sie, wenn sie mit dem Abriss oder dem Neubau von Gebäuden nicht einverstanden sind. Ein Beispiel hierfür ist der Protest gegen den Bau des Bahnhofs Stuttgart 21, der wohl selbst so manchen Politiker überrascht haben dürfte. Solche Proteste können entstehen, wenn die Bürgerinnen und Bürger nicht einbezogen werden. Dann kann infolgedessen sogar die Marke beschädigt werden. Hier sei noch einmal die Bedeutung des „Partizipativen Stadtmarketings" hervorgehoben. Eine starke Stadtmarke im Sinne der Markenführung kann nur nachhaltig aufgebaut werden durch ein starkes Markenimage, die Mitnahme der Bürgerinnen und Bürger und die Bedeutung und Berücksichtigung eben dieser als Markenbotschafter für die eigene Stadt (siehe Abb. 9.9).

Abb. 9.8 Der wieder aufgebaute Campanile di San Marco in Venedig. (Quelle: Valentin Hadelich)

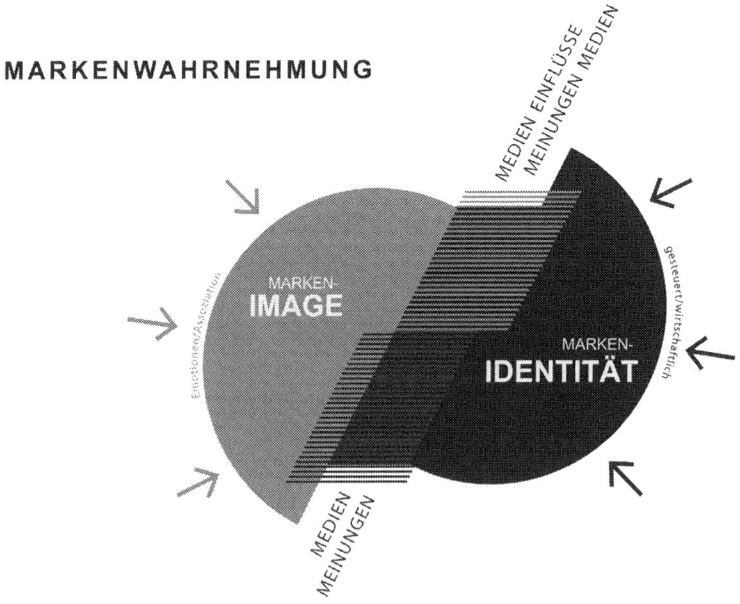

Abb. 9.9 Markenwahrnehmung. (Quelle: Valentin Hadelich)

9.9 Schlussbetrachtung

Es wird deutlich, dass eine Stadtmarke besonders im Vergleich mit den klassischen Produktmarken ein hochkomplexes Gebilde ist. Sie ist sehr stark von externen Faktoren abhängig und macht eine strategische Führung erforderlich. Wie es die Beispiele Hamburg und Braunschweig zeigen, bedarf es eines vollumfassenden Engagements, das bei Wirtschaftsförderung und Tourismus anfängt und über identitätsstiftende Merkmale von der Architektur und Städtebau bis hin zu Veranstaltungen wie Stadtfesten und Sportveranstaltungen reicht. Das breite Feld lässt bereits erahnen, dass aktiver Einsatz und sehr viel Engagement nötig sind, finanziell und ideell, um erfolgreich zu sein und tatsächlich im Wettbewerb hervorzustechen. An den hier aufgeführten Beispielen wird deutlich, dass sich die Städte im Bewusstsein der eigenen Identität im Wettbewerb positionieren und deutlich an Attraktivität gewinnen können. Es reicht eben nicht aus, nur ein Kraftort im besten Sinne einer europäischen Stadt zu sein, man muss dieses auch aktiv sein wollen und mit Leben füllen. Dann allerdings bieten sich für viele Städte – trotz Städtewettbewerb und Onlinehandel – hervorragende Zukunftsperspektiven!

Literatur

Böhme, G.: Architektur und Atmosphäre. Fink, München (2006)

Bobke, J.: Die Stadt als Marke, Konzept für Kommunen in der Krise, Publicus (2011). https://publicus.boorberg.de/die-stadt-als-marke/. Zugegriffen: Dez. 2018

Christ, W. (Hrsg.): Shopping Center Dresden – Urbane Konzepte für Stadt und Handel. Bauhaus-Universitätsverlag, Weimar (2007)

Christ W.: Markt und Mitte: über die Zukunft der Stadtzentren, Buchreport Magazin, 09/2018 (2018)

CIMA-Direkt: CIMA Beratung und Management GmbH, Ausgabe 01/2019 (2019)

Gesellschaft für Konsumforschung (GfK) und HDE Handelsverband Deutschland: Zahlenspiegel (2018)

Graham, S.: Information technologies and reconfigurations of urban space. Int. J. Urban Reg. Res. **25**(2), 406–410 (2001)

Hamburg Marketing: www.marketing.hamburg.de/die-marke-hamburg.de. Zugegriffen: 10. Jan. 2019

Hamburg Tourismus – Hamburg Perspektive Tourismus 2025: Ein datenbasierter Ausblick, 02/2017 (2017)

HDE: HDE-Online-Monitor 2018. www.einzelhandel.de/onlinemonitor. Zugegriffen: 6. Febr. 2019

Homepage L+T: www.l-t.de. Zugegriffen: 10. Jan. 2019

Jacobsen, L.: Jede Stadt eine Marke. Zeit Online (11. Januar 2018). www.zeit.de/autoren/J/Lenz_Jacobsen/index.xml. Zugegriffen: 8. Nov. 2018

Journal Stiftung Lebendige Stadt, Ausgabe 33/2016 – „Bürger als Markenbotschafter" (2016)

Mobil, Das Magazin der Deutschen Bahn, Ausgabe 01/2019 (2019)

Pirck, P.: Journal „Stiftung Lebendige Stadt", Ausgabe 27/2013 – „auch Städte können Marken sein" (2013)

Reckwitz, A.: Die Explosion des Besonderen – Beobachtungen zu einem allgegenwärtigen Phänomen, erschienen in Soziopolis. www.soziopolis.de/beobachten/kultur/artikel/die-explosion-des-besonderen (2017). Zugegriffen: Aug. 2018
Rifkin, J.: Access. Das Verschwinden des Eigentums. Campus, Frankfurt a. M. (2000)
Röttgers, J.: Ein Schloss für alle Bürger: ZIA: Einzelhandel als Partner der Kommunen. Zentraler Immobilien Ausschuss e. V., Berlin (2017)
Schulze, G.: Die Erlebnisgesellschaft: Kultursoziologie der Gegenwart. Campus, Frankfurt a. M. (2000)
Spiegel: www.spiegel.de/reise/deutschland/new-york-times-preist-hamburg-als-eines-der-top-reiseziele-2017-an-a-1128994.de. Zugegriffen: Dez. 2018
Sloterdijk, P.: Schäume: [plurale Sphärologie], 1. Aufl. Suhrkamp, Frankfurt a. M. (2004)
Statistisches Landesamt Hamburg und Schleswig Holstein: www.statistik-nord.de. Zugegriffen: 10. Jan. 2019
Statistisches Landesamt des Freistaates Sachsen: www.statistik-sachsen.de. Zugegriffen: 10. Jan. 2019
Wikipedia: https://de.wikipedia.org/wiki/Erlebnis. Zugegriffen: Juni 2018
Wikipedia: https://de.wikipedia.org/wiki/Markusturm_(Venedig). Zugegriffen: Juni 2018

Dr. Jan Röttgers (48) hat an der Georg-August Universität Göttingen Volkswirtschaft studiert und an der wirtschaftswissenschaftlichen Fakultät der Humboldt-Universität zu Berlin promoviert. Er ist seit 16 Jahren bei der Firma ECE in Hamburg als Geschäftsführer im Bereich der Projektentwicklung für Einkaufszentren tätig. Darüber hinaus ist Jan Röttgers als Dozent an der IREBS und der Hochschule Biberach sowie beim Zentralausschuss für Immobilienaufgaben (ZIA) engagiert.

Valentin Hadelich (42) befasste sich bereits als wissenschaftlicher Mitarbeiter am Entwerfen und Städtebau 1 Lehrstuhl der Bauhaus-Universität Weimar mit den Zusammenhängen zwischen Stadt, Handel und Identität. Er ist seit fünf Jahren bei der Firma ECE als Head of Department im Bereich Creative Design tätig und verantwortet dort das Thema Masterplanung Städtebau und Stadtplanung. Darüber hinaus ist Valentin Hadelich Dozent an der IREBS und engagiert sich im Gremium Architektur des BDI Kulturkreises und im Wissensnetzwerk Stadt und Handel, das er mitgegründet hat.

Saisonale Events am Beispiel der Chrysanthema Lahr 10

Die Chrysanthema: Von der Blumenschau zum Blumen- und Kulturfestival

Friederike Ohnemus und Martina Mundinger

Zusammenfassung

Die Chrysanthema Lahr ist ein Blumen- und Kulturfestival, das in den 90er Jahren als kleine, lokale Veranstaltung im Spätherbst durch die Stadt Lahr initiiert wurde. Seit 2005 baute das Stadtmarketing die Chrysanthema zur eigenständigen Marke mit einer eigenen Produktlinie aus. Als Alleinstellungsmerkmal prägt das Festival heute das Außenbild von Lahr als Blumenstadt. Nach innen wirkt die Großveranstaltung als Kulturgut der Stadt. Der Erfolg des Großevents speist sich aus der umfassenden Beteiligung der Bevölkerung, der lokalen Verankerung und einer steten Fortentwicklung der Veranstaltung entlang gesellschaftspolitischer Veränderungsprozesse, wie der Energiewende oder der Wandel hin zur Beteiligungskultur. Beteiligung schafft hierbei Identität nach innen und Authentizität nach außen. Zentrale konzeptionelle Stellschrauben einer nachhaltigen und langfristigen Fortentwicklung des Events sind 1) die thematische Bespielung der Chrysantheme 2) die Einbettung der Sponsoren als Partner und Förderer 3) die kontinuierliche Schaffung neuer Begegnungsräume sowie 4) eine konsequente qualitative und lokale/regionale Ausrichtung.

F. Ohnemus (✉) · M. Mundinger
Stadt Lahr, Lahr, Deutschland
E-Mail: friederike.ohnemus@lahr.de

M. Mundinger
E-Mail: martina.mundinger@lahr.de

T. Breyer-Mayländer und C. Zerres (Hrsg.), *Stadtmarketing*,
https://doi.org/10.1007/978-3-658-26254-9_10

10.1 Ein Blick zurück: Die Anfänge als Blumenschmuck

Ende der 80er Jahre entdeckten Lahrer Gärtner erstmals die Wuchsform üppig-bunter Kaskaden-Chrysanthemen in der Lahrer Partnerstadt Dole in Frankreich. Mit fundiertem Know-how gelang den städtischen Gärtnern in den folgenden zehn Jahren die erfolgreiche Kultivierung von meterlangen Kaskaden – einzigartig in Deutschland. In zwei überaus erfolgreichen Hallenschauen, 1993 und 1997, hatten die Lahrer sowie ein breites Fachpublikum Gelegenheit, die große Vielfalt der farbenprächtigen Chrysanthemen kennen zu lernen. Es erwuchs die Idee, ein farbenfrohes Zeichen in der herbstlichen Jahreszeit im öffentlichen Raum zu setzen. 1998 zierten erstmals herbstliche Chrysanthemen-Arrangements zwei zentrale Plätze sowie die wichtigen Baudenkmale in der historischen Innenstadt.

Die Affinität der Bevölkerung zur floralen Gestaltung des öffentlichen Raums ist eng mit der positiven Beziehung der Menschen zum Stadtpark verbunden. Dieser wurde 1875 angelegt. Auf ihn geht eigentlich der gärtnerische Ursprung der Chrysanthema zurück. Bereits in den ersten Jahren begleitete den Blumenschmuck ein kleiner Markt mit Kunsthandwerk sowie badischen und elsässischen Spezialitäten als Rahmenprogramm an drei Wochenenden. Anfangs dachte niemand an einen Großevent. In den folgenden Jahren wurde die Veranstaltung sukzessiv mit unterschiedlichen lokalen Partnern fortentwickelt: Seit 2004 schmücken Lahrer Vereine Blütenwagen entlang eines Rundweges durch die Innenstadt und Lahrer Köche entwickeln Gerichte mit Speisechrysanthemen. Ebenso gestaltet Anfang des Jahrtausends ein in Lahr ansässiger Friseur floralen Blumenschmuck – eine Aktion, die14 Jahre später als überaus erfolgreiche Kampagne bei der Landesgartenschau zum Einsatz gekommen ist.

10.2 Aus dem Chrysanthemenzauber wird die Chrysanthema

Die Umbenennung des „Chrysanthemenzaubers“ in die geschützte Marke „Chrysanthema“ im Jahr 2005 geht einher mit der Neuausrichtung der Veranstaltung durch das Stadtmarketing: Ein Sponsoring-Konzept hilft, die Chrysanthema auf eine solide finanzielle Basis zu stellen und qualitativ auszubauen. Eine neue Corporate Identity (CI) bindet den Event an die Dachmarke der Stadt an. Die Chrysanthema wird fortan thematisch in unterschiedlichen Facetten bespielt, angefangen bei Kulinarik, über Literatur, Choreografie, Kunst bis hin zur Musik. Kurz, die Chrysanthema wird zum Blumen- und Kulturfestival fortentwickelt. Eine zentrale Rolle spielen künftig Chrysanthemen-Produkte, die in lokalen und regionalen Betrieben und Manufakturen hergestellt werden.

10.3 Ein neuer Themenschwerpunkt knüpft an das Ursprungsland der Chrysantheme, Japan, an

Das Stadtmarketing baut im Jahr 2007 Kontakte nach Kasama in Japan auf. Asien wird als Herkunftsland der Chrysantheme zu einem neuen Themenschwerpunkt der Chrysanthema ausgebaut, um neue Interessensgruppen anzusprechen und die Weiterentwicklung der Chrysanthema sicher zu stellen. Bestandteile der japanischen Kultur, wie Kalligrafie, Ikebana, Tee-Zeremonien und Kimonoausstellungen werden fortan im Veranstaltungsprogramm aufgenommen. Mit dem systematischen Ausbau der Chrysanthema zum Kulturevent ging die Kultivierung asiatischer Chrysanthemen einher: Im Jahr 2016 gelang erstmals die Kultivierung eines Ozukuri. Die Ozukuri-Chrysantheme, auch Tausendblüter genannt, ist eine Pflanze mit mehreren hundert gleichförmigen Blüten, die aus einem einzigen Trieb gezogen werden. Es folgen Wechselausstellungen in Kooperation mit Kunst- und Grafikklassen aus Lahr und Kasama sowie schließlich die Beurkundung einer Städtefreundschaft im Jahr 2018.

10.4 Gesellschaftlicher Wandel und Neuausrichtung der Chrysanthema

Der gesellschaftliche Wandel, ausgelöst durch den Atomunfall in Fukushima und die damit einhergehende Energiewende im Jahr 2011, werden als neue Herausforderungen für die Ausrichtung der Chrysanthema verstanden: Gemeinsam mit zusätzlichen Fördergeldern eines Sponsors wird eine CO_2-Bilanz und ein umfassender, dreijähriger Maßnahmenkatalog zur klimafreundlichen Ausrichtung des Events erstellt, an dem unterschiedlichste Bereiche der Stadtverwaltung beteiligt werden.

Bei der schrittweisen Umgestaltung der Chrysanthema zur klimafreundlichen, sozialen und regionalen Großveranstaltung spielen Mobilitätskriterien ebenso eine Rolle, wie Produktionsketten, Kommunikationsinhalte und die Gesamtausrichtung der Versorgungsstände. Sämtliche Druck-Erzeugnisse werden mit zertifizierten Druckereien auf umweltfreundlichem Papier gedruckt. Neben weiteren ökologischen Kriterien, wie Energieverbrauch, Wassereinsparung durch Tröpfchenbewässerung, Müllvermeidung und Mobilität treten regionale und soziale Aspekte, die bindend festgeschrieben werden: Standbetreiber von Essensständen müssen nachweisen, dass die verwendeten Rohstoffe aus der Region sind. Ein Großteil der Stände wird an Vereine, Schulklassen sowie karitative Einrichtungen vergeben. Schwerpunkt des Konzertprogramms bilden lokale und regionale Bands und Künstler. Darüber hinaus bietet die Chrysanthema dem musikalischen Nachwuchs eine Bühne. Im Produktbereich ebenso, wie bei der Herstellung von Einzelbauteilen wird mit den Lahrer Werkstätten kooperiert, in denen geistig und körperlich beeinträchtigte Menschen arbeiten.

10.5 Strategische Erfolgsfaktoren des Blumen- und Kulturfestivals

10.5.1 Beteiligung schafft Identität und Authentizität

Die Beteiligung von Schulen, Vereinen und Bands am Kulturprogramm (Konzerte, Ausstellungen) sorgt für das Interesse einer Altersklasse, die nicht im Fokus des Festivals liegt: Teenager und junge Erwachsene. Auch wenn diese Zielgruppe wenig Affinität zu Blumen hat, so schafft die aktive Beteiligung am Bühnenprogramm Akzeptanz für das Event. Dies wirkt sich auch auf ein ganz anderes Thema aus: Vandalismus. Obgleich sämtliche Blumenarrangements ungeschützt in der Innenstadt präsentiert werden, findet bislang kaum Vandalismus statt.

Die Einführung einer Chrysanthemenkönigin scheint zunächst nicht besonders Außergewöhnliches zu sein. Seit der Regentschaft der ersten Königin im Jahr 2006 erfüllt das Amt aber wichtige Funktionen: Auch wenn es an keine Altersvorgaben gebunden ist, so agieren die meist jungen Königinnen aus den unterschiedlichen Stadtteilen als Brokerin zwischen den Generationen und bilden eine Brücke zwischen den Ortsteilen und der Kernstadt. Die jungen Frauen stehen für ihre Heimatstadt und verschaffen der Veranstaltung ein persönliches Gesicht. Sie wirken nach innen, indem sie Identität vermitteln und nach außen, indem sie Lahr und die Chrysanthema authentisch präsentieren. Jede von ihnen bringt dabei ganz individuelle Interessen in ihr Amt ein wie Migration, Inklusion, Kindheit oder Kultur (vgl. Abb. 10.1).

Die Kooperation mit lokalen und regionalen Manufakturen, Betrieben und Erzeugern verschafft nicht nur Qualität, sondern ebenfalls Authentizität: Die zumeist saisonalen Chrysantemen-Produkte bieten Besuchern individuelle, hochwertige Geschenke und Andenken. Darüber hinaus werden Kunden und Vertriebsnetze der Produzenten zur Vermarktung des Festivals genutzt.

Die Chrysanthema bindet zahlreiche weitere Akteure ein: Der lokale Handel beteiligt sich mit einem Programmtag und Blumenschmuck in den Schaufenstern sowie an den Hausfassaden. Neben der floralen Gestaltung des Kirchenportals beteiligen sich die Kirchen durch tägliche Meditationen und Andachten. Vereine bauen passend zum jährlich wechselnden Motto Blütenwagen, eine besondere Attraktion für die Besucher. Für Vereine mit Mitgliedern mit Migrationshintergrund bieten die Blütenwagen eine Möglichkeit der aktiven Teilhabe und Anerkennung in der Stadtgesellschaft.

10.5.2 Langfristige Partner und Förderer sind die Basis der Fortentwicklung

Medienpartnerschaften mit den drei lokalen Tageszeitungen und einer überregionalen Tageszeitung im Elsass sowie zwei Wochenzeitungen und zwei regionalen Radiosendern dienen als strategisches Instrument zur Bewerbung der Veranstaltung. Sämtliche

Abb. 10.1 Chrysanthemenkönigin als Identifikationsangebot. (Quelle: Stadt Lahr)

Medien erhalten im Vorfeld, während und nach der Chrysanthema regelmäßig Pressemitteilungen sowie Textbausteine und hochwertiges Bildmaterial. Fotoarbeiten werden jedes Jahr durch mehrere Fotografen im Auftrag des Stadtmarketings beauftragt. Bilder sollen berühren, aktivieren und auslösende Momente schaffen. Sie sind unabdingbare Botschafter in den sozialen Medien und der Pressearbeit und werden Partnern, Handel sowie Unternehmen zur Verfügung gestellt. Ein Moodboard hilft den Fotografen mit emotional prägenden Bildern die Identitätsebene der Marke zu bedienen.

Leuchtkraft und Lebendigkeit sind Schlüsselelemente, die sich bei der Chrysanthema vor Ort wiederfinden und als Grundprinzip der Markenkommunikation dienen. Der Claim „Da blüht Dir was." unterstreicht die wesentlichen Komponenten der Marke „Entdecken und Erleben". Das Blütenblatt transportiert als Type-Code das Markenerlebnis vielfältig und ganz eigenständig auf Busapplikationen, Anzeigen, Merchandising-Artikel etc.

Zentraler Bestandteil der Medienpartnerschaften sind neben der redaktionellen Begleitung des Blumenfestivals (Online und Print) informative Sonderbeilagen in den Tageszeitungen. Angelehnt an das CI der Chrysanthema schaffen sie einen hohen Wiedererkennungswert und redaktionelle Beiträge vermitteln zusätzliche Hintergrundinformationen.

Die kontinuierliche Fortentwicklung der Chrysanthema ist ohne Förderer und Partner nicht machbar. Das Sponsoring-Konzept mit seiner hierarchischen Pyramidenstruktur ermöglicht großen, wie kleinen Sponsoren eine transparente Beteiligung. Hierbei wird auf langfristige Partnerschaften gesetzt, zum Teil auch mit Mehrjahresverträgen. Etliche Sponsoren beteiligen sich seit Beginn des Events bzw. seit vielen Jahren.

Die lokale Verortung des Festivals, die breite Einbindung unterschiedlichster Bevölkerungsgruppen sowie das positive Image der Chrysanthema sind grundlegende Pfeiler eines erfolgreichen Sponsorings.

Die Anerkennung der finanziellen Förderung geht weit über eine umfassende Dokumentation der Gegenleistungen hinaus: Sponsoren müssen sich als Partner geschätzt fühlen. Regelmäßige Jahresgespräche bieten hierbei einen geeigneten Rahmen, um etwa die bevorstehende Neuausrichtung eines Unternehmens im Bereich des Sponsorings frühzeitig zu erfahren oder geeignete Alternativen einer Beteiligung auszuloten. Indem Sponsoren aktiv in die Fortentwicklung der Chrysanthema einbezogen werden, entsteht ein partnerschaftliches Verhältnis, das Kontinuität verschafft. Gemeinsame Pressekonferenzen, Interviews, die redaktionelle Platzierung der Sponsoren als Partner sowie die Möglichkeit des Austausches zwischen den Chrysanthema-Förderern im Rahmen eines exklusiven, jährlichen Sponsoren-Events binden zusätzliche Anerkennung und Vertrauen.

10.5.3 Abwechslung statt Einerlei: Jährlich wechselnde Mottos und thematische Bespielung der Chrysantheme

Wie gelingt es, die Chrysanthema sowohl im Gruppenreisesegment als auch bei den Individualbesuchern über viele Jahre hinweg attraktiv zu halten? Die thematische Bespielung der Chrysantheme sowie jährlich wechselnde Mottos sind wichtige Instrumente der steten Fortentwicklung und Abwechslung (vgl. Abb. 10.2).

10.5.4 Qualität vor Quantität: An erster Stelle steht die Chrysantheme

Eine repräsentative Passantenfrequenzmessung ergab, dass die Chrysanthema 2016 über 367.000 Besucher angelockt hat. Das sind fünf Prozent mehr Besucher als im Jahr 2010. Viel? Wenig? Irrelevant! Die quantitative Steigerung der Besucherzahlen ist keine Zielmarke des Festivals. Es sind vielmehr die Zufriedenheit der Besucher, die Qualität des Kulturprogramms sowie der Blumenarrangements, die maßgeblich für den Erfolg der Chrysanthema sind.

Der Anspruch auf Qualität zieht sich durch sämtliche Bereiche des Festivals: Angefangen bei der hohen Qualität der Pflanzen, über ein qualitätsvolles Bühnenprogramm bis hin zu regelmäßigen Befragungen der Besucher. Die Abnahme von Prüfungen und einer umfassenden, jährlichen Schulung der Gästeführer gewährt einen hohen Standard

Abb. 10.2 Konzept mit wechselnden Mottos. (Quelle: Stadt Lahr)

und größte Zufriedenheit bei den Gästen. Qualität spielt ebenso eine maßgebliche Rolle bei der Zulassung von Chrysanthemen-Produkten unter dem Label der Chrysanthema: Voraussetzung für die Zulassung als kulinarisches Chrysanthemen-Erzeugnis ist die Verwendung von echten Speisechrysanthemen bzw. deren Blüten. Auf Billigprodukte aus Asien wird gänzlich verzichtet, da deren Qualität meist minderwertig ist und eine Konkurrenz zum lokalen und regionalen Handel verhindert werden soll. Qualität setzt sich jedoch auch in der Infrastruktur fort:

Flatterband ist wertigen Kordelabsperrungen aus Hanf gewichen und die ausreichend vorhandenen Toilettenanlagen im gesamten Innenstadtbereich werden ganztags regelmäßig gereinigt. Qualität hat viel mit Service zu tun: Das Standpersonal der beiden zentralen Informations- und Verkaufsständen erhält ebenso wie die Verwaltungsmitarbeiter im KulTourBüro eine kompakte Einführung, einen Rundgang sowie eine Mappe mit sämtlichen maßgeblichen Informationen. Jeder kennt die Chrysanthemen-Produkte durch eine Verkostung. Dies ist Voraussetzung für gute Beratungsgespräche.

Rund 40.000 EUR vereinnahmt die Chrysanthema als Betrieb gewerblicher Art für Produkte und Standgebühren. Dieses Geld fließt wieder direkt in die Chrysanthema zurück. So etwa in das von einer Schneiderin aus hochwertigen Stoffen hergestellte Kleid der Chrysanthemenkönigin oder die roten, gut sichtbaren und maßgeschneiderten Filzumhänge der Gästeführer.

10.5.5 Die Infrastruktur muss mitwachsen

Bereits 2005 wurden die Besucherströme durch die Ausschilderung eines Rundweges durch die geschmückte Innenstadt gezielt in die Nebenlagen geführt, sodass auch jene Geschäfte, die nicht in den 1A Lagen liegen, von den Besuchern profitieren. Gleiches gilt für die Route der Gästeführungen, die ebenfalls die Nebenlagen einschließt. Außerdem wurden bewegliche Elemente, wie die Blütenwagen oder Blumenarrangements strategisch platziert.

Mittels Passantenfrequenzmessungen konnte ermittelt werden, dass sich während der Chrysanthema zwischen 11 und 15 Uhr die meisten Besucher in der Innenstadt aufhalten. An den Wochentagen liegt der Wert bei knapp 3000 Menschen je Stunde, samstags halten sich in dieser Zeit mehr als 4000 Menschen je Stunde im Stadtzentrum auf und sonntags zwischen 5000 und 6500 Besucher je Stunde (Besucherzählung 2016, Emergent Actio KG).

Die Dienstzeiten bzw. Personalstärke des kommunalen Ordnungsdienstes, der Polizeipräsenz vor Ort sowie die Arbeitszeiten der ehrenamtlichen Ordner für den Busverkehr ebenso, wie die Präsenz der Alterskameraden der Feuerwehr, die sich um das Einhalten der Zeiten der Straßenmusiker an festgelegten Plätzen kümmern, wurden entsprechend dieser starken Besuchszeiten ausgerichtet.

Dank der gezielten Platzierung hochwertiger Konzerte und der Ausrichtung des zweiten verkaufsoffenen Sonntags in der zweiten Hälfte der dreiwöchigen Chrysanthema ist es gelungen, die Verteilung der Besucherströme zu optimieren (vgl. Abb. 10.3).

Abb. 10.3 Open-Air-Konzert auf dem Marktplatz. (Quelle: Stadt Lahr)

Die Ermittlung der Zugangswege zeigte, dass 69 % der Besucher den nördlichen bzw. südlichen Zugang in die Innenstadt wählen (Besucherzählung 2016, Emergent Actio KG). Aufgrund dieser Erkenntnis wurde das Fußgängerleitsystem in der nördlichen Altstadt entsprechend ergänzt.

Im Jahr 2011 gelang es, die Deutsche Bahn als zweiten Kooperationspartner neben dem regionalen öffentlichen Nahverkehrsanbieter mit ins Boot zu holen. Zählungen und eine engmaschige Dokumentation hatten ergeben, dass der Individualverkehr in den vorangegangenen Jahren stetig zunahm. Mit der klimafreundlichen Ausrichtung des Events gab es die klare Zielsetzung, mehr Besucher zur Nutzung des ÖPNV zu bewegen. Kostenfreie Sonderbusse vom Bahnhof in die Innenstadt sowie zusätzliche Werbemittel im Nahverkehr und Aktionen für Bahnreisende führten zu einer Steigerung der Besucher, die mit dem ÖPNV anreisten und der damit einhergehenden CO_2-Reduzierung. Im Jahr 2017 nutzen rund 12.000 Besucher die Regionalbahn nach Lahr, um zur Chrysanthema zu gelangen – eine Steigerung um knapp 20 % im Vergleich zu 2012.

10.5.6 Das Kulturprogramm als Stellschraube für unterschiedliche Interessensgruppen

Mit ca. 74 % kam 2016 der größte Teil der Besucher aus Deutschland. 58 % der Besucher reiste aus Baden-Württemberg an, 16 % aus anderen Bundesländern. Jeder vierte Besucher (25 %) reiste aus dem Ausland an. Den größten Anteil nahm Frankreich mit knapp 19 % der Besucher ein (Besucherzählung 2016, Emergent Actio KG).

Die Altersstruktur des Blumen- und Kulturfestivals kann in drei Gruppen eingeteilt werden: 19 % der Besucher sind 49 Jahre und jünger. 26 % der Gäste sind 50 bis 59 Jahre und 54 % sind 60 Jahre und älter (Besucherzählung 2016, Emergent Actio KG).

Dies war nicht immer so. Durch die gezielte Ausrichtung des Kulturprogramms gelang es in den vergangenen zehn Jahren, die Chrysanthema von einer Veranstaltung für Fachpublikum und blumenaffine, mehrheitlich ältere Menschen in eine generationsübergreifende öffentliche Großveranstaltung zu überführen. Ab 2006 wurden abwechslungsreiche Konzerte unterschiedlichster Genres konzipiert. Ebenso wurde fortan ein Schwerpunkt auf Aktionen für Familien gesetzt: Qualitative, naturnahe und pädagogisch begleitete Werkstattangebote sowie auf Kinder, Eltern und Großeltern ausgerichtete Veranstaltungsbausteine sorgen mittlerweile für eine große Attraktivität der Chrysanthema auch bei den jungen Gästen.

Das Rahmen- und Kulturprogramm fungiert als Stellschraube zur Erreichung neuer Interessens- und Altersgruppen. Einzelne Veranstaltungselemente, wie eine lange Einkaufsnacht mit Open-Air-Konzerten auf dem Marktplatz sowie ein Musikfeuerwerk am Vorabend des Abschlusstages wurden in erster Linie für die Lahrer mit ihren Familien und Gästen konzipiert. Eine Studie hatte 2011 auf die zentrale Bedeutung von Verwandten- und Bekanntenbesuchen aufmerksam gemacht. Die lokale Bevölkerung gilt es bei einem dreiwöchigen Festival, das mitten in der Innenstadt stattfindet, Geduld erfordert beim Parken, in der Gastronomie sowie auf den Zugangswegen durch die dicht bevölkerten Straßen der Fußgängerzone, immer einzubeziehen. Die überaus große Resonanz der beiden beispielhaft genannten Veranstaltungen führte zu Akzeptanz und Rückhalt in der Bevölkerung.

Mit einem Werbebudget von rund 20.000 EUR spielt die gezielte, strategische Bewerbung ab den Sommermonaten in Print, Online und Social Media eine wesentliche Rolle. Unterschätzt werden darf dabei jedoch nicht die Bedeutung der Mund-zu-Mund Propaganda der Bevölkerung und Besucher. Sie ist die authentischste und unmittelbarste Form der Werbung. Die persönliche Empfehlung durch Bekannte bzw. Verwandte ist durch keine noch so gute Werbung zu ersetzen. Dabei wird teilweise auf virales Marketing gesetzt, viel wichtiger ist hierbei jedoch eine möglichst breite persönliche Kommunikation des Stadtmarketingteams mit Lahrern, Akteuren des Kulturprogramms und Besuchern. Mit persönlichen Gesprächen gelingt es, stets am „Puls der Veranstaltung" zu sein. Die Gespräche sind zeitaufwendig, aber letzten Endes gut investierte Zeit. Läuft einmal etwas schief, so findet auch hier immer eine persönliche, mündliche oder schriftliche Kommunikation statt, in der/die Geschädigte ein kleines, symbolisches Präsent erhält. Auf diese Weise konnten immer wieder abtrünnige Kunden eingefangen und die Sympathie für das Event zurück erobert werden.

10.6 Die Chrysanthema: Kulturgut der Stadt Lahr

Maßgeblich für die Verankerung der Chrysanthema als Kulturgut der Stadt ist die umfassende Einbindung der Bevölkerung sowie die lokale Verortung des Events. Die Geschichte der Chrysanthema ist geprägt von der Suche nach Neuem und Unbekanntem. Das Blumen- und Kulturfestival kennzeichnet heute als Alleinstellungsmerkmal maßgeblich das Außenbild von Lahr als Blumenstadt.

Sie schafft darüber hinaus ein positives Wir-Gefühl und Identität in der Stadt. Der Event vernetzt Hotellerie, Produzenten und Touristiker sowie Künstler der gesamten Region miteinander. Als Blumen- und Kulturfestival schafft die Chrysanthema Begegnungsräume für Freunde und Familien.

Die kontinuierliche wissenschaftliche Begleitung des Events ist Grundlage für die Fort- und Weiterentwicklung der Veranstaltung. Stadtmarketing darf kein abstrakter Begriff sein. Es ist die Aufgabe des Stadtmarketings, kreative Potenziale zu erschließen, das Festival stetig fort zu entwickeln und die Kommunikation zwischen Verwaltung, Politik, Handel, Vereinen und der Bevölkerung voran zu treiben.

Kasten: Die Chrysanthema in Zahlen

- Rund **50** Vereine, Schulklassen und KITAS beteiligen sich jährlich am Bühnenprogramm, an den Verkaufsständen und den Blütenwagen
- **250** Blüten hatte 2017 der von den städtischen Gärtnern aus einer Chrysantheme kultivierte Ozukuri

- Rund **1800** h benötigen der städtische Bauhof und die Gärtner durchschnittlich für den Aufbau, die Betreuung und den Rückbau der Chrysanthema in der Innenstadt
- Ca. **180.000** L Wasser werden zum Gießen der Pflanzen benötigt
- **330.000** EUR beträgt der städtische Zuschuss für das Blumen- und Kulturfestival
- 28 Themenbeete und Blumenanlagen sind in der gesamten Innenstadt verteilt
- Rund 10.000 Chrysanthemen zieren als Fassadenschmuck, Themenbeete, Blumenarrangements und Lampenschmuck **1600** m^2 der Lahrer Innenstadt
- Rund **367.000** Besucher lockt die Chrysanthema 2016 an
- Rund 30 geschulte Gästeführer begleiten über **400** Führungen mit etwa **11.000** Interessierten drei Wochen lang durch die geschmückte Stadt
- Über **40** Veranstaltungen, angefangen bei Konzerten über Sonderausstellungen bis hin zu Werkstattangeboten für Kinder und Familien, finden während der drei Wochen statt
- **23** zertifizierte Chrysanthemen-Produkte umfasst die Souvenir-Linie der Chrysanthema

Friederike Ohnemus ist Leiterin der Abteilung Ratsangelegenheiten, Öffentlichkeitsarbeit und Stadtmarketing. Als Verwaltungswirtin hat sie ein Zusatzstudium des Kulturmanagements absolviert.

Martina Mundinger leitet die Sachbereiche Stadtmarketing und Tourismus in Lahr. Ihr Studium der Politikwissenschaft und Ethnologie ergänzte sie durch eine Zusatzqualifikation in den Bereichen Marketing, Presse- und Öffentlichkeitsarbeit. Friederike Ohnemus und Martina Mundinger bauten im Jahr 2005 gemeinsam das Stadtmarketing der Stadt Lahr auf.

Aktuell arbeiten sie an der Innenstadtkampagne „Außen Lahr. Innen Stadt".

Innenstadtmarketing in Bocholt

11

Zukunftsstrategie Bocholt Innenstadt 2025 – Fit für die Innenstadt der Zukunft mit dem Flächenmanagement 2.0

Ludger Dieckhues und Astrid Lukas

Zusammenfassung

Dieses Kapitel beschreibt einen Aspekt des Innenstadtmarketings in der Stadt Bocholt, in dem sich die Autoren auf das Projekt Flächenmanagement 2.0, das 2017/2018 in Kooperation mit einem externen Beratungsbüro erarbeitet wurde und 2018/2019 mit diversen Maßnahmen umgesetzt wird, konzentrieren. Unter anderem wurde für die Bocholter Innenstadt ein umfangreiches Innenstadtexposé erarbeitet. Dieses wird eingesetzt, um einen passenden Branchenmix in der Innenstadt zu entwickeln, um Gewerbetreibende zu akquirieren, und um das Innenstadtmarketing zu unterstützen. In dem Text gehen die Autoren detailliert darauf ein, wie das Innenstadtexposé als „Tool" für die tägliche Arbeit im Citymanagement konzipiert wurde. Dabei erläutern sie zunächst die Vorgeschichte, die mit der kooperativen Erarbeitung des Integrierten Handlungskonzeptes für die Bocholter Innenstadt, mit dem daraus resultierenden Strategiepapier der Wirtschaftsförderungs- und Stadtmarketing Gesellschaft Bocholt, das von der Politik beschlossen wurde und eine jährliche Finanzausstattung beinhaltet, und mit dem Projekt Flächenmanagement 2.0 als eine zu priorisierende Maßnahme einhergeht. Aus dem Flächenmanagement 2.0 wurden das Produkt Innenstadtexposé und der Umgang damit entwickelt. Das Innenstadtexposé wird im Anschluss konkret erläutert, bevor die Autoren in einem Fazit anmerken, dass das Flächenmanagement 2.0 prozesshaft an sich stetig verändernde Rahmenbedingungen anzupassen ist und insofern weitere Produkte/Maßnahmen gemeinsam

L. Dieckhues (✉) · A. Lukas
Wirtschaftsförderungs- und Stadtmarketing Gesellschaft Bocholt mbH & Co. KG, Bocholt, Deutschland
E-Mail: dieckhues@bocholt-stadtmarketing.de

A. Lukas
E-Mail: lukas@bocholt-stadtmarketing.de

T. Breyer-Mayländer und C. Zerres (Hrsg.), *Stadtmarketing*,
https://doi.org/10.1007/978-3-658-26254-9_11

mit den Akteuren vor Ort zu entwickeln sind. Das Bocholter Citymanagement als Geschäftsfeld der Wirtschaftsförderungs- und Stadtmarketing Gesellschaft Bocholt hat dabei die Schlüsselrolle inne.

11.1 Einleitung

„Durch die Zukunftsstrategie Bocholt Innenstadt 2025 soll ein maximal attraktives Innenstadterlebnis erzeugt werden. Neben dem Einzelhandel werden hierfür alle weiteren Funktionen konsequent gestärkt, die der Innenstadt weitere Frequenzen zuführen können. Und hier hat Bocholt einiges zu bieten: Einen attraktiven Kern mit viel Tradition, eigenständige Viertel und den Markt, starke Händler und Gastronomen, die Nähe zum Wasser, KuBAaI und den Aasee". So steht es in dem neu entwickelten Innenstadtexposé „Die Bocholter Innenstadt – einfach verführerisch", das im September 2018 von Stadtmarketing Bocholt herausgegeben wurde (vgl. Abb. 11.1). Ein praktisches „Tool" zur Akquise von Geschäften und Dienstleistern sowie zur Unterstützung des Innenstadtmarketings.

Um zu verstehen, wie dieses Exposé entstanden ist, soll ein kurzer Blick zurück geworfen werden. Es ist eines der Produkte, die ursprünglich aus dem erstmals für die Bocholter Innenstadt erarbeiteten Integrierten Handlungskonzept entwickelt wurden.

11.2 2012–2014: Integriertes Handlungskonzept für die Bocholter Innenstadt

Mit dem Integrierten Handlungskonzept für die Bocholter Innenstadt aus dem Jahr 2014 wurde konzeptionell die konzentrierte Innenstadtentwicklung sowohl im Bereich Stadtplanung als auch im Bereich Stadtmarketing angeschoben. Von 2012 bis 2014 wurde das Konzept im Rahmen des geförderten ExWoSt(Experimenteller Wohn- und Städtebau)-Prozesses unter Bürgerbeteiligung und mit den Kooperationspartnern Stadtplanung Bocholt und Stadtmarketing Bocholt sowie einem Beratungsbüro erarbeitet. Bocholt war dabei eine von acht bundesweit ausgewählten Städten, die mittels Unterstützung durch Bundesfördermittel über einen Zeitraum von zwei Jahren ein Konzept erstellen konnten. Darin sind über 150 Innenstadtmaßnahmen formuliert, die bis zum Zieljahr 2025 umgesetzt werden könnten. Hinzuzufügen ist an dieser Stelle bereits, dass seitens des seit 2017 personell neu aufgestellten Baudezernats der Stadt eine Weiterentwicklung dieses Handlungskonzeptes (ISEK [Integriertes Stadtentwicklungskonzept]) in 2019 vorgesehen ist, wobei hier ein klarer Schwerpunkt auf den investiven Bereich in der City gelegt werden soll. Eine enge Zusammenarbeit zwischen Stadtplanung und Stadtmarketing ist beabsichtigt.

Abb. 11.1 Titelseite Innenstadtexposé Bocholter Innenstadt. (Quelle: Wirtschaftsförderungs- und Stadtmarketing Gesellschaft Bocholt mbH & Co. KG)

11.3 2016: Strategiepapier zum Integrierten Handlungskonzept für die Bocholter Innenstadt

Aufgrund des Handlungsdrucks für die Erhaltung einer attraktiven Innenstadt und aufgrund der Tatsache, dass keine städtischen Gelder in die Umsetzung des o. g. Integrierten Handlungskonzeptes geflossen sind, hat der Bereich „Citymanagement" der Wirtschaftsförderungs- und Stadtmarketing Gesellschaft Bocholt mbH & Co. KG subjektiv eine

Priorisierung der weichen Maßnahmen des Konzeptes erstellt und diese in einem Strategiepapier mit weiteren Erläuterungen hinsichtlich der Innenstadtentwicklung erarbeitet. Auch die Stadtplanung Bocholt hat entsprechend eigene investive Schwerpunkte gesetzt, sodass ein Prioritätenmix aus investiven und weichen Maßnahmen entstand. Resultierend daraus hat die Wirtschaftsförderungs- und Stadtmarketing Gesellschaft Bocholt mbH & Co. KG für die Jahre 2017 und 2018 schließlich finanzielle Mittel aus dem städtischen Haushalt zur Umsetzung der priorisierten weichen Maßnahmen erhalten, die der Kernkompetenz der Gesellschaft entsprechen. Zurzeit wird seitens Stadtmarketing Bocholt jedes Jahr ein städtischer Zuschuss zur Umsetzung der priorisierten Maßnahmen im Zuge der Haushaltsplanungen beantragt.

Folgende Maßnahmen wurden dabei als besonders dringlich für die Umsetzung eingestuft:

1. Angebotsmischung Handel – Betrieb eines Flächen- und Ansiedlungsmanagements für den Einzelhandel im Rahmen des Citymanagements
2. Evaluation – Durchführung von Erhebungen und Kundenbefragungen zur laufenden Innovation und Evaluation im Innenstadtmarketing
3. Ausbau und Betonung der Kundenorientierung – Servicemaßnahmen, Entwicklung und Umsetzung einer Serviceoffensive des Innenstadteinzelhandels
4. Überarbeitung des Fest- und Veranstaltungsangebotes – abwechslungsreiche Neuausrichtung des innerstädtischen Veranstaltungsprogramms
5. Markenentwicklung – Regelmäßige inhaltliche Fortschreibung der Innenstadt- und Quartiersprofile unter einer Dachmarkenstrategie
6. Neuausrichtung der Innenstadtwerbung – Digitalisierung als Schwerpunkt

Bevor in diesem Praxisbericht der unter **Punkt 1** zu findende TOP „Flächenmanagement" im Detail betrachtet wird, soll an dieser Stelle kurz auf die bereits in der Umsetzung befindliche und mit konkreten Projekten und Produkten belegten Maßnahmen hingewiesen werden.

Der **Punkt 2** „Evaluation" betrifft die Durchführung von Erhebungen und Kundenbefragungen. 2017 wurden zu den vier Verkaufsoffenen Sonntagen und zum Midnight-Shopping Befragungen und Frequenzzählungen durchgeführt. 2018 nimmt Stadtmarketing Bocholt ebenso wie 2014 und 2016 wieder an der bundesweiten Studie „Vitale Innenstädte" des Instituts für Handelsforschung in Köln statt. Diese Untersuchung ist eine an allen Standorten zum gleichen Zeitpunkt durchgeführte bundesweite Besucherbefragung in den teilnehmenden Städten, um Präferenzen im Hinblick auf den stationären und den online-Handel zu erfahren. Seit 2004 werden eigene Frequenzzählungen in Bocholt durchgeführt, um eigene Zahlen für die Bewertung der Frequenzen vorliegen zu haben – auch in 2017 wurden die Frequenzen in der Bocholter Innenstadt gezählt.

Mit der Vergabe des Service-Oscars wurde im Jahr 2017 eine besondere Aktion in Sachen Kundenorientierung vorgenommen, siehe **Punkt 3.** Ebenso wurden seitens des

Citymanagement dem Bocholter Einzelhandel entsprechende Vorträge und Schulungen zum Thema angeboten, die sehr gut frequentiert waren.

Die Überarbeitung des Fest- und Veranstaltungsangebotes für innerstädtische Veranstaltungen ist **Punkt 4,** der z. B. in der Neukonzipierung des Abendmarktes (donnerstags in den Sommermonaten), der Konzipierung der Veranstaltung „BOH on Ice“ (Eisbahn mit hochwertiger Gastronomie in direkter Nachbarschaft zum Weihnachtsmarkt), der Ausweitung des Kulturprogramms zu verkaufsoffenen Sonntagen und der Schaffung neuer Innenstadtereignisse (Spieletage, BOH-Foto etc.) seinen Niederschlag in 2017 und 2018 gefunden hat. Für 2019 ist die Überarbeitung des Wochenmarktes vorgesehen. Zur Thematik „Überarbeitung des Veranstaltungsangebotes“ wurde seit 2017 beim Stadtmarketing auch für personelle Verstärkung gesorgt.

Unter **Punkt 5** steht „Markenentwicklung“, im Sinne einer Dachmarkenstrategie. Dieses Thema findet zwar fortlaufend statt, eine verstärkte Umsetzung ergibt sich jedoch seit 2017 im Hinblick auf eine Bedeutungserhöhung der Werbegemeinschaft Bocholt, die viele Einzelhandelsbetriebe der Bocholter Innenstadt umfasst. Ein besonderer Schwerpunkt liegt hier seit 2017 auf dem Thema Digitalisierung. „Smarter Handeln Bocholt“ heißt der Masterplan für die Bocholter Innenstadt, in dem es um die Digitalisierung des Bocholter Einzelhandels geht. Das Ziel von „Smarter Handeln Bocholt“ ist es, gemeinsam in den kommenden 3 Jahren die Grundlagen dafür zu legen, dass der Bocholter Einzelhandel bis 2025 einen erfolgreichen Digitalisierungsprozess durchgeführt hat, der von Beginn an für den Händler Mehrwert in Wissen, Praxis und Umsatz schafft und Bocholt als Marke festlegt.

Die Innenstadtwerbung erhielt eine Neuausrichtung/Feinjustierung, unter **Punkt 6** formuliert. Wie schon seit vielen Jahren erfolgreich praktiziert wird für die Innenstadtveranstaltungen in der Region 50 km rund um Bocholt bis in die Niederlande City geworben. Die Werbung für die Innenstadt an sich und die Veranstaltungen in der Bocholter wurde angepasst und crossmedial ausgerichtet.

Zurück zum Produkt „Innenstadtexposé“. Ein Akquisitionsprodukt, wie es Bocholt noch nicht hatte, wie es für die Mittelstadt Bocholt dringend notwendig erscheint, und das innerhalb nur eines Jahres als ein Ergebnis des Flächenmanagementprozesses entwickelt wurde (**Punkt 1** der Prioritätenliste).

11.4 2017/2018: Flächenmanagement 2.0

Seit der Schließung der Standorte von Hertie und SinnLeffers im Jahr 2009 und der zunehmenden Konkurrenz durch den Online-Handel sind in der Bocholter Innenstadt deutliche Frequenz- und Umsatzverluste zu verzeichnen. Diese stellen für die ansässigen Unternehmen zunehmend eine wirtschaftliche Belastung dar und führen zu Veränderungsprozessen. Durch größere langwierige für die Zukunft der Innenstadt wichtige Entwicklungsmaßnahmen, wie z. B. die Großbaustelle am Neutorplatz, werden diese temporär weiter verschärft. Die Krise des stationären Einzelhandels ist allgegenwärtig

– auch in der Bocholter Innenstadt. Die Einzelhandelsfunktion allein reicht schon seit einigen Jahren nicht mehr aus, um die Läden einer Innenstadt in ihren Hauptgeschäftslagen zu füllen. Das gesamte innerstädtische Wirtschaftssystem steht hierdurch unter massivem Druck. Die Auswirkungen beschränken sich keineswegs auf Randlagen, die von Funktionsverlusten und dauerhaften Leerständen gekennzeichnet sind, sondern betreffen die gesamte Innenstadt. Auch für Vermieter von A-Lagen ist es zunehmend schwieriger geworden, geeignete Mieter zu wirtschaftlichen Konditionen zu finden. Mieten und Vertragslaufzeiten sind rückläufig und die investiven Rahmenbedingungen von Neuansiedlungen belasten häufig die Vermietbarkeit.

Die in der Liste des o. a. Strategiepapiers erstgenannte und als besonders umsetzungswert priorisierte Maßnahme ist das Thema „Flächenmanagement", mit dem sich der Geschäftsbereich „Citymanagement" bei Stadtmarketing Bocholt seit über einem Jahr verstärkt beschäftigt. Dieses im Kontext mit der Fortschreibung des Einzelhandelskonzeptes. Zusammen mit dem Baudezernat der Stadt Bocholt, dem Büro Dr. Lademann & Partner sowie Standortentwicklung Neufeld/Stadt + Handel wurde intensiv an der Fortschreibung des Einzelhandelskonzeptes und an der Erarbeitung eines Flächenmanagements für Bocholt gearbeitet. Hier arbeiten Handel, Hauseigentümer, Institutionen zusammen. Bürger waren über Befragungen, Interviews, Workshops, Arbeitskreise, Podiumsveranstaltungen aktiv in die Überlegungen einbezogen. Und es wird in Bocholt viel über beide Konzepte gesprochen, diskutiert, überlegt – das war auch beabsichtigt. Aufzurütteln, zu analysieren, zu überlegen, einen Aufbruch zu schaffen, nach vorne zu denken, Ergebnisse bzw. Umsetzung zu schaffen.

Mit dem „Flächenmanagement 2.0" liegt ein Basis- und Zielkonzept vor, das von der Politik im September 2018 verabschiedet wurde, und das in die konkrete Umsetzung pro Bocholter Innenstadt geht. In dem Konzept wurden die gewünschten und für die Zukunft notwendigen Zieleigenschaften der Bocholter Innenstadt festgelegt, auf die sich die Workshop-Teilnehmer und die Prozessbeteiligten einstimmig verständigt haben. Die Workshopteilnehmer waren eine „bunte Mischung" aus Händlern, Dienstleistern, Vertretern der Kirchen, Planern, Gastronomen, Wirtschaft usw. Alle 20 Teilnehmer brachten ihren speziellen Blick auf die Innenstadt mit und konnten so ihre wichtigen Beiträge zur Erarbeitung des Flächenmanagement 2.0-Konzeptes leisten.

Mit der Verabschiedung durch den Stadtrat im September 2018 wurden Grundlagen geschaffen, um die Umsetzbarkeit einzelner Ziele ergebnisoffen weiter prüfen, hierfür tragfähige Konzepte entwickeln und öffentliche wie private Gelder akquirieren zu können. Insofern steht das Flächenmanagement 2.0 für eine kooperative Stadtentwicklung. Es hat einen praxisorientierten Charakter verdeutlicht den einzelnen Akteuren neben wirtschaftlichen Zukunftsperspektiven auch ihre jeweilige gegenseitige Verantwortung für die Zukunftsfähigkeit der Innenstadt. Die zentrale Erkenntnis des Konzepts ist die Erkenntnis, dass die Bocholter Innenstadt die richtigen Zutaten hat, um aus der Krise mit regionaler Stärke hervorgehen zu können: Sie hat einen attraktiven Kern mit viel Tradition, eigenständige Viertel und den Markt, starke Händler und Gastronomen. Sie hat

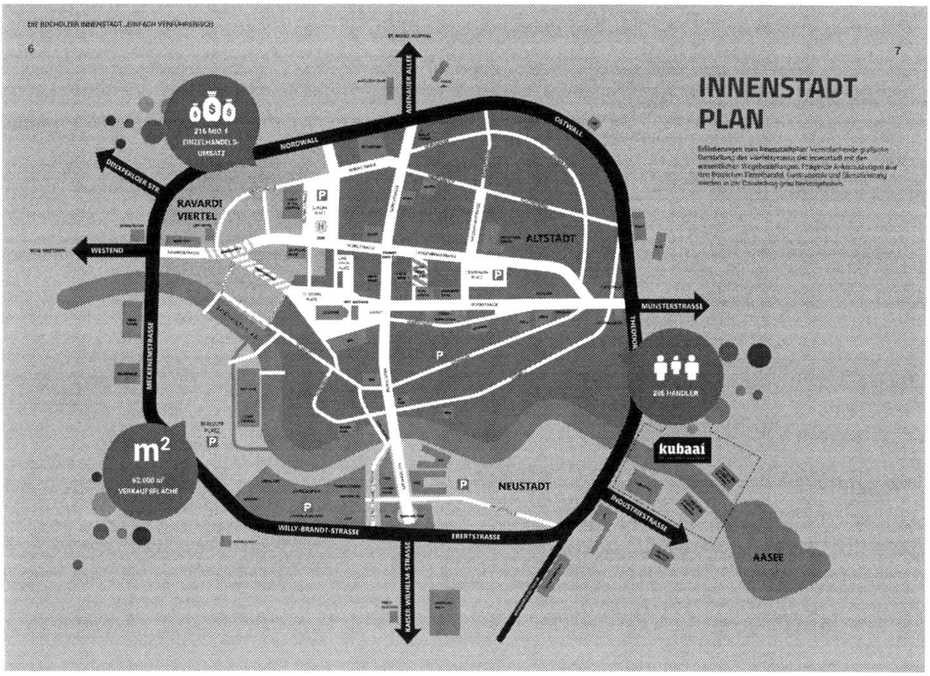

Abb. 11.2 Innenstadtplan. (Quelle: Wirtschaftsförderungs- und Stadtmarketing Gesellschaft Bocholt mbH & Co. KG)

die Nähe zu Wasser, KuBAaI und den Aasee – nicht jede Stadt kann so viel Identitätsstiftendes für ihre Innenstadt aktivieren. Dennoch sind auch die Probleme einer Mittelstadt wie Bocholt im Fokus und nicht zu übersehen. Das Konzept Flächenmanagement 2.0 ist als Arbeitsgrundlage für die Innenstadtentwicklung zu verstehen, um zukünftig die einzelnen Konzeptbestandteile als Produkte ausarbeiten zu können (vgl. Abb. 11.2).

11.5 2018: Innenstadtexposé – ein wichtiges „Tool" des Flächenmanagement 2.0

Ein erstes und für die Akquisition von Geschäften relevantes Tool für ein modernes Flächenmanagement ist das Innenstadtexposé, das im September 2018 gemeinsam mit Standortentwicklung Neufeld, Edgar Neufeld und den Citymanagement-Experten des Stadtmarketing Bocholt erarbeitet und erstmals auf der Expo Real in München vorgestellt wurde. Hinsichtlich der Flächenvermarktung in der Innenstadt ist es nun einfach möglich, auf Expansionsleiter, Mietinteressenten, überregionale Ketten, Projektentwickler, Hauseigentümer, etc. zu zugehen. Ein Exposé, welches lokal, regional, überregional für die Bocholter City im Immobilienmarkt eingesetzt werden kann (vgl. Abb. 11.3). Datenblätter

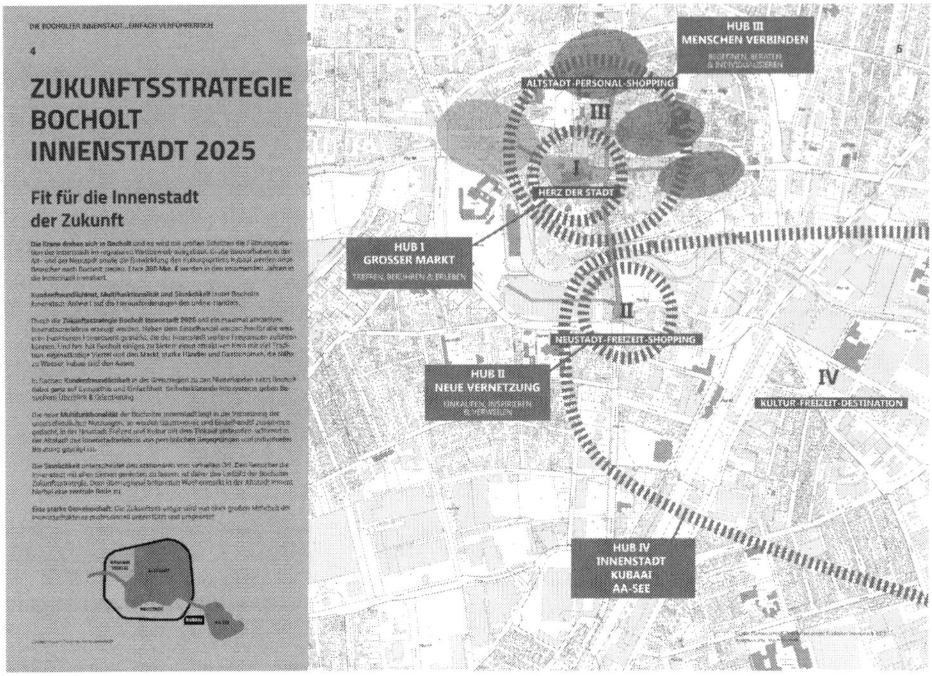

Abb. 11.3 Zukunftsstrategie Bocholt Innenstadt 2025. (Quelle: Wirtschaftsförderungs- und Stadtmarketing Gesellschaft Bocholt mbH & Co. KG)

für die jeweiligen Straßen oder Quartiere werden jeweils ergänzt. Inhaltlich umfasst das Innenstadtexposé insgesamt 24 Seiten und ist hochwertig matt gedruckt. Beginnend mit dem Bocholter Marktgebiet inklusive so wichtigen Rahmendaten wie Kaufkraftkennziffer, Einzelhandelszentralität oder Studentenzahlen (Fachhochschule Gelsenkirchen, Campus Bocholt) bestückt erfährt der Leser etwas über die Ergebnisse des Flächenmanagementprozesses. Anhand von großen zweiseitigen Innenstadtplänen ist auf einen Blick ersichtlich, wie der Viertelzuschnitt der Innenstadt sich darstellt: Altstadt, Neustadt, Ravardiviertel, KuBAaI und Umgebung (z. B. Aasee) werden übersichtlich und mit den Highlights dargestellt (vgl. Abb. 11.4). Auf den nachfolgenden Seiten werden die einzelnen Viertel mit den Hotspots und den Profildaten Einzelhandel grafisch anschaulich präsentiert.

Die Altstadt wird nochmals in Teillagen aufgesplittet, sodass die fünf Quartiere der Altstadt entsprechend erkennbar sind (vgl. Abb. 11.5).

Das Kulturquartier beidseits der Aa und Industriestraße (KuBAaI) ist ein Großprojekt, das den Innenstadtkern mit dem Aasee vernetzt und so attraktive Kultur- und Freizeitangebote

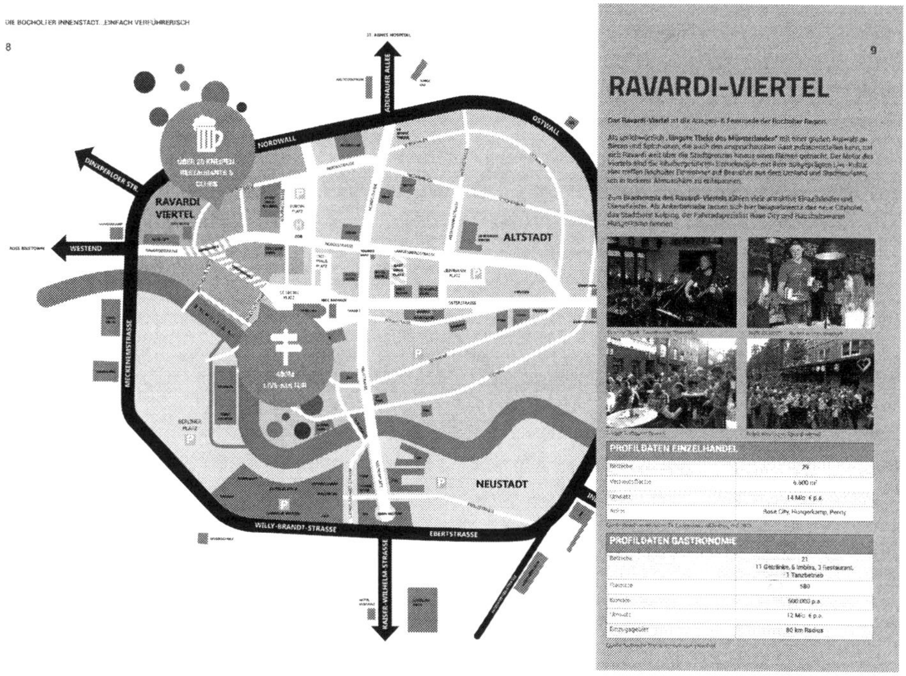

Abb. 11.4 Beispiel Ravardiviertel. (Quelle: Wirtschaftsförderungs- und Stadtmarketing Gesellschaft Bocholt mbH & Co. KG)

schafft, die zusätzliche Besuchsanlässe generieren. Somit werden mehr Kultur, Freizeit und Sport in die Innenstadt gebracht.

Auf einer Doppelseite werden pro Viertel noch einmal die wichtigsten Innenstadtprojekte wie z. B. die mögliche Vergrößerung des Wochenmarktes mit Rundlauf um die St.-Georg-Kirche dargestellt (vgl. Abb. 11.6).

Mit der Verkehrsanbindung und den Kontaktdaten des Citymanagement endet die umfangreiche und informative Broschüre, die im digitalen Zeitalter natürlich nicht nur in Papierform erhältlich ist, sondern ebenso per Mail und Download-Link verschickt werden kann.

Die Resonanz nach der Vorstellung dieses Produktes auf der Expo Real und mit der Verteilung vor Ort ist sehr positiv und bestätigt das Bocholter Citymanagement in seiner kontinuierlichen Arbeit. Arbeit für die Bocholter Innenstadt und für ein erfolgreiches Innenstadtmarketing, das jetzt mit einer aktiven Akquisition und Ansprache nach draußen gehen wird (Eigentümer, Expansionsleiter, Händler, Interessenten etc.), um

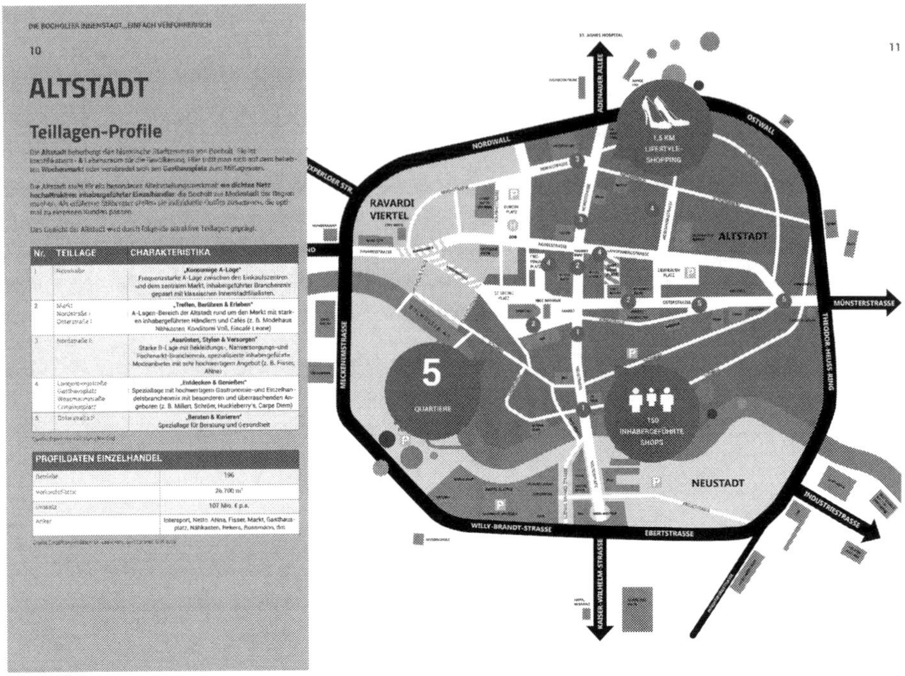

Abb. 11.5 Altstadt mit Teillagen-Profilen. (Quelle: Wirtschaftsförderungs- und Stadtmarketing Gesellschaft Bocholt mbH & Co. KG)

schnellstmögliche Ansiedlungserfolge für die Leerstände in der Innenstadt erreichen zu können.

Neben diesem Einzelprodukt, das Ausfluss des Flächenmanagement 2.0 ist, gibt es noch weitere wichtige Themen aus dieser Maßnahme Flächenmanagement, die in der nächsten Zeit zur Umsetzung kommen sollen:

- Ansiedlung
- Verbesserung des Branchenmix
- Parken in der City – Handy-App
- Quartiersstrukturen/Werbe- und Straßengemeinschaftsstrukturen neu erarbeiten
- Zwischennutzungen begleiten
- Pop-Art-Stores in Leerständen
- Mietspiegel konkretisieren
- Eigentümerberatung hinsichtlich der „passenden" Mieterauswahl
- Nachfolgeregelungen
- Befragungen/persönliche Gespräche mit Eigentümern/Händlern

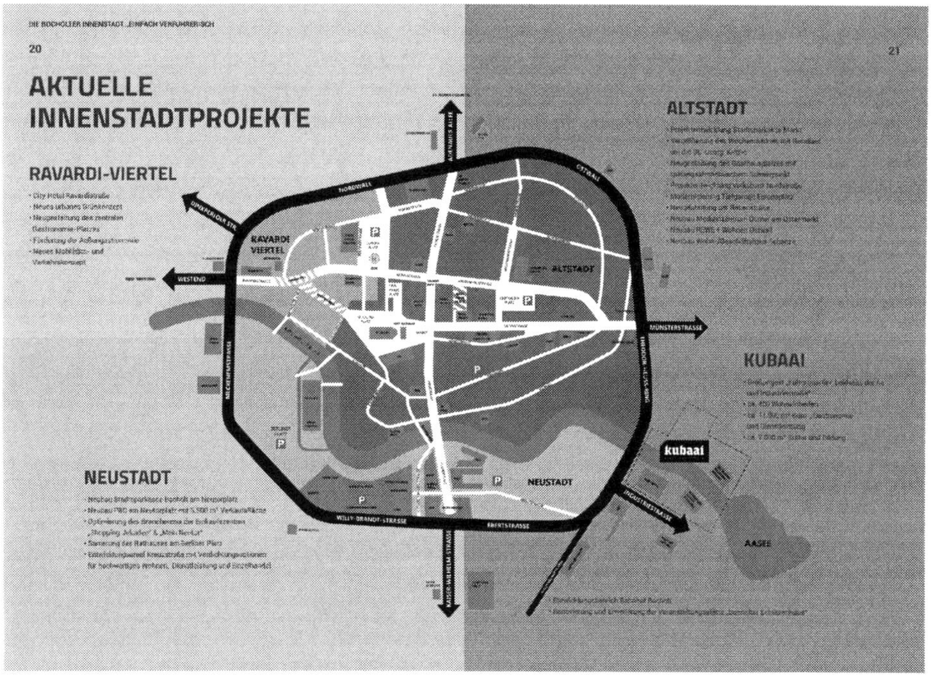

Abb. 11.6 Aktuelle Innenstadtprojekte. (Quelle: Wirtschaftsförderungs- und Stadtmarketing Gesellschaft Bocholt mbH & Co. KG)

11.6 Zusammenfassung

Fazit für die Innenstadtentwicklung Bocholts ist, dass mindestens seit den Großleerständen ab 2009 ein Veränderungsdruck im Handel zu spüren war, der sich schon in den Jahren vorher aufgebaut hat und zu einem Handlungsdruck geführt hat. Von einem Paradigmenwechsel zu sprechen wäre zu hoch gegriffen, dennoch ist ein Umdenken auf vielen Ebenen seit langem zwingend erforderlich gewesen. Mit dem kooperativen Ansatz des Flächenmanagement 2.0 wurde konkretisiert und zusammengefasst, was schon lange notwendig war. Das Ganze ist erst der Anfang und ebenso ergänzend zum Einzelhandelskonzept zu sehen, das ja als „Quasi-Satzung" noch ganz andere, weitergehende Aufgaben als Stadtplanungsinstrument hat. Nun müssen Einzelkonzepte/-produkte kommen, die konkretisieren, was in dem Flächenmanagement 2.0 erarbeitet wurde.

Flächenmanagement 2.0 ist ein wesentlicher Bestandteil des Citymanagement, der Nutzen für die City ist enorm, denn nur durch das konzertierte Zusammenspiel der Eigentümer mit dem Citymanagement, mit der Stadtplanung, mit den potenziellen oder vorhandenen Gewerbetreibenden ist das Risiko als Standort in die weitere Abwärtsspirale zu gelangen, geringer. Entscheidend bleibt die Frage: Wie entscheiden

Unternehmen heutzutage über eine Ansiedlung? Kriterien wie betriebliche Strategie, Nachfragestruktur am Standort, Angebots- und Wettbewerbssituation am Standort, Standortstruktur und Immobilie sind relevant. Erst wenn dazu Informationen vorliegen, werden Standortentscheidungen getroffen. Beratungsleistungen, Machbarkeitsstudien und Akquisetools sind die Grundlagen für ein professionelles Flächenmanagement. Nach wie vor und ganz aktuell gibt es weiterhin Veränderungen im Handel und in der Bocholter Innenstadtentwicklung, die nicht ignoriert werden dürfen und wo entsprechendes Handeln gefragt ist.

Das, was nun positiv begonnen wurde, gilt es im Sinne von nachhaltiger Innenstadtentwicklung unbedingt fortzuführen. Immer vor dem Hintergrund der sich stetig verändernden allgemeinen Rahmenbedingungen.

Ludger Dieckhues ist seit 1996 Geschäftsführer der Wirtschaftsförderungs- und Stadtmarketing Gesellschaft Bocholt mbH & Co. KG. Der Diplom-Kaufmann und Bankkaufmann hat in Münster studiert, die Schwerpunkte seines Studiums lagen in den Bereichen Betriebswirtschaftslehre der Banken/Bankcontrolling (Prof. Dr. H. Schierenbeck) und Betriebliche Finanzwirtschaft (Prof. Dr. M. Steiner). Er war Mitglied des Förderkreises Münster im Kolleg der Eberle-Butschkau-Stiftung der Sparkassen-Organisation. Vor seiner Tätigkeit als Geschäftsführer war er im Bankwesen tätig, u. a. bei der Stadtsparkasse Bocholt, bei der Kreissparkasse Jessen sowie in der Firmen- und Konzernbetreuung/Internationales Geschäft bei der Deutschen Bank AG in Düsseldorf.

Mit der Fusion der Wirtschaftsförderung der Stadt Bocholt mit der Stadtmarketing Gesellschaft Bocholt und der nachhaltigen Integration des neuen Geschäftsbereiches in das Unternehmen setzte er 2012 einen bedeutenden Meilenstein der Firmengeschichte. Heute hat die Gesellschaft, die Mitglied in der bcsd ist, 18 Mitarbeiter. Der Autor ist Urbanicom-Preisträger 2002 sowie Gewinner des Westfalensprunges 2004 und achtmaliger „Ab in die Mitte!“-Gewinner. Als Vorsitzender des Vereins Jugend und soziale Arbeit e. V. in Bocholt und als Vorsitzender des Fördervereins des St. Josef Gymnasiums in Bocholt ist er ehrenamtlich tätig.

Astrid Lukas ist seit 2003 als Marketingreferentin in der Wirtschaftsförderungs- und Stadtmarketing Gesellschaft Bocholt mbH & Co. KG beschäftigt. Die Diplom-Geographin und Bankkauffrau leitet im Geschäftsbereich Stadtmarketing Projekte der Geschäftsfelder Citymanagement, Öffentlichkeitsarbeit und Veranstaltungsmanagement, sie ist Projektmitglied des grenzüberschreitenden Internationalen Netzwerkbüros des Geschäftsbereichs Wirtschaftsförderung. Die Autorin war Geschäftsführerin des Stadtmarketing Vereins Coesfeld & Partner e. V., Touristikreferentin der Stadtmarketing Gesellschaft Bocholt und hat für die Wirtschaftsförderung des Kreises Soest gearbeitet, ihre Diplom-Arbeit wurde in einer Schriftenreihe veröffentlicht.

Teil III

Standortmarketing in Stadt und Region

Quo vadis Scharbeutz?

12

Küstenschutz versus Tourismus

Volker Owerien

Zusammenfassung

Im folgenden Beitrag wird aufgezeigt, wie es den Verantwortlichen eines Seebades in der Lübecker Bucht gelang, den aus den Herausforderungen eines ungenügenden Küstenschutzes sowie einer unzureichenden touristischen Infrastruktur erwachsenen Herausforderungen durch beide Bereiche jeweils adäquat miteinander verbindende Maßnahmen erfolgreich zu begegnen und so den Ort gleichsam ganz neu zu erfinden.

12.1 Ausgangslage

„Quo vadis – wohin gehst Du?“ war einst die legendäre Frage des aus Rom flüchtenden Petrus an den ihm erscheinenden Christus. Eine vergleichbare Frage, nämlich welcher Weg in Bezug auf Küstenschutz, Verkehrsinfrastruktur und Entwicklung der touristischen Einrichtungen im Strandbereich der Gemeinde Scharbeutz, einem Seebad in der Lübecker Bucht, vorrangig eingeschlagen werden sollte, stellte sich allen Verantwortlichen zu Beginn meiner ersten Amtszeit als Bürgermeister im Jahre 2002. Zur Beantwortung dieser Frage war zunächst die Ausgangslage im Hinblick auf Tourismus und Küstenschutz sorgfältig zu analysieren.

V. Owerien (✉)
Gemeinde Scharbeutz, Scharbeutz, Deutschland
E-Mail: volker.owerien@gemeinde-scharbeutz.de

T. Breyer-Mayländer und C. Zerres (Hrsg.), *Stadtmarketing*,
https://doi.org/10.1007/978-3-658-26254-9_12

12.1.1 Tourismus

In Schleswig-Holstein, dem Land zwischen den Meeren, ist der Tourismus schon seit vielen Jahrzehnten einer der wichtigsten Wirtschaftsfaktoren. Durch die touristische Nachfrage werden in Schleswig-Holstein jährlich Bruttoumsätze von fast 10 Mrd. EUR generiert, davon etwa ein Drittel an der schleswig-holsteinischen Ostseeküste. Über 150.000 Menschen bestreiten ihren Lebensunterhalt durch die touristische Nachfrage. Auch der Schwerpunkt der wirtschaftlichen Ausrichtung von Scharbeutz liegt aufgrund der exponierten Lage in der Lübecker Bucht mit ihrer touristischen Infrastruktur im Strandbereich, der Nähe zum Erholungsgebiet Pönitzer Seenplatte und den damit verbundenen Tourismusangeboten schon seit jeher im Tourismus.

Gerade aber weil der Tourismus hier vor Ort und damit auch in der Lübecker Bucht ein so wichtiger Wirtschafts- und besonders Arbeitsplatzfaktor ist, müssen Veränderungen, gerade dann wenn sie ein negatives Vorzeichen aufweisen, kritisch hinterfragt und notwendige Korrekturen eingeleitet werden. In den Jahren nach 2002 mussten wir feststellen, dass wir hier in Schleswig-Holstein, an der Ostsee und in der Lübecker Bucht seit Mitte der 90er Jahre einem immer härter werdenden Verdrängungswettbewerb, insbesondere durch neue Urlaubsdestinationen, ausgesetzt waren. Während nach einem Bericht der Welttourismusorganisation zu dieser Zeit der Welttourismus insgesamt boomte und noch nie so viele Menschen weltweit verreisten wie in den damaligen Jahren, wiesen die wichtigen Kennzeichen in Schleswig-Holstein ein Minus aus. Grund war vor allem die damals stagnierende Wirtschaftslage, eine Folge von Arbeitslosigkeit und Preissteigerungen, ergänzt durch eine gesamtpolitische Situation, die auf die Stimmung gedrückt hat. Eine sehr zurückhaltende Konsumbereitschaft der Deutschen und ein immer knapper werdendes Urlaubsbudget haben damals zu tendenziell immer kürzeren Aufenthaltsdauern der Gäste mit der Folge geführt, das weitaus mehr Neukunden geworben werden mussten, um auch zukünftig ein zumindest gleichhohes oder auch höheres Übernachtungsvolumen erreichen zu können.

All diese Rahmenbedingungen führten zu einer erhöhten Preis- und Qualitätssensibilität der Urlaubsgäste. Die Deutschen wurden immer reiseerfahrener, haben klare Vorstellungen von ihrem Urlaub und ziehen kritische Preis-Leistungs-Vergleiche. Insofern war damals allen Verantwortlichen bewusst, dass eine positive Trendwende im Tourismus in Schleswig-Holstein und damit vor allem auch hier in der Lübecker Bucht nur durch verbesserte, individuelle Angebote, mehr Service und zunehmende Qualität zu erreichen sein würde; aber gerade an dieser Qualität, insbesondere im Bereich der touristischen Infrastruktur, fehlte es in Scharbeutz deutlich.

Scharbeutz wies seinerzeit im Bereich der Promenade einen Flickenteppich aus Asphalt, Waschbeton und Pflastersteinen aus; zwischen Promenadengehweg und Wasser zog sich ein Jahrzehnte alter Stacheldrahtzaun entlang; die Düne war mit Standort untypischen Gewächsen, wie zum Beispiel der Kartoffelrose, aber auch mit Bäumen bewachsen, die dort nicht hingehörten. Es fehlte an vielen Stellen vor allem die Blickbeziehung zwischen Promenade und Wasser beziehungsweise dem Strand; zwischen Gehweg und Radweg lagen unattraktive Rasenflächen und rund um die Strandzugänge beziehungsweise Versorgungsgebäude, wie Kioske oder Toiletten, herrschte eher eine Hinterhof-Atmosphäre.

Damit nicht genug, denn auch die, an der Promenade entlangführende Straße, die Strandallee, befand sich in einem desolaten Zustand. Besonders negativ für einen touristisch so wichtigen Verkehrsweg waren, neben dem Zustand dieses Verkehrsraumes, vor allem aber die Gradlinigkeit und die damit verbundene Monotonie dieser Straße, lediglich unterbrochen durch Verkehrsberuhigungselemente (Abb. 12.1).

Diese Gesamtsituation des Fehlens einer wettbewerbsfähigen touristischen Infrastruktur, aber auch die fehlenden qualitativen und nachfragegerechten Angebote und der zunehmende Verdrängungswettbewerb in der touristischen Marktsituation waren dann auch ganz deutlich an den touristischen Kennzahlen für Scharbeutz abzulesen. Die Übernachtungszahlen brachen zu mehr als 50 % ein und die Zahl der Tagesgäste, insbesondere während der Vor- und Nachsaison, war keineswegs ausreichend, um der Mehrzahl der touristischen Betrieben ein Überleben zu sichern.

Abb. 12.1 Früherer Zustand der Strandallee. (Quelle: Eigenes Foto)

Für Investoren war Scharbeutz zu dieser Zeit auch wenig interessant; allerorts herrschte hinsichtlich der Bedeutung der Gemeinde als Tourismusort und hinsichtlich seiner zukünftigen Chancen im zunehmenden touristischen Wettbewerb eine eher depressive Grundstimmung. Die Notwendigkeit, hier eine touristische Infrastruktur zu schaffen, mit der Scharbeutz auch in den nächsten Jahrzehnten eine gute Position in der immer härter werdenden touristischen Marktsituation innehaben könnte, war mehr als offensichtlich.

12.1.2 Küstenschutz

Wenn in Schleswig-Holstein von Küstenschutz gesprochen wird, denken die meisten zunächst an mögliche Gefahren durch Nordsee-Sturmfluten. Doch auch die relativ flache, von Skandinavien, dem Baltikum, Polen und Norddeutschland umgebene Ostsee kann sich in ein reißendes Meer verwandeln. Die globale Erwärmung und der ansteigende Meeresspiegel haben die Gefahr zusätzlich befördert; Stürme nehmen zu.

Scharbeutz liegt mitten in der Lübecker Bucht. Der dortige, etwa fünf km lange Küstenstreifen ist geprägt durch einen breiten Sandstrand mit Strandwall und dahinterliegender Promenade, Straße und Bebauung. Dieser Küstenabschnitt liegt, ebenso wie der benachbarte Küstenabschnitt der Gemeinde Timmendorfer Strand, in einem Niederungsgebiet, in dem die meisten strandnahen Bereiche unter drei m über Normalnull (NN) weitgehend ungeschützt vor Sturmflutereignissen aus nordöstlichen Richtungen waren. Der damalige Strandwall bildete lediglich einen begrenzten Hochwasserschutz, der für schwere Sturmfluten unzureichend war. Er war in weiten Abschnitten für den anzusetzenden Bemessungswasserstand nicht hoch genug und wurde darüber hinaus durch die zahlreichen Strandübergänge immer wieder unterbrochen.

Der sandige Strandwall war nicht erosionssicher und hätte im Sturmflutfall den Belastungen durch hohe Wasserstände und Wellenauflauf nicht standhalten können. Dies führte, insbesondere bei den für Ostseesturmfluten typischen langen Verweildauern, immer wieder zu starken Erosionen am Strandwall mit anschließenden Totalverlusten des Hochwasserschutzes. Beispielhaft sei hier nur die Sturmflut von 1995 mit einem Wasserstand von fast zwei Metern über normal genannt, die damals erhebliche Erosionen am Strandwall verursachte. Vergleichbare Schadenslagen hat es in den Jahren danach auch schon bei geringeren und damit häufigeren Sturmflutereignissen gegeben (Abb. 12.2).

Dies hatte zur Folge, dass die zerstörten Strandwallabschnitte durch Sandauffüllungen und Bepflanzungen immer wieder aufgebaut werden mussten, insbesondere vor dem Hintergrund, dass für die touristisch geprägte Gemeinde Scharbeutz ein attraktiver Strand von zentraler Bedeutung ist. Letztlich musste sich jeder Verantwortliche immer wieder vor Augen halten, dass die Sturmfluten hier an der Ostsee in den letzten Jahrzehnten glücklicherweise immer nur Wasserhöhen von unter zwei Meter erreicht hatten. Kaum vorstellbar waren damals mögliche Auswirkungen, wenn die Ostseeküste einem Hochwasser von 3,30 m, wie im Jahr 1872, ausgesetzt gewesen wäre. Statistisch gesehen ist ein vergleichbares Hochwasser, wie das von 1872, längst überfällig, denn die meteorologischen Verhältnisse, die zu

Abb. 12.2 Strandwallschäden. (Quelle: Eigenes Foto)

dieser Sturmflut geführt haben, waren keineswegs so ungewöhnlich, als dass sie nicht wieder auftreten könnten. Nach allen vorliegenden Auswertungen vergangener Sturmfluten muss in unserer Region etwa alle 80–100 Jahre mit einer vergleichbaren Überflutung des Strandwalles gerechnet werden. Und falls sich der Meeresspiegelanstieg, wie befürchtet, in Zukunft beschleunigt, wird auch die statistische Wahrscheinlichkeit entsprechend zunehmen. Das haben auch die damals vorgelegenen Untersuchungen des Ministeriums für ländliche Räume, Landesplanung, Landwirtschaft und Tourismus des Landes Schleswig-Holstein (MLR), Abteilung Küstenschutz, aufgezeigt, die zu dem Ergebnis kamen, dass unter anderem die Küstenniederung Scharbeutz/Timmendorfer Strand nicht ausreichend gegen die zukünftig zunehmenden Hochwassergefahren geschützt war.

So waren sich auch alle Verantwortlichen der Küstenregionen der Gemeinden Scharbeutz und Timmendorfer Strand im Jahre 2000 einig, dass nach mehr als 40 Jahren der Diskussionen um die Frage, ob und in welcher Weise Maßnahmen zum Küstenschutz durchgeführt werden sollen, nunmehr dringender Handlungsbedarf vorlag.

Ausgehend von dieser Situation, beschlossen die Gemeinden Scharbeutz und Timmendorfer Strand gemeinsam mit dem MLR und dem Amt für ländliche Räume Kiel (ALR), ein „integriertes Küstenschutzkonzept" für die Küstenniederung Scharbeutz/ Timmendorfer Strand zu entwickeln, eine Entscheidung, die auch vor dem wirtschaftlichen

Hintergrund erfolgte, dass die Zuständigkeit für den Hochwasserschutz (Schaffung der erforderlichen Sicherheit, aber auch Bereitstellung der Finanzierung) in Schleswig-Holstein bei den Kommunen liegt und Voraussetzung für eine Förderung durch das Land Schleswig-Holstein ein solches gemeinsames Küstenschutzkonzept war. Zielsetzung war daher, im Rahmen eines solchen"integrierten Küstenschutzkonzeptes" eine Lösung für einen wirksamen Küstenschutz zu finden, der zukünftig in beiden Gemeinden den Schutz von Menschen und Sachwerten vor der zunehmenden Hochwassergefahr gewährleistet.

12.1.3 Konzept

Die Überlegungen mussten zunächst insbesondere die mangelnde Akzeptanz vieler Bürgerinnen und Bürger gegenüber den bekannten Hochwasserschutzanlagen berücksichtigen. Denn so sehr viele um die Notwendigkeit einer Verbesserung der Küstensicherungsmaßnahmen wussten, so gab es auch immer wieder Bedenken gegen die andernorts häufig zu sehenden Schutzbauwerke. So standen Mauern aus Beton an vielen Küsten zwar sinnbildlich für einen durchaus stabilen, aber auch hässlichen Küstenschutz. Auch die bei gleicher Höhe viel breiteren Deiche werden häufig als Fremdkörper empfunden. Hinzu kam, dass im Promenadenbereich der Gemeinde Scharbeutz für solche, etwa 30 m breiten Deiche auch kein Platz gewesen wäre. Letztlich bestand, insbesondere bei unseren touristischen Leistungsträgern und Gästen, die Befürchtung, dass durch Bauwerke für die Küstensicherung die für den Tourismus so wertvolle freie Sicht auf die Ostsee versperrt werden würde.

Als Vorgaben für alle weiteren Lösungsschritte wurden daher folgende Zielsetzungen formuliert:

- Wir wollten einen umweltverträglichen Küstenschutz schaffen, der unsere Bürgerinnen und Bürger und ihr Eigentum mindestens die nächsten 100 Jahre ausreichend und dauerhaft vor Sturmfluten schützt.
- Wir wollten gleichzeitig eine konsequente und nachhaltige Verbesserung unserer touristischen Infrastruktur und damit eine Optimierung unseres Promenadenbereiches mit größtmöglicher Aufenthaltsqualität schaffen.

Diesen Vorgaben folgend beinhaltete die weitere Planungsphase zwei wesentliche Schritte:

1. Ermittlung der technisch-naturwissenschaftlichen Grundlagen und Erstellung einer Wertermittlung für die hochwassergefährdeten Gebiete in den Gemeinden Scharbeutz und Timmendorfer Strand.
2. Durchführung einer Bürgerbeteiligung in Form einer Sensitivitätsanalyse.

Zunächst hat das damalige Amt für ländliche Räume in Kiel die technisch- und naturwissenschaftlichen Grundlagen ermittelt. Das heißt, es wurden die topografischen, hydrografischen und die morphologischen Grunddaten erfasst, so unter anderem Statistiken zu den Wasserständen, Meeresspiegeländerungen und Sturmfluthäufigkeiten, genauso wie die Erfassung und Digitalisierung der relevanten Höhenlinien und Relieferhebungen. Gleichzeitig erfolgte eine detaillierte Ausweisung der tatsächlich überflutungsgefährdeten Gebiete, unter anderem mit allen Siedlungen, Einzelhäusern, Straßen, Bahnlinien und Binnengewässern.

Das Forschungs- und Technologiezentrum Westküste (FTZ) als zentrale Einrichtung der Christian-Albrechts-Universität zu Kiel wurde darüber hinaus damit beauftragt, für das Untersuchungsgebiet eine Werteermittlung durchzuführen. Ziel dieser Werteermittlung war es, die sturmflutgefährdeten Einwohner und Sachwerte in den potenziellen Überflutungsräumen zu schätzen, um sowohl die Gesamtwerte als auch die räumliche Verteilung der gefährdeten Strukturen zu ermitteln. Im Ergebnis wurde festgestellt, dass in den strandnahen Bereichen, die weniger als drei Meter über dem Meeresspiegel liegen, alleine weit über 5000 Personen leben und Sachwerte in Höhe von über 1,7 Mrd. EUR bei einem extremen Sturmhochwasser bedroht wären (Tab. 12.1).

Einer der wichtigsten Schritte im Rahmen des Küstenschutzkonzeptes und der gleichzeitig geforderten Verbesserung der touristischen Infrastruktur war eine Sensitivitätsanalyse, die mit großer Bürgerbeteiligung im Zeitraum vom 27.01.–19.07.2000 stattgefunden hat. Innerhalb dieses Zeitraumes fanden unter der Moderation einer Gesellschaft für vernetzte Systemuntersuchungen neun Gesprächsrunden mit dem Ziel statt, herauszuarbeiten, wie sich unterschiedliche Küstenschutzmaßnahmen (Hochwasserschutz, Erosionsschutz) einerseits auf die Sicherheit der Menschen, andererseits aber auch auf die, für die Gemeinde so wichtigen Schlüsselvariablen des Tourismus, wie zum Beispiel ein attraktiver Strandbereich, Gästezahlen oder eine intakte Landschaft, auswirken würden. Für die Bürgerinnen und Bürger unserer Tourismusgemeinde hat gerade der Strandbereich eine übergeordnete wirtschaftliche Bedeutung. Insofern bot die Sensitivitätsanalyse als stark integrative Methode die Möglichkeit, die Interessen der Beteiligten vor Ort einzubeziehen und dadurch Wege zu einer nachhaltigen Entwicklung unserer Küstenregion im Dialog zu erarbeiten.

Durch diese aktive und frühzeitige Einbindung der Betroffenen und die Transparenz der Resultate haben die Teilnehmer das langfristige Risiko für unsere Niederungsgebiete erkannt und sich von Skeptikern zu Befürwortern eines integrierten, „in die Landschaft passenden“ Küstenschutzkonzeptes gewandelt. Am Ende des Prozesses haben die Arbeitsgruppen dann eine kombinierte Bauweise aus Hochwasser- und Erosionsschutzmaßnahmen empfohlen.

Tab. 12.1 Werteermittlung. (Quelle: Eigene Berechnungen)

	Scharbeutz	Timmendorfer Strand	Summe
Fläche (km^2)	2,79	5,27[a]	8,06
Einwohner	1118	4549	5667
Sachwerte (Mio. EUR)	278	1444	1722
Arbeitsplätze	297	1599	1796
Gästebetten[b]	1463	4464	5927

[a]ohne Hemmelsdorfer See

[b]nur Einheiten mit neun und mehr Gästebetten wurden berücksichtigt

12.2 Realisierung

12.2.1 Küstenschutz

Auf Basis der Ergebnisse aus den Beteiligungsverfahren und um einen möglichst breiten Überblick über technische Lösungen zu erhalten, wurde daraufhin eine Machbarkeitsstudie in Form eines Ideenwettbewerbes initiiert, an dem vier, im Bereich des Küstenschutzes ausgewiesene Ingenieurbüros beteiligt wurden. Diese sollten innovative Lösungsvorschläge für ein, in die Landschaft integriertes Küstenschutzkonzept erarbeiten. Ein Preisgericht, bestehend aus Vertretern der Gemeinde und der Küstenschutzverwaltung sowie eines unabhängigen Fachexperten, bewertete die Vorschläge. Die Ergebnisse wurden im Januar/Februar 2002 sowohl den zuständigen gemeindlichen Gremien als auch der Öffentlichkeit vorgestellt. Im Juni 2002 hat sich die Gemeindevertretung von Scharbeutz als Grundlage für das notwendige Sicherheitsniveau der Küstenschutzmaßnahmen für einen Bemessungswasserstand von 2,5 m über NN ausgesprochen, was inklusive des zu erwartenden Wellenauflaufs einer Schutzhöhe von vier Meter über NN entsprach. Derartige Wasserstände gelten als Jahrhundert-Sturmfluten. Aus touristischer Sicht sollten die Küstenschutzanlagen damit rund einen Meter höher als der vorhandene Promenadenweg liegen.

Nach einer europaweiten Ausschreibung wurden dann die weiteren Planungen und die Umsetzung der Maßnahmen an ein Hamburger Ingenieurbüro vergeben, das unter Begleitung eines Büros für Ökologie und Umweltbelange Empfehlungen zur Umsetzung der Baumaßnahmen (Konstruktion, Lage der Hochwasserschutzmauer, Maßnahmen zum Schutze der Natur) entwickelte, welche dann Anfang 2004 auch in einer Einwohnerversammlung diskutiert worden sind. Abschließend hat sich dann die Gemeindevertretung der Gemeinde Scharbeutz für eine Kombination aus Hochwasser- und Erosionsschutz entschieden, das heißt für eine Herstellung des Hochwasserschutzes durch eine Spundwand mit einem davor gelagerten Erosionsschutz aus geotextilen Sandcontainern (Abb. 12.3).

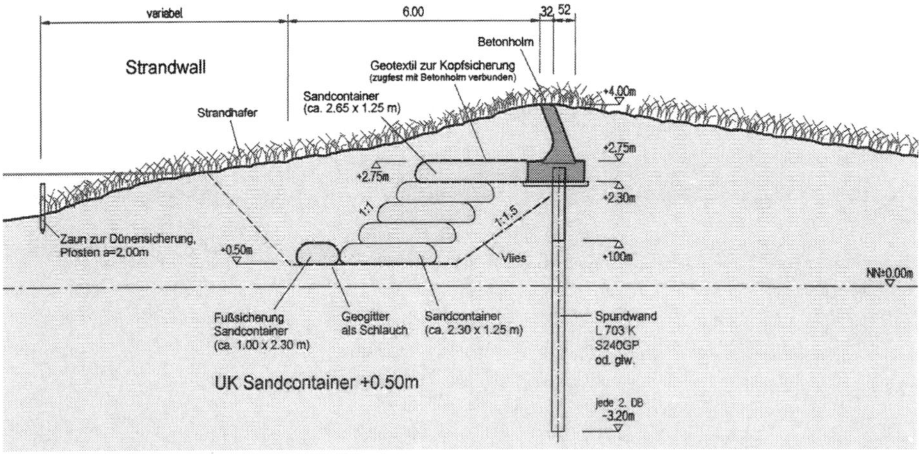

Abb. 12.3 Hochwasser- und Erosionsschutz. (Quelle: WMT Engineers GmbH)

Abb. 12.4 „Verschwundener“ Küstenschutz. (Quelle: Eigenes Foto)

Besonderheit im Rahmen der Umsetzung war dabei die Idee, das eigentliche Bauwerk, also die Küstenschutzmauer, in der Düne „verschwinden“ zu lassen.

Zuerst wurde dazu im Erdreich, parallel zur Küstenlinie, eine Stahlspundwand versenkt. Auf dieser Spundwand wurde eine 1,75 m hohe Stahlbetonwand gestellt. Diese besteht aus einem kräftigen Fuß und einem relativ schlanken, zur See geneigten Holmen, der anbrandende Wellen zur See zurücklenken soll. Der Fuß dieser Wand wird durch fünf Lagen mit großen Sandsäcken, geotextile Sandcontainer genannt, gesichert. Dieser Erosionsschutz begrenzt effektiv das Nagen der Wellen am Strandwall, um so auch Erosionen, schon bei kleineren Sturmfluten, zu verhindern. Für dieses Bauwerk wurden wasserdurchlässige Textilsäcke auf der Baustelle mit dem ohnehin dort vorhandenen Sand gefüllt und zugenäht. Ein Bagger verlegte die Sandcontainer. Die obere Lage wurde zugfest mit der Betonwand verbunden. Abschließend wurde das gesamte Bauwerk mit Sand abgedeckt und mit einheimischer Flora, Strandhafer, Sanddorn und Strandroggen, bepflanzt (Abb. 12.4).

12.2.2 Tourismus

Zur Verbesserung der touristischen Infrastruktur wurde zunächst die alte Promenade, bis dahin ein Gemisch aus Asphalt, Waschbeton und Pflastersteinen, komplett abgetragen und mit hellgelbem Betonsteinpflaster neu erstellt. Der Promenadengehweg wurde gleichzeitig auf drei Meter verbreitert. Parallel dazu wurde auch der Promenadenradweg auf drei Meter verbreitert und aus einem besonders feinen Asphalt hergestellt. Die nunmehr ausreichende Breite und die Ausführung in Asphalt gewährleisten eine konfliktfreie und multifunktionale Nutzung für Radfahrer, Inlineskater und Tretmobile. Dies ist ein wichtiger Aspekt vor dem Hintergrund der gewünschten Belebung auch der Vor- und Nachsaisonzeiten und so unter regionalen Aspekten gut angelegtes Geld, denn der Promenadenradweg ist auch ein Teil des Ostseeküstenradweges des Landes Schleswig-Holstein und damit ein wichtiger Bestandteil der Unterstützung der Umsetzungsstrategie eines „sanften" Tourismus. Der Promenadengehweg wiederum fügt sich als Teilstück in das Wegenetz Lübecker Bucht von Neustadt bis Travemünde ein und optimiert so das gemeindeübergreifende regionale Gehwegenetz.

Gleichzeitig wurde der Promenadengehweg seeseitig immer wieder verschwenkt, um an zentralen Stellen neue Plätze zu schaffen. So entstanden unter anderem Aussichtsplattformen, die zum Verweilen einladen und einen wunderschönen Blick auf den Strand, die Ostsee und im Weiteren auf die Lübecker Bucht ermöglichen. Im Hinblick auf eine Verlängerung der Saison wurden Teilbereiche dieser Aussichtspunkte mit einem Dach und Windschutz versehen, um auch bei ungemütlichem Wetter Anreize zu geben, die Ostsee zu erleben. Vor allem gelang es hier, prominente Investoren, wie Gosch und Cafe Wichtig, zu gewinnen (Abb. 12.5).

Abb. 12.5 Dünenmeile. (Quelle: Eigenes Foto)

Aufgrund des mit 5,6 km sehr langen Promenadenbereiches wurden immer wieder auch interessante Punkte mit hoher Aufenthaltsqualität geschaffen. So wurde zum Beispiel im Bereich der an der Promenade liegenden Kirche ein sogenannter Begegnungsstrand geschaffen. Das heißt, heute kann man von der Kirche über einen aus dem Boden beleuchteten Holzweg bis auf die Höhe der Küstenschutzmauer zu einer dortigen Aussichtsplattform mit Sitzgelegenheiten für Veranstaltungen der Kirche gelangen. Ein Bereich, der heute unter anderem auch für Trauungen durch das Standesamt der Gemeinde genutzt wird (Abb. 12.6).

Ein Stück weiter, gegenüber dem Yachtclub Scharbeutz ist der sogenannte Sailing Point entstanden. Dieser besteht aus jeweils einer land- und einer seeseitigen Tribüne mit einer davor asphaltierten Multifunktionsfläche. Eine Fläche, die unter anderem schon im Rahmen von Europameisterschaften für den Empfang der Sportler oder Siegerehrungen genutzt wurde. Gleichzeitig kann man von diesen Tribünen aus das Segeln besser beobachten und erlebbar machen. Wiederum ein Stück weiter wurde ein Adventure-Golfplatz mit vielen Spielflächen aus Sand, Kunstrasen, bestückt mit Hindernissen aus Steinflächen und Findlingen, Sandbunkern, Hügeln und Vertiefungen geschaffen.

Abb. 12.6 Hochzeitsstrand. (Quelle: Eigenes Foto)

Eine ganz wesentliche Zielsetzung der Neugestaltung des Promenadenbereiches war aber, die vorher monotone Gradlinigkeit der alten Straße durch entsprechende Verschwenkungen der neuen promenadenbegleitenden Straße aufzuheben (Abb. 12.7).

Die durch die Verschwenkung der Straße landseitig gewonnenen Flächen wurden zur Anlegung weiterer Terrassenbereiche vor den dort befindlichen Gewerbebetrieben genutzt. Als verbindendes Gestaltungselement sind an einigen Stellen 20 m breite, gepflasterte Fahrbahnquerungen entstanden, die in den Parkplätzen der Promenade münden.

Alle Maßnahmen wurden durch besondere Gestaltungselemente, wie maritim verzierte Poller und Findlinge, überdimensionale Duckdalben, die jeweils die Eingänge zum Strand markieren, und die jeweils verwendeten Materialien, wie Holz, Reet und Feldsteine, unterstützt, womit nicht nur die insgesamt geschaffene hohe Aufenthaltsqualität gefördert wird, sondern gleichzeitig auch ein maritimes und unverwechselbares Flair entstanden ist (Abb. 12.8).

Im Ergebnis ist eine Promenade mit hoher Aufenthaltsqualität entstanden, die auch bei schlechtem Wetter Anreize gibt, die Ostsee zu erleben. Viele Gäste nutzen diesen Bereich zum Spazierengehen oder auch zum Sporttreiben (Laufen, Walken, Inlinern).

Abb. 12.7 Neue Strandstraße. (Quelle: Eigenes Foto)

Abb. 12.8 Duckdalben. (Quelle: Eigenes Foto)

12.3 Wertung

Die Herstellung der neuen Küstensicherungsmaßnahmen und die gleichzeitige Umgestaltung der Promenade, einschließlich der in diesem Bereich verlaufenden Strandallee, wurde in fünf Bauabschnitten in den Jahren 2005–2010 umgesetzt; dies auch der Forderung folgend, dass keine Bauarbeiten in der jeweiligen Hochsaison (15.06.–15.09.) eines jeden Jahres erfolgen sollten. Insgesamt wurden in diesen Jahren rund 28 Mio. EUR in die öffentliche Infrastruktur investiert, wovon 12 Mio. EUR auf die Promenadenumgestaltung, 10 Mio. EUR auf den Küstenschutz und sechs Mio. EUR auf den Neubau der Strandallee entfielen. Die Gemeinde Scharbeutz hat gleichzeitig Fördermittel in Höhe von rund 20 Mio. EUR aus Mitteln des Landes, des Bundes sowie eines europäischen Förderfonds erhalten.

Mit diesen Investitionen konnten nicht nur die ursprünglichen Zielsetzungen eines innovativen und sicheren Küstenschutzes sowie eine attraktive Promenadengestaltung realisiert werden, sondern die öffentlichen Investitionen waren auch eine wichtige Initialzündung für die Privatwirtschaft, um ebenfalls in diesen Bereichen zu investieren. Die dort bereits ansässigen Gewerbebetriebe haben sich den Baumaßnahmen der Gemeinde angeschlossen und ihre dort anliegenden Gewerbebereiche der gemeindlichen Gestaltung angepasst, so dass ein einheitliches Bild entstanden ist, wiederum mit dem Folgeeffekt, dass die erheblich verbesserten infrastrukturellen Rahmenbedingungen dazu

Tab. 12.2 Entwicklung der Kennzahlen der Gemeinde Scharbeutz. (Quelle: Eigene Berechnungen)

	2006	2017	Veränderung (%)
Gästeankünfte	106.450	190.974	+79,40
Gästeübernachtungen	578.452	942.071	+62,86
Tourismusbeitrag (EUR)	1.394.871	2.607.600	+86,94
Tourismusabgabe (EUR)	816.351	1.586.365	+94,32
Parkgebühren (EUR)	374.144	1.040.362	+278

geführt haben, dass Scharbeutz auch für Investoren äußerst interessant wurde, was auch die vielfachen Anfragen nach Geschäftseinheiten und Baugrundstücken zeigen. Meilensteine der privaten Investitionen waren dabei sicherlich die neu entstandenen Hotelanlagen Belvedere und Bayside sowie die im touristischen Zentrum unserer Gemeinde entwickelte „Dünenmeile" mit neuer Gastronomie und zusätzlichen sowie qualitativ deutlich verbesserten Angeboten in der Einzelhandelssituation. Insgesamt sind somit zu den 28 Mio. EUR für die öffentliche Infrastruktur weitere rund 50 Mio. EUR durch die Privatwirtschaft in unseren Tourismusort investiert worden. Die Effekte dieser Gesamtinvestitionen und der damit gestiegenen Attraktivität unserer Tourismusgemeinde lassen sich auch sehr deutlich an der Einnahmesituation der Gemeinde ablesen. Die touristischen Kennzahlen haben sich im Zeitraum vom 1. Bauabschnitt (2006) bis heute wie folgt entwickelt (Tab. 12.2):

Nicht zuletzt konnten die bestehenden Arbeitsplätze in der Tourismuswirtschaft nachhaltig gesichert werden und sogar rund 500 neue Arbeitsplätze geschaffen werden.

Die gemeinsam mit den politischen Gremien der Gemeindeverwaltung und unseren Bürgerinnen und Bürgern initiierten Maßnahmen zum Küstenschutz und der Neugestaltung unserer touristischen Infrastruktur im Strandbereich haben nicht nur die Sicherheit vor Sturmfluten deutlich erhöht, sondern andererseits auch einen erheblichen Beitrag für eine nachhaltige Wirtschaftsförderung und zur Sicherung und zum Ausbau der Arbeitsplätze in der Tourismuswirtschaft geleistet.

Volker Owerien, Dipl.-Verwaltungswirt, ist seit 2002 (in dritter Amtszeit) Bürgermeister der Gemeinde Scharbeutz.

Frankfurt am Main – eine Weindestination? 13

Die Implementierung eines neuen touristischen Markenbausteins

Thomas Feda

Zusammenfassung
Die touristische Marke Frankfurt am Main setzt sich aus verschiedenen Bausteinen wie zum Beispiel Historie, Tradition, Kultur, Kulinarik, Architektur und Kongresse zusammen, die auch gleichzeitig Treiber der Marke sind. So kann ein dynamisches zielgruppen- und themenspezifisches Marketing betrieben werden. Dabei wird die Stadt nicht nur als ein eindimensionales Ganzes betrachtet, sondern mit all ihren Facetten und Kontrasten. Im Rahmen des Markenbausteins Kulinarik wird das Thema Wein als neuer Bestandteil gesetzt und ein Vermarktungsansatz entwickelt.

13.1 Einführung

Das Thema Wein spielte bei der touristischen Vermarktungsstrategie der Stadt Frankfurt am Main, außer im Hinblick auf den Apfelwein, bisher keine Rolle. Und das, obwohl die Stadt Frankfurt am Main mit dem „Lohrberger Hang" im Stadtteil Seckbach zu einer der wenigen deutschen Großstädte gehört, die über einen eigenen Weinberg innerhalb ihres Stadtgebietes verfügt. Der Lohrberg gilt als die östlichste Weinlage des Rheingaus und ist zugleich ein beliebtes Ausflugsziel mit herrlichem Blick auf die Skyline (siehe Abb. 13.1). Seit 1803 befindet sich dieser Weinberg im Besitz der Stadt Frankfurt am Main also, als zur Zeit Napoleons der Winzerbetrieb mit allen Gebieten und Wirtschaftshäusern säkularisiert wurde. Bis 1994 bewirtschaftete die Stadt das Weingut selbst. Seitdem ist es an einen Winzer in der zehnten Generation verpachtet. Hier wachsen die

T. Feda (✉)
Tourismus + Congress GmbH, Frankfurt am Main, Deutschland
E-Mail: feda@infofrankfurt.de

T. Breyer-Mayländer und C. Zerres (Hrsg.), *Stadtmarketing*,
https://doi.org/10.1007/978-3-658-26254-9_13

Abb. 13.1 Lohrberg mit Blick auf die Skyline. (Quelle: #visitfrankfurt, Holger Ullmann)

Trauben für den Riesling-Wein „Frankfurter Lohrberger Hang", von dem rund 10.000 Flaschen jährlich abgefüllt werden. Die Stadt ist nach wie vor der größte Abnehmer der stadteigenen Erzeugnisse. Der Großteil der insgesamt 25 ha großen Weinanbaufläche des städtischen Gutes liegt jedoch außerhalb der Stadtgrenzen im Rheingau am Hochheimer Mainufer. Aus dessen Trauben entstehen weitere hochwertige Weine, wie Weißer Burgunder, Spätburgunder, Chardonnay und Cabernet Sauvignon. Die Gesamtproduktion beträgt etwa 200.000 Flaschen jährlich.

Die Tourismus+Congress GmbH Frankfurt am Main (TCF) richtet bereits seit Mitte der 90er-Jahre den Rheingauer Weinmarkt als Präsentationsplattform der Rheingauer Weine und Sekte aus. Den Weinmarkt als solches gibt es bereits seit 1978. Die Idee dieses Weinmarktes sind die Zusammenführung und der direkte Kontakt von Winzerinnen und Winzern mit den Konsumenten. Jedes Jahr präsentieren die Rheingauer Winzer Anfang September edle Weine auf Frankfurts Flaniermeile, der „Freßgass". Über 600 Weine und Sekte des Rheingaus werden zehn Tage lang an rund 30 Winzerständen verkostet.

Aufgrund der oben beschriebenen positiven Ausgangslage und dem Ansatz, Frankfurt zunehmend als Privatreisedestination zu positionieren, sollen solche sogenannten weichen Faktoren zukünftig mehr genutzt werden.

13.2 Konzept und Idee des Projekts

Die Tourismus+Congress GmbH Frankfurt am Main (TCF) positioniert die Stadt als attraktives Reiseziel für touristische Zielgruppen. Das Thema Wein soll als fester Bestandteil in die Vermarktungsstrategie mitaufgenommen werden, um das Image der Stadt weiter zu stärken und die Zielgruppe der Genießer und Erholungssuchenden intensiver anzusprechen.

13.3 Umsetzung

Zur Umsetzung dieses neuen Marketingprojektes mussten Kräfte gebündelt und verschiedene Partner einbezogen werden. Daraus resultierten heute folgende Maßnahmen:

Wein-Magazin

- **2014–2017:**
  Zur Förderung der Weindestination haben sich auf Initiative der Tourismus+Congress GmbH Frankfurt am Main die Rheingauer Weinwerbung, die Rheingau Tourismus und Kongress GmbH, der Arbeitskreis Tourismus FrankfurtRheinMain und der Main-Taunus-Kreis zusammengeschlossen, um erstmals gemeinsam ein entsprechendes Magazin, den WineGuide Rheingau & FrankfurtRheinMain, zu initiieren und zu finanzieren. Das Projekt wurde dann mit einem lokalen Verlag umgesetzt und im Rahmen einer Pressekonferenz und bei weiteren PR-Maßnahmen vorgestellt und beworben. Vertrieben wurde das Magazin in deutscher und englischer Sprache bei sämtlichen Veranstaltungen, Messen und Workshops (lokal, national und international) der TCF, über den Rheingauer Weinbauverband, diverse Winzer, die Tourist-Informationen in der Region sowie als Beilage in einem Weinmagazin.
- **2018–2019:**
  Eine Neukonzeption ist derzeit in Planung. Gemeinsam mit einem lokalen Verlag soll der WineGuide durch das Buch „Wein an Rhein und Main" ersetzt und im Frühjahr 2019 in deutscher Sprache aufgelegt werden (siehe Abb. 13.2). Über eine Auflage in englischer Sprache wird in 2019 entschieden.
  Diesmal werden, neben dem Rheingau, auch die Weinanbaugebiete Odenwald-Bergstraße, Spessart-Mainland sowie Teile Rheinhessens dargestellt. Dazu werden die dort ansässigen Weinbauverbände als Kooperationspartner mit ins Boot geholt. Das Buch wird umfangreicher, deckt aber auch nahezu das komplette Rhein-Main Gebiet ab. Der Inhalt setzt sich zusammen aus einer Darstellung der Weinanbaugebiete und ausgewählter Winzer, Weingüter und Vinotheken sowie Ausflugs- und Restauranttipps in der Nähe der Weingüter.

Abb. 13.2 Weinguide. (Quelle: #visitfrankfurt)

Presse- und Leserreisen seit 2016

In Kooperation mit den lokalen Tageszeitungen organisiert die TCF in regelmäßigen Abständen Presse- und Leserreisen zum Thema Wein in den Rheingau und an die Bergstraße. Ziel dieser Reisen ist es, die Verbindung zwischen Frankfurt und den Weinanbauregionen in der lokalen Presse darzustellen sowie den Tagestourismus zu fördern. Im Rahmen dieser Reisen werden ausgewählte Weingüter und touristische Highlights in der Region besucht (siehe Abb. 13.3). Die Tourismusorganisationen vor Ort unterstützen die TCF bei der Programmgestaltung. Der Oberbürgermeister der Stadt Frankfurt, Peter

Abb. 13.3 Weinreise Bergstraße. (Quelle: Jörg Halisch)

Feldmann, begleitet die Reisen, ebenso die Frankfurter Weinkönigin. Vor Ort stoßen jeweils politische Vertreter der Region, die Repräsentanten der lokalen Weinbauverbände sowie die örtlichen Weinköniginnen dazu.

Weinkönigin seit 2017

Im Januar 2017 wurde die erste Frankfurter Weinkönigin gewählt und gekrönt. Ihre Amtszeit belief sich auf zwei Jahre. Die TCF trat zu diesem Zweck dem Rheingauer Weinbauverband e. V. als offizielles Mitglied bei. Als Patenweingut der ersten Frankfurter Weinkönigin fungierte das Weingut der Stadt Frankfurt am Main, welches eigens einen Krönungswein mit Sonderetikett kreierte. Dieser wurde als Repräsentationsgeschenk der TCF genutzt, aber auch regulär über das Weingut verkauft. Ein Teil des Erlöses wurde für wohltätige Zwecke gespendet. Im Dezember 2018 wurde die erste Weinkönigin von einer Nachfolgerin abgelöst; wieder übernahm das Weingut der Stadt Frankfurt am Main die Patenschaft (siehe Abb. 13.4). Durch den Einsatz der Weinkönigin bei nationalen und internationalen Messen sowie lokalen und regionalen Festen soll die Wahrnehmung Frankfurts als Weinstadt verstärkt werden. Begleitet werden die Auftritte der Weinkönigin durch entsprechende Pressemeldungen und Veröffentlichungen auf Social Media-Kanälen.

Abb. 13.4 Weinkönigin. (Quelle: #visitfrankfurt, Holger Ullmann)

RheinMainCard seit 2017

Mit der RheinMainCard wurde Anfang 2017 erstmalig ein gemeinsames Produkt für die Region geschaffen. Die Card beinhaltet ein Ticket für den öffentlichen Nahverkehr im gesamten Rhein-Main-Gebiet und bietet zahlreiche Vergünstigungen in Kultur-, Freizeit- und Gastronomieeinrichtungen. Bei der Auswahl der Leistungsträger wurden auch Einrichtungen berücksichtigt, die mit dem Thema Wein in Verbindung stehen, wie zum Beispiel ein Weinbaumuseum oder auch Weinverkostungen. Die Tourismusbranche in der Region bündelt damit ihre wichtigsten Angebote, stößt neue Partnerschaften an und fungiert als treibende Kraft bei der Vernetzung der jeweiligen Akteure in der Region. Mit diesem Projekt wächst die Region im Bereich der kulturellen und touristischen Angebote, kombiniert mit dem öffentlichen Nahverkehr, noch enger zusammen.

13.4 Ergebnisse

Das Thema Wein ließ sich von Anfang an gut in die Vermarktungsstrategie der TCF einbinden und hat dazu beigetragen, das weiche Image der Stadt weiter aufzuwerten. Zwar haben die Menschen bisher eher den Apfelwein mit der Stadt Frankfurt am Main in Verbindung gebracht, zeigen sich jedoch offen gegenüber dem Thema „Frankfurt als Weindestination". Die Akzeptanz der Frankfurter Weinkönigin fiel den Rheingauern und auch den dortigen Weinmajestäten anfänglich etwas schwer. Durch eine kontinuierliche Präsenz der Frankfurter Weinkönigin auf den Rheingauer Veranstaltungen konnte dem entgegen gewirkt werden. Die Rheingauer Winzer äußerten teilweise Kritik gegenüber dem Wein-Magazin, da dieses nur eine Auswahl der Winzer darstellen konnte. Der Vertrieb des Magazins über die Winzer gestaltete sich dadurch schwierig. Nun gilt es, bei der Auflage des neuen Wein-Buches möglichst viele Partner vor Ort miteinzubinden. Da jedoch nur Teile Rheinhessens zur Vermarktungsregion FrankfurtRheinMain gehören, wird hier auch keine vollständige Abbildung des Weinanbaugebietes möglich sein. Zudem stellt der Rheingau das bekannteste Weinanbaugebiet dar und wird daher den prozentual größten Anteil im Buch abdecken. Dies gilt es, den anderen Partnern gegenüber zu vertreten und eine Akzeptanz für das neue Buch zu schaffen.

13.5 Schlussbetrachtung

Abschließend lässt sich festhalten, dass das Projekt „Frankfurt, eine Weindestination" durchweg als positiv zu bewerten ist und zur weiteren touristischen Positionierung Frankfurts beiträgt. Das Thema Wein wird auch weiterhin eine Rolle, wenn auch keine Hauptrolle, in der Vermarktungsstrategie der TCF spielen. Nachgesteuert werden muss insofern, dass alle Partner aus den Weinanbaugebieten der Region künftig bei den Maßnahmen berücksichtigt werden müssen. Das Thema Kulinarik/Gastronomie ist von großer Bedeutung für Frankfurt und die Region Rhein-Main und trägt somit auch zur stärkeren Außenwahrnehmung und positiven Imagebildung bei.

Thomas Feda wurde 1967 in Langenzenn (Bayern) geboren. Von 1987–2001 war er Soldat bei der Bundeswehr und nach seiner Offiziersausbildung mit dem Studium der Staats- und Sozialwissenschaften als Hauptmann u. a. in der Presse- und Öffentlichkeitsarbeit tätig. 2001 wurde er Kreisgeschäftsführer der Frankfurter CDU und 2007 Geschäftsführer der städtischen Tourismus+Congress GmbH Frankfurt am Main. Seit April 2016 ist er auch Geschäftsführer der kommunalen Frankfurt Ticket RheinMain GmbH. Seit 2008 engagiert er sich im IHK-Ausschuss Tourismus-, Freizeit und Gesundheitswirtschaft und ist seit 2009 Mitglied der IHK-Vollversammlung. Ehrenamtlich ist er u. a. im Vorstand des Deutschen Tourismusverbandes, als stellvertretender Vorsitzender der Magic Cities Germany und Geschäftsführer der regionalen Arbeitskreises Tourismus FrankfurtRheinMain aktiv.

Nachhaltiger Tourismus in Städten

14

Ist es schon fünf vor zwölf?

Mathias Schiemer

Zusammenfassung
Die Zielsetzung von Stadtmarketing-Agenturen ist vielfach noch immer geprägt durch Gewinnstreben und Konzentration auf die Förderung touristischer Belange. Immer mehr setzt sich jedoch die Erkenntnis durch, dass dieses Konzept nicht zukunftsfähig ist, da sich interessante Destinationen einer steigenden Anzahl von immer anspruchsvolleren Gästen gegenübersehen. Mit einer nachhaltigen Herangehensweise soll den negativen Entwicklungen, wie Overtourism, künftig entgegengewirkt werden. Dabei ist Nachhaltigkeit mehr als eine ökologisch sensible Vorgehensweise, da auch soziale und ökonomische Faktoren mitgedacht werden müssen. Dieser Beitrag zeigt das Verständnis von nachhaltigem Stadtmarketing am Beispiel von Heidelberg auf. Dabei wird deutlich, dass sich die Marketingagenturen der Städte dringend einem Mentalitätswandel unterziehen müssen: weg von Tourismusagenturen mit Fokus auf Profit, hin zu einer Rolle als Mediator zwischen den unterschiedlichen Stakeholdern eines städtischen Tourismus.

14.1 Einleitung

Das Wesen des Tourismus hat sich in den vergangenen zehn Jahren massiv verändert. Faktoren, wie der Preisverfall bei Flugreisen, die Zunahme allgemeinen Wohlstands und die Globalisierung, haben den Markt verändert wie in kaum einer anderen Periode. Diese Parameter verändern jedoch nicht nur die Branche an sich, sondern bedingen gleichzeitig die Einstellungen der Touristen zu ihrer Reise und damit ihrem Reiseziel. Um den Gästen

M. Schiemer (✉)
Heidelberger Marketing GmbH, Heidelberg, Deutschland
E-Mail: schiemer@heidelberg-marketing.de

T. Breyer-Mayländer und C. Zerres (Hrsg.), *Stadtmarketing*,
https://doi.org/10.1007/978-3-658-26254-9_14

eine außergewöhnliche Erfahrung zu bieten, müssen die Destinationen daher viele Herausforderungen meistern und kreative Lösungen anbieten.

Diese Aufgabenstellung ist in sehr guten Händen: Seit Langem sind die Marketingverantwortlichen zuverlässiger Förderer des Tourismus und haben viele, offenbar sehr wirksame Mechanismen entwickelt, um jedes Jahr mehr Besucher für die eigene Stadt zu begeistern. Diese Kompetenz besteht bereits seit der Zeit, in der Tourismus in den städtischen Amtsstuben noch „Fremdenverkehr" hieß. Die kreative Vermarktung ist aber mittlerweile längst nicht mehr die einzige Herausforderung für das Stadtmarketing, möglicherweise nicht einmal mehr die wichtigste.

Im folgenden Beitrag möchte ich zeigen, vor welchen Problemen der Städtetourismus aktuell steht und welches Umdenken bei den Stadtmarketing-Agenturen stattfinden muss, um den negativen Auswirkungen eines immer „erfolgreicher" werdenden Stadttourismus entgegensteuern zu können. Dabei gehe ich der Frage nach, wie die unterschiedlichen Interessen von Touristen, Städten und Stadtbewohnern miteinander vereinbart werden können und welches Potenzial eine nachhaltige Sicht des Stadtmarketing auf den Themenkomplex „Tourismus" hat.

14.2 Nachhaltigkeit im Tourismus

Es fällt auf, dass in vielen Diskussionen auch heute noch der Begriff „nachhaltig" oftmals synonym für „ökologisch" verwendet wird. Spätestens seit dem Entwurf der Enquete-Kommission wird „Nachhaltigkeit" mit einem Drei-Säulen-Modell beschrieben (vgl. Wissenschaftliche Dienste des Deutschen Bundestages 2004, S. 2). Als die tragenden Elemente werden in diesem Zusammenhang ökologische, soziale und ökonomische Bestandteile betrachtet.

Das hat zur Folge, dass alle Teilnehmer an einem Themenkomplex in ihrem Handeln stets auf alle drei Säulen einzahlen müssen, sofern Nachhaltigkeit als Leitmotiv verbindlich vereinbart wurde. Auch die Akteure im Stadtmarketing sind von dieser Verantwortung nicht befreit. Ein Rückzug auf nur eine der Komponenten ist nicht angezeigt. Und das obwohl auf den ersten Blick die Wirkmacht des Marketing in einem hochkomplexen System wie dem des Tourismus beschränkt erscheint. Dennoch haben gerade Vermarktungsstrategien Auswirkungen auf alle Säulen des Modells, auch wenn sie nur mittelbar gesteuert werden. Die Marketingverantwortlichen haben zum Beispiel keinen direkten Einfluss auf die Emissionen eines Reisebusses, können aber andere Wege der Anreise so attraktiv gestalten, dass sich die absolute Anzahl der ankommenden Busse reduziert oder zeitlich und räumlich besser verteilt.

Im Folgenden werfen wir zunächst einen kurzen Blick auf die unterschiedlichen Faktoren, die bei der Nachhaltigkeit im Tourismus eine Rolle spielen.

14.2.1 Die ökonomische Komponente

Tourismus als Marktteilnehmer hat, anders als sagen wir Maschinenbau oder Fondsmanagement, für den Verbraucher häufig nicht den Anstrich einer Branche mit ausgeprägter Gewinnorientierung. Vielmehr profitieren die Akteure noch immer vom Nimbus der Freizeitgestalter, die ihre Klientel bei der Selbstverwirklichung unterstützt und nicht zuletzt aufgrund ihrer Gastfreundschaft agiert. Aber spätestens auf den zweiten Blick sehen auch Reisende: Die Lust, fremde Städte und Länder zu erkunden, seine Zeit an schönen Orten zu verbringen und Sehenswürdigkeiten zu bestaunen, ist für die Anbieter ein Geschäft. Mittlerweile versuchen Veranstalter nicht einmal mehr, diesen ökonomischen Aspekt zu maskieren. Ganz im Gegenteil: Die Tourismusbranche tritt selbstbewusst als bedeutender Wirtschaftsfaktor auf. Die Studie „Wirtschaftsfaktor Tourismus in Deutschland" des BMWi konstatiert gar das Wesen einer „Mischbranche" und beklagt das Fehlen von Daten aus der Tourismuswirtschaft in der amtlichen Wirtschaftsstatistik, weshalb diese „Lücke" geschlossen werden müsse:

> „Aus dieser Lücke der amtlichen Statistik ergibt sich die Notwendigkeit, Informationen zu dem ökonomischen Stellenwert der Tourismuswirtschaft und ihrer Struktur außerhalb der allgemeinen Systematik [...] zu erfassen" (Bundesministerium für Wirtschaft und Energie 2017, S. 12).

Nachhaltigkeit im Tourismus bedeutet also *auch,* den wirtschaftlichen Erfolg aller Maßnahmen im Auge zu behalten. Wie bei den anderen beiden Aspekten, der ökologischen und der sozialen Komponente, besteht jedoch die Gefahr der Überbetonung. Gerade Reiseveranstalter tendieren verständlicherweise fast immer zu einer Fokussierung des ökonomischen Aspekts des Tourismus. Allerdings verwundert diese Einstellung nicht, da die Veranstalter als gewinnorientierte Unternehmen beispielsweise auch für ihre Mitarbeiter Verantwortung tragen. Bei den Überlegungen, wie ein nachhaltiges Konzept für den Städtetourismus gestaltet werden kann, müssen also auch die wirtschaftlichen Interessen der Beteiligten einbezogen werden. Die beteiligten Stakeholder werden ein vermeintlich nachhaltiges Konzept, das ausschließlich ökologische oder soziale Aspekte berücksichtigt, nicht mittragen.

14.2.2 Die ökologische Komponente

Seit einigen Jahren ist ökologisches Denken in der Mitte der Gesellschaft angekommen und seither dort fest verwurzelt. Die Schlagworte „Klimawandel", „CO_2-Emissionen" und „Mikroplastik" sind Teil der täglichen Berichterstattung geworden und damit weithin geläufig. Auch Studien legen nahe, dass das Umweltbewusstsein der Deutschen zumindest auf einem stabilen Niveau bleibt: Befragt nach den zwei wichtigsten Herausforderungen unserer Zeit, geben 21 % der Bundesbürger „Natur- und Umweltschutz" an – neben den Themen „Zuwanderung, Migration" (55 %) und „Kriminalität,

Frieden, Sicherheit“ (47 %) (vgl. Bundesministerium für Umwelt, Naturschutz, Bau und Reaktorsicherheit [BMUB] 2017, S. 9). Dieses Bewusstsein geht mitunter so weit, dass gerade der Begriff „nachhaltig“ synonym zu „umweltfreundlich“ gebraucht wird und dadurch viele Themenkomplexe vorschnell stark reduziert. Betrachtet man jedoch neben Umweltbewusstsein auch das Umweltverhalten, so ergibt sich eine starke Diskrepanz. Plakativ gesprochen: Bei Flugtickets zu einem Preis von 20 EUR kommen auch viele mit stark ausgeprägtem Umweltbewusstsein in Versuchung. Dabei lebt gerade der Umweltschutz von der Bereitschaft jedes einzelnen. Am Beispiel von Kompensationszahlungen bei Flugreisen lässt sich jedoch eine gewisse Indifferenz leicht ablesen:

> „40 Prozent geben an, keine Kompensationszahlungen geleistet zu haben. Mit 51 Prozent kann mehr als die Hälfte dazu keine Aussagen machen: Sie wissen es nicht, ob in ihrem Flugpreis oder in etwaigen Zusatzkosten auch Kompensationszahlungen zum Ausgleich von CO_2-Emissionen enthalten waren“ (Bundesministerium für Umwelt, Naturschutz, Bau und Reaktorsicherheit (BMUB) 2017, S. 69).

Übrigens: Experten schätzen die durch Tourismus verursachten CO_2-Emissionen auf 4,5 Gigatonnen jährlich, das entspricht einem Anteil von 8 % am weltweiten Kohlenstoffdioxid-Ausstoß. Allein auf deutsche Reisende entfallen davon 329 Mio. Tonnen (vgl. Lenzen et al. 2018, S. 523).

14.2.3 Die soziale Komponente

Das Konzept sozialer Nachhaltigkeit fordert, „[…] in der Gegenwart keine irreversiblen Änderungen zuzulassen, die für zukünftige Generationen schlechtere Lebensbedingungen zur Folge haben […].“ (Hartmut und Strasdas 2015, S. 197). So mehrheitsfähig dieser Ansatz auf den ersten Blick auch erscheinen mag, so häufig wird er nicht beachtet. Für dieses Gegenteil eines nachhaltigen und ausgewogenen Tourismuskonzepts steht der Begriff des *Overtourism.* Die Überreizung mit Tourismus tritt zwar alle drei Dimensionen der Nachhaltigkeit mit Füßen, soziale Probleme werden jedoch in aller Regel unmittelbarer sichtbar als Schäden an der Umwelt. Gerade europäische Städte, die als Destination immer beliebter werden, erfahren in den vergangenen Jahren einen Tourismus-Boom, der nicht immer nur mit Vorteilen verbunden ist. Mit der Konzentration auf ein Geschäftsmodell, dessen Rendite maximiert werden muss, nimmt die Reisebranche gerne eine komplette Vernachlässigung einer ausgewogenen Steuerung der Besucherströme in Kauf. Leidtragende sind letztlich die Städte – und viel mehr noch deren Bewohner. Diese Sprache sprechen die Bilder aus Barcelona und Mallorca, auf denen „Tourist Go Home!“-Graffitis die Häuserwände zieren (Abb. 14.1).

Durch eine Fixierung auf Rendite treiben Reiseveranstalter eine von den betroffenen Stadtbewohnern als solche empfundene „Übernahme“ und „Belagerung“ durch die Gäste voran. Vielfach schreiten an diesem Punkt die Städte und die angeschlossenen Marketingagenturen zu wenig ein oder leisten dieser Entwicklung gar Vorschub. In der

Abb. 14.1 „TOURIST GO HOME"-Banner in Barcelona. (Quelle: Silvia Darnís: tourist go home=contradicción, Lizenz: CC BY-SA2.0, https://www.flickr.com/phototls/embolic/4982141439)

Konsequenz wird das Leben in touristisch fokussierten Städten durch massiv steigende Mieten und eine Beeinflussung des Stadtbildes sowie des Alltags durch die Besucher immer unattraktiver (vgl. Urban 2018).

14.3 Nachhaltiges Stadtmarketing am Beispiel Heidelberg

Vor diesem Hintergrund stellt sich die Frage, ob die Verantwortlichen aufseiten des Stadtmarketing weltweit zu lange geschlafen haben. Wurde die eigene Wirkmacht unterschätzt und hätte man Kraft des Marketing problematische Phänomene vermeiden oder zumindest abmildern können? Denn eins scheint klar: Während sich die touristische Branche rasch und tief greifend an ein sich veränderndes Marktumfeld angepasst hat, um die Rendite zu erhöhen, agieren die meisten Stadtmarketing-Agenturen noch immer wie klassische Produktvermarkter. Dabei verlangt die Veränderung des Tourismus mit all seinen Dimensionen, wie Overtourism, der Wunsch nach Nachhaltigkeit und der Wandel von Mentalitäten selbstredend auch nach einer Anpassung der Rolle des Stadtmarketing; die entsprechenden Reaktionen und Maßnahmen lassen jedoch vielfach noch auf sich warten.

Daher muss das Stadtmarketing neu gedacht werden. Das Credo „Mehr Touristen um jeden Preis“ hat, nicht nur vor dem Hintergrund der Nachhaltigkeit, bereits seit Jahren ausgedient. Die neue Rolle ist nicht mehr die eines Vermarkters, sondern die eines Vermittlers, der als Instanz die touristischen Belange ernst nimmt, aber auch die Seite der Städte und deren Bewohner hört. Teilweise bedeutet diese Position sogar, die betreffende Stadt vor einem „Zuviel“ zu schützen. Die Instrumente, die hierfür zur Verfügung stehen, sind vielfältig und sollen stets unter Beachtung wirtschaftlicher, sozialer und ökologischer Aspekte erfolgen.

14.3.1 Stakeholder

Sollen nachhaltige Konzepte diskutiert werden, so prallen stets viele unterschiedliche Interessen aufeinander. Auch im Stadtmarketing ist die Gemengelage aus teilweise divergierenden Zielsetzungen verschiedener Partner mitunter sehr komplex. Spätestens bei der Gewichtung der drei Säulen sehen sich Verantwortliche im Stadtmarketing dann teils vehement verteidigten Positionen gegenüber – durch Bürger, Gewerbetreibende, touristische Organisationen, Verkehrsteilnehmer, Stadtplaner und viele mehr. Jede dieser Gruppen setzt völlig andere Schwerpunkte bei der Vertretung der eigenen Interessen und versucht diese, mit Nachdruck durchzusetzen. Selten wird es jedoch Lösungen geben, die alle Beteiligten gänzlich zufriedenstellen, daher muss stets auch an die Kompromissbereitschaft appelliert werden. Mitarbeiter des Stadtmarketing sehen sich dann häufig im Spannungsfeld dieser Interessen.

14.3.2 Tagestourismus

In der Stadt Heidelberg erleben wir seit einigen Jahren einen Mentalitätswandel. Dies gilt sowohl für Reiseveranstalter, die unsere Stadt als Destination anbieten, als auch für die circa 12 Mio. Gäste, die uns jedes Jahr besuchen. Aufseiten der Veranstalter ist klar der Trend erkennbar, den Besuch in der Stadt so effizient wie möglich zu organisieren. Dies gilt vor allem für den Tagestourismus. In Heidelberg haben wir sehr viele Besucher, die nur einige Stunden in der Stadt verbringen und dann weiterreisen. Einen großen Beitrag zu dieser Entwicklung leistet die gestiegene Nachfrage bei Flusskreuzfahrtreisen. Die Reisenden verbleiben hier über Nacht auf den Schiffen und besuchen die Destinationen für nur wenige Stunden. Häufig geht dies einher mit einer Zunahme an Busverkehr, da viele Städte nicht direkt von den Kreuzfahrtschiffen angefahren werden können.

Zwar kommen auf diesem Wege sehr viele Gäste in unsere Stadt, die Verweildauer ist jedoch dementsprechend kurz. Dennoch nutzen die Reisenden die Infrastruktur. Im Zuge dessen erhöht sich das Verkehrsaufkommen durch die anspruchsvolle Logistik, die mit dieser Form des Tagestourismus verbunden ist. Charakteristisch hierfür ist zudem, dass sich der Strom der Reisenden nicht über den Tag hinweg gleichmäßig verteilt, sondern dass gewisse Stoßzeiten deutlich erkennbar sind. So haben wir beispielsweise auf dem Heidelberger Schloss eine Häufung von Besuchern in den Vormittagsstunden, wohingegen mittags und nachmittags noch Kapazitäten vorhanden sind. Dies gilt sowohl für die Sehenswürdigkeit an sich als auch für die umliegenden Parkmöglichkeiten.

Insgesamt empfinden Bewohner und sogar Gewerbetreibende, die vom Tourismus profitieren, die Situation als belastend. Das führt mitunter zu Unmut gegenüber den Reiseveranstaltungen und deren Touristen. Durch den Reiseverkehr und den ständigen Fluss von ankommenden und abreisenden Gästen an den POIs wird die Stadt von den Bewohnern als „unruhig" empfunden. Tagestouristen werden darüber hinaus häufig als „desinteressiert" wahrgenommen, da sie nicht die Stadt in ihrer Gesamtheit erleben möchten, sondern nur ausgewählte Sehenswürdigkeiten – und das in möglichst kurzer Zeit. Der einzelne Reisende ist jedoch nicht nur Mitverursacher dieser Situation, sondern wird selbst zum Leidtragendenden; und zwar dann, wenn die Wartezeiten zu den Stoßzeiten zur Belastungsprobe werden oder das Programm in einer interessanten Stadt durch die Reiseveranstalter so straff organisiert ist, dass keine Zeit mehr für individuelle Gestaltung verbleibt.

In dieser Gemengelage braucht es einen Vermittler, der die Interessen von Reiseveranstaltern, Anwohnern und Vertretern der Stadt anhört, gegeneinander abwägt und sich dafür einsetzt, einvernehmliche und weitgehend nachhaltige Lösungen zu schaffen. Hier sehen wir die Stadtmarketing-Agenturen in der Pflicht. In einer sich wandelnden Rolle kann es nicht mehr oberstes Ziel sein, durch das Marketing-Instrumentarium immer mehr Touristen in die Städte zu locken. Vielmehr müssen mit allen Stakeholdern Wege geschaffen werden, um den Tourismus attraktiv zu gestalten. In Heidelberg haben wir mit gemeinschaftlichen Lösungsprozessen sehr gute Erfahrungen gemacht. So sind wir beispielsweise im engen Diskurs mit den Veranstaltern, um die angesprochene Konzentration auf Stoßzeiten zu entzerren und besser über den Tag hier zu verteilen. Diese Maßnahme entlastet nicht nur die Anwohner und die Verkehrslage der Stadt, sondern sorgt vor allem auch für ein besseres Reiseerlebnis für unsere Gäste.

14.3.3 Veränderung der Stadt

Für Heidelberg und viele andere Destinationen ist ein Ansteigen des Tourismus Fluch und Segen zugleich. Eine zentrale Frage, die sich hierbei regelmäßig stellt, ist, wie sehr sich eine Stadt den Bedürfnissen des Tourismus anpassen soll und darf, denn ein Phänomen ist längst bekannt und nahezu jeder Reisende hat es bereits erlebt: An touristisch interessanten Punkten wirkt vieles nicht mehr authentisch, sondern auf eigenartige Weise „touristisch" (Abb. 14.2). Fast überall verhält sich die Infrastruktur für Touristen umgekehrt proportional zur Infrastruktur für die Bewohner. Dabei reicht die Skala von einer Häufung der typischen Souvenirläden über eine beinahe kulissenhafte Aufbereitung ganzer Innenstädte bis hin zu einer zunehmenden Umwidmung von privatem Wohnraum in Ferienwohnungen. Oftmals ist es besonders die soziale Komponente der Nachhaltigkeit, die hierbei auf der Strecke bleibt.

Abb. 14.2 Menschenmenge in der Heidelberger Hauptstraße. (Quelle: Heidelberg Marketing GmbH, Tobias Schwerdt: Hauptstraße Heidelberg)

Das Paradoxe ist, dass sich auch der Tourist die Frage stellen muss, wie weit sich die Destination überhaupt auf seine Bedürfnisse einstellen soll. Denn gerade im touristischen Bereich nimmt die „Ware Stadt" eine besondere Stellung ein:

> „Zwischen Anbietern und Nachfragern auf dem touristischen Markt kommt es nicht zum Austausch materieller Güter, sondern Touristen erwerben stattdessen zeitlich limitierte Nutzungsrechte (eingeschränkte Property Rights) an einem geographischen Raum, der nicht ihr Zuhause, sondern üblicherweise eine touristische Region ist" (Bär 2006, S. 21).

Anders als bei Produkten, die sich quasi unbegrenzt an Kundebedürfnisse anpassen lassen, ist dies bei Städten nicht zielführend. Der Besucher als Kunde erwirbt das Nutzungsrecht an einem touristischen Raum, der im Zusammenhang mit dem Städtetourismus in aller Regel durch die (historischen) Innenstädte markiert ist. Er kommt also nicht in eine Stadt um des bloßen Raumes willen, sondern weil er diese Stadt mit ihren charakteristischen Eigenschaften sehen möchte: „Der Stadtraum ist nicht mehr nur als Fläche (für Infrastruktur, Wohngebiete oder Autobahnanschlüsse) relevant. [...] Es geht um lokale Qualitäten, die nie abstrakt oder allgemein sein dürfen, sondern vielmehr Geschichten erzählen [...]." (Helbrecht 1994, S. 34). Wird dieser touristische Raum nun zu sehr umgestaltet, um den touristischen Bedürfnissen entgegenkommen, verändert sich gleichzeitig das „Produkt", für das sich der Kunde ursprünglich entschieden hat.

Ab einem gewissen Grad der Adaption schließt sich fast unweigerlich die Frage nach *Authentizität* an. Für Robert Schäfer (2015) wird Authentizität daran bemessen, „[…] ob ein Ding tatsächlich ist, was es zu sein scheint oder aber eine Fälschung, eine Imitation, eine Kopie, Fassade oder sonst der bloßen Scheinhaftigkeit zu überführen wäre.“ (Helbrecht 1994, S. 34). Ein Mehr an Touristen, das auch von Stadtmarketing-Gesellschaften über viele Jahre hinweg propagiert und gefördert wurde, führt fast unweigerlich zu einer Umgestaltung der Stadt für den Besucher und somit zu einem Verlust dieser Authentizität, die den eigentlichen Grund des Besuchs darstellt. Die Folge ist ein Zurückdrängen von echten Stadtbewohnern und damit die beinah schon sprichwörtliche Situation, dass Touristen in manchen Städten nur noch anderen Touristen begegnen. Gerrit Schrödel beschreibt diese Gratwanderung zwischen authentischem Stadtbild und einer für den Tourismus ausreichenden Infrastruktur folgendermaßen:

> „Die Qualität einer Stadt in Bezug auf das Erlebnis ergibt sich jedoch auch oder gerade aus der Durchmischung der Milieus und aus der Sichtbarkeit unterschiedlicher alltagsästhetischer Schemata bzw. der Verdichtung von Erlebnismilieus zu spezifischen Szenen auf dem Erlebnismarkt. Die Attraktivität des Erlebnismarktes der Stadt ist also nicht nur danach zu beurteilen, wie viel und wie ‚hochwertige‘ Freizeitinfrastruktur vorhanden ist, sondern auch danach, ob soziale Qualitäten, wie eine hohe Nutzung und möglichst differenzierte Milieupräsenz bzw. ganz einfach ‚lebendige Urbanität‘ erkennbar sind“ (Schrödel 2011, S. 74).

Im Falle von Heidelberg bedeutet ein authentisches Erleben der Stadt ein Sich-Bewegen in der historischen Altstadt, die auch für Einheimische noch attraktiv ist. Das bedeutet in der Konsequenz jedoch auch, dass das Stadtmarketing mitunter auch die Aufgabe hat, die Stadt und deren Einwohner gegen einen Tourismus zu schützen, der die Stadt in ihrem Kern und Charakter verändern würde. Nur so behalten einzelne Städte ihr Flair als Wettbewerbsvorteil und werden nicht zu kulissenhaften Räumen, die letzten Endes auch die Erwartungen der Besucher enttäuschen.

14.3.4 Infrastruktur und Verkehr

Der Verkehr ist einer der Faktoren, die „Einheimische“ unmittelbar und schnell sichtbar in ihrem Alltag beeinträchtigt. Daher ist dieses ein besonders sensibler Bereich, der außerdem in unmittelbarem Zusammenhang mit der Akzeptanz touristischer Entwicklungen und Zustände steht. Ein sorgsamer Umgang mit den Ressourcen Raum, Weg und Nervenkostüm der Anwohner, gerade im Umfeld hochfrequentierter Sehenswürdigkeiten, muss daher selbstverständlich werden. Planung und Steuerung touristischer Ströme dürfen daher nicht ausschließlich unter dem Gesichtspunkt der Rendite erfolgen (Abb. 14.3).

Eine gewachsene Stadt, wie Heidelberg mit ihrem historischen Kern, kann sich nicht ohne Limit auf touristische Bedürfnisse einstellen. Für die meisten Städte ergibt sich alleine aufgrund ihrer Größe und den baulichen Gegebenheiten eine Grenze für eine touristische Infrastruktur. Das betrifft zum Beispiel Parkplätze für Busreisende in

Abb. 14.3 Ein Kreuzfahrtschiff in der Lagune von Venedig. (Quelle: Wolfgang Moroder: The cruise ship MSC Fantasia on the ‚Bacino San Marco' in Venice. Lizenz: GNU Free Documentation License. https://commons.wikimedia.org/wiki/File:Cruiseship_passing_Venice.JPG)

der Innenstadt und/oder direkt an den Sehenswürdigkeiten. Da sich Heidelberg aktuell zu einer Kongressstadt wandelt, warten im Bereich Verkehr in den kommenden Jahren noch zusätzliche Herausforderungen auf uns. Aber auch die bereits jetzt gestiegenen und noch weiter steigenden Kontingente für Busreisen nach Heidelberg stellen die Infrastruktur auf eine harte Probe: In der zentralen Altstadt verfügen wir über lediglich eine Bushaltestelle, die einen zehnminütigen Halt für das Ein- und Aussteigen der Fahrgäste zulässt. Parkplätze für Reisebusse können wir nur entfernt von den Sehenswürdigkeiten anbieten. Die Auffahrt zu unserem Schloss mit Bussen ist nur mit einer kostenpflichtigen Ausnahmegenehmigung möglich. Einige Reiseveranstalter fordern daher eine Anpassung der Richtlinien und eine teilweise Öffnung von Routen für Reisebusse, um die gestiegene Nachfrage befriedigen zu können.

Zunehmender Verkehr bedeutet jedoch nicht nur höhere Stress- und Umweltbelastung, sondern auch eine vermehrte Ablehnung touristischer Interessen durch die Stadtbewohner. Genau an dieser Stelle ist ein modernes Stadtmarketing gefragt, das zwischen den einzelnen Positionen vermittelt – und das mitunter auch zugunsten der Bewohner entscheidet: Da bereits der Lieferverkehr in der Innenstadt für Belastungen sorgt, ist für Heidelberg derzeit ein Verkehrsberuhigungskonzept für die Altstadt im Gespräch, dessen Maßnahmen auch Auswirkungen auf das touristische Transportwesen haben kann, ein Signal an die Stadtbewohner, dass im Sinne einer nachhaltigen Ausrichtung auch ihre Bedürfnisse gehört werden. Ein möglicher Lösungsansatz ist in diesem Zusammenhang beispielsweise ein unterstützendes Shuttle-System, mit dem größere Reisegruppen aus Stadtteilen mit ausreichendem Parkplatzangebot direkt zu den POIs in der Innenstadt gelangen können. Auf diese Weise kann die Verkehrsbelastung in einem gewissen Rahmen selbst gesteuert und normalisiert werden. Im Sinne der ökologischen Nachhaltigkeit und um den Verkehr weiter zu beruhigen, sollte diese Transportoption mit Shuttle weitgehend auf Elektromobilität setzen. Zusätzlich installierte Ladestationen auf den (Bus–) Parkplätzen stärken darüber hinaus die städtische Infrastruktur für elektrisches Fahren.

Ein weiteres Beispiel für eine gelungene Kooperation bietet das neue Kongresszentrum in Heidelberg. Heute kommen etwa 65 % der Gäste aus beruflichen Gründen nach Heidelberg (vgl. Neumann und Harrer 2013/2015, S. 8). Das neue Konferenzzentrum mit der dazugehörigen Hotel- und Gastronomieinfrastruktur wird Heidelberg ein noch deutlicheres Profil als Konferenzstadt geben und ist integraler Bestandteil eines Konzepts für den Geschäftstourismus. Das neue Gebäude entsteht in der Nähe eines Kindergartens in der Bahnstadt, dem jüngsten Stadtteil, der aufgrund seiner Infrastruktur besonders für Familien interessant ist. In Kooperation mit dem Stadtteilverein wurden die Ein- und die Ausfahrt für den Lieferverkehr eigens so konzipiert, dass die Fahrzeuge den nahegelegenen Kindergarten dabei nicht passieren müssen.

14.3.5 Übernachtungen und Verweildauer

Ein Weg, den touristischen Verkehr in einer Stadt auf ein, für alle vertretbares Maß einzustellen, ist die Erhöhung der Verweildauer. Gäste, die länger bei uns bleiben, erleben die Stadt als Reiseziel intensiver und beugen einer „unruhigen" Stadt vor. Die Zahl der Übernachtungen spielt für das Stadtmarketing in Heidelberg daher als KPI eine bedeutende Rolle. Durch eine enge Vernetzung mit den Stakeholdern haben wir für Heidelberg im Jahr 2017 mit 54,4 % die höchste Bettenauslastung in Baden-Württemberg erreicht (vgl. Statistisches Landesamt Baden-Württemberg 2018, S. 8). Im Vergleich zu den Vorjahren ist das eine Steigerung von über 2,5 % punkten. Dazu gehört selbstverständlich auch ein ständiger Dialog mit den Hotelbetreibern, den Reiseveranstaltern und der Stadt, um hier attraktive Konditionen anzubieten und damit Anreize zu schaffen, die Verweildauer zu erhöhen. Mit einer Bettenkapazität von über 7500 in 84 Betrieben (davon 75 Hotels) (vgl. ebd.) sind die Voraussetzungen dafür sehr gut.

Mit unseren vielen POIs wie beispielsweise der bekannten Schlossruine (Abb. 14.4) haben wir in Heidelberg eine bequeme Ausgangslange, was das touristische Angebot anbelangt. Nichtsdestotrotz sehen wir unsere Stadt nicht als isolierte Destination, für die wir nur bis zu den Stadtgrenzen verantwortlich sind. Seit einigen Jahren haben wir auch das kulturelle und touristische Angebot im unmittelbaren Umland im Blick. Das hat mehrere Vorteile: Einerseits kommen unsere Besucher in den Genuss einer noch breiteren Auswahl an kulturellen Ereignissen. Auf Grund der zentralen Lage bleibt Heidelberg dabei mit seinen Hotels in der Regel Ausgangspunkt für den gesamten Aufenthalt. Eine vermehrte Einbindung des Umlands trägt außerdem dazu bei, die Verkehrsbelastung im touristischen Stadtkern weiter zu reduzieren. Angrenzende Städte und Gemeinden im Rhein-Neckar-Gebiet diversifizieren also nicht nur das Angebot für unsere Gäste

Abb. 14.4 Blick auf die Heidelberger Schlossruine und die Altstadt. (Quelle: Heidelberg Marketing GmbH, Jan Becke: Schloss und Altstadtblick Sonnenuntergang)

und verlängern den Aufenthalt, sondern helfen auch dabei, die steigende Anzahl von Besuchern zu bewältigen.

Das Stadtmarketing hat heute nicht die Aufgabe, alle Sparten des Tourismus gleichermaßen auf neue Rekordzahlen zu hieven, sondern ist in der Pflicht, auf die Interessen der unterschiedlichen Stakeholder ausgewogen einzugehen. Deswegen ist in gewissen Konstellationen auch die Höhe der Übernachtungszahlen nicht der Weisheit letzter Schluss, sofern man sie als isoliertes Ziel betrachtet. In Berlin beispielsweise haben nicht alle Akteure das Gebot der Nachhaltigkeit beachtet. Über Jahre hinweg wurde dort privater Wohnraum im großen Stil als Ferienwohnungen „untervermietet". Auf großen Online-Portalen haben Nutzer die Möglichkeit, ihre Wohnungen in Zeiten des Leerstandes, beispielsweise während ihrer Reisen, an Touristen zu vermieten. Ursprünglich als Zuverdienst für Mieter gedacht, kristallisierte sich schnell heraus, dass durch das Modell der (teilweise ausschließlichen) Vermietung von Wohnraum an Feriengäste für die Vermieter sehr viel höhere Renditen zu erzielen sind als durch reguläre Vermietung. In der Folge wurde ein Teil des städtischen Wohnraums rechtswidrig und stillschweigend in Ferienwohnungen „umgewandelt" und stand somit nicht mehr dem Wohnungsmarkt zur Verfügung. Vielfach wurde der Vorwurf laut, das Geschäftsmodell verschärfe den Mangel an Wohnraum und leiste der Gentrifizierung beliebter Stadtteile Vorschub (vgl. Peitz 2018). Obwohl es unterschiedliche Auffassungen hinsichtlich der tatsächlichen Wirkmacht dieses Geschäftsgebarens auf die Mietpreis- und Wohnraumentwicklung gibt, zeigt sich an diesem Beispiel jedoch sehr deutlich, dass es einer Instanz bedarf, die touristische *und* einheimische Belange im Blick hat und dadurch als Vermittler mit einer Gesamtsicht auf die Lage auftreten kann. Die Stadtmarketing-Gesellschaften sind zumindest ein Anwärter auf diese Position.

14.4 Stadtmarketing als Mediator

Wir haben gesehen, dass der Städtetourismus aktuell noch charakterisiert wird durch eine ausgeprägte Mentalität des Gewinnstrebens. Das bisherige Verständnis der meisten Stadtmarketing-Agenturen trug diesem Leitbild Rechnung und es hat sich eine Arbeitsweise fest etabliert, die schwerpunktmäßig touristische Belange förderte und dies noch immer nach Kräften tut. Die in diesem Beitrag angesprochenen Entwicklungen und Probleme sind damit teilweise auch auf die Arbeit der Marketingverantwortlichen zurückzuführen. Mittlerweile setzt sich jedoch zunehmend die Erkenntnis durch, dass eine rein profitorientierte Herangehensweise an den Tourismus und speziell den Städtetourismus im Besonderen weder zeitgemäß noch langfristig tragbar ist. Die Folgen eines fortgeführten *Overtourisms* sind zwar nur zu erahnen, doch ist anzunehmen, dass sich die, in einigen Städten bereits jetzt schon prekäre Lage noch weiter zuspitzen wird, sofern keine Maßnahmen ergriffen werden, die diesem Trend entgegenwirken.

Viele Städte und Verantwortliche in den dazugehörigen Marketingagenturen erkennen zwar den Handlungsbedarf, jedoch ist der Städtetourismus noch weit davon entfernt, als Vorreiter eines Umdenkens zu gelten. Das Stadtmarketing muss sich diesen veränderten Rahmenbedingungen stellen und seine Funktion als rein verkaufsfördernde Institution ablegen. Ein Mittel der Wahl kann eine Umstellung auf nachhaltige Konzepte in der Branche sein. Neben der ökologischen Komponente, die vielfach als das Kernstück einer nachhaltigen Betrachtungsweise gilt, werden so auch soziale und ökonomische Belange mit in die Rechnung aufgenommen. Damit rückt gleichzeitig auch eine vermittelnde Position des Marketing in den Vordergrund, die verschiedene Akteure, Stakeholder und Meinungen an einen Tisch bringt und als regulierendes Glied versucht, die Bedürfnisse in Einklang zu bringen.

Klar ist aber auch, dass die Aufgaben, die Städte und natürlich die Stadtmarketing-Gesellschaften zu bewältigen haben, nur eine Momentaufnahme darstellen. Künftige Fragestellungen bringen sich bereits jetzt in Position, und in einigen Jahren werden diese wiederum veränderten Umständen dann für neue Herausforderungen und bisweilen auch andere Problemstellungen sorgen. Inwieweit dann eine nachhaltige Konzeption ausreichend ist und ob nicht in eine völlig andere Konzeption entwickelt werden muss, kann noch nicht mit Sicherheit gesagt werden. Bis zu diesem nächsten möglichen „Punkt des Strategiewandels" stehen jetzt noch Wege offen, um einen Mentalitätswandel in den Marketingagenturen zu vollziehen und so der aktuellen Situation endlich gerecht zu werden.

Literatur

Bär, S.: Ganzheitliches Tourismus-Marketing: Die Gestaltung regionaler Kooperationsbeziehungen. Dissertation, Universität Leipzig 2005. Deutscher Universitäts-Verlag, Wiesbaden (2006)

Bundesministerium für Umwelt, Naturschutz, Bau und Reaktorsicherheit (BMUB): Umweltbewusstsein in Deutschland 2016. Ergebnisse einer repräsentativen Bevölkerungsumfrage. Bundesministerium für Umwelt, Naturschutz, Bau und Reaktorsicherheit (BMUB), Berlin (2017)

Bundesministerium für Wirtschaft und Energie (BMWi): Wirtschaftsfaktor Tourismus in Deutschland. Kennzahlen einer umsatzstarken Querschnittsbranche. Ergebnisbericht. Bundesministerium für Wirtschaft und Energie (BMWi), Berlin (2017)
Helbrecht, I.: „Stadtmarketing": Konturen einer kommunikativen Stadtentwicklungspolitik. Springer Basel, Basel (1994)
Lenzen, M. et al.: The carbon footprint of global tourism. Nat. Clim. Chang. **8**(Juni), 522–528 (2018)
Neumann, A., Harrer, B.: Wirtschaftsfaktor Tourismus in Heidelberg. dwif-Consulting, München (2013/2015)
Peitz, D.: Berlins Buhmann. Zeit online (5. August 2018). https://www.zeit.de/digital/2018-08/airbnb-berlin-mieten-touristen-hotellerie-genehmigung-untermiete. Zugegriffen: 18. Okt. 2018
Rein, H., Strasdas, W. (Hrsg.): Nachhaltiger Tourismus: Einführung. UVK, München (2015)
Schäfer, R.: Tourismus und Authentizität. Zur gesellschaftlichen Organisation von Außeralltäglichkeit. Transcript, Bielefeld (2015)
Schrödel, G.: Wolfsburgs Weg zur touristischen Erlebnisdestination. In: Reeh, T., Ströhlein, G. (Hrsg.) Orte, Wege, Visionen Aktuelle Ansätze der Tourismusgeographie ZELTForum – Göttinger Schriften zu Landschaftsinterpretation und Tourismus, Bd. 6, S. 65–88. Universitätsverlag Göttingen, Göttingen (2011)
Statistisches Landesamt Baden-Württemberg: Statistische Berichte, G IV 1 – j/17, Handel und Gastgewerbe, Artikel-Nr. 3552 17001 (2018). https://www.statistik-bw.de/Service/Veroeff/Statistische_Berichte/355217001.pdf. Zugegriffen: 18. Okt. 2018
Urban, T.: Barcelona geht gegen den Massentourismus an. Zeit online (13. März 2018). https://www.sueddeutsche.de/reise/spanien-barcelona-geht-gegen-den-massentourismus-an-1.3895599. Zugegriffen: 18. Okt. 2018
Wissenschaftliche Dienste des Deutschen Bundestages: Der aktuelle Begriff, Nr. 06/2004, Nachhaltigkeit (2004). http://webarchiv.bundestag.de/archive/2008/0506/wissen/analysen/2004/2004_04_06.pdf. Zugegriffen: 18. Okt. 2018

Mathias Schiemer ist seit 2015 Geschäftsführer der Heidelberg Marketing GmbH und seit 2018 zusätzlich Geschäftsführer der Heidelberger Kultur- und Kongressgesellschaft. Er verantwortet die nationale und weltweite Vermarktung der Stadt Heidelberg. Neben umfassenden Aktivitäten im Bereich Tourismus begleitet er durch den Neubau eines Konferenzzentrums den Wandel seiner Heimatstadt zur Kongressstadt. Vor seiner Tätigkeit bei Heidelberg Marketing war Mathias Schiemer Marketingverantwortlicher zuerst bei einem der größten Spirituosenhersteller weltweit, dann bei einem großen privaten Fernsehsender und bei einer international tätigen Eventagentur.

Zehn Jahre Green City Freiburg

15

Michael Richter

Zusammenfassung

Die Stadt Freiburg im Breisgau erhält für ihr ausgeprägtes ökologisches Bewusstsein, eine ambitionierte Umweltpolitik und die damit einhergehenden Projekte, Prozesse und Aktivitäten seit rund 30 Jahren viel Aufmerksamkeit und Anerkennung. 1987 wurde sie hierfür zur „Ökohauptstadt", 1992 zur „Bundeshauptstadt für Natur- und Umweltschutz" und 2012 zur „Nachhaltigsten Großstadt Deutschlands" gekürt. Diese Auszeichnungen, verbunden mit einer erhöhten Präsenz Freiburgs auf internationalen Messen, Tagungen und Konferenzen, führten zu einem Anstieg der Besuchergruppen, Delegationen und Fachjournalisten. Im Jahr 2008 wurde das Label „Green City" im Rahmen des Stadt- und Standortmarketings eingeführt mit dem Ziel, einerseits das konzeptionell breit angelegte, umweltpolitische Profil der Stadt auf internationaler Ebene zu schärfen und zu vermarkten, andererseits um hiermit eine einprägsame Marke zu etablieren und zu pflegen. In den vergangenen 10 Jahren – im Zeitraum von 2008 bis 2018 – ist viel passiert. Die Anfragen und Besuchsprogramme werden seither durch einen Fachbesucherservice professionell betreut und koordiniert, die Akteure eng miteinander vernetzt und neue Projekte und Initiativen gemeinsam mit engagierten Partnern auf den Weg gebracht.

M. Richter (✉)
Freiburg Wirtschaft Touristik und Messe GmbH & Co. KG, Freiburg im Breisgau, Deutschland
E-Mail: michael.richter@fwtm.de

T. Breyer-Mayländer und C. Zerres (Hrsg.), *Stadtmarketing*,
https://doi.org/10.1007/978-3-658-26254-9_15

15.1 Einführung

Freiburg im Breisgau hat sich mit seiner ambitionierten Umweltpolitik sowie einem klaren politischen und bürgerschaftlichen Bekenntnis zu erneuerbaren Energiequellen auf Bundesebene, früh als „Umwelthauptstadt" einen Namen gemacht. Die Stadt darf sich mit Recht als eine der Geburtsstätten der Umweltbewegung in Deutschland bezeichnen (vgl. FWTM 2016a, b; Abb. 15.1).

Der Freiburger Nachhaltigkeitsprozess begann bereits in den 1970er-Jahren mit dem Kampf gegen das in Wyhl am Kaiserstuhl geplante Atomkraftwerk, einer der Gründungsmythen der grün-alternativen Bewegung. Weitergeführt wurde dies durch zivilgesellschaftliche Initiativen im Zuge des „Lokale Agenda 21"-Prozesses und die Unterzeichnung der Aalborg Commitments sowie die damit verbundenen Nachhaltigkeitsziele der Stadt, die vom gleichzeitig einberufenen „Freiburger Nachhaltigkeitsrat" entwickelt, im Jahr 2009 als Grundlage für jegliches politische Handeln vom Gemeinderat verabschiedet und zuletzt im Jahr 2017 vor dem Hintergrund der „Agenda 2030" der Vereinten Nationen für nachhaltige Entwicklung fortgeschrieben wurden.

Wenn es um nachhaltiges Energiemanagement geht, vermag Freiburg mit einer Vielzahl ökologischer, technischer und organisatorischer Lösungen zu überzeugen. Dabei bauen eine nachhaltige Stadt- und Verkehrspolitik sowie eine wirksame Klimaschutz- und Umweltpolitik auf vielen, sich gegenseitig ergänzenden Bausteinen auf: Energie aus erneuerbaren Quellen, ein attraktives und nachhaltiges Mobilitätsangebot oder Niedrigenergie-Standards im Wohnungsbau sind nur einige, die an dieser Stelle exemplarisch genannt werden (Abb. 15.2).

In Freiburg ist Nachhaltigkeit seit vielen Jahren eine wichtige gesamtstädtische und ressortübergreifend angelegte Querschnittsaufgabe – hier arbeiten Stadtpolitik und Stadtverwaltung, Wissenschaft und Wirtschaft Hand in Hand für eine nachhaltige Stadt- und Standortentwicklung. Ökonomisch-ökologische Synergieeffekte entstehen dabei unter anderem durch die enge Kooperation mit Wirtschaftsförderung, Handwerkskammer oder Industrie- und Handelskammer. Getragen wird dieser Ansatz von den Bürgern[1], deren Engagement die Grundlage für eine zukunftsfähige und nachhaltige Kommune ist.

Als „Umwelthauptstadt" und „Green City" ist Freiburg damit weltweit zum Vorbild für viele andere Städte geworden. Pro Jahr finden rund 25.000 Fachbesucher aus aller Welt den Weg nach Freiburg. Neben Fachvorträgen für Besuchergruppen und Delegationen nimmt insbesondere das bereits 1986 eingerichtete Umweltschutzamt der Stadt – seinerzeit das erste Umweltschutzamt einer baden-württembergischen Großstadt (vgl. Stadt Freiburg 2015) – im In- und Ausland an Fachkongressen, Seminaren und Workshops teil. Schwerpunktländer sind hierbei Japan, Korea, China, USA, Iran, EU-Staaten und Südosteuropa.

---

[1]Im Folgenden wird im Text aus Gründen der besseren Lesbarkeit ausschließlich die männliche Form benutzt. Es sind dabei aber sowohl männliche als auch weibliche Personen gemeint.

Abb. 15.1 Logo 10 Jahre Green City: 2008–2018. (Quelle: FWTM)

10 JAHRE GREEN CITY FREIBURG

Abb. 15.2 Das Konzept der Green City Freiburg – Bausteine für eine nachhaltige Kommune. (Quelle: FWTM)

Für ihr vorbildliches Engagement im Umweltbereich erhielt die Stadt Freiburg im Breisgau in den vergangenen 30 Jahren zahlreiche Preise und Anerkennungen, darunter im Jahr 1992 den Titel „Bundeshauptstadt für Natur- und Umweltschutz“. Um das grüne Profil der Stadt für die Zukunft systematisch auszubauen, wurde Anfang 2011 zusätzlich die Stabsstelle Nachhaltigkeitsmanagement als zentrale Koordinations- und Steuerungsstelle im Rathaus eingerichtet. Zahlreiche Projekte innerhalb der Stadtverwaltung und die Vielfalt an Aktivitäten und Initiativen, die zur Umsetzung der Freiburger Nachhaltigkeitsziele beitragen, zeigen die umfassende Verpflichtung der Stadt für eine nachhaltige Entwicklung. Für dieses Engagement wurde Freiburg 2012 mit dem erstmals auch für Kommunen ausgelobten „Deutschen Nachhaltigkeitspreis“ als nachhaltigste Großstadt Deutschlands ausgezeichnet.

15.2 Konzept

Freiburg gilt als Modellstadt und steht beispielhaft für eine Versöhnung von „sanfter" Ökologie und „harter" Ökonomie. Umweltpolitik, Umweltwirtschaft und Solartechnik, Konzepte von Nachhaltigkeit und Klimaschutz sind zu wichtigen Triebfedern der wirtschaftlichen, politischen und städtebaulichen Entwicklung geworden.

Das Label „Green City" wurde vor nunmehr zehn Jahren im Rahmen des Stadt- und Standortmarketings auf Initiative der Freiburg Wirtschaft Touristik und Messe GmbH (FWTM), die als städtische Gesellschaft die Aufgabenbereiche Wirtschafts- und Tourismusförderung, Stadt- und Standortmarketing sowie das Messe- und Kongresswesen unter einem Dach vereint, in Abstimmung mit der Stadtverwaltung eingeführt (Abb. 15.3).

Damit verbunden war das Ziel, zum einen das historisch gewachsene und konzeptionell breit angelegte, umweltpolitische Profil der Stadt auf internationaler Ebene gezielt zu schärfen und zu vermarkten, zum anderen eine einprägsame Marke mit hohem Wiedererkennungswert zu etablieren. Hintergrund war die steigende Zahl der Anfragen ausländischer Besucher, Delegationen und Fachjournalisten u. a. im Zusammenhang mit der stark expandierenden, weltweit führenden Leitmesse für die Solarwirtschaft und ihre Partner „Intersolar".[2]

Auf der Suche nach einem modernen, frischen und vor allem griffigen Titel, der das in Freiburg gelebte Selbstverständnis von Nachhaltigkeit – und damit verbunden einer nachhaltigen Stadtentwicklung – sowie die vorbildliche Umwelt- und Klimaschutzpraxis auf den Punkt bringt und dabei insbesondere auch im Ausland gut zu kommunizieren ist, wurde zunächst ein Meinungsbild bei Freiburger Umweltakteuren eingeholt. Unter verschiedenen Begriffen – u. a. „Solar City", „Sustainable City" und „Eco City" – konnte schließlich der in der internationalen Berichterstattung aufkommende Begriff „Green City", der seit Anfang 2008 offiziell im Rahmen des Stadt- und Standortmarketing für die Stadt Freiburg Anwendung und zunehmend Beachtung findet, die größte Zustimmung auf sich vereinigen. Der Erfolg gab dieser Entscheidung recht (vgl. Sillgitt et al. 2009).

Die frühe Fokussierung auf nachhaltige Umwelttechnologien und Neue Energien, insbesondere Solarenergie, hat dem Standort Freiburg im internationalen Wettbewerb nicht nur große Aufmerksamkeit, sondern auch entscheidende wirtschaftliche Vorteile verschafft. Die Stadt belegt in Standortrankings seit Jahren Spitzenplätze bei Wirtschaftswachstum, neuen Arbeitsplätzen und Bevölkerungswachstum. In Freiburg spielt – neben

[2]Ursprünglich fand die Messe „Solar" in den Jahren 1991–1999 in Pforzheim statt. Als „Intersolar" ging sie erstmals – und gemeinsam mit der FWTM als Mitveranstalter – im Jahr 2000 in Freiburg auf der Neuen Messe über die Bühne. 2008 wechselte sie als „Intersolar Europe" an den Messestandort München. Seit 2008 wird die "Intersolar" auch außerhalb von Deutschland veranstaltet; so etwa in Nordamerika, Indien, Südamerika, Dubai oder im Iran. Heute zählt sie jährlich acht bis zehn Veranstaltungen auf vier Kontinenten (vgl. hierzu FWTM 2017d).

Abb. 15.3 Log Green City Freiburg. (Quelle: FWTM)

GREENCITY
FREIBURG

Gesundheit und Life Sciences – insbesondere die Umweltwirtschaft und -forschung eine große Rolle: Mit heute mehr als 12.000 Erwerbstätigen in 2000 Unternehmen trägt dieser Sektor rund 650 Mio. EUR zur Wertschöpfung und viel zum positiven Image von Stadt und Region bei.

Vor diesem Hintergrund hatte sich die gleichnamige, von der FWTM im Jahr 2009 gestartete Clusterinitiative „Freiburg – Green City" vorgenommen, den Unternehmen im Bereich der regionalen Umwelt- und Solarwirtschaft Wege aufzuzeigen, wie diese ihre Produkte und Dienstleistungen vermarkten, Kooperationspartner finden, Innovationen verwirklichen und hierdurch ihre Wettbewerbsfähigkeit steigern können. Ziel war, die Zusammenarbeit zwischen den Unternehmen und Institutionen innerhalb des Clusters auszubauen, die Vernetzung entlang der gesamten Wertschöpfungskette zu intensivieren und den Wissens- und Technologietransfer sowie die Umsetzung von Innovationen in marktfähige Produkte gezielt zu unterstützen. Hierdurch sollte die Schrittmacherrolle Freiburgs trotz zunehmenden Standortwettbewerbs auch künftig behauptet und um den wissenschaftlich-industriellen Kern der Solarwirtschaft das thematische Kompetenznetzwerk zu einem innovativen Wachstumscluster der Umwelt- und Solarwirtschaft weiterentwickelt werden.

Freiburg ist heute darüber hinaus Gastgeber und Veranstalter bedeutender internationaler Messen und Fachkonferenzen, allen voran der Leitmesse „Intersolar" auf mittlerweile vier Kontinenten. Im Jahr 2012 fand hier die Premiere der weltweit einzigartigen „International Convention of Environmental Laureates" (ICEL) statt, die seitdem insgesamt sieben Mal in Freiburg durchgeführt wurde. Neben Wissenschaft und Technologie, Politik und Bürgerschaft sind es insbesondere Faktoren wie Kultur, Klima, Landschaft sowie Lebensart und Lebensqualität, die das Profil Freiburgs als „Green City" im Dreiländereck Deutschland – Frankreich – Schweiz abrunden und kreative Köpfe, Investoren, Journalisten und Touristen aus aller Welt anziehen.

15.3 Ausgewählte Umsetzungsbeispiele

15.3.1 Broschüre und Messefolder „Freiburg – Green City"

Für die professionelle Kommunikation und Vermarktung wurde im Jahr 2008 von der FWTM in enger Abstimmung mit der Stadtverwaltung eine Imagebroschüre mit dem Titel „Freiburg – the Green City" konzipiert und erarbeitet. Unter Einbindung der relevanten städtischen Fachämter und Gesellschaften konnten gemeinsam die wesentlichen Bausteine und Aspekte für eine nachhaltige und zukunftsfähige Kommune in Form einer ansprechend gestalteten Broschüre im DIN A4-Format zusammengestellt und redaktionell aufbereitet werden. Die in verschiedenen Sprachversionen in digitaler Form zum Download und als Printprodukt zur Bestellung verfügbare Broschüre dient seither als zentrale Informationsgrundlage für interessierte Fach- und Messebesucher aus dem In- und Ausland.

In der aktuellen Auflage unter dem Titel „Green City Freiburg – Wege zur Nachhaltigkeit" greift die Broschüre Schwerpunktthemen, wie beispielsweise Umweltwirtschaft und -forschung, Klimaschutz und Energieversorgung, Nachhaltige Stadtentwicklung, Zukunftsfähige Mobilität, Abfallwirtschaftskonzept und engagierte Bürgerschaft, auf und vermittelt so dem Leser auf insgesamt 24 Seiten einen wort- und bildreichen Überblick über die „Green City" (Abb. 15.4). Ein handlicher und speziell zur Auslage auf Messen konzipierter, gefalteter Messefolder in einem Sonderformat gibt diese Bausteine komprimiert auf vier Seiten wieder (Abb. 15.5).

15.3.2 Fachbesucherservice „Green City"

Parallel hierzu wurde bereits Ende 2007 eine gemeinsame Arbeitsgruppe – bestehend aus Mitarbeitern des Referats für Internationale Kontakte, der Presse- und Öffentlichkeitsarbeit, des Umweltdezernats und Umweltschutzamts der Stadt Freiburg sowie der FWTM – eingerichtet mit dem Auftrag, eine professionelle Organisation und Koordination der zahlreichen Anfragen interessierter Fachjournalisten, Besuchergruppen und Delegationen einzuführen.

Mit dem „Green City Büro", das im Referat für Internationale Kontakte eingerichtet wurde, reagierte die Stadtverwaltung im Jahr 2008 auf die stark gestiegene Zahl der Anfragen, die insbesondere aufgrund von Präsentationen Freiburgs auf Messen, Konferenzen und der öffentlichkeitswirksamen Medienberichte im Vorfeld des G8-Gipfels von Heiligendamm 2007 zu verzeichnen war. Dies führte zu einer Arbeitsteilung auf operativer Ebene dergestalt, dass das neu eingerichtete „Green City Büro" im Rathaus insbesondere für die Betreuung der politischen Delegationen zuständig ist, während die FWTM als zentraler Ansprechpartner für (fach-)touristische Anfragen und Delegationen aus Wirtschaft und Wissenschaft fungiert. Später wurden zusätzlich Kooperationsverträge mit ausgewählten Agenturen abgeschlossen, die als offizielle „Green City"-Partner der Stadt qualifizierte Führungen, Fachvorträge und Seminare anbieten.

15.3.3 Clusterinitiative „Freiburg – Green City"

Freiburg und die Region verfügten bereits früh mit der Umwelt- und Solarwirtschaft über eine überdurchschnittlich stark ausgeprägte, profilbildende und identitätsstiftende Wachstums- und Zukunftsbranche. Dabei handelt es sich um eine innovationsstarke Querschnittsbranche, die wirtschaftliche Entwicklungspotenziale mit positiven

Abb. 15.4 Broschüre Green City Freiburg. (Quelle: FWTM)

Nachhaltigkeitseffekten und attraktiven Imageprägungen verbindet. Das Profil der Freiburger Umwelt- und Solarwirtschaft wird durch einzelne Unternehmen und Institutionen, spezifische Kompetenzfelder und Pionierrollen in der Entwicklung und dem Einsatz umweltwirtschaftlicher und -technischer Innovationen geprägt. Insbesondere der Bereich Forschung und Entwicklung, Wissenstransfer und Umweltbildung gilt dabei als ein Motor und Triebfeder dieser Entwicklung.

Aufgrund dieser branchenspezifischen Standortstärke beteiligte sich Freiburg im September 2008 an dem ersten landesweiten Clusterwettbewerb des Wirtschaftsministeriums

Abb. 15.5 Messefolder Green City Freiburg. (Quelle: FWTM)

Baden-Württemberg, der sich die Stärkung regionaler Cluster zum Ziel gesetzt hatte. Das von der FWTM erarbeitete Konzept „Umwelt- und Solarwirtschaft Region Freiburg – Green City" konnte die Expertenjury überzeugen. Der Freiburger Wettbewerbsbeitrag wurde als eine der besten unter den insgesamt 36 eingereichten Projektskizzen ausgezeichnet. Damit verbunden war im Zeitraum September 2009 bis Juni 2013 eine Projektförderung aus Mitteln des Europäischen Fonds für Regionale Entwicklung (EFRE) und des Landes Baden-Württemberg (vgl. FWTM 2008, 2013).

Seitdem vernetzt die bei der FWTM angesiedelte Geschäftsstelle der Clusterinitiative „Freiburg – Green City" die Kompetenzen von inzwischen rund 150 Mitgliedsunternehmen und -institutionen aus Freiburg und der Region. Schwerpunktthemen des Clusters sind Erneuerbare Energien, Umwelttechnik, Nachhaltige Architektur, Mobilität sowie Forschung, Entwicklung und Bildung im Bereich Nachhaltigkeit. Auf der von der FWTM eingerichteten und betriebenen Homepage www.greencity-cluster.de können sich die Besucher über die in der Clusterinitiative eingebundenen Unternehmen und Institutionen, Serviceanbieter oder „grüne" Ideen und Projekte informieren (Abb. 15.6).

Das Aktivitätsspektrum der Clusterinitiative ist breit gefächert. Es reicht von redaktionellen Beiträgen in Fachmagazinen und Zeitungen, der Herausgabe von Broschüren und

Cluster | **GREEN** CITY FREIBURG

Abb. 15.6 Logo Cluster Green City. (Quelle: FWTM)

Abb. 15.7 Green City-Stand auf der Intersolar Europe in München. (Quelle: FWTM)

Foldern, bis hin zu Teilnahmen an Messen, Tagungen und Konferenzen (vgl. hierzu beispielsweise FWTM 2017b). Für Clustermitglieder besteht zudem die Möglichkeit, sich als Mitaussteller auf den offiziellen „Green City"-Ständen im Rahmen der Leitmesse „Intersolar" im In- und Ausland zu beteiligen (Abb. 15.7).

15.3.4 Weltausstellung EXPO 2010 in Shanghai

Zum ersten Mal in der Geschichte der internationalen Weltausstellungen hatte die EXPO 2010 in Shanghai, die unter das Motto „Better City, Better Life" gestellt war, mit dem Bereich der Urban Best Practices Area ein eigenes Forum für Städte aus aller Welt geschaffen, um vorbildliche kommunale Beispiele nachhaltiger Stadtentwicklung

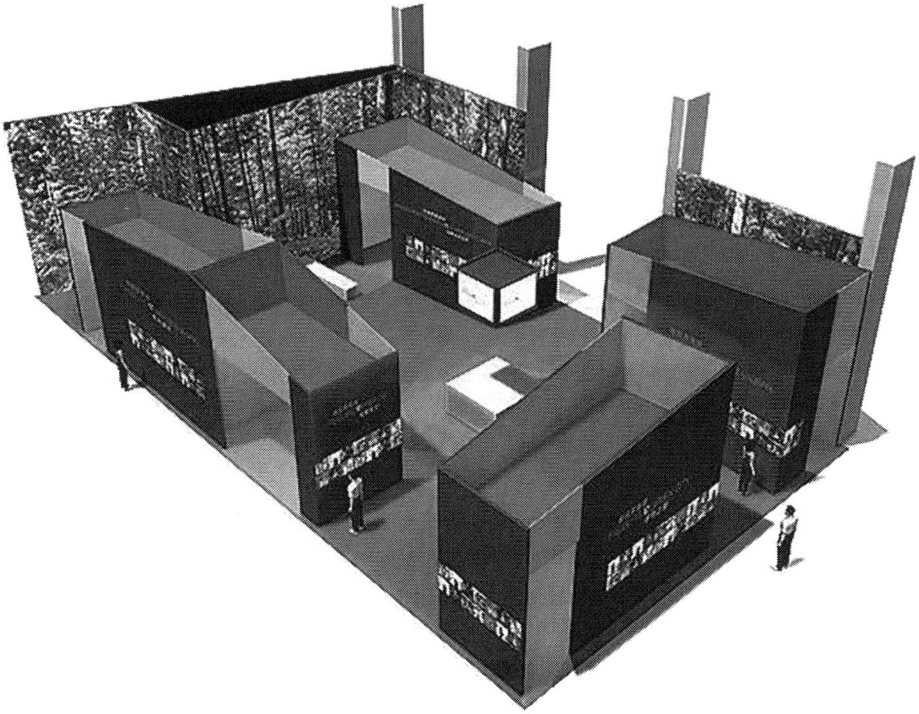

Abb. 15.8 Standkonzept der Freiburg-Präsentation im Rahmen der EXPO 2010 in Shanghai. (Quelle: FWTM)

zu präsentieren. Die Stadt Freiburg im Breisgau hatte es in diesem Zusammenhang als besondere Ehre empfunden, als eine von vier eingeladenen deutschen Städten am Beispiel des Modellstadtteils Vauban zeigen zu können, wie heute die Stadt von morgen aussehen kann (vgl. Stadt Freiburg 2010).

An den insgesamt 184 Ausstellungstagen der EXPO 2010 waren rund 920.000 Besucher auf der Freiburg-Präsentation zu Gast, darunter Vertreter aus Politik und Wirtschaft sowie zahlreiche, vor allem chinesische Journalisten. Auf dem 260 m^2 großen Freiburg-Stand in der Urban Best Practices Area – einem echten Mikrokosmos der Stadtkulturen – empfing das Team der federführend für den Auftritt der Stadt in Shanghai verantwortlichen FWTM Delegationen und Besuchergruppen aus aller Welt (Abb. 15.8). Architekten und Kommunalvertreter, Bauunternehmer und Solarproduzenten – sie alle interessierten sich für Freiburgs Wege zur Nachhaltigkeit. Dabei konnte Freiburg als eine der kleinsten der insgesamt 55 teilnehmenden Städte aus aller Welt überzeugen und mit 40 Jahren Erfahrung und umfassendem Know-how punkten. 12 Studierende, 10 der renommierten Fudan Universität aus Shanghai und je eine aus Freiburg und Tübingen, haben die „Green City" Freiburg über sechs Monate auf der EXPO in Shanghai repräsentiert. Zuvor wurden sie von der FWTM in einem dreiwöchigen Lehrgang, der

Abb. 15.9 Faltkarte Green City. (Quelle: FWTM; vgl. hierzu auch FWTM 2016c)

neben Kenntnissen im Klimaschutz und einem grundlegenden technischen Verständnis der Umwelt- und Solarbranche den jungen Chinesen insbesondere auch Einblicke in die Geschichte und Kultur der Region vermittelte, auf ihre Aufgabe vorbereitet. Das EXPO-Personal wurde seinerzeit aus über 40 Bewerbern vor Ort in China in einem mehrstufigen Auswahlverfahren ausgewählt (vgl. Stadt Freiburg 2010).

15.3.5 Faltkarte „Green City Map"

Die im November 2011 von der FWTM erstmals herausgegebene „Green City Map" ist eine beidseitig bedruckte Faltkarte im DIN A2-Format, auf der ausgewählte „Green Spots" aus dem Bereich nachhaltiger Stadtentwicklung aufgezeigt und durch einen kurzen Textbeitrag erläutert werden (Abb. 15.9). Das hiermit verbundene Ziel ist die möglichst einfache und klare Sichtbarmachung der „Green City". Anhand dieser Faltkarte können interessierte Besucher entlang einer darin markierten Route mit dem Fahrrad die verschiedenen grünen Leuchttürme in Eigenregie erkunden. Ein Besuch dieser „Green Spots" im Stadtgebiet ist auch zu Fuß oder mit Bus und Bahn im Rahmen des umweltfreundlichen ÖPNV-Angebots der Stadt Freiburg möglich. Leihfahrräder können unter anderem über die Freiburger Tourist Information gebucht werden. Hier werden die Faltkarten auch gegen eine kleine Schutzgebühr angeboten.

Die Idee zur Konzeption und Auflage der eigenen „Green City Map“ entstand bereits während der Präsentation Freiburgs auf der Weltausstellung EXPO 2010 in Shanghai. Dabei wurde schnell klar, dass es für Besucher aus dem In- und Ausland, die an nachhaltiger Stadtentwicklung interessiert sind, eines handlichen Informationsangebots bedarf – ergänzend zur bereits vorliegenden umfassenderen Broschüre. Zu den insgesamt 33 „Green Spots“ in der Stadt, welche entlang dieser Route besichtigt und im Wortsinn „erfahren“ werden können, zählen neben dem bekannten Modellstadtteil Vauban auch die zu Passivhäusern sanierten Wohnhochhäuser im Stadtteil Weingarten, eine Wasserkraftanlage im Fluss Dreisam oder das „Solar Info Center“, ein Technologie- und Dienstleistungszentrum für erneuerbare Energien und Energieeffizienz mit 15.000 m^2 Fläche, auf denen heute rund 45 Firmen und über 500 Mitarbeiter ansässig sind. Bei einigen Projekten können Interessierte nach Voranmeldung auch an individuellen Führungen teilnehmen (vgl. FWTM 2011).

15.3.6 Infotafeln „Modellstadtteil Vauban“

Vor dem Hintergrund einer stark gestiegenen Zahl von Freiburg-Gästen und mit Rücksicht auf den Wunsch vieler „Green City“-Fachbesucher, den Modellstadtteil Vauban auch eigenständig – ohne Begleitung von Gästeführern – erkunden zu können, war die Installation eines Informationssystems im Quartier sinnvoll und notwendig. Den Anstoß hierfür lieferte der lokale Stadtteilverein (vgl. FWTM 2014).

Von der FWTM wurden deshalb drei Infotafeln konzipiert, die internationalen Besuchergruppen und anderen interessierten Stadtteilbesuchern den Weg zu den wichtigsten Punkten im Quartier weisen sollen (Abb. 15.10). Die im Oktober 2014 an stark frequentierten Bereichen entlang der Hauptachse durch das Quartier aufgestellten Infotafeln konnten sich schnell als Ausgangs- und Treffpunkt für einen Besuch etablieren. Jede Infotafel zeigt auf der Vorderseite einen Stadtteilplan, auf dem zehn Sehenswürdigkeiten nummeriert und markiert sind. Kurze Erklärungstexte zu den einzelnen Punkten liefern Hintergrundinformationen. Mit der Abbildung eines Quartiersplans geben die Infotafeln zudem eine wertvolle Orientierungs- und Navigationshilfe – auch für die Bürger. Die Kennzeichnung der verschiedenen Wohn- und öffentlichen Gebäude sowie die Markierung von Radwegen, Privatstraßen und verkehrsberuhigten Wohnstraßen führen den Betrachter das städtebauliche Konzept des Quartiers anschaulich vor Augen. Die Rückseite dient der gezielten Information über die Themen Stadtentwicklung mit ökologischem Bewusstsein, lebendige Nachbarschaft und Wohnformen, Energie und Umwelt sowie Stadtteil der kurzen Wege mit nachhaltiger Verkehrspolitik und richtet sich damit vor allem auch an Fachbesucher.

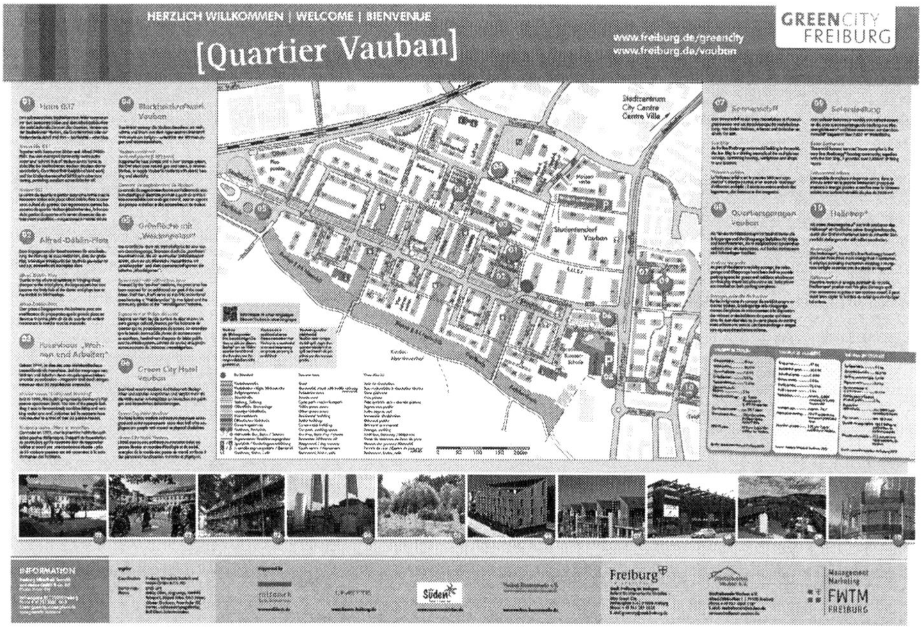

Abb. 15.10 Infotafel im Modellstadtteil Vauban. (Quelle: FWTM)

Die Infotafeln sind dreisprachig in Deutsch, Englisch und Französisch gehalten. Unter www.freiburg.de/vauban sind weitere Sprachversionen hinterlegt; QR-Codes auf den Tafeln verweisen auf dieses Angebot. Seit September 2017 erschließen sich diese Infotafeln im Quartier zudem auch barrierefrei für gehörlose Menschen: Im Rahmen eines gemeinsamen Projekts der Interessengemeinschaft Gehörlosen- und Schwerhörigen Zentrum Freiburg, des Bündnis Inklusion Lokal aktiv (BILA), der FWTM sowie unter Beteiligung von gehörlosen/schwerhörigen Bewohnern wurden sie mittels – über QR-Codes abrufbaren – Videos in Gebärdensprache übersetzt. Die Idee hierfür entstand ein Jahr zuvor. Auf die Anfrage der Bewohner entstand eine Arbeitsgruppe, um das Vorhaben mit Unterstützung der FWTM umzusetzen. Das Projekt wurde von „Aktion Mensch" finanziell unterstützt und ist in seiner Art einzigartig in Deutschland (vgl. FWTM 2017e).

15.3.7 Initiative „Green Industry Park"

Die Wende hin zu erneuerbaren Energien und Energieeffizienz ist auch für Unternehmen wirtschaftlich von Vorteil. Ein wichtiger Baustein des Wandels ist die Vernetzung aller wesentlichen Akteure und notwendigen Komponenten, um damit die Basis für eine intelligente Steuerung der Energieerzeugung, -speicherung und -nutzung zu bilden. Vor diesem Hintergrund haben die Stadt, FWTM, der regionale Energieversorger Badenova und das ebenfalls in Freiburg ansässige Fraunhofer-Institut für Solare Energiesysteme (ISE) einen neuen Ansatzpunkt im Rahmen des „Green City"-Konzepts entwickelt (vgl. Stadt Freiburg 2014a, b).

Mit der im Februar 2014 gestarteten Initiative „Green Industry Park" (GIP) soll das mit 500 Unternehmen und rund 12.000 Beschäftigten auf insgesamt 300 ha Fläche größte und älteste Industriegebiet der Stadt, Freiburg-Nord, in ein zukunftsweisendes, nachhaltiges, energie- und ressourceneffizientes Industriegebiet mit bundesweitem Modellcharakter entwickelt werden, mit dem sich die Unternehmen und ihre Mitarbeiter identifizieren. Dabei geht es um die Vernetzung von engagierten Unternehmen und einzelbetrieblichen Lösungen, die gemeinsame Entwicklung neuer, innovativer Projekte und Modellvorhaben sowie das Aufzeigen und Nutzen von Einsparpotenzialen und Kooperationsmöglichkeiten.

Unter Einbindung der ansässigen Unternehmen wurden deshalb zunächst individuelle Einsparmöglichkeiten und Kooperationspotenziale identifiziert. Darauf aufbauend wurden konkrete Maßnahmen entwickelt, die sich in der Umsetzung befinden. Die Ergebnisse und Maßnahmen wurden im bundesweit ersten Klimaschutzteilkonzept für ein Industriegebiet zusammengefasst. Aus der Datenerhebung zur Energiebilanz des Industriegebietes Freiburg-Nord, aus der Potenzialerhebung zur Nutzung Erneuerbarer Energien und aus den Workshops mit den ansässigen Unternehmen wurden nahezu 70 Maßnahmen zum Klimaschutz zusammengetragen. Diese umfassen vier große Handlungsfelder Mobilität und Verkehr, Energieeffizienz und Energiemanagement, Ausbau der Erneuerbare Energien sowie Öffentlichkeitsarbeit und Vernetzung (vgl. Stadt Freiburg 2016).

Für das vorbildliche Projekt „Green Industry Park" wurde Freiburg im Dezember 2018 im Rahmen des bundesweiten Wettbewerbs „Klimaaktive Kommune" durch das Bundesumweltministerium und das Deutsche Institut für Urbanistik (Difu) ausgezeichnet (vgl. Stadt Freiburg 2018e).

15.3.8 Faltkarte und Infotafeln „Green Industry Park"

Neben der gesamtstädtischen Übersicht ausgewählter „Green Spots" hat die FWTM – gemeinsam mit den beteiligten Partnern – im Rahmen der Initiative „Green Industry Park" eine quartiersbezogene Übersicht der Modellvorhaben aus dem Bereich Industrie, Gewerbe und Dienstleistung für das Industriegebiet Freiburg-Nord angestoßen und umgesetzt. Hierfür wurde im Jahr 2017 – nach dem Vorbild der „Green City Map" – mit der „Green Industry Park Map" eine zweite Faltkarte – ebenfalls beidseitig bedruckt im DIN A2-Format – konzipiert, die speziell die „Green Spots" im Industriegebiet Freiburg-Nord und angrenzenden Bereichen, darunter auch den Campus der Technischen Fakultät der Universität Freiburg, aufzeigt und kurz erläutert (Abb. 15.11).

Zusätzlich wurden Infotafeln für zwölf Unternehmen und Einrichtungen im Quartier, die mit ihren jeweiligen Modellprojekten einen wichtigen Beitrag zum Vorbildcharakter

Abb. 15.11 Faltkarte Green Industry Park. (Quelle: FWTM; vgl. hierzu auch FWTM 2017a)

des GIP leisten und als „Green Spot“ auf der Faltkarte verzeichnet sind, aufgestellt. Diese Informations- und Kommunikationselemente bieten gut sichtbar im Eingangsbereich der jeweiligen Unternehmen und Einrichtungen – versehen mit ausgewählten Daten und Fakten zum Projekt und entsprechenden QR-Codes für weiterführende Erläuterungen – Fachbesuchern sowie Besuchergruppen auf ihrem Weg durchs Quartier unmittelbar vor Ort eine zusätzliche Orientierungs- und Navigationshilfe (Abb. 15.12).

Beide Faltkarten werden künftig sukzessive um neue Modellvorhaben, wie beispielsweise das neue Rathaus im Freiburger Stadtteil Stühlinger mit Verwaltungszentrum für 840 Mitarbeiter der Stadtverwaltung und Kindertagesstätte als erstes öffentliches Gebäude im Netto-Plusenergie-Standard weltweit, ergänzt. Das „Rathaus im Stühlinger“ wurde im November 2017 eröffnet und rund ein Jahr später – im Dezember 2018 – mit dem Preis „Nachhaltiges Bauen“ der Deutschen Gesellschaft für Nachhaltiges Bauen (DGNB) ausgezeichnet (vgl. Stadt Freiburg 2017, 2018f).

Parallel hierzu wird das digitale Informationsangebot systematisch ergänzt und laufend ausgebaut, um Fachpublikum und weiteren Interessierten Gruppen aus dem In- und Ausland auch künftig einen aktuellen, informativen und inspirierenden Besuch der „Green City“ zu ermöglichen.

Abb. 15.12 Infotafel Green Industry Park. (Quelle: FWTM)

15.4 Ergebnisse

In den vergangenen 10 Jahren – im Zeitraum von 2008 bis 2018 – hat die FWTM gemeinsam mit der Stadtverwaltung und den beteiligten Partnern die Marke „Freiburg – Green City" im Rahmen ihrer Stadt- und Standortmarketing-Aktivitäten erfolgreich etabliert, gepflegt und weiterentwickelt. Hierdurch konnte Freiburg seinen internationalen Ruf weiter festigen und qualitativ professionalisieren. In dieser Zeit hat die Stadt nicht nur einige hochkarätige Preise und Anerkennungen erhalten, sondern insgesamt 250.000 Fachbesucher aus aller Welt als Gäste begrüßen können (vgl. Stadt Freiburg 2013, 2018b).

Als zentrale Anlauf- und Koordinationsstelle für sämtliche Informationen, Anfragen und Besuchsprogramme dienen interessierten Fachjournalisten, Besuchergruppen und Delegationen seit der Einführung des Labels „Green City" im Jahr 2008 sowohl das „Green City Büro" des Referats für Internationale Kontakte der Stadtverwaltung, als auch der Fachbesucherservice der bei der FWTM angesiedelten Clusterinitiative „Freiburg – Green City".

Durch die Einrichtung des „Green City Büros" im Rathaus konnten die zahlreichen Anfragen von Fachbesuchern zentral bearbeitet und so eine wichtige Filter- und Koordinationsfunktion sichergestellt werden. Sowohl Wartezeiten bei Anfragen als auch die Mehrbelastung der relevanten Fachämter reduzierten sich hierdurch deutlich. Passgenaue Programme für die verschiedenen Gruppen und Anfragen – sei es für Fachpublikum, Politiker, Wissenschaftler oder Journalisten – konnten so ausgearbeitet und die richtigen Gesprächspartner angeboten werden.

Dabei kooperiert das „Green City Büro" eng mit der FWTM und arbeitet seit dem Jahr 2011 mit offiziellen Partneragenturen zusammen. Die Qualität der Besucherprogramme ist dadurch gestiegen, das Themenspektrum erweitert und eine zentrale Erfassung der Gruppen möglich geworden. Hierdurch wurde eine hohe Professionalität bei der Betreuung von Besuchergruppen erreicht, die Kompetenzen als Stadt im Bereich Klimaschutz und Nachhaltigkeit besser dargestellt und Potenziale als Forschungs- und Wirtschaftsstandort effizienter genutzt werden.

Das „Green City Büro" des Referats für Internationale Kontakte im Freiburger Rathaus und die offiziellen Partneragenturen der Stadt haben für die Besuchergruppen aus dem In- und Ausland spezifische Besuchsprogramme zu den relevanten Themen Ökologie, Klimaschutz und Nachhaltigkeit konzipiert und durchgeführt. Neben Fachdelegationen waren im Zeitraum 2008 bis 2018 auch zahlreiche offizielle Minister-Delegationen zum Beispiel aus Japan, Singapur, Australien, Irland, Malaysia, Norwegen, Indien und Israel zu Gast in Freiburg, um sich über zukunftsfähige Stadtentwicklung und Nachhaltigkeit auf kommunaler Ebene zu informieren.

Die hohe Aufmerksamkeit für die „Green City" insbesondere im Ausland zeigt, dass Freiburgs Kurs einer nachhaltigen Stadtentwicklung weltweit Beachtung, Anerkennung und Wertschätzung findet. Die zahlenmäßig meisten Fachbesucher innerhalb dieses Zeitraums kamen aus Südkorea, Japan, Frankreich, China und Italien. Aus den exotischsten Ländern kamen in den vergangenen zehn Jahren Gäste beispielsweise aus Aserbaidschan, Bhutan, Tasmanien oder Kambodscha. Das beliebteste Ziel innerhalb Freiburgs ist bei den Delegationen der Modellstadtteil Vauban.

Auch auf internationalen Konferenzen – wie beispielsweise beim „Global Leader Summit 2015" in Abu Dhabi oder beim „Weltklimagipfel 2017" der Vereinten Nationen in Bonn – konnten die Freiburger Wege zur Nachhaltigkeit und deren Ziele vorgestellt, Strategien anderer Städte kennengelernt und wertvolle Kontakte geknüpft werden. Bei solchen Anlässen sind die Freiburger Ansätze sehr gefragt. Da Klimaschutz und Nachhaltigkeit auch und gerade von den Städten als Schlüsselakteure umgesetzt werden müssen, konnten die Freiburger Ideen und Ansätze so in viele Teile der Welt getragen werden.

Die Qualität des Austausches mit Fachleuten und offiziellen Funktionären konnte in den vergangenen Jahren stetig verbessert werden: So sind etwa die Kooperationen mit den Partneragenturen und weiteren Partnern unter anderem im Rahmen von jährlichen Fachgesprächen, die dem Wissenstransfer und dem Austausch über neuste Themen und Konzepte dienen, weiter vertieft worden. Das Themenfeld ist in den Jahren breiter geworden und umfasst heute – neben den Themen Ökologie, Klima- und Umweltschutz – auch soziale und neue stadtplanerische Themen. Seit neustem werden auch der „Green Industry Park", der geplante neue Stadtteil Dietenbach, das neue Rathaus im Stühlinger und Themen mit Blick auf nachhaltige Ernährung und Konsum bei den Fachdelegationen im Rahmen von Vorträgen, Seminaren und Vor-Ort-Besuchen angeboten.

Von großer Bedeutung sind dabei die bestehenden Kooperationen und Netzwerke mit Freiburger Partnerstädten und anderen interessierten Städten. So konnten zwischenzeitlich zahlreiche „Memorandums of Understanding" unterzeichnet werden. Unter anderem ist mit Tel Aviv (2012) über Nachhaltigkeit, Verkehr und Energieeffizienz eine Kooperation abgeschlossen worden, mit Seoul (2015) zu Erneuerbaren Energien, Stadtplanung und Fahrradsysteme, und mit einigen Städten des Balkan-Raums zu Klima und Energie. Auch zahlreiche chinesische Städte sind an Freiburger Themen interessiert und haben sich über Freiburger Themen aus Ökologie, Wirtschaft Umwelt und Wissenschaft informiert. So wurde etwa zwischen der Stadt Freiburg und dem Altstadtbezirk Shinan der chinesischen 8,5-Mio.-Metropole Qingdao im Jahr 2012 ein Memorandum mit dem Ziel einer Zusammenarbeit in den Bereichen Tourismus, Umwelt- und Denkmalschutz unterzeichnet. Bereits Ende 2011 ist in der Entwicklungszone Qingdaos der Grundstein für einen deutsch-chinesischen Ökopark gelegt worden. Bei dem „Qingdao Sino-German Ecopark" handelt sich um den ersten intelligenten Ökopark für die Bereiche Umweltschutz und Energiesparmaßnahmen, der gemeinsam von den Regierungen Deutschlands und Chinas betrieben wird.

Schließlich haben sich auch die „Local Renewables" zu einem wichtigen Instrument des fachlichen Austauschs mit internationalen Fachleuten entwickelt. Diese Konferenzreihe, die von der Stadt Freiburg gemeinsam mit dem weltweiten Verband von Städten, Gemeinden und Landkreisen für Umweltschutz und nachhaltige Entwicklung – Local Governments for Sustainability (ICLEI) – entwickelt wurden, treibt seit 2007 die Rolle von Städten und Regionen bei Themen aus den Bereichen Erneuerbare Energien, nachhaltige Stadtplanung und nachhaltige Verkehrspolitik an. Im Jahr 2017 gab es sogar einen internationalen Ableger der Local Renewables im japanischen Nagano mit hochrangigen Fachleuten aus Wissenschaft und Politik. Insofern entfaltet auch diese Freiburger Konferenz für Nachhaltigkeit mittlerweile Ausstrahlung in der ganzen Welt.

Im Oktober 2018 nahmen erstmalig auch sämtliche zwölf Partnerstädte Freiburgs zusammen an einer gemeinsamen Konferenz in Freiburg teil. Im Mittelpunkt dieser „International Sister Cities Conference" standen die Nachhaltigkeitsziele der Vereinten Nationen. Hieran schloss sich dann die 8. Auflage der Local Renewables an. Unter der Überschrift „Urban Transformation to a Circular Economy" debattierte hier ein breites internationales Fachpublikum aus 27 Ländern von 4 Kontinenten, wie ein nachhaltiger Umgang mit Ressourcen und Energiereserven erreicht werden kann. Dabei wurden Strategien entwickelt, wie Städte und Regionen als Akteure nachhaltiger Entwicklung Wege zu einer verantwortungsvollen Kreislaufwirtschaft finden (vgl. Stadt Freiburg 2018d).

15.5 Schlussbetrachtung

Neben dem Themenfeld Nachhaltigkeit und nachhaltige Stadtentwicklung schreitet auf kommunaler Ebene zunehmend und mit großer Dynamik auch das Thema Digitalisierung und digitale Transformation voran. Das 21. Jahrhundert wird das der Städte. Weltweit ziehen immer mehr Menschen in die Städte, Stadtregionen und Ballungszentren. Neue Technologien werden das Leben dort verändern. „Smart Cities" sollen es künftig richten. Ziel ist es, mithilfe der neuen digitalen Technologien Infrastruktursysteme wie Transport, Energie und Kommunikation intelligent zu steuern und so wertvolle Ressourcen zu sparen sowie das Leben der Menschen zu verbessern (vgl. Rothe 2018).

Der Bedarf an leistungsfähigen IKT-Infrastrukturen steigt dementsprechend rasant. Zugleich entstehen durch den Einsatz digital vernetzter Technologien völlig neue Anwendungsmöglichkeiten. Städte mit ihren übergeordneten Aufgaben im Rahmen der Daseinsvorsorge und ihren vielfältigen Funktionen sind davon in ganz besonderer Weise betroffen. Immer mehr Städte beschäftigen sich deshalb mit konzeptionellen und praktischen Lösungen, die auf vernetzten Informations- und Kommunikationstechnologien basieren. Sie versprechen sich davon vor allem effektivere und effizientere Infrastrukturen, bessere Beteiligungsmöglichkeiten der Bürger bei Entscheidungen, neue Dienstleistungen und innovative Geschäftsmodelle (vgl. Soike und Libbe 2018).

Auch die Stadt Freiburg im Breisgau hat sich auf den Weg gemacht. Auf Vorschlag des Oberbürgermeisters und durch Beschluss des Gemeinderats wird im Januar 2019 ein eigenständiges Amt für Digitalisierung innerhalb der Stadtverwaltung seine Arbeit aufnehmen, das neben der Weiterentwicklung der IT und der vorhandenen öffentlichen digitalen Infrastruktur auch für die Entwicklung einer umfassenden digitalen Strategie und eines zukunftsorientierten Zielbildes der Stadt zuständig ist. Unter dem Motto „freiburg.digital" arbeitet die Stadtverwaltung bereits seit 2018 gemeinsam mit vielen Beteiligten – gefördert durch das Land Baden-Württemberg im Rahmen der Initiative „Digitale Zukunftskommune@bw" – an der Entwicklung einer nachhaltigen Digitalisierungsstrategie für die „Green City" Freiburg (vgl. Stadt Freiburg 2018a, c).

Hinzu kommen weitere Projekte mit Leuchtturmpotenzial, wie beispielsweise der im Juli 2017 von FWTM und dem privaten Inkubator Grünhof gemeinsam initiierte, für zunächst drei Jahre aus Mitteln des Europäischen Sozialfonds (ESF) und des Landes Baden-Württemberg geförderte Start-up BW Accelerator für Gründungsvorhaben mit hohem Potenzial und Fokus auf den Bereich der „Smart Green Economy". Eine Besonderheit ist dabei das internationale Programm-Modul „Green Digital Activator" – unter Beteiligung von Professoren und Studenten aus Tel Aviv und Freiburg. Damit gewinnt die 2015 offiziell besiegelte Städtepartnerschaft zwischen Tel Aviv-Yafo und Freiburg zusätzlich eine neue wirtschaftliche Dimension und Qualität hinzu, die über den rein bürgerschaftlichen und kulturellen Austausch hinausgeht (vgl. FWTM 2017c).

In Wissenschaft sowie anwendungsorientierter Forschung und Entwicklung hat sich in den letzten Jahren ebenfalls richtungweisendes getan. Seit 2015 erforscht das

Freiburger „Leistungszentrum Nachhaltigkeit“ (LZN) interdisziplinäre Lösungen für eine nachhaltige Entwicklung und setzt diese in enger Zusammenarbeit mit Unternehmen in anwendungsnahe und praxisrelevante Innovationen um. Darüber hinaus steht es in intensivem Austausch mit Vertretern aus der Gesellschaft, um so gesellschaftliche Bedürfnisse frühzeitig in die Erforschung nachhaltiger Lösungen mit einzubinden. Das LZN ist eine beispielhafte Kooperation der Universität Freiburg und der fünf Freiburger Fraunhofer-Institute. Ingenieurwissenschaftlicher Kern des LZN ist das parallel im Aufbau befindliche Institut für Nachhaltige Technische Systeme (INATECH) an der Technischen Fakultät der Universität Freiburg. Es entstand ebenfalls in Kooperation zwischen Universität und Fraunhofer-Gesellschaft und wird künftig bis zu 14 Professuren umfassen. Gerade die Vernetzung von technischen Systemen bzw. die intelligente Kopplung von Netzen, wie z. B. Smart Grid, Smart Home, Smart Health, Smart City oder multimodaler Verkehr, bietet große Chancen für die Nachhaltigkeit (vgl. Fraunhofer Gesellschaft 2015; Universität Freiburg 2015).

Diese wenigen ausgewählten Beispiele zeigen, dass sich Freiburg als „Green City“ und die am Standort vorhandenen Akteure, Kompetenzen und Potenziale sukzessive im Sinne eines intelligenten, vernetzten, zukunftsfähigen und chancenorientierten „Smart City“-Ansatzes konsequent weiterentwickeln werden.

Literatur

Fraunhofer Gesellschaft: Leistungszentrum Nachhaltigkeit in Freiburg, Presseinformation vom 06.03.2015 (2015)

FWTM: Freiburger Clusterinitiative „Umwelt- und Solarwirtschaft – Green City“ von Wirtschaftsminister Pfister ausgezeichnet, Pressemitteilung vom 03.11.2008 (2008)

FWTM: Green City Map, Pressemitteilung vom 28.11.2011 (2011)

FWTM: Nach dem Ende der Förderphase: Cluster Green City Freiburg zieht positive Bilanz – Green City Cluster künftig in zwei Organisationen fortgeführt: WEE 100% und FWTM kooperieren, Pressemitteilung vom 03.07.2013 (2013)

FWTM: Neues Informationssystem – Infotafeln weisen im Stadtteil Vauban den Weg zu den wichtigsten Sehenswürdigkeiten im Quartier, Pressemitteilung vom 31.10.2014 (2014)

FWTM: Freiburg Green City – Wege zur Nachhaltigkeit. Broschüre, 4. Aufl., Freiburg (2016a)

FWTM: Freiburg Green City – Wege zur Nachhaltigkeit, Messefolder. 2. Aufl., Freiburg (2016b)

FWTM: Green City Map. Faltkarte, 1. Aufl., Freiburg (2016c)

FWTM: Green Industry Park Map. Faltkarte, 1. Aufl., Freiburg (2017a)

FWTM: Cluster Green City präsentiert Sonderschau „Elektromobilität, Ladeinfrastruktur und Speichertechnologien“, Pressemitteilung von 13.02.2017 (2017b)

FWTM: Neuer Start-up BW Accelerator für die Green Economy "Start <smart> Green" kann starten – FWTM und Grünhof erhalten Zuschlag für den Aufbau eines Start-up Accelerators für die Green Economy, Pressemitteilung vom 14.07.2017 (2017c)

FWTM: Zehn Jahre „Freiburg Management und Marketing International“ – Wie die Stadt Freiburg von den weltweiten „Intersolar“-Veranstaltungen profitiert, Pressemitteilung vom 27.07.2017 (2017d)

FWTM: Green City Freiburg barrierefrei – Übersetzung der Infotafeln Vauban in Gebärdensprache, Pressemitteilung vom 15.09.2017 (2017e)

Rothe, F.: Die Metropole wird smart und grün – Das Leben der Menschen in den Städten verändert sich durch neue Technologien. In: Commerzbank AG (Hrsg) Die Stadt der Zukunft – Intelligente Konzepte und urbane Visionen. WM 2018(1), 6–11 (2017)

Sillgitt, A. et al.: Green City – Das Ausland entdeckt die Öko-Vorzeigestadt (17.12.2009), veröffentlicht am 08.11.2018. www.badische-zeitung.de, http://www.badische-zeitung.de/freiburg/green-city-das-ausland-entdeckt-die-oeko-vorzeigestadt. Zugegriffen: 26. Nov. 2018

Soike, R., Libbe, J.: Smart Cities in Deutschland – Eine Bestandsaufnahme, Difu-Papers (2018)

Stadt Freiburg: EXPO 2010 – Freiburg in Shanghai. Sonderseiten des Amtsblatts, Oktober 2010 (2010)

Stadt Freiburg: 5 Jahre Green City Büro im Rathaus, Pressemitteilung von 2013 (2013)

Stadt Freiburg: Industriegebiet Nord soll „Green Industry Park" werden – Neue Initiative von Stadt, Badenova, FWTM und Fraunhofer ISE: Auftaktveranstaltung mit den ansässigen Unternehmen, Pressemitteilung vom 04.02.2014 (2014a)

Stadt Freiburg: Industriegebiet Nord soll zum nachhaltigen, energie- und ressourceneffizienten „Green Industry Park" werden – Unternehmen und Stadt haben gemeinsam ein Klimaschutzteilkonzept erarbeitet: Deutschlandweit erstes grünes Industriegebiet mit Modellcharakter, Pressemitteilung vom 02.12.2014 (2014b)

Stadt Freiburg: 25 Jahre Umweltschutzdezernat. Sonderseiten des Amtsblatts, September 2015 (2015)

Stadt Freiburg: Im Norden Freiburgs entsteht ein grünes Industriegebiet in Deutschland – Quartierslösungen, neue Angebote und Initiativen für den „Green Industry Park", Pressemitteilung vom 09.09.2016 (2016)

Stadt Freiburg: Rathaus im Stühlinger wird nach drei Jahren Bauzeit für die Bürgerschaft eröffnet, Pressemitteilung vom 21.11.2017 (2017)

Stadt Freiburg: digital.freiburg – Nachhaltige Digitalisierungstrategie wird vom Land unterstützt, Pressemitteilung vom 03.05.2018 (2018a)

Stadt Freiburg: 10 Jahre Green City Freiburg – Internationaler Ruf Freiburgs weiter ungebrochen, Pressemitteilung vom 22.06.2018 (2018b)

Stadt Freiburg: Einrichtung eines eigenständigen Amts für Digitalisierung, Pressemitteilung vom 19.10.2018 (2018c)

Stadt Freiburg: Vertreter der Partnerstädte bei den Local Renewables 2018 – Umweltkonferenz vom 24.–26. Oktober 2018 in Freiburg, veröffentlicht am 08.11.2018 unter www.freiburg.de > Rathaus und Service > Partnerstädte (2018d). https://www.freiburg.de/pb/,Lde/1312427.html. Zugegriffen: 26. Nov. 2018

Stadt Freiburg: 25.000 Euro Preisgeld für den „Green Industry Park" – Stadt Freiburg gewinnt beim Bundeswettbewerb „Klimaaktive Kommune 2018", Pressemitteilung vom 06.12.2018 (2018e)

Stadt Freiburg: Ausgezeichnet – Rathaus im Stühlinger gewinnt Nachhaltigkeitspreis, veröffentlicht am 10.12.2018 unter www.freiburg.de > Planen, Bauen und Verkehr (2018f). https://www.freiburg.de/pb/,Lde/1321831.html. Zugegriffen: 26. Nov. 2018

Universität Freiburg: Neues Institut für Nachhaltige Technische Systeme – Die Universität Freiburg schafft mit der Fraunhofer-Gesellschaft eine deutschlandweit einzigartige Lehr- und Forschungsstruktur, Pressemitteilung vom 21.10.2015 (2015).

Dr. Michael Richter studierte Wirtschaftswissenschaften an der Albert-Ludwigs-Universität Freiburg. Er ist stellv. Leiter Wirtschaftsförderung der FWTM – Freiburg Wirtschaft Touristik und

Messe GmbH & Co. KG – und dort zuständig für den Bereich Innovations- und Technologieförderung, Start-ups, Cluster und Netzwerke, darunter u.a. auch für die Geschäftsstelle der Clusterinitiative „Green City Freiburg“, sowie stellv. Vorstand der Technologiestiftung BioMed Freiburg. Darüber hinaus ist er seit vielen Jahren als Dozent und Lehrbeauftragter an der Verwaltungs- und Wirtschafts-Akademie Freiburg (VWA) sowie an der Hochschule Kehl, eine von zwei Hochschulen für öffentliche Verwaltung (HöV) in Baden-Württemberg, tätig.

16 Regionales Standortmarketing – was Kommunen und Unternehmen gemeinsam bewegen können

Dominik Fehringer

Zusammenfassung

Ein erfolgreiche Stadtmarketing hängt auch von den Entwicklungsperspektiven der Raumschaft ab. Daher kommt dem regionalen Standortmarketing eine übergeordnete Bedeutung zu, wenn es darum geht, positive Rahmenbedingungen für Stadtentwicklung und Stadtmarketing zu schaffen. Die Wirtschaftsregion Ortenau (WRO) bildet mit ihrer kommunalen Trägerstruktur und der Einbindung der führenden Unternehmen des Flächenlandkreises eine besonders schlagkräftige Organisationsform, mit der wirtschaftliche und gesellschaftliche Entwicklungsthemen übergreifend gestärkt werden können.

Die Möglichkeiten für erfolgreiches Stadtmarketing enden nicht an der Gemarkungsgrenze. Es gibt viele gute Gründe für Kommunen, Zusammenschlüsse für ein gemeinsames Standortmarketing zu bilden. In einer weitgehend globalisierten und hochgradig komplexen, immer weiter digitalisierten Umgebung profitieren Akteure – Kommunen wie Unternehmen – von einem zielgerichteten regionalen Austausch und von der daraus abgeleiteten Verfolgung gemeinsamer Interessen.

Im regionalen Standortmarketing stehen dabei übergeordnete Themen im Vordergrund. Dazu gehören die Grundannahmen: „Nur attraktive Standorte ziehen Menschen an und wachsen, nur die Möglichkeit, Fachkräfte einzustellen lässt Unternehmen in eine Region investieren und nur attraktive Standorte ziehen auch Touristen an“ (Pongratz und Vogelgesang 2016, S. 3). Diese Erkenntnis hat vor Jahren bundesweit dazu geführt,

D. Fehringer (✉)
WRO GmbH, Offenburg, Deutschland
E-Mail: dominik.fehringer@wro.de

T. Breyer-Mayländer und C. Zerres (Hrsg.), *Stadtmarketing*,
https://doi.org/10.1007/978-3-658-26254-9_16

dass Kommunen die Notwendigkeit gemeinsamen Handelns erkannt haben. Dabei gilt: Je kleiner die Städte und Gemeinden, umso größer sind die Potenziale, von Zusammenschlüssen auch zu profitieren.

Hinsichtlich der organisatorischen Ausgestaltung haben sich keine deckungsgleich einheitlichen Modelle entwickelt. Wahlweise schließen sich mehrere Landkreise und/ oder Kommunen zusammen und gründen gemeinsam Wirtschaftsförderungsgesellschaften. Das Standortmarketing ist eine Disziplin der Wirtschaftsförderung und wurde daher regelmäßig bei diesen Gesellschaften verortet. Beim Streben nach der idealen Marketingorganisation für Standortmarketing gibt es keine Blaupause. Der Erfolg hängt von der strategischen Aufstellung ab, darüber hinaus vom „Wettbewerbsumfeld, dem Kanalmix und den Zielmärkten" (Perrey 2018, S. 271).

Doch welchen Zweck verfolgen die Städte und Gemeinden im gemeinsamen Handeln konkret? Im Ergebnis sind dies vielfältige Aufgaben, die zur Bildung und Stärkung eines belastbaren Netzwerks im Innenverhältnis genauso dienen wie der Erzeugung und Verbreitung einer starken Marke in der Wirkung nach außen. Exemplarisch werden die interdisziplinären Aufgaben eines regionalen Standortmarketings am Beispiel der Wirtschaftsregion Ortenau (WRO) in Grundzügen dargestellt.

Die Ortenau ist durch zahlreiche Besonderheiten gekennzeichnet. Der flächengrößte Landkreis in Baden-Württemberg ist zugleich der industriestärkste am Oberrhein und gleichermaßen mit dem Schwarzwald und dem weltbesten Freizeitpark Europa-Park ein beliebtes Touristenziel (siehe Abb. 16.1).

Die Arbeit der Wirtschaftsförderung und damit auch das Standortmarketing erhielt in der Ortenau eine besondere Note, da neben dem Landkreis und 53 Kommunen, den Kammern, den Sparkassen und Volksbanken auch die aktuell 170 größten Unternehmen der Region aktiv beteiligt sind (siehe Abb. 16.2). Zum überwiegenden Teil sind die Mitgliedsunternehmen inhabergeführt, industriell produzierend und weltmarktführend in ihren Branchen. Dieser aktive Brückenschlag zwischen Industrie und Kommunalpolitik hat aus dem Nukleus einiger weniger Akteure über die Jahre ein potentes Netzwerk geformt. Dass der Netzwerkgedanke bereits vor Jahren mit erheblicher Kraft nach vorn getrieben wurde, kommt der Gesellschaft gerade im Zuge zahlreicher Digitalisierungsprojekte besonders zugute. Die Bedeutung externer Netzwerke für Unternehmen wird in der Literatur immer wieder betont, da diese „wertschöpfende Vorgänge mehrerer Firmen zu kundenorientierten Gesamtprozessen" verbinden (vgl. Köhler 2018, S. 328).

Ein nicht unwesentlicher Anteil der gemeinsamen Anstrengungen dieser Akteure fällt dem Standortmarketing zu. „Gemeinsam mehr erreichen" ist die Devise des Netzwerks. Auftrag des Unternehmens ist es, auf Grundlage dieser Plattform potenzielle Partner miteinander zu verbinden und durch gemeinsame Aktivitäten Synergien zu erzeugen.

Aus den Ideen, die das Netzwerk hervorbringt, entsteht unter konsequenter Kundenzentrierung eine regelrechte Markenvielfalt. Dazu gehören bei der Wirtschaftsregion Ortenau die Marken Arbeiten bei Weltmarktführern, Blackforesthealth, Bildungsregion Ortenau, E-Com-Region und startUp.connect. Der Aufbau von Marken setzt klar definierte Fähigkeiten voraus. Dazu gehören insbesondere die „5 S"-Dimensionen (vgl. Perrey 2018, S. 271), die Grundlagenarbeit in den Bereichen Science (neueste Erkenntnisse

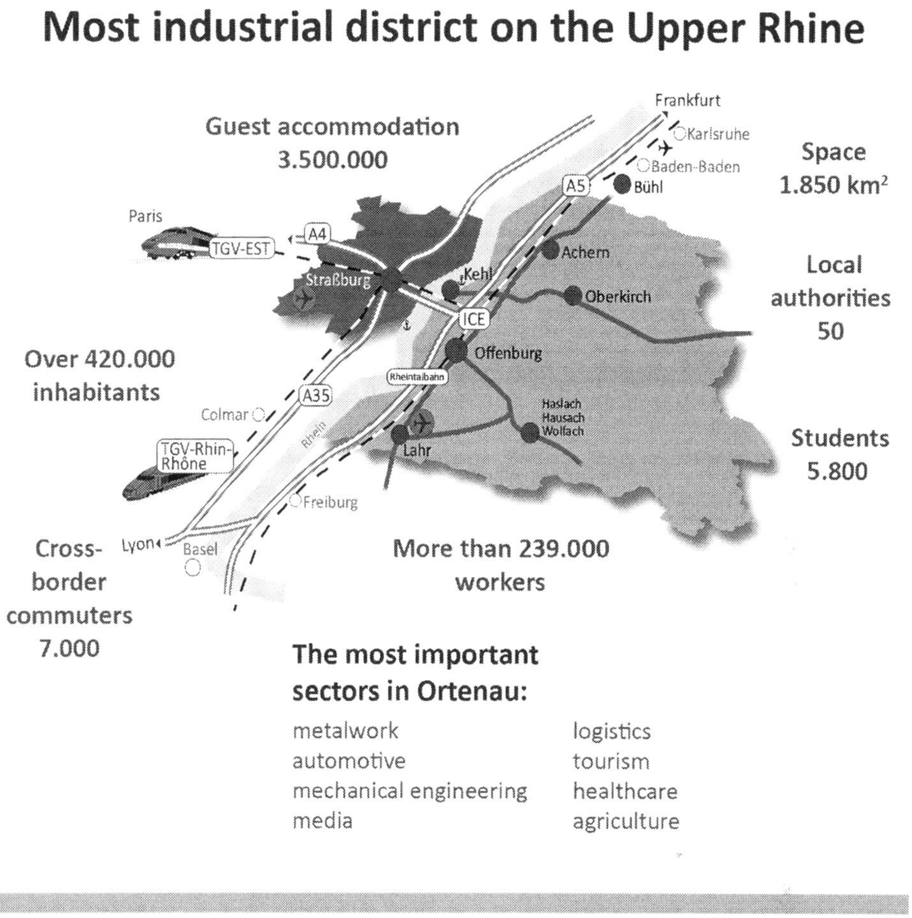

Abb. 16.1 Übersicht Ortenau. (Quelle: WRO)

einbeziehen), Substance (einzigartige Kundenerlebnisse schaffen), Story (das klassische Storytelling), Speed (immer Vorreiter sein) und Simplicity (kurze Wege und klare Prozesse) umfassen. Kommunen und Wirtschaft verfolgen bei zahlreichen Themen der Regionalentwicklung dieselben Interessen. Ein starker Schulterschluss zahlt sich aus. Verdeutlichend wird hier das Beispiel der Marke „Arbeiten bei Weltmarktführern" herangezogen (Abb. 16.3).

Ziel dieser Marke ist es, die Fachkräftesicherung der Region zu unterstützen. Sowohl für Kommunen als auch für die Unternehmen ist die Anwerbung von Fachkräften ein zentraler Baustein für die Zukunftsfähigkeit der Region. Die 170 Unternehmen werben mit einem gemeinsamen Auftritt auf industriellen Fachmessen, auf Personalmessen und bei Career Days an Hochschulen für eine Beschäftigung im baden-württembergischen (Ortenauer) Mittelstand. Im Kräftemessen um den Nachwuchs tritt die ländlich geprägte

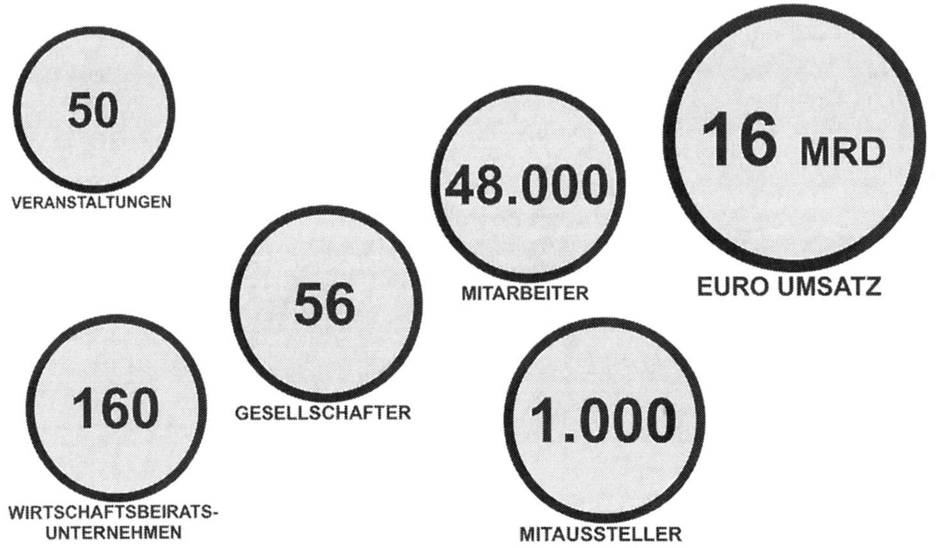

Abb. 16.2 WRO in Zahlen. (Quelle: WRO)

Abb. 16.3 Logo „Arbeiten bei Weltmarktführern". (Quelle: WRO)

//Arbeiten bei
Weltmarktführern
Eine Marke der WRO

Region gegen starke Mitbewerber an. Besonders bei jüngeren Bewerbern steht ein Leben in der Großstadt oder eine Beschäftigung bei Konzernen mit bekannten Marken seit Jahren hoch im Kurs. Die Initiative „Arbeiten bei Weltmarktführern" greift hier an, platziert sich europaweit als Marke auf dem Bewerbermarkt und bietet Synergien für Unternehmen und Bewerber. Das Employer Brand Management muss heute sämtliche Aktivitäten von Employer Branding und Personalmarketing zusammenfassen, beherrschen und anwenden. Gerade mittelständische Unternehmen sind mit dem personellen Aufwand für die Nachwuchsgewinnung oft überfordert. So werden aus Wettbewerbern um Arbeitskräfte enge Partner, die als Zusammenschluss einen starken Akzent gegen den harten Wettbewerb am Arbeitsmarkt setzen können. Ganz bewusst erfolgt hingegen die Abgrenzung der Marke nach Außen: insbesondere gegen Konzerne. Die scharfe Grenze betont den positiven Wert von Regionalität und wirkt beim Bewerber entscheidungsfördernd, immer der Devise folgend, dass die „Gemeinschaft (…) das energetischste Reservoir des Sozialen" (Deichsel et al. 2017, S. 72) ist. Erst mit dieser klaren Grenzziehung kann die Marke ihrer Besonderheit Ausdruck verleihen.

Bewerber hingegen profitieren von gleichwohl größeren Chancen, von einem der 170 Unternehmen eingeladen zu werden – und das mit nur einer Bewerbung.

Die Marke wird crossmedial ausgerollt. Neben Auftritten auf Messen sind Out-of-home-Kampagnen, Radiospots, Mailings, Social Media, Print- und Digitalwerbung bis hin zu Kinospots tägliche Begleiter der umfassenden Markenkommunikation.

Dem Onlinemarketing kommt dabei eine immer stärkere Rolle zu, da „die Digitalisierung und die damit verbundenen Veränderungen von Kommunikations- und Vertriebsprozessen“ (Gerdes 2018, S. 189) völlig neue Anforderungen an das Marketing stellen. Grundlage dafür ist eine immer stärker fokussierte datenbasierte Analyse. Ohne ‚Big Data‘ und „ohne mathematische Algorithmen wird es schwierig (…), Prognosen für den zukünftigen Marktauftritt zu erstellen“ (Biesel und Hame 2018, S. 58). Der Fokus gilt ganz dem Kunden, im Besonderen dessen Daten. Um passgenaue Angebote für die Zielgruppen erstellen zu können, muss die eigene Marke online entwickelt werden. Bedient werden die Angebote mittels zahlreicher Instrumente, die für den Nutzer teils sichtbar, teils unsichtbar sind.

Besonderes Augenmerk müssen engagierte Marketer auf ausreichend Expertise beim technischen Hintergrundwissen legen. Aus den gängigen Schlagwörtern SEO, SEA, Affiliate- und Content-Marketing, Targeting und Analytics lassen sich zahlreiche wesentliche Aufgaben ableiten. Kleinere Unternehmen, zu denen die Einrichtungen der Wirtschaftsförderung in aller Regel zählen, neigen dazu, diesen Themenbereich an spezialisierte Agenturen zu delegieren. Dabei spricht viel dafür, die Expertise zur Steuerung eines auf die eigene Marke abgestimmten Onlinemarketing im eigenen Haus anzulegen.

Die sichtbaren Instrumente, die im Onlinemarketing der WRO dauerhaft zum Einsatz kommen, umfassen alle Aktivitäten auf der Website, aber auch Keyword-Anzeigen, Online-PR, Newsletter, Location-based Services, Aktivitäten bei Social Media und bei Media-Sharing-Plattformen sowie der Versuch, möglichst virale Produkte für das Netz zu erzeugen. Ein Beispiel dafür sind die Kinospots zur Anwerbung von Fachkräften für die Region. Die sympathischen Einminüter stehen im YouTube-Kanal der WRO zum Abruf bereit. Das Onlinemarketing bietet umfassende Möglichkeiten zur Erfassung von Messpunkten zur Erfolgskontrolle. Damit steigen die Anforderungen für Marketing-Manager, „ihren Leistungsbeitrag zur Erreichung von Unternehmenszielen (…) bewertbar zu machen“ (Kreutzer 2018, S. 40).

Unternehmen und Kommunen wirken an einer gesunden Regionalentwicklung gleichermaßen mit. Durch den Zusammenschluss auf dem Feld des Standortmarketings entstehen für beide Seiten starke Synergien. Bei der Fachkräftewerbung profitieren die Unternehmen durch die Übernahme der wesentlichen Personalmarketing-Aktivitäten. Die Unternehmen können sich auf das Wesentliche konzentrieren, auf Innovation am Produkt und auf den Produktionsprozess.

Neben der vielfältigen Markenführung zur Erzeugung von Synergien fällt dem Standortmarketing noch eine ganz andere Aufgabe zu: der organisierte Austausch zwischen politischen und unternehmerischen Akteuren auf regionaler Ebene. Standortmarketing wirkt gleichsam nach Außen und Innen. Die gemeindeübergreifende Institution der Wirtschaftsförderung übernimmt die Funktion einer Plattform zum Austausch. Konkret wird dies umgesetzt mit rund 50–70 jährlichen Veranstaltungen, bei denen die Partner des

Netzwerks die Möglichkeit zum gegenseitigen Kennenlernen und zum intensiven Austausch haben.

Auch im Tourismus ist die WRO aktiv. Kommunen und Unternehmen werden mit Gemeinschaftsständen auf touristischen Messen unterstützt. Die Standortmarketing-Gesellschaft wird so zum Bindeglied zwischen lokalen Akteuren und größeren Einheiten wie beispielsweise der Schwarzwald Tourismus GmbH, die den Großraum vermarktet.

Vor wenigen Jahren haben regionale Akteure aus dem Verbandswesen, aus den Kommunen, den Banken und den Unternehmen vorgeschlagen, die übergeordnete Aufgabe der Existenzgründung künftig ebenfalls bei der WRO zu verorten. Dies wurde zum Jahr 2017 mit der Implementierung der Marke startUp.connect umgesetzt.

Aus Sicht der Organisationsforschung ist die WRO eine heterogene Meta-Organisation. Permanente inhaltliche Veränderung und die Anpassung an neue Umweltbedingungen sind erwünscht und halten das Netzwerk lebendig. Bedürfnisse und Bedarfe der Mitglieder müssen immer im Mittelpunkt der Aktivitäten stehen. Die Mitgliedschaft darf trotz aller gebotenen Dienstleistungen nicht als „zweckrationale Orientierung in (einer) Interessenorganisation“ (Sack und Strünck 2016, S. 14) verstanden werden. Vielmehr sind Mitgliedschaft und aktive Mitwirkung am regionalen Standortmarketing für viele Akteure Herzenssache und ein Zeichen intensiver Verbundenheit mit der Region. „Gemeinsam mehr erreichen“ ist folglich weder ein leeres Schlagwort noch eine bloße Absichtserklärung. Vielmehr steckt hinter dem gemeinsam erklärten Willen zum regionalen Standortmarketing auch das Verständnis, dass gerade die rasante Entwicklung von Globalisierung und Digitalisierung im Umkehrschluss regionale Kooperation, Vertrauen und Stabilität im unmittelbaren Umfeld erfordert. Eine schöne Parallele zum Stadtmarketing, das mit ähnlich gelagerten Herausforderungen umzugehen pflegt.

Literatur

Biesel, H., Hame, H.: Vertrieb und Marketing in der digitalen Welt. So schaffen Unternehmen die business transformation in der Praxis. Springer Gabler, Wiesbaden (2018)

Deichsel, A., Errichiello, O., Zschische, A.: Grundlagen der Markensoziologie. Die sozialen Prinzipien von Markenbildung und -führung in Theorie und Praxis. Springer Gabler, Wiesbaden (2017)

Gerdes, J.: Kundenorientierung durch augmentiertes Marketing. In: Bruhn, M., Kirchgeorg, M. (Hrsg.) Marketing Weiterdenken. Zukunftspfade für eine marktorientierte Unternehmensführung. Springer Gabler, Wiesbaden (2018)

Kreutzer, R.T.: Praxisorientiertes Online-Marketing. Konzepte, Instrumente, Checklisten, 3. Aufl. Springer Gabler, Wiesbaden (2018)

Köhler, R.: Organisatorische Herausforderungen für die marktorientierte Unternehmensführung unter veränderten Rahmenbedingungen. In: Bruhn, M., Kirchgeorg, M. (Hrsg.) Marketing Weiterdenken. Zukunftspfade für eine marktorientierte Unternehmensführung. Springer Gabler, Wiesbaden (2018)

Perrey, J.: Marketing in neuer Dimension. In: Bruhn, M., Kirchgeorg, M. (Hrsg.) Marketing Weiterdenken. Zukunftspfade für eine marktorientierte Unternehmensführung. Springer Gabler, Wiesbaden (2018)

Pongratz, P., Vogelgesang, M.: Standortmanagement in der Wirtschaftsförderung. Grundlagen für die Praxis. Springer Gabler, Wiesbaden (2016)

Sack, D., Strünck, C.: Austritt und Widerspruch in Interessenorganisationen. Eine güter-zentrierte Theorie zur Analyse innerverbandlicher Konflikte. Z Politikwiss **26**, 11–33 (2016)

Dominik Fehringer ist seit 2016 Geschäftsführer der Wirtschaftsregion Ortenau (WRO GmbH). Er ist Lehrbeauftragter für Marketing und Neue Medien an der Hochschule für öffentliche Verwaltung in Kehl.

Standortmarketing Jena: Mit authentischen Botschaften Unternehmen und Fachkräfte gewinnen

17

Wilfried Röpke, Marina Flämig und Patrick Werner

Zusammenfassung

Der vorliegende Beitrag hat das Ziel, einen Überblick über die gegenwärtige Debatte des Standortmarketings zu geben und die Implikationen für aktuelle Marketinginstrumente am Standort Jena vorzustellen. Hierzu wird zunächst erörtert, was unter Standortmarketing verstanden wird, welche Entwicklungen Jena und damit das Standortmarketing seit 1990 geprägt haben. Im Anschluss werden die Voraussetzungen eines an den Bedarfen des Standortes ausgerichteten Marketingkonzeptes, die zugrunde liegenden Leitbilder, Instrumente und operative Herangehensweisen vorgestellt. Den Abschluss des Beitrags bildet die Diskussion um aktuelle Herausforderungen und Visionen zu zukünftigen Entwicklungen.

17.1 Quo Vadis Standortmarketing? Neue Zielgruppen im Fokus

Die Lichtstadt Jena gilt über die Landesgrenzen Thüringens hinaus als Standort der Hightech- und Digitalwirtschaft. Diese Kompetenzen machen die Stadt zu einem ökonomischen „Leuchtturm" und zur Schwarmstadt für junge Fachkräfte und Hochqualifizierte aus

W. Röpke (✉) · M. Flämig · P. Werner
Wirtschaftsförderungsgesellschaft Jena mbH (JenaWirtschaft), Jena, Deutschland
E-Mail: wilfried.roepke@jena.de

M. Flämig
E-Mail: marina.flaemig@jena.de

P. Werner
E-Mail: patrick.werner@jena.de

T. Breyer-Mayländer und C. Zerres (Hrsg.), *Stadtmarketing*,
https://doi.org/10.1007/978-3-658-26254-9_17

dem In- und Ausland. Im Gegensatz zum Thüringer Umland und anderen Mittelstädten in den neuen Bundesländern kann Jena mit einer Bevölkerung von rund 110.000 Personen, über 55.000 Beschäftigten und einer positiven Bevölkerungsvorausberechnung als erfolgreicher Wirtschafts- und Wissenschaftsstandort optimistisch auch in die nächsten Jahre blicken (siehe Abb. 17.1). International renommierte Unternehmen (u. a. ZEISS, JENOPTIK und SCHOTT, aber auch zahlreiche erfolgreiche KMU), zwei Hochschulen (Friedrich-Schiller-Universität und Ernst-Abbe-Hochschule) und zwölf außeruniversitäre Forschungseinrichtungen prägen die Stadt. Der jetzige erfolgreiche Status quo wird dabei nur durch einen Blick zurück auf die jüngere Geschichte erklärbar. Phänomene wie Globalisierung, Digitalisierung sowie die zunehmende Standortunabhängigkeit von einzelnen Wirtschaftsbranchen (sog. „footloose industries“) haben den Standortwettbewerb zwischen Städten und Regionen zunehmend verschärft. Jena gelang es dabei immer wieder durch gezielte Standortpolitik und Kommunikationsmaßnahmen den sich wandelnden Herausforderungen entgegenzutreten und von den sich aus ihnen ergebenden Optionen zu profitieren. Daraus resultierte ab den 2000er Jahren ein rasantes Wachstum mit überdurchschnittlich wachsender Bevölkerung und Wirtschaft. Der vorliegende Beitrag hat vor diesem Hintergrund das Ziel, Visionen und Instrumente des Jenaer Standortmarketings unter Berücksichtigung der lokalen Besonderheiten vorzustellen und einen Ausblick auf die zukünftigen Herausforderungen zu geben.

Abb. 17.1 Blick auf den Standort Jena. (Quelle: Sebastian Reuter (www.Sebastian-Reuter.de))

Unter Standortmarketing wird nach dem hier zugrunde liegenden Verständnis die Verbesserung der Attraktivität einer Region für Wertschöpfungsaktivitäten von Unternehmen und Organisationen verstanden, also „[die] Konkurrenz der immobilen Faktoren einer Region um mobile Faktoren" (Apolte 1999, S. 3). Zu solchen Ressourcen gehören neben Fach- und Arbeitskräften auch private und öffentliche Investitionen. Diesem Bestreben liegt die Auffassung zugrunde, dass durch Profilierung – unter Berücksichtigung lokaler Spezifika – der Standort selbst zu einem knappen und damit bei Standortnachfragern begehrtem Gut wird. Die Erzeugung eines klaren Standortprofils erlaubt es so dann, neue Kunden anzusprechen und Bestandskunden zu binden (Spieß 1998). Kunden sind nach diesem Verständnis zuvorderst die Unternehmen selbst, aber auch alle mit ihnen in Verbindung stehenden Akteure u. a. Politik, Verbände, Industrie- und Handwerkskammern. Auf einer solchen Vision wiederum basiert eine glaubwürdige Standortwerbung, die vermarktungsfähige und profilbildende Leistungen des Standortes vermittelt und zu einem einmaligen Leistungsbündel vereint (vgl. Balderjahn 2014). Übergeordnete Ziele sind zum einen die nachhaltige positive Entwicklung der Wirtschaft (u. a. Stabilität des Arbeitsmarktes und Steigerung des Produktivitätsniveaus), zum anderen die Generierung kommunaler Steuereinahmen.

Grundvoraussetzung eines erfolgreichen Marketingkonzeptes sind fundierte Kenntnisse über den Standort (u. a. Wirtschaftsstruktur, Demografie und Bildungslandschaft) und die damit verknüpften (potenziellen) Zielgruppen. Bis zu Beginn der 2000er Jahre galten Unternehmen, Investoren und Organisationen, darunter Wissenschaft und Bildungseinrichtungen, als alleinige Zielgruppen des Standortmarketings. Unter den sich verändernden Herausforderungen der Stadtentwicklung und -marketings haben sich dessen Aufgaben bzw. Zielgruppen in den letzten Jahren stark gewandelt. Deutlich wird dies mit einem Blick in die 1990er Jahre: Die deutsche Wiedervereinigung bedingte in Jena unter anderem eine Fusion von Teilen des ostdeutschen Unternehmens ZEISS mit dem westdeutschem Teil des Konzerns, in deren Folge nur knapp zehn Prozent der 30.000 Stellen des Unternehmens in Jena erhalten blieben. Einige Bereiche wurden als JENOPTIK AG mit rund fünf Prozent der ehemaligen Beschäftigten weitergeführt. Nichtsdestotrotz galt es, durch den gezielten Einsatz von Marketinginstrumenten, endogene und exogene Potenziale zu mobilisieren, um Unternehmensgründungen und -ansiedelungen am Standort zu forcieren sowie die erwerbsfähige Bevölkerung in Beschäftigungsverhältnisse zu vermitteln. In den folgenden Jahren stieg die Zahl der Unternehmensgründungen an, was auf finanzielle staatliche Unterstützungen, die Bereitstellung bedarfsgerechter Infrastruktur sowie auf das lokalisierte technologische Know-how der ehemaligen ZEISS-Mitarbeitenden zurückzuführen ist. Ebenfalls begünstigt wurde diese Entwicklung durch politische Entscheidungen, den Wissenschafts- und Hochschulstandort Jena auszubauen. So konnten die Unternehmen über viele Jahre hinweg von einem hervorragend ausgebildeten Fachkräftepool aus Hochschulen, dem Umland, aber auch aus dem früheren Kombinat ZEISS profitieren. Bis zum Beginn der 2000er Jahre prägten somit vor allem Fragen der Unternehmensgründung und -ansiedelung das Standortmarketing, was mit einem Blick in die Beschäftigtenzahlen deutlich wird. Für das Jahr 1998 weist die Arbeitslosenstatistik immer noch 8103 Personen als arbeitssuchend aus, was einer Arbeitslosenquote von rund 17 % entsprach (2018: 6,1 %) (vgl. TLS 2019).

Wie Abb. 17.2 zeigt, vollzog sich die starke wirtschaftliche Entwicklung in Jena ab dem Jahr 2000. Steigende Erwerbstätigenzahlen, eine sinkende Arbeitslosenquote und die Zunahme der Einpendelnden sind hierfür wesentliche Indikatoren. Zugleich führte diese Entwicklung dazu, dass es für Unternehmen zunehmend schwieriger geworden ist, adäquate Arbeits-, Fach- und Führungskräfte aus endogenen oder exogenen Pools zu gewinnen. Dies gilt für die Bandbreite der Jenaer Unternehmen von Handwerk bis High-Tech. Dabei spielen der starke Anstieg der Beschäftigtenzahl und die demografische Entwicklung in Deutschland, insbesondere in den neuen Bundesländern, eine wesentliche Rolle. Dieser Trend wird aller Voraussicht nach auch zukünftig einen starken Rückgang des Erwerbspersonenpotenzials bedingen und damit die Personalfindung von Unternehmen erschweren. Jena steht aktuell mit zahlreichen anderen Städten und Regionen in Konkurrenz um Fachkräfte – von Auszubildenden über Hochschulabsolventen und Young Professionals bis hin zu Top-Führungskräften. Damit die hiesigen Unternehmen ihre Bedarfe in Folge von Neuansiedelung, Erweiterung und Ersatz auch zukünftig decken können, muss das Standortmarketing diesen geschilderten veränderten Rahmenbedingungen Rechnung tragen.

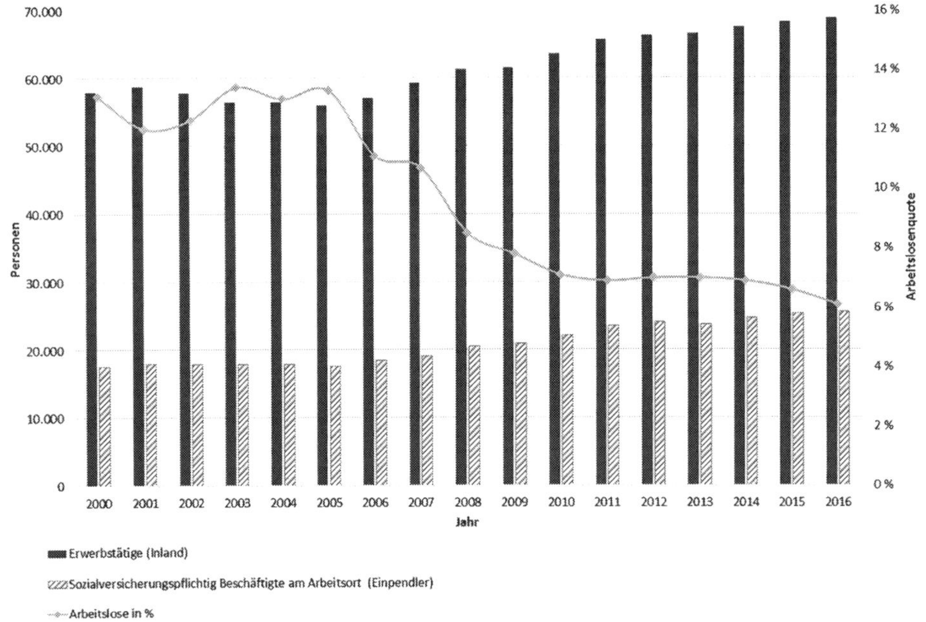

Abb. 17.2 Ökonomische Entwicklung des Standort Jena seit 2000. (Quelle: Daten der TLS; eigene Darstellung)

Ein gegenwärtig besonders wichtiges Ziel des Standortmarketings ist es, relevante Arbeits-, Fach- und Führungskräfte über den Arbeits- und Lebensstandort Jena zu informieren bzw. an den Standort zu binden und insbesondere die starken Jenaer Kompetenzfelder, Branchen und Ausbildungs- und Arbeitsangebote zu kommunizieren. Im Mittelpunkt aller Maßnahmen steht die Botschaft „Jena ist ein toller Standort zum Arbeiten und Leben". Um diese Botschaft zu untermauern, gilt es, die für die Zielgruppen relevanten harten und weichen Standortfaktoren gleichermaßen positiv zu vermitteln. Dazu zählen neben den Angeboten der Unternehmen auch die städtische Lebensqualität, Familienfreundlichkeit, soziale Infrastruktur (u. a. Wohnen, Kinderbetreuung, Schullandschaft, ÖPNV, etc.), sowie Kultur-, Sport- und Freizeitangebote. Hierzu müssen diese Standortfaktoren in Kooperation mit Partnern fortlaufend weiterentwickelt und verbessert werden, um den sich wandelnden Bedarfen der Kunden entsprechen zu können. Wichtig ist auch, entsprechende Maßnahmen und Aktivitäten zur Fachkräftegewinnung und -bindung in einem Netzwerk zu bündeln, um Doppelstrukturen zu vermeiden, Synergieeffekte zu nutzen und gegenüber den (potenziellen) Zielgruppen als Einheit aufzutreten. Vor Ort bildet die Jenaer Allianz für Fachkräfte den übergeordneten Rahmen, welche 2012 mit diesem Ziel am Standort begründet wurde.

17.2 Mit Standortkompetenz Unternehmen und Fachkräfte für Jena gewinnen

Durch die direkte Unternehmensbetreuung der Wirtschaftsförderung Jena (JenaWirtschaft) werden Informationen zur lokalen Wirtschaft gesammelt und in einem Punkt gebündelt. Mithilfe dieses Wissenspools werden Jenas Standortvorteile authentisch in Richtung Kunden, also Unternehmen, Fachkräfte und Politik kommuniziert. Dazu gehören klassische Instrumente der Öffentlichkeitsarbeit (u. a. Online, Print, Pressearbeit, Kampagnen, Bereitstellung von Standortinformationen, etc.), genauso wie die aktive Gründung, Leitung oder Teilnahme an Arbeitsgruppen und Initiativen (u. a. Jenaer Allianz für Fachkräfte, Initiative Innenstadt Jena, JenaDigital, International Club Jena, etc.). Zielgruppe dieser Maßnahmen zur Fachkräftegewinnung und -sicherung sind die Unternehmen bzw. die Personen in den Unternehmen, also die Fachkräfte selbst. Die durch Kontakt zu den Unternehmen erworbene Standortkompetenz wird durch Analysen zum Standort, der Wertschöpfung bzw. der Wertschöpfungspotenziale auf Basis der Volkswirtschaftlichen Gesamtrechnung maßgeblich ermöglicht. Die leitenden Fragestellungen sind dabei immer wieder: Was sind die Kernkompetenzen der Region, mit denen überregional und international Wertschöpfungsanteile gewonnen werden? Wie ist der Standort aktuell aufgestellt, wie hat er sich entwickelt und wie sind die Zukunftserwartungen? Was sind die Schlüsselunternehmen und von welchen Standortfaktoren hängen diese Unternehmen in besonderer Weise ab? Instrumente innerhalb dieses zirkulären Prozesses sind dabei Stärken-Schwächen-Analysen, Forschungsprojekte, externe Rankings (u. a. PROGNOS Zukunftsatlas) oder der Vergleich mit ähnlichen Städten anhand vorab definierter Kriterien (u. a. Arbeitslosenquote, Beschäftigtenzahl, etc.). Ausgehend von diesen Informationen werden die Marketinginstrumente fortlaufend evaluiert und bei Bedarf angepasst. So beschäftigt sich JenaWirtschaft im Rahmen des ESF geförderten Pilotprojektes „JUPITER – Jenaer Unternehmensportal für Praktika und Berufseinstieg" seit 2018 verstärkt mit Fragen des Überganges von der allgemeinbildenden Schule in das Berufsleben und den sich daraus ergebenden Herausforderungen der Vermittlung von Personen (u. a. Schülerinnen und Schüler, Studierende) in latente Arbeitsplätze (Ausbildungs-, Praktika- und Duale Studienplätze).

17.3 Kundenservice, Standortverbesserung und Standortkommunikation aus einer Hand

JenaWirtschaft als Träger des Standortmarketings hat sich seit der Gründung im Jahr 2008 dem 1) kundenorientierten Wirtschaftsservice, 2) die positive Gestaltung von Standortfaktoren (Standortverbesserung) und 3) die Standortkommunikation als Aufgaben gesetzt. Zielgruppen sind dabei jeweils Unternehmen und Fachkräfte (siehe Tab. 17.1).

1. Der Kundenservice umfasst den Wirtschaftsservice und die Arbeit an der Verbesserung der Standortfaktoren und -qualitäten. Zum Wirtschaftsservice gehören die Beratung und Unterstützung von Unternehmen (u. a. bei Fragen zu Gewerbebauflächen, Mietflächen oder Fördermitteln). Der Willkommensservice richtet sich an nationale und internationale Hochqualifizierte, deren Zuzug nach Jena bedeutend für das jeweilige Unternehmen oder Einrichtung ist. Die persönliche Beziehung zum Kunden und die individuelle Zufriedenstellung der Bedürfnisse ist dabei der Kern jeder Tätigkeit, da zufriedene Unternehmerinnen und Unternehmer sowie Fach-/Führungskräfte den Standort weiterempfehlen und als wichtige Multiplikatoren im Rahmen des Marketingprozesses wirken.
2. Des Weiteren wirkt JenaWirtschaft aktiv an der Gestaltung der Standortfaktoren mit. Dies beinhaltet das engagierte Eintreten für die Interessen der Wirtschaft zum Beispiel gegenüber der Stadtverwaltung, aber auch die Mitgestaltung der Stadtentwicklung durch Initiierung von Arbeitsgruppen oder Projekten. Allgemein gilt: Das Produkt und das Serviceversprechen „Standort Jena" muss für Kunden Vorteile gegenüber anderen Angeboten haben. Dabei gilt der Leitsatz, das was im „Schaufenster" beworben wird, muss auch im Lager vorrätig sein. Bezüglich der Zielgruppe Fach- und Führungskräfte sind die Arbeitgeber die wesentliche Zielgruppe der Maßnahmen. Nur sie sind in der Lage, Gehaltsstrukturen, aber auch sonstige unternehmensbezogene Faktoren wie familienfreundliche Arbeitszeiten oder das Betriebsklima attraktiv für ihre Angestellten zu gestalten. Nichtsdestoweniger muss auch die Kommune ihren Beitrag leisten zum Beispiel in Form von bezahlbarem und hochwertigem Wohnraum, sozialer Infrastruktur wie KITAs und Schulen, aber auch mit einem attraktiven Kultur- und Freizeitangebot.

Tab. 17.1 Standortmarketing Jena: Themenfelder Kundenservice, Standortverbesserung und Standortkommunikation für die Zielgruppen Unternehmen und Fachkräfte

Zielgruppen Themenfelder	Unternehmen & Organisationen	Fach- & Führungskräfte
Kundenservice	Wirtschaftsservice für Bestandskunden, Neukunden und Start-ups; Kundenbeziehungsmanagement	Willkommensservice für Fachkräfte; International Club Jena
Verbesserung der Standort-faktoren	Angebot an Gewerbebau- und Büroflächen; Steuersätze; Breitband-Internet; Bildung von Cluster-Verbänden; Mobilität; Angebot an Fachkräften; Vernetzung mit Schulen, Berufs- und Hochschulen; Wirtschaftsfreundliche Verwaltung; Optimierung von Behördenprozessen	Angebot an Wohnraum zur Miete und Kauf; KITA, Schulen, Sportangebote; Mobilität (MIV, ÖPNV); Freizeit- und Kulturangebote; Attraktivität der Innenstadt
Standortkommunikation	Kommunikation der Standortvorteile mit authentischen Botschaften und positive Nachrichten wie Investitionsentscheidungen oder gute Ergebnisse in Rankings verstärkend kommunizieren	Arbeiten & Leben in Jena; Arbeitsplatzangebot in Zukunftsfeldern; Standortspezifisches Berufsmarketing; Berufsorientierung; MINT-Fächer; Internationalität; Lebensqualität, Familienfreundlichkeit, weiche Standortfaktoren
	Marketingmix aus Online, Presse, Veranstaltungen, Social Media, Anzeigen, Print; insbesondere Darstellung der Wachstumsbranchen Optik & Photonik, Gesundheitstechnologie & Digitaler Wirtschaft	
	Nutzung einer übergeordneten Marke JENA Lichtstadt: Jena als dynamische, internationale, junge und innovative Hightech-, Universitäts- und Wissenschaftsstadt mit Schwerpunkt Licht/Optik; Lebensqualität; Familienfreundlichkeit	
Partner/Strukturen	Unternehmen, Clusterverbände, Wirtschaftsverbände, Wissenschaft, Hochschulen, Berufsschulen, Schulen, Stadtverwaltung, Kreishandwerkerschaft, IHK, u. a./AG Standortmarketing, AG Gewerbeflächen, Dienstberatungen Stadtverwaltung, AG Büromarkt, Jenaer Allianz für Fachkräfte (Berufsorientierung, MINT-Bildung, Internationalisierung, IT-Fachkräfte/Digitale Wirtschaft)	

Abb. 17.3 Dachmarken „JENA Lichtstadt" (Logo und Label). (Quelle: Stadt Jena)

3. In der Standortkommunikation spielt die Kommunikation der Standortvorteile mittels authentischer Werbung die wesentliche Rolle. Dabei stehen die Alleinstellungsmerkmale und Zukunftserwartungen Jenas (Visionen) für beide Zielgruppen im Fokus. Die – hinsichtlich der Beschäftigtenzahlen und wirtschaftlicher Leistungsfähigkeit – wichtigen Branchen (in Jena als Kompetenzfelder bezeichnet) Optik/Photonik, Gesundheitstechnologie, Digitale Wirtschaft und Präzisionstechnik sind besondere und wichtige Alleinstellungsmerkmale des Standorts. Sie müssen daher im Standortmarketing hinsichtlich der Vorteile Jenas als Stadt zum Arbeiten und Leben besonders kommuniziert werden (Abb. 17.3).

   Auf operativer Ebene kommt eine Kombination unterschiedlicher Medien und Formate zum Einsatz. Je nach Kommunikationsziel und Zielgruppe wird eine Mischung aus spezifischen Kampagnen, Printprodukten, Pressearbeit, Veranstaltungen, Anzeigen, Onlinemarketing (u. a. Web, Social Media, etc.), Werbung im öffentlichen Raum oder Film angewendet (siehe Abb. 17.4). Die konkrete Auswahl obliegt der Einzelfallbetrachtung und ist abhängig von diversen Faktoren (u. a. finanzieller und organisatorischer Rahmen, Eigenschaften der Zielgruppe). Fachkräfte werden im Rahmen

Abb. 17.4 Informationsmaterial des Willkommensservice. (Quelle: JenaWirtschaft)

dieses Prozesses entweder direkt angesprochen (unmittelbare Standortkommunikation) oder indirekt über die Unternehmen und Einrichtungen, die mit Hilfe der Standortinformationen und Materialien als authentische Multiplikatoren für Jena agieren (mittelbare Standortkommunikation).

Aufgrund der Vielzahl von Instrumenten und Projekten, welche von JenaWirtschaft entwickelt und umgesetzt werden, kann hier nur stellvertretend auf zwei ausgewählte Projekte eingegangen werden: den Willkommensservice für Fach- und Führungskräfte (Projekt A) sowie das JobPortal (Projekt B). Im nachfolgenden werden dazu die Ziele, Zielgruppen, Kommunikationsinhalte und -strukturen der Projekte skizziert:

Projekt A: Willkommensservice für Fach- und Führungskräfte (mehrsprachig)
Ziele:

- JenaWirtschaft unterstützt Jenaer Unternehmen und Fachkräfte mit individuellen Angeboten – von der Orientierungstour bis zur mehrsprachigen Rundum-Betreuung
- Jenaer Unternehmen erhalten den Willkommensservice für Bewerber und Bewerberinnen in der Entscheidungsphase, für neue Mitarbeiter, um Jena kompakt kennenzulernen oder zur Unterstützung nach dem Zuzug aus dem Ausland

Zielgruppe:

- Fach- und Führungskräfte national/international; High Potentials

Inhalte:

- Fach- und Führungskräfte in der Bewerbungsphase erhalten einen ersten Überblick zum (potenziellen) neuen Lebensmittelpunkt
- Unternehmen erhalten Unterstützung durch JenaWirtschaft beim Onboarden neuer Mitarbeitender
- Internationale Teammitglieder und Teammitgliederinnen erhalten im weiterführenden International Club Jena von JenaWirtschaft Unterstützung beim Kennenlernen des Standorts und seiner Menschen

Projekt B: JobPortal www.jenawirtschaft.de/jobs mit stufenweiser Kampagne (lokal/regional/national)
Ziel:

- Offene Stellen der Jenaer Unternehmen umfassend in Jena, der Region und an potenzielle Jena-Interessenten (lokal/regional/national) kommunizieren

Zielgruppen:

- Arbeitsuchende und Arbeitnehmende in Jena und Region
- Pendler und Pendlerinnen in Thüringen
- Potenzielle Jena-Rückkehrer mit Jena-Bezug (Familie, Freunde, in Jena studiert, etc.)

Inhalte:

- Programmierung und Einrichtung eines Datenportals, das alle aktuellen Stellenanzeigen in Jena von Meta-Suchmaschinen (Monster.de, Stepstone.de, etc.) bzw. den Firmenhomepages Jenaer Unternehmen und Einrichtungen filtert und bündelt
- Kommunikation aller derzeit offenen Stellen; sortiert nach Branchen, Art des Angebots und Einstiegslevel
- Erleichterung bei der Jobsuche für Fachkräfte
- Entwicklung eines entsprechenden Kampagnenmotivs mit Sympathie- und Aufmerksamkeitsträgern („Karla" und „Robert") (siehe Abb. 17.5)
- Konzentrierte Kampagne in Jena und Thüringen ab Dezember 2018 (um auch potenzielle Rückkehrer in der Vorweihnachtszeit zu erreichen)
- Kommunikationsmittel: thüringenweite Großplakate und Plakatierungen, Anzeigen in Magazinen und Formaten mit hoher Reichweite, Werbung im lokalen ÖPNV, Stadtplan, Studierendenzeitungen, Postkartenaktionen im regionalen Umfeld Jenas, Platzierung in Jena-App

Abb. 17.5 Kampagnenmotiv des Jobportals. (Quelle: JenaWirtschaft)

- Weitere Umsetzung derzeit in Arbeit und Planung: nationale Kommunikation über Social Media Kanäle an Fachkräfte, die bereits einen Jena-Bezug haben (hier studiert, Ausbildung gemacht, zur Schule gegangen, schon mal zu Besuch gewesen, etc.)
- Kommunikation der Website – laufende Erfolgskontrolle durch Monitoring der Zugriffszahlen (zwischen Dezember 2018 und Februar 2019: rund 2500 Seitenaufrufe pro Woche auf www.jenawirtschaft.de/jobs)

In allen Marketingmaßnahmen fungiert die Wort und Bildmarke „JENA Lichtstadt" als Dachmarke (siehe Abb. 17.3), welche die wesentlichen wirtschaftlichen Kompetenzfelder Jenas – Optik und Photonik, Medizintechnik – ebenso abbildet wie den Gedanken der „Erhellung und Erleuchtung", welcher unter anderem der umfassenden Tradition der Geistes- und Sozialwissenschaften und dem generell progressiven sowie innovativem Denken in Jena Rechnung trägt. Eine ähnliche Grundhaltung spiegelt das Motto „LIGHT LIFE LIBERTY" der Friedrich-Schiller-Universität Jena wider.

Die Vermittlung des Produkt- und Serviceversprechens via Standortmarke trägt dabei zu einer besseren regionalen und überregionalen Wahrnehmung und Wiedererkennung bei. Als wichtige Kooperationspartner von JenaWirtschaft fungieren u. a. Wirtschaftsverbände, Branchen-Cluster, Hochschulen, Bildungseinrichtungen, Institute und Verwaltungseinheiten. Im Rahmen dieses Prozesses zur Standortkommunikation geht es darum, Partner zu aktivieren und gemeinsam an Marketingmaßnahmen zu arbeiten. Statt eines Top-Down-Ansatzes gilt es, ein Miteinander, ein Wir-Gefühl, eine gemeinsame Sprache und kongruente Botschaften zu befördern, denn keine zentrale Einheit kann die Kommunikation über den Standort allein bestimmen. Zur Initiierung und Abstimmung von Maßnahmen wurden durch JenaWirtschaft diverse Arbeitsgruppen (AG) und Strukturen aufgebaut, darunter zum Beispiel die AG Jahr/Tag des Lichts/Standortmarketing, AG Gewerbeflächen und die Jenaer Allianz für Fachkräfte. Die Einbeziehung und Aktivierung von Partnerinnen und Partnern erfolgt durch themenbezogene Arbeitsstrukturen auf Basis freiwilliger Zusammenarbeit unter dem Leitbild der Synergieerzeugung durch multidimensionale Lern- und Interaktionsprozesse, von dem sowohl die Beteiligten, als auch der Standort im Allgemeinen profitieren.

17.4 Ergebnis und Herausforderung: Jena wächst

Jena steht heute für einen erfolgreichen Hightech und Wissenschaftsstandort, der für Optik und Photonik, Gesundheitstechnologie und seit Ende der 1990er Jahre auch für Digitale Wirtschaft (u. a. E-Commerce) bekannt ist. In den letzten zehn Jahren hat sich der Standort weiter überdurchschnittlich entwickelt, was sich in den beschleunigten Wachstumsraten von 2008 bis 2017 widerspiegelt. So stieg unter anderem die Zahl der sozialversicherungspflichtig Beschäftigten in diesem Zeitraum um 9350 Personen auf 55.192 Personen (+20,4 %). Dies entspricht einem Anstieg von 2,2 % pro Jahr. Diese Entwicklung ist nicht zuletzt auf ein erfolgreiches und fortlaufend adaptiertes Standortmarketing zurückzuführen.

Aufgrund steigender Beschäftigten- und Einwohnerzahlen steht Jena zukünftig vor neuen Herausforderungen und mit ihnen das Standortmarketing. Dazu zählen die Erweiterung des Angebotes an Gewerbebau-, Büro- und Wohnbauflächen, um sowohl den Erweiterungsbedarfen der Unternehmen als auch den individuellen Bedürfnissen der Fachkräfte gerecht zu werden und nicht zuletzt die Anpassung der sozialen Infrastruktur (u. a. KITA-Plätze, Schulen). Jena wächst und Jena braucht auch zukünftig Wachstum, denn wirtschaftliches Wachstum garantiert die kommunale Finanzkraft, um die Lebensqualität der Jenaer Bevölkerung zu sichern und die infrastrukturellen, sozialen und kulturellen Aufgaben der Stadt zu gewährleisten. Aus diesem Grund müssen die Standortqualitäten für Unternehmen und Fachkräfte erhalten und verbessert werden, sodass auch zukünftig von einer hohen Bedeutung des Standortmarketings für die ökonomische Entwicklung Jenas ausgegangen werden kann.

17.5 Fazit: Standortmarketing als dauerhafter Prozess in einer sich verändernden Umwelt

Standortmarketing stellt sich – wie gezeigt wurde – als komplexer Prozess der Optimierung von Standortqualitäten auf Kundenbedürfnisse in einer sich stetig verändernden Umwelt dar. Es ist ein fortlaufender Prozess, der nicht allein mit Standortwerbung oder Markenkommunikation bedient werden kann, sondern stetig überprüft und gegebenenfalls re-justiert werden muss. Diese Anpassungsprozesse wiederum setzen fundierte Kenntnisse der relevanten Zielgruppen und des Standortprofils voraus, um frühzeitig veränderte Bedürfnisse und entstandene Problemlagen zu erkennen. Vor diesem Hintergrund erscheint es essenziell, dass die Akteure des Standortmarketings Kooperationen zu Kunden, Multiplikatoren und sonstigen Stakeholdern verstetigen um aus dieser Erfahrung heraus Standortwerbung betreiben zu können. Und zu guter Letzt ist es wesentlich zu fragen, welche Erfolge in Form von Arbeitsplätzen und Wertschöpfung der Wirtschafts- und Wissenschaftsstandort zu verzeichnen hat und wo sich neue Chancen und Risiken für die weitere Entwicklung abzeichnen.

Am Beispiel des Standortes Jena konnte gezeigt werden, wie sich Zielgruppen, Instrumente und Beteiligte am Standortmarketing in Abhängigkeit der Standortbedingungen seit den 1990er Jahren entwickelt haben, welche Herausforderungen für die Zukunft in Jena antizipiert werden (vor allem Verfügbarkeit von Fachkräften und Hochqualifizierten) und welche Instrumente hierzu bereits heute (weiter-)entwickelt sowie eingesetzt werden. Es zeigt sich das die Nähe zu Zielgruppen, Unternehmen und Kooperationspartnern (u. a. Verbände, Hochschulen) wesentliche Erfolgsfaktoren des Standortmarketings von JenaWirtschaft sind. Darüber hinaus eröffnet diese Nähe und der sich daraus ergebende Zugang zu lokalisierten Wissensressourcen wesentliche Quellen um Bedarfe für den Standort frühzeitig zu erkennen und Marketingmaßnahmen – ausgehend von diesen identifizierten bzw. artikulierten Bedarfen sowie den lokalen Standortbedingungen – frühzeitig zu entwickeln. Die Trendfortschreibung der Schwarmstadt

Jena ist damit in entscheidendem Maße vom erfolgreichen Standortmarketing abhängig und setzt auch zukünftige fundierte Standortinformationen, die Pflege der Netzwerkbeziehungen und die Bereitschaft zur andauernden Anpassung der Marketingmaßnahmen voraus.

Literatur

Apolte, T.: Die ökonomische Konstitution eines föderalen Systems: dezentrale Wirtschaftspolitik zwischen Kooperation und institutionellem Wettbewerb. Mohr Siebeck, Tübingen (1999)

Balderjahn, I.: Standortmarketing. UVK Verlagsgesellschaft mbH, Konstanz (2014)

Spieß, S.: Marketing für Regionen. Anwendungsmöglichkeiten im Standortwettbewerb. Deutscher Universitätsverlag, Wiesbaden (1998)

Thüringer Landesamt für Statistik (TLS): Tabellen und Übersichten. https://statistik.thueringen.de/datenbank/default2.asp (2019). Zugegriffen: 27. Febr. 2019

Wilfried Röpke Jg. 1971. Bis 1998 Studium der Physik an der Technischen Universität Berlin und an der University of Manchester. Zwischen 1998 und 1999 Absolvierung des Führungskräfteprogrammes der JENOPTIK AG in Jena und des MBE-Studiengangs der Steinbeis-Hochschule Berlin. Von 2003 bis 2009 Geschäftsführer/Mitgesellschafter einer Innovations- und Technologienberatungsgesellschaft (ATeNe Jena mbH). Seit 2009 Geschäftsführer der Wirtschaftsförderungsgesellschaft Jena mbH (JenaWirtschaft).

Marina Flämig Jg. 1981. M.A. Medienwissenschaft, Psychologie und Politikwissenschaft. Seit 2010 Projektleiterin für Presse- und Öffentlichkeitsarbeit sowie Veranstaltungen bei der Wirtschaftsförderungsgesellschaft Jena mbH (JenaWirtschaft) und seit 2018 Leitung des Fachbereiches „Standortmarketing".

Patrick Werner Jg. 1989. Bis 2015 Lehramtsstudium der Unterrichtsfächer Geographie und Wirtschaftslehre/Recht an der Friedrich-Schiller-Universität Jena. Seit 2018 Projektmanager im Wirtschaftsservice bei der Wirtschaftsförderungsgesellschaft Jena mbH (JenaWirtschaft) sowie seit 2015 wissenschaftlicher Mitarbeiter und Doktorand am Institut für Geographie, Lehrstuhl für Wirtschaftsgeographie der Friedrich-Schiller-Universität Jena.

startUp.connect Ortenau

18

Ein Instrument zur Förderung einer regionalen Gründungskultur

Florian Appel und Christoph Müller-Stoffels

Zusammenfassung

Im folgenden Beitrag wird mit startUp.connect Ortenau ein Instrument vorgestellt, mit dessen Hilfe Gründungsinitiativen in der baden-württembergischen Region Ortenau umfassend Unterstützung finden sollen.

18.1 Einführung

Stadtmarketing hat im weiteren Sinne auch die Aufgabe, regionale Unternehmensgründungen zu initiieren und zu fördern. Die Zeit ein Unternehmen zu gründen, war nie besser. Obwohl zuweilen von unsicheren Zeiten die Rede ist, so wächst doch auch der Mut derer, die ihre Ideen, Vorstellungen und zuweilen Träume verwirklichen möchten. Doch geht das nicht immer gut, insbesondere dann nicht, wenn nur ein diffuser Traum vorhanden ist, aber keine klare Strategie, diesen Traum zu einem Unternehmen auch zu formen.

„A goal properly set is half way reached" hat der Marketing-Guru Zig Ziglar einmal gesagt. Paraphrasiert verstehen wir es so, dass die richtige Vorbereitung dafür sorgt, dass unternehmerische Luftschlösser ein starkes Fundament erhalten. Allerdings fallen eher die Luftschlösser vom Himmel als ein starkes Fundament für angehende Unternehmen. Daher bedarf es einer strukturierten Herangehensweise, Unternehmensgründungen zu unterstützen, damit gleichsam zu forcieren. Vor diesem Hintergrund wurde in der Region

F. Appel (✉)
WRO GmbH – startUp.connect, Offenburg, Deutschland
E-Mail: florian.appel@wro.de

C. Müller-Stoffels
Offenburg, Deutschland
E-Mail: christoph@invalpo.com

T. Breyer-Mayländer und C. Zerres (Hrsg.), *Stadtmarketing*,
https://doi.org/10.1007/978-3-658-26254-9_18

Ortenau startUp.connect Ortenau gegründet. Es hat die klare Aufgabe, angehende Unternehmer auf den ersten Schritten hin zur Gründung zu unterstützen. Dabei greift jede Aktion in die andere und verfolgt das Ziel, Gründer dort zu begleiten, wo die größte Gefahr eines Scheiterns besteht. Auch die regionale Wirtschaft ist eingebunden, um von der Sensibilisierung bis zur Gründung weitere Erfolgsgeschichten schreiben zu können.

18.2 Ausgangslage

Wir leben in einer Zeit, die mehr als andere Zeiten Raum bieten muss für neue Ideen. In der Region Ortenau entstand deshalb im Jahre 2017 durch die Gründung von startUp.connect ein Instrument, um diesen neuen Ideen Raum zu geben. startUp.connect ist eine interkommunale und regional aufgestellte Gründerinitiative. Bislang kannte die Region Ortenau eine derartige Initiative noch nicht. Gründungsförderung konzentrierte sich bis dahin auf die nahe gelegene Stadt Offenburg und den dort ansässigen Technologie Park Offenburg (TPO) mit rund 40 ansässigen Unternehmen auf einer Fläche von 3500 m^2. Hier liegt der Mehrwert für die Gründer bislang darin, dass sie über diese Einrichtungen zu vergünstigten Konditionen Räume anmieten können.

Die überregional agierende Wirtschaftsregion Ortenau (WRO) hatte bis zur Gründung von startUp.connect keinen expliziten Schwerpunkt auf die Unterstützung und Förderung von Start-ups und Existenzgründern gelegt. Dadurch lag viel Potenzial nahezu brach, denn die WRO bildet ein einzigartiges Konstrukt aus Kommunen und Unternehmen. Alle Kommunen im Ortenaukreis sind startUp.connect-Gesellschafter und tragen damit politisch die Verantwortung für das Unternehmen. Darüber hinaus sind rund 160 Unternehmen als Mitglieder in der WRO angeschlossen, die ein höchst vitales Netzwerk in der Ortenau bilden. Kleinere Unternehmen zählen ebenso dazu, wie eine beträchtliche Anzahl von Hidden Champions, die also in ihren Bereichen zu den Weltmarktführern zu rechnen sind.

startUp.connect entstand aus dem Wunsch heraus, die faszinierende Mischung des Standortes Ortenau mit einem starken Mittelstand und einer technischen Hochschule mit hoher, auch internationaler Reputation zu nutzen. Um ein Gründer-freundliches Klima entstehen zu lassen, war insbesondere die Sensibilisierung der einzelnen Teilnehmer von großer Wichtigkeit. Das übergeordnete Ziel ist zu allererst, die Attraktivität der Region Ortenau für Unternehmen, für hochqualifizierte Arbeitskräfte und für potenzielle Investoren immer weiter zu erhöhen. Das geht aber nur mit einer klaren Strategie und klugen Ideen. Dazu weist startUp.connect verschiede Programmelemente auf.

18.3 Programmelemente

Start-up-Förderung gibt es an vielen Orten. In die Medien schaffen es Meldungen von Angel Investoren, die Millionen-Beträge in scheinbar fragwürdige Jungunternehmen stecken. Wenn Unternehmen allerdings an dem Punkt sind, sich mit siebenstelligen

Investitionssummen auseinander zu setzen, sind die meisten Start-ups bereits gescheitert. Viele von denen, die scheitern, tun das nicht wegen ihres Geschäftsmodells, das der Zeit voraus oder anderweitig nicht durchdacht ist, sondern weil so grundlegende Dinge, wie etwa ein tragfähiges Geschäftsmodell, gar nicht erst entwickelt wurden. Hier setzt startUp.connect an. startUp.connect hat das Ziel, Start-ups bei ihrer Gründung zu fördern und so als aktiver Netzwerkknoten am Oberrhein eine Start-up-Kultur aufzubauen. Indem der Frage nachgegangen worden ist, welches die wichtigen Schritte auf dem Weg zu einer erfolgreichen Gründung sind, wurden verschiedene Programme und Aktivitäten entwickelt, die angehende Gründer von der ersten Idee bis zur Gründung und darüber hinaus begleiten und unterstützen. Die verschiedenen Module decken das gesamte Spektrum des Gründungsprozesses ab, wobei der Fokus auf der frühen Phase liegt, in der gemachte Fehler später oft die größten Auswirkungen haben. Niedrigschwellige Sensibilisierung zum Thema Gründung bildet das Fundament. In späteren Phasen findet aber auch Innovations- und Wissenstransfer zwischen Start-ups und etablierten mittelständischen Unternehmen in der Ortenau statt. Auch Kommunen sind in der Verantwortung, wenn das Geschäftsmodell eines Start-ups ihrer Unterstützung bedarf. Jeder einzelne Teil des Portfolios unterstützt Start-ups mit einem wirklichen Mehrwert und hat gleichzeitig das übergeordnete Ziel im Blick, die Ortenau zu einer gründungs- und gründerfreundlichen Region aufzubauen.

Die einzelnen Elemente (siehe Abb. 18.1) des Programmes werden nun nachfolgend vorgestellt.

startUp.connect Night

Ziel der startUp.connect Night jeden letzten Mittwoch im Monat ist es, die Keimzelle für eine Start-up-Kultur in der Ortenau zu schaffen. Hier ist jeder willkommen, der sich

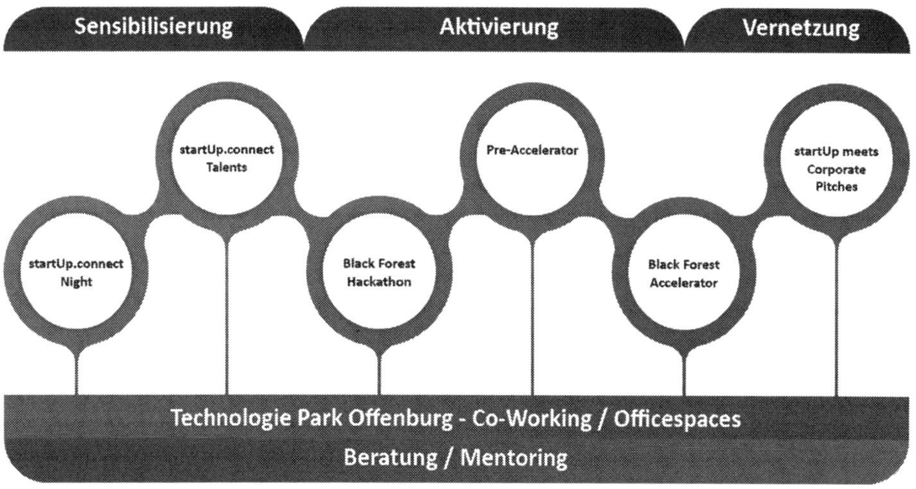

Abb. 18.1 Chronologischer Ablauf der startUp.connect-Elemente. (Quelle: eigene Darstellung)

für die Thematik interessiert. Insbesondere Akteure aus Unternehmen, Hochschulen und Start-ups werden mit Impulsvorträgen und zwanglosem Austausch angesprochen. Thematisch drehen sich die Veranstaltungen um Geschäftsmodelle, Marketingtechniken, erfolgreiche Innovationen und auch mögliche Herausforderungen auf dem Weg hin zur Unternehmensgründung und darüber hinaus.

startUp.connect Talents
Ziel der startUp.connect Talents ist es, über den Träger Hochschulbildung Studierende und Mitarbeiter aus Unternehmen für das Thema Gründung zu sensibilisieren und Basiswissen zu vermitteln. Hinter startUp.connect Talents verbirgt sich das Wahlpflichtfach „Entrepreneurship", das in enger Zusammenarbeit mit der Hochschule Offenburg angeboten wird. In der Hochschule mit ihrem Fokus auf angewandte Wissenschaften entstehen so oftmals viele spannende Ideen.

Black Forest Hackathon
Mit dem Black Forest Hackathon erhalten Entwickler die Möglichkeit, einen Prototypen zu einem vorgegebenen Thema zu entwickeln. Entwicklungsteams bilden sich erst während der Veranstaltung, um so neue Impulse und Ideen in bestehende Kenntnisse einzubinden. Der Black Forest Hackathon stellt ein weiteres Element dar, um Geschäftsideen zu identifizieren, die mit den anderen Elementen von startUp.connect weiterentwickelt werden können. Die Veranstaltung trifft auf ein sehr starkes Interesse bei Sponsoren aus dem Netzwerk der WRO, was keineswegs nur damit zu tun hat, dass der Begriff Hackathon derzeit ein ähnliches Buzzword ist, wie Design Thinking oder agile Projektführung. Durch die spontane Zusammensetzung oft einander fremder Teilnehmer entstehen spannende Projekte, die oft auch zu vielversprechenden Geschäftsideen werden.

Pre-Accelerator
startUp.connect bekommt häufig Anfragen und fördert Kontakte mit potenziellen Gründern, die zwar eine Idee haben, die aber noch sehr unausgereift ist und für eine Teilnahme am BlackForest Accelerator nicht ausreicht. Daher arbeitet startUp.connect in diesem Format grundsätzliche Fragestellungen mit der Zielsetzung auf, aus den ersten Ideen ein tragbares Geschäftsmodell zu skizzieren, das dann im Accelerator weiterentwickelt werden kann. Nicht immer ist diese Beratung von Erfolg gekrönt. Manche Ideen erweisen sich als zu klein oder anderweitig ungeeignet, um daraus ein tragfähiges Geschäftsmodell zu entwickeln. Neben der verständlichen Enttäuschung zeigen sich die potenziellen Gründer dann in der Regel trotzdem dankbar, nicht erst später zu der Erkenntnis gekommen zu sein.

Black Forest Accelerator
Der Black Forest Accelerator verfolgt das Ziel, Gründer auf dem Weg von der Idee zum tragfähigen Geschäftsmodell und der Ausgründung zu begleiten und ihnen in kompakter Form das nötige Wissen für einen erfolgreichen Start mit an die Hand zu geben. Die

Zielgruppe bilden hierbei Gründer mit einem Fokus auf diejenigen, die nebenberuflich gründen. Die Erfahrung in den Gesprächen mit potenziellen Gründern hat immer wieder gezeigt, dass es in der Ortenau eine große Zahl an Gründern im Nebenerwerb gibt, die sich nach der Ausbildung oder nach dem Studium beruflich erst einmal für ein Angestelltenverhältnis entschieden haben. Dabei lässt sie der Gründungswille aber nicht los; jedoch fehlen die Zeit und nicht selten der Mut, zu einem späteren Zeitpunkt doch noch zu gründen. Das Ziel ist es, dieser Zielgruppe ein berufsbegleitendes Accelerator-Programm anzubieten. Der Black Forest Accelerator findet in verschiedenen Modulen an Wochenenden statt. Zwischen diesen liegen in der Regel drei oder vier Wochen, sodass das im vorangegangenen Modul Gelernte reflektiert und auf das eigene Geschäftsmodell angewandt werden kann.

Beratungsangebot im Rahmen der Inkubation

Das Angebot an Inkubatoren ist unübersichtlich. Mit dem Beratungsangebot wird nicht nur die Information gebündelt. Den Gründern wird es so leicht wie möglich gemacht auf dem Weg zur Gründung, sei es mit Kontakten, mit Beratung zu spezifischen Themen oder über die Teilnahme an einem der skizzierten Programme. startUp.connect ist stets die zentrale Anlaufstelle zu diesen Themen in der Ortenau.

Co-Working/Office Spaces

Durch die Anbindung an den Technologie Park Offenburg besteht die Möglichkeit, Gründer auch mit Co-Working Flächen oder Büroräumen zu unterstützen. Dabei entstehen auch Synergien zwischen den verschiedenen Mietern. Die kleineren und größeren Unternehmen unterstützen einander mit ihren jeweiligen Stärken.

startUp.connect Events

Zu den startUp.connect Events zählen insbesondere die Formate „startUp meets Corporate“ und „startUp.connect Roadshow“.

startUp meets Corporate: Die WRO besteht aus einer Vielzahl mittlerer und großer Unternehmen, darunter Marktführer und Weltmarktführer in einzelnen Segmenten. Kommt dieses Potenzial mit dem richtigen Start-up zusammen, so können faszinierende Synergien entstehen, die startUp.connect fördert. Davon profitieren beide Seiten und letztlich darüber hinaus vor allem auch die Region Ortenau.

startUp.connect Roadshow: Gründungen finden nicht nur in der großen Kreisstadt Offenburg statt. Deshalb werden in den umliegenden Städten und Gemeinden ebenfalls Veranstaltungen durchführt, um Gründer zu finden, Menschen zu sensibilisieren und Angebot von startUp.connect zu kommunizieren. Dabei überrascht stets die Innovationskraft, die selbst in den abgelegeneren Schwarzwaldtälern schlummert. Mit der startUp.connect Roadshow soll diese Innovationskraft geweckt und gefördert werden.

18.4 Würdigung

Die Elemente von startUp.connect haben sich mit der Zeit entwickelt. Jede Start-up-Region träumt insgeheim davon, ein Miniatur-Silicon Valley zu sein. Das war bei der Ortenau nicht anders. Damit verbindet sich aber immer die Vorstellung, mit möglichst disruptiven Start-ups mit möglichst ungewöhnlichen Geschäftsmodellen und hohen Investitionssummen in die Schlagzeilen zu kommen. Recht schnell merkte startUp.connect jedoch, dass die wichtigere Arbeit davor stattfindet (und es oft nicht in die Medien schafft). Der Weg zur Gründung ist für angehenden Gründer mit vielen Hindernissen gespickt. Fachliches Wissen bringt oft die bahnbrechende Idee; aber diese Idee ist nicht mehr, als genau das: Eine Idee, und eine Idee und ein tragfähiges Geschäftsmodell unterscheiden sich oft doch recht deutlich.

startUp.connect arbeitet deshalb mit den Gründern eng zusammen, um deren Ideen zu Geschäftsmodellen werden zu lassen, die ein solides Fundament aufweisen. Dabei kann es auch passieren, dass sich die ursprüngliche Idee und das finale Geschäftsmodell deutlich voneinander unterscheiden. Die Arbeit mit verschiedenen Techniken aus Design Thinking und Business Modelling, aber auch der Reality Check, der mit qualitativer Marktforschung einhergehen kann, bringt die angehenden Unternehmer auf neue Ideen, die zuweilen ein sehr viel stärkeres Fundament bieten. Mit der Ausgestaltung der Programme von startUp.connect ist es gelungen, einen chronologischen Ablauf zu konzipieren, der sich beginnend bei der Sensibilisierung über die Schärfung und Konkretisierung bis auf die finale Ausgestaltung einer Geschäftsidee richtet. Die Programme zielen nicht darauf ab, mit dem einen erfolgreichen Start-up in die Medien zu kommen, sondern vielen angehenden Unternehmern das Werkzeug an die Hand zu geben, ein Unternehmen zu gründen, das auch in zehn oder zwanzig Jahren noch erfolgreich am Markt agiert.

Von erfolgreichen Gründungen profitiert nicht nur der Gründer selbst, sondern auch der jeweilige Wirtschaftsstandort. Die Unternehmen in der Ortenau, primär der etablierte Mittelstand, werden mit innovativem Potenzial versorgt. Die Zeit war nie reifer und die Möglichkeiten für die Umsetzung dieser Vorhaben nie besser als jetzt. Allerdings, und das ist die einzige Einschränkung, wird nur der belohnt, wer seine Vorhaben auch auf eine solide Basis stellt.

Florian Appel ist seit 2017 Leiter von startUp.connect in der Ortenau. Er begleitet Start-ups bei der Entwicklung ihrer Geschäftsidee und unterstützt Mittelständler beim Innovationstransfer. Er bringt über 10 Jahre Erfahrung aus der Automotive Industrie mit als Experte für HR, Marketing und Kommunikation.

Christoph Müller-Stoffels war mit seiner Marketingagentur Mieter im TPO und Dienstleister für Start-ups aus der Ortenau, aber auch Fortune 500 Unternehmer und etablierte Mittelständler. Davor hat er in Chile selbst verschiedene Ideen ausprobiert und dabei den Wert eines soliden Fundaments für unternehmerische Luftschlösser erkannt.

Offenburg: Ein Ort für Kreative und Kulturschaffende

19

Carmen Lötsch

Zusammenfassung
Die Förderung der Kultur und der Kulturwirtschaft ist in doppelter Hinsicht ein spannendes Aufgabenfeld für das Stadtmarketing. Kultur ist sowohl als Standortfaktor als auch als Wirtschaftsfaktor entscheidend für die erfolgreiche Positionierung einer Kommune. Dieser Beitrag zeigt, wie die Stadt Offenburg systematisch ihr Potenzial weiterentwickelt und beispielsweise mit dem Gebäude des Alten Schlachthofs ein Zentrum der Kultur- und Kreativwirtschaft aufbaut.

19.1 Ein umstrittener Begriff

Jede Debatte über die Weiterentwicklung einer urbanen Kulturlandschaft führt früher oder später zum Thema „Kultur- und Kreativwirtschaft". Der Begriff ist unscharf, vereint er doch das vermeintlich Erhabene, Schöne und Gute mit dem anscheinend Profanen, dem Streben nach Geld und Gut. An dem Begriff entzünden sich daher unterschiedlichste Interpretationen und Konzepte. Wer und was, welche Berufe, welche Tätigkeiten, einbezogen werden, liegt häufig im Auge der Betrachterin.

Nicht jeder kann sich mit dem Gedanken anfreunden, dass ideelle Ansprüche, für die „Kultur" und „Kreativität" in der öffentlichen Wahrnehmung stehen, mit dem ökonomischen Aspekt „Wirtschaft" gekoppelt sind.

Und doch stammt die treffendste Definition aus der Wirtschaftsministerkonferenz des Bundes und der Länder. „Kreativschaffende der Kultur- und Kreativwirtschaft sind Angehörige der freien Berufe sowie Klein- und Kleinstbetriebe, die ‚überwiegend

C. Lötsch (✉)
Fachbereich Kultur, Offenburg, Deutschland
E-Mail: carmen.loetsch@offenburg.de

T. Breyer-Mayländer und C. Zerres (Hrsg.), *Stadtmarketing*,
https://doi.org/10.1007/978-3-658-26254-9_19

erwerbswirtschaftlich orientiert sind und sich mit der Schaffung, Produktion, Verteilung und/oder medialen Verbreitung von kulturellen/kreativen Gütern und Dienstleistungen befassen." Daneben gibt es die Angestellten bei öffentlichen Einrichtungen wie Museen, Theatern, Orchestern in öffentlicher Trägerschaft, Kultur- und Kunstvereinen oder Stiftungen. Dazu kommen Autoren, Filmemacherinnen, Musiker, bildende und darstellende Künstlerinnen, Architekten, Designerinnen und die Entwickler von Computerspielen: Sie und viele andere schaffen künstlerische Qualität, kulturelle Vielfalt und kreative Erneuerung. Zugleich stehen sie für die wirtschaftliche Dynamik einer auf Wissen und Innovation basierenden Ökonomie. (Initiative Kultur- und Kreativwirtschaft der Bundesregierung 2018).

19.2 Wirtschaftsfaktor

Es ist kein Zufall, dass ausgerechnet Wirtschaftspolitiker so großes Interesse zeigen. Die Kultur- und Kreativwirtschaft hat sich im neuen Jahrtausend stürmisch entwickelt. Sie wird mittlerweile als eigene Branche anerkannt und ernst genommen. Im Jahr 2017 setzte sie mit 254.700 Selbstständigen und mehr als 900.000 sozialversicherungspflichtig Beschäftigten 158,6 Mrd. EUR um. Milliarden, nicht Millionen. Rechnet man die geringfügig Beschäftigten hinzu, dann sind in der Branche 1,68 Mio. Menschen tätig (vgl. https://www.kultur-kreativ-wirtschaft.de/KUK/Navigation/DE/DieBranche/Uebersicht/uebersicht.html). Der Trend zeigt weiterhin nach oben.

Die Kultur- und Kreativwirtschaft als Wirtschaftsbranche spielt damit in der obersten Liga. Sie gehört zu den Schwergewichten. Zum Vergleich das Paradebeispiel der deutschen Wirtschaft, die Automobilindustrie: Der Inlandsumsatz 2017 betrug 152,3 Mrd. EUR bei einer Beschäftigtenzahl von knapp 820.000 Menschen (vgl. Statista 2018).

Die „Kreativen" trugen 3,1 % zum Bruttoinlandsprodukt der Bundesrepublik Deutschland bei. Das Bundesministerium für Wirtschaft stellt fest: *„Die Kultur- und Kreativwirtschaft gehört zu den wachstumsstärksten Branchen der Weltwirtschaft." Und weiter: „Kultur- und Künstlerförderung ist zugleich auch Wirtschaftsförderung"* (https://www.bmwi.de/Redaktion/DE/Dossier/kultur-und-kreativwirtschaft.html).

Angesichts der wachsenden Bedeutung der Branche hat die Bundesregierung bereits 2007 die „Initiative Kultur- und Kreativwirtschaft" gestartet.

19.3 Standortfaktor

Zahlreiche Kommunen haben erkannt, dass die Kultur- und Kreativwirtschaft zu einem essenziellen Standortfaktor geworden ist. Unmittelbar trägt sie dazu bei, Arbeitsplätze zu schaffen, die Wirtschaftskraft zu stärken und über Gewerbesteuern die kommunalen Etats mit zu finanzieren.

Mittelbar stärkt das kulturelle Umfeld einer Region oder Kommune die Identität. Das Image einer Kommune als kreativer Ort ist wichtiger Faktor bei der Wahl des Wohnortes und nicht zuletzt für die Ansiedlung von Unternehmen. Bund, Länder und Gemeinden erkennen zunehmend die Bedeutung der Kultur- und Kreativwirtschaft. Inzwischen gibt es Anlaufstellen, die Kultur- und Kreativwirtschaft vernetzen, beraten und fördern.

Kultur und Kreativität prägen das Image einer Stadt und der Region. Wohnorte mit einer Kreativ-Szene sind attraktiv für aufstrebende, junge Familien, für künftige Fachkräfte in Bildungswesen, Wirtschaft und Verwaltung.

Die Kreativen in einer Stadt sind wie das Salz in der Suppe. Sie machen aus einer beliebigen Stadt eine einzigartige Stadt. Sie machen den Unterschied zwischen der Administration der Gegenwart und der Gestaltung der Zukunft. Ihre Wirkung spüren wir auch noch nach Jahren und Jahrzehnten – in manchen Fällen noch viel länger. Zum Beispiel: Weimar. Eine Stadt, nur wenig größer als Offenburg. Halten wir einen Augenblick inne. Was fällt uns zu Weimar ein?

Goethe und Schiller? Herder und Schelling? Anna Amalia? Nietzsche? Liszt? Das Bauhaus? Die Weimarer Republik? Welches Bild haben Sie von Weimar im Kopf? Vermutlich ein sehr Positives. Eines voller Kultur und Kreativität.

Warum ist das so? Weimar war fast zwei Jahrhunderte lang eines der wesentlichen Zentren der – heute würden wir sagen – „Kultur- und Kreativwirtschaft". Die Stadt setzte Meilensteine in der Dichtung, im Schauspiel, in der Philosophie, in der Architektur – gab aber auch entscheidende Anstöße in Natur- und Wirtschaftswissenschaften. Noch heute profitiert sie von diesem Ruf, lockt jährlich Hunderttausende an.

Hätten nicht die Herrscher eines an sich unbedeutenden Miniatur-Fürstentums begonnen, die kreativsten Köpfe aus ganz Deutschland anzuziehen; hätte man sich nicht darauf besonnen, die erste Demokratie auf deutschem Boden mit dem Namen dieses Kulturortes aufzuwerten; wären nicht die Protagonisten des „Bauhauses" vom Ruf Weimars angezogen worden – es wäre nicht eine der bedeutendsten Kulturmetropolen Europas, es wäre heute nicht Weltkulturerbe der UNESCO, sondern vermutlich ein unbedeutender, entvölkerter Ort wie viele andere irgendwo zwischen Eisenach und Leipzig.

19.4 Potenzial

Angehörige der Kultur- und Kreativwirtschaft gelten als besonders innovativ.

Die Kultur- und Kreativwirtschaft vernetzt traditionelle Kunst – darstellende Kunst, Musik, Schauspiel, Literatur – mit neuen Technologien und modernen Informations- und Kommunikationsformen.

Häufig wirken die „Kreativen" weit über den klassischen Kulturbegriff hinaus in Gesellschaft, Wirtschaft und Politik hinein. Als Beispiel – und ohne die Chancen und Risiken, die Vor- und Nachteile an dieser Stelle näher erörtern zu wollen – seien hier die Sozialen Medien angeführt. Einige kreative Enthusiasten entwickelten sie, teilweise unter schwierigen Umständen in Garagen und Studentenbuden. Heute sind Social Media, organisiert in billionenschweren Unternehmen, weltweit ein wesentlicher Faktor in Gesellschaft und Politik; kulturelles Phänomen ebenso wie auch dominanter Macht- und Wirtschaftsfaktor.

19.5 Situation in der Ortenau

Die „Wirtschaftsregion Ortenau/Offenburg GmbH" bietet mit dem Technologiepark Offenburg (TPO) Start-ups (also Gründern), insbesondere aus dem technischen Bereich, bereits sehr gute Standortbedingungen. Das ist ein richtiger Ansatz.

Für die Kultur- und Kreativwirtschaft ist jedoch ein erweitertes Angebot notwendig, ein etwas anderes Angebot. Kreativschaffende benötigen ein spezielles Umfeld, das sich erheblich von den üblichen Gewerbegebieten unterscheidet. Sie benötigen Gelegenheit für den spontanen intensiven Austausch mit anderen „Kreativen", sie benötigen Produktionsräume, vor allem aber auch Denk-Räume, Platz für Träume.

Dies liest sich womöglich etwas „abgehoben" oder „versponnen". Aber wir alle wissen: Kreativität lässt sich nicht anweisen. Auch deshalb benötigt sie ein besonderes Umfeld. Eines, in dem sich Fantasie entfalten kann.

19.6 Orte des Kulturschaffens

Kulturschaffende, kreativ Tätige, alternative Unternehmensideen, Creat-ups lassen sich von attraktiven Kulturorten anziehen und prägen diese mit.

Wenn Kulturmacher den richtigen Schaffensort suchen, dann braucht es regelmäßig mehr als günstige Räume. Sie wünschen sich Raum mit Charakter. Dieses „gewisse Etwas" lässt sich in Worten nicht so einfach beschreiben. Man kann Best Practise Beispiele anschauen, wissend nicken – und ist doch (fast) so klug wie zuvor. Denn eine wichtige Forderung der Kreativen ist Authentizität. Aber! Was an dem einen Ort glaubwürdig ist und funktioniert, kann an einem anderen aufgesetzt oder unpassend wirken.

19.7 Der Alte Schlachthof in Offenburg

Die als authentisch wahrgenommenen Orte schienen in Offenburg bereits gefunden, als sich 2014 Kreative unterschiedlichen Alters zusammentaten, um die beiden letzten Gebäude der alten Spinn-Weberei zu „retten". Der Webereihochbau und das alte Kesselhaus der Spinnweberei in Offenburg erschienen den Protagonisten, die sich ehrenamtlich für ein Kreativwirtschaftszentrum stark machten, geeignet. Beide Gebäude stehen als Solitär in der Stadt. Sie sind unverwechselbar. Und haben ihren eigenen, einen rauen, fast schon morbiden Charme. Vielerlei Gründe – vor allem der schlechte bauliche Zustand und der damit verbundene sehr hohe Investitionsbedarf – brachten das bürgerschaftliche

Konzept allerdings zum Straucheln. Die Gebäude wurden anderweitig verkauft. Die Idee eines Ortes für Kreativschaffende jedoch blieb.

Nun hat die Stadt Offenburg eine andere Option eröffnet. Mit dem „Alten Schlachthof", der nur eine Straße weiter, außerhalb der Wohnbebauung, in einem sogenannten Mischgebiet liegt, scheint inzwischen ein adäquater Ersatz gefunden.

Das Ensemble, ursprünglich als Schlachthof und Elektrizitätswerk gebaut, verfügt ebenfalls über eine auffällige Architektursprache, die es so in Offenburg nicht mehr gibt. Derzeit ist der Schlachthof noch in Betrieb, die Konzession läuft aber mit Ende des Jahres 2019 aus. Der Pachtvertrag mit dem Betreiber endet. Das Areal befindet sich im Eigentum der Stadt Offenburg.

Gebäude für sich genommen machen aber noch kein funktionierendes Kreativwirtschaftszentrum. Dafür braucht es mehr. Um möglichst stichhaltige Annahmen treffen zu können über Standortfaktoren für einen erfolgreichen Ort der Kreativwirtschaft in Offenburg, wurden zwei Wege beschritten: Einmal baut die Stadt aktiv Netzwerke auf zu anderen Städten, zu den Protagonisten des Landes und zu den Kultur- und Kreativschaffenden der Region. Zusätzlich werden über verschiedene Beteiligungsformate Daten erhoben.

Wie für jedes Vorhaben gibt es auch in der Kultur- und Kreativwirtschaft die „harten Fakten", die über Gelingen oder Misslingen an einem speziellen Standort mitentscheiden. Eine gute Anbindung an den öffentlichen Personennahverkehr ist ebenso unerlässlich wie die Erreichbarkeit für den Individualverkehr und ausreichend Parkplätze. Ein solcher Ort sollte in einem Mischgebiet liegen, sodass die gewerblichen Nutzungen nicht zum Problem werden. Dennoch sucht Kreativwirtschaft den Austausch mit der Umgebung, daher ist die Ansiedelung in einem reinen Gewerbegebiet eher ein Hinderungs- als ein Gelingensfaktor. Die Nähe zur Innenstadt ist nicht Bedingung, aber kann sich positiv auswirken. Zudem ist eine hervorragende, also schnelle und zuverlässige Anbindung an das Internet unerlässlich. Diese Kriterien, Erfahrungswerte aus anderen Städten, wurden durch Befragung der potenziellen Nutzer in Offenburg untermauert.

In einer Stadt wie Offenburg, die als dicht besiedelt und stark reglementiert empfunden wird (vor allem und zuerst von den Kreativen) kann der „Alte Schlachthof" tatsächlich so etwas wie ein Zukunfts-Entwicklungsraum werden, in dem Neues ausprobiert wird und in dem Alternativen zum ungebremsten Wachstum gelebt werden (Sharing, Upcycling, Repairing), wie sich das Bürgerinnen und Bürger wünschen und bereits mehrfach im Rahmen von Bürgerbeteiligungen formuliert haben.

19.8 Kulturelle Identität

Von Vielen unbemerkt werden eingefahrene und als „alternativlos" empfundene gesellschaftliche und ökonomische Entwicklungen derzeit durch die digitale Revolution neu interpretiert und verhandelt. Globalisierung und Digitalisierung verändern Landwirtschaft, Industrie, Handwerk, Handel und die Gesellschaft als solche. Die Fragen nach einem lebenswerten Leben und einem passenden Umfeld für das Leben in Gegenwart und Zukunft stellen sich vor allem regional und lokal.

Städte und Gemeinden sind daher die Orte, an denen das Zusammenleben immer wieder neu ausgehandelt werden muss und wird. In einer globalisierten und zunehmend standardisierten Welt, werden künftig diejenigen Orte wahrgenommen, die sich von den anderen abheben: Durch ihre kulturelle Identität.

Dabei darf sich kulturelle Identität nicht ausschließlich auf die Vergangenheit beziehen, wie das derzeit häufig geschieht. Das Storytelling aus der Historie des Ortes ist sicher ein wichtiger Faktor für die kulturelle Identität einer Stadt und ihrer Gemeinde. Sie erwächst aus dem kulturellen Gedächtnis der Stadtgesellschaft. Das Konzept der kulturellen Identität meint jedoch mehr. Eine lebendiges und wahrnehmbares Kulturschaffen in einer Stadt nimmt das Vorhandene (beispielsweise gesellschaftliche Entwicklungen) auf, geht spielerisch damit um, verändert, entwickelt weiter, erzählt neu, blickt zurück, um wieder nach vorne zu schauen.

Nur nebenbei: Auch Weimar ruht sich nicht auf den Lorbeeren der Vergangenheit aus. Die Stadt ist Standort zahlreicher kreativwirtschaftlicher Einrichtungen und innovativer Medien. Derzeit läuft die Ausführungsplanung für das Haus der Weimarer Republik, das 2020 eröffnet werden soll und sowohl Geschichtsort als auch Forum für Demokratie wird. Das neue Bauhaus Museum Weimar öffnet 2019, ziemlich exakt zum hundertjährigen Gründungsjubiläum des Bauhauses. Die Bauhaus-Universität Weimar unterstützt einen modernen Diskurs und prägt die Stadt mit, die inzwischen darauf achten muss, eine eigene Identität zur erhalten, jenseits der Touristenströme. Voll auf bürgerschaftliches Engagement setzt dabei auch das Lokalradio Radio LOTTE, das vom Radio Lotte in Weimar e. V. betrieben wird, ganztägig auf Sendung ist und auf ganz eigene Art und Weise Raum bietet für kreativen Austausch in der eigenen Stadt (vgl. https://www.radiolotte.de/).

Kulturelles, kreatives Schaffen mit den Möglichkeiten von „trial and error", Versuch und Irrtum, mit Lust am Spiel, mit Buntheit versus Bürokratie, mit „Lebendigem" als Gegenentwurf zum Theoretischen, ist unerlässlich für das gute Leben. Die Bedeutung des Kulturschaffens und der Kulturschaffenden im sozialen Miteinander einer Stadtgesellschaft kann nicht hoch genug geschätzt werden.

19.9 Lebendige Stadt

Städte, auch Innenstädte bleiben dort lebendig, wo neben Aufenthaltsqualität, Handel und Gastronomie vor allem kulturelle Angebote den Unterschied ausmachen. Während Handel und Gastronomie, aber auch Architektur und Infrastruktur durch die weitgehende Standardisierung (als Folge der Ökonomisierung) verwechselbar und austauschbar werden, ist es Kunst und Kultur immanent, auf das Hier und Jetzt zu reagieren, zu beschreiben, zu hinterfragen und Neues zu wagen. Deshalb sind kulturvolle Orte für jede Stadt wichtig.

Gerade darum gibt es aber auch keine Standard-Rezepte für solche kulturvollen Orte. Sie müssen in jeder Stadt aufs Neue ausgehandelt werden, wachsen und sich verändern können.

In Zeiten, in denen Fachkräfte händeringend gesucht werden, ist es gerade für mittelgroße, für wachsende Städte wie Offenburg besonders wichtig, unverwechselbar zu sein. Stadt und Region brauchen die Jungen und die Kreativen, um die Welt von Morgen zu gestalten. Viele Gründe also, die Kultur- und Kreativwirtschaft als wichtige Zukunftsaufgabe zu betrachten.

Der Gemeinderat der Stadt Offenburg hat dies erkannt und bereits im Jahr 2015 die Weichen für ein Bürgerbeteiligungsverfahren zum Alten Schlachthof gestellt. Zunächst wurden die potenziellen Nutzerinnen und Nutzer befragt nach ihren Vorstellungen und Bedarfen. Die ersten Workshops vor Ort waren gut besucht und die Anwesenden arbeiteten konstruktiv. Erkennbar wurde die Sehnsucht nach einem urbanen Arbeits- und Lebensraum mitten in der wachsenden Stadt. Raum, der die Möglichkeiten der analogen Begegnung mit Gleichgesinnten nicht nur zulässt, sondern sogar erforderlich macht.

19.10 Netzwerke und Begegnung

Zusätzlich zur Begegnung im virtuellen Raum braucht es gerade für die kreativ Tätigen den persönlichen Austausch. Da sind sich alle einig. Genau dafür wünschen sich die Kreativen Raum. Raum, der ausreichend zurückhaltend ist, sodass die Aneignung durch die Nutzerinnen und Nutzer möglich bleibt. Veränderungen, Anpassungen, unterschiedliche Nutzungsmöglichkeiten, ein gewisses Maß an Verbindlichkeit bei einem hohen Maß an Unverbindlichkeit – das gilt es auszuhalten, da gilt es auszugleichen. Ähnlich verhält es sich mit dem Gegensatzpaar Offenheit und Rückzugsraum. Auf die richtige Mischung kommt es an. „Analoge" Netzwerkbildung von Mensch zu Mensch ist unverzichtbar und soll schnell möglich sein. Unverzichtbar ist aber auch schnelles Internet für die digitale Vernetzung.

Moderne digitale Zugänge sind notwendig, aber keineswegs hinreichend. Die Ergebnisse zu den potenziellen Mieterinnen und Mietern waren für viele Beobachter überraschend: Während in der öffentlichen Wahrnehmung zunächst die privaten Interessenten, also Hobbykünstler, in der Mehrzahl zu sein schienen, ergab die Befragung ein völlig anderes Bild von den Kultur- und Kreativschaffenden in der Stadt: Sie sind vor allem jung, gut vernetzt, oft schon einige Jahre erfolgreich beruflich im Kreativbereich tätig. Und sie wissen ziemlich genau was sie wollen – und was nicht.

In weiteren Bürgerbeteiligungsverfahren waren alle Interessierten eingeladen, Ideen und Vorstellungen einzubringen. Die in diesen Panels gewonnenen Daten erheben keinen Anspruch auf Vollständigkeit. Den kann es auch nicht geben für einen Ort, den es in der imaginierten Form noch gar nicht gibt und der sich zudem ständig weiter entwickeln soll. Sie ermöglichen eher ein „Herantasten" an das künftige Kreativzentrum. Dazu müssen zum heutigen Zeitpunkt viele Annahmen getroffen werden, die sich noch nicht verifizieren lassen. Für diese Annahmen sind halbwegs verlässliche Rahmenbedingungen besonders spannend. Dies können potenzielle Ankermieter sein, die das Zentrum mitprägen, und das sind sicher auch städtische Kultureinrichtungen mit langjähriger Erfahrung, die um Bedarfe wissen und diese relativ gut konkretisieren können.

19.11 Konkretes Interesse

Daher ist es positiv, dass unter den Interessenten mögliche Ankermieter sind, die bereits am Markt etabliert sind, ergänzt durch viele Klein- und Kleinstunternehmen. Daneben melden Vereine Bedarfe an. Auch die Stadt Offenburg sieht die Möglichkeit, das Portfolio zu ergänzen. So rückt beispielsweise eine kleine Spielstätte für junges Theater mit Probebühne in greifbare Nähe. Und auch ein Kreativkindergarten ist eine denkbare Option auf dem Areal des „Alten Schlachthofes" (vgl. Abb. 19.1).

Gerade die Kombination aus Einrichtungen der Kreativwirtschaft, der Kultur und der Bildung, deren Inhalte nicht mehr streng voneinander getrennt gesehen werden, die vielmehr das Verbindende der Kultur leben, kann ein spannendes, Erfolg versprechendes

Abb. 19.1 Das Eingangsportal des alten Schlachthofes. (Quelle: Stadt Offenburg)

Entwicklungs- und Erprobungsfeld für neue Formen des gesellschaftlichen Zusammenlebens und -arbeitens entstehen lassen.

Das Kultur- und Kreativwirtschaftszentrum im „Alten Schlachthof" Offenburg nimmt auf dem Papier nun erste, mögliche Formen an. Zunächst könnte, so die Bausubstanz mitspielt, eine Laborphase beginnen. Die Investitionen sollen dabei so gering wie möglich gehalten werden. Günstige Konditionen schaffen einen guten Sparten-Mix, ein öffentlich zugängliches Gelände, teilweise auch öffentlich zugängliche und einladende Räume erhöhen die Akzeptanz in der Bürgerschaft und sorgen für einen regen Austausch im Zentrum, aber auch mit dem umgebenden Quartier.

19.12 Wirkung und Rückwirkung

Eine attraktive Stadt zieht (kreative) Menschen an. Und umgekehrt gilt: Kreativschaffende wirken auf eine Stadt belebend – im besten Wortsinne. Das ist viel mehr als Marken- oder Imagepflege. Ein kunstvoller, spannender, unerwarteter Stadtraum galt schon im Mittelalter als erstrebenswert. Herrscherhäuser, die etwas auf sich hielten, holten immer schon Künstler an ihren Hof: Maler, Hofpoeten, Musiker, Baumeister, Schauspieler. Die Kreativschaffenden waren die Weltgewandten. Sie brachten nicht nur die Kunst mit in die Stadt, sondern auch die neuesten Nachrichten aus der Welt – oder dem, was man jeweils als Welt kannte.

Sie schufen Bilder, Erzählungen, Musikwerke. Die großen Bauwerke prägten die Städte und machten sie unverwechselbar – oft bis heute. Aber mehr noch prägten sie den Alltag mit, sie brachten nicht nur Neuigkeiten, sie sorgten auch für neue und andere Besucherinnen, und Besucher und sie machten die Stadtgesellschaft ein wenig bunter, indem sie anderen Regeln folgten, als es die Stadtbewohner kannten. Sie sorgten für Gesprächsstoff, sie brachten neue Begriffe mit und machten damit neue Ideen denk- und sagbar.

Kultur ermöglicht permanente Veränderung. Dabei ist Kultur nicht per se gut. Auch Kunst und Kultur können missbraucht werden. Aber Kunst, Kultur und Kreativwirtschaft können eine Gesellschaft immer wieder fragen und damit hinterfragen.

19.13 Stadt mit Zukunft

Mit wachsendem Selbstbewusstsein hat das Bürgertum der reichen Städte eigene Kulturinstitutionen verwirklicht. Viele Theater sind so entstanden, Kunsthallen und die Villen-Vororte der Residenzstädte. Man zeigte einerseits den entstehenden Reichtum. Man wollte sich von anderen Städten abheben. Aber darüber hinaus war es stets auch die Sehnsucht nach dem Anderen, dem was über die tägliche Arbeit hinausgeht, das Stadt- und Landesparlamente darin bestärkte, eigene Kunstorte zu schaffen. Die angrenzenden Quartiere entwickelten sich häufig zu bevorzugten Wohnlagen. Was wir heute Gentrifizierung nennen, hat manches Quartier längst hinter sich.

Eine wachsende Stadt wie Offenburg tut gut daran, auch für junge Menschen attraktiv zu bleiben. Eine Stadt, die Freiräume nachverdichtet, um den Druck auf den Wohnungsmarkt im Griff zu halten, muss grüne Naherholungsflächen erhalten, schaffen und pflegen. Das ist inzwischen Konsens. Sie muss aber auch Kunst und Kultur, neuen Ideen und kreativen Überlegungen Raum geben können. Sonst wird sie sehr schnell sehr langweilig.

In den kommenden Jahren wird sich zeigen, ob wir als Stadtgesellschaft die nötige Geduld aufbringen, Kultur- und Kreativwirtschaft an diesem Standort wachsen zu lassen. Wir werden erfahren, wie gut wir Versuch und mögliche Irrtümer ertragen. Es wird nicht nur darum gehen, Raum und Ressourcen zu schaffen – sondern dann auch loszulassen. Denn auch die beste Verwaltung kann das Unerwartete nicht planen.

Wenn uns hingegen eine Begleitung gelingt, die sich als Ermöglichung versteht, dann beginnen wir Stadt zu gestalten. Dieses Ermöglichen und Zulassen fällt uns in Deutschland nicht immer leicht. Da haben wir durchaus Nachholbedarf. Mit Kultur- und Kreativwirtschaft im Alten Schlachthof könnten wir in Offenburg ein gutes Übungsfeld finden (vgl. Abb. 19.2, 19.3, 19.4 und 19.5). Denn es ist die Sehnsucht der jungen Generation,

Abb. 19.2 Das Kesselhaus auf dem Gelände der Alten Spinnweberei, Innenansicht. (Quelle: Stadt Offenburg)

Abb. 19.3 Das Kesselhaus auf dem Gelände der ehemaligen Spinnweberei, Außenansicht. (Quelle: Stadt Offenburg)

der Kultur- und Kreativschaffenden selbst, die Offenburg aufhorchen ließ: Die Botschaft der Kreativen lautete: Wir wollen hierbleiben, gebt uns Raum und ein wenig Großstadt-Flair in Offenburg. Heimat4.0 sozusagen.

Abb. 19.4 Der Webereihochbau auf dem Gelände der ehemaligen Spinnweberei, Außenansicht. (Quelle: Stadt Offenburg)

Abb. 19.5 Luftaufnahme Alter Schlachthof. (Quelle: googlemaps)

Literatur

Homepage der Initiative Kultur- und Kreativwirtschaft der Bundesregierung. www.kultur-kreativ-wirtschaft.de. Zugegriffen: 12. Okt. 2018

Bundesministerium für Wirtschaft und Energie: Kultur- und Kreativwirtschaft. https://www.kultur-kreativ-wirtschaft.de/KUK/Navigation/DE/DieBranche/Uebersicht/uebersicht.html. Zugegriffen: 12. Okt. 2018

Statista. https://de.statista.com/statistik/daten/studie/160479/umfrage/umsatz-der-deutschen-automobilindustrie/. Zugegriffen: 12. Okt. 2018

Bundesministerium für Wirtschaft und Energie. https://www.bmwi.de/Redaktion/DE/Dossier/kultur-und-kreativwirtschaft.html. Zugegriffen: 12. Okt. 2018

Radio Lotte Weimar. https://www.radiolotte.de/. Zugegriffen: 12. Okt. 2018

Carmen Lötsch ist Kulturmanagerin M. A. und leitet den Fachbereich Kultur der Stadt Offenburg. Zuvor war sie Geschäftsführerin der Zoo, Kultur und Bildung gGmbH in der Stadt Hoyerswerda.

Leuchtturmmarketing

Symbole einer Stadt

20

Christopher Zerres und Michael Zerres

Zusammenfassung
Ziel und Inhalt des folgenden Beitrages sind es, die Relevanz von Leuchtturmprojekten für eine Stadt beziehungsweise für ihr Marketing zu verdeutlichen, potenzielle Erfolgsfaktoren zu analysieren und an zwei aktuellen Beispielen zu veranschaulichen.

20.1 Konzept

Spätestens seit dem Bilbao-Effekt taucht im Stadtmarketing verstärkt der Begriff Leuchtturmmarketing auf. Die nordspanische Industriestadt Bilbao stand Ende der 90er Jahre vor ihrem wirtschaftlichen Niedergang als dort das von dem genialen Architekten Frank O. Gehry entworfene Museo Guggenheim eröffnet werden konnte. Die „silberne Wolke", städtebaulich ergänzt um einen Bahnhof von Norman Foster und eine Brücke von Santiago Calatrava, wurde schnell zu einem internationalen Anziehungspunkt nicht nur der Kulturinteressierten. Das Image der Stadt konnte verbessert werden vom öden Industriestandort zum internationalen Kunst-Hotspot. Ebenfalls auf einen solchen Bilbao-Effekt hofft augenblicklich auch die schottische Stadt Dundee mit ihrem spektakulären Neubau für die Dependance des Londoner Victoria und Albert Museums.

C. Zerres (✉)
Hochschule Offenburg, Offenburg, Deutschland
E-Mail: christopher.zerres@hs-offenburg.de

M. Zerres
Scharbeutz, Deutschland

T. Breyer-Mayländer und C. Zerres (Hrsg.), *Stadtmarketing*,
https://doi.org/10.1007/978-3-658-26254-9_20

Derartig herausragende Bauwerke hat es immer gegeben und schon immer waren sie Anziehungspunkte und Anlass für viele Menschen, die Städte mit diesen Monumenten zu besuchen, man denke nur an die beiden Weltwunder des Altertums, den Artemistempel in Ephesus oder das Mausoleum von Halikarnassos, dem heutigen Bodrum. Spätere Beispiele sind etwa „Big Ben" in London oder der Eiffelturm in Paris, beides inzwischen zu Wahrzeichen der jeweiligen Städte geworden. Die Gründe für die Errichtung solcher Leuchttürme waren allerdings lange durchaus unterschiedlich. So sollte der Eiffelturm nach der Weltausstellung sogar wieder abgerissen werden.

Als erster bewusster Versuch, die Attraktivität einer Stadt nachhaltig zu steigern, gilt wohl das Opernhaus im australischen Sydney. Derartige Versuche, die durchaus nicht immer von Erfolg gekrönt waren, folgten daraufhin weltweit immer häufiger. In Deutschland ist hier, neben dem Wiederaufbau der Frauenkirche in Dresden, vor allem die Elbphilharmonie in Hamburg zu nennen. Nach jahrelangen Schwierigkeiten beim Bau, die in einer finanziellen Katastrophe zu enden schienen, konnte die Elbphilharmonie dann doch noch erfolgreich eingeweiht werden. Sie gilt als wichtiger Baustein für die Entwicklung der gesamten Hafencity, ohnehin einem Vorzeigeprojekt der Hansestadt. Die Akzeptanz und damit der Erfolg der, wie die Hamburger liebevoll sagen, Elphi sind phänomenal. An diesem Beispiel zeigt sich gut die Relevanz derartiger Leuchtturmprojekte für ein Stadtmarketing. Allgemein konnte das Image gesteigert werden, was sich konkret in steigender Auslastung im Hotelgewerbe sowie steigenden Umsätzen in Gastronomie und Einzelhandel niederschlägt.

Was sind nun aber die Faktoren, die für den Erfolg, oft aber auch Misserfolg, verantwortlich zu machen sind? Analysen derartiger Leuchtturmprojekte deuten darauf hin, dass es vor allem die Kommunikation ist, die von Anfang an in jeder Beziehung offen sein muss, dass es also stets gilt, transparent zu kommunizieren. Für solche Leuchtturmprojekte mit einem starken öffentlichen Interesse und einer oft enormen Außenwirkung, regional wie überregional, gilt diese Beobachtung von Anfang an.

Wie kann nun aber eine solche Transparenz geschaffen werden? Derartige Leuchtturmprojekte verlangen von Beginn an nach einer entsprechenden allumfassenden Kommunikationsstrategie, also einer klaren Überlegung, wohin der Weg langfristig führen soll. Um dieses Ziel zu erreichen, sind alle Beteiligten vom ersten Moment an miteinzubeziehen, also nicht nur alle direkt Beteiligten, Ideen- und Geldgeber sowie diejenigen, die das Vorhaben realisieren sollen, sondern auch alle Einwohner der betreffenden Stadt sowie deren Besucher. Diesen Gruppen muss die konkrete Idee hinter dem Projekt deutlich gemacht werden. Sie müssen laufend auf den neuesten Stand der Entwicklung gebracht werden. Je stärker es dabei gelingt, die betroffenen Gruppen miteinzubeziehen, etwa durch exklusive Vorabbesichtigungen, und, darauf aufbauend, auf Möglichkeiten einer Mitentscheidungsfunktion, desto schneller kann von einer gesteigerten Identifikation ausgegangen werden. Die Entwicklung derartiger Leuchtturmprojekte sollte also nicht nur auf dem Reißbrett des Entwicklers stattfinden, sondern in den Köpfen der betroffenen Gesellschaft. Ein solcher Erfolgsfaktor unterliegt dem Ziel, dass letztlich alle Beteiligten an einem Strang ziehen.

20.2 Beispiele

Im Folgenden sollen nun zwei aktuelle Beispiele für derartige Leuchtturmprojekte eines direkten oder auch eher indirekten Stadtmarketing vorgestellt werden, das Berliner Stadtschloss und die Neue Frankfurter Altstadt. Beides sind Projekte, deren Realisierung erst begonnen werden konnte, nachdem die jeweiligen, dort bislang stehenden Nachkriegsbauten, der Palast der Republik und das Technische Rathaus, abgerissen worden waren und die nun beide Berlin beziehungsweise Frankfurt ihr „Herz" wieder zurückgeben sollen.

20.2.1 Berliner Stadtschloss

Das Berliner Stadtschloss, wegen seiner von Andreas Schlüter geschaffenen Fassaden als Hauptwerk des Barocks geltend, war das dominierende Gebäude in der historischen Mitte von Berlin, bis es im 2. Weltkrieg schwer zerstört und schließlich von der SED-Regierung 1950 abgerissen worden war. Nach der Wiedervereinigung 1990 kam sehr schnell die Idee auf, das Stadtschloss wieder zu errichten. Mit einher gingen lang andauernde Diskussionen um die deutsche Identität. Ebenso kontrovers wurde über den damit zusammenhängenden Abriss des Palastes der Republik gestritten. Von Anfang an galt es, so transparent wie möglich vorzugehen und die Bevölkerung miteinzubeziehen. Neben der in Form einer Public Private Partnership geführten Gesellschaft Berliner Schloss, entstand 1992 der Förderverein Berliner Schloss.

Bereits 1993 ließ der Förderverein eine, mit dem Abbild des Schlosses bedruckte Plakatfolie am Originalstandort errichten. So konnten sich interessierte Besucher schon einmal über Aussehen und Umfang der planten Maßnahme informieren. Diese Aktion hat zu großem Medieninteresse geführt. Gleichzeitig empfahl eine hochrangig besetzte Expertenkommission einen Wiederaufbau, allerdings ohne vollumfängliche Rekonstruktion. 2002 stimmte der Bundestag nicht nur einer Wiederherstellung des Gebäudes um seiner selbst willen zu, sondern es sollten städtebauliche, gesellschaftliche, politische und kulturelle Aspekte Berücksichtigung finden.

2005 stellte die Bundesregierung der Öffentlichkeit hierzu Auszüge aus einer entsprechenden Machbarkeitsstudie vor.

Den 2007 hierzu öffentlich ausgeschriebenen Architektenwettbewerb mit 158 Teilnehmern entschied eine extrem heterogen besetzte Jury. Diese entschied sich einstimmig für den Entwurf des Italieners Franco Stella, der, neben den vorgeschriebenen Schlossfassaden, eine Rekonstruktion der Stüber-Kuppel mit der Schlosskapelle vorsieht sowie einen zur Spree hin gerichteten historisierenden Neubau mit Loggien.

2013 war dann die Grundsteinlegung, 2015 das Richtfest, 2018 die Fertigstellung der Fassaden und Ende 2019 findet die Eröffnung statt. Die Baukosten, die fast stets im vorgegebenen Rahmen verblieben, wurden durch zahlreiche Spenden aus dem In- und Ausland mitübernommen. Über die Fortschritte des gesamten Vorhabens informierten Ausstellungstafeln sowie die Mitarbeiter einer sich ständig vor Ort befindlichen Informationsbox.

In den Räumen des ehemaligen Berliner Stadtschlosses soll nun unter dem Namen Humboldt Forum ein Ort der Weltkulturen werden. Neben den Sammlungen aus Dahlem werden Bestände an Europäischer Kunst von der Museumsinsel den Kern der Exponate bilden. Die Kulturen der Welt sollen dabei thematisch zu Berlin und seiner Einbindung in die internationale Geschichte stehen. Außerdem ist ein Wissenschaftsmuseum mit unterschiedlichen Sammlungen geplant sowie eine Staatsbibliothek. In einem als Agora bezeichneten Kommunikationszentrum soll durch Diskussionsmöglichkeiten das neue geistige Zentrum der Hauptstadt entstehen.

Der Neubau knüpft damit architektonisch wie städtebaulich bewusst an die Tradition des Hohenzollernschlosses an, als Ende der Sichtachse der Straße Unter den Linden und als „Herz" der Hauptstadt. Diesem Vorhaben verspricht im Sinne eines Leuchtturmmarketing wohl Erfolg beschieden zu sein.

20.2.2 Neue Frankfurter Altstadt

Auch dieses zweite Beispiel, das hier zur Veranschaulichung für ein modernes Leuchtturmmarketing herangezogen werden soll, ist ein Projekt, das von Anfang an von Transparenz gegenüber allen Beteiligten geprägt war und noch immer ist. Diese Transparenz führte sogar dazu, dass das auf einem Gelände in prominenter Lage der Frankfurter Innenstadt zunächst geplante Projekt im Laufe der Zeit von einem eher üblichen Bebauungsvorhaben mit Büros und Wohnungen zu einem tatsächlichen Leuchtturm werden sollte.

Das Dom-Römer-Projekt, inzwischen besser bekannt unter dem Namen Neue Frankfurter Altstadt, betrifft das 7000 qm^2 große Areal zwischen Domplatz und Römerberg, Frankfurts „guter stubb", verbunden durch den Krönungsweg, den die im Frankfurter Römer gewählten römisch-deutschen Könige und Kaiser auf ihrem Gang zum Dom beschritten. Dieses Areal war 1944 im Krieg vollständig zerstört und erst Anfang der 70er Jahre mit dem allseits unbeliebten Technischen Rathaus überbaut worden. Dieses sollte anfangs zunächst in Wohnungen und Büros verwandelt werden. Darüber hinaus waren hier zwei Wohntürme mit 160 Wohnungen geplant, ein Plan, der schon bald verworfen werden sollte. Nach dem Abriss des Technischen Rathauses, der von allen Bevölkerungskreisen und sämtlichen Parteien gutgeheißen wurde, kamen Stimmen auf, das Areal kleinteilig zu bebauen und vielleicht auch einige historisch besonders bedeutsame Gebäude zu rekonstruieren. Immer stärker sollten die Pläne überarbeitet werden, um historisches Erbe deutlich werden zu lassen. An erster Stelle stand stets der Bürgerwille. So wurde bereits 2006 die erste Planungswerkstatt mit ausgewählten Bürgern ins Leben gerufen. Im November des gleichen Jahres einigte man sich auf die Wiederherstellung des historischen Grundrisses und für die Rekonstruktion von zunächst vier bedeutsamen Häusern. Als Nutzung wurde dabei ein hoher Wohnanteil angestrebt.

Auch die in den nachfolgenden Jahren national und international ausgeschriebenen Architektenwettbewerbe wurden intensiv öffentlich diskutiert und stets für eine Überarbeitung zurückgeleitet. 2012 präsentierte dann die federführende Dom-Römer GmbH die Namen der ausgewählten Architekten. In der Zwischenzeit hatte sich die Anzahl der Rekonstruktionen auf acht erhöht. Daneben konnten sieben Investoren gefunden werden, die sich ebenfalls für eine Rekonstruktion ihrer dortigen Gebäude aussprachen.

Während der Bauarbeiten wurden weite Teile der karolingischen Königspfalz entdeckt, die mit den anderen Exponaten aus der Römerzeit und dem Mittelalter in einem gesonderten sogenannten Stadthaus ausgestellt werden sollten.

2012 war dann die Grundsteinlegung, 2016 Richtfest. Die Baustelle war für alle Bürger geöffnet; es wurden begleitend Filme gezeigt, wie das ganze Areal einmal aussehen werden wird. 2017 wurden die Rekonstruktionen im Rahmen eines Pressetermins der Öffentlichkeit vorgestellt. Am 9. Mai war dann schließlich auch der Krönungsweg für alle zugänglich. Heute zeigt sich auf dem Areal das Idealbild einer Altstadt mit hervorragend rekonstruierten Häusern, die zumeist eine historische Berühmtheit aufweisen. Allerdings standen sie nie in dieser Anordnung, in der Regel sogar recht weit auseinander. Zudem weisen sie innen höchsten Wohnkomfort auf, was sich zwangsläufig in sehr hohen Mieten niederschlägt.

Mittlerweile haben auch die meisten Kritiker denen das „Disneyland für Touristen" von Anfang an ein Dorn im Auge gewesen war, ihren Frieden mit der Neuen Frankfurter Altstadt geschlossen. Dieses Vorhaben, aus der Sehnsucht vieler nach Geborgenheit entstanden, gibt Frankfurt sein „Herz" zurück, ein Leuchtturm der Mainmetropole, der zu einem Besuchermagnet zu werden verspricht.

20.3 Analyse

Für eine erfolgreiche Realisierung derartiger Leuchtturmprojekte im Rahmen eines Stadtmarketing gibt es kein Patentrezept, zu unterschiedlich sind die Vorhaben, die Ausgangssituationen, aber auch die jeweils zur Verfügung stehenden Ressourcen, vor allem wohl in finanzieller Hinsicht. Aber auch wenn alle Rahmenbedingungen stimmen, wenn die anfangs geforderte Transparenz geschaffen werden konnte, garantiert dies noch keinen Erfolg; die Reaktion der Zielgruppen kann wohl niemals vorausgesagt werden, zu komplex ist doch die Materie. Stets gilt es, Realismus zu bewahren, um keine falschen Erwartungen hier zu wecken und sicher kann auch eine entsprechend realistische Planung in technischer und finanzieller Hinsicht, verständlich kommuniziert, zu einem Erfolg beitragen. Als Beispiel sei an dieser Stelle nur etwa das „Building Information Modeling" angeführt.

Auch im internationalen Wettbewerb der Städte vermögen Leuchtturmprojekte trotzdem generell immense Potenziale eines Stadtmarketing freizusetzen, indem sie zu Symbolen für eine wachsende und lebendige beziehungsweise lebenswerte Stadt werden; sie können deren Persönlichkeit schärfen und sind somit vollumfänglich identitätsstiftend.

Schließlich gilt es zu betonen, dass derartige Leuchtturmprojekte nicht nur für Großstädte von Bedeutung sein können. Gerade auch kleine und mittlere Städte können aus derartigen Leuchtturmprojekten, wie etwa Lüneburg mit seiner von Libeskind entworfenen Universitätsaula, enorme Imagevorteile generieren.

Im weiteren Sinne kann zu solchen Leuchtturmprojekten auch die Umgestaltung eines bislang völlig anders genutzten Terrains, wie etwa eines Industriestandortes oder auch eines Flughafens, gezählt werden, die, wie im Falle der Messestadt München-Riem, zu lebenswerten und nachhaltigen Quartieren wurde.

Dr. Christopher Zerres ist Professor für Marketing an der Hochschule Offenburg. Seine Schwerpunkte in Lehre und Forschung liegen auf Social Media- und Online-Marketing sowie Marketing-Controlling. Zuvor war er bei einer Unternehmensberatung sowie einem internationalen Automobilzulieferer tätig. Christopher Zerres ist Autor zahlreicher Publikationen zu den Bereichen Management und Marketing.

Dr. Michael Zerres ist Professor für Marketing. Seine Schwerpunkte sind marktorientierte Unternehmensführung, Marketing-Controlling und Marketing-Planung. Er war Inhaber des Lehrstuhls für Marketing an der Universität Hamburg.

Teil IV
Mobilität, Infrastruktur und Integration

Klimaschutz und Mobilitätsmarketing in Offenburg

21

Oliver Martini, Bernadette Kurte und Mathias Kassel

Zusammenfassung

So wie der Verkehr einen erheblichen Anteil an den klimaschädlichen CO_2-Emissionen hat, so bewährte sich die Einbettung des Mobilitätsmarketing in die Öffentlichkeitsarbeit für klimafreundliches Handeln in der baden-württembergischen Stadt Offenburg. Für die Offenburger Bevölkerung ist klar, dass Mobilität und Klimaschutz eng miteinander verzahnt sind. Das verkehrliche Leitbild und das Klimaschutzkonzept als Grundlage sowie die daraus resultierenden Umsetzungskonzepte für den Radverkehr, den Stadtbusverkehr, die Elektromobilität und die Mobilitätsstationen, bilden dabei den Rahmen zur Reduzierung der verkehrsbedingten Treibhausgasemissionen im Stadtgebiet. Darüber hinaus werden stadtverträgliche Mobilität ermöglicht, Nahmobilität verbessert, Stadtraum erlebbarer und Stadtqualität erhöht. Die Marke „Einfach Mobil" verfügt über einen hohen Wiedererkennungswert, sowohl bei den Bürgerinnen und Bürgern, als auch in der Region.

Der globale Klimawandel ist eine der größten Herausforderungen der heutigen Zeit, der sich auch Städte und Gemeinden stellen müssen. Wetterextreme und Temperaturveränderungen haben lokale Auswirkungen, denen nur mit entsprechenden Anpassungsstrategien begegnet werden kann. Gleichzeitig wirken lokal produzierte klimaschädliche Gase

O. Martini (✉) · B. Kurte · M. Kassel
Offenburg, Deutschland
E-Mail: oliver.martini@offenburg.de

B. Kurte
E-Mail: bernadette.kurte@offenburg.de

M. Kassel
E-Mail: mathias.kassel@offenburg.de

T. Breyer-Mayländer und C. Zerres (Hrsg.), *Stadtmarketing*,
https://doi.org/10.1007/978-3-658-26254-9_21

global. Das erklärte Ziel der Staatengemeinschaft, die Erderwärmung auf unter zwei Grad zu begrenzen, lässt sich nur über eine ernsthafte Reduktion der Treibhausgasemissionen in allen gesellschaftlichen Bereichen und auf allen Ebenen erreichen.

In Städten konzentrieren sich wirtschaftliches und soziales Handeln und somit auch die Auslöser und Auswirkungen des Klimawandels. Kommunale Entwicklung im 21. Jahrhundert ist folglich untrennbar mit der Aufgabe, sich verändernden klimatischen Rahmenbedingungen zu stellen, verbunden. Dieser Herausforderung stellt sich Offenburg mit dem im Jahr 2012 vom Gemeinderat verabschiedeten, integrierten Klimaschutzkonzept. Die gleichzeitig erklärte Absicht, die Treibhausgasemissionen im Stadtgebiet bis zum Jahr 2050 um 60 % gegenüber 1990 zu reduzieren, ist als strategisches Ziel in die Haushaltsplanung eingegangen und wird von der Stadtverwaltung im engen Schulterschluss mit lokal und regional agierenden Partnern verfolgt.

2012 erfolgte die Einstellung eines Strategischen Energiemanagers und einer Klimaschutzmanagerin, um sich personell für die neuen Aufgaben in Zeiten des Klimawandels und der Energiewende zu wappnen. Der Bedeutung des Themas Mobilität für den Klimaschutz und die Stadtgesellschaft trägt seit Anfang 2018 die Stabsstelle Mobilität der Zukunft Rechnung. Eine Reihe neuer Kommunikationsstrukturen wurden geschaffen, um interdisziplinär innerhalb und über die Stadtverwaltung hinaus die Kräfte zu bündeln und die mit dem Klimaschutzkonzept beschlossenen Maßnahmen umzusetzen. Darüber hinaus wurden in den vergangenen Jahren neue Wege der Öffentlichkeitsarbeit und Kommunikation mit den Bürgerinnen und Bürgern eingeschlagen.

21.1 Das Klimaschutzkonzept der Stadt Offenburg

In den meisten klimarelevanten Sektoren war die Stadt bereits vor Erstellung des Klimaschutzkonzepts seit vielen Jahren aktiv. So fördert die Stadtverwaltung beispielsweise seit 1979 den Radverkehr, entwickelte bereits in den 1980er Jahren ein Energieversorgungskonzept für das Stadtgebiet – worauf die Planung des ersten großen Nahwärmenetzes in Offenburg für ein Neubaugebiet in den 1990er Jahren fußte – und setzt seit Ende der 1980er Jahre auf ein zentrales Energiemanagement bei stadteigenen Gebäuden.

Doch erst die Erstellung des Klimaschutzkonzepts erlaubte es der Stadtverwaltung, die in Offenburg bestehenden Ansätze, Konzepte und Einzelaktivitäten unter ein konzeptionelles Dach zu fassen, systematisch fortzuentwickeln sowie neue Handlungsfelder für eine nachhaltige Entwicklung zu identifizieren. Das umfangreiche Handlungsprogramm stützt sich auf die Energie- und CO_2-Bilanz im Stadtgebiet, die für das Jahr 2010 erstellt wurde. Hierfür wurden die Energieverbräuche in den Sektoren Haushalte, Gewerbe, Handel und Dienstleistungen (GH&D), Industrie sowie städtische Gebäude herangezogen. Die Berechnung der CO_2-Emissionen im Sektor Verkehr wurden auf der Grundlage der Jahresfahrleistungen nach Verkehrsträgern vorgenommen, die jährlich vom statistischen Landesamt erhoben wird. Wie eng das Mobilitätsverhalten in der Stadt mit der Entwicklung der lokal verursachten CO_2-Emissionen zusammenhängt, lässt sich hier deutlich ablesen: Der Sektor Verkehr war mit 24 % der Emissionen im Stadtgebiet der drittgrößte CO_2-Verursacher nach dem Sektor GH&D (26 %) und den privaten Haushalten (25 %). Es folgten die Industrie mit 23 % und die städtischen Gebäude mit zwei Prozent der Emissionen.

Anfang 2018 konnte dann eine erste Fortschrittsmessung für das Jahr 2015 vorgenommen werden. Diese weist aus, dass die Emissionen im Stadtgebiet um insgesamt fast elf Prozent gegenüber 2010 zurückgegangen sind. Die Sektoren Haushalte, GH&D sowie Industrie verzeichneten Rückgänge von bis zu vierzehn Prozent, die Emissionen der städtischen Liegenschaften konnten sogar um zwanzig Prozent verringert werden. Verkehr ist der einzige Sektor, dessen Emissionen statt eines Rückgangs einen leichten Zuwachs erfahren haben. Dabei schlug der motorisierte Individualverkehr (MIV) mit 69 % aller vom Verkehr verursachten Emissionen zu Buche, gefolgt vom Straßengüterverkehr mit 26 %. Die übrigen Emissionen verbuchten öffentliche Verkehrsmittel sowie der Fernverkehr für sich.

Von den CO_2-Emissionen, die der Verkehr im Stadtgebiet Offenburgs verursacht, lässt sich etwa ein Drittel der Autobahn zuschreiben, die über die Offenburger Gemarkung verläuft. Das Verkehrsaufkommen auf der Autobahn ist zum größten Teil überregional, sodass die städtische Verkehrspolitik hier kaum Einfluss ausüben kann. Anders verhält es sich im Nahverkehr, also bei den Wegen, die im Stadtgebiet Offenburgs und seinen elf Ortschaften zurückgelegt werden. Hier setzt die Stadt bereits seit vielen Jahren auf eine Stärkung des Umweltverbunds. Laufende Maßnahmen und neue Projekte gingen als Maßnahmen im Handlungsfeld „Mobilität" ins Klimaschutzkonzept ein. Neben Fahrradförderung und Stärkung des ÖPNV finden sich hier neue Ansätze für zukunftsfähige Mobilität, wie z. B. die Förderung der Elektromobilität und der multimodalen Mobilität (vgl. Abb. 21.1).

Abb. 21.1 Station mit eigener PV-Anlage. (Quelle: Stadt Offenburg 2016)

Über das Thema Mobilität hinaus enthält das Offenburger Klimaschutzkonzept sechs weitere thematische Handlungsfelder, in denen die Stadt und ihre Partner tätig sind, um die CO_2-Emissionen vor Ort zu reduzieren. So kommt die Stadtverwaltung im Handlungsfeld „Kommunale Liegenschaften und interne Organisation" ihrer Vorbildfunktion nach und stärkt damit auch die Glaubwürdigkeit in der Öffentlichkeit. Die Maßnahmen in den Handlungsfeldern „Fernwärme- und Kraft-Wärme-Kopplung" und „Erneuerbare Energien" zielen vor allem auf eine zukunftsfähige, effiziente und nicht-fossile Energieversorgung. „Sanierung Wohngebäude" und „Energiesparen im Haushalt" sind die beiden Handlungsfelder, die auf die Reduzierung des Energieverbrauchs in privaten Haushalten abzielen. Hier gilt es, vor allem gesetzliche Regelungen und staatliche Förderprogramme über flankierende Beratungs- und Förderangebote der Öffentlichkeit bekannt und zugänglich zu machen. Über Maßnahmen im Handlungsfeld „Betriebliche Energieeffizienz" versuchen die Stadtverwaltung und ihre Partner Unternehmensvertreter für Energieeinsparmaßnahmen zu gewinnen. Das Angebot reicht hier vom kostenfreien Energiecheck bis hin zur Förderung investiver energieeffizienzsteigernder Maßnahmen im Infrastrukturbereich von Industrieunternehmen.

Um sicherzustellen, dass Energieeffizienz und Klimaschutz innerhalb der Verwaltung in allen relevanten Abteilungen nachhaltig verankert wird, hat die Stadt 2015 das Qualitätsmanagementsystem „European Energy Award" (eea) eingeführt. Das damit verbundene Zertifizierungsverfahren nimmt die städtischen Aktivitäten regelmäßig im Rahmen eines Audits unter die Lupe und zeigt im Benchmarking mit anderen Städten, dass Offenburg auf einem guten Weg ist. Fachlich begleitet wird die Arbeit der Stadtverwaltung und ihrer Partner vom Klimaschutzbeirat: ein Gremium das sich aus Vertreterinnen und Vertretern der Ortschaften, der Energieversorger, der Verkehrsbetriebe, der Hochschule, der Umweltverbände, des Bausektors, der Offenburger Betriebe, der Architektenkammer, der Offenburger Energieagentur, der Industrie- und Handelskammer und der Handwerkskammer zusammensetzt. Für die maßnahmen- und projektbezogene Zusammenarbeit zwischen Akteuren des öffentlichen und des privaten Sektors bietet die im Rahmen der Erstellung des Klimaschutzkonzepts entwickelte Dachmarke des Offenburger Klimabündnisses die geeignete Plattform.

Die Erkenntnis, dass Klimaschutz nur als Gemeinschaftsaufgabe zu bewältigen ist und somit Wissen und Bewusstsein bei der Bevölkerung voraussetzt, spiegelt sich im achten Handlungsfeld des Klimaschutzkonzepts „Öffentlichkeitsarbeit und Information" wider. Mit verschiedenen Aktionen und Kampagnen werden Bürgerinnen und Bürger für klimabewusstes Handeln sensibilisiert, es werden ihnen Handlungsvorschläge unterbreitet, die ihnen helfen, ihren eigenen Alltag klimafreundlicher zu gestalten und sie werden in klimabewusstem Handeln bestärkt. Gleichzeitig findet eine intensive, projektbegleitende Presse- und Öffentlichkeitsarbeit statt, um die Identifikation der Bürgerinnen und Bürger mit den Offenburger Klimaschutzzielen zu stärken.

21.2 Das integrierte Verkehrskonzept der Stadt Offenburg

Seit vierzig Jahren setzt sich die Stadt Offenburg für umwelt- und sozialgerechten Verkehr ein. Regelmäßig erstellte, mittelfristig angelegte Fahrradförderprogramme, die von Mitarbeitern und Mitarbeiterinnen der Stadtverwaltung, Gemeinderäten und Vertretern der Radvereine erstellt werden, führten bereits 1987 zur ersten Auszeichnung als Landessieger im Rahmen des Wettbewerbs „Mit dem Fahrrad in der Stadt". 2011 und 2017 erhielt die Stadt vom Ministerium für Verkehr Baden-Württemberg die Auszeichnung „Fahrradfreundliche Stadt" (vgl. Abb. 21.2).

Auch hinsichtlich der integrierten Verkehrsplanung war Offenburg Vorreiter: Bereits Anfang der 1990er Jahre hat sich die Stadt von den bis dahin üblichen Generalverkehrsplänen, die einzelne Verkehrsträger separat betrachten, verabschiedet und 1996 das erste integrierte Verkehrskonzept in den Gemeinderat eingebracht. Damit hat die Stadt erstmals ein verkehrliches Leitbild formuliert, das das Miteinander der verschiedenen Ansprüche an den Verkehr ins Zentrum stellt:

> „Die Verkehrsplanung hat das Ziel, die Funktion und den Standort Offenburgs als Oberzentrum in der Region zu sichern und zu verbessern. Dies kann nur in Abstimmung mit anderen Planungen zum Wohl der Einwohnerinnen und Einwohner und unter Schonung der Umwelt, der Natur und der Ressourcen erfolgen. Das Verkehrssystem in der Stadt Offenburg muss in seiner Gesamtheit auch künftig allen Bevölkerungsgruppen angemessene und sichere Möglichkeiten für die individuelle Mobilität bieten, die mit möglichst geringen physischen, psychischen und finanziellen Belastungen und unter Sicherung einer größtmöglichen Freiheit bei der Wahl des Verkehrsmittels wahrgenommen werden können. Außerdem muss es dem Wirtschaftsverkehr günstige Bedingungen bieten. Die durch

Abb. 21.2 Radwegekonzept als „Fahrradfreundliche Stadt". (Quelle: Stadt Offenburg 2017)

den motorisierten Verkehr verursachten Belastungen wie zum Beispiel Lärm, Schadstoffe und Trennwirkungen führen zum Teil – wie in anderen Städten auch – zu starken Beeinträchtigungen der Lebensbedingungen der Bevölkerung. Der künftige Gesamtverkehr soll flächenschonend gestaltet werden, zu einer Verringerung des Ressourcenverbrauchs führen sowie landschaftliche und ökologische Gegebenheiten verstärkt in die Abwägung einbeziehen."

Seitdem wurde die Entwicklung der einzelnen Verkehrsträger mit ihren gegenseitigen Wechselwirkungen bzw. die Verbesserung der jeweiligen Infrastruktur nach dem integrierten Verkehrsleitbild vorangetrieben. Die bereits intensive Förderung des Radverkehrs wurde fortgesetzt, zusätzlich stieg die Stadt in die Förderung des öffentlichen Personennahverkehrs (ÖPNV) ein.

Mit der Fortschreibung des integrierten Verkehrskonzepts 2009 beschloss der Gemeinderat, die 1996 formulierten Ziele weiterzuverfolgen und darüber hinaus die Reduzierung der verkehrsbedingten CO_2-Emissionen verstärkt in den Blick zu nehmen. Maßnahmen der Förderung des Umweltverbunds sollen dessen Anteil im Binnenverkehr von 52 % im Jahr 2006 auf 57 % bis 2025 steigern. Hierbei wird der engen Verzahnung der Verkehrsmittel des Umweltverbunds Rechnung getragen und zusätzlich verkehrsmittelübergreifende Konzepte vorangebracht. Über den Binnenverkehr hinaus soll auch auf den starken Zielverkehr nach Offenburg eingewirkt werden.

Darüber hinaus stellt sich die Stadt der Herausforderung, neuen (im Stadtverkehr) emissionsfreien Antriebstechnologien im motorisierten Verkehr zu begegnen und setzt seit 2011 Maßnahmen zur Förderung der Elektromobilität um. Auch reagiert sie auf ein sich änderndes, zunehmend multimodal ausgerichtetes Mobilitätsverhalten, das den öffentlichen Verkehr mit Bike- und Carsharing-Angeboten verzahnt. Maßnahmen zur Stärkung des Umweltverbunds, der Förderung der Elektromobilität und zur Unterstützung der Ansätze multimodaler Mobilität sind ins Maßnahmenprogramm des Klimaschutzkonzepts eingegangen (vgl. Abb. 21.3).

Der integrierte Ansatz der Verkehrsplanung sowie die klare Ausrichtung auf die Verzahnung von Verkehr und Klimaschutz haben der Stadt im Jahr 2012 den Verkehrsplanungspreis der Vereinigung für Stadt-, Regional- und Landesplanung (SRL) und des Verkehrsclub Deutschland (VCD) eingebracht. Auch das Zertifizierungsverfahren zur Erlangung des eea Ende 2016, bei dem die Stadtverwaltung im Maßnahmenbereich „Mobilität" 80 % der maximal zu erreichenden Punktzahl erreichte, bescheinigt Offenburg, dass die Stadt im Angebotsbereich für umweltverträgliche Mobilität auf einem guten Weg ist. Gleichzeitig zeigen jedoch die gleichbleibend hohen CO_2-Emissionen vor allem im MIV, dass die bisher durchgeführten Maßnahmen bei weitem nicht ausreichen, um die Klimaschutzziele im Verkehrssektor einhalten zu können.

Abb. 21.3 Formen der Elektromobilität. (Quelle: Stadt Offenburg 2018)

21.3 Neue Konzepte der Nahmobilität: Nutzen statt besitzen

Es begann 1988 als Praxistest für eine Dissertation – heute bieten Vereine, Genossenschaften und Unternehmen in 677 Städten in Deutschland Carsharing an. Der Gedanke hinter der Carsharing-Idee ist einfach: Ein Auto wird in der Regel nur etwa eine Stunde am Tag bewegt und jedes Auto, ob es fährt oder nicht, belastet die Umwelt. Bereits die Herstellung verschlingt Tonnen an Energie und Ressourcen. Und wer nicht gerade auf sein Auto angewiesen ist, um damit täglich zur Arbeit zu pendeln, für den rechnet sich Carsharing auch schnell ökonomisch.

Auch in Offenburg fanden sich schnell Interessenten für diese Idee. Ende 1993 gründeten zehn engagierte Bürgerinnen und Bürger den Verein Zeitauto e. V. und kauften Anfang 1994 ihr erstes gemeinsames Fahrzeug. Nach seiner Gründung wuchs die Mitgliederzahl von Zeitauto rasant an. Der Gedanke des „Nutzens statt Besitzens" verbreitete sich nicht nur in Offenburg wie ein Buschfeuer. Inzwischen spielen Vereine bei der Organisation und Abwicklung von Carsharing nur noch eine untergeordnete Rolle – die vielen Aufgaben rund um Wartung und Pflege der Autos, Buchhaltung und Rechnungswesen sowie Abwicklung der Buchungsvorgänge der Fahrzeuge bedürfen einer Struktur, die ein in der Regel hauptsächlich ehrenamtlich organisierter Verein kaum leisten kann. So ist auch der Betrieb von Zeitauto an das Freiburger Unternehmen Stadtmobil Südbaden AG übergegangen. Dieses stellt aktuell neun Autos im stationsgebundenen Carsharing im Stadtgebiet Offenburg zur Verfügung, vier davon mit elektrischem Antrieb. Die Einführung von E-Carsharing wird von der Stadtverwaltung unterstützt. Sie ist Teil des

Maßnahmenpakets, das vom Gemeinderat der Stadt Offenburg im Jahr 2011 beschlossen wurde, als sich Offenburg der Landesinitiative „Modellstadt Elektromobilität“ angeschlossen hat (vgl. Abb. 21.4).

Auch im Fahrradverleih gehört Offenburg zu den Vorreitern im Südwesten. Hauptsächlich von Besuchern wird der kostenlose kommunale Fahrradverleih genutzt, der über vierzehn Fahrräder und zwei Tandems verfügt. Zwölf Pedelecs und eine Rikscha werden gegen geringe Gebühr vermietet. Zubehör wie Fahrradsitze oder Kinderhelme können gleich mitausgeliehen werden. Bewohner Offenburgs und Pendler nutzen gerne die Fahrräder des Anbieters nextbike, der seit 2010 ein öffentliches Fahrradverleihsystem in Offenburg anbietet. Die inzwischen knapp 100 Fahrräder von nextbike können an einer der sechzehn Verleihstationen ausgeliehen und an einer anderen Station abgegeben werden. Darüber hinaus bietet nextbike in Kooperation mit dem Tarifverbund Ortenau attraktive Preise für Nutzer des Öffentlichen Nahverkehrs an.

Ende 2013 beschloss der Gemeinderat ein Mobilitätsmanagementkonzept, das die Vernetzung aller Verkehrsmittel im Blick hat. An sogenannten Mobilitätsstationen sollten öffentliche und öffentlich genutzte Verkehrsmittel zusammengeführt werden, um den Umstieg zwischen den einzelnen Verkehrsmitteln zu erleichtern und so Wegeketten zu vereinfachen. Seit 2015 fördert die Stadt Offenburg das Konzept „Nutzen statt besitzen“

Abb. 21.4 Differenzierte Förderung der E-Mobilität. (Quelle: Stadt Offenburg 2015)

Abb. 21.5 Mobilitätsstation. (Quelle: Stadt Offenburg 2015)

über die Einrichtung solcher Mobilitätsstationen – Standorte, die Carsharing, Bike Sharing und den öffentlichen Verkehr zusammenbringen (vgl. Abb. 21.5). Gleichzeitig führte sie die „Einfach Mobil"-Karte ein, die es erlaubt, auf die Fahrzeuge aus dem Bike- und Carsharing zuzugreifen. Ab 2019 soll die „Einfach Mobil"-Karte auch als Jahreskarte im öffentlichen Nahverkehr eingesetzt werden. Übergeordnetes Ziel ist es, das Umsteigen zwischen den einzelnen Verkehrsarten zu erleichtern, also multimodales Mobilitätsverhalten zu unterstützen.

21.4 Öffentlichkeitsarbeit für den Klimaschutz und Mobilitätsmarketing

Für die Ansprache von Bürgerinnen und Bürgern entwickelte ein Team der Stadtverwaltung gemeinsam mit der Agentur tippingpoints eine Kampagne nach dem Vorbild der erfolgreichen Mobilitätskampagne der Bundesregierung „Kopf an – Motor aus". Der für die Offenburger Kampagne entwickelte Slogan „Klimaschutz einfach machen." spiegelt dabei das Klimaschutz-Motto der Stadt Offenburg wider. Er signalisiert zum einen: „Offenburg packt es jetzt einfach an". Zum anderen sagt er den Bürgerinnen und Bürgern: „Klimaschutz ist leicht umzusetzen. Macht mit! Wir unterstützen Euch dabei" (vgl. Abb. 21.6).

Die Kampagne greift die Handlungsfelder auf, in denen sich die Bürgerinnen und Bürger sich für den Klimaschutz engagieren können und geht sie sukzessive in drei Themenblöcken an: Energie im Haushalt, Mobilität und Reisen, Konsum und Ernährung.

Abb. 21.6 Logos der Klimakampagne. (Quelle: Stadt Offenburg o. J.)

Diese machen auf zentrale Probleme aufmerksam. In einem nächsten Schritt werden Optionen für das persönliche „klimafreundliche" Verhalten aufgezeigt und zuletzt werden die Bürgerinnen und Bürger in ihrem positiven Handeln bestätigt. Die Botschaften werden über großflächige Plakate, Aktionen, Informationsveranstaltungen und Events vermittelt. So lassen sich unter anderem bestimmte Projekte und Angebote der Stadt verstärkt ins Licht zu rücken, deren Akzeptanz auf bestimmte Verhaltensänderungen bei den Bürgerinnen und Bürgern angewiesen ist (vgl. Abb. 21.7).

Im Themenfeld „Mobilität" wurde entsprechend im ersten Schritt darauf hingewiesen, dass der motorisierte Individualverkehr einen erheblichen Beitrag zum Klimaschutz leisten kann. Bereits hier wurden die spezifischen Themen der Nutzung von Fahrzeugen

Abb. 21.7 Plakate als Werbemittel für die Klimakampagne. (Quelle: Stadt Offenburg 2017)

mit Verbrennungsmotor auf Kurzstrecken hervorgehoben. So wurden in einer mehrtägigen Aktion an Tankstellen „Kurzstreckenfahrschulen“ ausgegeben, die auf humoristische Weise auf die Nachteile der Nutzung vom Auto auf Kurzstrecken hinweisen. In der nächsten Phase wurden die Nutzung des Fahrrads sowie des Angebots zur Nutzung öffentlicher und öffentlich zugänglicher Verkehrsmittel als Option zur Verringerung verkehrsbedingter Emissionen empfohlen. In diesem Zusammenhang hat die Stadt den „Offenburger Mobilitätstag“ ins Leben gerufen: An einem Tag im Jahr organisiert die Stadtverwaltung gemeinsam mit ihren Partnern ein Straßenfest, bei dem über die verschiedenen Angebote rund um nachhaltige Mobilität in Offenburg informiert wird. Hier beantworten die Mitarbeiter der Verkehrsplanung und die Verantwortlichen für den öffentlichen Nahverkehr Fragen der Bürgerinnen und Bürgern und nehmen zudem mögliche Beschwerden entgegen. Serviceleistungen rund ums Fahrrad sowie die Einführung der Nutzung der Fahrzeuge aus dem Bike- und Carsharing gehören ebenfalls zur Veranstaltung wie die Präsenz der Polizei, die zu Sicherheitsfragen im Verkehr informiert. Zur Bestätigung positiven Handelns wurden die Nutzer des ÖPNV mit einem Gratiskaffee am Zentralen Omnibusbahnhof überrascht und Radfahrer konnten sich in einer Nikolausaktion über Schokoherzen freuen (vgl. Abb. 21.8).

Abb. 21.8 Aktionen in der Stadt halten das Thema lebendig. (Quelle: Stadt Offenburg o. J.)

Mit der Eröffnung der ersten Mobilitätsstation im Juni 2015 hat Offenburg auch die eigens dafür entwickelte Marke „Einfach Mobil" lanciert. Analog zum Slogan „Klimaschutz einfach machen." vermittelt die Offenburger Mobilitätsmarke, dass es einfach ist, in Offenburg mobil zu sein. Die Entwicklung der Wort-Bild-Marke „Einfach Mobil" als Baustein des Integrierten Verkehrskonzepts ist eine logische Konsequenz aus dem etablierten Offenburger Markenzeichen, den Straßenraum multimodal zu gestalten. Einzelne Elemente treten eigenständig in einem abgestimmten Corporate Design auf. Durch eine konsequente Verwendung der Marke werden sie als einheitliches System wahrgenommen. Dabei wird das neue Erscheinungsbild der Mobilitätsstationen, der Bushaltestellen, des Radhauses und der Fahrradboxen wesentlich durch die eingesetzten Materialien geprägt. Der hierzu verwendete hellgrüne Farbton, der seit 2012 für Klimaschutzmaßnahmen in Offenburg steht, zeigt, dass das Mobilitätsmanagement als Beitrag zur Erreichung der Klimaschutzziele verstanden wird. Hellgrün bestimmt auch die Neu- und Umgestaltungsmaßnahmen bei den Radverkehrsanlagen. Die Mietfahrzeuge tragen die gleiche Marke wie die Mobilitätsstationen. Seit November 2017 haben auch die Offenburger Stadtbusse die Marke sowie das „Klimaschutzgrün" aufgenommen (vgl. Abb. 21.9).

Die neue Marke „Einfach Mobil" bei gleichzeitiger Einführung der „Einfach Mobil"-Karte und Aufbau eines Netzes von Mobilitätsstationen, die die einzelnen Verkehrsarten eng verzahnen, zielt auf eine spürbare Reduzierung der umweltbelastenden Auswirkungen beim Verkehr. Es geht darum, die Zurücklegung der Wege der Bevölkerung und der Pendler als Wegeketten zu begreifen, die diese mit unterschiedlichen – jeweils der anstehenden Entfernung und dem Mobilitätszweck angepassten – Fortbewegungsmitteln bewältigen. Die Marke sowie die dazugehörigen Angebote im Umweltverbund und der Nahmobilität wurden verstärkt in den Jahre 2016 und 2017 in der Klimaschutzkampagne

Abb. 21.9 Stadtbus als Werbemittel für die Klimakampagne. (Quelle: Stadt Offenburg 2018)

beworben und gleichzeitig das Corporate Design aufeinander abgestimmt. Die Ansprechpartner für die Themen Klimaschutz und Mobilität mit ihrer sehr engen Verzahnung bei der Stadtverwaltung sind die Klimaschutzmanagerin Bernadette Kurte, Erster Bürgermeister Oliver Martini und Mathias Kassel von der Stabsstelle „Mobilität der Zukunft".

21.5 Fazit und Ausblick

So wie der Verkehr einen erheblichen Anteil an den klimaschädlichen CO_2-Emissionen hat, so bewährte sich die Einbettung des Mobilitätsmarketing in die Öffentlichkeitsarbeit für klimafreundliches Handeln in Offenburg. Für die Offenburger Bevölkerung ist klar, dass Mobilität und Klimaschutz eng miteinander verzahnt sind. Das verkehrliche Leitbild als Grundlage sowie die daraus resultierenden Umsetzungskonzepte für den Radverkehr, den Stadtbusverkehr, die Elektromobilität und die Mobilitätsstationen, bilden dabei den Rahmen zur Reduzierung der verkehrsbedingten Treibhausgasemissionen im Stadtgebiet. Darüber hinaus wird stadtverträgliche Mobilität ermöglicht, Nahmobilität verbessert, Stadtraum erlebbarer und Stadtqualität erhöht.

Darüber hinaus ist das Bestreben der Stadtverwaltung, den Umweltverbund in der Nahmobilität zu stärken, den Offenburgerinnen und Offenburgern bekannt. Die gemeinsame Präsentation der Verkehrsmittel aus dem Umweltverbund unter der Marke „Einfach Mobil" und die einheitliche Verwendung des „Klimaschutzgrüns" macht es ihnen einfach, zu erkennen, wie sie klimafreundlich und ohne (eigenes) Auto in Offenburg mobil sein können. Dabei strebt die Stadt weiterhin eine Vereinfachung der Nutzung aller Angebote nachhaltiger Mobilität im Stadtverkehr an. Dies wird zum einen über die Einrichtung einer Mobilitätszentrale geschehen, die das Beratungsangebot rund um umweltfreundliche Mobilität zentralisiert und verbessert. Geschultes Personal soll in Bahnhofsnähe bei der Auswahl des richtigen Verkehrsmittels für den geplanten Teil der Wegekette helfen, über Bike- und Carsharing und die dazugehörigen Nutzungsbedingungen informieren, Auskunft über den ÖPNV geben sowie Tickets für diesen verkaufen. Zum anderen nimmt die einheitliche Darstellung des Angebots nachhaltiger Mobilität in Offenburg die Vision, zukünftig über eine zentrale App auf alle Angebote zurückgreifen zu können, vorweg (vgl. Abb. 21.10).

Die Marke „Einfach Mobil" hat einen hohen Wiedererkennungswert sowohl bei den Bürgerinnen und Bürgern, als auch in der Region. Nachdem verschiedentlich Interesse anderer Kommunen an einer Zusammenarbeit mit Offenburg vor allem im Themenfeld multimodaler Mobilität unter Nutzung der Marke „Einfach Mobil" ausgedrückt wurde, hat der Offenburger Gemeinderat beschlossen, das Projekt auch über die Grenzen der Region hinaus auszudehnen. Die Gespräche mit den Städten und Gemeinden für ein einheitliches System multimedialer Angebote der Nahmobilität sind bereits angelaufen – mit dem Ziel, ein kommunales Mobilitätsnetzwerk zu gründen und gemeinsam die Nahmobilität in der Region unter der Marke „Einfach Mobil" weiterzuentwickeln und einen spürbaren Modal Shift hin zum Umweltverbund im beruflichen Pendlerverkehr zu

Abb. 21.10 Parallele Angebote für flexible Mobilität. (Quelle: Stadt Offenburg 2015)

erreichen. Hierbei ist auch angestrebt, eine einheitliche „Einfach Mobil"-Karte für die Ortenau und den Eurodistrikt zur Nutzung des gesamten Angebots der Mobilitätsstationen, unter Einbeziehung der Verkehrs- und Tarifverbünde, einzuführen.

Oliver Martini ist Stadtplaner und Bauassessor. Nachdem er einige Jahre in einem Architektur- und Planungsbüro tätig war, ist er in den öffentlichen Dienst gewechselt. Nach dem zweiten Staatsexamen in der Fachrichtung Städtebau war er in den Städten Leonberg und Stuttgart tätig. Seit 2011 ist er Baubürgermeister und seit 2014 auch Erster Bürgermeister der Stadt Offenburg. Das Baudezernat umfasst alle technischen Fachabteilungen wie bspw. die Stadtplanung und Stadtgestaltung, die städtebauliche Sanierung, den kommunalen Hochbau, die Grün- und Landschaftsplanung sowie die Verkehrsplanung, den Tiefbau und die Straßenverkehrsbehörde. Oliver Martini ist es ein wichtiges Anliegen, Stadtentwicklung ganzheitlich und integrativ zu betrachten. Mobilität und Verkehr sind als eine Kernaufgabe in der Stadtplanung zu verstehen. Daher ist es unabdingbar, die Möglichkeiten der Mobilität von Beginn an bei städtebaulichen Entwicklungen mitzudenken. Vor diesem Hintergrund macht er sich für die Förderung des Umweltverbunds in Offenburg stark. Die Einführung der Marke „Einfach Mobil" spielt in diesem Zusammenhang eine herausragende Rolle. Er ist außerdem Mitglied der Architektenkammer Baden-Württemberg und im Vorstand der Arbeitsgemeinschaft Fahrradfreundlicher Kommunen (AGFK) in Baden-Württemberg.

Bernadette Kurte studierte Angewandte Geographie mit Schwerpunkt Raumentwicklung in Trier. Zwischen 2002 und 2012 war sie als Entwicklungshelferin in verschiedenen Projekten nachhaltiger Regionalentwicklung in Mittel- und Südamerika tätig. Seit September 2012 ist sie Klimaschutzmanagerin bei der Stadt Offenburg. Als solche koordiniert sie die Umsetzung der vom Gemeinderat beschlossenen Maßnahmen im Offenburger Klimaschutzkonzept, leitet den verwaltungsinternen Qualitätsmanagement- und Zertifizierungsprozess zum Klimaschutz („European Energy Award", eea) und ist für die Öffentlichkeitsarbeit zum Klimaschutz in Offenburg zuständig.

Mathias Kassel ist Bauingenieur mit der Vertiefung Verkehrswesen und Regierungsbaumeister. Er war von 1991 bis 2017 verantwortlich für die Verkehrsplanung bei der Stadt Offenburg. Seine Schwerpunkte der langjährigen Berufserfahrung umfassen Verkehrskonzepte, Straßenentwurf, Planung, Abwicklung und Abrechnung komplexer Projekte im Zusammenhang mit dem Schienenverkehr, Begleitung anspruchsvoller städtebaulicher Entwicklungskonzepte, Elektromobilität, Radverkehr und Busverkehr, Verkehrstechnik und Bürgerbeteiligung. Er ist ein bundesweit gefragter Experte für intermodale und multimodale Verkehrssysteme. Anfang 2018 hat er die Stabsstelle „Mobilität der Zukunft" bei der Stadt Offenburg übernommen. Er hat bei mehreren Publikationen im Bereich der Mobilität mitgewirkt und ist zutiefst überzeugt, dass eine Stadt und ihre Menschen immens profitieren, wenn Stadtentwicklung und -planung, Klimaschutz, Verkehrs- und Mobilitätsplanung Hand in Hand arbeiten. Darüber hinaus ist er Mitglied bei der Forschungsgesellschaft Straßen- und Verkehrswesen und in der Vereinigung für Stadt-, Regional- und Landesplanung.

Mobilität, Infrastruktur und Integration

22

Kommunale und regionale Mobilität im Zeitalter von E-Mobilität und autonomem Fahren

Claudius Schaufler und Christina Maren Rutka

Zusammenfassung

Weltweit stehen Städte vor einer Vielzahl an Herausforderung – neueste Technologien und Weiterentwicklung im Bereich Digitalisierung können helfen, diesen Problemen zu begegnen. Am Beispiel des autonomen Fahrens soll aufgezeigt werden, welchen enormen Einfluss Automatisierung und Konnektivität auf große Problemstellungen wie Wohnungsnot oder Bewerkstelligung von Resilienzstrategien leisten können. Die Studie AFKOS – Autonomes Fahren im Kontext der Stadt, eröffnet jene Möglichkeitsräume für einen visionären Umgang mit urbanem Raum.

22.1 Autonomes Fahren im Kontext der Stadt

Oktober 2018: der im südkoreanischen Incheon veröffentlichte Sonderbericht des Weltklimarates (IPCC) führte nicht nur in der Wissenschaftslandschaft zu einem großen Aufschrei – auch in Politik, Medien und Öffentlichkeit hinterließ die Prognose für unseren Planeten große Besorgnis. Seitdem steht fest, dass sich die Erde schneller erwärmt und ernstere Folgen hervorbringt, als angenommen (vgl. Allen et al. 2018).

Der zwischenstaatliche Ausschuss für Klimaänderungen der UN mahnt, dass das Einhalten der 1,5-Grad-Grenze möglich ist – unter entsprechenden technischen und wirtschaftlichen Maßnahmen (vgl. Allen et al. 2018).

C. Schaufler (✉)
Stuttgart, Deutschland
E-Mail: claudius.schaufler@iao.fraunhofer.de

C. M. Rutka
Fraunhofer IAO, Stuttgart, Deutschland
E-Mail: christina-maren.rutka@iao.fraunhofer.de

T. Breyer-Mayländer und C. Zerres (Hrsg.), *Stadtmarketing*,
https://doi.org/10.1007/978-3-658-26254-9_22

Neben dem Klimawandel stehen Städte weltweit auch der Herausforderung eines anhaltenden Bevölkerungswachstums gegenüber, was u. a. mit einem Mangel an Wohnraum oder Verknappung von Ressourcen einhergeht. Neueste Technologien und Weiterentwicklung im Bereich Digitalisierung können diesen Herausforderungen entgegenwirken – welchen enormen Einfluss hierbei der Wandel hin zu einer neuen Mobilitätskultur leisten kann, dies verdeutlicht die Studie AFKOS – Autonomes Fahren im Kontext der Stadt. Gegenwärtig wird Autonomes Fahren meist unter technischen und regulatorischen Gesichtspunkten diskutiert. Bisher untergeordnet sind die stadträumlichen Potenziale, die sich durch autonome und vernetzte Fahrzeuge im öffentlichen Raum ergeben. Zum Beispiel können zukünftig signifikant Flächen durch weniger Stellplätze eingespart werden, wenn Fahrzeuge nicht mehr im individuellen Besitz sind. Dadurch könnte eine autonome geteilte Mobilität eine der größten Stellschrauben für mehr Nachhaltigkeit und Lebensqualität in Städten sein. Im Beitrag werden beispielhafte Ergebnisse der Studie AFKOS des Fraunhofer IAO vorgestellt.

22.2 Neue Mobilität und der Stadtraum von morgen

Das Automobil hat in der bisherigen Stadtentwicklung, besonders in der Verbindung mit dem Aufkommen der Individualmobilität, immer mehr Raum eingefordert. Während zu Beginn dieser neuen Technologie im 19. Jahrhundert noch der „Red Flag Act" galt und vor jedem Automobil ein Mensch mit einer roten Flagge voranlaufen sollte, bestimmen heute mehrspurige Stadtautobahnen und teilweise mehrstöckige Tiefgaragen das Bild von einer urbanen Mobilität. Asphaltierte Flächen für ruhenden und fließenden Verkehr umfassen in Städten teilweise über zehn Prozent des gesamten Stadtgebiets. Nach wie vor fordert der Einzelhandel unserer Innenstädte maximale Erreichbarkeit durch möglichst viele nahe Stellplätze. Hinzu kommt die steigende Bedeutung des Online-Handels, die das Sendungsvolumen von Paketen und damit auch das Aufkommen von Liefertransportern auf der letzten Meile mehr als verdoppelt hat. Doch mittlerweile reift mit der sukzessiven Weiterentwicklung autonom fahrender Fahrzeuge die Idee eines neuen Mobilitätsparadigmas. Erstmals seit über 125 Jahren kann das autonome Fahren dabei wieder einen Wendepunkt in der urbanen Mobilität darstellen. Selbst die großen Automobilhersteller sprechen davon, dass die nächsten fünf Jahre die Branche mehr verändern werden als die letzten hundert Jahre. Doch was sind die konkreten Potenziale auf Ebene einer deutschen Mittel- oder Großstadt? Wie viele Verkehrsflächen brauchen wir zukünftig, um dieselbe Mobilität wie heute zu gewährleisten? Und welche Leitplanken und Zielbilder braucht es für eine Erschließung dieser Potenziale? Dies waren die Leitfragen zur Durchführung der Potenzialstudie AFKOS – autonomes Fahren im Kontext Stadt, die im Rahmen der Fraunhofer Initiative Morgenstadt entstand. Ziel ist es, heutigen kommunalen Entscheidern sowie wirtschaftlichen Akteuren eine wissenschaftlich validierte Diskussionsgrundlage zu schaffen und damit bereits heute

Abb. 22.1 Szenario für einen multifunktionalen städtischen Verkehrsraum. (Quelle: © Fraunhofer IAO/LAVA)

die richtigen Entscheidungen für die andauernde Transformation urbaner Mobilität zu unterstützen (vgl. Abb. 22.1). Denn jeder Stadtteil, jedes Quartier oder jede Verkehrsinfrastruktur, die heute geplant wird, kann diesen Wandel antizipieren oder hemmen.

22.3 Elektrische und autonome Anwendungskonzepte in Deutschland: der Status quo

Europa kann gegenwärtig mit einer Vielzahl öffentlich zugänglichen Testfeldern im Bereich autonomer Fahrsysteme aufwarten – einige davon auch in Deutschland.

Seit Oktober 2017 bildet hierzulande das ländliche Bad Birnbach, im niederbayrischen Landkreis Rottal-Inn gelegen, die Kulisse für die erste Pilotphase eines autonomen Fahrzeuges. Gemeinsam mit der Gebietskörperschaft hat der Kooperationspartner Deutsche Bahn (DB) in Zusammenarbeit mit dem französischen Fahrzeugentwickler EasyMile einen neuartigen, autonomen Service auf die Straße gebracht. Dazu wird erstmals ein Kleinbus ohne Fahrer im Straßenverkehr eingesetzt, welcher den öffentlichen Nahverkehr vor Ort ergänzen soll. Auf einer Streckenlänge von fast 700 Metern, pendelt der Shuttle mit einer Geschwindigkeit von max. 15 km/h vom Bahnhof, über die Innenstadt bis zur Therme der Ortschaft. Durch eine ausfahrbare Rampe ist der Kleinbus barrierefrei und kann bis zu sechs Passagiere auf Deutschlands erster autonomen Buslinie transportieren. Zudem ist immer ein Fahrbegleiter an Bord, der bei Bedarf ins Fahrgeschehen eingreifen kann (Markt Bad Birnbach 2018).

Gemeinsam mit der Berliner Verkehrsgesellschaft (BVG) testet die Berliner Charité seit März 2018 auf dem Klinikgelände der Hauptstadt autonome Shuttles. Patienten, Besucher und Mitarbeiter können auf dem Gelände des Campus Mitte kostenlos mit insgesamt vier elektrischen Minibussen auf zwei Ringlinien pendeln. Die Testfläche, auf der die Fahrzeuge der Unternehmen Navya und EasyMile mit einer Höchstgeschwindigkeit von 12 km/h verkehren, ist von öffentlichen Straßen abgegrenzt – parallel bildet das Areal mit Krankenwagen, Radfahrern und Fußgängern jedoch den Verkehrsalltag im Miniformat ab. Bis 2020 läuft die Testphase, die als Projekt auf dem Weg zu einer Smart City verstanden wird. Ein weiteres Hauptstadtprojekt ist der selbstfahrende Elektrokleinbus, der auf dem EUREF Campus im Berliner Ortsteil Schöneberg seit 2017 regelmäßig im Einsatz ist. Künftig soll das autonome Transportmittel individuell per App bestellbar sein und nicht mehr einem festen Fahrplan folgen (vgl. Charité CFM Facility Management GmbH 2018).

Wie im Fall von Bad Birnbach, sind auch die Berliner Shuttles aus Sicherheitsgründen jeweils mit einem Fahrbegleiter besetzt. Ähnliche Versuche, den öffentlichen Verkehr mit autonomen Shuttles zu ergänzen, wurden bzw. werden ebenfalls in weiteren Regionen Deutschlands getestet, unter anderem beispielsweise in Frankfurt, Karlsruhe oder Ludwigsburg.

22.4 Methodik und Forschungsansatz

Im Verlauf der Potenzialstudie wurden zu Beginn 25 Studien analysiert, nach Szenarien ausgewertet und zu signifikanten Extremszenarien zusammengefasst, die erstmals einen umfassenden Einblick auf die möglichen Effekte von verschiedenen Anwendungsfällen im städtischen Raum geben. Von der Etablierung automatisierter Fahrzeuge in Privatbesitz bis zu einer vollständigen Integration in das öffentliche Verkehrsnetz sowie als Angebot als Mobility-as-a-Service (MaaS) bilden diese Szenarien die komplette Bandbreite der Möglichkeiten ab, die sich im Laufe des kommenden Jahrzehnts abzeichnen könnten. Inwieweit eines der Extremszenarien für eine politische als auch stadtplanerische Orientierung dienen kann, wurde folglich im Rahmen eines Workshops mit ausgewählten Fraunhofer-Experten der Stadt, aus der Mobilitäts- und Fahrzeugforschung diskutiert sowie in einer umfangreichen Meta-Analyse erhoben. Eine maximale Integration des automatisierten Fahrzeugs in den öffentlichen Verkehr stellte sich dabei als die Alternative mit dem höchsten Potenzial zur Steigerung der Lebensqualität heraus, weshalb diese als Leitbild für markante Thesen über das künftige Stadtbild diente. In einer darauffolgenden Interviewrunde mit führenden Experten der Automobilbranche, aus Stadtverwaltungen sowie der Forschung wurden diese validiert und schließlich zu Einblicken zusammengefasst, die einen Überblick der zu erwartenden Effekte auf die städtischen Strukturen des Jahres 2035 geben. Die dadurch ermittelten Einblicke wurden anhand der STEEP-Methodik analysiert um herauszustellen, wie sich das Szenario Autonomes Fahren auf das Leben in der Stadt der Zukunft auswirken könnte.

Bei der STEEP-Methodik wird eine differenzierte Betrachtung von Effekten ermöglicht, die sich an den Kategorien Gesellschaft *(**S**ociety)*, Technologie *(**T**echnology)*, Ökonomie *(**E**conomy)*, natürliche Umwelt *(**E**nvironment)* sowie Politik *(**P**olitics)* orientiert. Im spezifischen Fall der beschriebenen Szenarien wird die Dimension der urbanen Struktur *(**U**rban)* ergänzt und im Folgenden entlang der STEEP-U-Faktoren als erste Einschätzung des Szenarios beschrieben. Neben „STEEP" ist auch das Akronym PESTLE gebräuchlich, das für nahezu die gleichen Inhalte bzw. Abkürzungen steht und diese lediglich in einer anderen Reihenfolge verwendet (vgl. Lippold 2015).

22.5 Blick in die Zukunft: Stadtraumpotenziale

Der flächendeckende Einsatz automatisierter Shuttles als ergänzender Bestandteil des liniengebundenen Nahverkehrs bewirkt strukturelle Effekte, die weit über die Minderung der Anzahl von Fahrzeugen oder die Effizienz des Verkehrsflusses hinausreichen. Die Anzahl der Verkehrsunfälle könnte gesenkt werden, die mit dem Straßenverkehr verbundenen Emissionen reduziert und ebenso die Lebenszykluskosten für Verbraucher als auch für Anbieter. Dabei ließe sich die Anbindung der mit dem öffentlichen Nahverkehr bisher schlecht erreichbaren Stadtvierteln verbessern und Infrastrukturen des liegenden und fließenden Verkehrs für alternative Nutzungen öffnen. Letzteres ist von besonderer Bedeutung, denn Verkehrsschneisen beanspruchen oft wertvolle Stadtflächen und schaffen funktionale Leerräume zwischen Gebäuden sowie sozialen Bereichen. Die folgenden Beispiele zeigen eine Auswahl der Möglichkeiten, die sich im Laufe der kommenden Jahre und im Zuge einer alternativen Verkehrs- und Stadtplanung eröffnen können. Basis der Transformationsmöglichkeiten bilden die in der Studie genauer betrachteten Flächeneinsparungen, die signifikante Entwicklungsflächen eröffnen werden.

22.5.1 Von mono- zu multifunktionalen Stadtflächen

Die zuvor als reine Verkehrsfläche genutzte Infrastruktur wandelt sich künftig zu adaptivem Raum, der außer zur Versorgung mit Mikromobilitätslösungen sowie zur Nutzung als Transit- und Umschlagsflächen für automatisierte Fahrzeuge für jegliche Formen des sozialen Austauschs genutzt werden kann (vgl. Abb. 22.2). Während der ökonomische Druck auf großräumigen Parkierungsflächen vornehmlich für bauliche Nachverdichtungen sorgen wird, werden kleinere, entlang von Straßen gelegene Parkplätze für eine Vielzahl möglicher Nutzungen eingebunden. Anliegende Gastronomie sowie der Einzelhandel rücken in den öffentlichen Raum und beleben die Straße als sozialen Ort, während entlang stärker befahrenen Straßenkorridoren mehr Platz für Bäume und Grünstreifen den Brückenschlag zu größeren Grünanlagen der Stadt schafft. Eine tageszeitabhängige Anpassung städtischer Funktionen auf multifunktionalen Stadtflächen ist nicht nur vielfältiger, sondern ermöglicht ebenso eine flexible Anpassung an die lokal

Abb. 22.2 Unfallfreies Nebeneinander: autonomes Fahren als Ergänzungsform der urbanen Mobilitätskultur. (Quelle: © Fraunhofer IAO/ LAVA)

anfallenden Bedarfe. In Peak-Zeiten der morgendlichen Rushhour als Haltestelle für automatisierte Shuttles, werden Elastic Spaces über die Mittagsstunde beispielsweise als Fläche für die Gastronomie genutzt. Vor dem abendlichen Peak des Feierabendverkehrs wandelt sich die Fläche mithilfe anpassbaren Stadtmobiliars erneut zur Haltestelle und steht anschließend als sozialer Raum entlang verkehrsberuhigter Straßen in der Innenstadt bereit. In den Abendstunden und an den Wochenenden könnten geeignete Straßen temporär komplett geschlossen, die Fahrpläne der verbleibenden automatisierten Shuttles angepasst werden. Straßenfeste, Flohmärkte, Essensmärkte oder Pop-Up-Verkaufsstände sind nur einige Beispiele für vielfältigste Umnutzungen.

22.5.2 Das Leben spielt sich vermehrt entlang zentraler Mobilitätsachsen ab

Die sich eröffnenden Räume für alternative Nutzungen bedürfen einer separierten Betrachtung entlang verschiedener Bevölkerungsdichten: von verkehrsberuhigten Bereichen in sehr urbanen Umgebungen bis zu Zufahrts- und Ringstraßen, die diese Stadtquartiere anbinden. Freiwerdende Flächen entlang innerstädtischen, schmaleren Verkehrswegen eignen sich wie beschrieben für soziale Räume und Freizeitaktivitäten. Dagegen werden Ring- und Zufahrtstraßen zwar flexibler, mit der steigenden Bevölkerung und als Schnittstelle zwischen Land und Stadtverkehr jedoch weiterhin stärker ausgelastet. Die geringere Aufenthaltsqualität einerseits, jedoch die gute Anbindung andererseits prädestiniert derartige Flächen als Arbeits- und Produktionsräume sowie zur Platzierung dafür benötigter Infrastrukturstationen, an die modulare Produktions- und Pop-up Werkstätten angeschlossen werden könnten. Man stelle sich den 3-D-Drucker sowie Prototyping-Garagen vor, in der Start-ups fernab großer Fabriken Design-Entwürfe testen und weiter entwickeln können.

22.5.3 Freiwerdende Flächen als Wettbewerbsvorteil für Städte

Inwieweit die Attraktivität einer Stadt durch Neuinterpretationen von vorhandenen Flächen gesteigert wird, hängt stark von der Fähigkeit der Stadtverwaltung ab, derartige Flächen zugänglich zu machen. Im städteübergreifenden Vergleich ist somit die heutige Verfügbarkeit umwandelbarer Verkehrsinfrastruktur entscheidend, jedoch ebenso die Zuordnung dieser in einem Gleichgewicht zwischen Flächen für den Neubau von Gebäuden, sozialen Räumen, Grünflächen, Transitflächen, sowie Flächen für Gastronomie oder Einzelhandel etc. Folge der verbesserten Aufenthaltsqualität könnten durchaus erhöhte Immobilien- sowie Mietpreise sein, die gleichermaßen in urbanen als auch suburbanen Gebieten zu erwarten sind. Dennoch gibt es auch positive Flächenpotenziale, die bei der zunehmenden Bedeutung politischer Umweltregularien enormes politisches Gewicht erhalten könnten. An diesem Punkt liegt es in der Hand der Stadtverwaltungen, durch entsprechende Strategien im Bereich der (Außen-)Kommunikation und des Marketing Impulse zu setzen und den positiven, räumlichen Wandel zu bewerben.

22.5.4 Integration grüner Infrastrukturen und klimaaktiver Oberflächen

In Kombination mit naturbasierten Lösungen, wie zum Beispiel Grünflächen auf freiwerdenden Parkplätzen und Fassadenbegrünungen, heben vormals für Mobilitätsangebote genutzte Infrastrukturen das Potenzial zur Verbesserung der Luftqualität sowie des Mikroklimas einer Stadt. Zusätzliche Kosten, die durch beispielsweise umweltbezogene Einflüsse wie starke Regenfälle, Überschwemmungen und Hitzewellen auftreten, können ebenfalls durch derartige Interventionen gemindert werden. Im Großen und Ganzen könnten Flächeneinsparpotenziale der entscheidende Hebel zur Transformation städtischer Nachteile in einen nachhaltigen und die Lebensqualität steigernden Strukturwandel darstellen (vgl. European Union 2015) (vgl. Abb. 22.3).

Abb. 22.3 Klimaaktive Architektur schafft Aufenthaltsqualität im öffentlichen Raum. (Quelle: © Fraunhofer IAO/LAVA)

22.5.5 Städtische Resilienz: Sharing- und Automatisierung als Treiber steigender Luftqualität

Besonders im Umkreis der städtischen Gebiete, die stark unter den Folgen der Luftverschmutzung leiden, kann durch automatisierte Mobilitätsservices in Sharing der Ausstoß von Kohlenstoffdioxid sowie Stickoxiden auf einen Bruchteil der heute gemessenen Werte gesenkt werden. Neben dem elektrischen Antriebsstrang und Ausbau der erneuerbaren Energieversorgung trägt die Optimierung des Verkehrsflusses bei, den Energieverbrauch sowie den emittierten Feinstaub von Bremsvorgängen sowie Reifenabrieb auf ein Minimum zu reduzieren. Ebenso verlängert sich aufgrund weniger starken Beschleunigungen sowie Bremsvorgängen und einer konstanteren Durchschnittsgeschwindigkeit die Belastung auf die Infrastruktur, was den Lebenszyklus verlängert und schließlich Umwelteinfluss dieser mindert. In Bereits sehr gut an den öffentlichen Verkehr angebundenen Stadtvierteln ist das Einsparpotenzial demzufolge geringer, da bereits niedrigere pro-Kopf Emissionslevel erreicht wurden.

22.6 Voraussetzungen für lebensqualitätssteigernde Anwendungsfälle

Die genannten Beispiele sind Folgen eines gewissen Anwendungsfalls autonomer Fahrzeugtechnologie, der keineswegs als selbstverständlich angenommen werden sollte. Die Technologie schreibt selbst keine klare Entwicklungsrichtung vor, sondern eröffnet vielmehr eine

Vielzahl an möglichen Anwendungsfällen, die vom Gestaltungswillen der beteiligten Kommunen, privatwirtschaftlichen Akteure und schließlich Bürgerinnen und Bürger abhängig sind. Im Rahmen der AFKOS-Studie konnten insgesamt drei Szenarien ermittelt werden, die sich, basierend auf dem heutigen Stand technologischer Möglichkeiten, in Zukunft ergeben könnten. Im Folgenden wird auf das Szenario mit den größten Flächeneinsparpotenzialen im urbanen Raum eingegangen, das als „Symbiotische Mobilität" bezeichnet werden kann. Die Untersuchung hat gezeigt, dass folgende Merkmale ein ideales Mobilitäts-Szenario charakterisieren: ergänzend zu Angeboten des lokalen ÖPNV, wird die Mobilitätslandschaft im urbanen Raum um vollständig autonome und elektrisch angetriebene Vehikel ergänzt. Diese Flotten stehen den Nutzern rund um die Uhr zur Verfügung, wobei zwischen verschiedenen Fahrzeug-Modellen ausgewählt und so dem individuellen, situationsbedingten Bedarf („on demand") angepasst werden kann. Eine multimodale Navigationsschnittstelle bündelt die verschiedenen Mobilitätsangebote, von Car- über Ridesharing bis hin zu elektrischen Mikro-Mobilitätsformen wie E-Scooter und E-Bikes und erleichtert somit intermodales Agieren (Mobility as a service System, MaaS).

Ein solches Szenario hätte einen enormen Einfluss auf das Leben in der Stadt der Zukunft. Die Einsparmöglichkeiten im Bereich der Parkplätze und Straßenflächen birgt das Potenzial des Ausbaus öffentlicher Räume, die für anderweitige Nutzungen bereitstehen. Ebenso ist eine Steigerung der dort wahrgenommenen Lebensqualität zu erwarten, die mit der geringeren Lärm- sowie Umweltbelastung einhergehen könnte. Mit plattformübergreifenden digitalen Assistenten steigen der Komfort sowie die Auswahl an verfügbaren inter- sowie intramodalen Routenoptionen, die auf die aktuellen Bedürfnisse des Kunden reagieren.

Begleitend zur technischen Weiterentwicklung der schwarmgesteuerten automatisierten Shuttles findet deren Integration in ganzheitliche Mobilitätsplattformen statt, die dem Nutzer eine Vielfalt an personalisierten Dienstleistungen bereitstellt. Die Auswertung der verkehrsträgerübergreifenden Datenströme ermittelt ganzheitliche Bewegungsprofile, die zur weiteren Komfortsteigerung symbiotischer Mobilitätsangebote genutzt werden können.

Wirtschaftlich bietet eine Verlagerung des Geschäftsmodells, von der Anzahl der verkauften Fahrzeuge zum Betrieb ganzheitlicher Mobilitätsangebote, Weiterentwicklungspotenziale für Automobilhersteller als auch Städte. Der Kontaktpunkt zum Verbraucher wandelt sich vom Einmalkauf eines Fahrzeugs zur ständigen Begleitung in Form von digitalen Mobilitätsassistenten. Städtischer Raum erlebt durch die vermehrte Verknüpfung verschiedenster Mobilitätsformen einen Wandel in Richtung hoch vernetzter Austauschfläche, die branchenübergreifende Wertschöpfungspotenziale hebt.

Fahrzeugbezogene Emissionen werden nicht nur durch die Reduktion der benötigten Flotte an Shuttles reduziert, sondern weichen aufgrund der gleichzeitig einhergehenden Reduzierung der getätigten Fahrten bei verbesserter Auslastung in Ridesharing Modellen von den vorherigen Extremszenarien der starken Abhängigkeit individuell genutzter Shuttle ab. Neben dem Energieverbrauch werden auch Feinstaub- und Lärmemissionen gesenkt. Der potenzielle Ausbau grüner Infrastruktur ermöglicht die Rückkehr einer vielfältigeren Biodiversität in den urbanen Raum.

Flächeneinsparungen ermöglichen neue Flächennutzungskonzepte die Lebensqualität, Resilienz und Nachhaltigkeit der Stadt erhöhen können, was als infrastrukturelle Umstrukturierung die Möglichkeit zur Konformität mit den Sustainable Development Goals der United Nations sicherstellt. Der Kunde wird aktiver Teil der Wertschöpfungskette und liefert essenzielle Daten für politische Entscheidungen in der Stadt- und Verkehrsplanung.

Dichtere und vielfältigere Mobilitätsräume ermöglichen die Umgestaltung gesellschaftlicher Interaktionsebenen, unter Steigerung des kommunikativen sowie wirtschaftlichen Austauschs. Im Großen und Ganzen entsteht ein sich stärker wandelnder und flexibler Stadtraum, der sich durch die aufkommende Variabilität auf vielen verschiedenen Ebenen formen und umgestalten lässt.

22.7 Standortfaktor öffentlicher Raum

Mit Blick auf die Auswahl genannter Potenziale im Zuge eines Mobilitätswandels weg von der Dominanz des motorisierten Individualverkehrs und hin zu einer geteilten, autonomen Mobilität, wird sofort erkennbar, dass sich mit diesem Umschwung eine Vielzahl von Möglichkeiten für den öffentlichen Raum ergeben. Flächen, die gegenwärtig beispielsweise noch von dem ruhenden Verkehr okkupiert werden, bilden somit die Konversionsflächen der Zukunft. Die Mobilitätsinfrastruktur von heute, kann somit eine physische wie soziale Neuinterpretation durchlaufen. Auf diese Weise ergeben sich in öffentlichen Zwischenräumen neue Handlungsspielräume für Kommunen. Durch ein (Rück-)Gewinn an städtischem Raum kann urbanen Problemen wie beispielsweise der Wohnungsnot begegnet werden. Ein Mehr an Raum erlaubt aber auch die flächenhafte Umsetzung von Maßnahmen im Zuge von Resilienzstrategien, um so u. a. die Funktionsfähigkeit einer Stadt auch angesichts des fortschreitenden Klimawandels zu gewährleisten.

Das in Abschn. 22.5 aufgezeigte Szenario soll Verwaltungen indes auch Mut machen, das Terrain Stadt nicht als statische, gegebene Struktur zu verstehen und die Lust an urbanen Experimentierfeldern wecken. Schon heute werden landesweit Reallabore als wichtige Impulsgeber initiiert um, weg von einer passiven, zu einer aktiv transformativen sowie bürgerinkludierenden städtischen Entwicklung hinzuarbeiten. Eine entsprechende Offenheit vonseiten der Stadt, den Austausch mit verschiedenen Akteuren zu forcieren und neue Formate und Plattformen zu initiieren, ist hier als klarer Standortvorteil zu werten.

Es gilt diese Potenziale zu erkennen und in eine langfristige Entwicklungsstrategie zu überführen, in deren Entstehung lokale als auch überregionale Akteure der Zivilgesellschaft, Privatwirtschaft sowie Kommunen eingebunden werden. Bei einer Verankerung einer kommunalen Planungsphilosophie mit der Leitvision des attraktiveren Lebensraums werden sich Städte künftig in einen Wettbewerb um gut ausgebildete Fachkräfte und Unternehmen begeben, die sich zunehmend auf der Suche nach hochqualitativen und adaptiven Lebensräumen befinden. Die Fähigkeit Lebensqualität zu definieren, in Infrastrukturen zu übersetzen und attraktive öffentliche Räume zu schaffen wird dabei zum Alleinstellungsmerkmal. Im richtigen Anwendungsfall kann das autonome Fahrzeug den Einstieg in diese Transformationsleistung darstellen.

22.8 Ausblick und kritische Reflexion

Die Studie AFKOS ist der Auftakt zu einem neuen interdisziplinären Forschungsfeld. Sie zeigt aufgrund der kombinierten Auswertung bestehender Studien, Experten-Interviews und räumlicher Fallstudien belastbare Leitlinien für den sinnvollen und vor allem komplementären Einsatz autonomer geteilter Fahrzeugflotten im Stadtgebiet auf. Sie gibt noch keine Aussagen über die Wirtschaftlichkeit oder die regulatorischen Maßnahmen, die auf dem Weg hin zu einer Umsetzung erforderlich sind. Aber die Hinweise auf eine neue räumliche Dimension der Mobilität verdichten sich: 66 % der im Rahmen der Studie befragten Experten gehen von einem stärkeren Rückgang des Flächenverbrauchs für den fließenden Verkehr aus, 86 % von einer stärkeren Reduzierung von Stellflächen im ruhenden Verkehr. Und 82 % sehen einen generellen Rückgang von Fahrzeugbesitz in größeren Städten voraus. Was aber schwierig vorherzusehen ist, sind mögliche Rebound-Effekte durch veränderte Nutzungspräferenzen der Stadtgesellschaft von morgen. Wie wird die nächste Generation Mobilität nutzen und welchen Status gibt sie noch einem Auto mobil in seiner heutigen Form? Je nach Richtung erhält man hierzu die naheliegenden Antworten. Was sich als Ausblick aber deutlich herausstellen lässt, ist das mögliche funktionale Potenzial einer neuen Mobilität und damit auch neuer Nutzungsszenarien für anders nutzbare Flächen in der Stadt von morgen. Wenn bis Mitte des 21. Jahrhundert nur noch 50 % der heutigen Verkehrsflächen benötigt werden, wie wollen wir mit den anderen 50 % angesichts von Klimawandel, Wohnungsnot und Digitalisierung umgehen? Urbane Mikrowohnungen? Grüne Infrastrukturen? Klimaaktive Parks? Aufenthaltsflächen für die digitale Gesellschaft? „Ground Zeros" der autogerechten Stadt? Diese Fragen lassen sich nicht abschließend durch wissenschaftliche Studien beantworten, sondern nur durch eine neue Form der kooperativen Planung und Entscheidungsfindung von Verwaltung, Wirtschaft und Zivilgesellschaft vor Ort diskutieren und aushandeln. Am Fraunhofer IAO wird hierzu mit innovativen Partnern aus Verwaltung, Politik und Wirtschaft an zukunftsweisenden Lösungen für die nachhaltige und sozio-technische Transformation unserer Städte geforscht.

Literatur

Allen, M. et al.: Framing and Context. In: Masson-Delmotte, V., Zhai, P., Pörtner, H.O., Roberts, D., Skea, J., Shukla, P.R., Pirani, A., Moufouma-Okia, W., Péan, C., Pidcock, R., Connors, S., Matthews, J.B.R., Chen, Y., Zhou, X., Gomis, M.I., Lonnoy, E., Maycock, T., Tignor, M., Waterfield, T. (Hrsg.) Global warming of 1.5 °C. An IPCC Special Report on the impacts of global warming of 1.5 °C above pre-industrial levels and related global greenhouse gas emission pathways, in the context of strengthening the global response to the threat of climate change, sustainable development, and efforts to eradicate poverty. In Press (2018)

Charité CFM Facility Management GmbH: Wir fahren Zukunft. https://www.wir-fahren-zukunft.de/ (2018). Zugegriffen: 15. Febr. 2019

European Union: Towards an EU Research and Innovation policy agenda for Nature-Based Solutions & Re-Naturing Cities. https://www.unalab.eu/flipbook/view/181 (2015). Zugegriffen: 15. Febr. 2019
Lippold, D.: Marktorientierte Unternehmensplanung: Eine Einführung. Springer Gabler, Wiesbaden (2015)
Markt Bad Birnbach: 365 Tage autonom unterwegs. https://www.badbirnbach.de/365-tage-autonom-unterwegs (2018). Zugegriffen: 15. Febr. 2019

Claudius Schaufler ist wissenschaftlicher Mitarbeiter im Kompetenzteam Smart Urban Environments der Universität Stuttgart IAT und befasst sich mit der Integration von innovativen Mobilitäts- sowie Energiesystemen in die Quartiersentwicklung. Unter Berücksichtigung urbaner Trends, wie der Digitalisierung oder Automatisierung des Individualverkehrs, werden dabei konkrete Entwicklungspotenziale in der Umgestaltung von Wohn-, Freizeit- und Arbeitsräumen abgeleitet. Claudius Schaufler studierte zuvor Sustainable Urbanism am University College London und spezialisierte sich dabei auf Herausforderungen in der Masterplanung globaler Megacities.

Christina Maren Rutka studierte Geographie und Soziologie an der Universität Heidelberg sowie Stadtplanung an der Universität Stuttgart. Seit 2017 ist sie am Fraunhofer IAO tätig und arbeitet dort im Competence Team Smart Urban Environments. Ihre Forschungsinteressen liegen primär im Bereich der urbanen Mobilität.

23 Schnelle Datenautobahn für den ländlichen Raum – Breitbandausbau im Landkreis Rottweil

Brigitte Stein und Martin Rudersdorf

Zusammenfassung

Leistungsfähige Breitbandnetze entwickeln sich gerade in ländlichen Regionen immer mehr zu einem maßgebenden Parameter für deren Zukunftsfähigkeit. Denn mit einem vorweisbaren Anschluss an das schnelle Datennetz sind unbestritten attraktivere Voraussetzungen für die Ansiedlung von Unternehmen oder für die Wahl eines Wohnstandortes verknüpft und ist eine positive Entwicklung von Wirtschaft und Einwohnerzahl verbunden. Der in Baden-Württemberg zwischen Schwarzwald und Schwäbischer Alb gelegene Landkreis Rottweil hat die Weichen für eine erfolgreiche Digitalisierung der Region früh gestellt. In enger Abstimmung mit allen seinen Kreisgemeinden fördert er mit einer Breitbandinitiative den Ausbau einer leistungsfähigen digitalen Infrastruktur. Dabei hat sich der Landkreis für eine Förderung im Rahmen des Deckungslückenmodells entschieden.

Breitbandausbau im ländlichen Raum bedeutet akutes Handlungsfeld und zentrale Zukunftsaufgabe in einem. Die Möglichkeit, digitale Infrastruktur umfassend nutzen zu können, entscheidet nicht zuletzt darüber, wie zukunftsfähig eine Kommune auf dem Land sowohl wirtschaftlich und gesellschaftlich als auch sozial aufgestellt ist – Stichwort Smart City. Mehr noch: Gerade für den ländlichen Raum mit günstigen Rahmenbedingungen wie erschwinglichem Bauland, intakter Landschaft oder hohem Freizeitwert ergeben sich per Datenautobahn sogar Chancen, mittels der orts- und zeitunabhängigen

B. Stein (✉)
Landratsamt Rottweil, Rottweil, Deutschland
E-Mail: brigitte.stein@landkreis-rottweil.de

M. Rudersdorf
Rudersdorf Beratungs- und Entwicklungsgesellschaft mbH, Beselich, Deutschland
E-Mail: info@rudersdorf-beselich.de

T. Breyer-Mayländer und C. Zerres (Hrsg.), *Stadtmarketing*,
https://doi.org/10.1007/978-3-658-26254-9_23

Technik (Erreichbarkeits- und Mobilitäts-)Defizite gegenüber Ballungsräumen abzubauen (Verwaltung 4.0, digitales Klassenzimmer, Telemedizin, Homeoffice, Online-Einkauf etc.).

Für Geschäftsprozesse sind leistungsfähige Breitbandnetze ebenfalls unverzichtbar und als Standortfaktor für Unternehmen und Gewerbetreibende im ländlichen Raum geradezu von existenzieller Bedeutung. Schnelles Internet ist damit für die Standortsicherung und -entwicklung genauso wichtig, wie eine gute Verkehrsanbindung, ein breitgefächertes schulisches Bildungsangebot, eine gute Versorgungsinfrastruktur u. v. m.

Mit Blick auf das Internet of Things, die zunehmende Vernetzung von Geräten und Maschinen sowie die wachsende Digitalisierung in allen Bereichen des täglichen Lebens und Arbeitens steigt der Bedarf an Bandbreiten rasant in die Höhe. Ein Ende der Fahnenstange ist nicht in Sicht.

Eine leistungsfähige Breitbandversorgung wird damit gerade in ländlichen Regionen immer mehr zu einem Bestimmungsfaktor für deren Zukunftsfähigkeit. Doch der Weg zum schnellen Internet ist aufgrund der zahlreichen rechtlichen und tatsächlichen Vorgaben nicht einfach und hängt von zahlreichen Faktoren ab.

Die bisherigen Erfahrungen haben gezeigt, dass vor allem in ländlichen Räumen über einen eigenwirtschaftlichen Ausbau durch die Telekommunikationswirtschaft der für einen echten digitalen Wandel nötige Netzausbau nicht geleistet werden kann.

Vor diesem Hintergrund hat der Landkreis Rottweil früh die Weichen für die erfolgreiche Digitalisierung der Region gestellt.

Im Jahr 2015 hat er sich entschieden, den Ausbau moderner Glasfaserinfrastrukturen kreisweit intensiver voranzutreiben und eine flächendeckende Breitbandnetzinfrastruktur zu schaffen. Für diesen Weg wurde das sogenannte Deckungslückenmodell gewählt. Durch eigene Investitionen der Deutschen Telekom und eine Investitionsbeihilfe des Landkreises von rund 11,8 Mio. EUR wurden in knapp 24 Monaten bis Anfang 2018 kreisweit über 95 % der Haushalte und Unternehmen mit hochbitratigen Bandbreiten erschlossen. Bund und Land förderten den Ausbau mit 5,92 bzw. 2,37 Mio. EUR.

Der Landkreis Rottweil gehört aktuell zu den ersten Landkreisen in Baden-Württemberg, die nahezu allen Einwohnerinnen und Einwohnern sowie den dort ansässigen Unternehmen kreisweit ein schnelles Datennetz anbieten können. Damit ist die Gebietskörperschaft digital gut unterwegs. Dies belegt auch der im September 2018 von Prognos und der index-Gruppe erstellte Digitalisierungskompass 2018. Mit Rang 72 von insgesamt 401 untersuchten Land- und Stadtkreisen bescheinigt die Studie den Rottweilern, vor allem auch im Wettbewerb mit Großstädten, einen sehr guten Digitalisierungsgrad. Der Landkreis ruht sich aber nicht auf dem erreichten Ziel aus, sondern arbeitet bereits intensiv an einer weiteren Nachverdichtung, um das Datentempo weiter zu erhöhen.

23.1 Erste Schritte im Breitbandausbau

In der Vergangenheit wurde vorrangig auf einen marktgetriebenen Ausbau der Breitbandinfrastruktur gesetzt. Dieser Ansatz griff allerdings im Landkreis Rottweil nur unzureichend. Der sich von den Höhenzügen des mittleren Schwarzwalds im Westen über das obere Neckargäu bis zum Trauf der Schwäbischen Alb im Osten erstreckende Landkreis bot mit diesen topografischen Gegebenheiten und den damit einhergehenden hohen Investitionskosten sowie der geringen Nachfragedichte keine allzu attraktiven Rahmenbedingungen für einen Eigenausbau durch die Telekommunikationsunternehmen.

Angesichts der Notwendigkeit, in Sachen Breitbandausbau eigeninitiativ Fahrt aufnehmen zu müssen, entwickelte der Landkreis gemeinsam mit weiteren Mitstreitern interkommunalen Pioniergeist. Bereits 2008 schloss er sich im Rahmen der Breitbandinitiative des Landes mit den Landkreisen Heidenheim und Lörrach zum Modellprojekt „BELIB“ (Modellhafte Entwicklung von Lösungsansätzen für die Breitbandversorgung des ländlichen Raumes) zusammen, um Lösungen aufzuzeigen, wie eine flächendeckende Breitbandinfrastruktur in Baden-Württemberg, speziell in ländlich geprägten Regionen, entwickelt werden könnte. Außerdem unterstützte er den Verein „Förderung neuer Medien und Technologien im ländlichen Raum“ e. V. (VFMT) 2013 bei der Gründung.

23.2 Mit mehr Tempo zum schnellen Datennetz

War beim Einstieg in die Modellprojektphase 2008 eine flächendeckende Breitbandgrundversorgung noch mit mindestens 1 Mbit/s definiert, strebt die EU in ihrer Digitalen Agenda bis 2020 eine flächendeckende Versorgung mit mindestens 30 Mbit/s an. Die Bundesregierung sah als Etappenziel bis Ende 2018 eine flächendeckende Versorgung mit mindestens 50 Mbit/s vor und ersetzte diese Marke im Juni 2018 durch das Ziel eines bis 2025 vorgesehenen flächendeckenden Gigabit-Netzes – im ländlichen Raum marktgetrieben kaum erreichbar. Im Mobilfunk sollen laut Bund Funklöcher geschlossen werden, der 5G-Ausbau vorangetrieben und offene WLAN-Netzwerke gefördert werden. Diese ambitionierten Ziele lassen sich nur erreichen, wenn auf kommunaler Ebene eine klare Strategie erarbeitet wird und alle Akteure eng zusammenarbeiten.

Im Landkreis Rottweil wurde das Projekt „Breitbandausbau“ im Juli 2014 konkret angegangen.

Grundlage für den Einstieg war eine Abfrage bei den Haushalten und Unternehmen über den Ist-Stand und Soll-Bedarf an Bandbreite. Ferner wurde bei den Netzbetreibern eine Markterkundung durchgeführt, die für über ein Drittel des Kreisgebietes ein mangelndes Interesse am eigenwirtschaftlichen Ausbau der Netzstrukturen und damit ein Marktversagen aufzeigte – Voraussetzung für eine Breitbandförderung. Rund 38 % der Bevölkerung im Landkreis Rottweil sollte danach der Zugang zum breitbandigen Internet bis auf Weiteres versperrt bleiben. Der Ausbau von knapp zwei Dritteln des Kreisgebietes erfolgte eigenwirtschaftlich durch die Deutsche Telekom.

Angesichts der verschiedenen Wege zu einer flächendeckenden Breitbandversorgung – auch mit Blick auf organisatorische Strukturen – wurden ab März 2015 unterschiedliche Breitbandmodelle ergebnisoffen in den Gremien des Landkreises sowie der Städte und Gemeinden diskutiert. Für die fachliche und rechtssichere Begleitung des Breitbandprojektes wurden eine Rechtsanwaltskanzlei sowie ein Breitbandberatungsbüro hinzugezogen.

23.3 Entscheidung für das Deckungslückenmodell

Im April 2015 hat der Kreistag des Landkreises Rottweil in engem Schulterschluss mit den Städten und Gemeinden beschlossen, den Aufbau einer flächendeckenden Breitbandnetzinfrastruktur mit einer Investitionsbeihilfe zu unterstützen (Deckungslückenmodell). Dieses Modell zeichnet sich dadurch aus, dass die finanzielle Lücke, die der Breitbandausbau in kommerziell nicht ausbaufähigen Gebieten erzeugt, von der Kommune, in dem Fall dem Landkreis, ausgeglichen wird. Für einen Teil davon erhält die Kommune eine staatliche Förderung.

Für die Strategie eines solchen kooperativen Breitbandausbaus sprachen im Rahmen der Abwägung die deutlich geringeren Kosten, das eindeutig abschätzbare Kostenrisiko, die schnelle Bauzeit mit einem starken Kooperationspartner, die Vermeidung eines Wettbewerbs- und Vermarktungsrisikos, die Upgrade-Fähigkeit des Netzes sowie der Ausschluss von Folgekosten gegenüber den anderen in Betracht kommenden Modellen. Zudem sollte die ländlich geprägte Raumschaft in ihrer Entwicklung nicht gebremst werden; daher war gerade der zeitliche Aspekt mit einer kurzen Umsetzungsperspektive ein ganz wichtiger Entscheidungsfaktor.

Ein besonderes Augenmerk wurde auf die Erhaltung und den Ausbau von Wirtschaftsstandorten gelegt. Wichtige Zielsetzung war, Glasfaserstrukturen in bzw. an Gewerbegebiete heranzuführen, von wo aus dann bedarfsgerecht ein direkter Gebäudeanschluss möglich ist.

Bis zum Frühjahr 2018 wurden im Landkreis Rottweil 95 % der Haushalte und Unternehmen über die FTTC-Ausbaumethode mit Bandbreiten von mindestens 30 Mbit/s erschlossen. Bei dieser Ausbaumethode (FTTC, Fiber to the Curb) wird die Glasfaser bis zum jeweiligen (grauen) Verteilerkasten in der Nähe gelegt. Diese Variante ist ein Zwischenschritt zu einem angestrebten, bis an die Gebäude durchgängigen Glasfasernetz (FTTB, Fiber to the Building).

Während des Ausschreibungs- und Bieterverfahrens wurden neue Förderrichtlinien des Bundes veröffentlicht; diese legten höhere Breitbandabdeckungsgrade fest, u. a. für über 80 % der Haushalte mehr als 50 Mbit/s. Diese Vorgabe wird im Förderausbaugebiet durch die Zuschaltung von Vectoring zwischenzeitlich mit über 96 % deutlich übertroffen. Bis Mitte des Jahres 2019, nach sukzessivem Vectoring, können 76 % dieser Haushalte sogar 100 Mbit/s und höher abrufen.

Die Finanzierung der Investitionsbeihilfe von 11,8 Mio. EUR sowie der entstehenden Beratungskosten trägt der Landkreis über eine entsprechend angepasste Kreisumlage. Den beteiligten Städten und Gemeinden entstand kein direkter finanzieller Aufwand für den Ausbau dieser kreisweiten Basis-Breitbandnetzinfrastruktur.

Anfänglich ohne Perspektive auf finanzielle Unterstützung konnte der Landkreis eine Projektförderung vom Bund mit 5,92 Mio. EUR und vom Land mit 2,37 Mio. EUR erreichen.

23.4 FTTB-Gemeinde Eschbronn

Auf dem Weg zum schnellen Internet war für die Gemeinde Eschbronn über die Kreisstrategie ein Extra-Schub möglich. In der mit einer Einwohnerzahl von annähernd 2100 zweitkleinsten Kreisgemeinde stand flächendeckend die Verlegung von Gasleitungen mit Hausanschlüssen an. Diese Baumaßnahmen werden konsequent genutzt, um in Synergie ein Glasfaser-Netz bis an die Gebäude (FTTB) aufzubauen. Bis 2019 werden damit rund 950 Haushalte direkt mit einem schnellen Netz angebunden. Über das Deckungslückenmodell gelang es, auch für dieses Projekt Fördermittel von Bund und Land zu erhalten.

23.5 Mit Vollgas zum Highspeed

Bis zum ersten Quartal 2018 haben insgesamt 64.000 Haushalte Zugang zum schnellen Internet erhalten. Während durch den Eigenausbau der Telekom 42.000 Haushalte und Unternehmen hohe Bandbreiten erhalten, profitieren im Förderausbaugebiet durch die Kooperation und finanzielle Beteiligung des Landkreises zusätzlich 19.000 Haushalte und ca. 2500 Gewerbebetriebe bzw. Unternehmen.

Die EU hat jüngst das Ziel formuliert, bis 2025 alle Haushalte in Stadt und Land mit mehr als 100 MBit/s versorgt zu wissen. Der Landkreis Rottweil kommt diesen ambitionierten Zielen schon 2018 mit einem Versorgungsgrad von über 75 % sehr nahe und ist damit im Landes- wie auch Bundesvergleich in Bezug auf Turbo-Internet in der Spitzengruppe.

Im Eckpunktepapier zur Weiterentwicklung der Breitbandförderung verweist das Innenministerium Baden-Württemberg darauf, dass für 81,3 % aller baden-württembergischen Haushalte Anfang 2018 eine Bandbreite von mindestens 50 Mbit/s verfügbar ist, im ländlichen Raum (Raumkategorie 4 Landesentwicklungsplan) jedoch nur für rund 40 % aller Haushalte. Auch dies belegt, dass der Landkreis Rottweil sich beim Breitbandausbau auf Augenhöhe mit den pulsierenden Ballungsräumen und Verdichtungszonen in Baden-Württemberg befindet.

Bis zum Aufbau eines durch den Landkreis weiter vorangetriebenen durchgängigen Glasfasernetzes fast bis zum Verbraucher (FTTB) bewerkstelligen Vectoring, Super-Vectoring (bis 250 Mbit/s), Hybrid-Techniken und andere Techniken überbrückend die Leistungsfähigkeit einer hochbitratigen Netzinfrastruktur.

Neue Gewerbe- und Wohngebiete werden seitens der Telekommunikationsunternehmen im Eigenausbau von Anfang an direkt mit FTTB-Glasfaserstrukturen versorgt.

23.6 Ausblick

Der Landkreis Rottweil wird auch künftig den Glasfaserausbau weiter forcieren. Dabei wird schrittweise angestrebt, die Glasfaser bis in den letzten Winkel des Landkreises zu verlegen. Dadurch lassen sich weitere Produkte wie WLAN oder auch das Mobilfunknetz von morgen (5G) kostengünstig anbinden. Über Masterpläne soll sichergestellt werden, dass jede Tiefbaumaßnahme für den weiteren Glasfaserausbau genutzt wird.

Einen weiteren Teilschritt auf dem Weg zum FTTB geht der Landkreis mit seiner digitalen Schuloffensive. In den nächsten 24 Monaten werden alle teilnehmenden Schulen im Kreis für einen auf die Zukunft ausgerichteten Unterricht fit gemacht und mit schnellen Glasfaseranschlüssen versorgt. Diese zukunftsweisende Investition lassen sich der Landkreis und die Kommunen beziehungsweise die Schulträger weitere 1,5 Mio. EUR kosten. Fördermittel von Bund und Land sind hierfür in Aussicht. Damit schafft der Landkreis beste Voraussetzungen für digitale Bildung und Medienkompetenzen auch im Hinblick auf die digitalen Arbeitswelten „Industrie 4.0“. Der Medieneinsatz an den Schulen erhält eine deutlich bessere Qualität, und die Schülerinnen und Schuler können ihre interaktiven Lernaktivitäten weiterentwickeln.

Die entlang der Tiefbautrassen hin zu Schulen liegenden Gebäude werden en passant „FTTB-homes past plus“ erschlossen.

Um einen Überblick über die noch verbleibenden weißen Flecken, wie Betriebe, Weiler und Anwesen im Außenbereich, zu erhalten, hat der Landkreis zudem eine weitere Markterkundung gestartet, die die Grundlage für weitere Ausbauaktivitäten bilden soll. Die erste Auswertung der aktuell abgeschlossenen Markterkundung zeigt, dass die Breitbandversorgung marktgetrieben weiter verbessert wird und die Glasfaser weitere ländliche Bereiche erschließt.

Die Breitbandaktivitäten der kommunalen Familie haben dazu beigetragen, dass die heimischen Unternehmen im internationalen Wettbewerb und bei einer weiteren Zunahme der Globalisierung ihre Standorte im Landkreis nicht nur sichern, sondern auch weiter ausbauen konnten. Die Nachfrage nach gewerblichen Grundstücken ist weiterhin groß.

23.7 Der Landkreis Rottweil

Der im Regierungsbezirk Freiburg gelegene Landkreis hat rund 139.000 Einwohner. Mit einer Bevölkerungsdichte von 179 Einwohnern pro km^2 liegt der ländlich geprägte Landkreis an der Nahtstelle zwischen Schwarzwald und Schwäbischer Alb mit dem Neckar als geografischer Achse. Der Landkreis ist ein leistungs- und industriestarker Wirtschaftsraum. Er zeichnet sich durch eine hohe, über dem Landesdurchschnitt liegende Industriedichte aus und bietet rund 60.000 Arbeitsplätze, vorwiegend im produzierenden Gewerbe. Im Branchenspektrum dominieren der Maschinenbau und weitere Sparten der Metallindustrie sowie die Elektrotechnik und die Präzisionstechnik. Die Arbeitslosenquote ist seit Jahren mit die niedrigste in Baden-Württemberg.

Weiterführende Literatur

Middleton, C.: Delivering services over next generation broadband networks. Telecommun. J. Aust. **60**(4), 59.1–59.13 (2010)

Horrigan, J., Smith, A.: Home broadband adoption 2009. Pew internet & American life project 2009 (2010).

Brigitte Stein ist Referentin des Landrats beim Landratsamt Rottweil und leitet hier auch die Pressestelle sowie den Bereich Wirtschaftsförderung. Die Dipl.-Verwaltungswirtin (FH) begleitet in dieser Funktion die Pressearbeit beim Breitbandprojekt des Landkreises intensiv mit.

Martin Rudersdorf war bis 2010 Bürgermeister in Beselich, Hessen. Seit 2012 ist der Diplom-Verwaltungswirt Geschäftsführer der Rudersdorf Beratungs- und Entwicklungsgesellschaft mbH, Beselich und unterstützt unter anderem Landkreise und Kommunen bei Breitbandprojekten.

Breitbandausbau – eine nordhessische Erfolgsgeschichte

24

Kathrin Laurier, Marc Ullrich und Claus Peter Müller von der Grün

Zusammenfassung

Der Breitbandausbau in Nordhessen ist nicht nur ein Mammutprojekt aufgrund seiner Größe – über 100 Städte und Gemeinden, 570 Ortsteile, rund 1400 Multifunktionsgehäuse und über 2000 km Trasse waren involviert – sondern bedarf auch der lösungsorientierten Zusammenarbeit sämtlicher Akteure (Behörden, Politik, Netzbetreiber, BürgerInnen usw.), um das Ziel, einen flächendeckenden Breitbandausbau in der Region, erfolgreich umzusetzen. Mit dem neuen Breitbandnetz der fünf nordhessischen Landkreise Hersfeld-Rotenburg, Kassel, Schwalm-Eder, Waldeck-Frankenberg und Werra-Meißner sollen im ersten Schritt sowohl Gewerbetreibende als auch Privathaushalte im Ausbaugebiet mit Breitbandanschlüssen mit Geschwindigkeiten von bis zu 50 Megabit pro Sekunde auf Basis eines FTTC-Konzepts versorgt werden (mit Vectoring bis zu 100 Mbit/s). Mit dem gestuften und bedarfsgerechten Ausbau wird ein möglicher späterer Glasfaserausbau bis ins Haus gewährleistet (von FTTC bis hin zu FTTB/H).

Nordhessen, eine Region mit einer Million Einwohnern, soll bis 2020 mit schnellem Internet versorgt sein. Für zwei Drittel der Bevölkerung, die in einem dynamischen Ballungsraum und in attraktiven Mittelzentren leben, ist das kein Problem, wohl aber

K. Laurier (✉)
Breitband Nordhessen GmbH, Kassel, Deutschland
E-Mail: info@breitband-nordhessen.de

M. Ullrich
Broadband Academy GmbH, Kassel, Deutschland
E-Mail: marc.ullrich@broadband-academy.de

C. P. M. von der Grün
Kassel, Deutschland
E-Mail: claus-peter@mueller-von-der-gruen.de

T. Breyer-Mayländer und C. Zerres (Hrsg.), *Stadtmarketing*,
https://doi.org/10.1007/978-3-658-26254-9_24

für jenes Drittel, das in dünn besiedelten Räumen lebt, in denen der Ausbau nach den betriebswirtschaftlichen Kriterien der klassischen Netzbetreiber nicht lohnt. Darum wurden die fünf nordhessischen Landkreise aktiv und setzten sich 2012 den Breitbandausbau der Region zum Ziel. Es geht um den Anschluss von rund 570 Ortsteilen. Dafür gründeten die Landkreise die Infrastrukturgesellschaft Breitband Nordhessen GmbH (BNG). Offenbar mit raschem Erfolg: Eine von der EU berufene Expertenjury wählte schon 2015 aus 48 Bewerbern die innovativsten Projekte in fünf Kategorien aus. Die Breitband Nordhessen GmbH gewann in der Kategorie „Cost reduction and co-investment". Der EU-Kommissar für Digitale Wirtschaft und Gesellschaft, Günther Oettinger, zeichnete die Breitband Nordhessen GmbH mit dem European Broadband Award als Best Practice Beispiel aus.

Nordhessen ist alles andere als flach, eine Mittelgebirgsregion mit Höhenlagen zwischen 100 und fast 1000 Metern. Das erleichtert den physischen Breitbandausbau ebenso wenig wie die Geologie der Böden, die in einigen Teilen der Region sogar die höchste Widrigkeitsklasse 7 aufweisen: Tiefbau ist hier teuer. So vielfältig wie die Landschaft ist, so vielfältig ist auch die sozio-ökonomische Struktur der Region. Es gibt den Ballungsraum um Kassel mit etwa einer halben Million Einwohner, Mittelzentren mit den Zentralen von Weltkonzernen, aber auch dünn besiedelte Räume und nicht besiedelte Waldgebiete von der Fläche der Stadt Frankfurt am Main. Auch diese Vielfalt ist eine Herausforderung, wenn wir das schnelle Internet bis in die ländlichen Gebiete bringen wollen. Denn Nordhessen ist nicht generell un- oder unterversorgt. Es ist wie überall in Deutschland: Dort, wo es für einen Netzbetreiber lohnt, gibt es selbstverständlich ein dichtes, schnelles Netz. Abseits der Verdichtungsräume und der internationalen Verkehrstrassen lohnt die Investition für einen marktorientierten Netzbetreiber in Infrastrukturen für den Next Generation Access (NGA) hingegen nicht. Die digitale Spaltung der Gesellschaft vollzieht sich vielfach kleinsträumig. Nicht das „flache Land" schlechthin ist abgeschnitten, sondern innerhalb eines Landkreises, einer Stadt und selbst innerhalb eines kleinen Dorfes zieht die digitale Anschlussfähigkeit eine kulturelle und ökonomische Grenze, die auch zu einer politischen Schneise werden kann. Das wiederum kann die Politik weder wollen noch zulassen.

Deshalb gründeten die fünf Landkreise Hersfeld-Rotenburg, Kassel, Schwalm-Eder, Waldeck-Frankenberg und Werra-Meißner 2014 die Breitband Nordhessen GmbH. Sie folgt dem Geschäftsmodell des reinen Infrastrukturaufbaus mit Verpachtung. Die kommunale Gesellschaft finanziert und errichtet die passive Infrastruktur (Tiefbau, Leerrohre, Glasfasern) und vermietet diese langfristig an einen Netzbetreiber, der sich zu einem sogenannten „Open Access Modell" verpflichten muss. Er muss prinzipiell jedem Internet- und Dienstanbieter den Zugang auf das Netz gewähren. Der Netzbetreiber wiederum entrichtet eine Mietgebühr an die Infrastrukturgesellschaft, die im Rahmen von Verhandlungen festgeschrieben wurde. Damit das Kalkül aufgeht, müssen möglichst alle potenziellen Nutzer im Ausbaugebiet zu tatsächlichen Kunden des Netzbetreibers werden.

Die Breitband Nordhessen GmbH trägt die operative Verantwortung für das Projekt und koordiniert es:

- Nach einer europaweiten Ausschreibung wurde im **Februar 2015** die Netcom Kassel Gesellschaft für Telekommunikation mbH als Netzbetreiber für die zu errichtenden Infrastrukturen ausgewählt und bekannt gegeben.
- **Im April 2015** bewilligte die EU-Kommission in Brüssel das Projekt aus beihilferechtlicher Sicht im Wege eines entsprechenden EU-Notifizierungsverfahrens.
- **Im Mai 2015** wurde die Gesamtfinanzierung der Investition von 143 Mio. EUR mit der schriftlichen Zusage des zu diesem Zeitpunkt bereits ausgehandelten Breitbanddarlehens durch die Wirtschafts- und Infrastrukturbank Hessen formal sichergestellt. Die Breitband Nordhessen GmbH erhielt daraufhin eine Bürgschaftszusage vom Land Hessen.
- Auf Grundlage der erfolgreichen EU Notifizierung und parallel zur formalen Finanzierungszusage durch die Wirtschafts- und Infrastrukturbank Hessen stellte die Breitband Nordhessen GmbH zusätzlich einen Antrag auf Förderung durch ELER-Mittel, die potenzielle Projektrisiken weiter reduzieren sollen. Dieser wurde positiv beschieden.
- Nach Erhalt der notwendigen Finanzierungszusagen startete im **Juni 2015** die europaweite Ausschreibung zur Vergabe der Bauleistungen zur Errichtung der NGA-Infrastrukturen. Mitte 2016 erhielt die Weigand Bau den Zuschlag als Generalunternehmer. Der Bau begann noch im **Herbst 2016.** Schon zwei Jahre später waren etwa zwei Drittel der passiven Netz-Infrastruktur errichtet.

Die Investitionssumme finanziert die BNG über die Aufnahme eines WIBank Darlehens, das mit ELER-Mitteln kofinanziert wird. Darüber hinaus wird zusätzlich eine Eigenkapitalisierung der Gesellschaft in Höhe von rund 20 % dieser Investitionssumme durch die Landkreise als Gesellschafter notwendig. Das komplette WIBank-Darlehen wird durch das Land Hessen verbürgt. Die einzelnen Städte und Gemeinden beteiligen sich nicht an der Eigenkapitalfinanzierung der Breitbandinfrastrukturgesellschaft. Eine Haftung der Infrastrukturgesellschaft als GmbH über das von den Landkreisen eingebrachte Eigenkapital hinaus ist gesellschaftsrechtlich nicht möglich.

Technologisch vollzieht die Breitband Nordhessen GmbH den Netzausbau durch die Erschließung aller vorhandenen Kabelverzweiger (KVz) der Telekom. Das passive Glasfasernetz wird von der Breitband Nordhessen an den Netzbetreiber Netcom Kassel vermietet, der den Netzbetrieb und die Kundenanschlüsse mit Internet- und Telefondiensten übernimmt. Der letztliche Anschluss von Endkunden an das Netz erfolgt über die bestehende Telefonleitung (Kupferdoppelader).

Die Netcom Kassel verwendet bei der Projektumsetzung mit der „VDSL-Technologie" die gleiche Zugangstechnologie wie alle übrigen Marktteilnehmer auch:

- Unter Einsatz von „VDSL-Vectoring", mit dem die Projektbeteiligten noch in diesem Jahr rechnen, sind somit individuelle Zugangsbandbreiten von bis zu 100 Mbit/s im Download möglich (in Abhängigkeit von der Distanz zum Kabelverzweiger und dem Zustand der Kupferdoppelader).
- Bis zur Nutzung von „VDSL-Vectoring" werden pro Hausanschluss individuelle Bandbreiten von bis zu 50 Mbit/s im Download möglich sein (in Abhängigkeit von der Distanz zum Kabelverzweiger und dem Zustand der Kupferdoppelader).
- In der Fläche wird im Regelfall eine Versorgung von mindestens 30 Mbit/s im Download erreicht.

Entsprechend profitieren alle Privathaushalte und Gewerbebetriebe, die über einen von der Breitband Nordhessen GmbH ausgebauten Kabelverzweiger angeschlossen sind, von deren Ausbau und werden die genannten Versorgungsdatenraten erhalten können.

Gewerbebetriebe im Ausbaugebiet der Breitband Nordhessen GmbH, die zwar von der KVz-Erschließung erfasst sind, denen die vorgenannten Datenraten für ihre unternehmerischen Zwecke aber nicht ausreichen, können sich ebenso wie Gewerbebetriebe, die sich in einem (Gewerbe-)Gebiet befinden, das nicht an ausgebauten Kabelverzweigern liegt, von der Netcom Kassel eine direkte Glasfaseranbindung ans Netz der Breitband Nordhessen anbieten lassen. Die ersten Unternehmen haben diese Möglichkeit schon früh in der Ausbauphase genutzt.

Natürlich wäre ein Glasfaseranschluss bis in jedes Haus wünschenswert. Der aber hätte Investitionen von etwa 1,1 Mrd. EUR erfordert, um 320.000 Einwohner prinzipiell per Glasfaser zu erreichen, was selbst im wirtschaftsstarken Hessen als nicht finanzierbar erschien. Die Versorgungsschwelle von 30 Mbit/s resultiert im Wesentlichen aus beihilferechtlichen Vorgaben (Aufgreifschwelle), denen durch die öffentliche Hand getragene Projekte generell unterliegen.

- Nach der für die Kommunen kostenfreien Erschließung der Ortsteile durch die Breitband Nordhessen GmbH werden im Ausbaugebiet für jeden Haushalt und jeden Gewerbetreibenden Bandbreiten im Download von bis zu 50 Mbit/s verfügbar sein.
- Die individuelle Bandbreite eines jeden Nutzers wird rein technologiebedingt mit dem Abstand des Hausanschlusses vom letzten Verteilelement, dem sogenannten Kabelverzweiger, variieren. Unabhängig wird flächendeckend für jeden Haushalt und Gewerbetreibenden eine Mindestbandbreite von 30 Mbit/s im Download möglich sein.
- Mit der sogenannten „Vectoring-Technologie" steigt die Bandbreite bei den Endteilnehmern auf bis zu 100 Mbit/s.
- Die genaue Ausbaureihenfolge – und somit auch die Festlegung, wann genau welche Gemeinden in die Erschließung gehen – erfolgt auf bautechnischen Grundlagen durch den Generalunternehmer und nach vorliegender Ausführungsplanung.

- Die Übergabepunkte zum Internetdienst für das neu entstehende Glasfasernetz liegen in Kassel. Insofern wird die Erschließung der Gebiete des NGA Clusters Nordhessen über ein sogenanntes Kernnetz von diesen Anbindungspunkten in Kassel ausgehen müssen. Alle einzelnen Teilgebiete NGA Cluster Nordhessen werden dann sukzessive an dieses Kernnetz angeschlossen. Das bedeutet zwangsläufig, dass die Anbindung von Teilgebieten (Ausbaureihenfolge) nicht beliebig ist, sondern aus technologischen Notwendigkeiten dem Aufbau des Kernnetzes folgen muss.

In der Bauphase des Netzes muss die Breitband Nordhessen GmbH all die technischen Zwänge immer wieder erläutern, warum nicht mit einem Mal alle am Netz sein können. Selbst wenn in einem Ortsteil die Kabel gelegt und die Verteilerkästen gesetzt sind, heißt das noch lange nicht, dass das Signal dort schon ankommt. Alle Akteure gilt es stets „mitzunehmen". Die Breitband Nordhessen spricht immerhin von und mit fünf Landkreisen mit 114 Gemeinden, 570 im Ausbaugebiet liegenden Ortsteilen und einer Vielzahl von Partnern wie dem Land, dem Bund, der EU und den beauftragten Unternehmen.

Die Analyse vergleichbarer Ausbauprojekte zeigt, dass die Politiker helfen können und müssen, die Kluft zwischen dem verständlichen Wunsch nach dem sofortigen Anschluss und den technischen Möglichkeiten zu vermitteln. Ohnehin geht es nicht ohne die Politik und Menschen, die für das Ausbauprojekt mit ihrem Namen und Gesicht stehen, Ansprechpartner sind und die vielfach komplexen Zusammenhänge wieder und wieder voller Geduld in einer Sprache erläutern, die jeder verstehen kann.

Ferner zeigt die Erfahrung, dass es nicht ausreicht, wenn Kreise und Kommunen bei Mietmodellen der passiven Infrastruktur darauf setzen, dass die Vermarktung der Infrastruktur – und somit die Kundengewinnung – letztlich durch den Netzbetreiber gelingen wird. Eine Vielzahl von Studien offenbart die prinzipielle Schwierigkeit der Kundengewinnung für Breitbandtechnologien. Nicht die Verfügbarkeit von Breitbandtechnologien allein führt – vor allem in dünner besiedelten Räumen mit einer überwiegend älteren Bevölkerung – zu einer großen Zahl an Nutzern.

So zeigt eine Studie für Kanada, dass sich die technologische Entwicklung und der Ausbau von entsprechenden Infrastrukturen schneller vollzieht als der eigentliche Bedarf, diese digitalen Technologien auch wirklich umfassend nutzen zu wollen (vgl. Middleton 2010). Das Pew Research Center in Washington hat in einer Langzeitstudie in den Jahren von 2000 bis 2009 herausgefunden, dass zwar in diesem Zeitraum in insgesamt 26 unterschiedlichen Internetaktivitäten – wie E-Mailing und Chatten – ein deutliches Aktivitätswachstum stattgefunden hat. Es zeigte sich aber ebenso, dass in lediglich sechs dieser Internetaktivitäten überhaupt mehr als 50 % der involvierten Gesamtnutzerzahl aktiv waren (vgl. Horrigan und Smith 2010).

Entscheidend ist also das Zusammenspiel zwischen der Verfügbarkeit entsprechender relevanter Dienste und deren aktiver Vermarktung. Angesichts der Tatsache, dass die Refinanzierbarkeit der errichteten Infrastrukturen allein durch die Nutzer des Netzes sichergestellt wird, sollten alle Beteiligten entlang der Gesamtwertschöpfungskette ihr ureigenes Interesse erkennen, zur Vermarktung der Gesamtwertschöpfung beizutragen.

Es ist sinnvoll, eine starke, lokale Marke wie die Netcom zu etablieren, mit der sich die potenziellen Nutzer identifizieren können. Entsprechende Ansätze wurden insbesondere bei landkreisweiten Projekten im Rahmen der Projektreferenzanalyse identifiziert.

Unverzichtbar für den Erfolg ist die aktive Einbindung und Unterstützung durch die Kommunalpolitik. Es geht darum, „den guten Draht" der kommunal Verantwortlichen in die einzelnen Kommunen und Ortsteile zu nutzen, um die jeweiligen Netzbetreiber bei deren Vermarktungsaktivitäten zu unterstützen. Diese Erkenntnis haben die Netzbetreiber in Projektreferenzanalysen eindringlich artikuliert. Der Landrat und der Bürgermeister müssen nicht im Endkundenvertrieb aktiv werden, aber es geht darum, ein Verständnis und Bewusstsein für die Akzeptanz und Nutzung des lokalen Netzes zu entwickeln.

Im Alltagsgeschäft sind die Akteure in Nordhessen ständig im Dialog, und arbeiten sich gegenseitig lösungsorientiert zu. Die Behörden und die kommunalen Ansprechpartner bearbeiten die Genehmigungsanträge trotz lokal unterschiedlicher Genehmigungsverfahren zügig. Alle ziehen an einem Strang. Darum ist die Breitband Nordhessen GmbH zuversichtlich, dass Nordhessen im Jahr 2020 noch mehr als bisher eine vernetzte Region sein wird. Die Akteure, die Bürgerinnen und Bürger werden für Neues gerüstet sein, denn sie verbindet dann – neben dem schnellen Breitbandnetz – die gute Erfahrung, ein solches Mammutvorhaben zuverlässig, auf eigene regionale Initiative und in eigener regionaler Verantwortung verwirklicht zu haben. Diese gemeinsame Erfahrung ist für die erfolgreiche Gestaltung der Zukunft gewiss ebenso wichtig wie der Breitbandanschluss selbst.

Literatur

Horrigan, J., Smith, A.: Home broadband adoption 2009. Pew internet & American life project 2009 (2010)

Middleton, C.: Delivering services over next generation broadband networks. Telecommun. J. Aust. **60**(4), 59.1–59.13 (2010)

Kathrin Laurier ist Geschäftsführerin der Breitband Nordhessen GmbH. Sie studierte internationale Betriebswirtschaftslehre an der International Business School in Berlin sowie an der University of Sunderland in Großbritannien, bevor sie in 2009 ihre berufliche Laufbahn als Projektleiterin Standortmarketing bei der Regionalmanagement Nordhessen GmbH startete. Durch ihre langjährige Tätigkeit in der Region Nordhessen ist sie bestens mit den Herausforderungen des nordhessischen Wirtschaftsstandortes vertraut, in dessen Rahmen sie eine Machbarkeitsstudie für den Breitbandausbau in Nordhessen umsetzte. Mit Gründung der Breitband Nordhessen GmbH in 2014 wurde sie zur Geschäftsführerin berufen. In 2015 wurde das größte Bauprojekt seiner Art mit dem European Broadband Award von der Europäischen Kommission ausgezeichnet und startete in 2016 mit der Bauphase.

Dr. Marc Ullrich Jahrgang 1976, begann seine berufliche Laufbahn nach einem Studium der Nachrichtentechnik in Stuttgart bei einem international tätigen Telekommunikationsausrüster, wo er nach ersten Stationen in den Bereichen Service und Marketing zunächst viele Jahre im internationalen Vertrieb für festnetzgebundene Breitbandtechnik tätig war und dann als Bereichsleiter Geschäftsentwicklung den Vertrieb und das Marketing eines Dienstleistungsbereiches des Unternehmens neu ausrichtete. 2009 gründete er gemeinsam mit einem Geschäftspartner das Beratungsunternehmen Broadband Academy GmbH, das heute Netzbetreiber, Stadtwerke und die öffentliche Hand beim Aufbau von digitalen Infrastrukturen unterstützt.

Claus Peter Müller von der Grün (www.mueller-von-der-gruen.de) studierte Journalistik und politische Wissenschaft an der TU Dortmund mit einem Schwerpunkt auf Wirtschaftspolitik. Nach dem Einstieg in den Journalismus bei den Ruhr-Nachrichten und im ZDF-Studio Düsseldorf wechselte er in die Verlagsgruppe der F.A.Z., wo er zunächst in der Redaktion einer Tageszeitung für Ärzte rasch Führungsaufgaben übernahm. Nach drei Dekaden im Qualitäts- und Fachjournalismus wechselte er 2016 in die Selbstständigkeit. Er ist seither als Berater in der Kommunikation gefragt, konzipiert und realisiert Projekte mit Institutionen und Unternehmen, Wissenschaftlern und Entscheidern. Seine journalistische Erfahrung bringt er während der Umsetzung der Projekte als Autor und Moderator ein.

Die „Schwarzwälder Stromrebellen" und ihr Beitrag zur Stadtentwicklung Schönaus

25

Sebastian Sladek

Zusammenfassung

Dieses Kapitel beschäftigt sich am Beispiel der Stadt Schönau im Schwarzwald mit den positiven Effekten, die das Prosperieren eines Unternehmens, hier die EWS eG, auf die Standortkommune haben kann. Der Nutzen für die Stadt wird in unterschiedlichen Kontexten, z. B. Werbewirkung oder Stadtfinanzen, beleuchtet. Zugleich werden die Besonderheiten des gewählten Fallbeispiels und ihre Auswirkungen für die Kommune herausgearbeitet, wie sie sich etwa aus der Unternehmensgeschichte der „Schwarzwälder Stromrebellen" oder dem energiewirtschaftlichen Betätigungsfeld ergeben. Des Weiteren kommen aber auch die besonderen Probleme und Herausforderungen, mit denen sich kleine Landstädte heute konfrontiert sehen und die daraus resultierende Begrenzung positiver Einflussnahme zur Sprache.

25.1 Eine Reise ins Wiesental

Im südwestlichsten Zipfel der Republik, mit Grenzen zu Frankreich und der Schweiz, liegt der Landkreis Lörrach, landschaftlich wesentlich geprägt von den südlichen Ausläufern des Schwarzwaldes und dem Flusslauf der Wiese. „Des Feldbergs liebliches Töchterlein" (Johann Peter Hebel) entspringt auf dem höchsten Berg des Schwarzwaldes und schlängelt sich entlang der Ostflanke von Schauinsland und Belchen das Oberen Wiesental hinab, ihrer Rheinmündung bei Basel entgegen. Das Obere Wiesental wird

S. Sladek (✉)
Elektrizitätswerke Schönau EWS eG, Schönau, Deutschland
E-Mail: s.sladek@ews-schoenau.de

T. Breyer-Mayländer und C. Zerres (Hrsg.), *Stadtmarketing*,
https://doi.org/10.1007/978-3-658-26254-9_25

von steil ansteigenden und dicht bewaldeten Höhenzügen eingefasst, immer wieder den Blick auf Hochalmen und Schwarzwaldhöfe freigebend. Inmitten dieses Postkartenidylls liegt, angeschmiegt an den Fuß des schönsten und eindrucksvollsten Schwarzwaldgipfels, des Belchen, das Städtchen Schönau im Schwarzwald.

Der Luftkurort Schönau ist seit dem Jahr 1805 im Besitz des Stadtrechts, war jedoch bereits seit dem Mittelalter Sitz klösterlich-habsburgischer Vögte. Dieser Tradition als „Amtsstädtchen" bis in die Gegenwart folgend fungiert Schönau heute als administrativer Zentralort eines Gemeindeverwaltungsverbands (GVV), dem neben Schönau auch acht dörfliche Gemeinden angehören. Obwohl nur knapp 2500 Einwohnern zählend verfügt Schönau aus dieser Historie heraus doch über eine amtsstädtisch-angemessene Infrastruktur, mit Amtsgericht, Gymnasium, großer katholischer Kirche – dem „Münster des Wiesentals", Polizei- und Rettungswache, Supermärkten und bis vor wenigen Jahren noch über ein eigenes Krankenhaus.

Und doch ist auch Schönau vom Schicksal vieler Gemeinden im ländlichen Raum in den letzten Jahrzehnten nicht verschont geblieben. Zu meiner Schulzeit in den 1980er und 90er Jahren gab es in Schönau noch eine Vielzahl von kleinen Läden und Geschäften – zum Ende dieses Jahres werden auch die letzten beiden geschlossen sein. Von den acht oder neun Wirtshäusern am Platze, welche die Schönauer Kneipenfastnacht zu einem rauschenden Fest gemacht haben, existiert heute noch eines. Die große Textilweberei, die einigen hundert Menschen ein Auskommen bot, musste nach langem Siechtum bereits in den 90er die Pforten schließen, Krankenhaus, Schlachthof und Notariat folgten erst in jüngerer Vergangenheit. Auch der Tourismus mit seinem ehemals großen Angebot an Hotels, Pensionen, Gästezimmern und Ferienwohnungen hat unter unsicheren, teils komplett schneefreien Wintern und der Konkurrenz billiger Pauschalfernreisen mittlerweile schwer gelitten. Das stetige Versiegen der Kurtaxe mag an dieser Stelle exemplarisch für die schwindenden Kommunaleinnahmen Schönaus stehen. Diese problematische Entwicklung begann sich bereits in den frühen 90er Jahren sehr deutlich abzuzeichnen, als überdies ein sich dynamisch entwickelnder Konflikt zunehmend Zusammenleben und Gemeinschaft im Städtchen vor eine Zerreißprobe stellte.

25.2 Von der Bürgerinitiative zum Netzbetreiber – eine kurze Unternehmensgeschichte der EWS

Nach dem Reaktorunfall von Tschernobyl, radioaktivem Fallout über Südbaden und der offensichtlichen Hilf- und Ratlosigkeit von Behörden und Politik gründete sich 1987 in Schönau die Bürgerinitiative „Eltern für atomfreie Zukunft" (EfaZ), die sogleich eine Reihe von Aktivitäten im beschaulichen Schönau entfaltete. Stromsparwettbewerbe, Infostände – im Städtle bis dato gänzlich unbekannt – zur Atomenergie und den Folgen von Tschernobyl, aber auch die zeitweilige Organisation einer Mitfahrzentrale entstanden aus dem Umfeld der BI. In meiner Erinnerung irritierte bereits diese graswurzelnde Vielfalt so manchen Schönauer, zugleich sorgte eine besondere kommunalpolitische Entscheidungssituation für eine weitere Zuspitzung des Diskurses, wie seiner gruppendynamischen Folgen.

Nach Schließung der städtischen Elektrizitätswerke hatte die Stadt Schönau im Jahr 1973 die Netzinfrastruktur an die Kraftübertragungswerke Rheinfelden (KWR), einen großen Netz- und auch Atomkraftwerksbetreiber veräußert und die KWR zugleich mit dem Betrieb des Netzes bis zum Jahresende 1994 beauftragt. Nach einigen unbedarften Annäherungsversuchen und ihrer brüsken Zurückweisung war die Stimmung zwischen EfaZ und KWR bereits getrübt, als sich die KWR 1990 anschickten, gegen Zahlung von ca. 100.000 DM eine vorzeitige Verlängerung dieses Konzessionsvertrages um weitere 20 Jahre durch Stadtratsbeschluss zu erwirken. Nach Ablehnung eines weiteren Kooperationsangebots sahen sich die EfaZ gezwungen, dieser „Arroganz der Macht" seitens der KWR durch Gründung der Netzkauf GbR entgegenzutreten, die nun ihrerseits der Stadt bei Ablehnung der KWR-Offerte den Ausgleich des finanziellen Ausfalls anbot.

Ein Stadtratsbeschluss zugunsten der KWR wurde durch einen ersten Bürgerentscheid gekippt – überregionale und bundesweite Medien wurden langsam auf das Treiben und den Plot „BI vs. Atomkonzern" aufmerksam. Unterdessen begann die Netzkauf sogleich, die „gekaufte Zeit" in den Unternehmensaufbau eines Stromnetzbetreibers (EWS 1994) und ein konkurrenzfähiges Angebot zur nun später erfolgenden Konzessionsvergabe zu investieren. Die „Schönauer Stromseminare" – auch heute noch die jährliche Hauptveranstaltung der EWS-Gruppe – waren in ihrem Ursprung Veranstaltungen im Sinne der energiewirtschaftlichen Selbstbildung. Experten teilten bereitwillig ihr Wissen mit der Netzkauf und ihren Sympathisanten. Bereits in den ersten Jahren stieg das Interesse an diesem Format bei Experten, Publikum und Medien gleichermaßen stark an, zumal die stetig näher rückende Konzessionsvergabe zum Stromnetzbetrieb, einem „Showdown" gleich, noch ausstand[1].

Der Vergabe an die EWS als neuem Schönauer Stromnetzbetreiber für die kommenden 15 Jahre bedurfte es dann im Frühjahr 1996 eines zweiten Bürgerentscheides. Diesem ging ein mit allen Bandagen geführter, medial von Presse, aber auch ARD und ZDF begleiteter Wahlkampf voraus. Diese Konfrontation zweier annähernd gleich großer Fraktionen konnten die EWS mit 52,5 % zu ihren Gunsten entscheiden. Der politischen Mandatierung folgten die Kaufverhandlungen um das Stromnetz. Um überhöhte Forderungen für den Rückkauf des Netzes in einer vorbehaltlichen Zahlung leisten zu können, initiierten die EWS die bundesweite „Ich bin ein Störfall"-Spendenkampagne, die nicht nur die notwendigen Finanzmittel, sondern auch viele Sympathien einbrachte. Nun konnten die EWS zur Jahresmitte 1997 endlich den Betrieb des Schönauer Stromnetzes übernehmen. Die Netzübergabe erfolgte noch in „Monopolzeiten", d. h., die ca. 1700 Anschlüsse wurden den EWS auch als Stromkunden übergeben. Mit der Liberalisierung

[1]Referenten auf Schönauer Stromseminaren waren über die Jahre z. B. Hermann Scheer, Ernst-Ulrich von Weizsäcker oder die Professoren Hartmut Graßl (Klimaforschung) und Niko Paech (Postwachstumsökonomie).

des Strommarktes 1998 – die die freie Wahl des Stromlieferanten möglich machte – entschlossen sich die EWS, ein bundesweites Angebot zur Ökostromversorgung aufzulegen. Damit war der Grundstein der weiteren Unternehmensentwicklung gelegt.

Als damals 18-jähriger Erstwähler zweifelte ich keine Sekunde am Erfolg der EWS, vom heutigen Standpunkt aus war das knappe Bürgervotum zugunsten der EWS fraglos auch ein Wagnis. Die befürchtete anhaltende Spaltung der kleinstädtischen Gemeinschaft blieb aus, nicht zuletzt, weil kluge Menschen auf allen Seiten einander über die Gräben die Hände reichten. Das eine oder andere persönliche Gräblein mag zwar fortbestehen, ganz sicher lässt sich heute aber auch sagen, dass sich dieses Wagnis für die Stadt Schönau gelohnt hat.

25.3 Stromnetzbetrieb und energetische Potenzialerschließung

Zunächst sei der Blick auf den Streitgegenstand dieses fast 10-jährigen Konflikts, den Betrieb des Stromnetzes (seit 2009 sind die EWS auch mit dem Betrieb des Gasnetzes in Schönau konzessioniert) und seine weitere Entwicklung gerichtet. Bereits 1997 gelang mit dem ersten angestellten EWS-Mitarbeiter, dem Elektromeister und heutigen Geschäftsführer der EWS Netze GmbH Martin Halm, ein echter Glücksgriff. Halm organisierte in einem Tempo, das auch die KWR in Staunen versetzte, zunächst die Netzentflechtung und verschrieb sich einer konsequenten infrastrukturellen Reinvestitionsstrategie zur Sicherung des Substanzerhalts. Bereits in ihrer ersten Konzessionierungsperiode verlegten die EWS – seit 2013 Stromnetzbetreiber in allen neun Gemeinden des GVV – sukzessive sämtliche Oberleitungen im Stadtgebiet unter die Erde. Vorausschauende Planung und Zusammenführung mit weiteren Baumaßnahmen verringer(te)n die Beeinträchtigung der Anwohner und erhöhten zugleich deren Versorgungssicherheit, da Erdverlegung die Störanfälligkeit der Infrastruktur reduziert. Zudem werden für die Maßnahmenumsetzung und im Sinne der regionalen Wertschöpfung bevorzugt Bauunternehmen aus der Raumschaft beauftragt.

Versorgungssicherheit wird von der EWS-Mannschaft in einem anspruchsvollen Netzgebiet rund um die Uhr gewährleistet – gerade der Betrieb der die Gemeinden verbindenden Mittelspannungsleitungen hält im Südschwarzwald immer wieder besondere Herausforderungen im Umgang mit Witterung, Topografie und Zugänglichkeit bereit. Deren stete Bewältigung mag durch die zwischenzeitlich erneuerte Konzessionierung der EWS bis ins Jahr 2028 als bestätigt gelten.

Neben diesen „gewöhnlichen" Aufgaben eines Netzbetreibers und jenseits dieses regulierten Bereichs haben die EWS von Beginn an den Ausbau regenerativer Erzeugungsleistung in Schönau forciert. Bereits einige Jahre vor EEG und KWKG gab es in Schönau erhöhte Einspeisevergütungen für BHKW- und Photovoltaik-Strom (PV), Planungsunterstützung und Gemeinschaftsprojekte wie das „Schönauer Schöpfungsfenster" (1998) – eine 50 kWp PV-Anlage auf dem Dach der evangelischen Bergkirche –

machten Schönau zu Beginn des Jahrtausends zur „Solarhauptstadt in Deutschland"[2], wovon auch heute noch stolz ein hölzernes Hinweisschild am Ortseingang kündet.

Ebenso blieb Energiereduktion und -effizienz weiterhin Thema. Auf Initiative der EWS – zunächst als Contracting-Angebot, aufgrund der klar erkennbaren mittelfristigen Vorteile durch Minderung der Verbrauchskosten dann dienstleistend für die Stadt – erfolgt beispielsweise die Umrüstung der gesamten Straßenbeleuchtung auf LED. Im Effizienzkontext hingegen läuft derzeit ein Feldprojekt zur digitalen Optimierung mit über 30 Teilnehmern, die eine PV-Anlage oder BHKW betreiben. In einem ersten Schritt erfolgt die Optimierung deren Eigenverbrauchs mittels Einbindung von Inhouse-Speichern, in einem zweiten Schritt die optimale Balancierung aller Teilnehmer und ihrer jeweiligen Ressourcen.

Weitere Effizienzpotenziale wurden und werden aber auch im Bereich der Wärmeversorgung gehoben. Die notwendige – und sehr gelungene, gleichsam neuerrichtende Komplettsanierung des in die Jahre gekommenen Schönauer Freibads (2015) ermöglichte einen Nahwärmeverbund zwischen Freibad, EWS-Firmenareal und Senioren-Wohnheim. Ein von den EWS ausgearbeitetes Quartierskonzept zeigte überdies Perspektiven auf, mittels Einbindung eines weiteren, seit 2008 zwischen Rathaus und Gymnasium bestehenden und von der Stadt betriebenen kleinen Wärmnetzes innerstädtisch erhebliche Bedarfspotenziale befriedigen zu können. Der Schönauer Stadtrat hat jüngst im Oktober 2018 den Verkauf dieses Wärmenetzes an die EWS beschlossen und damit den Weg für eine zügige weitere Entwicklung der leitungsgebundenen Wärmeversorgung in Schönau – diesmal im Zuge des Breitbandausbaus – freigemacht. Neben einer Reihe kommunaler Liegenschaften eröffnet sich nun auch für eine Vielzahl Schönauer Bürger die Möglichkeit, an einer gemeinschaftlichen, ökologisch und ökonomisch zukunftsfähigen Wärmeversorgung teilzuhaben.

Aus meinem sicherlich nicht ganz unvoreingenommenen Blickwinkel lässt sich zusammenfassend feststellen, dass die Stadt in der Zusammenarbeit mit einem Stromnetzbetreiber EWS sehr viel mehr als die im Konzessionsvertrag vereinbarten Bedürfnisse befriedigen konnte. Eine kommunale regenerative Energieautarkie mag zwar schwerlich erreichbar sein – dem stehen sowohl topografisch bedingte regenerative Ressourcenknappheit als auch die (verbrauchs-)intensive Industrialisierung Südbadens entgegen; bei 2500 Einwohnern hat bspw. das Schönauer Stromnetz einen Jahresbedarf von über 40 GWh, wovon über zwei Drittel Industrie- und Gewerbebedarfe decken. Jedoch erreichen die EWS für die Kommune und ihre Bürger nicht nur erhebliche Reduktionen der Verbrauchskosten in der Strom- und Wärmeversorgung. Das Stromnetz Schönau wird zugleich zu einem mindestens den Experten der Energiewirtschaft bekannten Testfeld digitaler Steuerung und Optimierung der Produktions-/Verbrauchs-Balance; damit werden die Vorgaben des „Gesetzes zur Digitalisierung der Energiewende" gleichsam einem Praxistest unterzogen.

---

[2]Gekürt wurde die höchste installierte PV-Erzeugungsleistung je Einwohner.

25.4 Die Stadt der Stromrebellen – die EWS als Botschafter Schönau

Die von den EWS „verursachte" Werbewirkung für die Stadt Schönau bleibt jedoch nicht auf diese Expertenzirkel beschränkt. Wenngleich der Fairness halber darauf hingewiesen werden muss, dass sich Schönau als Geburts- und Heimatstadt von Jogi Löw mit einem gleichermaßen prominenten wie massentauglichen Werbeträger schmücken kann, so scheint mir der durch die EWS verursachte Werbeeffekt für Schönau doch durchdringender, nachhaltiger und letztlich auch „zählbarer" zu sein.

Wie bereits gelegentlich im kurzen Abriss zur Unternehmensgeschichte angeklungen, hat bereits der sich über annähernd zehn Jahre hinziehende Konflikt um die Stromnetzkonzession sukzessive das Interesse bundesweiter Medien auf Schönau gelenkt. Bereits 1991 konnten Sympathisanten der Netzkauf konstatieren: „Fünfmal war Schönau seit Juli im Fernsehen. Positiv, sympathisch, interessant. Insgesamt 95 Minuten. Ein entsprechender Werbeauftritt hätte die Gemeinde mehr als 4 Millionen Mark gekostet"[3].

Diese 95 Sendeminuten – für einen Luftkurort mit Fremdenverkehr bereits ein echtes Pfund – dürften sich seit den 1990er Jahren noch erheblich erhöht haben. Das auch nach Netzübernahme und bis in die Gegenwart anhaltende Interesse von Printmedien und TV ist zum einen sicherlich Folge der im vorangegangenen Abschnitt beschriebenen Innovationen und Pilotprojekte. Deutlich größer noch ist Medienresonanz jedoch auf die zahlreichen Auszeichnungen und Preisen, die den EWS und einzelnen Repräsentanten in den letzten 20 Jahren zuteilwurden. Exemplarisch und die Zeitspanne gleichsam umfassend seien an dieser Stelle die Kür Michael Sladeks zum „Ökomanager 1994", der Deutsche Gründerpreis (2007), der Goldman Environmental Prize (2011) und der Deutsche Umweltpreis (2015) aufgeführt. Letzterer wurde durch den Bundespräsidenten an Ursula Sladek verliehen; auch der Goldman Environmental Prize, verbunden mit einem US-Präsidenten-Empfang im Oval Office, zeichnete ihr persönliches Engagement aus. Bereits die Auswahl einer Schönauer Bürgerin als Preisträgerin, und dies für die Mitgründung und Leitung der Elektrizitätswerke Schönau, überdies gewürdigt durch eine derart hochkarätige politische Prominenz haben einen Wahrnehmungs- und Werbeeffekt für Schönau im Schwarzwald, den man so bei keiner Agentur einkaufen könnte – einem Sahnehäubchen gleich gekrönt von der Vielzahl der Bildaufnahmen Schönaus, die zu solchen Anlässen im medialen Umlauf sind.

Diese neugewonnene und über die Jahre gefestigte umwelt- und energiepolitische Prominenz Schönaus konnte freilich weder das eingangs erwähnte Sterben der kleinen Ladengeschäfte noch das Siechtum des Fremdenverkehrs verhindern. Positive Effekte einer EWS-generierten Werbewirkung auf letzteren sind jedoch klar erkennbar, wenngleich deren Nutznießer eher im Bereich der Gastronomie und Zimmervermietung, als touristischer Freizeitangebote zu finden sind.

---

[3]Bernward Janzing, Störfall mit Charme (Vöhrenbach 2008), 25. Es sei angemerkt, dass in den 1990er Jahren im Vergleich zur Gegenwart TV-Präsenz noch deutlich schwerer zu realisieren war.

Diesbezüglich am eindrücklichsten ist zweifellos das „Schönauer Stromseminar", seit den 1990er fester Bestandteil der EWS-Identität. Diese alljährlich um die Jahresmitte stattfindende Wochenend-Veranstaltung besuchen regelmäßig über 400 Teilnehmer aus der ganzen Republik. Spätestens ab März wenden sich die ersten Teilnehmer mit Bitte um Unterstützung bei der Zimmerreservierung an die EWS, ab der zweiten Maihälfte werden im Umkreis von 10 km Betten langsam knapp. Und wenn am Samstag mit Ende des Seminartages gegen 17 Uhr die Teilnehmer aus der Buchenbrand-Halle strömen, um vor Beginn der „Schönauer Stromnacht" – ein von Hochkarätern dargebotener Kabarettabend mit alljährlicher Kür des „Schönauer Stromrebellen"[4] – ein Abendessen einzunehmen, sind die gastronomischen Potenziale in Schönau und Umgebung binnen einer halben Stunde ausgeschöpft oder nur mit sehr viel Glück und Ortskenntnis zu erschließen.

Das Schönauer Stromseminar ist nicht nur für das Organisationsteam der EWS, sondern auch für die lokale Gastronomie und Zimmervermietung eine alljährliche Extremherausforderung, in dieser Ausprägung zum Glück auf ein Wochenende pro Jahr beschränkt. Doch auch über das Jahr verteilt zieht die EWS eine Vielzahl von Besuchern aus aller Welt nach Schönau. Gemeinsam ist ihnen das Interesse an zukunftsfähiger Energieerzeugung, -verteilung und -politik, unterschiedlich sind dagegen die Potenziale des Besuchs für die lokale Wertschöpfung.

Einzelpersonen und Kleingruppen – eine südamerikanische Genossenschaftlerin, Mitglieder des EWS-Aufsichtsrats, ein Filmteam aus den USA, zwei Journalisten aus Südkorea, die Prüfer des Genossenschaftsverbands oder ein Team des Software-Dienstleisters – mieten sich meist mehrere Tage ein und müssen verköstigt werden. Auch Stromkunden und Mitglieder der EWS eG quartieren sich gelegentlich für einen Urlaub im Südschwarzwald und um bei „ihrer" EWS in Schönau vorbeizuschauen ein. Für einige sind diese Aufenthalte längst fester Bestandteil ihrer Urlaubsplanung. Mehrmals im Jahr gilt es aber auch, für den Besuch einer Studentengruppe, eines Bildungsvereins oder einer japanischen Reisegruppe Ortskontakte zur Anbahnung eines 50-köpfigen Mittagessens zu vermitteln.

An diesem bundesweiten, mehr aber noch am internationalen Interesse an den EWS in Schönau hat ein EWS-Werbemittel sicherlich einen besonderen Anteil, die einstündige Doku-Reportage „Das Schönauer Gefühl" (2007). Der Film wurde im Auftrag der EWS angefertigt, damals bereits vor dem Hintergrund eines so stark gewachsenen Interesses an der EWS-Geschichte, dass Vortragsreisen in diesem Umfang nicht mehr

---

[4]Der Preis wird jährlich von den sog. Schönauer Energie-Initiativen (EWS, EfaZ, FUSS) und der Stadt Schönau verliehen. In den vergangenen Jahren haben sich als Preisträger u. a. Alfred Ritter (Ritter Sport), Jochen Stay (.ausgestrahlt), Luise Neumann-Cosel (Gründerin Bürgerenergie Berlin eG) und Heffa Schücking (urgewald) ins goldene Buch der Stadt eingetragen. Preisträger 2018 ist Syrill Eberhardt, Gründer einer Schweizer Genossenschaft, deren Mitglieder sich gegenseitig bei Planung, Einkauf und Montage von PV-Anlagen unterstützen.

leistbar waren. Der Film sollte gleichsam als „Vortragsersatz“ fungieren. Er erzählt mit einer Mischung aus Interviews und Sequenzen der seit den 90er in Schönau gedrehten TV-Aufnahmen die Gründungsgeschichte der EWS – sympathisch, mit wunderschönen Landschaftsaufnahmen, vor allem aber einem unglaublichen Spannungsbogen, der zum Mitfiebern zwingt. Die DVD hat 2018 eine Gesamtauflage von 30.000 erreicht, ist zudem aber auch online und mittlerweile Untertiteln in vielen Sprachen verfügbar. Und gerade bei Besuchern aus dem Ausland kommt es immer wieder vor, dass sie Orte besuchen möchten, die sie aus dem Film kennen.

25.5 Die EWS als Mitglied der Gemeinschaft

Einem Unternehmen darf es nicht gleichgültig sein, auf welchen gesellschaftlichen Grundlagen und diese nutzend es seine Ziele verfolgt. Menschen – und Unternehmungen als Zusammenschlüsse von Menschen – können nur in Gemeinschaft existieren und sind damit bereits Schuldner der Gemeinschaft. Für die EWS kommt hinzu, dass ihre Unternehmensmission einer dezentralen und bürgergetragenen Energiezukunft von einem bestimmten Menschen- und Gemeinschaftsbild getragen wird, zu dessen integralen Werten Eigenverantwortung und Kooperation, Solidarität und Empathie zählen. Auch, vielleicht gerade weil es ohne diese die EWS ganz sicher nicht gäbe.

Im Sinne der Eigenverantwortung haben die EWS seit den späten 1980er Jahren immer wieder Gemeinschaftsanlässe organisiert und provoziert: Infostand-Gespräche auf dem Rathausplatz, natürlich das Stromseminar, aber auch Volksmusikabende. Eine besondere Vorliebe besteht seit jeher für das politische Kabarett. Durch die freundschaftliche, vielseitige und kreative Zusammenarbeit mit dem Freiburger Vorderhaus, eine namhafte Bühne für Kabarett und Kleinkunst, konnten wir über viele Jahre eine Jahresabo mit 6 Veranstaltungen in Schönau anbieten. Veranstaltungsort war eine technisch ausgestattete Scheune, die „EWS-Kulturhalle“. Die Scheune musste leider einer Baustelle weichen, das neue Gebäude wird im Erdgeschoss jedoch über einen großen Veranstaltungsraum samt Bühne verfügen, auch regelmäßige Kabarett-Veranstaltungen sind im Nutzungskonzept vorgesehen.

Neben diesem eigenen Beitrag unterstützen die EWS eine Vielzahl von gemeinschaftsstützenden Strukturen. Fastnachts- und Sportvereine, die Mensa des Gymnasiums, lokale Traditionspflege und Kulturprojekte oder die örtliche Sozialstation, mit einem größeren fünfstelligen Betrag. Wir stellen für den Weihnachtsmarkt oder das Straßenfest kostenfrei Strom und Infrastruktur zur Verfügung, organisieren einen Kinderzirkus[5] für die Buchenbrand-Grundschule oder verleihen unsere Veranstaltungstechnik

[5]Die Grundschüler studieren ein Zirkusprogramm ein – eine Woche lang, zusammen mit professionellen Akrobaten, Artisten und Clowns, in einem Zirkuszelt. Die Vorstellungen finden am anschließenden Wochenende statt. Die EWS haben dieses die Kinder euphorisierende Projekt bereits mehrmals organisiert, finanziert und die Zeltwiese zur Verfügung gestellt.

für Schul- oder Theateraufführungen. Denn als dies ist Kit der Gemeinschaft. Eingedenk dessen, dass Unternehmung der Gemeinschaft bedarf, ist ein Beitrag zum Fortbestand dieses Kits – im Rahmen und Ausmaß des jeweils Möglichen – damit schon grundsätzlich nicht uneigennützig. Für die EWS kommt unbenommen ein weiterer Aspekt hinzu. Da die gemeinhin als erstrebenswert propagierten Lebensstile sich eher vor einer großstädtischen Hintergrundkulisse abspielen, wirkt ein Arbeits-, vor allem aber Lebensmittelpunkt im ländlichen Südschwarzwald in der Annäherung an potenzielle Mitarbeiter als oftmals die Erotik mindernd. Gegen die Vorzüge einer Großstadt können wir in diesem Wettbewerb zum einen eine zu jeder Jahreszeit unglaublich schöne, immer wieder auch Ehrfurcht gebietende Naturlandschaft ins Felde führen. Als ein weiteres Argument kommt für mich aber das Erleben von Gemeinschaft, das einander begegnen hinzu. Und der Kit trägt seinen Teil zur Wahrnehmung des anderen bei – im Positiven wie im Negativen.

Sicherlich sind solche Sponsoring-Aktivitäten für mittelständische Unternehmen mit finanziellen Möglichkeiten an ihrem jeweiligen Hauptsitz nicht unüblich; entsprechend möchte ich abschließend auch noch einmal kurz den Unternehmenserfolg der EWS und seine Folgen für die Raumschaft fokussieren. Die EWS haben im Juli 1997 mit 2,5 Stellen den Schönauer Netzbetrieb übernommen. Heute besitzen und betreiben die EWS 16 Energieversorgungsnetze (9 Strom-, 2 Gas-, 5 Nahwärmenetze), an weiteren sind wir beteiligt oder als Dienstleister mit ihrer technischen Betriebsführung betraut.

Heute können wir 150 Menschen ein Auskommen bieten, eine deutlich zweistellige Anzahl von Stellenbesetzungen hatte entsprechenden Zuzug in die Raumschaft zur Folge; so haben sich nicht nur Steuer- und Kaufkraft erhöht, es sind überdies neue soziale Geflechte entstanden. Und obwohl andere in Schönau ansässigen Unternehmen mit teils deutlich mehr Mitarbeitern erfreulicher Weise ebenfalls anhaltend prosperieren, so sind die EWS doch seit Jahren auch der größte Gewerbesteuerzahler in Schönau. Die Finanzlage der Stadt Schönau hat sich im Vergleich zu den 1990er Jahren nicht zuletzt durch den wirtschaftlichen Erfolg der EWS deutlich entspannt, der damit seinen Beitrag zum Erhalt lokaler Lebensqualität, z. B. durch Generalsanierung des Freibads oder den Neubau der Sporthalle, leistet.

Sebastian Sladek, seit 2008 Mitarbeiter der Elektrizitätswerke Schönau EWS eG, ist seit 2011 in geschäftsführender Verantwortung tätig und seit 2015 auch Mitglied des Vorstands. Der Magister der Klassischen Archäologie ist als drittes von fünf Kindern in Schönau aufgewachsen und dort bis zum Abitur zur Schule gegangen. Über ein Jahrzehnt konnte er Ideen, Konzepte und Werden der EWS bis zur Übernahme des Schönauer Stromnetzes aus nächster Nähe miterleben, fungierte doch der große Esstisch der Familie als Planungs- und Einsatzzentrale der Initiative. Als verantwortlicher Vorstand für den Geschäftsbereich „Politik und Kommunikation" kann er gewonnene Erfahrungen zu Bürgerengagement, politischem Diskurs und der Organisation von Mehrheiten für die EWS, den „politischen Energieversorger", weiter nutzbar machen.

Sebastian Sladek wohnt seit über 10 Jahren wieder in Schönau, ist dort Mitglied des Stadtrats, verheiratet und Vater von vier Kindern. Wie bereits für die EfaZ ist auch für ihn die Zukunft seiner Kinder in besonderem Maße Motivation, Auftrag und Verpflichtung.

Messestadt Riem

26

Eine aktuelle Analyse der Erfolgsfaktoren

Theo Bauernschmidt

Zusammenfassung
Inhalt dieses Beitrages sind die Identifizierung und Analyse der Faktoren, die für den Erfolg des renommierten Münchner Stadtentwicklungsprojektes „Messestadt Riem" langfristig ausschlaggebend verantwortlich zeichnen.

26.1 Einführung

Die Messestadt Riem in München ist nicht nur eines der größten, sondern zugleich auch eines der erfolgreichsten Stadtentwicklungsprojekte. Ziel des folgenden Beitrages ist es, die Ursachen beziehungsweise Faktoren für einen solchen Erfolg zu identifizieren und zu analysieren, um entsprechende Anregungen für vergleichbare Projekte zur Verfügung stellen zu können. Vor diesem Hintergrund soll zunächst eine, entsprechend darüber Aufschluss gebende Betrachtung der Projektziele, der Konzeption sowie der diesbezüglichen Realisierungsschritte stehen.

26.2 Konzept

Die Messestadt Riem stellt mit einer Fläche von 560 ha eines der größten städtebaulichen Entwicklungsprojekte Europas dar. Sie bietet Raum für rund 16.000 Einwohner mit vielfältigen Infrastruktur- und Versorgungseinrichtungen sowie

T. Bauernschmidt (✉)
Plantheo, Timmendorfer Strand, Deutschland
E-Mail: t.bauernschmidt@plantheo.de

T. Breyer-Mayländer und C. Zerres (Hrsg.), *Stadtmarketing*,
https://doi.org/10.1007/978-3-658-26254-9_26

einem großen Landschaftspark mit Badesee und Rodelhügel. Durch die Neue Messe München und weitere Gewerbe- und Dienstleistungsbetriebe sind etwa 10.000 Arbeitsplätze entstanden.

Die Planung für die Messestadt Riem verfolgte grundsätzlich das Ziel, zwischen der Großstadt und der Region ein, in seiner Nutzung vielfältiges, in seiner Versorgung weitgehend eigenständiges und in seiner Gestaltung attraktives Stadtgebilde entstehen zu lassen. Dazu wurden im Sinne einer auch nachhaltigen Entwicklung drei wesentliche Planungsziele definiert, nach denen sich alle konkreten Vorhaben einordnen lassen:

- Identität und Stadtgestaltung,
- ökologische Stadtentwicklung und
- vollständige Infrastruktur.

Kerngedanke des Planungskonzeptes stellt eine intensive Verzahnung von Stadt und Landschaft dar, geprägt durch den Wechsel von urbanen Straßen- und Platzräumen mit großzügigen Grünflächen. Der Schwerpunkt der Bebauung konzentriert sich im Norden des Planungsgebietes und ließ Raum für einen zusammenhängenden Landschaftspark im Süden. Der Gestaltung des Stadtteiles lag dabei ein klares, räumliches Konzept zugrunde, das die Bebauung in einzelne Nutzungsbereiche ordnete.

Die Messe München und die gewerblichen Nutzungen sind nördlich einer Ost-West-Achse angeordnet. Südlich davon liegen das Zentrum und die Wohnquartiere mit den zugehörigen Infrastruktureinrichtungen. Den südlichen Ortsrand bildet eine fast zwei Kilometer lange dreireihige Promenade.

Der Stadtraum erstreckt sich von der Einfahrt in die Messestadt, markiert durch den historischen Flughafentower, über das Messevorfeld mit Messesee und das Zentrum bis zum zentralen Grünraum.

An den städtebaulichen Hauptachsen liegen Standorte für Mischgebiete und zentrale Büro-, Handels- und Dienstleistungseinrichtungen. Am zentralen Platz der Messestadt werden die Nutzungen Wohnen, Gewerbe, Infrastruktur und Messe verknüpft. Hier sorgt die Kombination aus Einkaufen, Gastronomie, Arbeiten, Wohnen, Hotel und Freizeitnutzung für eine Belebung zu jeder Tageszeit und hier steht auch ein kulturelles Zentrum für alle Bürger und Bürgerinnen zur Verfügung, ein Alten- und Servicezentrum sowie das Kirchenzentrum.

Die Wohngebiete südlich davon sind mit diesem Zentrum verbunden und über Stichstraßen erschlossen. Im Wechsel mit Wohnstraßen wird jede zweite Nord-Süd gerichtete Achse zur Grünachse, die zum Riemer Park sich ausweitet und den Stadtteil mit dem Park verbindet. So entstehen Freiräume vielfältiger Qualität und Charakteristik. Alle Bauquartiere haben also eine Straßen- und eine Grünseite.

Die Messestadt bietet „Wohnen im Grünen", aber mit allen Vorzügen einer städtischen Umgebung. Vielfalt für alle Einkommensgruppen, für Familien und Alleinlebende, für Alte und Junge, Mieter, Genossenschaften, Bauherrengruppen und Eigentümer. Unterschiedliche Gebäudetypen ermöglichen ein Wohnungsangebot, das den unterschiedlichen Interessen und Lebensformen vieler Menschen entspricht. Die Wohnquartiere sind geprägt durch kontrastierende öffentliche und halböffentlich Stadträume. Höfe und Freiräume mit Durchgängen und Blickbeziehungen bilden ein abwechslungsreiches, lebendiges Wohnumfeld. Gärten, Terrassen, Balkone und Loggien holen die Natur bis in die Wohnung. Helle Farben verbinden die Baukörper, Farbakzente beleben das Stadtbild. Begrünte Dächer und Fassaden verbessern das Kleinklima. Infrastruktureinrichtungen, wie Kindertagesstätten, Kinderkrippen und Schulen sowie Spielplätze, liegen in unmittelbarer Nähe.

Der Wohnungsbau unterteilt sich in geförderten, freifinanzierten Wohnungsbau für mittlere Einkommensgruppen.

Ein für die Messestadt Riem entwickeltes Infrastrukturkonzept erfasst die grundsätzlichen Erfordernisse des neuen Stadtteils aus sozialräumlicher und -planerischer Sicht und stellt sicher, dass alle notwendigen Einrichtungen sinnvoll angeordnet und rechtzeitig mit Fertigstellung der jeweils neuen Wohnbauabschnitte auch benutzbar waren und sind.

Die Kindertagesstätten, Kinderhorte und das Familienzentrum sind unmittelbar bei den Wohnungen gelegen. Neben dem bereits erwähnten Einkaufszentrum befindet sich heute ein weiteres kleines Zentrum am neuen U-Bahnhof Messestadt Ost.

Südlich der Promenade liegen all die Einrichtungen, die von der Lage am Landschaftspark profitieren, zum Beispiel die Jugendfreizeitstätte sowie Freizeit- und Sportanlagen, die alle Bewohner der Messestadt Riem und auch der angrenzenden Stadtteile nutzen können. So gibt es in der Messestadt von Anfang an eine funktionierende Infrastruktur mit Angeboten für alle Altersstufen.

Auch in den Gewerbegebieten waren und sind Identität und städtebauliche Qualität Ziel der Planung. Ausgehend von den unterschiedlichen Anforderungen werden auf den jeweiligen Standort abgestimmte Gewerbegebietstypen entwickelt. Identität entsteht dabei aus den Nutzungsgemeinsamkeiten und den entsprechenden städtebaulichen Strukturen.

Der Technologiepark Messestadt West ist als modernes Gewerbegebiet konzipiert, das den Bedürfnissen innovativer und wachstumsorientierter Branchen entgegenkommt. Er umfasst, einschließlich der angrenzenden Kern- und Mischgebiete, eine Fläche von etwa 23 ha. Ein klares räumliches Konzept und anspruchsvolle Architektur schaffen Standorte und gute Adressen. Klare Gebäudekanten prägen die Straßenräume. Das Gewerbegebiet Messestadt Ost ist als traditionelles Gewerbegebiet geplant. Es ist auf einer Fläche von etwa 12,5 ha insbesondere auf kleine und mittlere Unternehmen aus Handwerk, Produktion und Vertrieb ausgerichtet. Die vorgegebene Höhenentwicklung der Bebauung und klare Baukörper bestimmen die Straßenräume. Eine starke Randbegrünung bettet das Gebiet in die Landschaft ein und artikuliert so den Übergang von der Stadt zum Land.

Bereits ganz am Anfang des Projektes verlagerte die Messe München ihren Standort aus der Innenstadt nach Riem. Der Messestandort München konnte so an Qualität und großzügigem Flächenangebot gewinnen und auch seine nationale und internationale Position nachhaltig verbessern.

Die Sicherung umfangreicher Grünflächen war Vorgabe für die Entwicklung des neuen Stadtteils. Die kompakte Bauweise der Messestadt wird durch großzügige, werträumige, miteinander vernetzte Grün- und Freiflachen, die nahezu die Hälfte der

Gesamtfläche umfassen, ausgeglichen und qualitativ aufgewertet. Die Grenzen zwischen Bebauung und Freiraum, zwischen dem neuen Stadtteil und der umgebenden Landschaft werden klar definiert und gleichzeitig in enge Beziehung gesetzt. Grünzüge, die weit in das Gebiet hineinreichen, verzahnen und verbinden die Wohngebiete mit der Landschaft. Ebenso sind die Gewerbegebiete mit der umgebenden Landschaft verzahnt.

Der über 200 ha neu geschaffene große Riemer Park sichert als drittgrößte Münchner Parkanlage die Grün- und Freiflächenversorgung für die Messestadt Riem und die umliegenden Stadtteile. Im Park bieten dabei der 8 ha große Badesee und der 22 m hohe Rodelhügel ganzjährig besonders attraktive Möglichkeiten für Freizeit und Erholung. An der Nahtstelle zwischen Wohngebiet und Park nimmt ein „Aktivitätenband" die intensiven Erholungseinrichtungen, wie Bolzplatz, Schulsportanlage und verschiedene Spielplätze, wie Abenteuerspielplatz und Skateranlage, auf. Südlich davon schließt ein Teil des Parks mit weiten artenreichen Wiesenflächen und umfangreichen Baumpflanzungen an. Im Osten liegt der Riemer Wald, eine 20 ha große naturnahe Waldfläche mit Rasenlichtungen. Er wurde als Ausgleichsmaßnahme für Eingriffe in Natur und Landschaft geschaffen.

Bei der Entwicklung der Messestadt steht das Primat einer nachhaltigen Entwicklung im Mittelpunkt. Dieses beinhaltet gleichermaßen soziale Ausgewogenheit, ökonomische Verträglichkeit sowie ökologische Tragfähigkeit. Beispiele für den Bereich Ökologie sind die verschiedenen Umweltverträglichkeitsprüfungen auf allen Planungsstufen, das ökologische Rahmenkonzept sowie die daraus abgeleiteten „Ökologischen Bausteine", die von Anfang an als konkrete Planungshilfen und Handlungsempfehlungen hier zur Verfügung stehen. Nachhaltigkeit in den Bereichen Gesellschaft und Wirtschaft zeigt sich daneben beispielsweise in der Förderung sozialer Stabilität durch gemischte Bewohnerstrukturen, der Schaffung einer umfassenden sozialen Infrastruktur und der Beteiligung der Bevölkerung an der Planung. Darüber hinaus werden gute Standortvoraussetzungen für zukünftige Arbeitsplätze in einem breit gestreuten Branchenmix gefördert. Schließlich ist das städtebauliche Leitbild der Landeshauptstadt München – kompakt, urban, grün – Teil der nachhaltigen Stadtentwicklung. In der Messestadt Riem sind diese Ziele wegweisend verwirklicht und umgesetzt worden und können damit der These der klassischen Soziologie von den konzentrischen Kreisen wachsender Ungleichheit entgegenwirken (vgl. Bauernschmidt 2009).

- Kompakt, das heißt flächensparendes Bauen und standortgerechte Dichte,
- urban, damit sind vielfältige Nutzungsmischungen und kurze Wege umschrieben, und
- grün, unter diesem Begriff sind wohnungsnahe Grün- und Spielflächen sowie die Sicherung wertvoller Freiflächen zusammengefasst.

26.3 Realisierung

Planungen und Realisierung in der Messestadt Riem griffen seit den 90iger Jahren konsequent ineinander. Fachleute, Öffentlichkeit und Entscheidungsträger wurden stets in den Planungsprozess einbezogen. Die Landeshauptstadt München bediente sich dabei zur Umsetzung ihrer Ziele in der Messestadt mehrerer Instrumente (vgl. Landeshauptstadt München 2009):

- Zielvorgaben in städtebaulichen und landschaftsplanerischen Wettbewerben,
- Entwicklung eines privatrechtlichen Trägermodells im Sinne einer Public Private Partnership.
- Festsetzungen in Bebauungsplänen mit Grünordnung,
- Gestaltungsleitlinien,
- Freiflächenrahmenpläne,
- Auflagen in Grundstückskaufverträgen,
- Beratung aller Bauvorhaben in der „Beratergruppe für Stadtgestaltung und Ökologie“,
- Information, wie zum Beispiel die „Ökologischen Bausteine“ sowie
- Vergabe von „Bauherrenpreisen“.

26.4 Erfolgsfaktoren

Eine Analyse des Stadtentwicklungsprojektes Messestadt Riem zeigt, dass, neben einer Vielzahl an erfolgsbegründenden Maßnahmen, es vor allem wohl zwei Faktoren zuzuschreiben ist, dass das Projekt einen so erfolgreichen Verlauf nehmen konnte, der von Anfang an angestrebten identitätsstiftenden Transparenz sowie der gewählten Realisierungsform als Public Private Partnership.

26.4.1 Identitätsstiftende Transparenz

Die Bewohner beteiligen sich am Aufbau ihres neuen Stadtteils. Aus dem Modellprojekt der „Bürger- und Nutzerbeteiligung“ hat sich eine Vielzahl von Bürgerinitiativen entwickelt, insbesondere auch das „Bürgerforum Messestadt e.V.“, das heute auch Trägerverein des Kulturzentrums in der Messestadt ist. Eine um eingeschränkte Identität und eine hohe Gestaltungsqualität sind grundlegende Ziele in der Planung und Realisierung. Bereits mehr als 25 Wettbewerbe auf allen Planungsebenen, Gestaltungsregeln und eine Beratergruppe unterstützen diese Ziele. Der „Beratergruppe für Stadtgestaltung und Ökologie“ gehören Fachleute aus den Bereichen Architektur, Städtebau, Landschaftsplanung und Ökologie sowie Mitglieder des Stadtrats von München, der Verwaltung und Maßnahmenträger an. Im Sinne konstruktiver Kritik berät diese Gruppe die Stadt, private Bauherrn und alle Planer bei sämtlichen Planungsfragen; sie ist gleichzeitig ein Forum für gemeinsame Diskussionen.

Die Landeshauptstadt München zeichnet besonders gelungene Projekte in der Messestadt mit dem „Bauherrenpreis“ aus. Mit dessen Verleihung will sie beispielhaft Anregung geben und gleichzeitig das Engagement motivierter Bauherrn sowie deren Planer herausheben. Die bisher realisierte Messestadt sowie eine Reihe von bestimmten Gebäuden und vor allem auch Freianlagen ragen hinsichtlich ihrer städtebaulichen, landschaftlichen und architektonischen Gestaltung heraus und wurden mit angesehen nationalen und internationalen Preisen ausgezeichnet.

26.4.2 Public Private Partnership

Für die Übernahme der gemeindlichen Aufgaben, also Herstellung der technischen, sozialen und kulturellen Infrastruktur, wurde ein privatrechtliches Trägermodell entwickelt und dazu die MRG Maßnahmenträger München-Riem GmbH gegründet. Diese plante und baute für die Stadt München die Infrastruktureinrichtungen, wie die Schulen, die Kindergärten, die Sportanlagen, die Friedhofserweiterung, die Feuerwache und die Park+Ride-Anlage, die öffentlichen Grünanlagen in den Quartieren und im Riemer Park sowie Verkehrsanlagen. Die Herstellung der sonstigen technischen Infrastruktur, wie Strom-, Wasser- und Nahwärmeversorgung sowie die Abwasser- und Abfallentsorgung, obliegt den Versorgungsträgern, wird aber von der MRG koordiniert.

Die Wahrung der städtischen Interessen wird dabei durch eine enge Zusammenarbeit mit der Stadtverwaltung und durch einen Beirat sichergestellt. dessen stimmberechtigte Mitglieder aus den Reihen des Stadtrates stammen. Neben den vielfältigen organisatorischen, technischen und kaufmännischen Aufgaben, die die MRG als Projektgesellschaft selbst erbringt, werden von ihr die Planungs- und Bauleistungen unter Anwendung des öffentlichen Vergaberechts an Dritte beauftragt. Alle Maßnahmen der MRG werden durch ein Bankenkonsortium vorfinanziert und am Ende der Gesamtmaßnahme abgerechnet. Während der Projektdauer leistet die Stadt München Finanzierungsbeiträge, vor allem aus Grundstückserlösen und aus staatlichen Zuwendungen.

26.5 Schlussbetrachtung

Als die beiden wohl wesentlichsten Erfolgsfaktoren des Stadtentwicklungsprojektes „Messestadt Riem“ der bayrischen Landeshauptstadt München sind vorstehend Public Private Partnership und identitätsstiftende Transparenz identifiziert und analysiert worden. Beide verkörpern darüber hinaus augenscheinlich den theoriegeleiteten Aspekt einer Ökonomie der Bereicherung, deren wichtigste Werte oftmals auch ihren Ausdruck in einem deutlichen Regionalbezug finden. Vor dem Hintergrund einer solchen Typisierung vermag, anschließend darauf aufbauend, auch das Stadtmarketing im engeren Sinne durchaus neue Werte zu schaffen.

Literatur

Bauernschmidt, T.: Ein neuer Stadtteil entsteht: Die Messestadt Riem, München. In: Bundesministerium für Verkehr, Bau und Stadtentwicklung, Engelberg, Lütke Baldrup, Zlonicky, P. (Hrsg.) Große Projekte in deutschen Städten – Stadtentwicklung 1990–2010, S. 142–147, Jovis Verlag, Berlin (2009)

Landeshauptstadt München, Referat für Stadtplanung und Bauordnung (Hrsg.): Messestadt Riem – Vom Flugfeld zum neuen Stadtteil, Eigenverlag, München (2009)

Theo Bauernschmidt war als Leitender Baudirektor in München von Anfang an für das Projekt „Messestadt Riem" verantwortlich.

Smart Cities

Governance, Big Data und Anwendungsbeispiele

27

Dirk Drechsler

Zusammenfassung

Die Digitalisierung zeigt Auswirkungen auch auf die moderne Konzeption von Städten. Unter der Bezeichnung Smart City entwickeln die Verantwortlichen zusammen mit den Stadtplanern und Experten Plattformen, die nicht nur die internen Verwaltungsabläufe, sondern auch die Beziehung zu und das Miteinander zwischen den Stakeholdern einer Stadt verbessern sollen. Dabei entstehen integrative Konzepte, die die City-Governance, Organisation und Technologie bündeln und auf eine einheitliche Zielerreichung hin ausrichten. Im Anschluss an die generische Entwicklung einer Smart City behandelt der Beitrag die spanische Stadt Barcelona als Beispiel für eine entsprechende Umsetzung. Am Ende werden die Chancen und Risiken dieses Konzeptes zusammenfassend gewürdigt.

27.1 Das Konzept einer Smart City

27.1.1 Raumkonzepte, Herausforderungen und Motivation

Im Zuge der Digitalisierung kommt man nicht umhin, sich mit den verschiedenen Ausprägungen einer Entwicklung auseinanderzusetzen, deren Kern eine bisher (zumindest nicht auf die herkömmliche Art) vielfach nicht erwartete Vielfalt mit sich bringt.

Der Autor dankt dem Rainer Hampp Verlag, dass Teile des Beitrags mit Rückgriff auf Buchartikel aus dem Sammelband von Zerres und Drechsler (2018) genehmigt wurden.

D. Drechsler (✉)
Gutach, Deutschland
E-Mail: dirk.drechsler@hs-offenburg.de

T. Breyer-Mayländer und C. Zerres (Hrsg.), *Stadtmarketing*,
https://doi.org/10.1007/978-3-658-26254-9_27

> „Auch der architektonischen Postmoderne liegt somit eine sowohl soziale wie semantische Motivation zugrunde. Wie die Literatur der Moderne aus aparten Elfenbeinschnitzereien bestand, so war auch die Architektur der Moderne weitgehend intellektuell und elitär und erreichte die Herzen und Wünsche der Mehrzahl der Bevölkerung nicht. Sie zog sich vielmehr auf die vornehme Nadelstreifensprache von Glas und Stahl zurück, kulminierte in hermetisch-kristallinen Gebilden und lehnte jeden Pakt mit konkreten Ausdruck und sprechender Gestaltung ab. Ihre abstrakte Universalsprache war das Pendant zur aufklärerisch-modernen Konzeption des Menschen als Weltbürger und Subjekt mit universalistischen Prinzipien" (Welsch 1988, S. 19).

Insofern steht die Postmoderne für einen Wandlungsprozess, der eine ökonomische Umstellung von Globalkonzepten auf Strategien der Diversifizierung mit sich bringt.

Sofern man sich als Beobachter der aktuellen Entwicklungen nicht ganz den Abläufen verschließt, wird deutlich, dass die Technologie im Leben der Menschen eine prominente Stellung eingenommen hat. Die technologischen Artefakte in Form von Smartphones, Tablets, lebensoptimierenden smarten Apps etc. verändern grundlegend die Art und Weise, wie Gemeinschaften miteinander interagieren, kommunizieren und leben. Im Sinne einer zunehmenden Virtualisierung des sozialen Lebens entlang der korrespondierenden Felder (wie beispielsweise dem Lebensraum) entsteht eine Hyperrealität, deren konstitutives Kennzeichen in Form der Simulacra besteht, die sich im Sinne Baudrillards postmoderner Soziologie über vier Arten von Bildern ausdrücken (vgl. Zima 2016, S. 114): 1) Bilder mit einer tiefer liegenden Wirklichkeit, 2) maskierende und entstellende Bilder, 3) Bilder, deren Aufgabe in der Maskierung der Abwesenheit einer solchen Wirklichkeit besteht und 4) Bilder mit fehlenden Bezug zur Wirklichkeit. Letztere wären reine Simulacra. Die Relevanz dieser Unterscheidung erfährt in Bezug auf die Bemühungen, digitale Abbilder von Menschen im Sinne eines berechenbaren Datenprofils zu generieren, das Verhaltens-, Bewegungs- und Interessenmuster in vielfältiger Art und Weise möglich macht, eine neue Konnotation. Um es noch deutlicher auszudrücken, das *„den Netzkulturen zugeschriebene Potenzial offener Partizipation sowie eines grenzenlosen und zensurfreien Informationsflusses erfährt durch den Fokus auf die unzulänglich und opak im Verborgenen arbeitende Software eine Umdeutung"* (Bächle 2016, S. 28). Der Philosoph Jacques Lacan versinnbildlicht diese sich immer mehr auflösende Differenz über das Schema des Spiegelstadiums. *„Damit es eine Optik gebe, muß (Sic!) jedem gegebenen Punkt eines realen Raumes ein und nur ein Punkt in einem anderen Raum korrespondieren, der der imaginäre Raum ist"* (Lacan 2006, S. 212). Die Beziehung zwischen der Realität und der Hyperrealität kann nur dann einwandfrei existieren, wenn der Bezug kongruent und richtig dargestellt wird. Ansonsten landet man wieder bei den reinen Simulacra. Der französische Philosoph und Soziologe Michel Foucault drückt es noch etwas pointierter aus: *„Der Spiegel funktioniert als Heterotopie, weil er den Ort, an dem ich bin, während ich mich im Spiegel betrachte, absolut real in Verbindung mit dem gesamten umgebenden Raum und zugleich absolut irreal wiedergibt, weil dieser Ort nur über den virtuellen Punkt jenseits des Spiegels wahrgenommen werden kann"* (Foucault 2006, S. 321).

Die Hyperrealität in Form digitaler Abbildungen ist eigentlich nichts anderes als die weitere Domestikation von Zeit und Raum zur Schöpfung einer menschlichen Zeit und eines menschlichen Raums (vgl. Leroi-Gourhan 2006, S. 228). Die Zeiten einer passiven Hinnahme des Raums sind längst vorbei, was jedem Beobachter klar ist. Aber viel interessanter erscheint es, nach den generativen Schemata zu fragen, die die verschiedenen Praxisformen und Praxisräume hervorbringen. Das dreistellige Verständnis des Raums nach Henri Lefebre umfasst neben der räumlichen Praxis in Form einer dialektischen Interaktion, die Raumrepräsentationen im Sinne des konzipierten Raums (u. a. der Urbanisten) sowie der Repräsentationsräume als gelebte Räume, die über Bilder und Symbole begleitet werden (vgl. Lefebre 2006, S. 336). Praxis, Repräsentation und Konzeption sind aber keineswegs vorgegebene Kategorien, die von den Teilnehmern solcher Räume hingenommen werden (müssen), sondern existieren bzw. entwickeln sich über ein oszillatives Verhältnis, dass Pierre Bourdieu mit seinem Habituskonzept formulierte. Der Habitus bildet dabei nicht nur eine strukturierende und organisierende Struktur ab, sondern ist zugleich eine strukturierte Struktur. Dieser erzeugt demnach Praxis und wird gleichermaßen über diese strukturiert. Dieses System generativer Schemata von Praxis drückt sich beispielsweise über die aktuell erreichten Lebensbedingungen aus (vgl. Bourdieu 1987, S. 279). Besteht die Möglichkeit, sich eine exklusive Wohnung in einem besonderen Stadtteil leisten zu können, beginnt der Mieter oder sogar Eigentümer mit der Ausgestaltung derselben. Angeregt von seinem Umfeld (sofern Einblicke möglich werden), wirken diese Bedingungen zurück und führen gegebenenfalls zu weiteren Ausgestaltungen des Habitats, vielleicht sogar zu einer komplett räumlichen Umorientierung. Das erklärt ansatzweise die vorher gemachten Ausführungen.

Die aktuellen Raumkonzepte bzw. der Gegenstand dieses Beitrags implizieren eine verstärkte Technologie-Orientierung, indem bestehende analoge Raumkonzepte in digitale Formate überführt werden. Sicherlich steht beim Beispiel der Smart City der politische Wille im Vordergrund, der mit der ökonomischen Fraktion ein schnelles Bündnis eingeht. Aber die oben angesprochene Strategie der Diversifizierung zeigt sich nicht nur bei den Anbietern, sondern auch bei den Nutzern digitaler Technologien. Während die kommerzielle Ausprägung von Singularisierung mittels dem Konsumerlebnis schon weit vorangeschritten ist, bedarf es für den gesellschaftspolitischen Bereich hinlänglicher Konzepte, um den individuellen Bedürfnissen der Raumteilnehmer entsprechen zu können. Was im Privatleben in Form digitaler Avatare der sozialen Netzwerke wie selbstverständlich ist, reibt sich im öffentlichen Raum mit den Anforderungen einer städtischen Verwaltung und deren Umgang mit den Bürgern. Da dadurch das Gesetz in seinen verschiedenen Ausprägungen angesprochen ist, werden an die Spiegelung ungleich höhere Anforderungen gestellt. Nichtsdestotrotz zeigen sich hier generative Schemata, die über die Verbindung von politischen Willen und gesellschaftlichen Wünschen ein Bündnis machtvoller Promotoren hervorbringen. Das Streben in die Städte begünstigt diese Allianz.

Die Urbanisierung ist einer der acht globalen Megatrends der Zukunft (vgl. Schreiber et al. 2017, S. 5). Die Menschen zieht es in die Städte, häufig ist auch von einer regelrechten Landflucht die Rede. Prognosen gehen davon aus, dass bis zum Jahr 2030 76,8 % und bis zum Jahr 2050 sogar 83 % der deutschen Bevölkerung in Städten leben werden. Abb. 27.1 zeigt, dass bereits im Jahr 2016 75,5 % der Deutschen in Städten lebten. Umgekehrt bedeutet dies, dass bis zum Jahr 2030 nur noch 21,4 % und bis zum Jahr 2050 17 % der Bevölkerung in Deutschland auf dem Land leben werden (vgl. UN DESA 2014). Ähnlich sind die Prognosen für die Weltbevölkerung. Perspektivisch werden die Städte folglich Millionen neuer Bewohner aufnehmen müssen.

Aus der Urbanisierung resultiert unter anderem eine Überlastung der Verkehrs-, Energie- und Wasserversorgungsnetze sowie des städtischen Wohnraums. Bedingt dadurch entstehen beispielsweise Staus und Lärm. Die heutzutage vielerorts vorzufindende städtische Infrastruktur ist den zukünftig weiter steigenden Bewohnerzahlen nicht länger gewachsen. Diese Anforderungen erfordern ganz neue Lösungsansätze.

Die Frage, die sich dementsprechend aus dieser Problemstellung der Zukunft ableiten lässt, ist, wie Städte mit einer wachsenden Bevölkerungsdichte und sich schnell verändernden Umwelt langfristig und nachhaltig geplant und gebaut werden können (vgl. UN DESA 2014; Schreiber et al. 2017, S. 40 ff.). Die Motivation, Städte zu realisieren, die eben diesem Anspruch gerecht werden, *„entspringt also deren steigender gesellschaftlicher Relevanz, geht aber auch von der Verfügbarkeit neuer Technologien aus, welche eine Verwirklichung (…) überhaupt erst möglich machen“* (Portmann und Finger 2015, S. 471). Vor allem die wachsenden Möglichkeiten im Rahmen der Sammlung und Auswertung von enormen Datenmengen (Big Data) spielt eine große Rolle.

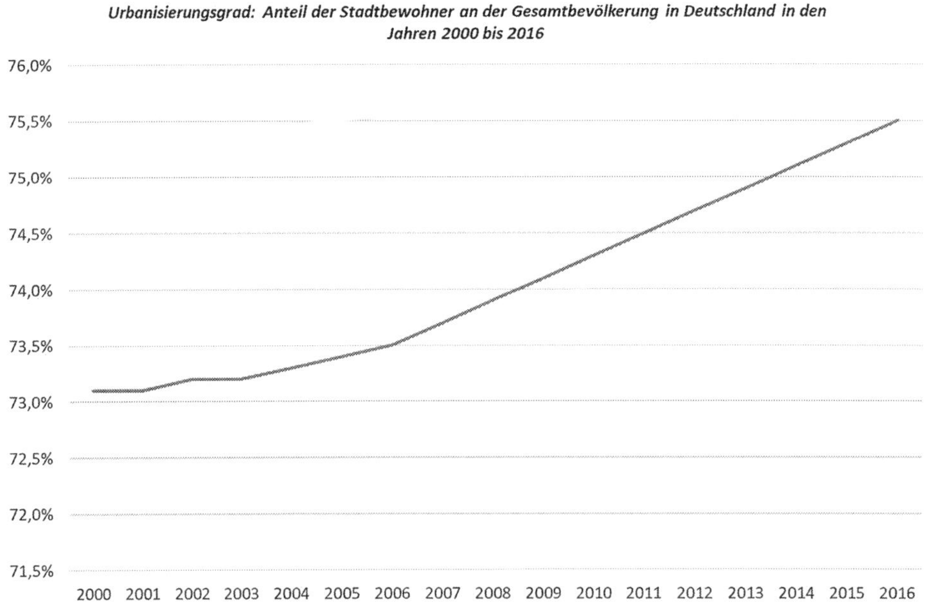

Abb. 27.1 Urbanisierungsgrad in Deutschland. (Quelle: Eigene Darstellung in Anlehnung an World Bank und UN DESA 2017, Drechsler et al. 2018c)

27.1.2 Definition und Ziele einer Smart City

„Der Begriff Smart City oder Ubiquitous City bezeichnet die Nutzung von Informations- und Kommunikationstechnologien in Städten und Agglomerationen, um den sozialen und ökologischen Lebensraum nachhaltig zu entwickeln“ (Meier und Zimmermann 2016, S. 4). Die grundlegende Idee von Smart Cities als *Städte der Zukunft* ist, dass Informations- und Kommunikationstechnologien eingesetzt werden, um soziale, ökonomische und ökologische Probleme, die durch die Urbanisierung hervorgerufen werden, zu lösen (vgl. Portmann und Finger 2015, S. 472; Portmann et al. 2017, S. 1). Konkret formuliert bedeutet das, dass Smart Cities unter Verwendung von Technologien für die Stadtbewohner konzipiert werden, um einerseits Ressourcen zu schonen und effizient einzusetzen. Andererseits besteht die Zielsetzung einer nachhaltigen Entwicklung der Städte, sodass Städte trotz steigender Bevölkerungsdichte effiziente und lebenswerte Bedingungen vorweisen. Dabei sollen sowohl die Bedürfnisse des Individuums als auch der Gesellschaft Berücksichtigung finden (vgl. Portmann et al. 2017, S. 1 f.).

Im Oktober 2015 erschien ein Bericht des *Global Agenda Council on the Future of Cities,* der für das World Economic Forum (WEF) erstellt wurde. Dieser listet die zu diesem Zeitpunkt Top zehn urbanen Innovationen auf, die in Tab. 27.1 zusammengestellt sind.

Allein vier Zahlen definieren dabei die Bedeutung der Städte: Zwei, 50, 75 und 80. Städte nehmen zwei Prozent der Weltoberfläche ein, aber sie beherbergen bis zu 50 % der Weltbevölkerung, sind für 75 % des weltweiten Energieverbrauchs verantwortlich und für 80 % der CO2-Emissionen. Wenn Städte demzufolge lediglich ein wenig effizienter gestaltet werden, können große globale Auswirkungen erreicht werden (vgl. Ratti 2016). Um die Herausforderungen und die Komplexität der Urbanisierung in den Städten meistern zu können, verfolgt das Konzept einer Smart City daher zusammenfassend die Ziele, Kosten zu senken, die Lebensqualität zu verbessern und die Effizienz zu steigern (vgl. Portmann und Finger 2015, S. 473). Das deckt sich in Teilbereichen mit dem WEF-Bericht.

In prozessualer Hinsicht können generisch drei Ebenen unterschieden werden, um die smarten Dienste besser zu illustrieren: Auf der ersten Prozessebene findet der Austausch von Informationen und die Kommunikation mittels entsprechender Technologie statt. Wichtig dabei ist ein möglichst barrierefrei gestalteter Zugang. Die nächste Prozessebene steht für die eigentlichen Behörden- bzw. Verwaltungsdienste. Dabei handelt es sich um behördeninterne wie -externe Vorgänge wie die Beschaffung oder das Ausstellen von Ausweisen für die Bevölkerung. Die dritte und letzte Ebene steht für die Partizipation der Bürger am gesellschaftspolitischen Geschehen der Stadt, wie Wahlen oder kommunale Arbeit (vgl. Meier und Zimmermann 2016, S. 4 f.). Tatsache ist es aber, dass einheitliche Konzepte für Smart Cities nicht existieren, sondern an die Bedürfnisse der Städte anzupassen sind (vgl. Drechsler et al. 2018b, S. 12 ff.). Insofern verbleiben die Ausführungen hier zunächst auf einer allgemeinen Grundlage.

Tab. 27 1 Top zehn urbane Innovationen

Konzept	Erläuterung
(Digitally) Re-programmable space	Hier geht es um Bemühungen, den bestehenden Wohn- und Arbeitsraum durch Rückgriff auf digitale Technologien zu optimieren
Waternet: An internet of pipes	Die Verfügbarkeit und effiziente Nutzung von (Frisch-)Wasser entwickelt sich zu einer Herausforderung, der man über den Einsatz von intelligenten Systemen begegnet
Adopt a tree through your social network	Das Pflanzen von Bäumen reduziert laut Studien die Effekte von Stürmen und sonstigen wetterbedingten Katastrophen
Augmented humans: The next generation of mobility	Die Mobilität in den Städten darf nicht nur für Autofahrer funktionieren, sondern erfordert auch intelligente Konzepte, um Fußgänger und Radfahrer besser in den Verkehr zu integrieren
Co.-Co.-Co.: Co-generation, Co-heating, Co-cooling	Der Energieverbrauch bedingt Quellen der Energieerzeugung, die mit Atomstrom oder Kohlekraftwerken keine umweltfreundlichen Vertreter haben. Daher ist es erforderlich, unter Nutzung digitaler Technologien und alternativer Energiequellen zum Umweltschutz beizutragen
The sharing city	Airbnb macht es vor, dass der Bau von Hotels oder weiteren Unterkünften in Städten durch private Angebote im Sinne eines Teilens des Wohnraums vermieden werden kann. Das optimiert bestehende Möglichkeiten
Mobility-on-demand	CO2-Emissionen können durch eine bedarfsorientierte Mobilität reduziert werden. Auch das Risiko von Unfällen nimmt dadurch ab
Medelin revisited: Infrastructure for social integration	In der kolumbianischen Stadt Medellin benutzen die Stadtplaner Architektur und Urbanismus als eine Möglichkeit zur sozialen Integration (Espana Library Park oder öffentlicher Transport über das Kabelauto)
Smart array: Intelligent street poles as a platform for urban sensing	Ein bedarfsorientierter Einsatz von Lampen mittels Sensoren lässt diese nur dann angehen, wenn Personen in der Nähe sind. Das optimiert den Energieverbrauch
Urban farming: Vertical vegetables	Sofern der Anbau landwirtschaftlicher Produkte in die Städte gebracht wird, besteht die Möglichkeit, Transportwege zu reduzieren und zeitnah Lebensmittel anzubieten. Das entlastet die Landwirtschaft

Quelle: Global Agenda Council 2015, S. 2 ff.

27.1.3 Handlungsfelder und Technologien einer Smart City

Das Konzept einer Smart City setzt sich aus unterschiedlichen sogenannten Handlungsfeldern oder Eigenschaften zusammen, die wiederum diverse Technologien benötigen und viele Daten sammeln bzw. erzeugen. Dabei sind ganz verschiedene Bereiche des städtischen Lebens betroffen (vgl. Woetzel et al. 2018, S. 2). Nachfolgend werden beispielhaft zwei Handlungsfelder skizziert und ein Beispiel für Big Data vorgestellt.

Am wohl bekanntesten und auch am weitesten verbreitet sind die Handlungsfelder Smart Living bzw. Smart Home, die einen Teilbereich vielfältiger Anwendungsbereiche mit Auswirkungen auf die Dimensionen der Lebensqualität. Darunter versteht man Konzepte des Lebens und Wohnens, bei denen durch die Vernetzung der unterschiedlichsten Geräte im Haushalt den Bewohnern Vorteile entstehen. Im Rahmen dessen wird immer wieder vom Internet der Dinge gesprochen (Internet of Things – IoT). Vernetzte Staubsaugerroboter sammeln detaillierte Daten der Wohnungen, wie etwa den Grundriss sowie die Positionen von Sofas und Schränken, um effizient zu arbeiten (vgl. Portmann und Finger 2015, S. 473; Holland 2017).

Im Handlungsfeld *Smart Healthcare* werden durch die Sammlung und Analyse von Patientendaten Epidemien und Krankheiten vorhergesagt, um durch den effizienten und rechtzeitigen Einsatz von Heilmitteln die Lebensqualität zu verbessern und vermeidbaren Todesfällen entgegenzuwirken (vgl. Hashem et al. 2016, S. 752).

Für die Sammlung und Speicherung der genannten Daten setzen die Verantwortlichen unter anderem folgende Technologien ein: RFID, WIFI, WSN, IoT, Sensortechnologien, Bluetooth, LTE, LTE-A, 4G, 5G Netzwerke, sowie GPS. WSN (Wireless sensor network) beispielsweise kann Umgebungsbedingungen wie Temperatur, Luftdruck, Luftfeuchtigkeit, etc. in Echtzeit messen und durch drahtlose Kommunikation an andere Systeme weitergeben. So eignet sich diese Technologie für den Einsatz im Smart Home, um die Heizung automatisch zu regulieren. Erst durch diese und weitere neue Technologien ist es überhaupt möglich, Big Data zu sammeln, zu speichern, zu verarbeiten und für die effiziente Nutzung in einer Smart City zugänglich zu machen (vgl. Hashem et al. 2016, S. 750 ff.).

27.1.4 Smart City Governance – Verwaltung, Technologie und Daten

Es macht Sinn, Smart City nicht nur als Management bzw. Verwaltungs-, sondern auch als Governance Thema zu betrachten. Ein kurzer Rückgriff auf die betriebswirtschaftliche Verwendung des Begriffs (Corporate) Governance soll helfen, den Bezug zu den Smart Cities zu ermöglichen. Die OECD kennzeichnet die Corporate Governance als *„a set of relationships between a company's management, its board, its shareholders and other stakeholders. Corporate Governance also provides the structure through which the objectives of the company are set, and the means of attaining those objectives and* *monitoring performance are determined*“ (OECD 2015, S. 9). Ausgehend vom Management bestehen Beziehungen zu den Aufsichtsgremien, den Shareholdern und weiteren Stakeholdern, die über eine Struktur und geeignete Prozesse die Zielerreichung des Unternehmens unterstützen. Das deutsche Corporate Governance System stellt darauf ab, mit dem Deutschen Corporate Governance Kodex (DCGK) wesentliche gesetzliche Vorschriften zur Leitung und Überwachung börsennotierter Unternehmen bereitzustellen. Der Inhalt entspricht Empfehlungen und Anregungen national und international anerkannter Standards für eine gute Unternehmensführung (vgl. Regierungskommission 2018). Denkt man diesen Ansatz weiter, besteht die Geschäftstätigkeit zum einen aus einem Handeln des Managements auf allen Ebenen der Organisation sowie der Rahmung desgleichen durch das Aufsichtsorgan der Aktiengesellschaft, namentlich Aufsichtsrat.

Entsprechend der oben gemachten Feststellung, dass das Management handelt, während die Kontrollorgane kontrollieren und beraten, sind zunächst die Zielsetzungen der Corporate Governance Institutionen herauszustellen. Diese bestehen aus vier Vorgaben (vgl. Gelinas et al. 2017, S. 236):

- Sicherung der strategischen Vorgaben
- Sicherung der unternehmerischen Effizienz und Effektivität
- Verlässlichkeit der internen und externen Berichterstattung
- Compliance mit externen und internen Vorgaben

Am Beispiel von Effizienz und Effektivität kann der Unterschied besonders deutlich herausgestellt werden, da es nicht um die organisatorische Umsetzung dieser beiden Prinzipien geht, sondern um die Sicherstellung sämtlicher Aktivitäten, um die damit verbundenen Zielsetzungen zu erreichen. Natürlich thematisiert die Corporate Governance das gesamte Unternehmen und nicht nur Fragstellungen bezüglich der Daten. Daher enthält Abb. 27.2 einen konkreten Bezug und stellt Business Analytics in den Mittelpunkt der Betrachtung.

Die neuen digitalen Modelle erfordern gleichermaßen wie die analogen Vorgänger ein Erreichen der vier Vorgaben. Die Abbildung, Verarbeitung und Speicherung der Vorgänge über Plattform-Modelle impliziert neben einer (Corporate) Governance auch eine Big Data, Data und Information Governance sofern letztere inklusive der technologischen Anforderungen wie IT-Sicherheit und Datenschutz gesehen wird. Im Kern steht ein Datenmanagement, das nicht nur in Form der Speicherung besteht, sondern das sich im hohen Maße durch eine Auswertung und Weiterverarbeitung der personenbezogenen und nicht-personenbezogenen Daten zeigt. Dabei finden häufig analytische und betriebswirtschaftlich-orientierte Verfahren Anwendung, die durch die entsprechenden Erfassungs-, Speicher- und Verarbeitungsmedien unterstützt werden. Es zeigt sich deutlich, dass sich jede Aktivität in einem separaten Governance-Rahmenwerk wiederfindet, d. h. die oberste Leitung muss diese Aspekte doppelseitig in ein Rahmenwerk überführen.

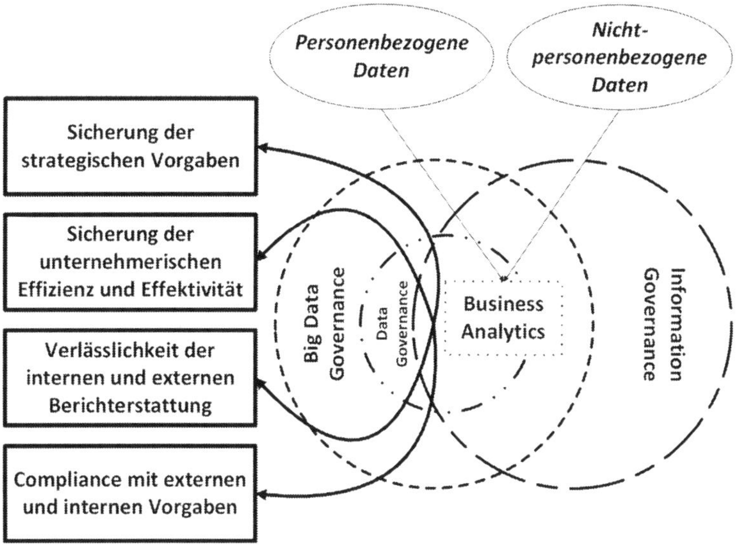

Abb. 27.2 Governance und Business Analytics. (Quelle: Drechsler 2018b, S. 224)

Die British Standard Institution (BSI) publizierte mit dem Standard *PAS 181:2014 Smart city framework. Guide to establishing strategies for smart cities and communities* ein Rahmenwerk für Smart Cities. Im Kern geht es darum, die Aktivitäten und Teilnehmer innerhalb einer Stadt auf eine einheitliche Plattform zu bringen. Den Ausgangpunkt sollten die Bürger, Unternehmen, Organisationen und weitere kommunale Gruppen bilden. Die zu erbringende Lieferung erfordert ein Zusammenführen von Anbietern und Nachfragern sowie den erleichterten Zugang zu Verwaltungsorganen, was eine mehr oder weniger starke Neufassung der Aufbau- und Ablauforganisation bedingt. Neu und weitgehend innovativ ist die integrierte Betrachtung verschiedener Aktivitäten (z. B. Energieversorgung, Abfallmanagement, Wassermanagement etc.), die zuvor eher verstreut an verschiedenen Orten praktiziert wurden. Einen weiteren wichtigen Punkt bildet zudem die angewendete Technologie, die eine gleichermaßen gut entwickelte technologische Infrastruktur nach sich zieht. Der Name Plattform deutet bereits an, dass der Informations-Marktplatz unter den Bedingungen der Informationstechnologie betrieben wird. Wenn Aktivitäten zuvor unzählige Papierberge produziert haben und ein Aktivitätsprofil nur mühsam über das Zusammensuchen von schriftlichen Vorgängen möglich war, erledigen heute Daten und deren Auswertungsmöglichkeiten diese Arbeit. Die Teilnehmer an diesem System existieren spiegelbildlich in den leistungsfähigen und hoffentlich sicheren Datenbanken des Plattformanbieters in Form eines Datenprofils.

Die oben bereits angesprochene Rahmung unternehmerischer Tätigkeiten ist auch für die Smart City zu empfehlen. Das Rahmenwerk zielt auf die folgenden übergeordneten Aspekte ab:

> „Against this context, cities across the UK are being forced to re-think their strategies and to innovate. However, the complexity and the pace of change, combined with the need for integrated and systemic solutions, are presenting a major challenge to local authorities who, traditionally, have developed responses in a ‚siloed' fashion. The SCF [Smart City Framework; Anm. D. Verf.] has been developed to bring together good practices in responding to these challenges in an integrated way. The SCF does not describe a one-size-fits-all model for the future of UK cities. Rather, the focus is on the enabling processes by which innovative use of technology and data, coupled with organizational change, can help deliver the diverse visions for future UK cities in more efficient, effective and sustainable ways" (BSI 2014, S. 3).

Als Leser darf man sich natürlich nicht vom Bezug auf Städte in Großbritannien verwirren lassen. Aber die obige Formulierung bringt es auf den Punkt, dass nur ein effizientes und effektives Zusammenspiel von Organisation, Technologie und Daten dazu führt, eine Stadt wirklich *smart* zu machen. Ein Rückgriff auf ISO-Standards verdeutlicht, wie stark verstreut die verschiedenen und bereichsbezogenen Anforderungen formuliert sind, je nachdem, welchen Standpunkt man einnimmt. Die Ausführungen in Tab. 27.2 geben einen Überblick.

Die Aufgabe eines Governance-Rahmenwerks besteht genau darin, diese Anforderungen auf die eigentlichen Zielsetzungen der Smart City hin zu bündeln und zu garantieren, dass diese Ziele auch erreicht werden. Das ist eine nicht unerhebliche und nicht zu unterschätzende Tätigkeit.

Das SCF des BSI (vgl. BSI 2014, S. 7) unterteilt in die vier großen Kategorien 1) leitende Prinzipien, 2) Stadtweite Schlüssel-Governance und Lieferprozesse, 3) Strategie zur Realisierung von Erfolgen und 4) kritische Erfolgsfaktoren. Der erste Punkt macht deutlich, dass nur ein von Grundprinzipien geleitetes Vorgehen zu weiteren strukturierten Aktivitäten führen kann. Beispielsweise kann das Thema Nachhaltigkeit in den Mittelpunkt gerückt werden mit dem Ziel, ambitionierte Ziele zu erreichen, wie es der Vice-President der ISO Olivier Peyrat 2015 formuliert hat: „Without a coherent strategy to run cities more efficiently, the global targets on greenhouse gas *emissions and the ambitions for sustainable growth cannot be achieved*" (Peyrat 2015, S. 3). Diese Prinzipien erfahren nachgelagert im zweiten Schritt eine weitere Konkretisierung. Dabei unterscheidet das Rahmenwerk zwischen einem Business Management, d. h. dem Geschäftsmodell inklusive der Aufbau- und Ablauforganisation der Stadt, einem Bewohner-zentrierten Dienstleistungsmanagement, d. h. einem konkreten Bezug zwischen Leistungserbringung und Leistungsempfänger, und einem Management von Technologie und digitalen Vermögenswerten, was die IT-Infrastruktur im weitesten Sinne umfasst. Der oben gemachte generische Hinweis, dass die Zielsetzungen nur über eine integrative Herangehensweise wirkungsvoll zu erreichen sind, erhält hier seine Konkretisierung. Aus diesen beiden ersten Punkten resultiert dann das Vorgehensmodell in

Tab. 27.2 ISO-Standards mit Bezug zur Smart City

ISO-Standard	Inhalt
ISO 37100	Sustainable cities and communities – Vocabular
ISO 37120	Sustainable development in communities – Indicators for city services and quality of life
ISO 26000	Guidance on social responsibility
ISO 17742	Energy efficiency and savings calculation for countries, regions and cities
ISO 39001	Road traffic safety (RTS) management systems
ISO 39002	Good practices for implementing commuting safety management
ISO 24510	Activities relating to drinking water and wastewater services – Guidelines for the assessment and for the improvement of the service to user
ISO/IEC 30182	Smart city concept model – Guidance for establishing a model for data interoperability
ISO/IEC 21972	Information technology – An upper level ontology for smart city indicators (in der Entwicklung)
ISO/IEC 27550	Information technology – Security techniques – Privacy engineering (in der Entwicklung)
ISO/IEC 27551	Information technology – Security techniques – Requirements for attribute-based unlinkable entity authentication (in der Entwicklung)
ISO/TS 37151	Smart community Infrastructures – Principles and requirements for performance metrics
ISO/TR 37152	Smart community infrastructures – Common framework for development and operation
ISO 22313	Societal security – Business continuity management systems – Guidance
ISO 22327	Security and resilience – Emergency management – Guidelines for implementation of a community-based landslide early warning system
ISO 22395	Security and resilience – Community resilience – Guidelines for supporting community response to vulnerable people
IWA 18	Framework for integrated community-based life-long health and care services in aged societies
ISO/IEC Guide 71	Guide for addressing accessibility in standards
ISO 45001	Occupational health and safety management system

Quelle: ISO 2017

Form der Strategie, dessen Erreichung wiederum über konkrete kritische Erfolgsfaktoren gesteuert wird. Letztere bezeichnen Aspekte der Zielerreichung, die unbedingt realisiert sein müssen. Ansonsten mündet das Vorhaben in suboptimalen Ergebnissen.

Die Plattform-Geschäftsmodelle, auch das einer Smart City, leben von den gesammelten Daten sowie der korrekten Verarbeitung, Speicherung und Weitergabe. Dabei steuert das Verhältnis von Daten, Informationen und Wissen den zukünftigen

Erfolg. Die Rohdaten werden über verschiedene Erfassungsmedien, wie beispielsweise Sensoren oder die Eingabe durch Bürger, in die Datenbanken übernommen und mittels analytischer Software zu Informationen weiterverarbeitet. Diese strukturierten Daten ermöglichen über weitere Analysen die Herausarbeitung konkreter Profile, auf deren Grundlage Dinge wie Energie- und Wasserverbrauch oder auch das Müllaufkommen besser gesteuert werden können. Die gelernten Lektionen münden in Best-Practice-Anwendungen als Wissen um ein besseres, smartes Management der städtischen Aufgaben zu realisieren. Daher erscheint es sinnvoll, das Datenmanagement bzw. die Data-Governance näher zu beleuchten.

Die Data Governance (vgl. Drechsler 2018b, S. 224 ff.) geht konsequent von den Daten der Organisation aus und ermöglicht eine systematische und integrative Datenstandardisierung, ein effizientes Management der Datenapplikationssysteme, die Etablierung einer entsprechenden Aufbau- und Ablauforganisation, eine Formulierung von Vorgaben sowie den Aufbau von städtischen Prozessen (vgl. Kim und Cho 2017, S. 387). Die Anwendung von Standards erleichtert die Umsetzung von Vorgaben im Rahmen der Organisation. Der DAMA-DMBOK (DAMA Data Management Body of Knowledge) stellt die Data Governance in den Mittelpunkt eines Datenmanagements mit seinen insgesamt neun Teilaspekten:

- Datenarchitektur-Management
- Datenentwicklung
- Data Operations Management
- Daten-Sicherheitsmanagement
- Referenz- und Masterdatenmanagement
- Data Warehousing und Business Intelligence Management
- Dokumenten- und Content-Management
- Metadaten-Management
- Daten-Qualitätsmanagement

Die neun Aspekte erfordern ein Rahmenwerk, dass es ermöglicht, sämtliche damit verbundene Ziele zu erreichen bei gleichzeitiger Beachtung der Governance-Ziele. Die Fokussierung könnte 1) Richtlinien, Standards und Strategien, 2) Datenqualität, 3) Datenschutz, Compliance und Sicherheit, 4) IT-Architektur und Integration, 5) Data Warehousing und Business Intelligence, 6) Management-Support etc. umfassen (vgl. Thomas 2017, S. 7 ff.). Grundsätzlich sind auch andere Mischformen denkbar. Die nachfolgenden Ausführungen skizzieren daher nur einige mögliche Optionen.

1. Die für die Data Governance verantwortlichen Personen müssen sich eine Art Modus Operandi geben, d. h. über eine langfristige Festlegung von dem, was erreicht werden möchte, entsteht eine Art strukturierter Fahrplan i.S. einer Strategie über die Zeit. Ausgehend von den allgemeinen Zielen der Smart City Governance sollten Bereichsziele formuliert und in die Organisation getragen werden.

2. Ein wirksames Data Governance-Programm lebt davon, dass es eine Organisation in der Smart City gibt, die Verantwortlichkeiten und Befugnisse genau definiert. An der Spitze muss ein Verantwortlicher dafür sorgen, dass der Gesamtzusammenhang gewährleistet ist, während bereichsbezogen Mitarbeiter an der weiteren Konkretisierung arbeiten. Das bedeutet die Schaffung eines Data Governance Office (DGO) mit einem Chief Data Governance Officer (CDGO) sowie weiteren Data Stewards (DS). Innerhalb des DGO tagt ein regelmäßiges Gremium, welches sich mit der Organisation über sämtliche Sachverhalte mit Bezug zur Data Governance austauscht, Entscheidungen trifft und ggfs. auch Problemlösung betreibt.
3. Ausgehend von einer Gesamtvorgabe für die Smart City entwickeln die Teilbereiche konkrete Standards und weitere Umsetzungshilfen, um die Anforderungen der Data Governance zu realisieren. Dabei gilt das Prinzip der zunehmenden Detaillierung.
4. Da städtische Aufgaben entweder routinemäßig oder projektbezogen ablaufen, müssen beide Arbeitsformen begleitet und überwacht werden. Gerade im IT-Bereich laufen viele Tätigkeiten über Projekte. An diesem Punkt überschneidet sich die Projekt- mit der Data Governance.
5. Am Ende von Projekten oder am Ende eines jeden Tätigkeitsjahres macht es durchaus Sinn, die Governance-Aktivitäten zu evaluieren, um deren Zielerreichung festzustellen. Eine kritische Beurteilung liefert die Möglichkeit, weitere Optimierungen herbeizuführen. Sofern Metriken oder konkrete Audits durchgeführt werden, sollten die Ergebnisse im Rahmen des DGO diskutiert werden.

Die Beziehung Daten-Informationen-Wissen macht aus Daten bereits einen strategischen Wert für die Smart City, obwohl die genaue buchhalterische Bewertung nicht zweifelsfrei und einfach möglich ist. Die schnellen und disruptiven Entwicklungen der Umwelt erfordern aber bereits frühzeitig den sich über die Zeit verändernden Wert zumindest qualitativ einzuschätzen (vgl. Tallon 2013, S. 38).

Die Abbildung (Abb. 27.3) zeigt die Stufen, die Big Data *hinaufsteigt,* bevor die Daten in den unterschiedlichen Handlungsfeldern einer Smart City Verwendung finden können: Von der Generierung der Rohdaten (z. B. Sensoren, Geräte, etc.) bis zum Datentransfer und zur Datenspeicherung, dann über Datenanalysen und Datenverarbeitungen bis hin zur Datenverwendung (vgl. Joglekar und Kulkarni 2017, S. 53 f.).

Die reine Erwähnung von Sicherheitsaspekten mag zwar den einen oder anderen Leser beruhigen, konkret sollte aber an einem Modell verdeutlicht werden, wie das im Fall einer Smart City aussehen sollte. Nach Erfassung der Daten über diverse Quellen werden diese vorbereitet und in die verschiedenen analytischen Verfahren überführt. Die Speicherung und Aggregation der Modelle verbindet sich mit der smarten Applikation, die wiederum zur Schnittstelle mit dem Nutzer führt. Gemäß Osman et al. (2017) ist es erforderlich, dass die operationale Plattform der Smart City durch eine Sicherheitsschicht (Security Layer) eingeschlossen ist. Das schützt personenbezogene und nicht personenbezogene Daten gleichermaßen. Innerhalb dieses Bereichs führen die Analysten die Berechnungen durch und aggregieren die Ergebnisse später für die smarten Anwendungen, sodass der Nutzer die gewünschten Ergebnisse erhält.

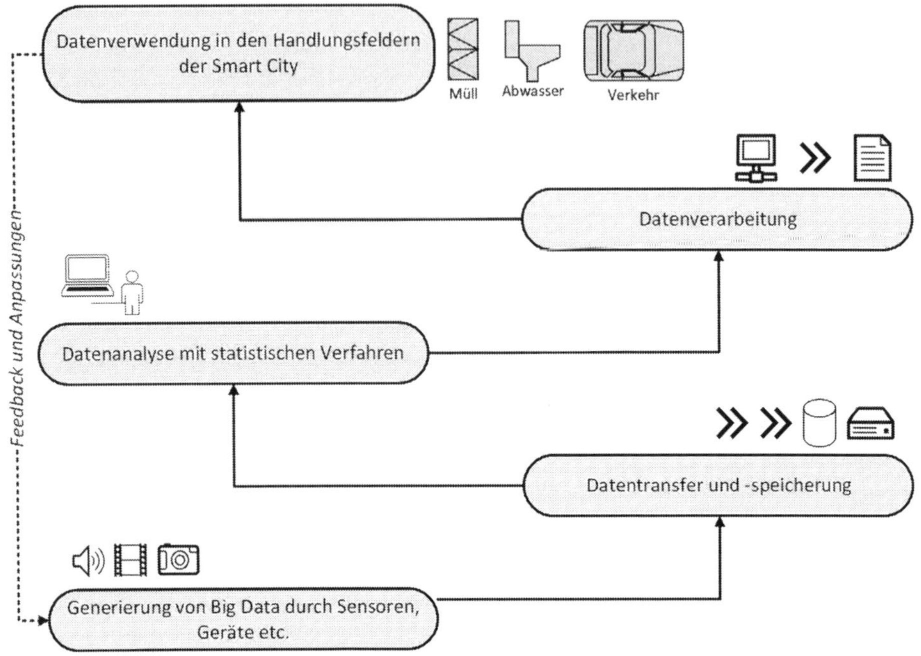

Abb. 27.3 Die Rolle von Big Data in Smart Cities. (Quelle: Eigene Darstellung in Anlehnung an Joglekar und Kulkarni 2017, S. 54)

Auch in der Praxis treffen die Verantwortlichen Vorkehrungen, dass die positiven nicht durch negative Effekte der neuen Technologien konterkariert werden. Grundsätzlich bleibt aber an diesem Punkt festzuhalten, dass Smart City nur mit Big Data Analytics und einem entsprechenden Rahmenwerk funktioniert (vgl. Drechsler et al. 2018b, S. 12 ff.).

27.2 Das Smart Water Management als bereichsbezogener Anwendungsfall

Die Rolle von Big Data in den Handlungsfeldern einer Smart City wird nachstehend am Beispiel des Smart Water Managements konkretisiert. Das Smart Water Management soll der Überlastung einer der wichtigsten Infrastrukturen einer Stadt aufgrund der wachsenden Bevölkerung in Städten, des Wasserversorgungsnetzwerks, entgegenwirken. Hinzu kommt, dass der Unterhalt sehr arbeitsintensiv und komplex ist. Ein smartes, intelligentes Wasserversorgungsnetzwerk sammelt daher unzählige Daten, um die kostbare Ressource effizient und effektiv zu verwalten. Durch die Sammlung und Auswertung von Daten können Unregelmäßigkeiten (sogenannte Anomalien) rechtzeitig erkannt werden, aus denen Schäden des Wasserversorgungsnetzwerkes, z. B. der Bausubstanz, resultieren, (vgl. Fasel 2017, S. 17).

Bestimmung von Unregelmäßigkeiten

Die Bestimmung, was abnorm oder ungewöhnlich an einem oder mehreren Datensätzen ist, bereitet immer Schwierigkeiten und liegt im Auge des Betrachters. Insbesondere Personen, denen eine intuitive Herangehensweise fremd ist bzw. deren Analysen von Schablonen oder Schwarz-Weiß-Betrachtungen geprägt sind, haben es hier schwer. Aus pragmatischer Sicht bietet sich daher folgende Definition an: „*Outliers are extreme values that deviate from other observations on data, they may indicate a variability in a measurement, experimental errors or a novelty. In other words, an outlier is an observation that diverges from an overall pattern on a sample*" (Santoyo 2017). Die Techniken zur Aufdeckung solcher signifikanten Abweichungen vom Grundmuster innerhalb der Daten können auf verschiedene Art und Weise klassifiziert werden. Eine erste Taxonomie thematisiert den Unterschied zwischen univariaten (Betrachtung von nur einer Variablen) und multivariaten (Betrachtung von zwei oder mehr Variablen) Methoden. Eine zweite differenziert zwischen Methoden, denen statistische Verteilungen und Annahmen zugrunde liegen, sogenannte parametrische Methoden sowie solche, die ohne solche Techniken arbeiten. Diese werden als nicht-parametrische Methoden bezeichnet.

Bevor die Daten jedoch mit einer Methode bearbeitet werden, empfiehlt es sich, eine grafische Aufarbeitung des Datenmaterials vorzunehmen. Solche explorativen Datenanalysen sind Teil der visuellen analytischen Aufbereitung, die mittels einfacher Diagramme (vgl. Kohlhammer et al. 2013, S. 41 ff.) oder wesentlich komplexerer Aufbereitungen (vgl. Kohlhammer 2013, S. 170 ff.) erfolgen können.

Eine univariate Möglichkeit zur Betrachtung von Abnormitäten bzw. Ausreißern besteht in der linearen z-Transformation von Daten, denen eine Normalverteilung zugrunde gelegt wird. Aus diesem Grund agieren die Methoden im Bereich der parametrischen Verfahren. Da es viele verschiedene Normalverteilungen mit unterschiedlichen Mittelwerten und Standardabweichungen gibt, normiert die z-Transformation die Werte auf 0 (Erwartungswert) und 1 (Varianz bzw. Standardabweichung). Aus der Normalverteilung wird eine Standardnormalverteilung über die folgende Berechnung:

$$z = \frac{X - \mu}{\sigma}$$

Das bedeutet, dass von jedem Wert der Mittelwert über alle Variablen hinweg subtrahiert wird. Die Differenz teilt man anschließend durch die Standardabweichung aller Variablen.

Werte ab einer Standardabweichung von 2 können als Ausreißer klassifiziert werden (vgl. Santoyo 2017). Das obliegt aber dem Betrachter.

Etwas komplexer gestaltet sich die Mahalanobis-Distanz, die ein Distanzmaß in einem mehrdimensionalen Vektorraum darstellt. Der Indikator beruht auf den geschätzten Parametern einer multivariaten Verteilung (n-dimensionale Normalverteilung mit einem Erwartungsvektor μ und Kovarianzmatrix V). Die Kovarianzmatrix berechnet sich über

$$V = \frac{1}{n-1} \sum_{i=1}^{n} (x_i - \mu) * (x_i - \mu)^T$$

Das Mahalanobis-Distanzmaß ergibt sich dann für jeden multivariaten Datenpunkt mittels

$$M_i = \left(\sum_{i=1}^{n} (x_i - \mu)^T V^{-1} (x_i - \mu)\right)^{1/2}$$

Große Werte für M_i weisen auf Ausreißer hin. Auch diese Methode gehört zu den parametrischen Ansätzen, da jeweils eine statistische Verteilung sowie die daraus resultierenden Parameter die Grundlage bilden und für die Berechnung angewendet werden.

Die Methode des k-Nearest-Neighbors (k-NN) verfolgt die Idee, die k-Aufzeichnungen in den Training-Daten zu identifizieren, die einer neuen und aufzuzeichnenden Beobachtung ähnlich sind. Die ähnlichen Nachbarn werden dann verwendet, um die neue Aufzeichnung in einer Klasse zu verorten. Der Algorithmus findet Anwendung hinsichtlich kategorialer Werte bei der Klassifikation. Die Messung der Distanz führt der Analyst mittels des euklidischen Abstands durch. Die euklidische Distanz zwischen zwei Aufzeichnungen ($x_1, x_2, \ldots, x_p$) und ($u_1, u_2, \ldots, u_p$) lautet

$$\sqrt{(x_1 - u_1)^2 + (x_2 - u_2)^2 + \cdots + (x_p - u_p)^2} = \sqrt{\sum_{i=1}^{p} (x_i - u_i)}$$

Die Vorgehensweise entspricht einem zweistufigen Vorgehen: 1) Zunächst sucht man die k-nahen Nachbarn zu dem neu zu klassifizierenden Datensatz, dann 2) ermöglicht die Anwendung einer Mehrheitsregel die Klassifikation in der Klasse, die mehrheitlich zu dem neuen Datensatz passt. Die Wahl von k ist von entscheidender Bedeutung (vgl. Shmueli et al. 2016, S. 158 ff., Drechsler und Katz 2018, S. 287 ff.).

Das Smart Water Management bedarf einer Sensortechnologie und einer großen Anzahl an Wassersensoren, welche lokale Messungen von Wasserdruck, Wasserfluss und Wasserqualität vornehmen. Die Sensoren müssen unterschiedliche Anforderungen erfüllen, um zum einen Energieverbrauch und zum anderen die Kosten sowie den Installations- und Wartungsaufwand zu reduzieren. Aus diesem Grund nehmen die Sensoren die Datenspeicherung nicht selbst vor, sondern übermitteln die gemessenen Daten per Übertragung an die sogenannten Basisstationen. Außerdem misst jeder Sensor ausschließlich eine Kennzahl, sodass die notwendige Komplexität der einzelnen Sensoren reduziert werden kann. Deswegen sind mehrere Sensoren zur quantitativen Erfassung unterschiedlicher Kennzahlen an einer Messstelle angebracht. Auch das Hinzufügen neuer Wassersensoren stellt keine Schwierigkeit dar (vgl. Difallah et al. 2016, S. 292 f.; Fasel 2017, S. 19).

Mehrere Basisstationen verarbeiten und bereinigen die Messwerte der Wassersensoren in ihrer jeweiligen Nachbarschaft und übermitteln diese anschließend an das sogenannte Overlay-Netzwerk. Im Rahmen der Datenechtzeitverarbeitung in der Basisstation

- werden die Daten auf Vollständigkeit überprüft,
- werden mit der Methode des gleitenden Durchschnitts potenzielle Ausreißer in den Daten abgeschwächt,
- werden die Daten mittels des LISA-Algorithmus *(Local Indicators of Spatial Association)* auf Anomalien überprüft. Hierzu werden die Daten der einzelnen Wassersensoren sowohl mit den aktuellen als auch mit den historischen Daten der Nachbarsensoren verglichen. Der Algorithmus basiert unter anderem auf der Standardisierung der Werte durch den Mittelwert und die Standardabweichung. (vgl. Fasel 2017, S. 18; Difallah et al. 2016, S. 293 ff.) und

- werden Anomalien direkt an das sogenannte Backend gemeldet. Das Overlay-Netzwerk entfernt Redundanzen der Sensordaten und fügt den einzelnen Sensordatensätzen Metainformationen (z. B. Sensor ID, Zeitstempel) hinzu. Redundanzen können entstehen, weil ein Sensor in der Nachbarschaft mehrerer Basisstationen liegen kann. Das Backend speichert nicht nur die Datensätze, sondern bietet auch die analytische Umgebung, um (historische) Daten (in Echtzeit) zu überwachen und auszuwerten (vgl. Fasel 2017, S. 18; Difallah et al. 2016, S. 293 ff.).

In Abwesenheit einer konkreten Definition für Big Data stehen vier Begriffe für eine Konkretisierung Pate: 1) Daten in hohen Geschwindigkeiten – in Echtzeit – zu erzeugen und zu verarbeiten (in diesem Zusammenhang wird von *Velocity* gesprochen), 2) eine große Menge von Daten über verschiedene Zeiträume zu speichern und zu analysieren *(Volume)*, 3) die Daten in unterschiedlichen Datenformaten vorliegen zu haben *(Variety)* und 4) mit unterschiedlichen Datenqualitäten umzugehen *(Veracity)* sowie die Daten auf Plausibilität zu überprüfen (vgl. Fasel 2017, S. 19). Die Reichweite der Anwendungen geht von einfachen bzw. komplexen Berechnungsverfahren aus, erstreckt sich über das maschinelle Lernen bis zum Deep Learning bis irgendwann das Stadium künstlicher Intelligenz (KI) erreicht ist. Obwohl global viel Geld in die KI-Forschung gesteckt wird, erstreckt sich das bisher erreichte Stadium von *Science* bis *Fiction.*

Hintergrundinformation

Der Anwendung quantitativer Methoden geht regelmäßig der Hinweis voraus, dass das Modell für Berechnungszwecke vereinfacht wurde. Die Komplexität von dem, was als Realität bezeichnet wird, besteht in der großen Anzahl miteinander verknüpfter Einflussfaktoren sowie der nichtlinearen Spezifizierung der Beziehung. Die Anwendung künstlicher neuronaler Netze (KNN) soll dazu beitragen, diese Probleme zu reduzieren, indem biologische Lernprozesse auf strukturentdeckende Datenanalyseverfahren angewendet werden.

Die Reizeinwirkungen im Sinne der Stimuli oder des Stimulus (vgl. Backhaus et al. 2015, S. 297) entsprechen systemexternen Informationen und repräsentieren den Ausgangspunkt der Informationsverarbeitung. Nach der Aufnahme des Inputs verarbeitet das neuronale Netzwerk die systemexternen Informationen durch eine Vielzahl von einfachen, vernetzten Elementen, die man als Neuronen bezeichnet. Das Wissen unterliegt dabei Lernprozessen, die eine verbesserte Lösung ermöglichen können, sofern gelernt wird. Über die Effektoren gelangen die verarbeiteten Informationen aus dem Organismus als Antwort oder Response in die weitere Interaktion.

In einem vorwärts gerichteten, dreischichtigen neuronalen Netz (vgl. Backhaus et al. 2015, S. 299; Shmueli 2016, S. 168) sind die Prädiktoren mit dem Output über Schichten miteinander verbunden. In jeder Schicht erfolgt eine Verarbeitung von Input-Informationen mit dem Ergebnis eines Outputs. Dabei ist der Output einer Schicht der Input der nächsten Schicht. Die drei Typen von Schichten sind die Input-Schicht, eine oder mehrere verdeckte Schichten und die Output-Schicht (vgl. Shmueli 2016, S. 166):

1. Die Input-Schicht akzeptiert die Input-Variablen der Prädiktoren (numerisch oder binär).
2. Eine oder mehrere verdeckte Schichten kreieren abgeleitete Variablen. Die Schicht erhält Inputs von der vorgelagerten Schicht, führt eine Berechnung auf der Grundlage dieser Inputs durch und generiert einen oder mehrere Outputs.
3. Die Output-Schicht erhält Inputs von der letzten verdeckten Schicht und produziert Vorhersagewerte (numerisch oder binär).

Sofern eine Überwachung des gesamten Vorgangs stattfindet, spricht man von überwachten, ansonsten von nicht-überwachten Lernen. Entsprechend unterscheiden sich die Typen von KNN-Verfahren (vgl. Backhaus et al. 2015, S. 298 ff.). Technisch betrachtet bilden die Knoten der verdeckten Schichten abgeleitete Variablen. Diese entsprechen der gewichteten Summe der Inputs, die auf die Aktivierungsfunktionen angewendet werden. Gängige Funktionen sind lineare, exponentielle und s-förmige Funktionen (vgl. Shmueli et al. 2016, S. 253 ff.; Drechsler et al. 2018a, S. 256 ff.).

Zusammenfassend lässt sich die Rolle von Big Data auch hier klar definieren: Ohne Big Data ist die Aufdeckung von Anomalien und die Überwachung des Wasserversorgungsnetzwerkes in Echtzeit im Handlungsfeld *Smart Water Management* einer Smart City undenkbar.

27.3 Smart City Barcelona als städtischer Anwendungsfall

Es gibt viele Städte, die sich durch Innovation und technischen Wandel Schritt für Schritt der Definition einer Smart City annähern. Darunter sind Aarhus (vgl. Snow et al. 2016, S. 93), Hyllie/Malmö (vgl. Parks 2018, S. 5), Ghent (vgl. Berg und Viaene 2016, S. 11), um nur einige zu nennen. Barcelona (vgl. Gascó-Hernandez 2018, S. 52), als Stadt, in der im Jahr 2017 bereits ein Smart City Kongress stattfand und im November 2018 erneut stattfinden wird, ist ein *Vorzeigebeispiel* einer Smart City. Die umfangreichen Neuerungen, die Barcelona in den alltäglichen Ablauf integriert, um das Leben der Einwohner zu optimieren, sind es durchaus Wert, diese Stadt im Kontext von Big Data genauer zu betrachten und als Fallstudie für eine Smart City zu verwenden (vgl. Jaekel 2015, S 247 ff.).

Ein solches Projekt funktioniert nur dann, wenn alle beteiligten Stellen eng miteinander arbeiten und sich abstimmen (vgl. Dameri 2017, S. 9 ff.). Auf der Grundlage eines integrativen Rahmenwerks, wie in Tab. 27.3 gezeigt, entwickelten die Stadtplaner das Konzept einer Smart City mit dem folgenden Zielen: *„Barcelona's aim was two-fold: use new technologies to foster economic growth and improve the well-being of its citizens. The strategy to achieve it included international positioning, international cooperation, and 22 smart local programs implemented primarily by public-private partnerships"* (Gascó-Hernandez 2018, S. 53). Ein Blick in ausgewählte Bereiche schärft die Kontur des Konzeptes.

27.3.1 Barcelona und der smarte Verkehr

Smart Mobility erfordert eine passgenaue Plattform (vgl. Pflügler et al. 2018, S. 30 ff.) und steht für ausgebaute Anbindungen an das Transportsystem sowie nachhaltigen, innovativen und sicheren Transport mit öffentlichen Verkehrsmitteln (vgl. Jaekel und Bronnert 2014, S. 116 ff.). Das Bus Transit System in Barcelona vereint dies in Perfektion und erzeugt

Tab. 27.3 Das integrative Smart City Rahmenwerk für Barcelona

Dimension	Beschreibung
Management und Organisation	Projekte werden durch Management- und organisatorische Faktoren beeinflusst wie Projektgröße, Einstellung und Verhalten der Manager sowie organisatorische Diversifikation
Technologie	Eine Smart City hängt von Computer-Technologie ab, die auf kritische Infrastrukturen angewendet wird, aber die Technologie kann entweder die Lebensqualität der Menschen verbessern oder digital-bedingte Unterschiede hervorbringen
Governance	Darunter werden Prozesse, Normen und Praktiken zusammengefasst, die den Austausch von Informationen zwischen verschiedenen Stakeholdern und deren Führung, Kollaboration, Kommunikation, Datenaustausch, Partnerschaft und Integration von Dienstleistungen betreffen
Politik- und Verwaltungskontext	Darunter werden die politischen und institutionellen Komponenten der Umwelt subsumiert
Menschen und Communities	Die Smart City Initiativen haben Auswirkungen auf die Teilhabe und Partnerschaft, Zugang, Lebensqualität und Ausbildung der Menschen und Communities und werden von diesen beeinflusst
Wirtschaft	Smart City Initiativen erhalten Input von und geben Output ab an Innovationen, Produktivität und Flexibilität
Infrastruktur	Die Verfügbarkeit und Qualität der Technologie-Infrastruktur beinhaltet kabellose Infrastrukturen und Dienstleistungs-orientierte Informationssysteme
Natürliche Umgebung	Letztendlich werden die Nachhaltigkeit und der gute Umgang mit natürlichen Ressourcen gemanagt

Quelle: Gascó-Hernandez 2018, S. 52

damit nachhaltige Mobilität. Das ausgebaute Transportnetz mit schneller Anbindung im Zentrum, wie auch außerhalb des Stadtkerns, macht die Nutzung des Bussystems besonders attraktiv für Einwohner wie auch Besucher der Stadt. Durch Umstellung auf hybride Busse werden Emissionen reduziert und die Nachhaltigkeit gefördert. Besonders zu erwähnen sind in diesem Fall auch die smarten Bushaltestellen, die einen besonderen Mehrwert für die Pendler bieten. Über sogenannte Solar Panels werden an den Bushaltestellen Touchscreens mit Strom versorgt, die den Nutzern Auskunft über weitere Anbindungen und eventuelle Verspätungen der Linienbusse geben. Auch werden über die Panels USB-Stationen betrieben, die während der Wartezeit auf den Bus das kostenlose Aufladen von Smartphones und andere Geräten ermöglichen (vgl. Ancheta 2014).

Ebenfalls zu einer Lösung des smarten Transports kann das Netz von über 6000 Fahrrädern gezählt werden, die in Barcelona an über 400 Stationen in unmittelbarer Nähe von öffentlichen Verkehrsmitteln platziert sind. Bike Sharing ist eine nachhaltige Möglichkeit, das Verkehrsaufkommen in Städten zu minimieren. Eine App macht es den Nutzern einfach, die Verfügbarkeit der Fahrräder an den einzelnen Stationen zu überprüfen und diese gegebenenfalls zu reservieren (vgl. Ancheta 2014).

Auch *Smart Parking* funktioniert in Barcelona mit einer App. Mit der *App Park B* bekommt der Nutzer aktive Hilfe bei der Parkplatzsuche und Informationen zu Parklücken in Echtzeit zugespielt. Licht- und Metalldetektoren sowie weitere Sensoren melden der App, wenn ein Parkplatz besetzt oder frei ist. Diese Informationen können die Nutzer einfach abrufen und sich einen passenden Parkplatz in der Nähe des Zielortes aussuchen. Außerdem zeichnet die App beispielsweise Parkzeiten, Beliebtheit der Parkplätze einzelner Stadtbereiche und Rushhours auf, um Parkmuster der Nutzer auszuarbeiten und dadurch die Optimierung der Parkplatzsituation in kritischen Gebieten voranzutreiben (vgl. Ancheta 2014).

In optimaler Hinsicht verarbeiten die Plattformen Echtzeitdaten, um der Bevölkerung möglichst aktuell Informationen über die Verkehrslage bereitzustellen (vgl. Kunde et al. 2018, S. 110 ff.).

27.3.2 Barcelona und das Smart Waste Management

Überquellende Mülleimer, Lärm und zähfließender Verkehr verursacht durch die Müllabfuhr sind in vielen Städten alltägliche Vorkommnisse. Um diesen Problemen entgegenzuwirken, gibt es den Ansatz des *Smart Waste Management,* in dem es zum einen entweder darum geht, die Müllabfuhrroute intelligenter zu gestalten oder im komplexeren Sinne einen neuen Ansatz der Müllentsorgung in Städten zu entwickeln (vgl. Ancheta 2014; Jaekel 2015, S. 247 ff.). In Barcelona gehören diese Probleme dank neuer Technologien des *Smart Waste Managements* bereits der Vergangenheit an.

Im Zentrum der Stadt und in Fußgängerzonen wurden Container mit unterirdischen Vakuum-Netzwerken eingerichtet, die den Abfall automatisch ansaugen und entfernen. Die Lärmbelästigung und der Stau durch Müllabfuhren in der Stadtmitte werden somit erfolgreich eliminiert. Auch außerhalb des Zentrums bietet Barcelona eine smarte Müllentsorgung an, indem die Stadt Mülleimer mit Sensoren ausstattet, die melden, wenn ein bestimmter Füllstand überschritten ist. Mit dieser simplen aber effektiven technischen Eigenschaft können die Routen der Müllabfuhr dementsprechend optimiert und an das Müllvorkommen angepasst geplant werden. Überquellende Mülleimer und die dadurch entstehende Geruchsbelästigung gehören der Vergangenheit an, die Sauberkeit auf den Straßen dominiert und die Nachhaltigkeit wird durch sorgsam gestaltete Routen der Müllautos optimiert (vgl. Ancheta 2014).

27.3.3 Barcelona und Smart Use of Energy

Smart Energy ist der Überbegriff von Technologien der intelligenten Erzeugung, Speicherung und Übertragung von Energie (vgl. Portmann und Finger 2015, S. 474). In einer Stadt wie Barcelona mit direkter Angrenzung an das Mittelmeer und viel Sonne das ganze Jahr, drängt sich die Nutzung von Solarenergie für heißes Wasser geradezu auf. Barcelona als Smart City geht aber noch einen Schritt weiter und verpflichtet alle öffentlichen Einrichtungen, alle Krankenhäuser, öffentlichen Pools und auch Hotels dazu, ihr eigenes heißes Wasser zu produzieren. An vielen Stellen werden Solarzellen aufgestellt, um eine möglichst flächendeckende Versorgung mit Solarenergie zu gewährleisten. Für die Nutzung von Klimaanlagen an besonders heißen Tagen wird eine ausgeklügelte Form der Kühlung mit Meerwasser umgesetzt (vgl. Ancheta 2014).

Smart Light Systems in Barcelona tragen ebenfalls zum *Smart Use of Energy* bei. Zum einen sind alle öffentlichen Lichter aufgrund der Kostenreduzierung und Minimierung der Umweltbelastung mit LED-Licht ausgestattet. In weiten Teilen des Zentrums von Barcelona wurde ein sogenanntes intelligentes Bewegungsmelder-System eingerichtet. Die Intensität des Lichtstrahls nimmt zu, wenn sich beispielsweise ein Fußgänger nähert und nimmt ab wenn dieser sich wieder entfernt. So kann, im Vergleich zu herkömmlicher Standardbeleuchtung bei dauerhaft gleicher Intensität, Energie eingespart werden (vgl. Ancheta 2014).

Weiterführend werden diese Eigenschaften der *Smart Light Systems* genutzt, um Daten und Informationen über die Umwelt, wie beispielsweise Luftfeuchtigkeit, Temperatur oder auch Umweltbelastung und Lärm, zu erheben. Diese Faktoren können dadurch konsequenter überwacht werden, um im Fall der Fälle schnell auf Änderungen reagieren zu können (vgl. Jaekel 2015, S. 247 ff.).

27.4 Chancen und Herausforderungen der Smart Cities

Die Chancen von Smart City können in vier Teilbereiche (Ökologie, Soziales, Forschung und Wirtschaft) eingeteilt werden (vgl. Rohde et al. 2011):

- Zum einen erreicht man durch richtige Implementierung und Ausrichtung der einzelnen Eigenschaften eine *ökologische* Verbesserung, indem der Verbrauch von Ressourcen kontrolliert und gegebenenfalls sogar verringert wird. Der Einsatz von Monitoring Systems ermöglicht es, eine Verschwendung von Ressourcen rechtzeitig aufzudecken oder gar zu verhindern. Somit können vorhandene Ressourcen optimal eingesetzt und in benötigten Bereichen verteilt werden.
- Mit Hilfe von Auswertung und Nutzung erhobener Daten können durchaus auch *soziale* Chancen entstehen. Die Lebensqualität wird durch den Ausbau der Sicherheit in der Stadt sowie dem regelmäßigen Monitoring der Hygiene und Gesundheitsbereiche verbessert und auch der Bau und die stetige Optimierung effizienter Transportsysteme und Parksysteme machen das Leben in der Stadt lebenswerter.
- Die gesammelten Daten werden zur *Forschung* genutzt um die fortwährende Verbesserung der Lebensbedingungen in der Stadt voranzutreiben. Vorausgesetzt der Gewährleistung der Datentransparenz und des Datenschutzes des Individuums ist dies ein Vorteil, der allen Einwohnern der Stadt von großem Nutzen ist. Big Data in Smart Cities eröffnet neue Jobmöglichkeiten für Datenanalysten, Daten-Architekten, Programmierer und Netzwerk- oder Datensicherheit-Spezialisten.

- Auch die *ökonomischen* Chancen dürfen in diesem Teil nicht außer Acht gelassen werden. Jede Stadt kann durch den Ausbau der Möglichkeiten, die Big Data bietet, die Wettbewerbsfähigkeit der ansässigen Wirtschaft dauerhaft erhöhen und somit die Zukunftsfähigkeit der Stadt in Bezug auf Energie, Mobilität, Stadtplanung oder Governance verbessern.

Die Chancen bilden natürlich nur eine Seite neuer Technologien und deren Anwendung. Aus Gründen der Vollständigkeit sollte ein abschließender Blick auf zwei Herausforderungen geworfen werden.

Las Vegas ist Kunde des Cybersecurity Unternehmens Darktrace, das mittels künstlicher Intelligenz die Prävention und Aufdeckung von IT-Zwischenfällen betreibt. Die Herausforderungen der Stadt bestanden in mehreren Problembereichen: eine geringe Ausstattung mit Sicherheitskräften, eine fehlende Einsicht in den Insider-Traffic, eine fehlende Fähigkeit existierender IT-Werkzeuge, um Zwischenfälle in Echtzeit aufzudecken sowie das Bedürfnis der Verantwortlichen, eine proaktive Strategie zur Minderung von Bedrohungen aufbauen und zukünftig pflegen zu wollen (vgl. Darktrace o. J.). Da sämtliche Versprechungen, insbesondere auf Papier, noch keine Taten darstellen, erfordert der Aufbau einer angemessenen Sicherheitsstruktur in der Praxis den Rückhalt auf der obersten Organisationsebene. Neben der Einhaltung von rechtlichen Vorgaben sind die Besonderheiten und Erfordernisse der städtischen Infrastruktur zu berücksichtigen. Ein organisationsweites Cyber-Risikomanagement Rahmenwerk mit einer klaren Stellungnahme der Führungsebene mit angemessenen Budgets ist die Voraussetzung für die operativen Sicherheitsaktivitäten (vgl. Drechsler 2018a, S. 57). Leider sieht die Realität aber anders aus, wie die Unternehmensberatung McKinsey pointiert bemerkt: *„Senior executives are exploiting massive amount of data to understand which products generate profits, which salespeople sell effectively, and which operational teams execute the highest degree of efficiency. Sadly, in many respects, cybersecurity is an outlier to this trend“* (Kaplan und Boehm, 2017, S. 67). Das Argument vom *Gespenst der Nutzlosigkeit* ist angesichts der vielfältigen und kostenintensiven Zwischenfälle längst ein Kandidat für den Ablageort antiquierter und gefährlicher Ansichten.

Eine weitere und ebenfalls nicht zu unterschätzende Herausforderung besteht im Gefühl einer Überwachung durch staatliche bzw. städtische Organe: *„Digitization, automation, and the parsing of the world through algorithmic systems allow for the swift movement of information and capital. They may even advance a kind of efficiency. But this all proceeds according to an inhumane market logic that elides complexity and, in the name of individual freedom, actually stifles personal privacy and autonomy“* (Silverman 2017, S. 156). Überwachung ist kein neues Thema, weder im staatlichen noch im privatwirtschaftlichen Bereich. Die neuen digitalen Möglichkeiten aus dem obigen Zitat, insbesondere der für die Bevölkerung und Mitarbeiter wenig durchsichtige Bereich der künstlichen Intelligenz, werfen Fragen der Anonymisierung und Transparenz der Vorgänge auf, die im Hintergrund mit den personenbezogenen Daten ablaufen. Ein gutes Beispiel dafür ist China. Die meisten Sinologen würden sofort zustimmen, dass die chinesische Zentralregierung auf der Grundlage einer Überwachung seiner Bevölkerung handelt und existiert. Die Durchdringung des menschlichen Lebens mit Technologie eröffnet neue Formen der Überwachung. Sofern man die digitale Technologie als weitgehend ideologiefrei bezeichnen kann (obwohl es auch hier abweichende Meinungen gibt), beinhalten Technosysteme wie das der Volksrepublik China eine ideologische Komponente. Alleine die Tatsache, dass sich China auf dem Gebiet der Gesichtserkennung als einer der führenden Anwender etabliert hat, spricht dafür, dass Technologie in einem System eine durchaus autoritäre und antidemokratische Tendenz annehmen kann (vgl. o. V. 2018, S. 20 f.). Der französische Philosoph und Soziologie Michel Foucault betrachtete Macht in seinen Werken als omnipräsent und moderne Macht, die von nicht wahrnehmbaren Punkten aus agiert, als geheimnisvoll und geräuschlos (vgl. Ruffing 2008, S. 56). Es stellt sich die Frage, wer diese Macht heutzutage repräsentiert bzw. woraus Macht ihre Grundlage zieht. Die Paranoia vergangener Tage (Werden wir überwacht?) steht für die zukünftigen Bedrohungen (Wir werden überwacht!), denen sich auch die Städte und ihre Bewohner stellen müssen (vgl. Drechsler et al. 2018c, S. 316 ff.).

Aus der Sicht des Verfassers bieten die neuen Digitalkonzepte sowie deren Realisierung viel mehr Vor- als Nachteile. Die Smart City entspricht stärker den postmodernen Bestrebungen nach Partizipation, Diversifikation und Individualisierung, als es das analoge Pendant könnte. Die Technologie nimmt eine hilfreiche und prominente Stellung ein, aber die Governance und das Management sind und bleiben nach wie vor von Menschen gemacht. Das Datenprofil als Spiegelbild in der Hyperrealität erweitert aber das Verantwortungs-, Aufgaben- und Kompetenzprofil des Leitungspersonals und seiner Mitarbeiter. Die Aspekte einer strukturierenden und strukturierten Struktur müssen daher vollumfänglich erkannt und ausgefüllt werden.

Literatur

Ancheta, J.: Ten reasons why Barcelona is a smart city. www.vilaweb.cat/noticia/4175829/20140226/ten-reasons-why-barcelona-is-smart-city.html (2014). Zugegriffen: 1. Mai 2018

Bächle, T.C.: Digitales Wissen, Daten und Überwachung. Zur Einführung. Junius Verlag GmbH, Hamburg (2016)

Backhaus, K., Erichson, B., Weiber, R.: Fortgeschrittene Multivariate Analysemethoden. Eine anwendungsorientierte Einführung, 3. Aufl. Springer, Wiesbaden (2015)

Bergh, J.V.d., Viaene, S.: Unveiling smart city implementation challenges. The case of Ghent. Information Polity, Int. J. Gov. Democracy Inf. Age **21**(1), 5–19 (2016)

Bourdieu, P.: Die feinen Unterschiede. Kritik der gesellschaftlichen Urteilskraft. Suhrkamp Taschenbuch Wissenschaft, Frankfurt a. M. (1987)

BSI (Hrsg.): PAS 181:2014. Smart city framework – Guide to establishing strategies for smart cities and communities, executive summary. https://shop.bsigroup.com/upload/Smart_cities/BSI-PAS-181-executive-summary-UK-EN.pdf (2014). Zugegriffen: 7. Sept. 2018

Dameri, R.P.: Smart City Implementation. Creating Economic and Public Value in Innovative Urban Systems. Springer International Publishing, Cham (2017)

Darktrace (Hrsg.): City of Las Vegas. https://www.darktrace.com/resources/cs-city-of-las-vegas.pdf (o. J.). Zugegriffen: 7. Sept. 2018

Difallah, D.E., Cudré-Mauroux, P., McKenna, S.A., Fasel, D.: Skalierbar Anomalien erkennen für Smart city Infrastrukturen. In: Fasel, D., Meier, A. (Hrsg.) Big Data, Grundlagen, Systeme und Nutzungspotenziale, S. 289–299. Springer Vieweg, Wiesbaden (2016)

Drechsler, D.: Digitale Sorglosigkeit. Risiken im Zeitalter der digitalen Transformation. In: Breyer-Mayländer, T. (Hrsg.) Das Streben nach Autonomie, Reflexionen zum digitalen Wandel, S. 31–65. Nomos, Baden-Baden (2018a)

Drechsler, D.: Big data governance. In: Zerres, C., Drechsler, D. (Hrsg.) Social Media Marketing und Data Analytics, S. 222–241. Hampp, Augsburg (2018b)

Drechsler, D., Katz, P.K.: Data Analytics zur Anomalie-Detektion im Finanzsektor. In: Zerres, C., Drechsler, D. (Hrsg.) Social Media Marketing und Data Analytics, S. 294–311. Hampp, Augsburg (2018)

Drechsler, D., Bähr, M., Feurer, M.: Big data und learning analytics. In: Zerres, C., Drechsler, D. (Hrsg.) Social Media Marketing und Data Analytics, S. 262–278. Hampp, Augsburg (2018a)

Drechsler, D., Alterauge, J., Isenmann, L.: Data analytics und smart cities. In: Zerres, C., Drechsler, D. (Hrsg.) Social Media Marketing und Data Analytics, S. 312–328. Hampp, Augsburg (2018b)

Drechsler, D., Berger, N., Reichert, N.: Data analytics und Überwachung. In: Zerres, C., Drechsler, D. (Hrsg.) Social Media Marketing und Data Analytics, S. 329–343. Hampp, Augsburg (2018c)

Fasel, D.: Big Data für Smart Cities. Inform. Spektrum **40**(1), 14–24 (2017)

Foucault, M.: Von anderen Räumen. In: Dünne, J., Günzel, S. (Hrsg.) Raumtheorie, S. 317–329. Suhrkamp Taschenbuch Wissenschaft, Frankfurt a. M. (2006)

Gascó-Hernandez, M.: Building a smart city. Lessons from Barcelona. Commun. ACM **61**(4), 50–57 (2018)

Gelinas, U.J., Dull, R.B., Wheeler, P.R.: Accounting Information Systems, 11. Aufl. Cengage, Australia (2017)

Global Agenda Council on the Future of Cities: Top Ten Urban Innovations. http://www3.weforum.org/docs/Top_10_Emerging_Urban_Innovations_report_2010_20.10.pdf (2015). Zugegriffen: 26. Mai 2018

Hashem, I., Chang, V., Anuar, N.B., Adewole, K., Yaqoob, I., Gani, A.: The role of big data in smart city. Int. J. Inf. Manage. **36**(5), 748–758 (2016)

Holland, M.: Roomba. Hersteller der Staubsaugerroboter will Karten der Wohnungen verkaufen. www.heise.de/newsticker/meldung/Roomba-Hersteller-der-Staubsaugerroboter-will-Karten-der-Wohnungen-verkaufen-3782216.html (2017). Zugegriffen: 10. Mai 2018

ISO (Hrsg.): ISO and smart cities. Great things happen when the world agrees. https://www.iso.org/files/live/sites/isoorg/files/store/en/PUB100423.pdf (2017). Zugegriffen: 7. Sept. 2018

Jaekel, M.: Smart City wird Realität. Wegweiser für neue Urbanitäten in der Digitalmoderne. Springer Fachmedien, Wiesbaden (2015)

Jaekel, M., Bronnert, K.: Die digitale Evolution moderner Großstädte. Apps-basierte innovative Geschäftsmodelle für neue Urbanität. Springer, Wiesbaden (2014)

Joglekar, P., Kulkarni, V.: Data oriented view of a smart city. A big data approach. In: 2017 International Conference on Emerging Trends & Innovation in ICT (ICEI), Pune Institute of Computer Technology, Pune, India, Feb 3–5, S. 51–55 (2017)

Kaplan, J.M., Broehm, J.: Cyber Strategic Performance Management. In: Antonucci, D. (Hrsg.) The Cyber Risk Handbook, Creating and Measuring Effective Cybersecurity Capabilities, S. 67–78. Wiley, Hoboken (2017)

Kim, H.Y., Cho, J.-S.: Data governance framework for big data implementation with a case of Korea. In: IEEE 6th International Congress on Big Data, S. 384–391 (2017)

Kohlhammer, J., Proff, D.U., Wiener, A.: Visual Business Analytics. Effektiver Zugang zu Daten und Informationen. dpunkt.verlag, Heidelberg (2013)

Kunde, F., Pieper, S., Sauer, P.: Datenmanagement von Echtzeit-Verkehrsdaten. In: Wiesche, M., Sauer, P., Krimmling, J., Krcmar, H. (Hrsg.) Management digitaler Plattformen, Datengetriebene Geschäftsmodelle für Mobilität in der Smart City, S. 109–124. Springer Gabler, Wiesbaden (2018)

Lacan, J.: Die Topik des Imaginären. In: Dünne, J., Günzel, S. (Hrsg.) Raumtheorie, S. 212–227. Suhrkamp Taschenbuch Wissenschaft, Frankfurt a. M. (2006)

Lefebre, H.: Die Produktion des Raums. In: Dünne, J., Günzel, S. (Hrsg.) Raumtheorie, S. 330–342. Suhrkamp Taschenbuch Wissenschaft, Frankfurt a. M. (2006)

Leroi-Gourhan, A.: Die symbolische Domestikation des Raums. In: Dünne, J., Günzel, S. (Hrsg.) Raumtheorie, S. 228–243. Suhrkamp Taschenbuch Wissenschaft, Frankfurt a. M. (2006)

Meier, A., Zimmermann, H.-D.: Digitales Entwicklungsmodell smarter Städte. In: Meier, A., Portmann, E. (Hrsg.) Smart City, Strategie, Governance, Projekte, S. 1–18. Springer Vieweg, Wiesbaden (2016)

O. V.: The challenger. Briefing Technopolitics. In: The Economist, March 17th – 23rd, London, S. 19–22 (2018)

OECD (Hrsg.): G20/OECD Principles of Corporate Governance. https://read.oecd-ilibrary.org/governance/g20-oecd-principles-of-corporate-governance-2015_9789264236882-en#page3 (2015). Zugegriffen: 18. Mai 2018

Osman, A., Elragal, A., Bergfall, Kareborn, B.: Big data analytics and smart cities. A loose or tight couple? http://ltu.diva-portal.org/smash/get/di-va2:1105669/FULLTEXT01.pdf (2017). Zugegriffen: 26. Mai 2018

Parks, D.: Energy efficiency left behind? Policy assemblages in Sweden's most climate-smart city. http://liu.diva-portal.org/smash/get/diva2:1197971/FULLTEXT01.pdf (2018). Zugegriffen: 26. Mai 2018

Peyrat, O.: Sustainable growth for smart cities. In: ISOfocus, September-October, https://www.iso.org/files/live/sites/isoorg/files/news/magazine/ISOfocus%20(2013-NOW)/en/2015/ISOfocus112/isofocus_112.pdf (2015). Zugegriffen: 7. Sept. 2018

Pflügler, C., Schreieck, M., Hernandez, G., Wiesche, M., Krcmar, H.: Referenzmodell einer Mobilitätsplattform. In: Wiesche, M., Sauer, P., Krimmling, J., Krcmar, H. (Hrsg.) Management digitaler Plattformen, Datengetriebene Geschäftsmodelle für Mobilität in der Smart City, S. 25–38. Springer Gabler, Wiesbaden (2018)

Portmann, E., Finger, M.: Smart Cities. Ein Überblick. HMD **52**(4), 470–481 (2015)

Portmann, E., Finger, M., Engesser, H.: Smart cities. Inform. Spektrum **40**(1), 1–5 (2017)

Ratti, C.: These 4 numbers define the importance of our cities: 2, 50, 75 and 80. medium.com/world-economic-forum/these-4-numbers-define-the-impor-tance-of-our-cities-2–50–75-and-80-bb544955f912 (2016). Zugegriffen: 29. Apr. 2018

Regierungskommission Deutscher Corporate Governance Kodex: Kodex. https://www.dcgk.de/de/ (2018). Zugegriffen: 18. Mai 2018

Rohde, F., Loew, T.: Smart city. Begriff, Charakteristika und Beispiele. nachhaltigkeit.wienerstadtwerke.at/fileadmin/Downloadbereich/WSTW2011_Smart_City-Begriff_Charakteristika_und_Beispiele.pdf (2011). Zugegriffen: 10. Mai 2018

Ruffing, R.: Michel Foucault. Fink, Paderborn (2008)

Santoyo, S.: A Brief Overview of Outlier Detection Techniques. https://towardsdatascience.com/a-brief-overview-of-outlier-detection-techniques-1e0b2c19e561 (2017). Zugegriffen: 7. Sept. 2018

Schreiber, U., Forer, G., Lutz, K., Yonge, J. de, Jaggi, G., Potter, A., Whistler, M.: The upside of disruption, megatrends shaping 2016 and beyond. cdn.ey.com/echannel/gl/en/issues/business-environment/2016megatrends/001–056_EY_Megatrends_report.pdf (2017). Zugegriffen: 29. Apr. 2018

Shmueli, G., Bruce, P.C., Patel, N.R.: Data Mining for Business Analytics. Concepts, Techniques, and Applications with XLMiner, 3. Aufl. Wiley, Hoboken (2016)
Silverman, J.: Privacy under surveillance capitalism. Soc. Res. **84**(1), 147–164 (2017)
Snow, C.C.: A smart city is a collaborative community. Lessons from smart Aarhus. Calif. Manage. Rev. **59**(1), 92–108 (2016)
Tallon, P.: Corporate Governance of big data. Perspectives on value, risk, and cost. Computer **46**(6), 32–38 (2013)
Thomas, G.: The DGI data governance framework. http://www.datagovernance.com/wp-content/uploads/2014/11/dgi_framework.pdf (2017). Zugegriffen: 24. Mai 2018
UN DESA: Anteil von Stadt- und Landbewohnern in Deutschland von 1990 bis 2010 und Prognose bis 2050. https://de.statista.com/statistik/daten/studie/167166/umfrage/prognose-des-bewohneranteils-nach-wohnstandort-seit-1990/ (2014). Zugegriffen: 29. Apr. 2018
Welsch, W.: Unsere postmoderne Moderne. 2., durchgesehene Auflage. VCH Acta humaniora, Weinheim (1988)
Woetzel, J., Remes, J., Boland, B., Lv, K., Sinha, S., Strube, G., Means, J., Law, J., Cadena, A., von der Tann, V.: Smart cities: Digital solutions for a more livable future. https://www.mckinsey.com/industries/capital-projects-and-infrastructure/our-insights/smart-cities-digital-solutions-for-a-more-livable-future (2018). Zugegriffen: 16. Sept. 2018
World Bank und UN DESA: Urbanisierungsgrad. Anteil der Stadtbewohner an der Gesamtbevölkerung in Deutschland in den Jahren von 2000 bis 2016. https://de.statista.com/statistik/daten/studie/662560/umfrage/urbanisierung-in-deutschland/ (2017). Zugegriffen: 10. Mai 2018
Zerres, C., Drechsler, D. (Hrsg.): Social Media Marketing und Data Analytics. Hampp, Augsburg (2018)
Zima, P.V.: Moderne/Postmoderne. Vierte, korrigierte Auflage. A. Francke Verlag, Tübingen (2016)

Dr. rer. soc. HSG Dirk Drechsler ist Professor für betriebswirtschaftliches Sicherheitsmanagement mit den Schwerpunkten Governance, Risiko- und Compliance Management an der Hochschule für angewandte Wissenschaften in Offenburg. Dabei spielen Business-Analytics-Konzepte eine besondere Rolle. Zuvor war Herr Dr. Drechsler bei der KPMG in Stuttgart, in einer Beteiligung eines Finanzinvestors in Luxemburg (Ista International GmbH) und bei der FUCHS Petrolub SE tätig. Während seiner praktischen Tätigkeit konnte er internationale Erfahrung in mehr als 30 Ländern sammeln. Er ist Verfasser von Studienbriefen, zahlreicher Artikel und Buchbeiträge.

„Hamburg Active City"

28

Wie eine moderne Millionenstadt durch Sport und Bewegung ihr Profil schärft

Christoph Holstein

Zusammenfassung

Inhalt des Beitrages ist es aufzuzeigen, wie es der Hansestadt Hamburg aktuell gelingt, durch eine doch noch nutzbringende Erschließung der Potenziale der gescheiterten Olympiabewerbung, begleitet und unterstützt durch entsprechend geeignete Strategien, zu einem weltweit geschätzten Impulsgeber für Stadtentwicklung durch Sport zu werden.

Üblicherweise ist es sonntagabends still in Hamburg. Das Wochenende geht dem Ende entgegen, man freut sich auf den Start der neuen Arbeitswoche und hat es gern ruhig. Am 29. November 2015 aber, Sonntag kurz nach 18.00 Uhr, erschütterte ein lauter Knall die Stadt. Für die eine Hälfte war in diesem Moment ein Traum geplatzt und für die andere, nur geringfügig größere Hälfte das, was sie für einen Albtraum gehalten hatte. In einem politisch verbindlichen Referendum hatten sich 51,6 % der teilnehmenden Wahlberechtigten gegen die Bewerbung Hamburgs um die Ausrichtung Olympischer und Paralympischer Spiele im Jahr 2024 ausgesprochen. Gegner und Befürworter waren vom Ergebnis gleichermaßen überrascht. Und weil in Hamburg üblich ist, dass eine Regierung nach Abstimmungen das tut, was sie vor Abstimmungen angekündigt hat, zog der damalige Erste Bürgermeister Olaf Scholz mit zwei nüchternen Briefen an das Olympische- und Paralympische Komitee die Hamburger Bewerbung zurück.

Und heute? Zwischen der möglicherweise größten Niederlage des Sports in Hamburg und seinem langfristig wohl größten Erfolg lagen nicht einmal drei Jahre: Am 5. Oktober 2018 verlieh die internationale Breitensportorganisation TAFISA *(The Association for International Sport for all)* der Stadt Hamburg als einer von nur weltweit sechs Städten den Titel „Global Active City". Eine Anerkennung für die konsequente Arbeit Hamburgs,

C. Holstein (✉)
Behörde für Inneres und Sport, Hamburg, Deutschland
E-Mail: christoph.holstein@bis.hamburg.de

T. Breyer-Mayländer und C. Zerres (Hrsg.), *Stadtmarketing*,
https://doi.org/10.1007/978-3-658-26254-9_28

Sport und Bewegung in den Alltag der Menschen zu bringen, eine Anerkennung für den Neustart nach dem Olympia-Tiefschlag und damit auch für die Großstadt-Sportpolitik an Alster und Elbe. Das Zielbild der aktiven, sportbegeisterten Stadt hatte sich zu diesem Zeitpunkt bereits Schritt für Schritt in die gesamte Stadtpolitik und damit auch in das Stadtmarketing vorgearbeitet.

Aber der Reihe nach. Nachdem Ende 2015 der schlimmste Kater überwunden war, beschäftigten sich viele der ehemaligen Hamburger Olympia-Macher mit den Gründen für das Platzen ihres Traumes. Es gab genügend davon: die Entlarvung des „Sommermärchens 2006“, das in Wahrheit wohl doch ein schlechter Roman aus Korruption, Intrige und enorm kreativer Auslegung geltenden Rechts war. Das ramponierte Image der internationalen Sportverbände und ihrer häufig zwielichtigen Führungsfiguren. Die Tatsache, dass auf den Sportseiten der Zeitungen im Sommer 2015 mehr über Doping zu lesen war als über Sport. Die nachvollziehbare Frage, ob man sich angesichts der damals dramatisch steigenden Flüchtlingszahlen nicht erst einmal um andere Dinge kümmern sollte, als um ein internationales Sportfest. Die mit acht Monaten viel zu kurze Zeit zwischen der Nominierung Hamburgs als deutscher Kandidat und dem Referendum. Die Terroranschläge in Paris zwei Wochen vor der Abstimmung. Und nicht zuletzt fehlte es aus Hamburger Sicht am Einigungswillen der Bundesregierung, als es darum ging, wie sich Ausrichterstadt und Ausrichterstaat die Rechnung für die Spiele teilen sollten – ausreichend Gründe, um gleich vier oder fünf Referenden zu verlieren.

Während andere noch ihre Wunden leckten und das Unberechenbare bei demokratischen Mehrheitsentscheidungen beklagten, beschäftigte sich die Hamburger Politik schon mit ganz anderen zentralen Fragen: Wie konnte man einen Mehrwert aus den rund 12 Mio. EUR Steuergeld ziehen, die der Bewerbungsprozess bis zu seinem erzwungenen Ende gekostet hatte? Welche der für die Spiele geplanten Sportanlagen und -projekte ließen sich auch ohne das Mega-Event zum Nutzen der Stadt verwirklichen? Wie konnte man der Olympia-Enttäuschung noch etwas Positives abgewinnen und die Sportbegeisterung der Bewerbungszeit in die Nach-Olympia-Zeit retten?

Das Ergebnis dieser Überlegungen war der 160seitige „Masterplan Active City“, eine Auswahl und Beschreibung von 32 Einzelmaßnahmen, mit denen bis zum Jahr 2024 die Sportinfrastruktur Hamburgs deutlich aufgewertet werden soll. Die Projekte reichen von kleinen Zusatzausstattungen, wie etwa Fangnetzen, die Schulsporthallen davor bewahren sollten, vom Vereins-Hockey-Nachwuchs zusammengeschossen zu werden, bis zu Neubauten wie dem Landesleistungszentrum für Handball und Judo, das sich die Stadt gut 10 Millionen Euro kosten lässt. Ungeliebte Asche-Sportplätze werden in Kunstrasenflächen umgebaut, um den knapper werdenden Großstadt-Platz intensiver für Sport nutzen zu können. Traditionsanlagen wie das Tennisstadion am Rothenbaum oder die Regattastrecke Allermöhe werden den aktuellen Erfordernissen von Spitzen- und Breitensport entsprechend modernisiert. Der „Masterplan Active City“, wird es später heißen, wurde zu „Hamburgs olympischem Erbe“, ohne dass die Stadt die Chance bekommen hatte, die Spiele überhaupt auszurichten.

Nicht nur bei der Entwicklung, sondern auch bei der Umsetzung der Idee und der Realisierung der einzelnen Projekte konnte die Stadt auf die Lehren der Bewerbungsphase zurückgreifen. Damals hatten alle beteiligten Fachbehörden einen bemerkenswerten Teamgeist entwickelt und durch ihre gemeinsame Arbeit für den Sport die Ressort- und Behördengrenzen durchlässiger gemacht. Man verstand die Bewerbung um die Spiele als Chance, Herausforderung und Verpflichtung. Unmittelbar nach dem Referendum gab der Senat, die Hamburger Landesregierung, ein klares Bekenntnis zugunsten des Sports ab. Er war nicht länger eine Angelegenheit allein der Sport-Behörde. Seine Bedeutung als Wirtschaftsfaktor, sein Wert für Stadtmarketing, Integration und Inklusion, Gesundheitsförderung und Erhaltung der Mobilität waren ressortübergreifend unumstritten. Folglich wurde der Masterplan offiziell und verbindlich vom gesamten Senat und nicht allein der Sportbehörde beschlossen.

Es war naheliegend, sich bei der Umsetzung des Masterplans und der Verwirklichung der entsprechenden Projekte weitgehend an den Arbeitsstrukturen aus der Zeit der Olympiabewerbung zu orientieren. Im Zentrum steht die vom Staatsrat für Sport geleitete „Lenkungsgruppe Active City", in der Vertreterinnen und Vertreter aller beteiligten Behörden und Institutionen – Behörden, Sport, Stadtentwicklung – die Umsetzung der einzelnen Vorhaben forcieren und überwachen. Der Lenkungsgruppe, deren Mitglieder direkt an die Behördenleitungen berichten, geht es um die Planung, die Kompatibilität zu anderen Projekten der Stadt und nicht zuletzt um die frühe Beantwortung aller Fragen, die mit der Finanzierung der Maßnahmen zusammenhängen.

Die intensive, behördenübergreifende Kooperation und die gesteigerte gesellschaftspolitische Bedeutung des Sports führten dazu, dass schon in der frühen Umsetzungsphase und auf Basis des „*Masterplans* Active City" die „*Strategie* Active City" entstand. Auslöser war die politische Diskussion über die Frage, wie Hamburg die Herausforderungen des Zuzugs in die Stadt – mehr Menschen, mehr Verkehr, mehr Wohnungsbau und größere Verdichtung – auffangen und bewältigen könnte. Quintessenz: Hamburg wächst, und daran lässt sich nichts ändern. Denn weder eine neumodische Stadtmauer zur Abwehr, noch ein städtisches De-Attraktivierungsprogramm zur Vergraulung potenzieller Neubürger – bestehend aus Wiedereinführung von Gebühren für Kita, Schule und Hochschule, gezielter Verwahrlosung des öffentlichen Raumes oder Stopp des Wohnungsbaus mit dem Ziel steigender Mieten – erschien irgendjemandem zeitgemäß.

Hamburgs Sportsenator Andy Grote hatte die Potenziale früh erkannt, die der Sport als gesellschaftspolitischer Faktor bei der Stadtentwicklung bieten konnte. Grote, selbst Stadtentwicklungspolitiker und ehemaliger Bürgermeister des wohl herausforderndsten Bezirks Hamburg Mitte, formulierte seine Zielsetzung so: „Mit *der Stadt* muss die Lebensqualität *in der Stadt* wachsen." Natur, Parks und Grünanlagen sind wichtig, wenn es darum geht, dieses Ziel zu erreichen. Das gleiche gilt für Sport und Bewegung – nicht nur in den Sporthallen und Fitnesscentern, nicht nur auf Sportanlagen und in Schwimmhallen, sondern ausdrücklich überall in der Stadt. Die ganze Stadt ist ein Ort für Bewegung, Fitness und Sport, und deshalb eignet sich die ganze Stadt, um die Lebensqualität ihrer Einwohnerinnen und Einwohner durch Sport und Bewegung zu steigern.

Dieser Überzeugung folgend will die „Global Active City" Hamburg ihren Bürgerinnen und Bürgern in der ganzen Stadt Gelegenheit bieten, körperlich aktiv zu werden – „niedrigschwellig", wie es im Behördendeutsch heißt, also ohne die Notwendigkeit, Trainingsanzug oder Sportschuhe zu tragen oder zu besitzen.

Prominenteste sichtbare Folge der Aufwertung von Sport und Bewegung innerhalb der Stadtplanung ist der geplante 105. Stadtteil Hamburgs, Oberbillwerder. Im Südosten Hamburgs, nur eine Viertelstunde vom Hauptbahnhof entfernt, soll bis Mitte der 20er Jahre ein moderner Stadtteil für knapp 20.000 Menschen entstehen. Als *Modellstadtteil Active City* sollen Sport, Bewegung und Gesundheit hier zentrale Rollen spielen. Grünachsen, Wasserläufe, Fuß- und Radwege, zusätzliche Angebote für Sport und Bewegung sowie Flächen für Sportvereine und ein kleines Schwimmbad tragen dazu bei, dass Sport und Bewegung zu einem Bestandteil des täglichen Lebens im neuen Stadtteil werden.

Prägnantes Beispiel für die Hamburger Einladung zum Sporttreiben sind die sogenannten Bewegungsinseln, Fitnessstationen, die überall in der Stadt in oder am Rande von Grünanlagen errichtet werden. Hier treffen sich heute die gestresste Managerin und ihr Personal Trainer, hier kommen trainierte Freizeitsportler mit denen in Berührung, die die ersten Versuche an den Edelstahlgeräten machen. „Sport bringt Menschen zusammen" – das gilt auch hier.

So wurde aus der Idee des „Masterplans Active City" am Ende wesentlich mehr als nur ein Sportstätten-Ausbauprogramm. Der Masterplan und das Bekenntnis der Hamburger Landesregierung zum Zielbild „Active City" erhöhen die in der jüngeren Vergangenheit ohnehin gestiegene, über die Stichworte Integration, Mobilität oder Gesundheitsförderung weit hinausgehende gesellschaftspolitische Bedeutung des Sports weiter. Der Masterplan „Active City" schärft das Profil der Millionenstadt, die aktiv und in Bewegung ist und die sich immer mehr auch über den Sport – von Freizeit- über Breiten- bis Spitzensport – definiert. Damit war die Basis für die Strategie „Active City" geschaffen. Diese Hamburger Interpretation von Aktivität beschreibt das Selbstverständnis der aktiven Stadt, die auf ihre aktive Bürger setzen kann. Auf Menschen, die am Geschehen auch über den Sport hinaus interessiert sind, die sich einmischen, die bereit sind, Verantwortung zu übernehmen – im Sinne von Kants kategorischem Imperativ und Kennedys Appell, dass der einzelne nicht fragen solle, was der Staat für ihn tun könne, sondern umgekehrt, was er als Einzelner für den Staat tun könne.

Wo stehen wir heute? – Zuerst einmal immer häufiger auf Bühnen in Shanghai, Buenos Aires, Liverpool, Sofia oder Paris. Die Expertise Hamburgs ist weltweit gefragt, wenn es darum geht, die Herausforderungen des Zuzugs in die Städte zu bewältigen, ein sportorientiertes Großstadt-Management zu entwickeln und die Lebensqualität in den großen Städten über Fitness und Bewegung zu halten oder sogar zu steigern. In diesem internationalen Austausch lernt auch Hamburg ständig dazu. Eine unserer wichtigsten strategischen Lehren: Form follows function. Die Strategie muss sich der Realität anpassen, nicht umgekehrt. Unsere Gesellschaft verändert sich und mit ihr die Menschen, ihre Wünsche und Ansprüche, ihr Konsum- und ihr Freizeitverhalten. Und so müssen Sport, Politik und Stadtentwicklung einerseits einen klaren Kurs aufweisen, um in Zeiten großer Dynamik Orientierung geben zu können. Und sie müssen gleichzeitig flexibel sein und die Lebenswirklichkeit der Menschen im Blick behalten, für die sie arbeiten.

Masterplan und Strategie „Active City" sind relevante politische Themen in der Hansestadt. In Zeiten, in denen das Klinkenputzen bei potenziellen Sponsoren für Sportvereine harter Alltag ist, zeigen Hamburger Unternehmen immer mehr Interesse an „Active City" – und Bereitschaft, sich im Sinne dieser modernen Großstadtstrategie zu engagieren. Auch finanziell. Ein interessanter Umstand. Denn er stützt die These, dass es in Politik und Stadtmarketing auch um positive Geschichten in Zeiten gefühlter Trostlosigkeit geht. Um den Weg heraus aus dem Jammertal. Um die Begeisterung, die man selbst braucht, um andere zu begeistern und zur Hilfe zu motivieren.

Die Welt hat ihren eigenen Lauf. Vieles kommt anders, als man es sich ausgedacht hat. Was mit einer schmerzhaften Niederlage beginnt, kann zu einem großen Erfolg werden. Haben wir Mut: Lassen wir uns überraschen.

Christoph Holstein ist seit 2015 Staatsrat für Sport, Behörde für Inneres und Sport, Hamburg. Er studierte Germanistik, Politik und Geschichte und war zuvor unter anderem Leiter der Pressestelle des Hamburger Senats und Senatssprecher, Pressesprecher der SPD-Bürgerschaftsfraktion, SPD-Landesorganisation sowie der Behörde für Inneres. Zwischen 1993 und 1998 war er als Journalist im Schleswig-Holsteinischen Zeitungsverlag tätig.

Teil V
Entwicklungen im Verwaltungsmarketing

Entwicklungen im Verwaltungsmanagement

29

Vom New Public Management zur agilen Innovationsfähigen Verwaltung

Jürgen Kegelmann

Zusammenfassung

Dieser Beitrag beschäftigt sich mit den Entwicklungslinien der Stadt(-Verwaltung). Er zeigt auf, wie sich die Grundfunktionen der Stadt, ja sogar der Stadtverwaltung aus individuellen Grundbedürfnissen des Menschen ableiten lassen. Dabei gilt die These: Die Grundfunktionen der Stadt und ihren Verwaltungen sind seit Jahrhunderten die Gleichen, aber die Art und Weise der Aufgabenerfüllung ändert sich. Der Artikel zeichnet die Entwicklungslinien der Stadt(-Verwaltung) nach und zeigt auf, dass in Zeiten der VUCA-World (Abkürzung für: Volatility, Uncertainty, Complexity und Ambiguity) zunehmend die Innovationsfähigkeit von Stadt gefragt ist. Gleichzeitig sind Stadtverwaltungen grundsätzlich eher auf Routine, Stabilität und Bewahrung angelegt. Dieses Spannungsfeld zwischen Veränderungs- und Bewahrungsfähigkeit ist eines der Kernthemen der Stadt der Zukunft.

Der folgende Artikel zeigt auf, dass sich die Rahmenbedingungen der Kommunen derzeit stark ändern. Mit dem Akronym „VUCA“ wird dies beschrieben. Dies bedeutet, dass die Anforderungen an die Anpassungs- mithin Innovationsfähigkeit steigt. Ging es im New Public Management der 90er Jahre darum, die Effizienz und Serviceorientierung der Verwaltung zu erhöhen, waren die 00er und 10er Jahre davon geprägt die „Gesellschaft“ stärker mit ins Boot zu holen und zu beteiligen. Dabei sind all diese Entwicklungslinien nicht Selbstzweck. Vielmehr geht es darum, die Funktions- und Handlungsfähigkeit der Kommunen zu bewahren und sicherzustellen. Dabei haben sich die Grundfunktionen der Kommunen nicht so stark geändert. Lediglich die Art und Weise der Aufgabenerfüllung muss sich immer wieder neu erfinden. Dies kann bedeuten,

---

J. Kegelmann (✉)
HS Kehl, Kehl, Deutschland
E-Mail: kegelmann@hs-kehl.de

T. Breyer-Mayländer und C. Zerres (Hrsg.), *Stadtmarketing*,
https://doi.org/10.1007/978-3-658-26254-9_29

dass Innovationen notwendig sind, um klassische Aufgaben zu erfüllen. Darum geht es in diesem Artikel. Er zeigt auf, wie sich die Rahmenbedingungen in Richtung VUCA-Welt verändern. Diese Veränderungen in der Umwelt führen zu einem starken Veränderungs- und Innovationsdruck und in den Kommunen. Gleichzeitig sind die Kommunen und ihre Verwaltung klassischerweise auf Routine und Stabilität programmiert, zeichnet sich doch die Verwaltung schon immer durch eine starke Hierarchie, Regelorientierung und funktionale Differenzierung aus. Und doch muss sich Verwaltung weiterentwickeln, will sie zukunftsfähig bleiben.

29.1 Die Signatur der Zeit: VUCA

Das Akronym für die Signatur der Zeit lautet VUCA und steht für (vgl. Mack et al. 2016):

- *Volatility* (Volatilität)
- *Uncertainty* (Unsicherheit)
- *Complexity* (Komplexität)
- *Ambiguity* (Mehrdeutigkeit)

Was bedeuten die vier Begriffe im Einzelnen? Volatilität ist aus dem Bereich der Aktienmärkte bekannt und bezeichnet die Schwankungsbreite der Aktienkurse. Eine starke Volatilität bedeutet, dass die Schwankungsbreiten und Ausschläge der Aktienkurse sehr hoch sind. Dies macht Zukunftsplanungen unsicherer und mühevoller, da die Berechenbarkeit abnimmt und das Risiko steigt. *Uncertainty* steht für Unsicherheit und Unberechenbarkeit. Wenn sich eine Prognose mit hoher Wahrscheinlichkeit bewahrheitet, ist zumeist Planungssicherheit gewährleistet, da ein adäquates Reagieren auf der Grundlage der Prognose möglich ist. Steigt hingegen die Unsicherheit, sind vorausschauende Einschätzungen schwerer zu treffen. „Man fährt auf Sicht", um auf plötzliche Veränderungen angemessen reagieren zu können. *Complexity* (Komplexität) bedeutet, dass „alles mit allem verbunden" ist. Bereits Max Weber hat erkannt, dass sich moderne Gesellschaften durch Differenzierung und Arbeitsteilung auszeichnen. Die positive Konsequenz arbeitsteiliger Systeme sind hohe Effizienz und Effektivität. Die Kehrseite hingegen ist: Mit wachsender Anzahl der Teilelemente eines Systems werden die jeweiligen Teilelemente zunehmend voneinander abhängig, und sie beeinflussen sich wechselseitig. Komplexität führt zu vielfältigen, sich gegenseitig beeinflussenden Wirkkräften, die nicht mehr im klassischen Sinne auf einfachem Wege gesteuert und geplant werden können. Damit werden Input-Output-Outcome-Steuerungsmodelle, die von einer klaren Wirkungskette ausgehen, fragwürdig.

Auch der letztgenannte Punkt, die Mehrdeutigkeit, ist wichtig. Jedes Ereignis, jeder Sachverhalt kann unter verschiedenen Perspektiven gesehen werden. Es ist die klassische Geschichte vom Elefanten:

Es war einmal ein König. In seinem Königreich war ein großer Streit zugange. Einige Männer stritten darüber, wer Recht hatte. Der König war ein sehr weiser Mann und beschloss, den Herren eine Lektion zu erteilen. Er versammelte die streitenden Männer und bestellte einen Elefanten und sechs blinde Männer in seinen Palast. Die blinden Männer wurden zum Elefanten geführt. Nun forderte der weise König die blinden Männer auf, ihm das Aussehen des Elefanten zu beschreiben. Der erste blinde Mann sagte: „Ein Elefant sieht aus wie eine Säule." Er hatte das Bein des Elefanten angefasst. Der zweite blinde Mann meinte: „Ein Elefant sieht aus wie ein Seil." Dieser Mann hatte den Schwanz des Elefanten untersucht. Der dritte blinde Mann rief aus: „Nein, ein Elefant sieht aus wie ein Ast!" Er hatte den Rüssel des Tieres angefasst. Der vierte blinde Mann sagte: „Ein Elefant ist wie ein Handfächer." Er hatte das Ohr des Elefanten in den Händen. Der fünfte blinde Mann meinte aufgeregt: „Ein Elefant ist wie eine Wand." Dieser Mann hatte den Rumpf des Tieres berührt. Der sechste blinde Mann äußerte sich: „Ein Elefant sieht aus wie ein hartes Rohr." Er hatte einen Stoßzahn des Tieres angefasst. Der weise König erklärte ihnen: „Jeder von euch hat Recht. Ihr habt alle die Wahrheit gesagt. Ihr habt unterschiedliche Teile des Tieres angefasst, deswegen habt ihr unterschiedliche Erklärungen gegeben" (Seliger 2014, S. 31). Die Quintessenz der Geschichte lautet, dass es stets verschiedene Perspektiven gibt. Die objektive Wahrheit gibt es nicht. Jeder nimmt die Dinge aus je eigener Sicht wahr, abhängig vom eigenen Kontext oder Weltbild. Die Wirklichkeit ist mehrdeutig und die Sichtweise hängt von der jeweiligen „Brille" ab. Es gibt eine Vielzahl von Perspektiven, die häufig interessengeleitet sind.

In der öffentlichen Verwaltung ist die „VUCA-Welt" unstrittig angekommen. Es gilt inzwischen, komplexe und mehrere Ebenen übergreifende Probleme anzugehen: Die Integration geflüchteter Menschen beispielsweise und die Gewährleistung des sozialen Zusammenhalts, die Bereitstellung von bezahlbarem Wohnraum und die Sicherung kommunaler Wettbewerbsfähigkeit. All dies sind Aufgaben, die nicht im Rahmen klassischer, standardisierter und routinierter Aufgabenwahrnehmung abgewickelt werden können. Gleichzeitig eröffnet die Digitalisierung völlig neue Möglichkeiten, öffentliche kommunale Dienstleistungen zu erbringen. Der demografische Wandel führt dazu, dass der Handlungs- und Veränderungsdruck innerhalb der öffentlichen Verwaltung zunimmt. Junge Mitarbeiter fordern eine Verwaltungskultur, die Veränderungen, kreative Spielräume, mithin Innovationen ermöglicht.

29.2 Die Grundfunktionen von Stadt und Ihrer Verwaltung – abgeleitet aus Grundbedürfnissen des Menschen

Trotz aller Notwendigkeit der Innovation gibt es doch hinsichtlich der Aufgabenerfüllung eine Funktionenkontinuität. Und diese leitet sich aus Grundbedürfnissen des Menschen ab. Skizziert werden diese in einem Klassiker der Psychologie „Grundformen der Angst" von Fritz Riemann. Das immer wieder neu aufgelegte Buch skizziert vier Grundbedürfnisse (Auch an die Bedürfnispyramide nach Maslow oder die Glücksforschung, die stark die soziale Eingebundenheit (Zugehörigkeitsmotiv), das Gefühl der Selbstkompetenz (Leistungsmotiv) sowie das Schutz- und Sicherheitsbedürfnis betonen, lässt sich anknüpfen.) des Menschen:

1. Grundbedürfnis nach Stabilität, Schutz und Sicherheit
2. Grundbedürfnis nach Wandel, Veränderung und Innovation
3. Grundbedürfnis nach „Nähe", i. S. v. menschlichen Beziehungen, Wärme, Zugehörigkeit, Anerkennung und der Orientierung am „Innen"
4. Grundbedürfnis nach „Distanz", i. S. v. Autonomie, der Wille zur Gestaltung, Selbstwirksamkeit und der Orientierung am „Außen"

Dabei sind Stabilität und Wandel, wie auch Nähe (Beziehungsorientierung) und Distanz (Sachorientierung) einerseits konträr zueinander, andererseits bedingen sie sich gegenseitig und sind damit komplementär. Wird ein Pol übertrieben wird der Mensch „krank" (Riemann unterscheidet hierbei Schizophrenie, Hysterie, Depression und Zwanghaftigkeit). Alle vier Bedürfnisse sind essenziell für den einzelnen Menschen, wobei je nach Persönlichkeitstypus bestimmte Bedürfnisse weniger oder stärker ausgeprägt sind.

Nun folgt auch die „Geburt" der Stadt und ihrer Funktionen dieser Bedürfnislogik. Sogar in den zeitlich unterschiedlichen Leitbildern der Stadt lässt sich diese Logik zeigen.

Schon seit der Antike haben Städte vier Grundfunktionen. Diese sind:

- Gewährung von Schutz und Sicherheit – Die Stadt als Schutz-Raum
- Gewährleistung von Handel- und Austausch – Die Stadt als Wirtschafts-Raum, der auch Frei- und Veränderungsraum ist.
- Gewährung und Organisation von Zugehörigkeit und Solidarität – Die Stadt als Sozial-Raum
- Gewährung von Sinn, Freiheit, Entwicklung – Die Stadt als Entwicklungs-, Partizipations-, Entfaltungs- und Sinn-Raum

Viele Städte- und Gemeindenamen tragen das Wort „Burg" (z. B. Salzburg, Freiburg, Burghausen, Burgoberbach) im Namen, was darauf hindeutet, dass im Mittelpunkt des Gemeinwesens, die Burg, also ein Schutz und Trutzraum stand, der die Einwohner vor Feinden schützte und ein Ort der Sicherheit war. Weiteres zentrales Merkmal der Stadt war der Anschluss an Verkehrsachsen, ob zu Wasser oder zu Lande, um den Warenaustausch zu organisieren. Nicht zuletzt deshalb sind viele Städte Verkehrsknotenpunkte und auch der Marktplatz in der Stadt zeigt die Grundfunktion des Handels als Lebensgrundlage einer Stadt. Gleichzeitig waren Städte neben Schutz- und Frei-Raum schon immer Sozial-Raum. Es gab (und gibt) Schwache, Kranke, Geflüchtete, die der Solidarität des Gemeinwesens als Aufgabe gestellt sind. Hospize, Kranken- und Armenhäuser wurden in den Städten entwickelt, um so die Lebensgrundlage und Lebenswürde aller Menschen sicherzustellen. Und zuletzt war Stadt immer auch Entfaltungs-, Partizipations-, Sinn-

und Bürger-Raum. In der Stadt können Menschen ihren Bedürfnissen nachgehen, Kultur, Spiritualität, Sinn, Geist und Körper entfalten. Sie können aber auch an der politischen Gemeinschaft teilhaben, sich engagieren und partizipieren.

Damit sind Städte im Tiefsten damit beauftragt, Grundbedürfnisse kollektiv zu organisieren.

29.3 Leitbilder und Entwicklungen im Verwaltungsmanagement

Können diese Grundfunktionen seit Jahrhunderten nachgewiesen werden, so ist interessant, dass sich sogar die kommunalen (Verwaltungs-)Leitbilder der letzten 50 Jahre ebenfalls dieser Grundlogik zuordnen lassen (Tab. 29.1):

So war es in den 1950er Jahren vorrangige Aufgabe des Staates und der Kommunen, für Ordnung und Sicherheit zu sorgen, für die Erziehung des gehorsamen Bürgers zu sorgen und die Behörde als hoheitliche Verwaltung zu konzipieren. Das wirtschaftliche und physische Sicherheits- und Schutzbedürfnis gehört zu den Grundbedürfnissen des Menschen. Deshalb spielen bis heute die Ordnungsämter als ältestes Amt eine bedeutsame Rolle in den Kommunen. Ein weiteres Grundbedürfnis ist ein gleichmäßig verteilter und gesicherter Lebensstandard, um soziale Zugehörigkeit, Gemeinschaft und

Tab. 29.1 Kommunale Leitbilder

	Ordnungskommune	Leistungskommune	Dienstleistungskommune	Bürgerkommune
Seit …	1950er Jahre	1970er Jahre	1990er Jahre	2000er Jahre
Bürger als …	Untertan	Leistungsempfänger	Kunde	Koproduzent und Mitgestalter
Leitwerte	Sicherheit und Ordnung	Gleichheit/ Verteilung	Freiheit/Markt	Teilhabe/ Zivilgesellschaft
Bedürfnisse	Schutz	Zugehörigkeit	Selbstentfaltung	Gegenseitige Wertschätzung
Zentrales Steuerungs-instrument	Recht	Leistungen	Service und Preis	Partizipation
Struktur der Verwaltung	Behörde/Amt (zentralisiert)	Dezentralisierung	Bürger- und Serviceämter	Netzwerk mit der Zivilgesellschaft
Mitarbeiter und Führungskräfte	Über- und Unterordnung	Dezentralisierung von Verantwortung	Unternehmer	Beteiligung an Prozessen
Staat und Kommunen als…	Ordnungsstaat/ Ordnungskommune	Leistungsstaat/ Leistungskommune	Dienstleistungsstaat/-kommune	Bürgerstaat/ -kommune

Teilhabe sicherzustellen. In den 1970er Jahren wurden viele Sozialleistungsgesetze auf den Weg gebracht. Der Wohlfahrtsstaat wurde ausgebaut, und mit diesem Ausbau entwickelte sich mit das Leitbild der Leistungskommune. Der Bürger wurde Leistungsempfänger, und die Sozialämter übernahmen die administrative Abwicklung. Ende der 1980er, Anfang der 1990er Jahre wurde das kommunale Leitbild erneut erweitert. Aus dem Leistungsempfänger wurde ein Dienstleistungsempfänger, der kommunale Leistungen als Kunde einkauft und ein entsprechendes Entgelt bezahlt. Die Kommune und ihre Verwaltung wurden als Unternehmen konzipiert, die mit Hilfe von marktwirtschaftlichen Steuerungselementen wie Preisen, Leistungsvergleichen, Zielvereinbarungen, Serviceversprechen und definierten Outputs kommunale Dienstleistungen erbringen. Abgebildet wurde dies in einem neuen Rechnungswesen, das sich an den betriebswirtschaftlichen, doppischen Vorgaben orientiert. Es wurden vermehrt Wirtschaftsförderer eingestellt, um die Kommune als Marktplatz im kommunalen Wettbewerb fit zu halten. Anfang der 2000er Jahre entstand schließlich das Leitbild der Bürgerkommune, in der Bürger an der kommunalen Aufgabenerbringung selbst (bürgerschaftliches Engagement) bzw. an kommunalpolitischen Entscheidungsprozessen (Bürgerbeteiligung) beteiligt sind.

Derzeit ist ein großes Thema in den Kommunen die Frage nach ihrer Innovationsfähigkeit.

29.4 Was ist Innovation?

Im Duden wird Innovation mit „Einführung von etwas Neuem“ beschrieben, wobei die Innovation sowohl das Ergebnis wie auch der Prozess sein kann. Innovation wird als „geplanter und kontrollierter Prozess der Veränderung und Neuerung in einem System, durch die Anwendung neuer Ideen und Techniken“ (URL: https://www.duden.de/rechtschreibung/Innovation [06.11.2018]) beschrieben. Dabei beinhaltet bereits diese Definition einen Widerspruch. Wenn Innovationen geplant und kontrolliert werden können, darf man zu Recht fragen, ob es sich dann überhaupt um etwas Neues handeln kann. Denn das Neue ist per se das Unbekannte, nicht Geplante und damit auch nur das begrenzt Steuerbare. Es verhält sich wie mit dem „Sei-spontan“-Paradoxon. In dem Moment, in dem Spontanität verlangt wird, ist es zumeist unmöglich, spontan zu sein. Und in dem Augenblick, in dem Kreativität und Innovationsfreude eingefordert werden, sind sie oft nicht leistbar. Das „Neue“ verlangt Freiräume, Atypisches jenseits der Routinen und Gewohnheiten, Querdenken und Experimentieren. Organisationen und Institutionen sind häufig von diesem klassischen Innovationsdilemma geprägt.

Das Normale in einer Organisation ist die Routine, die Effizienz erzeugt. Das Unnormale hingegen sind Kreativität und Innovation, denn sie stehen im Gegensatz zu Standards, Zuständigkeiten, Regeln und Effizienz. Innovationen sind stets an die Art des Lernens – und damit an die Lernbereitschaft – gebunden. Der Organisationsforscher Chris Argyris beschreibt drei Ebenen des Lernens, die eng mit Innovationsprozessen zusammenhängen (vgl. Argyris und Schön 1978).

Auf der Ebene des Single-Loop-Lernens werden bestehende Praktiken verbessert und optimiert. Beim Double-Loop-Lernen findet eine Veränderung der handlungsleitenden Vorstellungen, Zielsetzungen und Grundüberzeugungen statt. Deutero-Learning hingegen sammelt und kommuniziert Wissen über vergangene Lernprozesse und wird als Lernen des Lernens aufgefasst (Deutero-Learning meint das „Lernen des Lernens". Hiermit wird die Fähigkeit eines Individuums oder einer Organisation umschrieben, Veränderungen zu antizipieren und eigenständig zu gestalten). Jede der drei Lernformen führt unter Innovationsgesichtspunkten zu unterschiedlichen Tiefen: Die erste Ebene der Innovation betrifft die Optimierung bestehender Praktiken oder Produkte. Die zweite Ebene fokussiert Innovationen auf der Werteebene beziehungsweise normativen Ebene. Die letzte Ebene schließlich betrifft Veränderungen auf der Metaebene und hinterfragt die Grundannahmen der Produktions-, Prozess- und Organisationsstrukturen. Während erstere Innovationen als inkrementalistisch bezeichnet werden können, bei denen Optimierungen und Reformen zurückhaltend und in kleinen Schritten erfolgen, sind Innovationen auf der letztgenannten Ebene grundlegender und disruptiv, das heißt, sie führen in aller Regel zu einem Paradigmenwechsel. Es ist eine Kernfrage der Innovationsforschung, wann individuelle Verhaltensinnovationen zu kollektiv neuen Praktiken in einem System, zu systemisch-organisatorischem Lernen führen.

29.5 Was braucht Innovation? Zum Stand der Innovationsforschung

Innovation bedarf mehrerer Voraussetzungen. Im Rahmen einer umfangreichen Studie zu sozialen Innovationen wurden verschiedene Voraussetzungen für Innovationen festgestellt, die ihrerseits wiederum in einem engen Zusammenhang stehen (vgl. Zetzsche und Albert 2017; Meyer 2014, S. 12–14). Diese einzelnen Faktoren können innovationsfördernd oder -hemmend sein. Im Folgenden sollen in Anlehnung an genannte Studie zentrale Innovationsdimensionen diskutiert werden.

Innovationen gedeihen in einem Kontext, der Innovationen fördert, erleichtert und unterstützt. So ist in einem dynamischen und konkurrenzorientierten Marktklima der Innovationsdruck aufgrund des Wettbewerbs generell größer als im staatlichen Bereich. Aber auch im staatlich-kommunalen Bereich wächst der Innovationsdruck. Komplexe gesellschaftliche Fragestellungen verlangen neue Antworten, weshalb die Anforderungen an Politik und Verwaltung steigen. Wächst der Druck von außen, wird die Frage nach den internen Innovationsvoraussetzungen zentral. Gibt es eine Strategie, eine Mission für Innovation und organisatorische Erneuerung? Oder sind Effizienz, Standardisierung und das Alltagsgeschäft der Kernfokus der Organisation? Während es in privatwirtschaftlichen Unternehmen eigenständige Innovations- und Entwicklungsabteilungen gibt, ist das Thema Innovation in öffentlichen Verwaltungen strukturell und inhaltlich nicht verankert. Dies bedeutet nicht, dass Innovation überhaupt nicht stattfindet. Innovationen hängen jedoch stark von einzelnen Innovationsakteuren ab. Es braucht Führungskräfte, die neuen Ideen offen gegenüberstehen und sie unterstützen, die Räume und Zeit schaffen für kreative Prozesse. Und es braucht Mitarbeiter, die unternehmerisch über den Tellerrand blicken und das eigene Tun und Handeln immer wieder kritisch hinterfragen und Lernende bleiben. Es ist eine Frage der Fehlerkultur und des Muts zum Experiment, die von Führungskräften und Mitarbeitern gelebt oder eben nicht gelebt werden. Dies wird an organisationsinternen Anreizen deutlich, die entweder innovationsfördernd oder hinderlich sein können. Es ist evident, dass gerade die Kommunikation mit Querdenkenden, die Perspektivenvielfalt und der Austausch auf Augenhöhe zentrale Voraussetzungen sind. Dies wiederum ist abhängig von Strukturen, die sich tendenziell durch flache, ressortübergreifende Team- und Netzwerkstrukturen auszeichnen, die nah am Kunden sind und resonanzfähig auf das soziale Umfeld reagieren. Gerade Netzwerke sind es, die Innovationsimpulse setzen können. Ebenso können innovative Prozesse und Methoden förderlich sein, indem beispielsweise kreative Methoden (z. B. Workshops, Zukunftswerkstätten) unter breiter Beteiligung interner, aber auch externer Akteure angewandt werden. Die dargestellten Innovationsdimensionen schaffen in der Summe eine Innovationskultur, die zu entsprechend innovativen Outputs (Produkten) und nachhaltigen Outcomes (Wirkungen) führt.

29.6 Wie ist es um die Innovationskraft der Verwaltung bestellt?

Fragt man nach den grundlegenden Strukturmerkmalen der Verwaltung, so liegt deren Kernfokus auf Stabilität und Effizienz. Nach Max Weber zeichnet sich jeder „bureaukratische Verwaltungsstab" durch fünf Hauptmerkmale aus (Weber 1980, S. 160–166). Diese sind:

- Regelorientierung, d. h. Orientierung des Verwaltungshandelns an Recht und Gesetz;
- funktionale Arbeitsteilung und Spezialisierung;
- Hierarchie;
- Schriftlichkeit bzw. Aktenmäßigkeit;
- Neutralität und Professionalität durch das Berufsbeamtentum.

Wie lassen sich diese fünf Hauptmerkmale charakterisieren? Erstens: Regelorientierung bedeutet, dass das Handeln der Verwaltung nicht willkürlich erfolgen darf, sondern nur auf der Grundlage schriftlicher Regelungen. Damit wird die Bindung an Recht und Gesetz zur Grundlage der Verwaltung. Die Entwicklung einer starken juristischen Tradition entspringt diesem Grundsatz. Zweitens: Funktionale Arbeitsteilung bedeutet, dass die Verwaltung nur auf der Grundlage zugeordneter Funktionen und Kompetenzen handeln kann. Die Funktionen werden innerhalb der Verwaltung auf verschiedene Stellen verteilt, und jeder Funktionsträger darf nur innerhalb seiner Zuständigkeit agieren. Drittens: Gebündelt werden die verschiedenen Teilfunktionen durch eine starke

Hierarchie, letztlich durch den Kopf der Verwaltung. In den Kommunalverwaltungen ist dies der Bürgermeister als Chef der Verwaltung, der seine Mitarbeiter zentralistisch und gegebenenfalls dirigistisch (im Sinne von Einzelweisungen) führen darf. Viertens: Auch der Grundsatz der Aktenmäßigkeit ist ein zentrales Merkmal. Alle Verwaltungsvorgänge, beispielsweise die Erteilung einer Baugenehmigung, müssen aktenkundig, das heißt, transparent gemacht werden. Die Folge der Schriftlichkeit ist, dass Verwaltungsvorgänge nachvollziehbar und leichter kontrollierbar werden. Fünftens: Im Rahmen der vier Verwaltungspfeiler – Regelorientierung, funktionale Arbeitsteilung, Hierarchie und Aktenmäßigkeit – soll der Berufsbeamte als neutraler und professioneller Sachwalter unabhängig und der Sache verpflichtet seiner Arbeit nachgehen.

Alle diese Merkmale garantieren, dass die Verwaltung ohne Ansehen der Person auf der Grundlage klarer formaler Regeln mit hoher Kompetenz ihre Pflicht erfüllt und somit zur Effizienz wie auch zur Legitimität des Staates beiträgt. Diese Merkmale sind bis heute ein zentraler Erfolgsgarant für die öffentliche Verwaltung, und die entsprechenden Ausbildungsstätten – die Hochschulen für öffentliche Verwaltung in Kehl und Ludwigsburg – sichern die Qualität und Professionalität der kommunalen Mitarbeiter. Seit es die Bürokratie gibt, sind aber auch deren Defizite evident: So wird ihr oft mangelnde Flexibilität und Innovationskraft, unzureichende Kunden- und Bürgerorientierung, fehlende Mitarbeiterorientierung und geringe Effizienz und Qualität vorgeworfen, verbunden mit organisierter Unverantwortlichkeit sowie strategischer Unter- und operativer Übersteuerung im Rahmen rigider, funktional verteilter Aufgabenverantwortung und starker hierarchischer Strukturen (vgl. Kegelmann 2013). Auf der inhaltlichen Ebene ist die Verwaltung auf Ordnung und Effizienz fokussiert, auf der strukturellen Ebene durch eine starke Hierarchie gekennzeichnet und auf der Prozessebene sind funktional differenzierte und damit spezialisierte Prozesse standardisiert. Auch die Führungskultur und die Mitarbeiterschaft zeichnen sich weniger durch eine starke Innovationsorientierung als vielmehr durch Regel-, Ordnungs- und Zuständigkeitsorientierung aus. Damit sind ideale Voraussetzungen für Innovationen nicht gegeben. Der Widerspruch zwischen klassischer Verwaltungs- und Innovationslogik zeitigt Hemmschuhe in Form von Innovationsbarrieren (Tab. 29.2).

In der Summe führen die dargestellten Logiken eher zu defensivem und kontrollorientiertem Verhalten. Dies kann in vielen Fällen gut sein, das heißt, die Handlungsmuster haben sich grundsätzlich bewährt. Allerdings, so die These dieses Beitrags, hat sich die Umwelt der Verwaltung so stark geändert, dass die erfolgreichen Logiken der Vergangenheit heute verstärkt zu Misserfolgen führen und aktuelle Herausforderungen mit den klassischen politisch-administrativen Logiken nicht mehr bewältigt werden können.

Tab. 29.2 Typische Innovationsbarrieren

Barriere	Folgen und Konsequenzen
Hierarchiedenken	Die Orientierung an der Hierarchie beschränkt eigenständiges Denken und die Entfaltung vor Ort. Entscheidungen werden an der Spitze getroffen. Die Verantwortungsbereitschaft vor Ort nimmt ab. Das klassische Argument lautet: „Der Chef hat entschieden…“
Funktionale Spezialisierung	Viele organisatorische Teilzuständigkeiten verhindern den Blick auf das Ganze und den Blick über den Tellerrand. Besitzstandsdenken, das Denken in Zuständigkeiten und organisatorisches Misstrauen sind die Folge. Das klassische Argument lautet: „Dafür bin ich nicht zuständig…“
Starke Formalisierung	Die Orientierung an formalen Regeln gewährleistet eine hohe Standardisierung der Aufgabenabwicklung, kann aber im Einzelfall notwendige Anpassungen und kreatives Lernen durch Abweichen von der Regel verhindern. Das klassische Argument lautet: „Das ist rechtlich nicht möglich…“
Kommunikation-, Diskurs- und Fehlerkultur	Greifen die genannten Logiken, ist die Kommunikation eher hierarchisch, reglementiert und spezialisiert. Der interdisziplinäre, offene und freie Austausch kommt zu kurz. Das Verhindern von Fehlern ist primär, das Finden kreativer neuer Ansätze sekundär. „Schwarzer-Peter-Spiele“ sind die Folge. Das klassische Argument lautet: „Abteilung X ist schuld…“
Kultur	Misstrauen, Gegnerschaft, Tabus, Intransparenz, Kontroll- und Sicherheitsorientierung sind Kennzeichen der Verwaltungskultur

29.7 Fazit

Insgesamt geht es darum, die Stärken der Verwaltung, die Max Weber bereits vor knapp einhundert Jahren beschrieben hat, zu bewahren. Dies gelingt aber nur, wenn Verwaltungen sich weiterentwickeln und ergänzende Handlungslogiken und zeitgemäße Handlungskompetenzen erarbeitet werden. Geht man von volatilen, unsicheren, komplexen und mehrdeutigen Handlungslogiken aus, führen restaurative Antworten weder politisch noch administrativ in die Zukunft. Insofern ist eine Kernaufgabe des Verwaltungsmanagements von heute die Fähigkeit zur Innovation, Veränderung und der Umgang mit Komplexität, Unsicherheit und Mehrdeutigkeit. Der Rückkehr zu klassisch hierarchischen Organisationsformen ist hierbei restaurativ und wird den Anforderungen der Zeit nicht gerecht.

Literatur

Argyris, C., Schön, D.A.: Organizational Learning: A Theory of Action Perspective. Addison-Wesley, Redding (1978)

Erler, G.: Bürgerbeteiligung – Vom Helfen zum Mitenscheiden. In: Kegelmann, J., Martens, K.-U. (Hrsg.) Kommunale Nachhaltigkeit. Jubiläumsband zum 40-jährigen Bestehen der Hochschule Kehl und des Ortenaukreises, S. 261–268. Nomos, Baden-Baden (2013)

Kegelmann, J.: Die Kunst der Bürgerbeteiligung. In: Kegelmann, J., Böhmer, R., Willmann, H. (Hrsg.) Rechnungswesen und Controlling in der öffentlichen Verwaltung, Gruppe 4, S. 375–386. Haufe, Freiburg (2013)

Mack, O., Khare, A., Krämer, A., Burgartz, T. (Hrsg.): Managing in a VUCA World. Springer, Heidelberg (2016)

Meyer, J.-U.: Innovationsfähigkeit – die Voraussetzungen für erfolgreiches Innovationsmanagement. Wissensmanagement **2014**(7), 12–14 (2014)

Seliger, R.: Das Dschungelbuch der Führung. Ein Navigationssystem für Führungskräfte, 5. Aufl. Carl-Auer, Heidelberg (2014)

Weber, M.: Wirtschaft und Gesellschaft Grundriss der verstehenden Soziologie, 5. Aufl, S. 160–166. Tübingen, Mohr Siebeck (1980) (Erstveröffentlichung 1921)

Zetzsche, F., Albert, M.: Emergenz von sozialen Innovationen auf kommunaler Ebene: Working Paper 11-01: Technische Universität Chemnitz, Chemnitz (2017)

Prof. Dr. Jürgen Kegelmann ist seit 2009 Professor für Management, Organisation und Personal an der Hochschule für öffentliche Verwaltung in Kehl. Der Diplomverwaltungswissenschaftler war zuvor Finanzdirektor bei der internationalen cbm, einer Nichtregierungsorganisation im Dritten Sektor, die sich der weltweiten Vermeidung und Unterstützung von Menschen mit Behinderungen widmet. Auch war er mehrere Jahre Leiter der Stabsstelle Verwaltungsmodernisierung bei der Stadt Friedrichshafen und Projektleiter bei der Unternehmensberatung Mummert & Partner. Seine Schwerpunktthemen sind Steuerung, insbesondere im Themenfeld Innovation, Change, Modernisierung und Digitalisierung. Auch das Themenfeld Partizipation in und außerhalb der Verwaltung (Bürgerbeteiligung und Stadt-/Quartierentwicklung) sind ihm wichtig. So hat die Hochschule Kehl, gemeinsam mit der Führungsakademie einen Fortbildungsschwerpunkt im Bereich „Bürgerbeteiligung" entwickelt. Er ist Leiter des Steinbeis-Beratungszentrums „Kommunale Innovationsberatung Bodensee" und Mitglied im Gutachterausschuss Organisations- und IT-Management der KGSt (Kommunale Gemeinschaftsstelle für Verwaltungsmanagement). Von ihm stammen zahlreiche Publikationen zur nachhaltigen Steuerung von Kommunen (z. B. Kommunale Nachhaltigkeit, Nomos 2012; Steuerung (in) der Sozialen Arbeit, Beltz Juventa 2018 u. a.).

Mit Verwaltungsmarketing das Verwaltungsmanagement verbessern

30

Elmar Hinz

Zusammenfassung

Verwaltungsmarketing hilft, öffentliche Aufgaben außenorientiert und vom Abnehmer wahrgenommen zu erfüllen. Obwohl diese Denkhaltung bereits vom Neuen Steuerungsmodell für ein modernes Verwaltungsmanagement geteilt wurde, werden die für Städte und Regionen relevanten Besonderheiten selten verwaltungswissenschaftlich reflektiert. Gezeigt werden soll, dass zur Auswahl geeigneter Instrumente für diesen komplexen Steuerungsgegenstand neben Marketingkonzepten wie zum Beispiel dem Dienstleistungsmarketing auch das Place Marketing hilfreich sein kann soweit es die Besonderheiten öffentlicher Aufgabenerfüllung berücksichtigt. Die in den Verwaltungswissenschaften differenziert geführte Diskussion über Netzwerke kann dabei einen Beitrag zur Weiterentwicklung des Place Marketings leisten.

30.1 Einleitung: Verwaltungsmarketing und Verwaltungsmanagement – Gegensätze ziehen sich an?

Als „Broadening the concept of marketing" formulierten Kotler und Levy 1969 erstmals, dass Erkenntnisse aus dem Marketing auf alle Austauschprozesse ausgeweitet werden können. Marketing betrifft also kommerzielle wie nicht-kommerzielle Austauschprozesse. Diese Erweiterung erfasst sowohl die Anwender, wie Verwaltungen und Non-Profit-Organisationen (institutionelles Organisationsverständnis) sowie Objekte, wie materielle und immaterielle Güter, Einstellungen, Städte und Regionen (funktionales Organisationsverständnis).

E. Hinz (✉)
Hochschule Nordhausen, Nordhausen, Deutschland
E-Mail: elmar.hinz@hs-nordhausen.de

T. Breyer-Mayländer und C. Zerres (Hrsg.), *Stadtmarketing*,
https://doi.org/10.1007/978-3-658-26254-9_30

In den 1990er Jahren haben deutsche Verwaltungen begonnen, sich intensiv mit den in der Privatwirtschaft verbreiteten Managementansätzen auseinanderzusetzen. Zu Recht werden diese neuen Steuerungsansätze mehr als Folge weltweiter neoliberaler Strömung (vgl. Hinz 2012, S. 41 ff.) als ein in sich geschlossenes Modell verstanden. Internationale Modernisierungsbemühungen im öffentlichen Sektor sowie das Aufgreifen und Anpassen von Best Practices in Deutschland auf verschiedenen Verwaltungsebenen und in verschiedenen Politikfeldern haben so zu einer Vielfalt von Reformansätzen geführt, mit denen der Wandel vom Staatsleitbild des Schlanken Staates zum Staatsleitbild des Aktivierenden Staates vollzogen wurde (vgl. Jann und Wegrich 2004). Dabei hat das Neue Steuerungsmodell der Kommunalen Gemeinschaftsstelle für Verwaltungsmanagement (vgl. KGSt 1993) besondere Prominenz erlangt. Allerdings ist erst durch empirische Untersuchungen seiner Verbreitung in den deutschen Kommunalverwaltungen (vgl. insb. Bogumil et al. 2006) deutlich geworden, dass im Einklang mit der internationalen Diskussion die marktorientierte Ausrichtung von Verwaltungen, also ihre Bürger- oder Kundenorientierung, zentrales Anliegen neuer Steuerungsansätze war. Diagnostiziert wurde dann, dass in diesem Bereich der Außenorientierung Fortschritte gemacht worden sind, viele Reforminitiativen waren und sind aber zu sehr auf das Innere der Verwaltung fokussiert.

Mit unterschiedlich starken Bezügen auf das Neue Steuerungsmodell wurden seit den 1990er Jahren in Deutschland binnenorientierte Modernisierungsanstrengungen unternommen. Neben der Verbreitung dezentraler Organisationsformen unter anderem als Konzern-Kommune, der Reform des Dienst- und Arbeitsrechts für Beamte und Angestellte sowie der Entdeckung des Personalmanagements wurde fast bundesweit auf kommunaler Ebene das ehemals kamerale auf ein doppisches Rechnungswesen umgestellt. Dass die bloße Änderung von Steuerungsstrukturen und -instrumenten nicht zwangsläufig zu ihrer souveränen Anwendung oder gar zu einer Aussage über erreichte Steuerungserfolge führen muss, dürfte aber nicht ganz überraschend sein.

Parallel und ähnlich praktisch ausgerichtet hat sich seit Ende der 1980er- und Anfang der 1990er Jahre in Deutschland das Stadtmarketing verbreitet (vgl. Wesselmann und Hohn 2017, S. 9). Dabei werden unter Federführung unterschiedlicher Akteure und unter Beteiligung unterschiedlicher Partner mit Rückgriff auf Methoden des strategischen Managements Marketing- und insbesondere hier Kommunikationsmaßnahmen zur Stadtentwicklung für Zielgruppen wie Bürger, Besucher und Wirtschaft konzipiert. Marketing auf die Raumplanung anzuwenden, kann dabei neben dem Aufgreifen neoliberaler Strömungen auch als Reaktion auf die geringe Wirksamkeit klassischer Planungsansätze verstanden werden (vgl. Ashworth und Kavaratzis 2018, S. 426 f.). Zwar werden heute die unterschiedlichen Interessen der beteiligten Akteure klarer benannt, die ausgewogene Berücksichtigung stadtinterner Zielgruppen (vgl. Wesselmann und Hohn 2017, S. 14 f.) und das komplexe Zielsystem der Gestaltung des öffentlichen Raums machen aber auch Grenzen des privatwirtschaftlichen Handelns der privaten und öffentlichen Akteure deutlich. International sind derweil einige Forschungsarbeiten zum Überblick über die unterschiedlichsten Ansätze des Place Marketing entstanden (vgl. zum Beispiel Acharya und Rahman 2016; Lucarelli und Berg 2011; Hankinson 2010), in denen zwar konzeptionelle Unschärfen bemängelt werden; insgesamt ist aber eine deutliche Hinwendung zu Ansätzen der Markenführung zu erkennen, die nicht nur Kommunikation sind (vgl. Ashworth und Kavaratzis 2018, S. 428 f.). Reflektierte Steuerungs- beziehungsweise Managementempfehlungen – auch unter Berücksichtigung der besonderen Rolle öffentlicher Verwaltungen – werden für diese Netzwerke jedoch bisher kaum herausgearbeitet.

Mit der stärkeren Betonung von Governance in der verwaltungswissenschaftlichen Forschung werden heute Ansätze des Verwaltungsmanagements vorgeschlagen, deren Steuerungslogik anlass- beziehungsweise themenbezogen zwischen marktlichem und öffentlichem Handeln variiert (vgl. Hinz 2017). Steuerungsgegenstand und Steuerungsinstrumente sollen stärker aufeinander bezogen und integriert betrachtet werden; Steuerungsentscheidungen sollen hinsichtlich der handlungsleitenden Kriterien des jeweiligen politischen Systems hinterfragt werden. So betont die Weiterentwicklung des Neuen Steuerungsmodells, das Kommunale Steuerungsmodell (vgl. KGSt 2013), den Austausch mit der Stadtgesellschaft. Wirksame Strategien des Verwaltungsmanagements sollen demnach prozessorientiert und unter Einsatz digitaler Leistungsproduktionsnetzwerke gestaltet werden. Bürger- beziehungsweise Außenorientierung wird teilweise durch Koproduktion erreicht, deren aktivierende Wirkung deliberative Ansätze der Bürgerbeteiligung mit der Integration des externen Faktors in den Leistungsproduktionsprozess verbindet (vgl. Löffler 2015). Die Verwendung von Marketing und Markenführung im öffentlichen Bereich ist dabei als ein möglicher Governance-Ansatz zu verstehen (vgl. Ashworth und Kavaratzis 2018, S. 427 f.). Noch ohne explizit Bezüge zu den stärker auf beeinflussende Instrumente des Verwaltungsmanagements abzustellen, scheinen sich seit der intensiveren Diskussion zur Digitalisierung in der Verwaltungspraxis derartige Steuerungsmuster schneller zu verbreiten.

Marketing gilt auch als eine Denkhaltung aus der Perspektive des Marktes (vgl. Bruhn 2014, S. 14). Geklärt ist zwar die grundsätzliche Anwendbarkeit auf die öffentliche Verwaltung, die internationale und nationale Diskussion zur Konkretisierung der Besonderheiten ist aber spärlich. So wurden lediglich ca. 150 Artikel innerhalb der letzten 50 Jahre in führenden Marketing-Zeitschriften veröffentlicht, die sich mit Marketing in der öffentlichen Verwaltung befassen; neun wurden in derselben Zeit in führenden Zeitschriften des öffentlichen Sektors publiziert. Kaplan und Haenlein (2009) vermuten, dass die wenig intensive Diskussion auf Missverständnisse zwischen den Disziplinen zurückzuführen ist. Zudem wird die deutsche Forschungslandschaft als in sich geschlossen und mit wenig internationalem Austausch wahrgenommen (vgl. Ashworth und Kavaratzis 2018, S. 435 f.). Allerdings beginnt der in der Verwaltungspraxis betonte Gegensatz zwischen Verwaltung und Marketing (vgl. Ashworth und Kavaratzis 2018, S. 425; Brüggemeier und Röber 2004, S. 79; KGSt 2004, S. 16) zu verschwimmen. Zwar hat die KGSt bereits mit dem Neuen Steuerungsmodell gefordert, dass Verwaltungen nachfrageorientiert handeln und sich daher von außen nach innen organisieren sollen (vgl. KGSt 1993, S. 13). Wenn aber in Zeiten der Digitalisierung cyber-physische Systeme unter anderem zur Dienstleistungsproduktion eingesetzt werden, muss jede öffentliche Aufgabe prozessorientiert vom Nutzer aus gedacht werden. Die Revision der bisher sehr bürokratisch definierten Produktkataloge öffentlicher Aufgaben aus Perspektive des Marketing würde das zentrale Anliegen managementorientierter Verwaltungsreformen der letzten Jahrzehnte, nämlich die Wettbewerbs- und Außenorientierung zu verbessern, verstetigen.

Ausgehend von einer Begriffsbestimmung des Verwaltungsmarketing soll im Folgenden gezeigt werden, dass und wie das Verwaltungsmanagement von der Denkhaltung des Marketing (vgl. KGSt 2004, S. 17) profitieren kann. Besonders hervorgehoben werden dabei auch Bezüge zum Stadtmarketing, die insbesondere in der internationalen Diskussion zum Place Marketing zu erkennen sind.

30.2 Marketingkonzepte mit Bezug zur Verwaltung: Was ist Verwaltungsmarketing?

30.2.1 Angebots- und nachfrageseitige Marketingkonzepte mit Bezug zur Verwaltung

Für die Anwendung von Marketing in der öffentlichen Verwaltung sind die Besonderheiten ihrer Austauschprozesse zu berücksichtigen. Dazu können sowohl Ansätze helfen, die institutionell einen Bezug zur Verwaltung haben, als auch Ansätze, die sich funktional mit öffentlichen Aufgaben als Marketingobjekt befassen. So wird zum Beispiel in der Wirtschaftsförderung der Standort als Leistungsbündel verstanden, der nur durch eine Trägerorganisation unterschiedlicher Akteure entwickelt werden kann (vgl. Balderjahn 2000, S. 30–34).

National entwickelte Homann (1995) eine abnehmerorientierte Marketingkonzeption für den kommunalen Bereich. Raffée et al. (1994) befassten sich ausführlich mit der Übertragung von Marketing auf öffentliche Betriebe. Wesselmann und Hohn (2017) versuchen in einem Lehrbuch, das Marketing-Management für den öffentlichen Sektor zusammenzufassen. Auch für ihren Ansatz ist die Unterscheidung des institutionellen und funktionalen Marketingverständnisses zentral, die ausführlich bereits bei Werthmüller (1995) diskutiert wird. Zwar kann das Marketing in öffentlich dominierten Institutionen wie Kommunalverwaltungen und ihren Unternehmen von dem Marketing für eine Stadt oder Region und andere öffentliche Aufgaben unterschieden werden. Beide sind aber miteinander verbunden (vgl. Werthmüller 1995, S. 25). So wird mit dem Marketing für eine Stadt oder Region unter anderem auch die auf allen Verwaltungsebenen wahrgenommene öffentliche Aufgabe der Raumplanung berührt. Insoweit für das Verwaltungsmanagement zielführender hat Radtke (2013) aus der Perspektive des Branding am Beispiel von Stadtslogans das Marketing im gesamten Zuständigkeitsbereich von kommunalen Verwaltungen analysiert. Institutionell auf eine Trägerorganisation begrenzt, hat er sich also mit allen für Branding und Marketing relevanten Funktionen einer Kommunalverwaltung befasst. Ebenso ausgehend von potenziellen Objekten des

Branding unterscheiden andere Systematiken die vielen Ansätze zur Anwendung des Marketing im öffentlichen Sektor nach Gütern, Prozessen, Personen, Organisationen oder Territorien (vgl. Ashworth und Kavaratzis 2018, S. 427 f.).

Zunächst muss eine Verwaltung ihre relevanten Märkte bestimmen und abgrenzen. Diese Beschreibung kann durch sachliche, zeitliche und räumliche Kriterien erfolgen. Aus Perspektive des Marketing hilft dabei angebotsseitig die Betrachtung der verschiedenen Geschäftseinheiten der Verwaltung (vgl. Hinz 2018). Die Vielzahl und Unterschiedlichkeit der von einer Verwaltung produzierten Leistungen legen nahe, ihre Gliederung in Dezernate oder Fachbereiche einer Gliederung in strategische Geschäftseinheiten (unabhängige interne Analyse- und Planungseinheiten) anzunähern; passender kann auch von Handlungsbereichen oder Politikfeldern gesprochen werden. Bereits bei diesem Schritt könnten Handlungsbereiche mit öffentlichen Aufgaben unterschieden werden, die von einer Verwaltung alleine oder nur zusammen mit anderen Akteuren verantwortet werden können.

Um für einen relevanten Markt passende Instrumente des Marketing-Mix auszuwählen, müssen zudem die privaten und öffentlichen Interessen der Bürger sowie sonstiger Abnehmer der jeweiligen Produkte unterschieden werden; so lassen sich unterschiedliche Nutzersegmente identifizieren (vgl. Berger 2007, S. 332). Sind öffentliche Interessen betroffen, rückt in der (politischen) Abwägung über die Aufgabenerfüllung das Allgemeinwohl und nicht Einzelinteressen in den Vordergrund. Diese Abwägung bleibt nicht unbeeinflusst; einige Anspruchsgruppen (vgl. zum Beispiel Theuvsen 2014) sind in den Gremien der Kommune vertreten, andere artikulieren ihre Interessen gegenüber der Verwaltung auf andere Weise. Die politische Willensbildung legt damit eine potenzielle Wandlungsfähigkeit der Aufgaben und Leistungen nahe (vgl. Franz 2013, S. 17). Die juristische Unterscheidung in pflichtige und freiwillige Aufgaben hilft bei der operativen Gestaltung des Marketing-Mix kaum. Mit den freiwilligen Leistungen werden nur Leistungen benannt, die gänzlich eingestellt werden könnten. Viele Leistungsmerkmale sind aber auch bei pflichtigen Aufgaben disponibel.

Nachfrageseitig befasst sich Verwaltungsmarketing mit dem Bedarf und den Beziehungen zu Bürgern und anderen Nutzern (vgl. Hinz 2018). Da Bürger und andere Abnehmer aber in einer Vielzahl von Situationen Leistungen einer Verwaltung nachfragen, muss die Zielgruppe und ihre Beziehung zu der Verwaltung für jede konkrete Leistung genauer beschrieben werden. Dabei können Verwaltungsleistungen auch zu situationsspezifischen Leistungsbündeln wie den sogenannten Lebenslagen (vgl. KGSt 2002) zusammengefasst werden. Staatsrechtlich lassen sich als Leistungsempfänger nur Wahlberechtigte und Nicht-Wahlberechtigte unterscheiden. Weitere typische Interessen- und potenzielle Zielgruppen sind Unternehmen, Touristen, Investoren und Medien. Bovaird (2016) unterscheidet außerdem Akteure, die aktuell eine Leistung beziehen und jene, die darauf warten oder erst später einen Bedarf haben werden sowie jene, die eine Leistung benötigen, ihren Bedarf aber nicht geltend machen. Weiterhin nennt er Menschen, die sich um Mitbürger kümmern, welche eine Dienstleistung erhalten oder ihrer bedürfen sowie jene, die eine Verwaltungsleistung ablehnen und ergänzt unter anderem den Steuerzahler als gemeinschaftlichen Akteur (vgl. Bovaird 2016, S. 77 f.). Systematisieren lassen sich die Interessen dieser Zielgruppen durch unterschiedliche Rollen gegenüber der Verwaltung, die anhand des jeweiligen Dienstleistungscharakters und dem Partizipationsgrad des Betroffenen unterschieden werden: Sind sie niedrig, handelt es sich um einen Ordnungs- und Sozialbürger, der als Adressat von restriktiven Verwaltungsakten oder Empfänger von Leistungen verstanden werden kann. Ist der Partizipationsgrad stark ausgeprägt und der Dienstleistungscharakter niedrig, handelt es sich um einen Wahl- und Partizipationsbürger, der unter anderem bei kommunalpolitischen Entscheidungen zum Beispiel durch Bürgerentscheide mitwirkt. Sind Partizipationsgrad und Dienstleistungscharakter stark ausgeprägt, so kann von kooperativen Bürgern gesprochen werden. Sind diese an der Leistungsproduktion beteiligt, haben sie großen Einfluss auf die Dienstleistungsqualität. Diese kooperativen Bürger beziehungsweise Unternehmen sind auch für das Place Marketing wichtig, weil eine wirksame Stadt- beziehungsweise Regionalmarke nur mit öffentlich und privat gestalteten Markeneigenschaften geschaffen werden kann. Nur bei niedrigem Partizipationsgrad und hohem Dienstleistungscharakter kann von einem Verwaltungskunden gesprochen werden. Dieser hätte die Möglichkeit, bei Unzufriedenheit einen anderen Leistungsproduzenten zu wählen (vgl. Hopp und Göbel 2013, S. 73 ff.).

Aufgrund der örtlichen Zuständigkeit von Verwaltungsorganisationen (vgl. zum Beispiel Franz 2013, S. 41) ist Verwaltungsmarketing zunächst immer auf ein bestimmtes Territorium begrenzt. Die Zuständigkeit kann aber auch punktuell als Standort oder weiter als Region weniger stark auf konkrete geografische Grenzen bezogen sein. Die regionale Marktabgrenzung einer Verwaltung bleibt dennoch weitestgehend vorgegeben (vgl. Bruhn 2014, S. 18 ff.); in einer Region kann die örtliche Zuständigkeit öffentlicher Aufgabe unter anderem als interkommunale Zusammenarbeit auch von mehreren Verwaltungen gemeinsam wahrgenommen werden. Alle Leistungen des Territoriums können als Bündel durch Stadt- beziehungsweise Regionalmarken positioniert werden (vgl. Ashworth und Kavaratzis 2018, S. 430). Sehr deutlich wird die wettbewerbsorientierte Ausrichtung dieses Leistungsbündels in Standortmarketing-Konzeptionen (vgl. zum Beispiel Balderjahn 2000, S. 9–32). Dabei werden letztlich für einen konkreten Ausschnitt der Erdoberfläche mit dem Marketing-Mix Leistungsmerkmale positioniert, die nur teilweise beeinflusst werden können. Bei der Unterscheidung der Beeinflussbarkeit hilft die im Tourismus-Management verwendete Differenzierung zwischen dem ursprünglichen und abgeleiteten Angebot einer Destination (vgl. Freyer 2015, S. 322–325). Zum ursprünglichen Angebot zählen zum Beispiel naturgegebene und sozio-kulturelle Faktoren sowie die allgemeine Infrastruktur. Zum abgeleiteten Angebot zählen spezifische Infrastrukturen. Demnach müsste auch im Place Marketing zwischen dem ursprünglichen Nutzenbündel einer Region – das kaum oder nur öffentlich legitimiert gestaltet werden kann – und abgeleiteten Nutzenbündeln unterschieden werden. Abgeleitete Nutzenbündel werden zwar auch von Akteuren außerhalb der Verwaltung verantwortet, benötigen häufig aber Vorleistungen der Verwaltung. Allein die Kooperation von Akteuren unterschiedlicher Sektoren bei der Gestaltung dieser Leistungsbündel als Public

Private Partnership zu bezeichnen, greift jedoch zu kurz. Derartige Netzwerke sind Hybride zwischen marktlichen und hierarchischen Steuerungsmodi. Jedoch erschweren die politische Allzuständigkeit von öffentlichen Verwaltungen sowie die Vielfalt der angebotenen Leistungen das Branding (vgl. Ashworth und Kavaratzis 2018, S. 431 ff.).

Bei den Nutzenbündeln, die Teil einer öffentlichen Aufgabe sind und durch die Verwaltung selbst erfüllt oder beauftragt werden, ist die Verwaltung auch produzierender Akteur (vgl. Hinz 2018). Anderen kann die Nutzung einer territorialen Marke als Klammer aller Nutzenbündel im Rahmen gemeinsam definierter Regeln angeboten werden. Grundsätzlich können mit Territorialmarken sehr unterschiedliche Marketingziele verfolgt werden, die klar benannt und nicht zu breit formuliert sein sollten (vgl. Ashworth und Kavaratzis 2018, S. 432 und 436). Letztlich soll die Identifikation mit der Region zum Beispiel als Regionalbewusstsein (vgl. Kirchgeorg 2005, S. 601; Werthmöller 1995, S. 56 ff.), als Erhöhung der Lebensqualität oder des Wohlstandes bewirkt werden. Gleichzeitig sind diese Zielgrößen auch Voraussetzung für einen erfolgreichen Branding-Prozess (vgl. Ashworth und Kavaratzis 2018, S. 436). Im Territorialmarketing muss also eine Identität erarbeitet werden, die mehr Imageänderung und weniger Markenbildung von Beginn an ist und die verschiedenen dienstleistenden Organisationen miteinander verknüpft (vgl. Hankinson 2010, S. 28 ff.). Die Territorialmarkenstrategie gewährleistet dabei die Beständigkeit der Markenkommunikation sowohl der öffentlichen als auch der privaten Akteure, häufig mehr auch Koordination als durch hierarchische Beeinflussung (vgl. Hankinson 2010, S. 31 f.).

Modernes Verwaltungsmanagement, wie es zum Beispiel im Kommunalen Steuerungsmodell beschrieben wird, ist sich dieser doppelten Verantwortung zunehmend bewusst. Allerdings wird im Standort-, Stadt- und Regionalmarketing häufig vernachlässigt, dass mit Marketing auch einzelne Verwaltungsleistungen verändert werden können. Zudem erfasst der Stadtbegriff selten ein eindeutiges Territorium. Außerdem lassen sich die Art und Weise der öffentlichen Aufgabenerfüllung einer Kommune nicht mehr nur nach Kategorien wie Stadt und Land unterscheiden. So bezieht sich einerseits die moderne Stadtforschung, die die Stadt als soziale Tatsache mit bestimmten Funktionen versteht, auch auf das Umland (vgl. Häußermann et al. 2008, S. 301 und S. 364); anderseits sind ländliche Räume mehr als nur eine Abgrenzung von der Stadt (vgl. Heinelt 2013).

30.2.2 Marketingkonzepte mit Bezug zur öffentlichen Aufgabenerfüllung

Gerade bei der Produktion der von einer Verwaltung selbst verantworteten Verwaltungsleistungen, aber auch bei der Koordination einer Stadt- beziehungsweise Regionalmarke können zur Konkretisierung relevanter Leistungsmerkmale weitere Marketing-Konzeptionen berücksichtigt werden. Viele Verwaltungsleistungen sind Dienstleistungen. Zu den Besonderheiten des Dienstleistungsmarketing gehören etwa die durch die Immaterialität bedingte Nichtlager- und Nichttransportfähigkeit des Ergebnisses sowie die Leistungsfähigkeit des Anbieters. Zudem werden durch den Einbezug des externen Faktors sowohl Unterbringung als auch Transport oftmals zu prägenden Problemen (vgl. Meffert et al. 2015a, S. 32). Auch das Non-Profit-Marketing ist von Besonderheiten gekennzeichnet, die ebenso für die Leistungen einer Verwaltung und eines Netzwerkes um eine Stadt- beziehungsweise Regionalmarke gelten. Charakteristisch sind die zahlreichen Interessengruppen. Märkte und Nachfrager lassen sich oftmals kaum bestimmen; die meist hochgradig individualisierten Produkte sind hier schwer voneinander abgrenzbar. Das Qualitätsmanagement hat jenseits objektiver Standards auch die empfundene Leistungsqualität, die aber auch vom externen Faktor abhängt, zu berücksichtigen (vgl. Bruhn 2012, S. 229 f.). Außerdem ist es schwierig, einen Preis oder eine entsprechende Gegenleistung festzulegen. Die Gestaltung entsprechender Konditionen könnte jedoch zur Steuerung der Kapazität eingesetzt werden (vgl. Bruhn 2012, S. 226 f.). Zudem können bei der Herstellung der Leistungsbereitschaft durch Fundraising Produktionsfaktoren, wie ehrenamtliche Arbeit oder alternative Finanzquellen wie Spenden und Sponsoring, erschlossen werden.

Soziomarketing eignet sich, um soziale Anliegen sowie sozial erwünschtes Verhalten zu fördern und damit den Mehr- oder Minder-Absatz bestimmter Leistungen zu erreichen; es will die Veränderung von Einstellungen Einzelner oder Gruppen bewirken. Nach Bovaird (2016, S. 78) lassen sich verschiedene Varianten unterscheiden: Positives Marketing soll Zielgruppen ermutigen, bestimmte Leistungen in Anspruch zu nehmen, von denen angenommen wird, dass sie dem Bedarf entsprechen. Anti-Marketing hingegen soll Zielgruppen daran hindern, bestimmte Produkte und Dienstleistungen nachzufragen, da dies nicht in ihrem oder dem gesellschaftlichen Interesse ist. De-Marketing soll Nicht-Zielgruppen davon abschrecken, bestimmte Leistung zu beanspruchen. Die KGSt spricht in diesem Zusammenhang von Policymarketing (vgl. KGSt 2004, S. 169). Zur Gestaltung des Marketing-Mix im Sozialmarketing ist zwischenzeitlich bekannt, dass emotionale Botschaften von dem Abnehmer ähnlichen Personen oder Testimonials die Wirkung dieser Botschaften steigern (vgl. Thaler 2012, S. 39 ff.). Politisches Marketing findet schließlich im Rahmen von politischen Programmen oder in Bezug auf politische Akteure statt. Es will das Wahlverhalten der Öffentlichkeit beeinflussen und erreichen, dass von politischen Akteuren allgemein verbindliche Entscheidungen produziert werden (vgl. Jarren und Donges 2011, S. 170).

Zusammenfassend kann also festgehalten werden, dass die Besonderheiten des Verwaltungsmarketing angebots- und nachfrageseitig partiell durch unterschiedliche Marketingkonzepte adressiert werden. Schwierig bleibt, diese Erkenntnisse im Verwaltungsmanagement aufzugreifen und in den spezifischen Marketingkonzeptionen – auch mit Ausrichtung auf die Verwaltung – weiterzuentwickeln. Als Ausgangspunkt der Weiterentwicklung soll auf dieser Basis daher vorgeschlagen werden, Verwaltungsmarketing wie folgt zu verstehen (vgl. Hinz 2018): Um öffentliche Aufgaben außenorientiert und vom Abnehmer wahrgenommen zu erfüllen, richtet der für eine Gebietskörperschaft zuständige Verwaltungsbetrieb sämtliche legitimierten, selbst erstellten und bei Dritten beauftragten

Ergebnisse des Verwaltungshandelns nach Abwägung privater und öffentlicher Interessen an Bedarf und Nachfrage der Bürger, also Bewohner und Gäste, aus.

30.3 Außenorientiertes Verwaltungsmanagement mit Hilfe von Marketinginstrumenten

30.3.1 Marken als strategische Orientierung

Verwaltungen außenorientiert auszurichten, war und ist sowohl ein Anliegen modernen Verwaltungsmanagement als auch des (Verwaltungs-)Marketing. Eine Marke kann für eine Region als Ganzes, einzelne Verwaltungsleistungen und für privat produzierte Leistungen der Region eine strategische Orientierung sein (vgl. Hinz 2018). Dabei definiert sich das Nutzenbündel eines Territoriums über seine geografischen Bedingungen; seine Positionierung wird dabei durch sehr unterschiedliche Merkmale, Leistungen und Organisationen kooperativ produziert (vgl. Hankinson 2010, S. 29). Die Markengestaltung kann sowohl auf das ursprüngliche als auch das abgeleitete Angebot des Territoriums abstellen wird. Ist dabei eine öffentliche Aufgabe berührt, könnte das Verwaltungsmanagement vom Verwaltungsmarketing profitieren.

An dieser Schnittstelle zwischen Place Marketing, außenorientiertem Verwaltungsmanagement und Verwaltungsmarketing muss sichergestellt werden, dass die entsprechend markierten Leistungen miteinander vereinbar sind. Ansonsten besteht die Gefahr, dass Leistungen, die einer Abnehmergruppe angeboten werden, die Dienstleistungserfahrungen anderer Gruppen in der Region beeinträchtigen. Daher empfiehlt sich für Regionen mit ihren heterogenen Zielen eine Dachmarken-Strategie und Co-Branding (vgl. Kirchgeorg 2005). Allerdings kann der für diese Marke verantwortliche Träger in einem Netzwerk kooperierender Akteure selten eindeutig benannt werden. Die Marke muss zudem auf sehr unterschiedlichen, nicht immer frei gewählten Märkten bestehen und sich in ein räumliches Hierarchiegefüge zwischen Nationalstaat, Bundesland und Landkreis einfügen (vgl. Ashworth und Kavaratzis 2018, S. 431; Radtke 2013, S. 117 ff.). Die Beständigkeit der Namen von Gebietskörperschaften und ihre Historie begünstigen aber eine herausgestellte Positionierung der Identität mit spezifischen Eigenschaften. Öffentliche Entscheidungsstrukturen sind außerdem demokratisch geprägt und in der Lage, Entscheidungen mit Zwang umzusetzen. Die Letztverantwortung für eine solche Dachmarkenstrategie sollte daher bei einer Verwaltungseinheit liegen: Nur mit ihr können Teile des ursprünglichen Angebotes beeinflusst werden und nur sie hat die Legitimation, den politischen Prozess zur Entwicklung eines Rahmens für abgeleitete Angebote zu gestalten (vgl. Hinz 2018). Privatwirtschaftlich initiierte und kontinuierlich verantwortete Netzwerke, mit denen auch öffentlicher Zwang ausgeübt werden kann (unter anderem als sogenannter Business Improvement District), haben hingegen noch nicht in allen Bundesländern eine gesetzliche Grundlage erhalten.

Markenpolitische Entscheidungen können durch eine identitätsorientierte Markenführung unterstützt werden (vgl. Kühne 2008, S. 144 ff.; Burmann und Meffert 2005). Dieser Ansatz verbindet die theoretische Argumentation des Markt- und des Ressourcenansatzes. Durch eine Analogie zwischen persönlicher Identität und der Identität von Gruppen soll in einem Regelkreis aus Marktfeedback und Positionierung Nutzen für eine Zielgruppe erzeugt werden. Dabei wird die Outside-In-Perspektive des Abnehmers um eine Inside-Out-Perspektive interner Anspruchsgruppen ergänzt, wodurch eine außenorientierte Analyse des Selbstbilds der Marke – der Markenidentität – möglich wird (vgl. Meffert et al. 2015, S. 329). Im Marketing definiert diese Analyse dann Ziele und zukünftige Positionierung der Marke und beeinflusst so das Markenimage, das Fremdbild (vgl. Kühne 2008, S. 38; Burmann und Meffert 2005, S. 52). Für das Verwaltungsmanagement bedeutet diese Wirkungslogik zudem, dass die Binnenorientierung des Neuen Steuerungsmodells als zentraler Kritikpunkt dieses Modernisierungsansatzes überwunden werden kann. Außerdem ist die identitätsorientierte Markenführung nicht exklusiv für die Verwaltung oder das Verwaltungsmarketing entwickelt worden und somit anschlussfähig an weitere Erkenntnisse der privatwirtschaftlichen Marketingforschung. Tatsächlich liegen auch Erkenntnisse über die erfolgreiche Verwendung in der Verwaltungspraxis vor (vgl. insbesondere Hauff et al. 2007, S. 357). Als Ziel- und Messgröße für Feedback werden in der identitätsorientierten Markenführung unter anderem Bekanntheit und Image der Marke vorgeschlagen; beides sind Einstellungen, die auch in Richtung eines Regionalbewusstseins (vgl. Kirchgeorg 2005, S. 601; Blotevogel 1987) als Ziel- und Messgröße einer Territorialmarke weiterentwickelt werden könnten. Neben einer stärkeren Bindung an eine Region könnte dadurch auf die Zufriedenheit mit einzelnen Verwaltungsleistungen eingewirkt werden, was bei Erfolg das Betonen der Rolle des Bürgers als Koproduzent vereinfachen würde. Durch die angebots- und nachfrageseitige Betrachtung einer Aufgabe wird also auch ihre sachzielbezogene Zweckerfüllung verbessert. Unter Berücksichtigung der eigenen Ressourcen wird der Blick auf Bedürfnisse und Bedarf der Zielgruppe geschärft und hinterfragt, ob der durch die Aufgabenerfüllung gewünschte Nutzen tatsächlich entsteht. Marketing kann also helfen, am Beispiel konkreter Aufgaben, den Kern der Wertschöpfung des Verwaltungshandelns im Prozess der Leistungserstellung zu ermitteln. Eben diese Überlegungen sind notwendig, um die in modernen Ansätzen des Verwaltungsmanagements – so auch im Kommunalen Steuerungsmodell – sogenannte wirkungsorientierte Verwaltungsführung praktikabel zu gestalten. In diesem Sinne kann Markenführung als Basisstrategie für sämtliche Verwaltungsleistungen empfohlen werden (vgl. Hinz 2018) und sollte als unverzichtbarer Teil eines modernen Verwaltungsmanagements verstanden werden.

30.3.2 Strategische Orientierung im Marketing-Mix umsetzen

Wo öffentliche Aufgaben durch die Verwaltung selbst erfüllt oder beauftragt werden, hilft die strategische Orientierung einer Marke bei einer wirkungsorientierten Anpassung der eigenen Geschäftseinheiten, zum Beispiel durch den Marketing-Mix. Die konsequente Ausrichtung am Abnehmer wurde dabei bereits durch erste Konzepte des E-Governments betont. Mithilfe von Lebenslagen werden Bürger in einer bestimmten Bedürfnissituation angesprochen. Diese Lebenslage kann somit als Mittler zwischen Verwaltungsleistungen und Bedürfnis des Nachfragers verstanden werden. Idealerweise soll eine Lebenslage zum Beispiel den Bürger verwaltungsübergreifend durch Alltagssituationen, wie Umzug oder Hausbau, leiten, über Handlungsoptionen informieren und mit passenden Angeboten anderer Organisationen versorgen (vgl. Müller 2011; KGSt 2002). Für Leistungen, die zwar von Verwaltungen bereitgestellt werden, aber hauptsächlich individuelle Interessen befriedigen, unterscheidet sich das Marketing zudem kaum von der Privatwirtschaft (vgl. Berger 2007, S. 345). Aus reflexiver Perspektive dient der Marketing-Mix ohnehin der Umsetzung eines Fit-Konzeptes: Außenorientierte Gestaltungsziele sind nur zu erreichen, wenn alle seine nach innen gerichteten Instrumente aufeinander abgestimmt sind (vgl. Bruhn 2014, S. 30). Wo aber öffentliche Interessen dominieren, funktionieren privatwirtschaftliche Basisstrategien nicht beziehungsweise nur teilweise (vgl. Homann 1995, S. 176 ff.). Zwar sind auch für diese Aufgaben die klassischen Elemente Produktpolitik, Preispolitik, Distributionspolitik und Kommunikationspolitik anwendbar, aber im Detail anzupassen (vgl. Bovaird 2016, S. 84).

Viele Verwaltungsleistungen sind Dienstleistungen. Neben der grundsätzlichen Leistungsfähigkeit des Anbieters sowie der Nichtlager- und Nichttransportfähigkeit des Dienstleistungsergebnisses ist aufgrund der mitunter individualistischen und personalintensiven Produktion hier zu berücksichtigen, dass Dienstleistungen nicht leicht zu standardisieren sind (vgl. Meffert et al. 2015, S. 32). Für häufig nachgefragte und technologiebasierte Dienstleistungen sollte dennoch versucht werden, Potenziale der Standardisierungen und Digitalisierung auszuschöpfen. So ist im E-Government insbesondere die Entwicklung von Anwendungen mit einer potenziell hohen Nutzungsintensität für Nachfrager und Anbieter interessant. Dienstleistungen, bei denen der Bürger oder andere Nutzer selbst externe Faktoren sind, sind unter Berücksichtigung eines adäquaten Qualitätsmanagements differenzierter zu betrachten: Der Marketing-Mix sollte dazu eingesetzt werden, die asymmetrische Informationsverteilung zwischen Produzenten und Abnehmer sowie die dadurch entstehende Unsicherheit zu reduzieren (vgl. Meffert et al. 2015, S. 32).

Für die Produktpolitik ist die Produktgestaltung entscheidend. Daher wird im Marketing-Mix für Dienstleistungen teilweise eine eigene Prozessdimension ergänzt. Ansatzpunkte zur Variation von Verwaltungsprodukten sind dann Art und Umfang der Einbeziehung des externen Faktors, Automatisierung und Veredelung, zeitliche Veränderung, Zusatzleistungen und Veränderung von symbolischen Eigenschaften (vgl. Meffert et al. 2015, S. 276). So werden durch Internalisierung oder Externalisierung Art und Umfang der Einbeziehung des externen Faktors verändert. Bei der Internalisierung vergrößert sich die Wertschöpfungstiefe aufseiten des Anbieters. Dem Nutzer werden Teilschritte in der Prozesskette abgenommen, die er hätte selber erledigen müssen. Lebenslagen könnten also als eine Form der Internalisierung gedeutet werden, weil sie die Suchkosten des Nachfragers minimieren. Bei der Externalisierung werden hingegen vom Nutzer verstärkt wertschöpfende Aktivitäten verlangt. Ein Beispiel ist die mit einer elektronischen Steuererklärung eingesparte Eingabe von Daten aufseiten der Verwaltung. Externalisierung als Koproduktion (vgl. Löffler 2015) kann aber auch soziale Kontakte intensivieren und durch den unmittelbaren Einbezug in die Konzeption einer Dienstleistung die Nutzerbindung und -zufriedenheit erhöhen. Durch Automatisierung wird menschliche Arbeitskraft durch Maschinen substituiert. Folglich kann zwar ein konstantes, stärker standardisiertes Leistungsergebnis zu verringerten Personalkosten und unabhängig von Öffnungszeiten erreicht werden; es fehlt aber der persönliche Kontakt zum externen Faktor. Auf der Interaktionsstufe Information ist dieser Kontakt durchaus entbehrlich, da zum Beispiel auch auf Websites Öffnungszeiten und Zuständigkeiten kommuniziert werden können. Insoweit bewirkt die Zerlegung eines Produktionsprozesses in seine Elemente, dass für jedes Element entschieden werden kann, was, zum Beispiel in Abhängigkeit von Interaktionsstufen wie Information, Kommunikation und Transaktion, im Kontakt mit dem externen Faktor automatisiert werden kann. Die Veredelung von Dienstleistungen befasst sich mit der Speicherung und Verbreitung von Dienstleistungsbestandteilen mittels geeigneter Trägermedien. So könnten Teile der Dienstleistung vorgefertigt und vorgehalten werden; das sind zum Beispiel Wissensspeicher oder Textbausteine. Möglicherweise lassen sich auch Merkmale der Immaterialität umgehen, wie zum Beispiel die Wertschätzung von ehrenamtlichem Engagement durch eine Urkunde. Die zeitliche Veränderung des Dienstleistungsprozesses befasst sich mit der Variation der Nutzungszeit. Ein Leistungserstellungsprozess beinhaltet die Vor-Konsumphase, die eigentliche Konsumphase sowie die Nachkonsumphase. Aus dieser Perspektive kann versucht werden, negativ empfundene Transfer-, Abwicklungs- und Wartezeiten zu reduzieren. Warteschlangen-Managementsysteme vergeben zum Beispiel auch in Bürgerbüros vor der Bedienung Nummern oder verbreiten Informationen über aktuelle Wartezeiten mit Hilfe von Apps. Zusatzleistungen sind zusätzliche Leistungen oder Services ohne Bezug zur Kernleistung, die der Nutzer so nicht erwartet, die aber dennoch einen erheblichen Nutzenzuwachs stiften können. Mit der Veränderung symbolischer Eigenschaften wird schließlich noch einmal explizit auf die Markenpolitik Bezug genommen.

Gerade die Produktdefinition war und ist zentral für das moderne Verwaltungsmanagement (vgl. zum Beispiel Hopp und Göbel 2013, S. 89 ff. und 109 ff.). Dabei wird zwischen den Ergebnissen und Wirkungen des Verwaltungshandelns und seinen Marketingzielen ein enger Zusammenhang gesehen (vgl. KGSt 2004, S. 44). In wirkungsorientierten Steuerungsansätzen wird auch berücksichtigt, dass Entscheidungen über neue Aufgaben politische Entscheidungen sind und nicht von operativen Verwaltungseinheiten alleine getroffen werden können. Gleichwohl kann Verwaltungsmarketing durch die operative Verantwortung für ein großes Sortiment und Kenntnis über relevante Ziel- und Messgrößen des Absatzes beim Nutzer das Produktverständnis bei der Erfüllung öffentlicher Aufgaben schärfen. Zudem kann auch durch die

Veränderung von Produkteigenschaften die Qualität der öffentlichen Leistung verbessert werden.

Das kommunale Abgabenrecht bestimmt den Rahmen zulässiger Preispolitik. So richtet sich die Bemessung von Gebühren und Beiträgen nach dem Kostendeckungsprinzip und dem Äquivalenzprinzip; viele öffentliche Aufgaben werden allerdings auch ohne adäquate monetäre Gegenleistung erbracht. Auf jeden Fall gestaltet werden können nicht-monetäre Gegenleistungen, was durch die notwendige Integration des externen Faktors in die Dienstleistungsproduktion, auch wie oben ausgeführte Spielräume für das Verwaltungsmanagement eröffnet (unter anderem bezüglich des Orts der Leistungserbringung und der Wartezeit). Während Homann (1995) noch empfiehlt, statt von Preis- von Gegenleistungspolitik zu sprechen, betont Bovaird (2016), dass ihre Konkretisierung immer auch von der Finanzierung öffentlicher Leistungen insgesamt abhängt. Zudem können Preise in der Verwaltung auch positive (Förderbescheide) oder negative Anreize (Ordnungsgelder) sein (vgl. Kotler und Lee 2007, S. 84 f.). Zu erwarten ist, dass bei stärkerem Einsatz von Kosten- und Leistungsrechnungen auch die Bedeutung der Preisgestaltung in Zukunft steigen wird (vgl. KGSt 2004, S. 68).

Bei der Distributionspolitik kann zwar zwischen direktem und indirektem Distributionsweg unterschieden werden; meist entsteht aber durch Kombination ein sogenannter Mehrkanal-Vertrieb. Folglich wird in der Regel mehr als ein Weg zu Verwaltungsleistungen angeboten: das kann der direkte persönliche Kontakt, elektronisch oder aufsuchend sein. Wird berücksichtigt, über welchen Weg die Zielgruppe einer Leistung am wirksamsten erreicht werden kann, verbessert die Marketingentscheidung über den Mehrkanal-Vertrieb auch das Verwaltungsmanagement; so kann es für präventive Leistungen sinnvoll sein, an dem Ort auf sie hinzuweisen oder sie dort zu erbringen, wo die Zielgruppe anzutreffen ist. Ausgehend von der oben dargestellten prozessorientierten Betrachtung können zudem unter Berücksichtigung des elektronischen Kanals neue Distributionsformen für Leistungsbündel oder Leistungsteile entstehen (vgl. KGSt 2004, S. 52 ff.).

Wichtiger Teil der Kommunikationspolitik ist die Presse- und Öffentlichkeitsarbeit als allgemeine, interessengeleitete Beziehungspflege mit der Öffentlichkeit. Neben Pressemitteilungen gelten gerade der persönliche Dialog und publikumswirksame Veranstaltungen als wirksame Maßnahmen der Medienarbeit; die zentrale Funktion kommunaler Internetangebote ist bisher die Information (vgl. KGSt 2014, S. 55 ff.). In sämtlichen Varianten der Werbung wird zudem versucht, Herausforderungen, wie Informationsüberlastung, Vielzahl von Themen, Zielgruppen, Sprechern und Kanälen, durch integrierte oder crossmediale Kommunikation zu begegnen. Das Interesse an kommunalen Themen ist hoch (vgl. KGSt 2013, S. 16). Eine wichtige Zielgruppe der Kommunikation sind dabei auch die Verwaltungsmitarbeiter selbst, die üblicherweise eher als Zielgruppe des Verwaltungsmanagements wahrgenommen werden. Da im Leistungserstellungsprozess einer Dienstleistung jeder Mitarbeiter mit dem Abnehmer der Leistung kommuniziert, prägt das Verhalten dieser internen Zielgruppe so maßgeblich die Wahrnehmung des gesamten Leistungsbündels der Organisation. Interne Kommunikation beziehungsweise internes Marketing optimiert insoweit organisationsinterne Prozesse mit Instrumenten des Marketing- und Personalmanagements (vgl. Meffert et al. 2015, S. 403), damit Marketing als unternehmerische Denkhaltung (vgl. Bruhn 2014, S. 14) hilft, öffentliche Aufgaben außenorientiert und vom Abnehmer wahrgenommen zu erfüllen. Insoweit wird in machen Konzeptionen des Marketing-Mix für Dienstleistungen die Personalpolitik als eigene Dimension ergänzt und durch den marktorientierten Einsatz personalpolitischer Instrumente unter anderem die Personalbeschaffung mit direkten (unter anderem Personalimagewerbung und Stellenanzeigen) und indirekten Akquisemaßnahmen (Personalvermittlung) konzipiert (vgl. Meffert et al. 2015, S. 404). In diesem Kontext könnten dann auch Strategien des Employer Branding aufgegriffen werden, die sich in Leitlinien einer integrierten Kommunikation (vgl. KGSt 2013, S. 30 ff.) einfügen sollten.

30.4 Zusammenfassung

Zur Weiterentwicklung des Verwaltungsmarketing und des Verwaltungsmanagements wird vorgeschlagen, Verwaltungsmarketing wie folgt zu verstehen: Um öffentliche Aufgaben außenorientiert und vom Abnehmer wahrgenommen zu erfüllen, richtet der für eine Gebietskörperschaft zuständige Verwaltungsbetrieb sämtliche legitimierten, selbst erstellten und bei Dritten beauftragten Ergebnisse des Verwaltungshandelns nach Abwägung privater und öffentlicher Interessen an Bedarf und Nachfrage der Bürger also Bewohner und Gäste aus. Die Zuständigkeiten für öffentliche Aufgaben sind auf Territorien begrenzt. Kommunen sind zwar nicht für alle öffentlichen Aufgaben in einem Raum zuständig, häufig aber der erste Ansprechpartner für den Bürger. Wie dargelegt, können die Besonderheiten des Verwaltungsmarketing angebots- und nachfrageseitig partiell durch unterschiedliche Marketingkonzepte adressiert werden. Werden also die vermeintlichen Gegensätze von Verwaltungsmanagement und Verwaltungsmarketing durch Fokussierung des gemeinsamen Anliegens der Außenorientierung und der Besonderheiten des Marketing für öffentliche Aufgaben aufgelöst, so können auch mit Hilfe von Marketing wirksame Strategien für eine Stadtgesellschaft entwickelt werden. Der Einsatz von Marketing im Verwaltungsmanagement ist also eine Möglichkeit, Steuerungsgegenstand und Steuerungsinstrumente stärker aufeinander zu beziehen. Damit ist zudem eine Basis geschaffen, wie zukünftige Arbeiten an spezifischen Marketingkonzeptionen auf öffentliche Aufgaben bezogen werden können.

Territorialmarken können das Dach einer Markenarchitektur sein, die durch ein Netzwerk unterschiedlicher Akteure mit Leben gefüllt und kooperativ gesteuert wird. Soll diese Marke für das Verwaltungsmarketing eingesetzt werden, müsste aber die Letztverantwortung bei einer Verwaltungseinheit liegen. Im Schatten der Hierarchie können Trittbrettfahrerprobleme begrenzt und auch Teile des ursprünglichen Angebotes einer Region legitimiert beeinflusst werden. Ohnehin wird es in kleineren Städten schwierig sein, mehrere Territorialmarken nebeneinander in den Köpfen der Anspruchsgruppen verhaltenswirksam zu verankern. Für den von der Verwaltung operativ verantworteten Teil dieses Leistungsbündels, nämlich die Erfüllung öffentlicher Aufgaben, hilft die Marke dann, eine strategische Ausrichtung zu finden und geeignete Instrumente aus dem Marketing-Mix auszuwählen. Eine Territorialmarke hat also nicht nur die Funktion, Orientierung zu geben und ein Image zu verändern, sondern als spezifisches Leistungsmerkmal auch Identifikation zu schaffen. Für den Erfolg eines Netzwerkes zur Steuerung einer Territorialmarke sind schließlich die ähnlichen Anliegen von Place Marketing, außenorientiertem Verwaltungsmanagement und Verwaltungsmarketing eine vielversprechende Chance, um die Stärken der jeweiligen Ansätze für ein gemeinsames Markenziel in ihren einzelnen Merkmalen wirksam weiterzuentwickeln.

Literatur

Acharya, A., Rahman, Z.: Place branding research: a thematic review and future research agenda. Int. Rev. Public & Nonprofit Mark. **13**, 289–317 (2016)

Ashworth, G.J., Kavaratis, M.: The roles of branding in public administration and place management. Possibilities and pitfalls. In: Ongaro, E., van Thiel, S. (Hrsg.) The Palgrave Handbook of Public Administration and Management in Europe, S. 425–439. Palgrave Macmillan, London (2018)

Balderjahn, I.: Standortmarketing. Lucius & Lucius, Stuttgart (2000)

Berger, R.: Anwendungsbereiche und Ziele von Marketing in der öffentlichen Verwaltung. In: Bruhn, M., Kirchgeorg, M., Meier, J. (Hrsg.) Marktorientierte Führung im wirtschaftlichen und gesellschaftlichen Wandel, S. 325–346. Gabler, Wiesbaden (2007)

Blotevogel, H.H., Heinritz, G., Popp, H.: Regionalbewußtsein – Überlegungen zu einer geographisch-landeskundlichen Forschungsinitiative. IZR **7/8**, 409–418 (1987)

Bogumil, J., Grohs, S., Kuhlmann, S.: Ergebnisse und Wirkungen kommunaler Verwaltungsmodernisierung in Deutschland – Eine Evaluation nach zehn Jahren Praxiserfahrung. In: Bogumil, J., Walter, G., Zürn, M. (Hrsg.) Politik und Verwaltung, S. 151–184. Springer VS, Wiesbaden (2006)

Bovaird, T.: Marketing in public sector organizations. In: Bovaird, T., Loeffler, E. (Hrsg.) Public Management and Governance, S. 76–89. Routledge, London (2016)

Brüggemeier, M., Röber, M.: Marketing für öffentliche Verwaltungen. Verwaltungsrundschau **3**, 79–82 (2004)

Bruhn, M.: Marketing für Nonprofit-Organisationen. Grundlagen – Konzepte – Instrumente, 2. Aufl. Kohlhammer, Stuttgart (2012)

Bruhn, M.: Marketing. Grundlagen für Studium und Praxis, 12. Aufl. Springer Gabler, Wiesbaden (2014)

Burmann, S., Meffert, F.: Theoretisches Grundkonzept der identitätsorientierten Markenführung. In: Meffert, M., Burmann, S., Koers, M. (Hrsg.) Markenmanagement. Identitätsorientierte Markenführung und praktische Umsetzung, S. 37–72. Gabler, Wiesbaden (2005)

Franz, T.: Einführung in die Verwaltungswissenschaft. Springer VS, Wiesbaden (2013)

Freyer, W.: Tourismus. Einführung in die Fremdenverkehrsökonomie, 11. Aufl. Oldenbourg De Gruyter, Berlin (2015)

Hankinson, G.: Place branding theory: a cross-domain literature review from a marketing perspective. In: Ashwort, G., Kavaratzis, M. (Hrsg.) Towards Effective Place Brand Management. Branding European Cities and Regions, S. 15–35. MPG Books Group, Cheltenham (2010)

Hauff, T., Spinnen, B., Tillmann, B.: Markenorientierte Führung in Kommunen. Anspruch, Praxis und Perspektiven eines ganzheitlichen Stadtmarketings. In: Bruhn, M., Kirchgeorg, M., Meier, J. (Hrsg.) Marktorientierte Führung im wirtschaftlichen und gesellschaftlichen Wandel, S. 349–380. Gabler, Wiesbaden (2007)

Häußermann, H., Läpple, D., Siebel, D.: Stadtpolitik. Suhrkamp, Frankfurt a. M. (2008)

Heinelt, H.: Stadt in der lokalen Politikforschung. In: Mieg, H.A., Heyl, C. (Hrsg.) Stadt, S. 185–199. J.B. Metzler, Stuttgart (2013)

Hinz, E.: Neue Verwaltungssteuerung und Mitarbeiterführung. Kontextsteuerung zur leitbildgerechten und leistungssteigernden Komplettierung des Managementwandels in NPM-Systemen. Hampp, München (2012)

Hinz, E.: Verwaltungswissenschaften als Managementlehre. In: Hinz, E. (Hrsg.) Regieren in Kommunen, S. 3–22. Springer VS, Wiesbaden (2017)

Hinz, E.: Verwaltungsmarketing. In: Voigt, R. (Hrsg.) Handbuch Staat, S. 1289–1298. Springer VS, Wiesbaden (2018)

Homann, K.: Marketing für Kommunalverwaltungen. Eine abnehmerorientierte Marketingkonzeption für den kommunalen Bereich. Schmidt, Berlin (1995)

Hopp, H., Göbel, A.: Management in der öffentlichen Verwaltung. Organisations- und Personalarbeit in modernen Kommunalverwaltungen, 4. Aufl. Schäffer-Poeschel, Stuttgart (2013)

Jann, W., Wegrich, K.: Governance und Verwaltungspolitik. In: Benz, A. (Hrsg.) Governance – Regieren in komplexen Regelsystemen, S. 193–214. Springer VS, Wiesbaden (2004)

Jarren, O., Donges, P.: Politische PR und PR-Akteure. In: Jarren, O., Donges, P. (Hrsg.) Kommunikation in der Mediengesellschaft, 3. Aufl, S. 169–195. VS Verlag, Wiesbaden (2011)

Kaplan, A., Haenlein, M.: The increasing importance of public management: explanations, applications and limits of marketing within public administration. Eur. Manag. J. **27**, 197–212 (2009)

KGSt: Das Neue Steuerungsmodell. Begründung, Konturen, Umsetzung. KGSt, Köln (1993)

KGSt: „Lebenslagen". Verwaltungsorganisation aus Bürger- und Kundensicht. KGSt, Köln (2002)

KGSt: Marketing in Kommunen. KGSt, Köln (2004)

KGSt: Das Kommunale Steuerungsmodell. KGSt, Köln (2013)

KGSt: Kommunales Kommunikationsmanagement. KGSt, Köln (2013)

Kirchgeorg, M.: Identitätsorientierter Aufbau und Gestaltung von Regionenmarken. In: Meffert, M., Burmann, S., Koers, M. (Hrsg.) Markenmanagement. Identitätsorientierte Markenführung und praktische Umsetzung, S. 589–617. Gabler, Wiesbaden (2005)

Kotler, P., Lee, N.: Marketing in the Public Sector. A Roadmap for Improved Performance. Wharton School, Upper Saddle River (2007)

Kotler, P., Levy, S.J.: Broadening the concept of marketing. J. Mark. **33**, 10–15 (1969)

Kühne, M.: Die Stadt als Marke. Eine qualitativ-empirische Untersuchung zur identitätsorientierten Markenpolitik von Städten. Shaker, Aachen (2008)

Löffler, E.: Koproduktion mit Bürgern und gemeinnützige Öffentlich-Private Partnerschaften. Ein transsektoraler Ansatz für eine wirkungsorientierte Verwaltungswissenschaft. VM **21**, 317–324 (2015)

Lucarelli, A., Berg, P.O.: City branding: a state-of-the-art review of the research domain. J. Place Manag. & Dev. **4**, 9–27 (2011)

Meffert, M., Bruhn, M., Hadwich, K.: Dienstleistungsmarketing. Grundlagen – Konzepte – Methoden, 8. Aufl. Springer Gabler, Wiesbaden (2015a)

Meffert, M., Burmann, S., Kirchgeorg, M.: Marketing. Grundlagen marktorientierter Unternehmensführung, 12. Aufl. Springer Gabler, Wiesbaden (2015b)

Müller, L.-S.: Lebenslagen zur Strukturierung von Bürgerservices. In: Schwabe, G. (Hrsg.) Bürgerservices. Grundlagen – Ausprägungen – Gestaltung – Potenziale, S. 71–91. Ed. Sigma, Berlin (2011)

Radtke, B.: Stadtslogans zur Umsetzung der Markenidentität von Städten. Springer Gabler, Wiesbaden (2013)

Raffée, H., Fritz, W., Wiedmann, K.-P.: Marketing für öffentliche Betriebe. Kohlhammer, Stuttgart (1994)

Thaler, J.: Verhaltensbeeinflussung durch Sozialmarketing. Eine Analyse der Gestaltungsmöglichkeiten. Springer Gabler, Wiesbaden (2012)

Theuvsen, L.: Alle Macht den Stakeholdern? Das Management von Anspruchsgruppen in zivilgesellschaftlichen Organisationen. In: Zimmer, A., Simsa, R. (Hrsg.) Forschung zu Zivilgesellschaft, NPOs und Engagement, S. 245–259. Springer VS, Wiesbaden (2014)

Werthmüller, E.: Räumliche Identität als Aufgabenfeld des Städte- und Regionalmarketing. Ein Beitrag zur Fundierung des Placemarketing. Lang, Frankfurt a. M. (1995)

Wesselmann, S., Hohn, B.: Public Marketing. Marketing-Management für den öffentlichen Sektor, 4. Aufl. Springer Gabler, Wiesbaden (2017)

Prof. Dr. rer. pol. Elmar Hinz lehrt seit 2013 Verwaltungswissenschaften an der Hochschule Nordhausen und ist Sprecher des Instituts für Public Management und Governance. Er hat an der Universität Hamburg Betriebswirtschaftslehre mit den Schwerpunkten Öffentliche Wirtschaft, Marketing und Recht studiert. Anschließend wurde er am Institut für Verwaltungswissenschaft der Helmut-Schmidt-Universität zur Anpassung der Mitarbeiterführung an die Neue Verwaltungssteuerung promoviert. Er war Mitherausgeber der Loseblatt-Sammlung „Neues Verwaltungsmanagement“ und Referent für Wirkungscontrolling bei der Evangelischen Kirche in Deutschland.

Teil VI

Kommunikations- und Markenmanagement

Bürgerorientierung im Stadtmarketing

31

Entwicklung einer Dachmarke mithilfe neuerer Beteiligungsformate

Stefanie Wesselmann

Zusammenfassung

Die Akzente im Stadtmarketing haben sich in den letzten Jahren in vielen Städten verschoben: Stand früher die Ausrichtung auf externe Stakeholder wie Touristen, Unternehmen oder potenzielle Arbeitskräfte im Zentrum, so richtet sich die Aufmerksamkeit heute in zunehmendem Maße auf interne Stakeholder, insbesondere auf die Bürgerinnen und Bürger. Diese werden nicht nur auf ihre Rolle als Kunden reduziert, sondern sie werden als Mitgestalter in Beteiligungsprozesse integriert. Der Beitrag beschreibt die Entwicklung einer Dachmarke in einem beteiligungsorientierten Stadtmarketing-Prozess unter besonderer Berücksichtigung der Methode Design Thinking.

31.1 Einführung

Die Binnenorientierung im Stadtmarketing geht mit der schlichten Erkenntnis einher, dass die Bindung und Aktivierung der eigenen Bürgerinnen und Bürger eine wichtige Voraussetzung für eine authentische Stadtmarke ist (vgl. Kalandides et al. 2013; Kavaratzis 2004).

Die eigenen Bewohner*innen prägen das Lebensgefühl der Stadt. Sie bereichern durch ihr Engagement und ihre Ideen die Zukunftsfähigkeit der Stadt und sie formen als „Botschafter" maßgeblich das Image derselben.

Um sich im Standortwettbewerb zu behaupten, ist u. a. die Herausbildung eines Profils vonnöten, das Bürger und Außenstehende als stimmig, attraktiv und möglichst unverwechselbar wahrnehmen. Wie im privatwirtschaftlichen Marketing wird eine Marke

S. Wesselmann (✉)
Hochschule Osnabrück, Osnabrück, Deutschland
E-Mail: s.wesselmann@hs-osnabrueck.de

T. Breyer-Mayländer und C. Zerres (Hrsg.), *Stadtmarketing*,
https://doi.org/10.1007/978-3-658-26254-9_31

mittlerweile als die „Essenz“ der Marketingbemühungen betrachtet. Eine Marke ist das verdichtete Ergebnis eines solchen Prozesses. Sie vermittelt die Identität des Produktes, des Unternehmens und auch der Stadt in fokussierter Form nach innen und außen (vgl. Anholt 2010; Gertner 2007; Meffert et al. 2018; Wesselmann und Hohn 2017; Kausch et al. 2013; Datko 2009).

31.1.1 Welchen Nutzen haben Marken?

Worin besteht die Leistung einer erfolgreichen Marke? Sie fungiert für den Nachfrager in der heutigen reizüberfluteten Überflussgesellschaft wie eine Art Qualitätsanker, der ihm Orientierung bietet und sein Risikoempfinden mindern kann. Eine Marke bietet die Möglichkeit der Identifikation und ermöglicht sowohl die Abgrenzung von als auch die Zugehörigkeit zu einer sozialen Gruppe. Ob ich einen Opel oder einen BMW fahre, sendet unterschiedliche Signale in mein soziales Umfeld (vgl. Brandmeyer et al. 2011).

Deichsel und Errichiello haben dies treffend in ihrer Aussage zugespitzt: „Jede Marke ist primär ein soziales Phänomen, das betriebswirtschaftliche Auswirkungen hat“ (Homann et al. 2015, S. 169).

Für die Anbieter von Marken besteht der Hauptnutzen darin, sich von anderen abzugrenzen, das Angebot sichtbar zu machen und sich damit eine Vorzugsstellung aufzubauen, die evtl. auch die Durchsetzung höherer Preise ermöglicht. Eine Marke kann als sogenannte Dachmarke auch wie eine Art (kommunikative) Klammer wirken, die unterschiedliche Produkte/Botschaften einem Sender/Anbieter zuordnet und damit wiederum die Sichtbarkeit erhöht.

Burmann et al. (vgl. Burmann et al. 2018, S. 14 f.) unterscheiden zwei Perspektiven der Marke: die Management- und die Wirkungsperspektive, die im Kontakt zwischen Anbieter und Nachfrager aufeinander treffen. Bei diesen sogenannten Touchpoints zeigt sich, ob das Markennutzenversprechen und das Markenverhalten des Anbieters mit den wahrgenommen Markenbedürfnissen und dem Markenerlebnis übereinstimmen (Abb. 31.1).

Der entscheidende Erfolgsfaktor dabei ist eine klare, attraktive und glaubwürdige Markenidentität, die genügend Differenzierungsmöglichkeiten bietet, um sich von Konkurrenten abzugrenzen. Um diese Markenidentität aufzubauen, muss sich ein Unternehmen wie auch eine Stadt u. a. die folgenden Fragen stellen (vgl. Burmann et al. 2018; Esch 2018):

- Woher kommen wir?
- Was können wir (Kernkompetenzen)?
- Welchen Nutzen bieten wir (funktional und emotional)?
- Woran glauben wir (Markenwerte)?
- Wie treten wir nach außen auf (Markenbild)?
- Wohin wollen wir (Markenvision)?

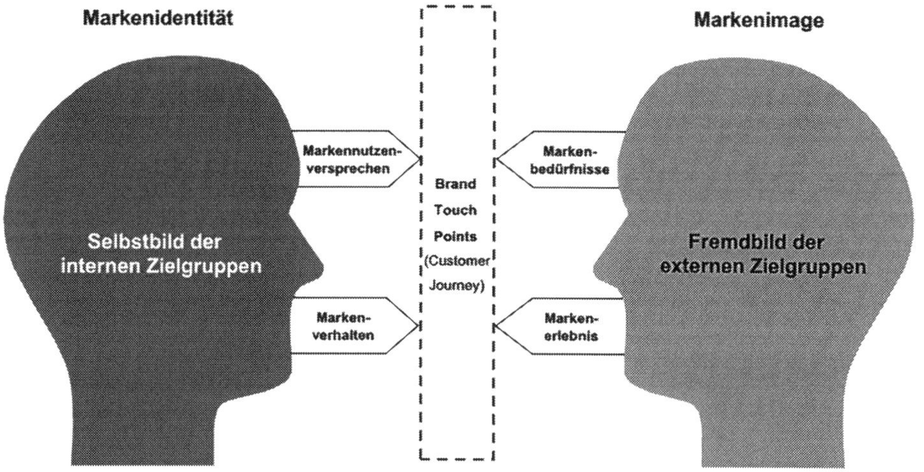

Abb. 31.1 Grundkonzept der identitätsbasierten Markenführung. (Quelle: Burmann et al. 2018, S. 16)

31.1.2 Besonderheiten der Markenbildung in Städten

Bei der Übertragung des Markengedankens auf Städte sind einige Besonderheiten zu beachten. Städte sind komplexe und gewachsene Gebilde, die sehr unterschiedliche Funktionen für ganz verschiedene Interessengruppen übernehmen; daraus resultieren vielfältige Interessenkonflikte.

Gerade in dieser sozialen, kulturellen und wirtschaftlichen Diversität besteht aus Marketing-Sicht das „Hauptdilemma" von Städten, denn unter den Bedingungen des enormen Aufmerksamkeitswettbewerbs ist für die Profilbildung eine Fokussierung auf wenige Themen und Zielgruppen unerlässlich. Gleichzeitig aber ist die urbane Vielfalt der originäre Faktor der Attraktivität. (vgl. u. a. Wesselmann und Hohn 2012, S. 12 ff.).

Ein Versuch, dieses Dilemma zu lösen, ist die Verständigung auf eine Stadtidentität, die die Bürger als stimmig und Außenstehende als attraktiv und unverwechselbar wahrnehmen. Die Herausformung der Stadtidentität hat dabei nicht primär auf harte Faktoren wie Architektur oder Infrastruktur Rekurs zu nehmen, sondern zu einem überwiegenden Teil auf die jeweiligen Kommunikationsprozesse innerhalb und außerhalb der Stadt (vgl. Block 2018; Hilber und Datko 2012, S. 21).

Zenker unterscheidet drei Formen der Stadtkommunikation: Die erste ist die physische Präsenz der Stadt, die zweite die klassisch-werbliche Kommunikation durch das Stadtmarketing und die dritte ist die Mund-zu-Mund-Kommunikation. Insbesondere diese letzte Form umfasst alle Kommunikationsprozesse von Bewohnern, Besuchern oder Medien. Sie ist der zweiten in Reichweite und Glaubwürdigkeit deutlich überlegen und begründet das erstarkte Bemühen, diese Gruppen als Markenbotschafter gewinnen (vgl. Zenker 2017, S. 26 f.).

Ein zentrales Ziel der Kommunikationsmaßnahmen ist die Verbesserung des Images. Jede Stadt hat ein bestimmtes Image, das je nach dem Radius ihrer Bekanntheit und ihrem Facettenreichtum unterschiedlich ausgeprägt ist. Dieses Image beeinflusst die Erwartungshaltung und das Verhalten von internen Stakeholdern ebenso wie das von Außenstehenden. Es nimmt damit indirekt Einfluss auf das Entwicklungspotenzial der Stadt, im positiven wie im negativen. So kann ein negatives Image bestimmte Abwärtsspiralen, die sich in einer Stadt herausgebildet haben, verstärken und damit ganz reale wirtschaftliche Konsequenzen nach sich ziehen. Das ist auch der Grund dafür, dass Städte versuchen, ihr Image positiv zu beeinflussen. Streben sie dies an, dann müssen sie zunächst herausfinden, welches Image die Stadt bei unterschiedlichen Anspruchsgruppen momentan hat und genaue Vorstellungen entwickeln, mit welchen Bildern sie in Zukunft in Verbindung gebracht werden soll (vgl. Berndt und Sinning 2016, S. 9).

Der Aufbau von attraktiven Marken stellt einen Versuch dar, das Image positiv zu beeinflussen. Er verlangt neben der umfassenden Analyse der Bedürfnisse/Ansprüche der relevanten Zielgruppen auch die Identifikation der profilgebenden Angebote, den sogenannten Markentreibern. Wie bereits eingangs erwähnt, ist der Markenaufbau nur dann erfolgreich, wenn er eine genaue Vorstellung von der Markenidentität entwickelt. Der gesamte Stadtmarketing-Prozess muss strategisch angelegt und von der Stadtspitze gewollt sein (vgl. Kausch 2013, S. 43).

Für die Akzeptanz von Stadtmarken ist es zudem erforderlich, dass Bürger*innen die Stadtmarke als authentisch und attraktiv wahrnehmen, um eine positive Mund-zu-Mund-Kommunikation anzuregen. Deshalb empfehlen sich für den Markenaufbau neben den strategischen Top-Down-Maßnahmen auch beteiligungsorientierte Formate.

Hierfür bietet die Methode des Design Thinking einen interessanten Anknüpfungspunkt. Sie soll am Beispiel des Dachmarkenprozesses der Stadt Cloppenburg vorgestellt werden.

31.2 Die Methode Design Thinking

Wie der Begriff Design suggeriert, handelte es sich bei Design Thinking ursprünglich um eine Innovationsmethode zur Gestaltung von technischen Geräten bzw. Benutzeroberflächen. Große Softwareunternehmen wie Google, Apple oder SAP etablieren Design Thinking aber immer mehr als eine Methode zur systematischen Herangehensweise an komplexe Probleme aus allen Lebensbereichen. Sie geht damit nach Inhalt und Umfang weit über den klassischen Designbegriff hinaus.

Aus der Vielzahl der Definitionen von Design Thinking soll hier die von Schallmo herausgegriffen werden: „Design Thinking ist eine Methode, mit einem Set an Prinzipien, einem Prozess und einer Vielzahl an Tools zur anwendungsorientierten, iterativen und lösungsoffenen Entwicklung von Problemlösungen aller Art“ (Schallmo 2017, S. 14).

31.2.1 Charakteristika

In Abgrenzung zu technologiebasierten Innovationsmethoden steht hier der Nutzer im Zentrum der Betrachtung („human-zentrierter-Ansatz"). Seine Bedürfnisse und Verhaltensweisen sind Ausgangs- und Bezugspunkt des gesamten Prozesses.

Ein weiteres wichtiges Charakteristikum ist die Arbeit in multidisziplinären Teams, die eine „einladende" Haltung gegenüber Fehlern auszeichnet. Im unternehmerischen Kontext sollten sich die Teams aus verschiedenen Fachabteilungen und Hierarchieebenen zusammensetzen, selbst Externe können an diesem Prozess beteiligt werden. Die Hoffnung ist, dass die Teammitglieder nicht nur über unterschiedliche fachliche und methodische Kenntnisse verfügen, sondern auch verschiedene persönliche Erfahrungen und Blickwinkel in den Prozess einbringen.

In Abgrenzung zu vielen Kreativitätsmethoden, die teilweise relativ unstrukturiert ablaufen, folgt Design Thinking klar definierten Prozessstufen mit einem z. T. rigiden Zeitmanagement. Ein wichtiges Merkmal sind dabei die iterativen Schleifen, d. h. die mehrfache Wiederholung der Phasen, um schrittweise zur Lösung zu gelangen. Es ist zu beachten, dass die Prozessschritte nicht streng nacheinander ablaufen müssen, sondern eher als Orientierung dienen (vgl. Plattner et al. 2011).

Innerhalb des Arbeitsprozesses kommen viele gängige Methoden aus dem Innovations- und Kreativitätsmanagement zur Anwendung, wobei der Schwerpunkt auf Visualisierungstechniken gelegt wird. Zudem spielt die räumliche Gestaltung eine wichtige Rolle. Die Räume sollten sich u. a. durch viel Platz für Visualisierungen und flexible Möblierungen auszeichnen (vgl. Poguntke 2016, S. 115).

In der Abbildung (Abb. 31.2) werden die Prinzipien noch einmal zusammengefasst.

Als sogenannte „weiche" Faktoren einer Erfolg versprechenden Design-Thinking-Kultur nennen Grots und Creuznacher (vgl. Grots und Creuznacher 2016, S. 189):

- Holistische Betrachtung des Problems
- Offenheit gegenüber neuen Perspektiven
- Empathische Nutzerorientierung
- Intuitive Arbeitsprozesse
- Optimistische Grundhaltung

31.2.2 Prozessphasen

Die Anzahl der Phasen variiert je nach Modell. In Abweichung von der Abbildung soll im Weiteren das sechsphasige Prozess-Modell nach dem Hasso Plattner Institut, School of Design Thinking zugrunde gelegt werden (vgl. Abb. 31.3).

In der ersten Phase („Verstehen") wird das zu bearbeitende Phänomen genau beschrieben, was die Voraussetzung dafür schafft, ein gemeinsames Verständnis für die zu behandelnde Frage zu formulieren. In dieser Phase wird die Aufgabenstellung

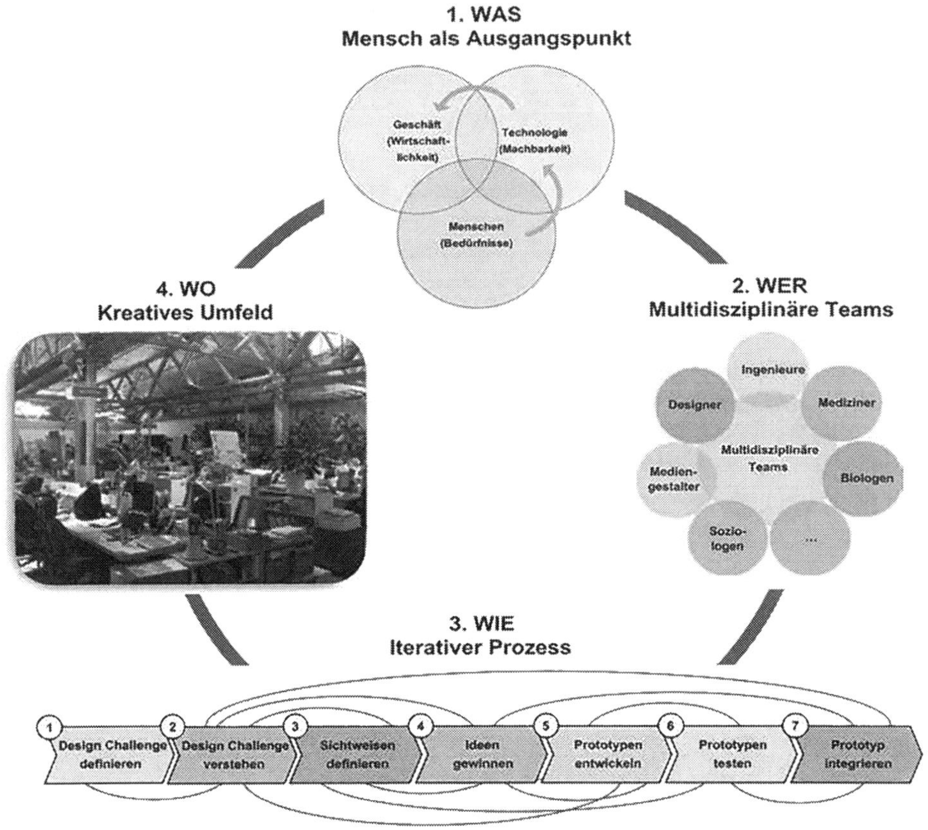

Abb. 31.2 Prinzipien Design Thinking. (Quelle: Schallmo 2017, S. 14)

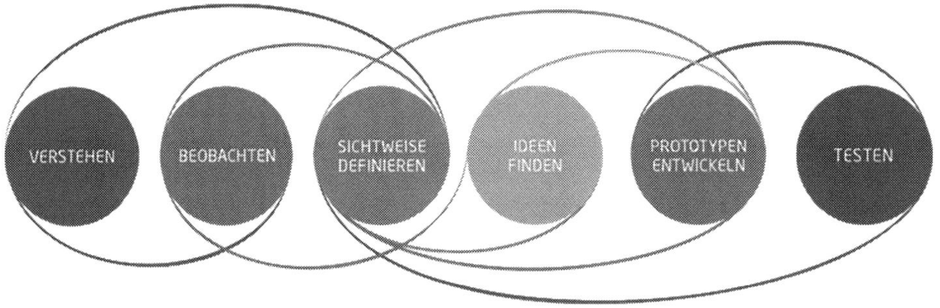

Abb. 31.3 Phasenmodell Design Thinking. (Quelle: https://hpi-academy.de/design-thinking/was-ist-design-thinking.html. Abrufdatum 11.12.2018)

beschrieben und das Problem ermittelt. Bei der Formulierung der Aufgabenstellung ist es wichtig, dass diese nicht zu allgemein ausfällt und dass der Nutzer im Vordergrund steht. Sie darf aber auch nicht zu konkret sein, um keine Lösungsversuche vorweg zu nehmen. Die erste Phase des Prozesses dient zudem dazu, einen Überblick über die aktuelle Situation zu gewinnen. Ein wichtiges Ziel in dieser Phase ist auch das Teambuilding (vgl. Plattner et al. 2011, S. 115 ff.).

In der zweiten Phase („Beobachten") betrachten die Teams die anstehende Frage aus der Perspektive des jeweiligen Nutzers oder Betroffenen. In dieser Phase wird eine sogenannte Persona „erschaffen", die als eine Art Stellvertreter für eine bestimmte Zielgruppe fungiert. Dabei ist es wichtig, die jeweilige Persona möglichst detailliert zu beschreiben: Name, Alter, familiäre Situation, Schulbildung, Beruf, Interessen, Werte, Hobbys. Auch eher versteckte emotionale Aspekte wie Träume, unerfüllte Bedürfnisse und Probleme der Persona werden beschrieben und über sogenannte „Moodboards" visualisiert.

Diese Herangehensweise ermöglicht ein emotionales „Eintauchen in die Lebenswelt" der betreffenden Person und erlaubt es, ihre Perspektive möglichst umfassend einzunehmen. Die auf diese Weise gewonnenen Erkenntnisse helfen dabei, Produkte und Dienstleistungen so zu erstellen, dass sie die Bedürfnisse der Kunden bestmöglich erfüllen.

In der dritten Phase („Sichtweise definieren") werden die gewonnenen Erkenntnisse zusammengetragen, strukturiert und zu einer bestimmten Fragestellung verdichtet.

In der vierten Phase („Ideen finden") erfolgt der eigentliche kreative Prozess. Die Teilnehmer*innen wechseln vom „Problem- in den Lösungsraum" und generieren mithilfe unterschiedlicher Kreativitätstechniken möglichst viele Ideen. „Unzensierte" Phasen der Ideenproduktion werden immer wieder durch Phasen des strukturierten Feedbacks abgelöst, sodass sich die Anzahl der Ideen sukzessive reduziert.

Das anschließende Prototyping („Prototyp entwickeln") dient der Visualisierung bzw. Materialisierung der Idee und bezweckt, sie anschaulicher und emotional besser erfassbar zu machen. Dieser Prototyp kann ganz unterschiedliche Formen annehmen: Zeichnungen, Lego-Objekte, Kartenmodelle oder auch Rollenspiele, um nur einige mögliche Formen zu nennen.

Damit wird erreicht, dass der Prototyp in der letzten Phase („Testen") bei den jeweiligen Kunden/Nutzern auf seine Tauglichkeit untersucht und dann weiter angepasst werden kann.

31.2.3 Möglichkeiten und Grenzen der Methode

Die konsequente Nutzerorientierung, bei der die Bedürfnisse der Menschen im Vordergrund stehen, macht sicherlich einen der größten Vorteile dieser Methode aus. Auch die Offenheit und Interdisziplinarität des Prozesses ist für die Ideenfindung sehr fruchtbar. Der strukturierte Ablauf hilft dabei, die „richtigen" Fragen zu stellen und methodisch vorzugehen. Die Methode kann zudem bei der Argumentation, Findung und Priorisierung einer Entscheidung genutzt werden. Design Thinking kann Veränderungen initiieren, aber nicht durchzusetzen (vgl. Grots und Creuznacher 2016, S. 191).

Damit ist auch die größte Einschränkung der Methode benannt. Der Prozess beginnt bei der Analyse des Veränderungsbedarfs und endet beim Testen einer Idee. Er liefert jedoch keine detaillierte Lösung für die endgültige Umsetzung der Ideen. Hinzu kommt, dass es einigen Anwendern schwerfällt, sich auf die Offenheit des Prozesses einzulassen. Nichtsdestotrotz stellt Design Thinking eine sehr leistungsfähige Methode zur Initiierung von Marketingprozessen dar (vgl. Reinecke 2016).

31.3 Design Thinking als Methode im binnenorientierten Stadtmarketing

In der Stadtplanung finden unter dem Begriff Urban Design Thinking schon seit geraumer Zeit Prinzipien der Methode Anwendung zur nutzerorientierten Gestaltung von Plätzen und Quartieren (vgl. beispielhaft für andere http://www.urbandesignthinking.net/). Die Stadt Mannheim beispielsweise nutzt Urban Design Thinking im Rahmen des Projektes „Migrants4Cities", um urbane Innovationen durch hoch qualifizierte Migrant*innen für eine nachhaltige Stadtentwicklung anzuregen (http://www.migrants4cities.de/wp-content/uploads/2017/09/M4C_Dokumentation_UL3_170904_WEB.pdf).

31.3.1 Fallbeispiel Stadt Cloppenburg

Im Weiteren soll anhand des Fallbeispiels Cloppenburg gezeigt werden, dass die Methode auch für kleinere Kommunen im Rahmen eines beteiligungsorientierten Stadtmarketings anwendbar ist. Cloppenburg ist eine Kreisstadt des Landkreises Cloppenburg in Niedersachsen und hat 35.000 Einwohner. Die Stadt hat noch kein (quantitatives) Demografieproblem: Knapp 40 % der Einwohner sind jünger als 40 Jahre. Das Qualifizierungsniveau hingegen ist eher unterdurchschnittlich, was von der Stadtspitze frühzeitig als Problem erkannt worden ist. Eine Bürgerbefragung hat ergeben, dass die Zufriedenheit der Bürger*innen mit ihrer Stadt recht hoch ist, allerdings ist das Image von Cloppenburg bei Auswärtigen vergleichsweise schlecht[1].

Die Stadt hat sich im Stadtmarketing das Ziel gesteckt, in ca. 5 Jahren auch überregional als attraktiver Wohn- und Arbeitsstandort für höher qualifizierte, jüngere Arbeitnehmer und deren Familien wahrgenommen zu werden. Die Zufriedenheit und Identifikation der Cloppenburger mit ihrer Stadt soll weiter gesteigert werden. Und

[1]Die Darstellung des Fallbeispiels ist in Teilen aus dem Buchbeitrag: Case Study: Aufbau einer Stadtmarke mithilfe von Design Thinking (vgl. Wesselmann und Hohn 2017, S. 147 ff.).

Cloppenburg soll sich auch verstärkt als attraktives Ziel für Fahrradtouristen und Kulturtouristen (Museumsdorf, Kulturbahnhof etc.) etablieren.

Auch will die Stadt ihre Bemühungen im Stadtmarketing im Aufbau einer Dachmarke bündeln. Der Markenaufbau wird als Teil der Stadtentwicklung begriffen, an dem möglichst viele Bürger*innen teilnehmen sollen. Aus diesem Grund haben sich die Ratsmitglieder für den beteiligungsorientierten Ansatz des Design Thinking entschieden.

Dieser startete Ende 2015 mit zwei moderierten Workshops, an denen Vertreter aus Bürgerschaft, Wirtschaft, Politik und Verwaltung teilnahmen. Die Teilnehmer*innen wurden so aufgeteilt, dass multidisziplinäre Teams entstanden.

Ausgehend von der Stadtkonzeption (dem Leitbild der Stadt) und einer SWOT-Analyse wurden 10 Zielgruppen (Personae[2]) ausgewählt. Für diese Gruppen wurde in Anlehnung an den Design-Thinking-Prozess (Abb. 31.3) Fragestellungen herausgearbeitet (Phase „Verstehen“), z. B.:

- Warum kommen so wenige Hochschulabsolvent*innen nach Abschluss des Studiums nach Cloppenburg?
- Wie kann man Besucher*innen des Museumsdorfs dazu bewegen, danach die Innenstadt von Cloppenburg zu besuchen?
- Welche Schritte müssen unternommen werden, um die Stadt für Fahrradtouristen attraktiver zu machen?
- Was erwarten junge Familien konkret von der Stadt, um einen Umzug in Erwägung zu ziehen?
- Welche Maßnahmen müssen ergriffen werden, damit sich niederländische Einkaufstouristen besser in der Stadt zurechtfinden?

In der zweiten Phase („Beobachten“) wurden in den interdisziplinär zusammengesetzten Arbeitsgruppen die komplexen Beschreibungen der Lebenswelten der Stellvertreter (Personae) erstellt. Dabei wurde u. a. danach gefragt:

- Wie möchte diese Person leben und arbeiten, welche Ansprüche hat sie generell an eine Stadt?
- Wie nimmt sie Cloppenburg wahr?
- Wo sieht sie Stärken, wo Schwächen, welche Angebote hätten sie gern?
- Was ist charakteristisch für Cloppenburg?
- Welche Werte und Visionen sprechen diese Person an?
- Welche ästhetischen Vorlieben hat sie?
- Mit welchen Botschaften und über welche Kommunikationskanäle erreicht man sie?

[2]Mehrzahl von Persona.

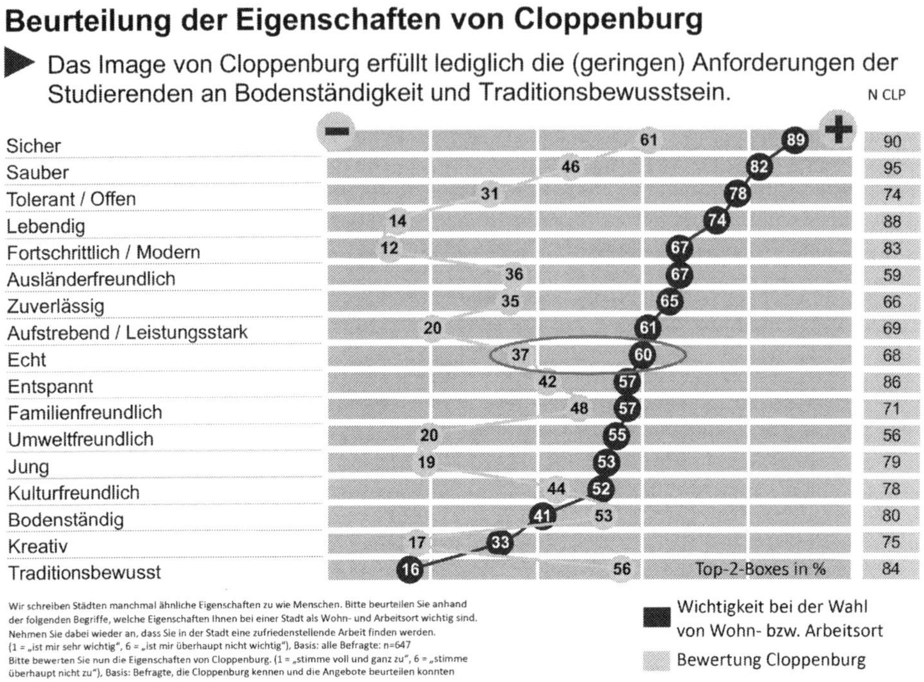

Abb. 31.4 Soll-Ist-Abgleich Eigenschaften einer Stadt aus Studierendensicht

Ein ganz wichtiger Aspekt bei dieser Arbeit ist das Herausarbeiten von Werten; sie bilden eine Art emotionale Klammer. Eine Stadt steht für bestimmte städtische Werte oder will in Zukunft mit bestimmten Werten verbunden werden. Erst wenn sich diese Werte in Teilen mit den Wertvorstellungen der Zielgruppe decken, entsteht eine emotionale Bindung und die Identifikation mit der Stadt. Emotionale Bindung ist die Grundlage jeder erfolgreichen Marke.

Eine Befragung unter knapp 600 Studierenden förderte zutage, dass Cloppenburg nur zu einem sehr geringen Maß über zugeschriebene Eigenschaften (Image) verfügt, die eine Stadt aus Sicht der Studierenden attraktiv macht (Abb. 31.4).

Die Teilnehmer*innen der Arbeitsgruppen wurden gebeten, relevante Werte, die für die jeweilige Persona verhaltenssteuernd sind, auszuwählen und mit Wortassoziationen zu ergänzen. Am Ende wurden die erstellten Profile der Personae in sogenannten Moodboards visualisiert.

Danach folgte die dritte Phase („Sichtweise definieren“), in der bestimmte Fragestellungen aus Sicht einer Persona formuliert wurden. Im Falle der entwickelten Persona des Maschinenbaustudenten „Max Meier“ war dies die Frage, wie dieser nach Abschluss seines Studiums auf ein Jobangebot aus Cloppenburg reagiert. Ob und unter welchen

Bedingungen er es annehmen würde. Oder was die Gründe dafür sein könnten, dass er überhaupt nicht in Erwägung zieht, nach Cloppenburg zu ziehen.

Insbesondere die Werte der Persona wurden mit dem bestehenden und dem gewünschten Image der Stadt Cloppenburg abgeglichen. Daraus wurden Kernwerte für den Markenaufbau abgeleitet. Als wichtigster Wert wurde der Begriff „echt" festgelegt, da er attraktiv und zugleich die glaubhafteste Beschreibung für Cloppenburg sei. Tatsächlich verbindet er die aktuell bestehenden Assoziationen wie „bodenständig" und „ländlich" mit den angestrebten Image-Werten wie „authentisch", „typisch" und „einzigartig". Cloppenburg zeichnet sich durch ein überdurchschnittliches bürgerschaftliches Engagement aus. Über 150 Vereine, die Bürgerstiftung und die bürgerseitige Mitfinanzierung des Kulturbahnhofs belegen dies glaubhaft. Der Wert „engagiert" bündelt diese Stärke.

Als attraktivste und am stärksten differenzierende Angebote der Stadt (Markentreiber) wurden in einem Strategieworkshop die folgenden festgelegt:

- Museumsdorf
- Hohes bürgerschaftliches Engagement
- Städtisches Einkaufsangebot
- Günstige Verkehrsanbindung
- Naherholung
- Kompakte Innenstadt

Entwicklung der Dachmarke

Eine Dachmarke ist deutlich mehr als eine Marke der Stadtverwaltung. Sie hat den Anspruch, stellvertretend für alle Akteure einer Stadt zu stehen und wird u. a. durch den Gebrauch eines möglichst einheitlichen Designs unterstützt. So „zahlen" in Zeiten des Aufmerksamkeitswettbewerbs alle auf das gleiche „Markenkonto" ein und profitieren wechselseitig von dem erhöhten Bekanntheitsgrad und einem positiven Image-Transfer. Nur durch die frühzeitige Einbindung der relevanten Netzwerkpartner, durch eine hohe Qualität des Designs und guten Service lässt sich eine starke Dachmarke etablieren. Denn selbstständige Akteure wie der Einzelhandel oder Kultureinrichtungen lassen sich nicht zur Übernahme einer Dachmarke zwingen.

In Cloppenburg wurde der Wert „echt" mit Hilfe einer Grafik visualisiert, die als persönlicher Daumenabdruck und als Gütesiegel interpretiert werden kann. Im Markensteuerrad (Abb. 31.5) werden die Bestandteile der Marke noch einmal zusammengefasst.

Ideen zur Stadtentwicklung und Pop-up-Markenladen

Zwei weitere Workshops widmeten sich der Design-Thinking-Phase „Ideen finden". Die Teilnehmer*innen wurden aufgefordert, konkrete Ideen und Projekte zu wichtigen

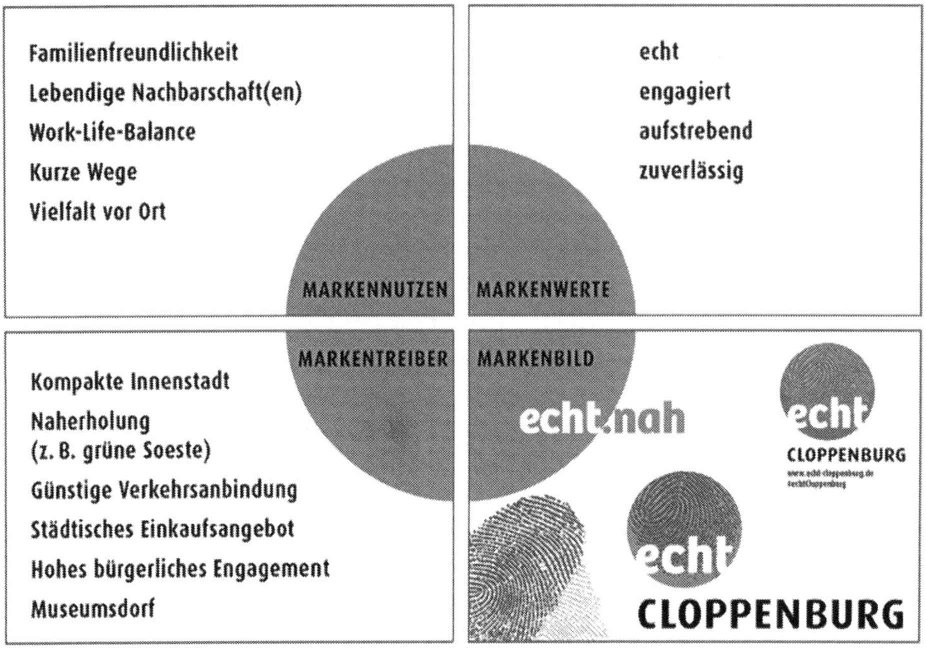

Abb. 31.5 Markensteuerrad Cloppenburg

Handlungsfeldern der Stadt zu entwickeln (Dokumentation unter www.echt-cloppenburg.de). Diese Ideen wurden zum Teil von der Stadtentwicklung aufgegriffen.

Um den Stand des beteiligungsorientierten Dachmarkenprozesses der breiten Öffentlichkeit vorzustellen, wurde in einem leerstehenden Geschäft in der Fußgängerzone ein Pop-up-Markenladen für einen Monat eröffnet. Hier konnten die Bürger*innen nochmals eigene Ideen einbringen. Der Laden wurde auch für ein Casting genutzt, um Bürger*innen der Stadt als Markenbotschafter für die erste Kampagne zu gewinnen (Abb. 31.6).

Die Resonanz auf diese Aktion war äußerst hoch, was durchaus als Beweis für die Akzeptanz der Marke gewertet werden kann. Viele Bürger*innen wollten als Markenbotschafter ihrer Stadt Teil der Kommunikationskampagne werden. Viele städtische Akteure aus Einzelhandel, Sportvereinen, Kultur- und Tourismuseinrichtungen, die zuvor am Design-Thinking-Prozess beteiligt waren, haben die Dachmarke in ihre Kommunikationsaktivitäten integriert.

In einem für Frühjahr 2019 geplanten Zukunftsworkshop soll mit Methoden des Design Thinking an einer Vision für die Stadt gearbeitet werden. Die Phasen „Prototyp entwickeln" und „Testen" (Abb. 31.3) wurden bislang in Cloppenburg noch nicht durchlaufen.

Abb. 31.6 Markenbotschafter der Stadt Cloppenburg

31.4 Fazit

Trotz anfänglicher Skepsis haben sich viele Akteure der Cloppenburger Stadtgesellschaft auf den Design-Thinking-Prozess eingelassen. Es wurde, wie im theoretischen Teil dargelegt, ein zweigleisiges Vorgehen gewählt. In einem Strategiezirkel, der sich aus Bürgermeister, Stadtmarketingleitung, einigen Politikern und Vertretern der externen Beratungsagentur zusammensetzte, wurden die entsprechenden Analysen durchgeführt, bestimmte strategische Vorgaben gemacht und der organisatorische Rahmen festgelegt.

In den relativ offenen, beteiligungsstarken Design-Thinking-Workshops wurden Ideen für die Dachmarke entwickelt und konkrete Maßnahmen für die Stadtentwicklung konzipiert, die dann im Rat aufgegriffen wurden. Das „Experiment Design Thinking" kann aus den genannten Gründen durchaus als gelungener Versuch gewertet werden, die Bürgerorientierung im Stadtmarketing zu verbessern.

Literatur

Anholt, S.: Definitions of place branding – working towards a resolution. Place Brand. & Public Diplo. **6**(1), 1–10 (2010)

Berndt, P., Sinning, H.: Images innenstadtnaher Wohnquartiere. Strategien zur Steuerung von Images als kooperative Aufgabe der Wohnungswirtschaft und Stadtentwicklung. ISP – Institut für Stadtforschung, Planung und Kommunikation, Erfurt (2016)

Block, J.: Stadtmarketing denken, planen, machen. In: Meffert, H., Spinnen, B., Block, B. (Hrsg.) Praxishandbuch City- und Stadtmarketing, S. 11–26. Springer Fachmedien, Wiesbaden (2018)

Brandmeyer, K., Pirck, P., Pogoda, A., Althans, L.: Markenkraft zum Nulltarif. Der Trick mit den Resonanzfeldern. Gabler, Wiesbaden (2011)

Burmann, C., Halaszovich, T., Schade, M., Piehler, R.: Identitätsbasierte Markenführung. Springer Fachmedien, Wiesbaden (2018)

Datko, G.: Stadtmarketing als Instrument der Kommunikation, Kooperation und Koordination. Untersuchung kooperativer Stadtmarketingansätze mit Blick auf den Dreiländervergleich Deutschland – Österreich – Schweiz, Bd. 11. Kovač, Hamburg (2009)

Esch, F.-R.: Strategie und Technik der Markenführung, 9., vollständig überarbeitete u. erweiterte Aufl. Vahlen, München (2018)

Gertner, D.: Place branding. Dilemma or reconciliation between political ideology and economic pragmatism? Place Brand. & Public Diplo. **3**(1), 3–7 (2007)

Grots, A., Creuznacher, I.: Design thinking: process or culture? A method for organizational change. In: Brenner, W., Uebernickel, F. (Hrsg.) Design Thinking for Innovation. Research and Practice, 1. Aufl, S. 183–191. Springer, Cham (2016)

Hilber, M.L., Datko, G. (Hrsg.): Stadtidentität der Zukunft. Jovis, Zürich (2012)

Homann, T., Zschiesche, A., Errichiello, O.C. (Hrsg.): Die Soziologie, der Gestaltwille und die Marke. Soziale Systeme verstehen und führen. Springer Gabler, Wiesbaden (2015)

Kalandides, A., Braun, E., Kavaratzis, M., Zenker, S.: My city – my brand. The different roles of residents in place branding. J. Place Manag. & Dev. **6**(1), 18–28 (2013)

Kausch, T.: Erfolgreiches Managen von Markenprozessen im komplexen System Stadt. Von der Strategie zur Umsetzung. In: Kausch, T., Pirck, P., Strahlendorf, P. (Hrsg.) Städte als Marken. Strategie und Management, S. 36–43. New Business, Hamburg (2013)

Kausch, T., Pirck, P., Strahlendorf, P. (Hrsg.): Städte als Marken. Strategie und Management. New Business, Hamburg (2013)

Kavaratzis, M.: From city marketing to city branding: Towards a theoretical framework for developing city brands. Place Branding, **1**(1), 58–73 (2004)

Meffert, H., Spinnen, B., Block, J. (Hrsg.): Praxishandbuch City- und Stadtmarketing. Springer Fachmedien, Wiesbaden (2018)

Plattner, H., Meinel, C., Weinberg, U.: Design Thinking. Innovation lernen – Ideenwelten öffnen. mi-Wirtschaftsbuch, München (2011)

Poguntke, S.: Corporate Think Tanks. Zukunftsforen, Innovation Center, Design Sprints, Kreativsessions & Co, 2., überarbeitete u. erweiterte Aufl. Springer Gabler, Wiesbaden (2016)

Reinecke, S.: What is it that design thinking and marketing management can learn from each other? In: Brenner, W., Uebernickel, F. (Hrsg.) Design Thinking for Innovation. Research and Practice, 1. Aufl, S. 151–162. Springer, Cham (2016)

Schallmo, D.R.A.: Design Thinking erfolgreich anwenden. So entwickeln Sie in 7 Phasen kundenorientierte Produkte und Dienstleistungen. Springer Fachmedien, Wiesbaden (2017)

Wesselmann, S., Hohn, B.: Public Marketing. Marketing-Management für den öffentlichen Sektor. 3. Aufl. Springer Gabler, Wiesbaden (2012)

Wesselmann, S., Hohn, B.: Public Marketing. Marketing-Management für den öffentlichen Sektor, 4. Aufl. Springer Gabler, Wiesbaden (2017)
Zenker, S.: Partizipation im Stadtmarketing. Wie aus Bürgern Markenbotschafter werden. In: Kausch, T., Pirck, P., Strahlendorf, P. (Hrsg.) Städte als Marken 2. Herausforderungen und Horizonte, S. 26–31. New Business, Hamburg (2017)

Prof. Dr. Stefanie Wesselmann lehrt und forscht an der Hochschule Osnabrück im Bereich Öffentliches Management. Zu ihren Schwerpunkten gehören Öffentliches Marketing, Stadtmarketing und Tourismus sowie Bürgerbeteiligungsprozesse. In ihren aktuellen Forschungsprojekten untersucht sie die Rolle von Studierenden als Akteure der Stadtentwicklung.

Markenentwicklung und -führung in einer Tourismusdestination

32

Ein Erfahrungsbericht aus Garmisch-Partenkirchen

Stephanie Fichtl

Zusammenfassung

Der Artikel gibt einen Einblick in den Markenentwicklungsprozess bei Garmisch-Partenkirchen Tourismus von der Ausgangssituation bis hin zur Weiterführung der Marke. Besonderes Augenmerk wird auf die praktischen Erfahrungen aus den verschiedenen Phasen sowie die gewonnenen Zusatznutzen eines konsequent durchgeführten Entwicklungsprozesses gelegt. Die Autorin möchte anderen kleinen und mittleren Orten Mut machen und aufzeigen, welch großen und auch vielseitigen Gewinn die unterschiedlichsten Akteure aus einer klaren Markenstrategie ziehen können.

32.1 Initialzündung: Von der Kurverwaltung zur Tourismusdirektion

Gerade in eher traditionell geprägten Orten taucht irgendwann das Gefühl auf, etwas „verstaubt" zu sein, sodass ein Schuss Modernität nicht schaden könnte. Indiz hierfür können nicht nur die harten Daten und Fakten sein, sondern auch das „Bauchgefühl", das bei ehrlicher Betrachtung bereits rechtzeitig auf die Notwendigkeit einer Weiterentwicklung oder gar Erneuerung hinweisen kann.

Als sich 2007 in der Führungsebene des damaligen Amts für Tourismus ein Generationenwechsel vollzog, war dies ein guter Anlass, nicht nur die Namensgebung „Kurverwaltung Garmisch-Partenkirchen" und antiquierte Begriffe wie „Fremdenverkehrsamt" ernsthaft zu überdenken, sondern den gesamten Bereich „Tourismus in Garmisch-Partenkirchen" auf den Prüfstand zu stellen. Zwar befanden sich die damali-

S. Fichtl (✉)
Garmisch-Partenkirchen Tourismus, Garmisch-Partenkirchen, Deutschland
E-Mail: marketing@gapa.de

T. Breyer-Mayländer und C. Zerres (Hrsg.), *Stadtmarketing*,
https://doi.org/10.1007/978-3-658-26254-9_32

gen touristischen Zahlen (Übernachtungen und Gästeankünfte) wieder auf einem langsam aufsteigenden Ast, jedoch immer noch auf dem Niveau der 1950er Jahre, weit entfernt von der goldenen Zeit der 1960er Jahre, als sich auch die internationale Haute Volée im mondänen Garmisch-Partenkirchen ein Stelldichein gab. Zwischen 1970 bis zum Beginn der 2000er Jahre folgte dann ein empfindlicher Einbruch der Kennzahlen, den es zwingend aufzuhalten galt.

Das Wissen um die Wichtigkeit des Tourismus als zukunftssicherndes Standbein für den gesamten Ort führte zu der logischen Konsequenz, das Thema umfassend und grundlegend anzugehen. Dazu gehörte nicht nur die Analyse der aktuellen Situation in der Destination (touristische Kennzahlen, Projekte der Leistungsträger), sondern auch eine fundierte Recherche und Einschätzung hinsichtlich gesellschaftlicher, klimatischer und touristischer Trends für die nächsten Jahre und Jahrzehnte.

32.2 Konzept: Verantwortung für einen ganzen Ort

Garmisch-Partenkirchen mit 27.000 Einwohnern steht wirtschaftlich auf zwei Hauptsäulen, dem Tourismus und dem Bereich Gesundheit/Medizin. Daran erkennt man die Tragweite und auch die Verantwortung der Tourismusdirektion für den gesamten Ort. Touristisches Handeln betrifft nicht nur die Gäste, die das Angebot genießen und möglichst nachhaltig erholt in ihren Alltag zurückkehren sollen; auch die Menschen, die in diesem Ort wohnen und mit ihrer Arbeit Urlaubserlebnisse erst ermöglichen, sollen davon gut leben können. Dass der Tourismus in Garmisch-Partenkirchen 2007 eine Frischzellen-Kur benötigte, lag auf der Hand. Aber was war wirklich der Kern des Problems? Und wie konnte dieser wichtige Wirtschaftsbereich so aufgestellt werden, dass er auch für die Zukunft sicher und verträglich für Mensch und Umwelt ist? Mit dieser großen, entscheidenden Herausforderung startete die Amtszeit der neuen Tourismusdirektoren. Die Doppelspitze war sich ihrer Verantwortung bewusst und entsprechend deutlich forcierte sie eine strategische Neuausrichtung.

Um sich für den angestrebten Modernisierungsprozess professionell und erfolgreich aufzustellen, wurde erstmalig eine komplette Marketing-Abteilung aufgebaut. Den kommunikativen Bereich betreute bisher eine Person, die sämtliche Aufgaben von Pressebetreuung, Erstellung der Drucksachen bis hin zur Website-Pflege abdecken musste. Nun aber wurde eine Marketing-Leitung eingestellt sowie die Abteilung durch zwei weitere Stellen für den Bereich Marketing, PR und E-Kommunikation verstärkt. Ebenfalls wurde von Anfang an eine Agentur mit Expertise in den Bereichen Markenentwicklung und Markenführung gesucht, die mit ihrem akademischen Know-how, dem neutralen Blick von außen und der Erfahrung aus anderen Destinationen das benötigte Wissen mit einbringen sollte. Grundidee war es dabei, ein professionelles Destinationsmarketing zu etablieren, das auf einer gut entwickelten und zukunftsfähigen Marke für den gesamten Ort basiert.

32.3 Markenbildungsprozess

32.3.1 Fundament: Von der Bedeutung einer soliden Grundlagenarbeit

Zugegebenermaßen war es nicht ganz einfach, eine passende Markenagentur zu finden, zumal noch nicht abzuschätzen war, worin das konkrete Aufgabenfeld liegen würde. Um dies herauszufinden wurden touristische Destinationen näher betrachtet, die in der Vergangenheit bereits einen Imagewechsel angestrebt hatten. Waren deren Maßnahmen tatsächlich erfolgreich? Entstand der Eindruck, dass das neue Image besser als das vorherige zur Destination passt? Aus der Beantwortung dieser Fragen sollten sich erste Hinweise darauf ergeben, dass die begleitende Agentur gute Arbeit geleistet hatte. Die Garmisch-Partenkirchner wurden bei Sylt fündig, deren Neupositionierungsprozess überzeugend und von der Ausgangssituation gut vergleichbar war. Auch die touristischen Kollegen lobten die Arbeitsweise der Agentur und die erzielten Ergebnisse sehr. Somit entschied man sich für eine Markenagentur mit passender Erfahrung.

Zu Beginn der gemeinsamen Arbeit stand eine Ist-Analyse mit einem Wettbewerbsvergleich. Hierbei war es wichtig herauszufinden, wer die tatsächlichen Wettbewerber sind. Sind es die direkten Nachbar-Destinationen? Die in Größe und Angebot vergleichbaren Urlaubsorte? Oder konkurriert man bei der Urlaubsentscheidung auch mit Destinationen, die sich grundsätzlich von der eigenen unterscheiden? Es war wichtig, hier die Merkmale zu definieren, an welchem Punkt die tatsächliche Urlaubsentscheidung getroffen wird und welcher Wettbewerber daraufhin in das Benchmarking einbezogen werden muss. Im Markenprozess wurde festgelegt, dass bei einem potenziellen Gast von Garmisch-Partenkirchen die grundsätzliche Entscheidungsbereitschaft für einen Urlaub in den (europäischen) Alpen besteht. Damit waren alpine Destinationen mit einem ähnlichen Angebot an Urlaubserlebnissen und vergleichbarer Größe für das Benchmarking gesetzt. Da eine Marke im Bereich der Kommunikation greift, wurde auch die Wahrnehmung der Kommunikationsmaßnahmen dieser Destinationen in einer Matrix von „allgemein" bis „einzigartig" und von „Standard" bis „Premium" bewertet. Daraus ließ sich klar ableiten, wie die Platzierung im Wettbewerbsumfeld aussieht und in welche Richtung noch Entwicklungsbedarf bestand.

Parallel dazu wurden die eigenen Kommunikationsmittel und -maßnahmen erfasst und auf den Prüfstand gestellt. Besonderes Augenmerk wurde dabei auf die Verwendung des bisherigen Logos sowie auf das Layout und die inhaltlichen Schwerpunktthemen gerichtet. Es fiel auf, dass zwar ein einheitliches Logo zum Einsatz kam, jedoch die Gestaltungen so uneinheitlich waren, dass keine klare Linie, kein echter Wiedererkennungseffekt darin zu finden war. Deshalb wurde das gestalterische Profil als äußerst schwach bewertet (vgl. Abb. 32.1).

In einer weiteren Gegenüberstellung wurde deutlich, dass das Logo im direkten Vergleich mit anderen touristischen Destinationen des alpinen Bereichs untergeht. Es war

Abb. 32.1 Logo-Vergleich Ist-Analyse. (Quelle: eigene Darstellung Markt Garmisch-Partenkirchen)

weder prägnant noch ausreichend individuell, um aus Markensicht wirksam zu sein (vgl. Abb. 32.2).

Bei der Analyse der Wahrnehmung des Profils der Destination fiel auf, dass dieses zu wenig einzigartig und nicht spürbar genug für Garmisch-Partenkirchen stand. Wie will eine Destination überzeugen, wenn der potenzielle Gast nicht klar erkennen kann, wofür der Urlaubsort steht? Fazit dieser Analysen war also, dass ein solider Markenbildungsprozess das Vorgehen mit dem größten Erfolgsversprechen ist. Eine Marke bietet bei der Urlaubsentscheidung die nötige Orientierungshilfe. Ein aussagekräftiges, unterscheidbares und passendes Logo ist das optische Zeichen dieser Marke. Anschließend folgten ergänzend eine grundlegende Analyse und Auswertung der allgemeinen touristischen Trends, der vorhandenen Angebote in der Destination, der soziodemografischen Entwicklungen sowie der psychologischen Aspekte für eine Urlaubsentscheidung zugunsten der Destination. Daraus abgeleitet wurde so eine zukunftsorientierte Zielgruppe (vgl. Abb. 32.3).

Die Zielgruppe wurde aus verschiedenen Blickwinkeln heraus definiert: Was hat Garmisch-Partenkirchen einem Urlaubsgast tatsächlich zu bieten? Welche Bedürfnisse kann Garmisch-Partenkirchen tatsächlich erfüllen? Und: Welche Zielgruppe hat

Abb. 32.2 Logos im alpinen Tourismus. (Quelle: eigene Darstellung Markt Garmisch-Partenkirchen)

Zukunftspotenzial in Bezug auf Wertschöpfung und gesellschaftliche Trends? Hier identifizierte man die sogenannten LOHAS (Lifestyle of Health and Sustainibility) (vgl. Abb. 32.3).

Diese vorbereitenden Analysen dauerten einige Monate bis man schließlich wusste, von welcher Ausgangsbasis gestartet wird. Es erscheint oftmals übertrieben, diese Grundlagenarbeit so ausführlich und gründlich durchzuführen; jedoch kann es nur empfohlen werden, da es das Wissensfundament für die weitere Arbeit darstellt und darüber hinaus auch in der Zukunft eine Messlatte für den Erfolg der neu erarbeiteten Markenstrategie vorgibt.

32.3.2 Umsetzung: Auf der Suche nach der wahren Natur

Nachdem feststand, was das Ziel war, nämlich eine klare Profilierung und eine ebenso deutliche Wiedererkennbarkeit, konnte der eigentliche Markenbildungsprozess beginnen. Es wurde eine Strategiegruppe etabliert, die gemeinsam mit den Tourismusdirektoren, der Marketing-Leitung sowie der Markenagentur arbeitete. Sehr bewusst

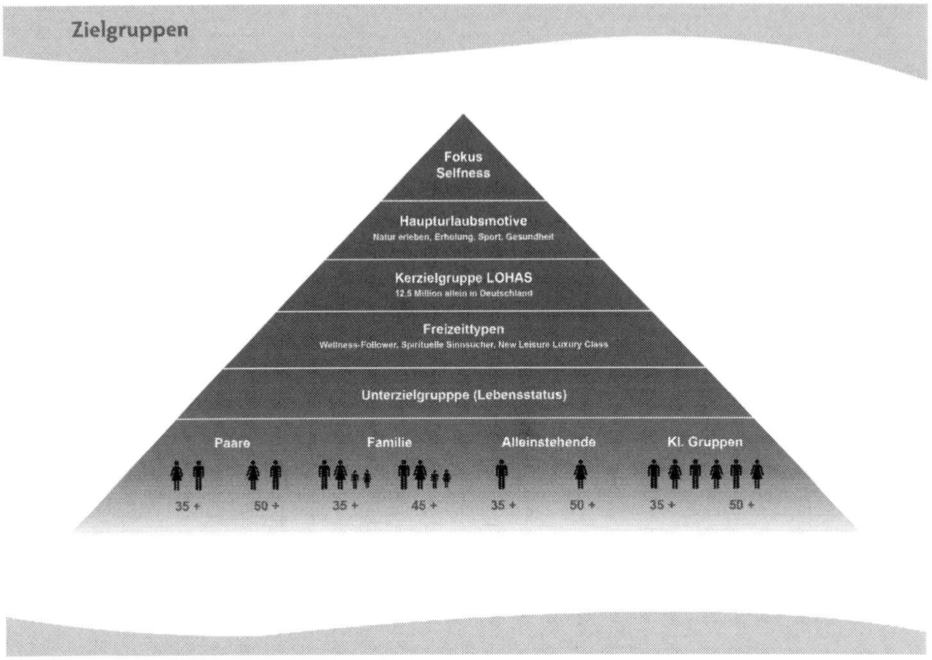

Abb. 32.3 Zielgruppe. (Quelle: eigene Darstellung Markt Garmisch-Partenkirchen)

wurden die Teilnehmer ausgewählt und angesprochen. Man brachte kreative Köpfe, Querdenker, starke Persönlichkeiten, die alle nicht unbedingt mit dem Tourismus zu tun haben mussten, zusammen. Ziel war es, die wahre Natur, den echten Markenkern, von Garmisch-Partenkirchen zu entdecken und zu identifizieren. Dazu sind besonders Menschen geeignet, die auf ihre ganz eigene Weise eine tiefe Verbundenheit mit dem Ort haben und sich offen auf einen gemeinsamen Weg machen. Bewusst wurde auf Vertreter aus der Lokalpolitik verzichtet, damit hier zum einen jeder ganz persönlich agieren konnte, ohne sich einem Amt verpflichtet zu fühlen, und zum anderen den Markenbildungsprozess völlig unabhängig von Wahlperioden zu halten. Die Teilnehmer mussten nicht direkt in Garmisch-Partenkirchen leben – es kann sehr bereichernd sein, wenn einzelne Mitglieder des Strategiekreises eine enge Verbundenheit zum Ort aufweisen, jedoch ihr alltägliches Wirkungsfeld in einer anderen Stadt haben. So kam es, dass unter anderem ein Zahnarzt, ein Bäckermeister, ein Vertreter eines Sportartikelherstellers, Einzelhändler, Repräsentanten aus dem Werbebereich und aus einer PR-Agentur neben engagierten Einheimischen und Mitarbeitern von Garmisch-Partenkirchen Tourismus saßen und völlig kreativ und frei mitarbeiteten.

Im Strategiekreis wurden dann alle bisher erarbeiteten Ergebnisse vorgestellt. Fachlich moderiert durch die Agentur wurde auf dieser Basis der Kern der Marke erarbeitet. Die Schwierigkeit bestand in erster Linie nicht darin, alle Facetten Garmisch-Partenkirchens zu erfassen und die positiven Eigenschaften zu identifizieren. Die Kunst in

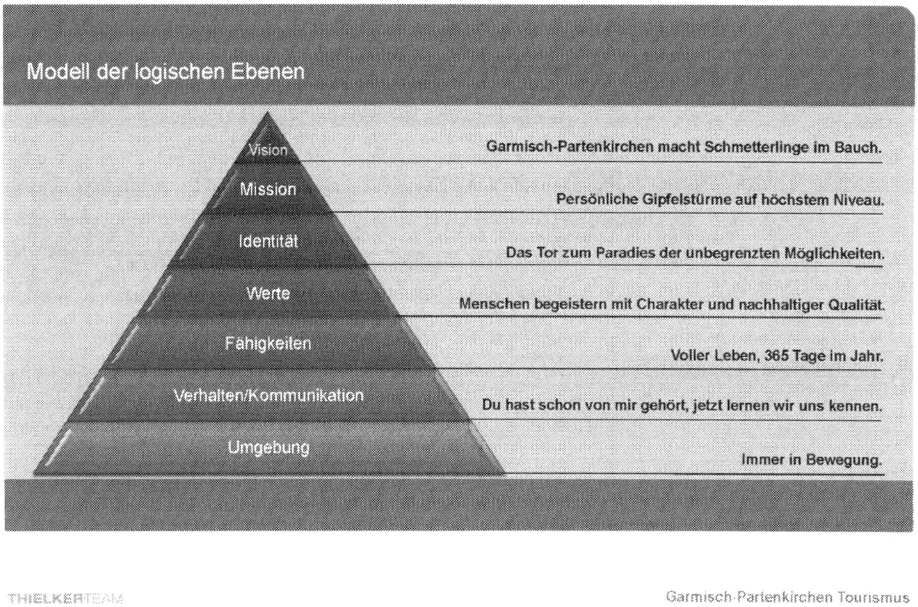

Abb. 32.4 Modell der logischen Ebenen. (Quelle: eigene Darstellung Markt Garmisch-Partenkirchen)

dieser Phase bestand darin, Austauschbares wegzulassen und die einzigartigen, wirklich charaktergebenden Attribute herauszuarbeiten. „Vielfalt" und „gute Erreichbarkeit" sind häufig genannte Eigenschaften, die jedoch denkbar unspezifisch, nicht wirklich relevant und somit absolut ungeeignet zur Profilierung und Markenbildung sind. Dieses zu erkennen, bedarf Mut, denn oftmals muss man sich von Etabliertem verabschieden und mit der Konzentration auf das Wesentliche ein erkennbares Zeichen setzen. Dies ist später bei der Implementierungsphase von größter Bedeutung, da die stärksten Widerstände dort auftauchen, wo man Altbekanntes verwirft. Systematisch wurde am Modell der logischen Ebenen die Marken-Pyramide in kreativen Arbeitskreisen mit Leben gefüllt. Die Ergebnisse nutzte die Agentur, um diese strukturiert zu prüfen und daraus ein Leitbild zu formulieren (vgl. Abb. 32.4).

32.4 Ergebnisse

32.4.1 Inhalte: Die Entdeckung der wahren Natur

Zurück im Strategiekreis erarbeitete man darauf aufbauend die so genannte Marken-Identität (vgl. Abb. 32.5) sowie die Werte, die die Marke Garmisch-Partenkirchen ausmachen (vgl. Abb. 32.6).

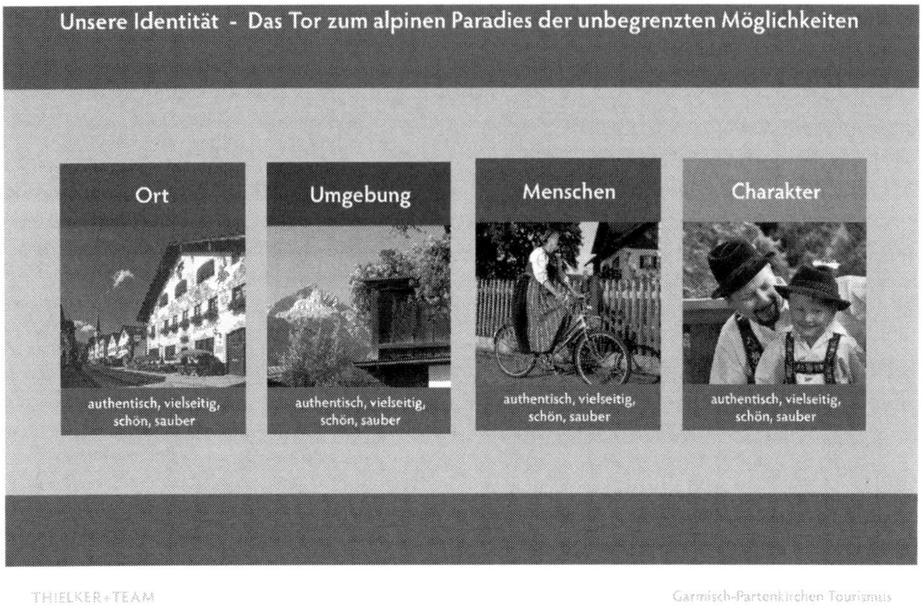

Abb. 32.5 Marken-Identität. (Quelle: eigene Darstellung Markt Garmisch-Partenkirchen)

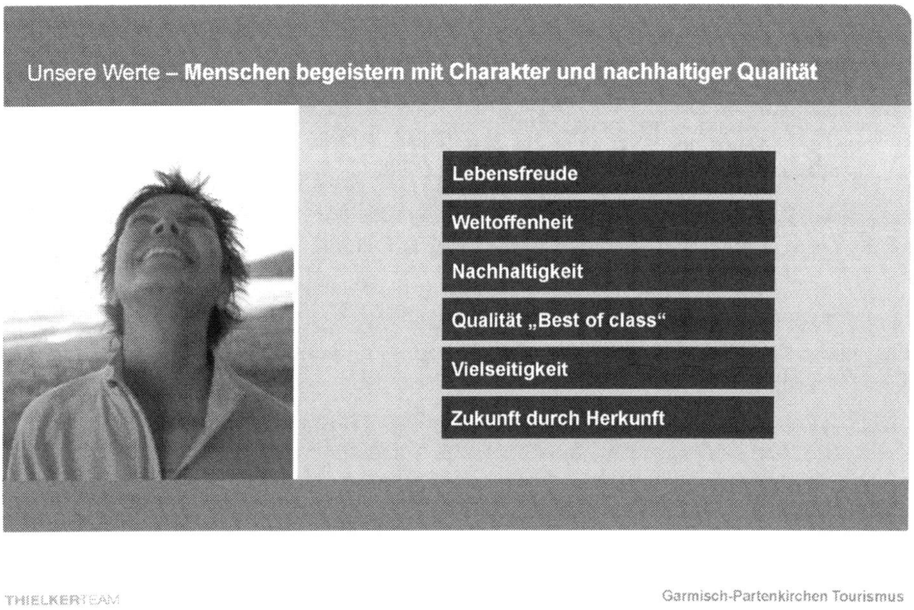

Abb. 32.6 Marken-Werte. (Quelle: eigene Darstellung Markt Garmisch-Partenkirchen)

Wichtig bei diesem Schritt war es, ehrlich zu sein und die tatsächlichen Werte auszumachen. Es müssen hier auch die Werte zur Sprache kommen, die auf den ersten Blick möglicherweise negativ erscheinen. Erst wenn man wirklich weiß, was den Ort ausmacht, kann man daraus eine glaubwürdige Kommunikation und echte Angebote/Produkte entwickeln. Manche vermeintlich negativen Attribute können in der Gesamtbetrachtung dann eine überraschend gute Figur machen und sollten niemals von vornherein außer Acht gelassen werden.

Die große Leistung einer guten Markenagentur während dieses Prozesses ist es, alle Erkenntnisse in Wort und Bild umzusetzen, so dass der Kern der Sache auf den Punkt gebracht wird und für alle Beteiligten klar begreifbar wird. Am Ende dieser Phase stand ein Gesamtbild der Marke Garmisch-Partenkirchen mit Markenkern, Identität, Leitbild und Werten, das für die Zukunft die Grundlage einer stimmigen Produktentwicklung und Kommunikation, also der Markenführung, bildete (vgl. Abb. 32.7 und 32.8).

Mit dem neu entwickelten Slogan „Entdecke Deine wahre Natur." gelingt der Spagat zwischen dem Transportieren des Markenkerns „Natur" und der wirksamen Ansprache der definierten Zielgruppe von natur- und gesundheitsbewussten Gästen, den LOHAS (vgl. Abb. 32.3). Da die Gästestruktur in Garmisch-Partenkirchen international sehr breit gefächert ist, wurde der Slogan in den wichtigsten Fremdsprachen auf seine Wirksamkeit hier geprüft, so dass auch die darin steckende Doppeldeutigkeit in den jeweiligen Sprachen nicht ihre Strahlkraft verliert.

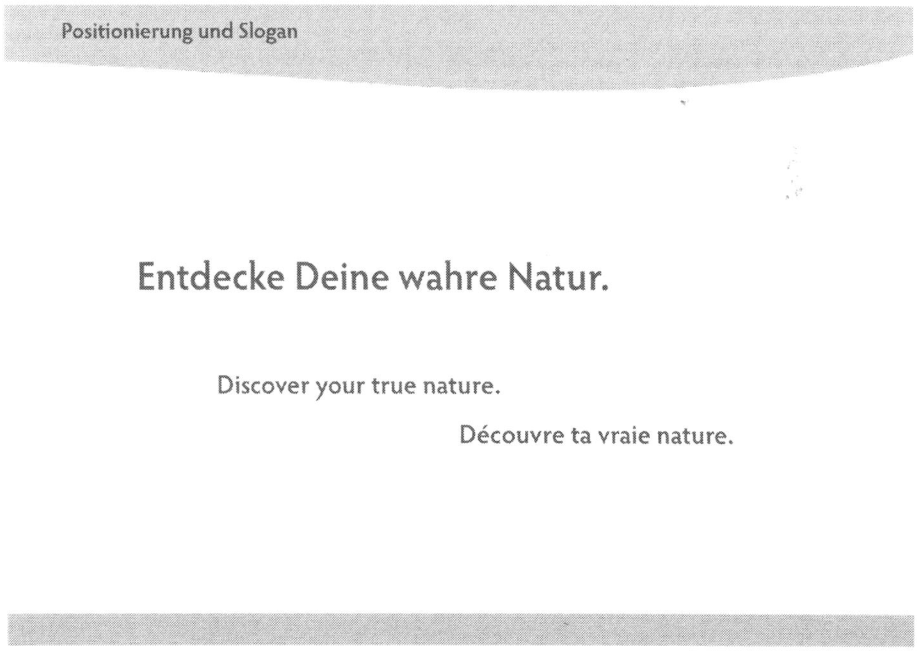

Abb. 32.7 Positionierung und Slogan. (Quelle: eigene Darstellung Markt Garmisch-Partenkirchen)

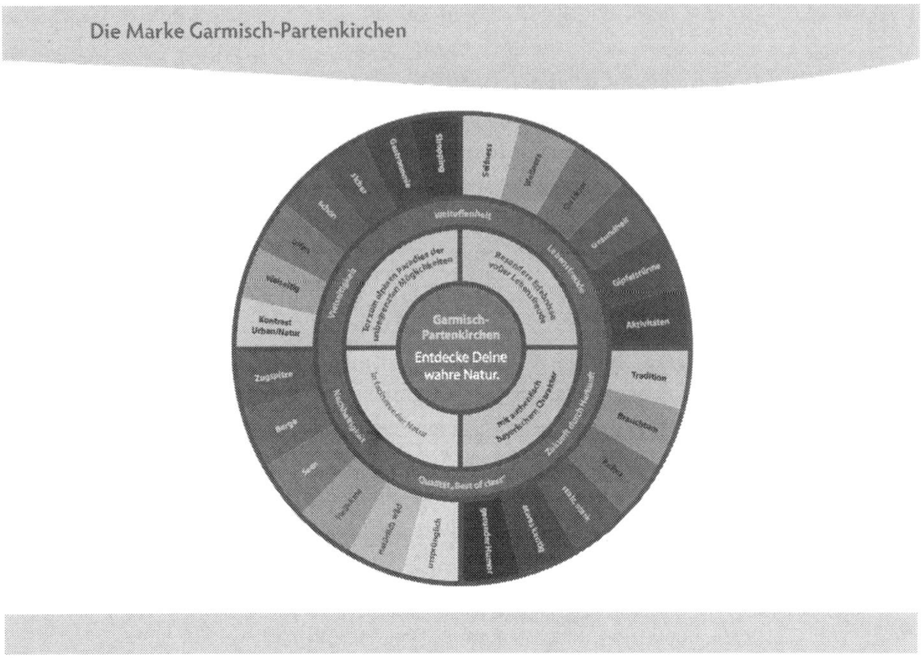

Abb. 32.8 Die Marke im Überblick. (Quelle: eigene Darstellung Markt Garmisch-Partenkirchen)

32.4.2 Verpackung: Erste sichtbare Ergebnisse

Mit diesem Gerüst kam der kreativste und anspruchsvollste Teil der Arbeit der Markenagentur: Die Entwicklung eines Logos und eines Slogans, die beide perfekt auf Garmisch-Partenkirchen passen und die definierte Zielgruppe auch in Zukunft wirksam ansprechen (vgl. Abb. 32.9, 32.10 und 32.11).

Um beide Ortsteile gleichberechtigt zu vereinen, wurde der Bindestrich in Garmisch-Partenkirchen abgeschafft. Somit stand nicht ein Ortsteil an erster Stelle und der andere „nur" an zweiter. Um die Verbundenheit trotzdem auch grafisch zum Ausdruck zu bringen, wurden von beiden Ortsteilen jeweils die ersten beiden Buchstaben ineinander geschlungen dargestellt. Da der recht lange Ortsname in manchen Situationen etwas sperrig wirkt, ist damit die Abkürzung GaPa eine gleichberechtigte und gefällige Kurzversion, die dann später auch als Wortmarke „GaPa" geschützt wurde und als erstes in der neuen Webadresse www.gapa.de eine sehr praktische und breit wirksame Anwendung fand.

Die Farbgebung des Logos lehnt sich an die natürlichen Gegebenheiten an: das helle Grau am Fels, das dunklere ins Braun tönende Grau an der Erde und das Grün am Wald. Zudem hebt sich das Logo in der Welt der alpinen Logos von den anderen weit verbreiteten stilisierten blauen Bergen ab (vgl. Abb. 32.2) und erleichtert somit den Wieder-

Abb. 32.9 Logo Entwicklung. (Quelle: eigene Darstellung Markt Garmisch-Partenkirchen)

erkennungseffekt. Darauf aufbauend kam der „handwerkliche" Teil der Agenturarbeit: Die Erstellung eines Corporate Designs, das die Inhalte von Positionierung und Leitbild optisch transportiert und das Logo perfekt präsentiert. Anhand der Gestaltungsbeispiele von Anzeigen über Website-Design bis hin zu Geschäftspapier und Branding von Fahrzeugen wurde das neue Corporate Design anschaulich dargestellt (vgl. Abb. 32.12, 32.13 und 32.14).

32.4.3 Markeneinführung: Kommunikation und Konsequenz

Nun war man gerüstet für eine erste öffentliche Präsentation vor den Bürgerinnen und Bürgern von Garmisch-Partenkirchen. In einer Bürgerversammlung wurden die Ergebnisse aus dem Markenbildungsprozess vorgestellt, die Methodik, der Strategiekreis und die daraus gewonnenen Werte, Positionierung, Leitbild und zum Schluss Logo, Slogan und die Beispiele aus dem Corporate Design. Es wurde lebhaft diskutiert. Der Großteil der Teilnehmerinnen und Teilnehmer war begeistert und fand sich und seinen Ort darin wieder. Aber natürlich gibt es auch welche, die sich mit solchen grundlegenden Neuerungen schwertaten und sich das alte Logo zurück wünschten. In dieser Phase war es

Abb. 32.10 Logo Entwicklung. (Quelle: eigene Darstellung Markt Garmisch-Partenkirchen)

von größter Wichtigkeit, so viel wie möglich miteinander zur kommunizieren. Allerdings darf es nicht allein bei einer Bürgerversammlung mit Präsentation und Diskussion bleiben. Die beiden Tourismusdirektoren besuchten, gemeinsam mit der Marketing-Leiterin, in der folgenden Zeit alle wichtigen Partner, Verbände und Vertretungen und erläuterten die Marke und die Positionierung in unzähligen persönlichen Gesprächen. Auch die Lokalpresse war ein stark frequentierter Kanal mit Berichterstattung und Leserbriefen, pro und contra. Und selbstverständlich waren die Mitglieder der Strategiegruppe sehr wichtige sowie einflussreiche Multiplikatoren im Ort und in der Branche.

Die gründliche Arbeit im Markenbildungsprozess hat sich gelohnt; denn damit wurde jede Argumentation auf eine sachliche Basis gestellt und auch emotionale Angriffe, die nicht ausblieben, konnten wieder auf den sicheren Boden eines fachlich-sachlichen Diskurses geführt werden. Wenn auch nicht jede/r zu Beginn überzeugt werden konnte, so belegten die Reaktionen in der Zeit danach doch, dass nach erstem Befremden so gut wie jeder Garmisch-Partenkirchner und jede Garmisch-Partenkichnerin seinen beziehungsweise ihren Ort darin wieder gefunden hat. Auch sind einige der stärksten Gegner der ersten Stunde mittlerweile aus eigener Überzeugung die treuesten Anwender geworden.

Abb. 32.11 Logo Entwicklung. (Quelle: eigene Darstellung Markt Garmisch-Partenkirchen)

Abb. 32.12 Beispiel Corporate Design. (Quelle: eigene Darstellung Markt Garmisch-Partenkirchen)

Abb. 32.13 Beispiel Corporate Design. (Quelle: eigene Darstellung Markt Garmisch-Partenkirchen)

Abb. 32.14 Beispiel Corporate Design. (Quelle: eigene Darstellung Markt Garmisch-Partenkirchen)

Die praktische Umsetzung des neuen Corporate Designs in eigenen Drucklagen, digitalen Medien, Merchandise-Artikeln, Signalisation im Ort, Dienstkleidung und vieles mehr dauerte über ein Jahr (vgl. Abb. 32.15). Natürlich wäre ein „großer Aufschlag“ mit einem Startdatum ein besonders starker Effekt gewesen, jedoch muss man hierbei die Praktikabilität, den Zeitaufwand sowie den Kostenfaktor berücksichtigen. In Garmisch-Partenkirchen hat es sich als sinnvoll erwiesen, bei Drucksachen erst bei jeder Neubestellung oder Neuerstellung das Layout auf das neue Corporate Design anzupassen. Für den Auftakteffekt nutzte man die neue Website sowie als erste schnelle Umsetzungen die Ortseingangsbeschilderung und die Dienstkleidung. Das Beseitigen des alten Logos auf Schildern und Hinweistafeln erwies sich dabei als eine sehr umfangreiche und langwierige Maßnahme.

Die neu geschaffene Marke wurde als Wort-/Bildmarke und als Wortmarke „GaPa“ zum Schutz angemeldet. Somit kann Garmisch-Partenkirchen diese Marke kontrollieren, selbstbestimmt an Partner der Wahl lizenzieren und damit eine Verwendung ausschließlich im Sinne der Positionierung sicherstellen (vgl. Abb. 32.16).

Abb. 32.15 Corporate Design in der Anwendung. (Quelle: eigene Darstellung Markt Garmisch-Partenkirchen)

Abb. 32.16 Nutzungsbeispiele der lizensierten Marke bei lokalen Partnern. (Quelle: eigene Darstellung Markt Garmisch-Partenkirchen)

32.5 Auswirkungen

32.5.1 Fazit: Der Lohn einer gründlichen Entwicklungsarbeit

Als Fazit der Implementierung kann ganz deutlich gesagt werden, dass die Grundlagenarbeit in der allerersten Phase sehr wichtig war und nicht vernachlässigt werden darf. Auch ist es den ganzen Prozess hindurch essenziell, konsequent bei der eingeschlagenen Linie zu bleiben und sich rein sachlich-fachlich zu orientieren. Hierbei ist die Wahl der beteiligten Persönlichkeiten von entscheidender Bedeutung. Und am Ende das Wichtigste: Kommunikation, Kommunikation, Kommunikation. Denn bei aller Sachlichkeit darf nie vergessen werden, dass es sich um etwas grundlegend Menschliches handelt: Es geht um „unseren" Ort. Alle Partner, die später einmal mitmachen sollen, müssen es verstehen und sich darin wieder finden. Dazu gehören viel Erklären und auf die Menschen einzugehen. Somit wird aus einer anfänglich überschaubaren (Strategie-)Gruppe eine große überzeugte Mitstreitergruppe, die das Image und die Leistungen des Ortes ausstrahlen und umsetzen. Die Erfahrung zeigt, dass oftmals vehemente Kritiker der ersten Stunde zu ausgesprochenen Fürsprechern und aktiven Unterstützern werden, wenn man ihnen Zeit und die Möglichkeit gibt, sich ihr eigenes Bild von der neuen Marke zu machen und stets für einen sachlichen Diskurs zur Verfügung steht.

32.5.2 Markenschutz: Sicherheit vs. Verwaltungsaufwand

Zweifellos ist der Markenschutz mit Kosten und Aufwand verbunden. Die Belastungen halten sich allerdings nach den anfänglichen Anmeldekosten in Grenzen. Aber es darf nicht verschwiegen werden, dass man dadurch auch zur Pflege seiner Marke verpflichtet ist. Das heißt, dass jeder, der die Marke nutzen möchte, geprüft wird und eine Nutzungsvereinbarung erhält. Diese Vereinbarung wird vom Lizenzgeber regelmäßig nachweislich überwacht. Dieser Aufwand ist nicht zu unterschätzen. Auf der anderen Seite überwiegen die Vorteile: Das Logo wird immer korrekt dargestellt und man kann es denjenigen Anfragern verwehren, die einer kritischen Prüfung nicht standhalten. Dadurch kann etwa verhindert werden, dass mit dem Logo Werbung für Angebote gemacht wird, die man nicht unterstützen möchte oder die der Marke sogar schaden könnten. Auch der psychologische Wert in der Bevölkerung und bei den Partnern steigt damit – und somit auch die Wertschätzung gegenüber dem Lizenzgeber und seiner Arbeit, womit ein weiterer Baustein in Richtung Qualität und partnerschaftlichem Miteinander gesetzt wird.

32.5.3 Zusatznutzen: Marke ist mehr als Marketing

Eine Marke ist nicht nur für die Marketing-Abteilung die Basis ihrer Arbeit, sondern sie ist Leitbild für die gesamte Organisation. Der Bereich Eventmanagement hat aus den Werten der Marke sowie ihren originären Zielen eine Checkliste abgeleitet, anhand derer Anfragen von externen Veranstaltern zu finanzieller und praktischer Unterstützung bewertet und eingeordnet werden. Fünf Kriterien, speziell auf den Eventbereich zugeschnitten, wurden dazu definiert. Davon müssen jeweils mindestens drei erfüllt sein, um Unterstützung zu erhalten:

1. Wirtschaftlicher/finanzieller Erfolg?
2. Event-/Unterhaltungscharakter/-faktor für Gäste vorhanden?
3. Nationaler/internationaler Marketing & PR Erfolg?
4. Imagewerbung/-transfer? Passt es zum Markenleitbild?
5. Übernachtungen generieren?

Auch bei der Bewertung von Medienangeboten (Anzeigen, redaktionelle Kooperationen, Journalisten-Anfragen) bietet das Leitbild und die definierte Zielgruppe ein sehr praxisbezogenes Instrument, das sich in der täglichen Arbeit bewährt hat. Der Bereich Wirtschaftsförderung, der übergeordnet in der Verwaltung der Gemeinde angesiedelt ist, macht sich die strategischen Erkenntnisse ebenfalls zunutze. Eine ursprünglich vom Tourismus erstellte Broschüre zur Akquise von Investoren bewies diesen Synergieeffekt erfolgreich: Die Kombination aus relevanten Fakten und Daten für die Zielgruppe und der professionellen Aufmachung im „offiziellen Look" beeindruckte selbst erfahrene Investoren und verdeutlichte so, dass auch ein kleinerer Ort Geschäftspartner auf Augenhöhe sein kann.

Da die Marke mit ihren Werten und das Leitbild aus dem gesamten Ort entwickelt wurden, ist sie nicht allein auf touristische Felder begrenzt. Wenn der Markenkern richtig erkannt ist, bilden die Ergebnisse des Markenbildungsprozesses eine verlässliche Grundlage für alle Bereiche. Eine einheitliche Basis verstärkt zudem den positiven Einfluss auf ein erfolgreiches Ergebnis. Alle Maßnahmen aus den verschiedensten Bereichen passen automatisch zusammen, ergänzen und verstärken sich gegenseitig und führen gemeinsam das bestmögliche Ergebnis herbei. Oftmals können sogar umfangreiche Abstimmungsprozesse wegfallen. Auch ist es sehr gut möglich, individuelle, jedoch auf einander abgestimmte Corporate Designs für die unterschiedlichen Bereiche zu etablieren. So kann sich zum Beispiel die Bürgerservice-Website der Gemeinde von der touristischen Website abheben, jedoch grafisch klar eine Zusammengehörigkeit vermitteln. Somit gewinnen beide an Wertigkeit und strahlen Professionalität und Einheit aus, ohne sich gegenseitig etwas wegzunehmen.

32.5.4 Kontinuierlicher Prozess: Nach der Markenentwicklung kommt die Markenführung

Wer wirklich erfolgreiche Marken, wie beispielsweise Nivea oder Kinder Schokolade, in ihrem Marken-Lebenslauf betrachtet, stellt fest, dass diese nur so wirken, als würde sich nie etwas ändern. Hier zeigt sich die wahre Meisterschaft der Markenführung: Die

Wahrnehmung der Werte und der Identität bleibt ungebrochen. Aber wie schafft man das? Wichtig ist es auf jeden Fall, am Puls der Zeit zu bleiben. Wie wird mein Markenwert in der heutigen Zeit wahrgenommen und wie kann ich ihn zeitgemäß darstellen? Erfolgreiche Logos werden höchst selten geändert und wenn, dann nur ganz sanft weiterentwickelt. Die Hauptarbeit liegt im Bereich der Umsetzung des Corporate Designs.

Garmisch-Partenkirchen hat in 2007 den Markenbildungsprozess begonnen, dann 2009 präsentiert und angefangen, die Gestaltung und die Maßnahmen in die Praxis umzusetzen. 2014, also fünf Jahre später, holte man sich die Markenagentur noch einmal an Bord, um kritisch zu prüfen, ob man noch auf dem richtigen Weg ist. Gerne schleichen sich in der täglichen Praxis Verwässerungstendenzen ein. Es wurde geprüft, wie konsequent man die Positionierung bisher umgesetzt hat und welche Wirkungen erzielt wurden. Ähnlich der Erstanalyse wurden Wahrnehmung bei der Zielgruppe und Medienpräsenz zurate gezogen. Wo steht man derzeit? Was kann man besser machen? Wo funktioniert es schon gut? Und wo wollen wir in Zukunft hin? Die Ergebnisse waren Handlungsempfehlungen für die Marketingarbeit. Erfreulich war, dass sich das Fundament „Marke“ bewährt hat und wirkt: Logo und Slogan sowie Werte und Leitbild funktionieren und passen weiterhin zur Destination.

Die Empfehlungen der Agentur waren willkommene Hilfestellungen für die tägliche Arbeit im Kommunikationsbereich. Anhand der Ergebnisse konnten in den folgenden Jahren Erfolge in sämtlichen Handlungsfeldern verzeichnet werden. Die Gästezahlen entwickelten sich überdurchschnittlich positiv und auch die Kennzahlen aus dem Medienbereichen waren vorbildlich.

Doch diese positive Entwicklung hatte auch ihre Schattenseiten. Quantitativ war Garmisch-Partenkirchen sehr erfolgreich, in der Hochsaison fast schon zu erfolgreich. Der Erfolg im Tourismus-Sektor machte es notwendig, einen sehr genauen Blick auf die richtige Balance zwischen Wachstum des Wirtschaftssektors Tourismus und dem Wohlergehen der einheimischen Bevölkerung zu werfen. Man erkannte, dass die quantitative Obergrenze in greifbarer Nähe war, jedoch qualitativ noch „Luft nach oben“.

In 2017 wurde deshalb erneut ein Kreis an engagierten touristischen Partnern aus dem Ort zusammen geholt und wieder mit Begleitung der Markenagentur ein Weiterentwicklungsprozess gestartet. Ziel war es, die Kommunikation so neu aufzustellen, dass der Fokus eindeutig auf qualitative Erfolge gelegt wird. Also keine Masse an zusätzlichen Gästen, sondern eine längere Aufenthaltsdauer. Was macht diese Gäste aus? Und wie können wir diese ansprechen und für uns begeistern? Und: Sind wir mit unserer bisherigen Strategie überhaupt noch auf dem richtigen Weg zu diesem Ziel? Dies war der Auftrag, den es in verschiedenen Workshops zu bearbeiten und zu lösen galt.

Des Weiteren wurde in diesem Prozess die Positionierung im Vergleich zu den wichtigsten Wettbewerbern geprüft und möglichst erfolgsorientiert ausgerichtet. Je mehr man sich in Richtung Qualität bewegen möchte, umso wichtiger ist eine saubere Positionierung, eine klare Abgrenzung zum Wettbewerb und eine konsequente Umsetzung der Strategie. Auch hier hat wieder die Markenagentur die Ergebnisse und Inputs aus den kreativen Gruppenarbeiten zusammengefasst, analysiert und auf professionelle Füße gestellt. Neueste Trends sowie vor allem psychologische Wirkungsweisen wurden

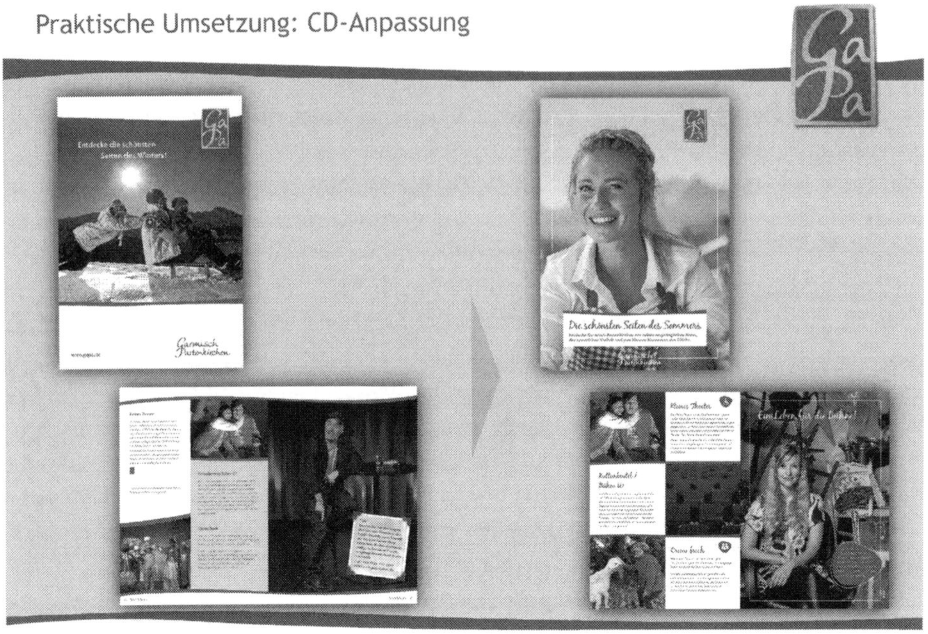

Abb. 32.17 Gegenüberstellung des Corporate Designs der ersten Phase (2007) und die Weiterentwicklung (2017). (Quelle: eigene Darstellung Markt Garmisch-Partenkirchen)

zugrunde gelegt. Darauf aufbauend resultierte eine wirksame Weiterentwicklung des Corporate Design, die die gewünschte Zielgruppe noch individueller und erfolgreicher ansprechen soll. Dafür wurde die Bildsprache emotionaler und die neue CD-Farbe Rot sowie eine geschwungenere Schrift für die Überschriften definiert. Zugleich durfte es jedoch keinen Bruch zum bisherigen Auftreten geben – ganz im Sinne einer soliden Markenführung (vgl. Abb. 32.17).

Nicht nur das Corporate Design wurde überarbeitet, auch die touristischen Produkte und die dazugehörigen Kommunikationsmaßnahmen wurden darauf basierend neu aufgestellt. Schließlich müssen Inhalt und Verpackung stimmig sein. Was nützt das schönste Corporate Design, wenn das angebotene Produkt nicht das hält, was es verspricht? Glaubwürdigkeit ist überzeugend und damit erfolgreich. Alles andere fällt in die Kategorie „Mogelpackung“. Wer eine klare, passende Positionierung hat, läuft daher auch selten Gefahr, diesen Fehler zu begehen.

32.6 Resümee: Eine lohnende Investition in die Zukunft

Ein hübsches Logo alleine ist niemals eine echte Marke. Die Erfahrung zeigt, dass ein solider Markenbildungsprozess gerade für kleinere oder mittlere Orte empfehlenswert ist. Der Aufwand darf nicht abschrecken und zu „abgespecktem“ Vorgehen verleiten. Die

Erstinvestition an Kosten und Zeit zahlt sich im Laufe der Jahre aus. Umso gründlicher das Fundament erarbeitet ist, umso länger ist der Nutzen und umso mehr interne wie externe Bereiche und Partner profitieren davon. Nicht nur der hier dargestellte Bereich Tourismus, sondern auch Wirtschaftsförderung und Standortentwicklung sowie Lokalpolitik oder sogar Vereine sind Nutznießer einer klaren Positionierung und Strategie. Alle Bereiche verzahnen sich effizienter und effektiver. Ein erkennbares Profil nach außen hat darüber hinaus schon bei der Suche nach Investoren und Sponsoren sowie bei Verhandlungen mit Fördergeldstellen wirksam Erfolg gezeigt.

Eine Marke muss kommuniziert, gelebt und betreut werden. Dies bedeutet im Alltag, dass sich eine zentrale Stelle – in Garmisch-Partenkirchen ist es die Tourismusmarketing-Abteilung – um dieses Thema kümmert. Dazu gehören nicht nur unzählige Gespräche bei der Markeneinführung, sondern auch das Überwachen der Lizenzverträge, der Blick auf mögliche Anpassungsprozesse, die Beratung aller Beteiligten und das kontinuierliche Impulsgeben zur Umsetzung und Integration der Strategie in möglichst vielen internen als auch externen Bereichen. Alles in allem also eine Investition in die Zukunftssicherung des Ortes, die sich lohnt.

Stephanie Fichtl ist Leiterin der Abteilung Marketing, PR und Online und seit 2007 bei Garmisch-Partenkirchen Tourismus beschäftigt. Ihre Wurzeln liegen im Marketing und Controlling der internationalen Pharma-Branche. Mit großer Leidenschaft widmet sie sich seit über 15 Jahren dem Tourismusmarketing. Die Balance zwischen wirtschaftlicher Sicherheit und dem Wohlergehen sowohl der Urlaubsgäste als auch der einheimischen Bevölkerung ist ihr ein großes Anliegen, das sie mit Engagement anhand des Themas „Marke" in der täglichen Praxis verfolgt.

KoblenzApp – Digitaler Frequenzbringer für die Stadt?

33

Frederik Wenz

Zusammenfassung

Wie sticht man mit einer Städte-App aus der grauen Masse der Angebote hervor und was macht eine App für Bewohner und Besucher einer Stadt gleichermaßen interessant? Welche Technologien sind zukunftsträchtig und können nachhaltig mit eingesetzt werden? Welche Mehrwerte lassen sich erzeugen und bieten dabei dem Handel und der Gastronomie neue Vertriebswege sowie die Direktansprache der Kunden? Die Beantwortung dieser und einiger Fragen mehr hat sich eine Projektgruppe in Koblenz zur Aufgabe gemacht und versucht, mit dem Digitalprojekt KoblenzApp Lösungen zu finden.

33.1 Einführung

Im Zuge der Digitalisierung war es schon seit langem ein Anliegen der Stadt Koblenz gewesen, eine eigene App entwickeln zu lassen und diese den Bewohnern und Touristen gleichermaßen nutzbringend zur Verfügung zu stellen. Grundvoraussetzung für die Übereinkunft mit einem App-Entwickler war hierbei, dass ein klarer Mehrwert gegenüber der Nutzung der normalen Stadt- Homepage gegeben sein muss sowie, dass Handel und Gastronomie über normale Standardeinträge hinaus mit eingebunden werden. Weitere Anforderung war, dass Firmen ihre Einträge in der App selbstständig pflegen und administrieren können. Darüber hinaus sollte die App werbefrei bleiben. Lange Zeit wurde man hier nicht fündig. Schließlich kam dann das Unternehmen IKS Mittelrhein Software GmbH (vormals als GIMIK System GmbH firmiert) auf die Stadt zu und

F. Wenz (✉)
Koblenz Stadtmarketing GmbH, Koblenz, Deutschland
E-Mail: info@koblenz-stadtmarketing.de

T. Breyer-Mayländer und C. Zerres (Hrsg.), *Stadtmarketing*,
https://doi.org/10.1007/978-3-658-26254-9_33

bot die passende Lösung an. Als in diesem Projekt gleichberechtigte Partner schlossen sich die Firma IKS Mittelrhein Software GmbH, die Koblenz Stadtmarketing GmbH, die Koblenz Touristik und das Amt für Wirtschaftsförderung zu einer Projektgruppe zusammen. Man erhoffte sich daraus einen neuen Frequenzbringer für die Innenstadt mit vielen Möglichkeiten.

33.2 Konzept

Städte-Apps gibt es wie Sand am Meer; entweder werden diese von den Städten selbst oder von privaten Anbietern in den App-Stores vorgehalten. Sie alle sollen Besucherinnen und Besucher über Sehenswürdigkeiten und Einkaufsmöglichkeiten via Smartphone informieren. Es gibt daher in diesen Apps meist eine Fülle an Informationen, Fotos und Kartenansichten. Das kann gut gemacht sein, aber letztlich fehlt häufig der gewünschte Mehrwert, der eine solche Städte-App für die Nutzer wirklich interessant und lebendig macht, sie also aus der Masse heraushebt. Genau über diesen Mehrwert hat man sich bei der Entwicklung der KoblenzApp Gedanken gemacht und versucht, diesen mit einzuflechten.

Sicher sind auch in der KoblenzApp Informationen zu den bekanntesten Sehenswürdigkeiten und den vielfältigen Einkaufs- sowie Gastronomiemöglichkeiten in Koblenz zu finden. Der Unterschied liegt aber in der Umsetzung, denn die KoblenzApp ist aktiver als reine Informationsapplikationen. Egal ob Shopping, Essen und Trinken, Kultur oder Events durch sogenannte Indoor Location Based Services sowie über Geofencing verbindet die KoblenzApp die Möglichkeiten zur Verknüpfung der digitalen Welt mit dem lebendigen Leben direkt in der Stadt am POI oder POS! Dies funktioniert mit der neusten Bluetooth-Technologie und dem Blupassion-System von IKS Mittelrhein Software GmbH. Mit dieser Technologie kann die App Touristen beispielsweise über speziell ausgewählte Routen durch die Stadt führen und ihnen Informationen zu interessanten Punkten auf der Strecke per Text, Bild oder Audio- und Videoeinspielungen geben. Dies alles geschieht über sogenannte Beacons, kleine Bluetooth-Sendeeinheiten, die an allen neuralgischen Punkten die auf Smartphones installierte KoblenzApp ansprechen können. So wird es nicht nur möglich sein, Rundgänge durch die Stadt mit den „klassischen" Informationen anzubieten, sondern auch spezielle Themenführungen. Im Zusammenspiel von Beacons und App wird dabei erkannt, wenn sich App-Nutzer einem bestimmten Punkt nähern; die App kann sie dann „ansprechen". Ebenso können App-Nutzer zu möglichen Folgepunkten in der Stadt weiter geleitet werden, wenn diese einen bestimmten Bereich wieder verlassen.

Spannend wird es dann, wenn Stadtrundgänge, Shopping, Essen, Trinken und Kultur zusammengebracht werden. So ist die KoblenzApp in der Lage, Nutzern nach einer bestimmten Zeit oder Wegstrecke Angebote zu naheliegenden Cafés oder Restaurants und deren möglichen Tagesaktionen zu unterbreiten. Ebenso können beim Verlassen von Geschäften weitere Shops einer bestimmten Kategorie empfohlen werden. Darüber hinaus gibt die KoblenzApp aber auch wichtige allgemeine Informationen, wo sich zum Beispiel die nächsten Wickelmöglichkeiten, öffentliche Toiletten oder auch eine barrierefrei Route durch die Stadt befinden. Die entsprechenden Einsatzoptionen sind nahezu endlos.

Wichtig zu wissen ist dabei: Informationen meldet die App nur dann, wenn der Kunde es auch möchte. Die App verfügt daher über einige Filter, welche die Kunden selbst setzen können. Nutzerdaten werden nur sparsam gesammelt, ausschließlich anonymisiert und sind ohne ein Nutzerprofil anzulegen. Trotzdem bietet die App einen Mehrwert, wie es sonst nur bei personalisierten Systemen möglich ist. Ansprechen wird die App nicht nur Besucherinnen und Besucher von Koblenz, sondern letztlich auch alle Koblenzerinnen und Koblenzer, die mit ihr die Stadt erkunden möchten oder einfach nur von den Angeboten des Einzelhandels profitieren wollen.

33.3 Umsetzung

Für die Umsetzung waren in der Projektgruppe vier beteiligte Institutionen mit unterschiedlichen Bearbeitungsfeldern zuständig. Die WirtschaftsFörderungsGesellschaft Koblenz war für einen Teil der Marketingfinanzierung sowie für die Zusammenarbeit mit den städtischen Ämtern zuständig. Darüber hinaus war sie bei der Ermittlung und dem Abgleich der Adressdaten im Bereich Handel und Gastronomie beteiligt und für die Platzierung der Beacons im öffentlichen Raum zum Beispiel an Gebäuden, in Laternen, an Denkmäler oder Brunnen. Die Marketing- und Grafikabteilung der Koblenz Touristik war an der Erstellung des Grundgerüstes der App, der touristischen Inhalte (Sehenswürdigkeiten, Events etc.) und der Vorgabe zur Positionierung der Beacons an den POIs verantwortlich. Darüber hinaus war sie dafür zuständig, die App in entsprechenden Printpublikationen (Fachliteratur, Newsletter etc.) und in der Hotellerie zu platzieren. Die Gesamtleitung des Projektes lag in der Verantwortlichkeit des Stadtmarketing. Daneben hatte dieses die Aufgabe der gemeinschaftlichen Ermittlung und des Abgleiches der Adressdaten, Handel und Gastronomie über die Nutzungsmöglichkeiten und Beteiligung an der App zu informieren sowie interessierte Pionierunternehmen zu akquirieren. Darüber hinaus war es für das Grundgerüst (Strukturbaum) der App, den Marketingplan, die Umsetzung der im Marketingplan enthaltenen Bestandteile, Themenrouten für die Bereiche Shopping und Gastronomie sowie für das Layout zuständig. Die Firma IKS Mittelrhein Software GmbH legte mit Ihrem Digitalkonzept zur Verwirklichung einer App in Koblenz den Grundstein und brachte als Entwickler, neben dem Know-how der Beacon-Technologie, auch das dazu passenden System Blupassion mit. Zu ihren Aufgaben gehörten darüber hinaus die gemeinsame Entwicklung des Strukturbaums, Erstellen einer Homepage zur App, Erstellen eines Vermarktungskonzeptes mit entsprechenden Angeboten im B2B-Bereich und natürlich die komplette technische Realisierung sowie Umsetzung der erarbeiteten Inhalte.

Ausgangslage war ein 5-Säulen-Konzept als Grundlage der weiteren Detailplanungen (Abb. 33.1).

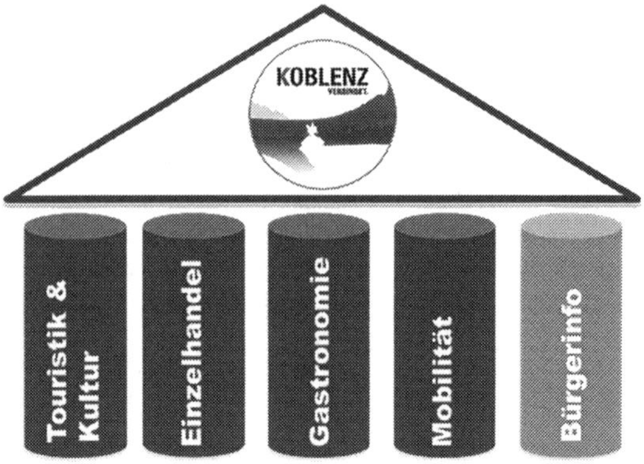

Abb. 33.1 5-Säulen Konzept. (Quelle: Koblenz Stadtmarketing GmbH)

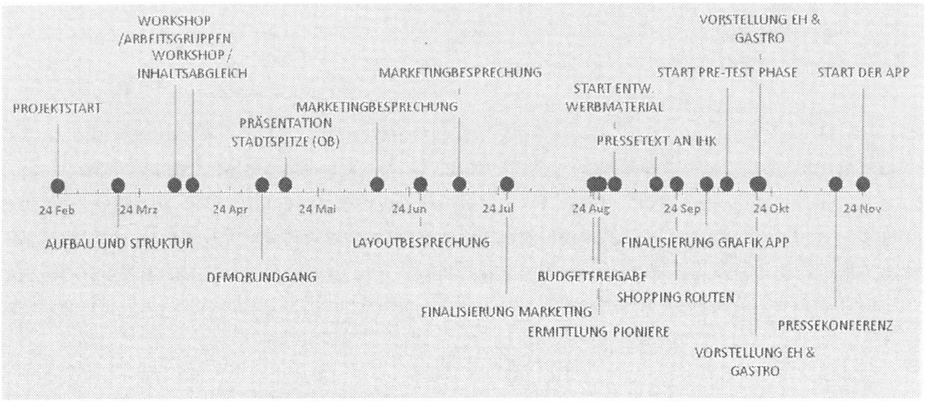

Abb. 33.2 Projekttimeline. (Quelle: Koblenz Stadtmarketing GmbH)

Projektstart war im Februar 2017 (Abb. 33.2). Ende November 2017 ging die App live, und man konnte sie in den jeweiligen Stores für iOS und Android herunterladen. Die vier beteiligten Institutionen kamen bei mehreren Workshops und in unterschiedlichen Arbeitsgruppen in regelmäßigen, kurzen Abständen zusammen. Erste Aufgabe für die Arbeitsgruppen war es, unter den jeweiligen Säulen einen Strukturbaum zu erarbeiten. Hierzu gehörte, neben der Nennung von Haupt- und Unterverzeichnissen, auch die Zulieferung von Text- und Bildinformationen. Zeitgleich begann die Firma IKS Mittelrhein Software GmbH damit, die Grundprogrammierung vorzunehmen. Im ständigen Austausch entstanden so in kurzer Zeit schon vorzeigbare Ergebnisse.

Parallel dazu wurde der Marketingplan mit entsprechenden Inhalten unterlegt. Im September fanden dann Fototermin und Dreharbeiten mit den Testimonials statt. Im November startete die groß angelegte Medienkampagne zum Start der App. Hierbei wurden alle relevanten Kanäle (Print, Online, Radio, TV) berücksichtigt (Abb. 33.3).

33.4 Ergebnisse

Aufgrund der sehr kurz gesteckten, ambitionierten Projektzeit, konnten bisher nur die bei den ersten beiden Workshops festgehaltenen Mindestbestandteile in der App integriert werden. Ideen, die während der Entwicklung aufkamen, konnten nicht alle aufgenommen werden, stehen aber derzeit noch zur weiteren Umsetzung offen. Mit der App ist es gelungen, eine innovative Städte-App zu entwickeln, die neben den herkömmlichen touristischen Informationen eben auch Handel und Gastronomie sowie weiterführend auch die Hotellerie mit einem Mehrwertansatz integriert. Die Direktansprache von Kunden oder potenziellen Kunden über Beacon gesteuerte Bluetooth Nachrichten, ob Text, Bild, Sound oder Video in Kombination mit POIs, schafft völlig neue Möglichkeiten. So war es auch erwünscht, dass sich Händler oder Gastronomie zusammenschließen und Cross-Selling beziehungsweise Up-Selling via Beacon Nachricht betreiben. So verlässt zum Beispiel ein Kunde eine Buchhandlung und erhält die Nachricht: „Zu einem guten Buch gehört auch ein schönes Stück Kuchen. Ihr Bäcker XY direkt nebenan hat eine köstliche Auswahl".

Damit bietet die App eine Plattform für die Stadt, Handel sowie Gastronomie und Dienstleistung, Inhalte genau dort abrufbar zu platzieren, wo sie auch Sinn ergeben. Dar-

Abb. 33.3 Anzeige/Flyer DIN lang. (Quelle: Koblenz Stadtmarketing GmbH)

über hinaus verfügt die App über Schnittstellen zur Erweiterung, zum Beispiel für ein angeschlossenes Parkleitsystem.

Abweichungen zu den Zielvorgaben ergeben sich bis dato daraus, dass man derzeit noch weitere Unternehmen akquirieren muss, um eine noch größere Branchenabdeckung und somit ein dichteres Netz an Beacon-Inhalten generiert. Durch die immer wieder aufkommenden Software-Erneuerungen bei iOS und Android steht auch die App laufend auf dem Prüfstand und muss entsprechend angepasst und so verbessert werden.

33.5 Schlussbetrachtung

Die KoblenzApp ist für alle Beteiligten ein interessantes Projekt, das noch viel Ausbaupotenzial bietet. Da die Möglichkeiten der Schnittstellen und Angliederung von weiteren Bestandteilen enorm groß sind, bietet die App auch in den nächsten Jahren die Möglichkeit mit dem Stand der Technik sowie neuen Darstellungsformen mit zu wachsen. Da die Projektzeit recht knapp geplant war, sollte man auf alle Fälle für Projekte dieser Größenordnung mehr Zeit vorsehen.

Der 38-jährige **Frederik Wenz** ist als Geschäftsführer und Citymanager der Koblenz Stadtmarketing GmbH tätig. Der gebürtige Darmstädter und Vater von 2 Kindern lebt seit 2004 in Koblenz und war hier zunächst im Bereich Groß- und Systemgastronomie tätig. Seit 2017 kümmert er sich mit seinem kleinen Team um die Geschicke des Stadtmarketings.

MAINZ – das virtuelle Stadterlebnis

34

Ein Praxisbericht zur digitalen Wiederauferstehung des kulturellen und historischen Erbes

Philipp Meier

Zusammenfassung

Die Digitalisierung der Städte ist in aller Munde. Gleichzeitig steigt die Herausforderung, das städtische und kulturelle Erbe langfristig zu sichern und erlebbar zu machen. Die rheinland-pfälzische Landeshauptstadt hat sich diesen Aufgaben angenommen und bietet mit der MAINZ-App ein innovatives und breites Angebot an digitalen Erlebnissen für Touristen und Bürger.

34.1 Einführung

„Mainz bleibt Mainz, wie es singt und lacht" – die Mainzer Fastnacht ist weit über die städtischen Grenzen hinaus bekannt. Doch wer die rheinland-pfälzische Landeshauptstadt auf eine Narren-Hochburg reduziert, greift deutlich zu kurz. Als eine der ältesten Städte Deutschlands, Oberzentrum inmitten der Metropolregion Rhein-Main, Universitäts- und Medienstadt sowie als Great Wine Capital, das heißt Mitglied des weltweit größten weintouristischen Netzwerks, weist die Stadt am Rhein eine zentrale Funktion als Wirtschafts-, Kultur- und Lebensstandort auf. Dabei profitiert Mainz insbesondere von seiner reichhaltigen Kultur und ausgeprägten Historie. Das kulturelle Erbe der Stadt ist für Bürgerinnen und Bürger, aber auch Touristen von nah und fern von besonderem Interesse und seit jeher der Kern der Mainzer Identität.

Geprägt wurde die heutige wie damalige Kultur insbesondere durch die weitreichende Historie der Stadt Mainz, die von den alten Römern über das Mittelalter zu Zeiten Johannes Gutenbergs, dem Erfinder des Buchdrucks, bis zur Zerstörung der Stadt im Zweiten

P. Meier (✉)
mainzplus CITYMARKETING GmbH, Mainz, Deutschland
E-Mail: p.meier@mainzplus.com

T. Breyer-Mayländer und C. Zerres (Hrsg.), *Stadtmarketing*,
https://doi.org/10.1007/978-3-658-26254-9_34

Weltkrieg reicht. Seit jeher sind das Mainzer Stadtgeschehen, die örtliche Infrastruktur und Architektur von den Geschehnissen der vergangenen Jahrzehnte und Jahrhunderte geprägt. Hierbei zeigt vor allem der Blick auf die städtebaulichen Gegebenheiten, dass vieles nicht mehr so ist, wie es einst war: Viele Bauwerke, Straßen und Denkmäler wurden über die Jahrhunderte entweder zerstört, verbrannt oder sind mittlerweile stark verwittert. Die von den touristischen Akteuren der Stadt proklamierte „Lebenslust am Rhein" ist inmitten der Mainzer Bevölkerung durch ihre Geselligkeit und ihren herb-herzlichen Frohsinn an jeder Ecke erkennbar, was man von den baulichen Gegebenheiten nicht behaupten kann. Gebeutelt von Kriegen, Zerstörung und Verwitterung sind viele Fundstellen und Artefakte der Mainz-prägenden Epochen nicht mehr oder nur bedingt vorzufinden, ein Schicksal, dass Mainz mit vielen anderen Destinationen teilt.

Um dennoch über die vergangene Zeit berichten und diese vermitteln zu können, nimmt die Konservierung entsprechender Bauwerke und Plätze als Zeitzeugen einen mittlerweile immer größer werdenden Stellenwert in Mainz ein. Doch auch die analoge Darstellung antiker Schätze, Fundstellen und Zeichnungen kommt mehr und mehr an ihre Grenzen. Aufgrund der oftmals nur bedingt nutzbaren beziehungsweise nicht ausreichend aufgearbeiteten Datengrundlage wird die Vermittlung kulturhistorischer Inhalte zunehmend schwieriger. In Zeiten von knapper Ressourcen und einer begrenzten Aufmerksamkeit ist es für kulturhistorische Akteure eine große Herausforderung, das zu vermittelnde Wissen pädagogisch adäquat, aber auch ansprechend und leicht verdaulich weiter zu geben. Die zunehmende Digitalisierung der Städte, und somit auch die vermehrt entstehenden und genutzten digitalen Produkte, leisten hierbei einen großen Beitrag und beschleunigen die Prozesse, um Daten aufzubereiten und zu präsentieren.

Mit dem Wissen über die eingeschränkte Erlebbarkeit der eigenen Kulturhistorie und den Chancen der Digitalisierung haben sich in der rheinland-pfälzischen Landeshauptstadt jüngst zahlreiche Akteure zusammengefunden, um dem drohenden Verlust des kulturellen Erbes beziehungsweise dessen Erlebens abzuwenden und eine langfristige, digitale Konservierung herzustellen.

34.2 Konzept

Um eben diese Aufgabe zu erfüllen, sind zahlreiche Akteure in der Stadt und der Region aktiv, teilweise ehrenamtlich, teilweise qua öffentlichen Auftrags. So verfolgt auch der Tourismusfonds Mainz e. V., der im Jahre 2017 als neues Modell der freiwilligen Tourismusfinanzierung gegründet wurde und sowohl städtische als auch private Akteure und Branchenverbände vereint, die Weiterentwicklung des Tourismusstandorts Mainz – in all seinen Facetten. Das erste Großprojekt, das der damals frisch gegründete Verein gemeinsam mit der städtischen Wirtschaftsförderung und der örtlichen Stadtmarketinggesellschaft vom Stapel gelassen hatte, war die offizielle MAINZ-App, ein virtuelles Stadterlebnis, das sich moderner Technologien bedient und dabei einen Mehrwert über reine Informationsbereitstellung hinaus bieten soll.

Die Applikation ermöglicht den Nutzern das individuelle und virtuelle Entdecken der rheinland-pfälzischen Landeshauptstadt, als Gast oder Einheimischer, als Shopping-Liebhaber, Feinschmecker, Historiker, Zeitreisender oder Eventbesucher. Die Nutzer entscheiden selbst, ob sie virtuell auf Entdeckungstour gehen (Virtual Reality), eine historische Zeitreise vor Ort antreten (Augmented Reality), mit dem Smartphone in der Hand auf virtuelle Schatzsuche à la „Pokémon GO" gehen (Gamification) oder maßgeschneiderte Services und Informationen abrufen möchten.

So verbindet die MAINZ-App reale Gegebenheiten mit virtuellen Rekonstruktionen und Stilelementen des „Storytellings" in einer gemeinsamen Smartphone-Anwendung. Die Nutzer begeben sich auf Zeitreise – von der römischen Epoche über das Mittelalter zu Zeiten Johannes Gutenbergs bis hin in das gegenwärtige Mainz. Im Mittelpunkt der MAINZ-App steht das inspirierende, aber niederschwellige Erlebnis der Destination Mainz – mit all seinen Facetten und Besonderheiten.

Die MAINZ-App hat das Ziel, das vorhandene, oft analoge Angebot zur Entdeckung des kulturellen Erbes der Stadt um digitale Inhalte zu erweitern. Mithilfe moderner Technologien (Virtual und Augmented Reality) wird die Mainzer Geschichte spielerisch, aber durchweg seriös und historisch valide dargestellt und erlebbar gemacht. Zu den Modulen zählen eine „virtuelle Tour mit Johannes Gutenberg", bei der die wichtigsten Bauwerke und Fundstellen, die mit der Person und dem Buchdruck in Verbindung stehen, per VR und AR erlebbar werden (vgl. Abb. 34.1). Ein besonderes Highlight ist die vollständige, eigens für die App umgesetzte 3D-Rekonstruktion des Römischen

Abb. 34.1 Virtual Reality-Modul „Altes Kaufhaus am Brand" mainzplus CITYMARKETING/ ZDF Digital. (Quellen: Institut für Mediengestaltung an der Hochschule Mainz [IMG], Institut für Geschichtliche Landeskunde an der Universität Mainz e. V. [IGL])

Abb. 34.2 Virtual Reality-Modul „Römisches Bühnentheater" mainzplus CIYMARKETING/ ZDF Digital. (Quellen: Generaldirektion Kulturelles Erbe Rheinland-Pfalz [GDKE]; Theaterinszenierung: mit freundlicher Unterstützung des Staatstheaters Mainz)

Bühnentheaters Mainz, das per Virtual Reality aufersteht und per Gaze Control (Blicksteuerung) verschiedene Blickwinkel innerhalb des 360 Grad-Raums ermöglicht (vgl. Abb. 34.2). Innerhalb der VR-Anwendung findet auf der (virtuell konstruierten) Bühne ein reales Theaterstück, eine mehrminütige Szene aus Senecas „Oedipus", statt. Schauspielerinnen und Schauspieler des Staatstheaters Mainz wurden vorab vor einem Green Screen gefilmt und später in das virtuelle Bühnentheater eingesetzt – Realität und Virtualität verschmelzen zunehmend miteinander.

34.3 Umsetzung

Die Umsetzung der MAINZ-App erfolgte durch Historiker und Wissenschaftler (Institut für Geschichtliche Landeskunde an der Universität Mainz e. V., Landesarchäologie der Generaldirektion Kulturelles Erbe Rheinland-Pfalz, Initiative Römisches Mainz e. V.), Medienagenturen (VRM Digital, ZDF Digital Medienproduktion GmbH, Institut für Mediengestaltung an der Hochschule Mainz) sowie städtische und kulturelle Institutionen (Staatstheater Mainz, Tourismusfonds Mainz e. V., mainzplus CITY-MARKETING, Amt für Wirtschaftsförderung, Amt für Öffentlichkeitsarbeit, Stadtarchiv Mainz). Erst eine solche intensive Zusammenarbeit zwischen den Akteuren hat es möglich gemacht, eine historisch valide und gleichzeitig ansprechende Anwendung zu realisieren. Das Projektmanagement sah vor, dass die jeweiligen Experten für einen bestimmten Bereich die einzelnen Module konzipierten und die eigene Fachexpertise beratend mit einbrachten. Teilweise konnte auf Daten-Rohmaterial zurückgegriffen werden, das innerhalb der MAINZ-App eine neue Bestimmung fand. Mithilfe einer zentralen Koordination durch die örtliche Stadtmarketinggesellschaft mainzplus CITY-MARKETING konnten die Akteure effizient mit eingebunden werden und hatten so einen wesentlichen Anteil an der erfolgreichen Umsetzung der MAINZ-App.

Die Innovation der MAINZ-App liegt insbesondere in der niederschwelligen und gebündelten Bereitstellung eines virtuellen Erlebnisses für alle potenziellen Nutzer. Die Vermittlung modernster Technologien in einer serviceorientierten und kostenlosen City-App entspricht dem Zeitgeist und der zunehmenden Entwicklung zur selbstverständlichen Verfügbarmachung digitaler Angebote im städtischen Raum; sie ist ein zentrales Starterprojekt auf dem Weg der Stadt Mainz hin zu einer digitalen Destination.

Die MAINZ-App wurde grundsätzlich für alle interessierten Zielgruppen konzipiert. Sie steht kostenlos in den Stores (AppStore/Apple iOS und GooglePlay/Android) zur Verfügung. Die App ist frei von Werbung, Anzeigen usw. Sie baut auf dem Corporate Design der Landeshauptstadt Mainz auf (vgl. Abb. 34.3), beinhaltet eine interaktive Stadtkarte (GoogleMaps- beziehungsweise AppleMaps-basiert, vgl. Abb. 34.4) und integriert den städtischen Veranstaltungskalender. Die Nutzung der App wird vereinfacht, da

Abb. 34.3 MAINZ-App: Startseite. (Quellen: mainzplus CITYMARKETING/VRM Digital)

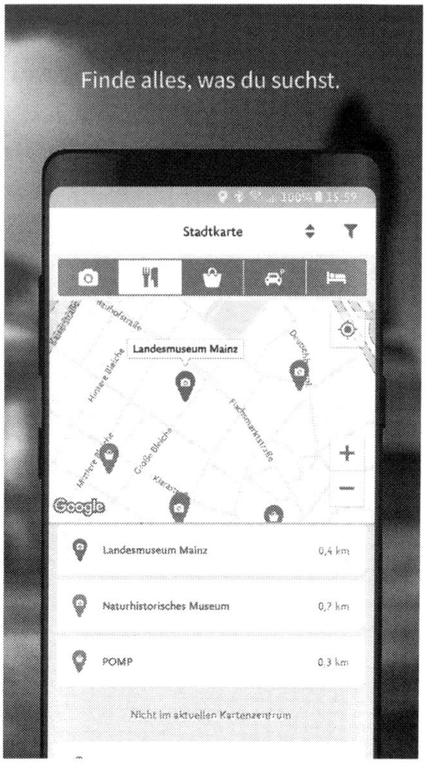

Abb. 34.4 MAINZ-App: Interaktive Karte. (Quellen: mainzplus CITYMARKETING/VRM Digital)

die Anwendung sowohl auf Google-Daten als auch auf eine interne Datenbank zurückgreift, die zentral gesteuert wird und als Datenquelle für viele digitalen Angebote fungiert (MAINZ-App, diverse Websites, Veranstaltungskalender). Da die Datenbank täglich synchronisiert wird, ist eine Aktualität der Services und Angebote garantiert. Ein internes Qualitätsmanagement sorgt für die Einhaltung der Standards bezüglich der Qualität der in der App dargestellten Einträge, also Texte, Bilder und Verlinkungen.

Die App wurde so konzipiert, dass die Phasen der Customer Journey, das heißt die wesentlichen Inhalte und Schritte innerhalb des Reiseprozesses berücksichtigt sind. So können sich die Nutzer ortsunabhängig über Mainz informieren. Vor Ort dient die App dann insbesondere als interaktives Werkzeug, um (per Standorterkennung) Orientierung zu schaffen. Einzelne Elemente, vor allem die AR-Module, sind bewusst nur vor Ort nutzbar und animieren die Nutzer, das Stadtgebiet und die Sehenswürdigkeiten kennenzulernen und aktiv zu erleben. Die Mehrwerte für die Nutzer ergeben sich durch die Mischung aus Information, Navigation, Fahrplanauskunft, Echtzeit-Staukarte sowie Zusatzinhalte, die nur digital bereitgestellt werden können (VR/AR). Die eingesetzte Technologie sieht vor, dass Nutzer aktiv per Push-Benachrichtigungen über besondere Inhalte, Veranstaltungshinweise usw. informiert werden können.

Für alle Interessierte wurde im Tourist Service Center Mainz ein Showroom für die MAINZ-App installiert, der feste Virtual Reality-Brillen und Vorführgeräte bereithält. Besucher können somit die App kostenlos vor Ort testen und downloaden (freies WLAN inklusive). Eine eigens für die MAINZ-App umgesetzte Website (www.mainz-app.de) fungiert als digitales Handbuch, inklusive ansprechendem, audiovisuellem Erlebnis per Imagetrailer.

34.4 Ergebnisse

Die MAINZ-App wurde von Beginn an als nachhaltiges Projekt angelegt. Die ökonomische Komponente des neu geschaffenen Mediums zeigt sich sicherlich in Form des Gesamtwerts für die Destination Mainz. Die durch den Tourismus generierte Wertschöpfung ist einer der größten und relevantesten Wirtschaftsfaktoren, sichert viele branchenabhängige Arbeitsplätze und sorgt für positive Einkommenswirkungen und Steuereinnahmen. Die MAINZ-App kann ihren Beitrag dazu leisten, die Entwicklung der Destination positiv zu begleiten, indem sie zum Beispiel die wertschöpfungsrelevanten Segmente, also etwa Beherbergung, Gastronomie, Einzelhandel, ansprechend präsentiert.

Auch hinsichtlich einer ökologischen Nachhaltigkeit wirkt die MAINZ-App positiv. Die Auflagen der bislang publizierten Printprodukte (u. a. Flyer, Broschüren, Gastgeberverzeichnisse) wird kontinuierlich reduziert. Der Schritt in die digitale Tourist-Information wird beschleunigt, die gelernte Nutzung der App sorgt automatisch für eine verstärkte Orientierung hin zu digitalen Medien und Angeboten.

Die soziale Nachhaltigkeit wird vor allem in Form der Konservierung des kulturellen Erbes deutlich. So wurde zum Beispiel durch die virtuelle Rekonstruktion des „Römisches Bühnentheaters" eine Diskussion bezüglich der langfristigen Konservierung der Ausgrabungsstätte – mit dem Ergebnis entfacht, dass langfristig zusätzliche Investitionen für die Konservierung des Römischen Bühnentheaters bereitgestellt werden. Auch hier hat die MAINZ-App einen Beitrag geleistet, das Bewusstsein gegenüber dem kulturellen Erbe zu erhöhen und hier auf Optimierungspotenziale hinzuweisen.

34.5 Schlussbetrachtung

Das Projekt der MAINZ-App ist ein erfolgreiches Beispiel für die konzertierte Umsetzung eines digitalen Projekts zur virtuellen Erlebbarmachung kulturhistorischer Objekte. Viel wichtiger als das Produkt an sich sind das entstandene Commitment für eine gemeinsame Vorgehensweise und das gemeinsam artikulierte Ziel, die Destination langfristig voran zu bringen. Durch die Fokussierung auf einen „gemeinsamen Nenner" und eine klare Zielvorstellung setzt sich der Kollektivgedanke mehr und mehr durch. Dabei haben insbesondere die interdisziplinären Zusammenarbeitsstrukturen mit Akteuren aus Forschung und Lehre, Wirtschaft, Tourismus und Kultur eine sehr fruchtbare Zusammenarbeit gefördert und sich in einem Produkt manifestiert.

Um diesen Ansatz auch über die Stadtgrenzen hinaus zu verbreiten, soll die MAINZ-App Schule machen. Die virtuelle Tour durch die Stadt hat in Mainz ihren Ursprung; das artikulierte Ziel ist jedoch auch, andere Städte zu animieren, die eingesetzten Technologien und deren Anwendbarkeit zu adaptieren. So gelten die Entwicklung, Umsetzung und Bereitstellung der MAINZ-App heute als wichtiger Baustein im Rahmen der fortlaufenden Digitalisierung der Städte.

Philipp Meier ist Bereichsleiter Marketing, Sales & Tourismus bei der mainzplus CITY-MARKETING GmbH. In der kommunalen Marketinggesellschaft der rheinland-pfälzischen Landeshauptstadt verantwortet er den Auftritt von Mainz nach innen und außen. In den Segmenten Congress, Kultur und Tourismus hat sich Mainz zu einer der wichtigsten Städtedestinationen in Deutschland entwickelt und gilt heute in vielen Bereichen als Innovationstreiber.

35 Leipzig – ein Shootingstar unter Deutschlands Städten?

Volker Bremer

Zusammenfassung

Leipzig hat in den vergangenen Jahren einen sehr positiven Imagetransfer erlebt. Die Stadt zählt seit einigen Jahren zu den hippen, hoch attraktiven Städtereisezielen in Europa. Der folgende Text beschreibt, wie durch zielorientierte PR und einen kontinuierlichen Markenbildungsprozess dieser Imagetransfer gemanagt wurde und wie die Marke Leipzig von einer Stadtmarke zu einer Marke für Leipzig und die Region Leipzig entwickelt wurde.

35.1 Einleitung

„Hipster cafes, innovative cuisine, a trailblazing art scene: the east German city has turned sexy", berichtet die Sunday Times aus England (vgl. Wise 2016), der Independent schreibt, „Leipzig has Europe's coolest club scene" (vgl. Hinson 2018) und die Neue Zürcher Zeitung (vgl. Neue Zürcher Zeitung 2017) informiert ihre Leser, „Kunstszene Leipzig – Hinter gefühlt jedem Fenster macht einer Kunst".

Leipzig hat sich vor allem international zu dem Medienliebling der deutschen Großstädte entwickelt.

Sicher auch ein Verdienst der erheblich ausgebauten und professionelleren Medienarbeit der Leipzig Tourismus und Marketing GmbH (LTM) in den letzten Jahren. Mehr als 100 ausländische – und über 150 deutsche Journalisten werden jedes Jahr vom PR-Team der LTM betreut. Programmhighlights werden zielgruppenrelevant für die

V. Bremer (✉)
Leipzig Tourismus und Marketing GmbH, Leipzig, Deutschland
E-Mail: v.bremer@ltm-leipzig.de

T. Breyer-Mayländer und C. Zerres (Hrsg.), *Stadtmarketing*,
https://doi.org/10.1007/978-3-658-26254-9_35

Journalisten aufbereitet, eine persönliche Betreuung während ihrer Zeit in Leipzig ist selbstverständlich.

Oft entstehen die Programme in enger Zusammenarbeit mit den Partnern aus Kultur und Tourismusbranche. Begegnungen mit dem Gewandhauskapellmeister, dem Intendanten von Oper oder Bachfest, Direktoren der Leipziger Museen, Künstlern, Galeristen, Bürgerrechtlern, bekannten DJs oder sonstigen Akteuren der Leipziger Stadtgesellschaft sind hierbei keinesfalls zufällig sondern fester Bestandteil des Besuchsprogramms.

Leipzig gilt als Deutschlands Boomtown und ist die Stadt mit der höchsten Wachstumsdynamik, d. h. dem am schnellsten steigenden Einwohnerwachstum in Deutschland. In den 90er Jahren auf unter 500.000 Einwohner gesunken, peilt man für 2018 den Sprung auf über 600.000 Einwohner an.

Auch für Übernachtungsgäste wird Leipzig immer attraktiver, lagen die Übernachtungszahlen 2008 noch bei 1,85 Mio. so wird das Jahr 2018 bei ca. 3,4 Mio. Übernachtungen enden (vgl. Abb. 35.1). Ein Wachstumsplus von 84 %. Leipzig zählt auch beim Wachstum der Übernachtungen zu den dynamischsten Großstädten in Deutschland.

Die Marke Leipzig wird mehr denn je mit Städtereisen in Verbindung gebracht. Laut der Studie Destination Brand 13 hielten in 2014 64 % der Befragten Leipzig geeignet für eine Städtereise (2010: 59 %). Leipzig lag damit unter den TOP 5 der abgefragten

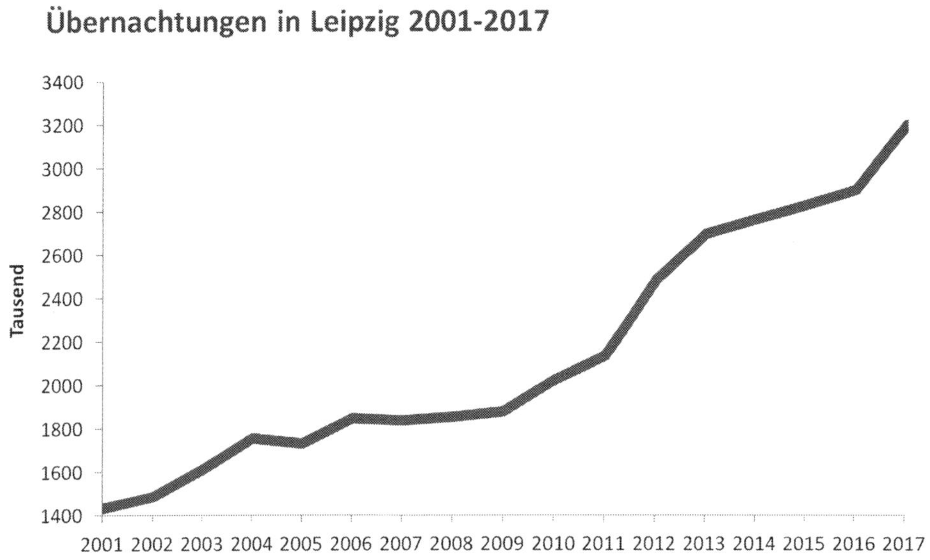

Abb. 35.1 Entwicklung der Übernachtungen in Leipzig seit 2001. Übernachtungszahlen entwickelten sich von 1,85 Mio. Übernachtungen in 2008 zu ca. 3,4 Mio. im Jahr 2018. (Quelle: Statistisches Landesamt des Freistaates Sachsen)

Destinationen (vgl. Institut für Management und Tourismus (IMT) der FH Westküste 2014). Die Stadt gilt als abwechslungsreich, lebendig und kulturell interessant, auch bei Personen, die Leipzig noch nicht besucht haben (vgl. Institut für Management und Tourismus (IMT) der FH Westküste 2015).

Der Frage „Leipzig – hipper als Berlin?“ und dem damit verbundenen Image widmen sich mittlerweile nicht mehr nur Zeitungen, sondern auch wissenschaftliche Publikation, u. a. eine Studie des Instituts für Service und Relationship Management der Universität Leipzig. Das Ergebnis: „Leipzig ist ‚hip‘, aber nicht ‚hipper‘ als Berlin.“ (vgl. Heinrich et al. 2015) Auf einer Skala von 0 bis 1 erreichte Berlin einen Wert von 0,73. Mit 0,72 liegt Leipzig nur knapp dahinter.

Leipzig punktet dabei gegenüber Berlin vor allem in den Kategorien:

- bietet Natur und Rückzugsmöglichkeiten.
- ist studentisch geprägt.
- ist bezahlbar.
- ist gut vernetzt mit öffentlichen Verkehrsmitteln und Fahrradstrecken.

Auch in den Kategorien „ist abwechslungsreich“, „ist offen und multikulturell“ und „ist alternativ“ erreicht Leipzig hohe Werte, bleibt jedoch etwas hinter Berlin zurück.

Damit stellt die Studie die Besonderheiten Leipzigs sehr gut dar. Zum einen stimmen die harten Standortfaktoren: Das Mietniveau bleibt dabei im deutschlandweiten Vergleich weiterhin günstig. Industrielle Ansiedlung wie z. B. von Porsche oder BMW schaffen Arbeitsplätze. Die Universität Leipzig und weitere Hochschulen spielen eine ebenso wichtige Rolle und ziehen zahlreiche junge Menschen an. Die weichen Standortfaktoren tun ihr übriges: Dank der zahlreichen Parks und des Auwaldes, Europas größtem innerstädtischen Waldgebiet, gehört Leipzig zu den grünsten Städten Deutschlands. Die Seen rund um Leipzig und deren gute Erreichbarkeit steigern den Freizeitwert erheblich. In Sachen Familienfreundlichkeit ist die Stadt Leipzig sehr engagiert und arbeitet nach einem detaillierten Aktionsplan. Außerdem weist die Stadt eine große kulturelle Vielfalt auf. Neben der Hochkultur konnte sich aber auch die alternative Szene etablieren, die es verstanden hat, die vorhandenen Freiräume, die sich nach der Friedlichen Revolution auftaten, zu nutzen. Dies gilt sowohl für die Freiräume im Denken als auch für die Freiräume im eigentlichen Sinne – ungenutzte Areale und leerstehende Gebäude. Als Beispiele seien hier die Leipziger Baumwollspinnerei, das Tapetenwerk oder ganz neu das Kunstkraftwerk genannt – ehemalige Industriebrachen, die nun Raum für kreative Entfaltung bieten. Immerhin ist Leipzig als Messestadt seit jeher weltoffen und tolerant.

All dies trägt zu einer besonderen Atmosphäre und hervorragenden Lebensbedingungen bei, vor allem auch für junge Menschen. Nicht umsonst gehört Leipzig zu den jüngsten Städten Deutschlands (vgl. Statista 2016).

35.2 Markenkampagnen: Leipzig ist angekommen

Die (touristische) Entwicklung der Stadt spiegelt sich auch in der Entwicklung der Marke wieder:

Die erste Imagekampagne nach der Friedlichen Revolution war „LEIPZIG KOMMT". Hier sollten vor allem die Leipziger Bürger angesprochen und mitgenommen werden. Es wurde gebaut, es wurde investiert, überall standen Kräne. Die Kampagne war ein Versprechen, damals abgegeben vom ersten Leipziger Oberbürgermeister nach der Friedlichen Revolution, Hinrich Lehmann-Grube: Leipzig kommt, irgendwann ist es vollendet.

Als das dann fast absehbar war, wurde im Juni 2002 die Kampagne „Leipziger Freiheit" initiiert (vgl. Abb. 35.2). Dabei verstand man Leipziger Freiheit als den City Claim: Die Stadt, die einem die Möglichkeit gibt, seine Träume zu verwirklichen. Als langfristig angelegte Kampagne setzte die „Leipziger Freiheit" einerseits ein starkes Signal nach außen, andererseits verstärkte sie die Identifikation der Leipziger mit ihrer Stadt. Der Slogan ließ Raum für ausreichend persönliches Gefühl und Interpretation – jeder einzelne kann seine „Freiheiten" in Leipzig selber finden und davon profitieren. Zum anderen griffen die „Freiheiten" konkrete Stärken, Alleinstellungsmerkmale

Abb. 35.2 Kampagnenmotiv der „Leipziger Freiheit" – Leipzig. New York. London. Paris. (Quelle: eigene Darstellung)

und Chancen auf. So präsentierte sich Leipzig als prosperierender Wirtschafts- und Wissenschaftsstandort, als traditionsreiche Kulturstadt und als attraktiver Lebensmittelpunkt seiner Bürger.

Ganz im Sinne der „Leipziger Freiheit“ titelte z. B. die New York Times 2014 dann „Leipzig – das neue Berlin oder nicht“ (vgl. New York Times 2014; The Guardian 2014) und „Hip, Hipper, ‚Hypezig‘ – Alle lieben Leipzig“ (vgl. Die Zeit 2013). Leipzig ist angekommen unter den deutschen Großstädten – Zeit also für eine Weiterentwicklung der Marke: Zum einen hat Leipzig neben den alternativen Vierteln, die den Vergleich mit Berlin vor zehn Jahren nahelegen, vielfältigere Facetten zu bieten und auch ein kurzlebiger Hype um die Stadt ist nicht im Sinne einer nachhaltigen Imagebildung.

Vor dem Hintergrund der dynamisch gestiegenen Übernachtungszahlen sowie der angestrebten intensiveren Vernetzung zwischen der Stadt Leipzig und den angrenzenden Landkreisen wurde ein touristischer Entwicklungsplan erarbeitet, der die wesentlichen Rahmenbedingungen und Ziele für die zukünftige touristische Entwicklung zusammenfasst und sich an den Vorgaben der Tourismusstrategie des Freistaates Sachsen 2020 orientiert.

Um den neuen Herausforderungen eines Marketings für Stadt und Region gerecht zu werden und neue Zielgruppen anzusprechen, wurde im Jahr 2015 unter Einbeziehung diverser touristischer Akteure die Marke „LEIPZIG REGION“ etabliert (vgl. Abb. 35.3). Erstmals werden sowohl Leipzig als auch die angrenzende Region unter einer starken Dachmarke vereint, über kommunale Grenzen hinweg.

Bei der Entwicklung der übergeordneten Bildmarke war es das Ziel, die vier Teile – Sächsisches Burgenland, Leipziger Neuseenland, Sächsisches Heideland und die Stadt Leipzig – so darzustellen, dass sie als Erlebnisräume erkennbar bleiben, aber dennoch ein Ganzes formen. Das verbindende Zentrum ist die Stadt Leipzig.

In der Unterzeile „Burgen-Seen-Heide-City“, auf die im internationalen Kontext verzichtet wird, spiegeln sich die Themencluster der Gesamtdestination. Die Identität der Teilregionen wird dabei gewahrt. Gleichzeitig wird die Strahlkraft der Stadtmarke Leipzig genutzt. Denn letztendlich ist die Marke der Stadt einfach „Leipzig“, seit mittlerweile mehr als 1000 Jahren.

Abb. 35.3 Logo „Region Leipzig“. (Quelle: eigene Darstellung)

LEIPZIG
REGION
BURGEN | SEEN | HEIDE | CITY

35.3 Aktuelles Markenprofil: Konzentration auf die Alleinstellungsmerkmale

Am Beginn der Marketingplanung steht immer eine Stärken-Schwächen-Analyse. Die Vielfalt der Stadt ist dem Besucher zwar wichtig, bleibt aber ein unscharfer Begriff. Für ein klares Markenprofil ist eine Fokussierung auf die Stärken der Destination von Bedeutung.

Dabei ist Leipzig ganz klar eine Musikstadt: Hier wirkten Johann Sebastian Bach, Felix Mendelssohn Bartholdy, Robert und Clara Schumann und hier erhielt der in Leipzig geborene Richard Wagner seine musikalische Ausbildung. Im Gewandhaus, in der Thomaskirche oder in der Oper wird noch heute Musikgeschichte geschrieben. Zahlreiche Museen und Festivals pflegen das musikalische Erbe der Stadt. Das Thema „Musik“ steht somit im Mittelpunkt der Marketingstrategie. Hinzu kommen die Themen „Messe- und Kongressdestination“ und „Stadt der Friedlichen Revolution“. Ergänzend werden geschichtliche Besonderheiten wie die Völkerschlacht bei Leipzig und diverse Jubiläen in den Mittelpunkt gerückt. Diese historischen Kernthemen werden unter der Marke und im Corporate Design (CD) der „LEIPZIG REGION“ kommuniziert (vgl. Abb. 35.4).

Mit dem Zoo Leipzig und dem Panometer Leipzig stellt auch das Segment Freizeiterlebnis einen wichtigen Fokus für die Stadt dar. Das Regionsangebot, z. B. der Freizeitpark Belantis und der Kanupark Markkleeberg, ergänzen dieses Segment optimal. Von dieser Kombination können Leipzig und die Region profitieren.

Für das kreative und alternative Leipzig werden ausgefallenere Wege gesucht, bei denen die Marke „LEIPZIG REGION“ nicht kommuniziert wird. Dies ist z. B. bei dem alternativen Stadtführer „Verborgenes Leipzig“ der Fall (vgl. Abb. 35.5). Für Website, Print-Ausgabe und App wurde ein eigenes Corporate Design mit einer besonderen Bildsprache entworfen. Die LTM GmbH taucht lediglich im Impressum auf.

Neben „Verborgenes Leipzig“ verzeichnen auch die Pressearbeit und Influencer Marketing, insbesondere im internationalen Umfeld, eine sehr positive Resonanz bei diesem Thema. Authentizität ist hier das Stichwort. Z. B. wurde 2014 der erste Social Travel Summit der Deutschen Zentrale in Tourismus erfolgreich in Leipzig durchgeführt: Mehr als 100 Blogger und Reisespezialisten aus aller Welt trafen sich in Leipzig zu Workshops, Diskussionen und Entdeckungstouren durch die Stadt. In 2016 fand ein Video Summit in Leipzig statt: Insgesamt 150 Nationale und internationale Videoblogger und Filmemacher, sowie Social Media- und Digital Marketing-Experten werden nach Leipzig eingeladen. Ziel war es, durch den Summit eine professionelle Plattform zum Thema Bewegtbild zu schaffen. Zusätzlich wird der Video Summit von einem internationalen Video-Wettbewerb begleitet, um professionelle Videos über Leipzig zu erhalten.

Abb. 35.4 Faltplan „Leipzig – Wir sehen uns!" im aktuellen CD. (Quelle: Foto: F.Seidel_Fotolia.com)

Abb. 35.5 Alternativer Stadtführer „Verborgenes Leipzig". (Quelle: Tom Schulze)

35.4 Image = Bild: Die Bedeutung der Bildsprache für die Marke

Bei der Vermarktung einer Stadt spielt das allgemeine Lebensgefühl eine besondere Rolle. Intangible Faktoren wiederum lassen sich am besten durch Bilder kommunizieren. Daher galt es, ein prägnantes, wiedererkennbares Motiv zu etablieren, welches dennoch der Vielfalt der Stadt gerecht wird. Das Panorama, das in Leipzig dank Thomaskirche, Bundesverwaltungsgericht, Neuem Rathaus, City Hochhaus, Nikolaikirche und Paulinum sehr prägnant ist, eignet sich hierfür hervorragend. Das Bild spiegelt alle Kernthemen des Markenprofils und hat dazu noch eine stimmungsvolle Atmosphäre (vgl. Abb. 35.6).

Abb. 35.6 Anzeige in der Wiener Zeitschrift „Musikfreunde" mit dem Panorama-Motiv. (Quelle: Foto: Michael Bader)

Die LTM GmbH nutzt es seit 2008 konsequent auf allen Kanälen. Ferner hat sich das Motiv auch bei den Leistungsträgern sehr gut etabliert. Die Bahn nutzt es auf der Leipzig-Seite ihrer Website. Galeria Kaufhof hat das Bild für Geschenkkarten erworben. Der

Verein „Leipzig 2015 e. V.“, welcher die Organisation der Feierlichkeiten zu 1000 Jahren Leipzig verantwortete, machte das Panorama zum zentralen Motiv. Mittlerweile ist das Panorama etabliert und der Wiedererkennungseffekt ist sehr hoch.

Um sicherzustellen, dass die weitere Bildsprache dem Corporate Design entspricht, wurde ein zentraler Fotopool angelegt, der das Panorama-Motiv ergänzt.

35.5 Innenmarketing: Ein Schlüsselinstrument

Tourismusmarketing hat viele Dimensionen und beinhaltet auch das Innenmarketing, auch in den drei oben genannten Markenkampagnen. Innenmarketing richtet sich dabei an Bürger genauso wie lokale Leistungsträger.

Die Bürger der Stadt sind wichtige und vor allem glaubwürdige Multiplikatoren. Auch hierauf richtet die LTM GmbH einen Fokus, z. B. durch die Schaffung attraktiver kultureller Angebote wie dem Lichtfest Leipzig, Leipzig genießt oder dem Leipziger Passagenfest. Weitere herausragende Veranstaltungen werden auch in Leipzig selbst beworben und so in das Bewusstsein der Bevölkerung gebracht.

Ferner gilt es, die Leistungsträger bei der Erstellung von Angeboten zu unterstützen. Eine Plattform für den Austausch ist dabei das Tourismusfrühstück. Es wurde 1996 erstmals durchgeführt. Im Verlauf der letzten Jahre hat es sich von einer lockeren Gesprächsplattform zu einer thematisch fest umrissenen Veranstaltung mit Podiums- und Publikumsdiskussion entwickelt. Zahlreiche Projekte, wie z. B. die Erstellung des Kabarettflyers und die gemeinsame Bewerbung der Herbstfestivals, sind aus dieser Veranstaltung entstanden und bereichern bis heute das touristische Angebot der Stadt. Die jährliche Verleihung des „Leipziger Tourismuspreises“ im Rahmen des Tourismusfrühstücks stellt eine wichtige Wertschätzung der lokalen Akteure dar und fördert Innovation.

35.6 Fazit

Die Markenbildung ist ein komplexer Prozess, der die Einbeziehung aller Akteure erfordert. Dabei sollte die Marke, um sich etablieren zu können, langfristig nutzbar sein. Dennoch darf sie nicht als starres, unveränderbares Konstrukt gesehen werden. Wenn die Zeit einer Marke abgelaufen ist, muss dies berücksichtigt werden. Andernfalls kann eine Marke mit dem rasanten Entwicklungen, wie sie z. B. in Leipzig stattgefunden haben, nicht Schritt halten. Durch diese nachhaltige und flexible Markenentwicklung wird sichergestellt, dass der Erfolg der Stadtmarke kein Hype bleibt, sondern zu einer langfristig positiven Entwicklung wird.

Literatur

Die Zeit: Hip, Hipper, ‚Hypezig' – Alle lieben Leipzig (22. September 2013) (2013)
Heinrich, A., Schafmeister, S.K., Voigt, S.E.: Leipzig – Hipper als Berlin? Z. für Tourismuswirtschaft **7**(2), 169–186 (2015)
Hinson, T.: Move over Berlin – Leipzig has Europe's coolest club scene, Independent (28. September 2018). https://www.independent.co.uk/travel/europe/leipzeig-club-scene-bars-electro-music-germany-djs-a8558151.html. Zugegriffen: 4. Jan. 2019
Institut für Management und Tourismus (IMT) der FH Westküste: Destination Brand 13 – Einzelbericht für das Reiseziel Leipzig, Heide (2014)
Institut für Management und Tourismus (IMT) der FH Westküste: Destination Brand 14 – Einzelbericht für das Reiseziel Leipzig, Heide (2015)
Neue Zürcher Zeitung: Hinter gefühlt jedem Fenster macht einer Kunst (12. Juni 2017). https://www.nzz.ch/feuilleton/art-basel/kunstschauplatz-leipzig-hinter-gefuehlt-jedem-fenster-macht-einer-kunst-ld.1300023. Zugegriffen: 8. Nov. 2018
New York Times (2014): ‚New Berlin' or not, Leipzig has new life. http://www.nytimes.com/2014/09/07/travel/new-berlin-or-not-leipzig-has-new-life.html. Zugegriffen: 8. Nov. 2018
Statista (2016): Die jüngsten Städte Deutschlands. https://de.statista.com/infografik/4872/juengste-staedte-deutschlands/. Zugegriffen: 6. Okt. 2018
The Guardian (2014): Germany: Is Leipzig the new Berlin? http://www.theguardian.com/travel/2014/sep/11/is-leipzig-the-new-berlin. Zugegriffen: 6. Okt. 2018
Wise, L.: The big weekend: Leipzig, Sunday Times (29. Mai 2016). http://www.thetimes.co.uk/article/the-big-weekend-leipzig-djfznf7vg. Zugegriffen: 8. Nov. 2018

Volker Bremer, geboren 1962, studierte Wirtschaftswissenschaften an der Universität Hannover. 1989 begann er seine berufliche Karriere in den Bereichen „Brand Management" und „Key Account Management" der Jacobs Suchard GmbH (heute Jacobs Douwe Egberts). Für die Mars GmbH war er von 1993 bis 1995 als Marketing Manager und von 1995 bis 1998 als Director Food Services tätig. 1998 gründete er eine eigene Unternehmensberatung. Seit 2006 ist er Geschäftsführer der Leipzig Tourismus und Marketing (LTM) GmbH. Ziel der Leipzig Tourismus und Marketing (LTM) GmbH ist es, ein starkes Image für Leipzig und die Region als Destination für Privat- und Geschäftsreisende sowie als Wirtschaftsstandort zu etablieren. Um den Imagewert und die Wahrnehmung der Destination zu steigern, kommuniziert sie die Stärken und Zukunftschancen Leipzigs und der Region. Zu den Aufgaben der LTM GmbH gehören die Förderung des Tourismus, ein gezieltes Kongress- und Veranstaltungsmarketing sowie Imagekommunikation und Standortwerbung. Durch zielgruppenspezifische Marketingmaßnahmen werden nationale und internationale Entscheider, Multiplikatoren und Endkunden angesprochen.

Instagram Stories am Beispiel des Projektes Bamberg VR Tours

36

Caroline Grau, Christopher Zerres und Kai Wißmann

Zusammenfassung

Im nachfolgenden Beitrag wird am Beispiel von Bamberg aufgezeigt, wie Instagram Stories als Instrument eines Stadtmarketing Erfolg versprechend eingesetzt werden können.

36.1 Einführung

Dem Stadtmarketing stehen heute eine Vielzahl an Kommunikationsinstrumenten zur Verfügung. Insbesondere das Online-Marketing bietet vielversprechende Möglichkeiten, mit den unterschiedlichen Zielgruppen in Kontakt zu treten. Schon lange ist es nicht mehr nur die jüngere Zielgruppe, die über die verschiedenen Online-Kanäle kommuniziert und sich informiert. Ein großes Potenzial bieten dabei Social-Media-Kanäle, da vor allem die bekannten Plattformen eine sehr große Reichweite aufweisen; diese eröffnen interessante Möglichkeiten zur Darstellung eigener Inhalte und ermöglichen so außergewöhnliche Targeting-Optionen. Als wichtige Plattform hat sich in den letzten Jahren Instagram entwickelt (vgl. Grau 2018). Instagram bietet Organisationen umfangreiche Optionen an, mit ihren Zielgruppen zu kommunizieren. Dabei stellen Instagram Stories

C. Grau (✉) · K. Wißmann
Visionsbox, Ohlsbach, Deutschland
E-Mail: caroline.grau@visionsbox.de

K. Wißmann
E-Mail: kai.wissmann@visionsbox.de

C. Zerres
Hochschule Offenburg, Offenburg, Deutschland
E-Mail: christopher.zerres@hs-offenburg.de

T. Breyer-Mayländer und C. Zerres (Hrsg.), *Stadtmarketing*,
https://doi.org/10.1007/978-3-658-26254-9_36

das aktuell wohl modernste Content-Format in der Social-Media-Welt dar. Jede Organisation hat auf Instagram die Möglichkeit, potenzielle Kunden zu gewinnen, indem es etwas Spannendes, Interessantes oder Berührendes bietet – ein interessantes Projekt, ein vielversprechendes Produkt und/oder eine bewegende Geschichte. Solche Inhalte müssen den Menschen erzählt werden und zwar mit einer zielgenauen Strategie kreativ und nachhaltig umgesetzt. Auch alltägliche Momente können in einer Story richtig verpackt und kommuniziert werden.

Im vorliegenden Beitrag zeigen die Autoren zunächst wichtige Grundlagen von Instagram Stories auf. Im Mittelpunkt des Beitrages stehen dann das Virtual-Reality-Projekt der Stadt Bamberg (Bamberg VR Tours) und dessen Vermarktung über Instagram Stories.

36.2 Grundlagen

Seit August 2016 gibt es das Feature der Stories innerhalb der Instagram-Plattform. Ihr Ursprung liegt im Instant-Messaging-Dienst Snapchat (vgl. Tantau 2016). Eine Story bietet, wie der Name schon sagt, die Möglichkeit, eine Geschichte zu erzählen. Diese Geschichte wird dem User anhand einer Slideshow oder einer Art Tagebuch mit Momentaufnahmen in Form von Fotos oder Videos nähergebracht. Im Prinzip sind die Stories ein eigener Feed innerhalb des Netzwerkes, welcher mit der Community (Netzwerk aus Personen mit denselben Interessen) geteilt werden kann (vgl. Kobilke 2017, S. 30).

Das Besondere an den Stories, im Vergleich zu Inhalten im normalen Newsfeed, ist die Lebenszeit. Ab dem Zeitpunkt der Veröffentlichung sind die einzelnen Beiträge der Story jeweils 24 h auf der Plattform sichtbar. Danach wird der Inhalt automatisch gelöscht beziehungsweise ist nur noch im Archiv des eigenen Accounts sichtbar. Zusätzlich zu Fotos und Videos können unter anderem Boomerangs (Video, das eine kurze Sequenz in einer Art Endlosschleife darstellt) und Live-Videos erstellt werden. Diese können anschließend mit verschiedenen Filtern, Texten, Geo-Tags, Personen-Tags, Emojis, GIFs, Hashtags, Stickern oder auch handschriftlichen Details versehen werden (vgl. Adamek 2017).

Die Nutzung derartiger Instagram Stories lässt sich in folgende drei Bereiche unterteilen: Content, Advertising und Influencer. Mit Content Marketing sind alle Inhalte gemeint, die organisch, das heißt kostenlos in die Story geladen werden (vgl. Kopp 2016). Mit Story Advertising ist jeder kostenpflichtige Content gemeint, welcher das Schalten von Werbeanzeigen beinhaltet (vgl. Roth 2017). Influencer Marketing ist die Kooperation mit einer reichweitenstarken Person, die dem Unternehmen einen persönlichen Kommunikationsweg mit der Community eröffnet.

Die täglich aktive Nutzerzahl von Instagram Stories beträgt inzwischen 400 Mio. User weltweit (vgl. o. V. 2018). Damit ist alleine die Reichweite ein bedeutender Faktor für die Nutzung derartiger Stories. Mit der Einführung der Instagram Stories hat sich die Plattform, neben dem regulären Newsfeed, um ein wesentliches Kern-Feature erweitert. Laut einer Umfrage von Socialbakers Anfang des Jahres 2018 stammen etwa 81 % aller generierten Impressionen von den regulären Posts und nur 19 % von den

Stories, wenngleich allerdings die beiden Möglichkeiten nicht direkt vergleichbar sind. Die Lebensdauer eines Posts ist viel länger (außer die Stories werden zu den Highlights hinzugefügt), und daher werden normalerweise nachträglich mehr Impressionen erzeugt (vgl. Neumann 2018). Diese Zahl hat sich inzwischen schon deutlich verändert. Es werden aktuell 37 % der Impressionen durch Stories generiert. Innerhalb weniger Monate hat sich der Anteil also fast verdoppelt. Dies verdeutlicht das enorme Potenzial der Stories für Unternehmen. Durch eine bessere Integration der Unternehmensprofile, eine Anbindung zu Facebook Stories, den WhatsApp-Status, zusätzliche Erwähnungen im Feed und viele neue Features, versucht Instagram immer mehr, Stories für Nutzer sowie Unternehmen gleichermaßen zu etablieren (vgl. Firsching 2018).

Die Community hat so die Möglichkeit, die Unternehmen näher und unmittelbarer kennenzulernen. Da die Hemmung, eine Story zu posten, höchstwahrscheinlich viel geringer ist als bei einem Beitrag im Newsfeed, werden Stories etwa vier- bis fünfmal so oft gepostet. Das Prinzip der Stories bietet dabei noch mehr Gestaltungsspielraum zur Kreation der eigenen Online-Identität und dadurch eine große Chance, die Follower zu binden (vgl. Czaja 2017). Daher gilt das Format als „zukünftiges Herzstück" von Instagram (vgl. Kobilke 2017, S. 26). Es kann eine stärkere Kundenbindung und Vertrauensbasis aufgebaut werden, weil die Kommunikation effektiv, authentisch und persönlich stattfindet (vgl. Esch 2018; Kobilke 2017). Sie werden vermehrt dazu genutzt, spontane Einblicke in den Alltag zu geben und sind dabei dementsprechend prominent in der Plattform, über dem normalen Instagram Newsfeed, integriert. Relevante Stories können zusätzlich im Explore Feed angezeigt werden. Die Content-Erstellung im Newsfeed ist wesentlich aufwendiger zu produzieren, da von den Nutzern in der Regel eine hohe Qualität erwartet wird. Dadurch benötigen diese dementsprechend längere Planungs- sowie Produktionszeiten. Eine Story kann dagegen auch spontan erstellt werden und muss daher nicht perfekt sein. Vielmehr geht es darum, den Followern einen eher spontanen persönlichen und exklusiven Einblick hinter die Kulissen zu gestatten.

Das Storytelling innerhalb der App ist schnell, ehrlich und authentisch. Schnell deshalb, weil es ein Haltbarkeitsdatum von 24 h aufweist. Es sorgt dafür, dass eine hohe Aufmerksamkeit beim Betrachter stattfindet. Sobald der User sich auf der Plattform anmeldet, muss er sich zwischen Newsfeed und Story Feed entscheiden. Die Kurzlebigkeit der Stories wird den Nutzer höchstwahrscheinlich zuerst dorthin lenken, damit er nichts verpasst (vgl. Esch 2018; Kobilke 2017).

Im Gegensatz zu normalen Beiträgen werden Stories öfter dafür genutzt, dem Betrachter spontane und persönliche Eindrücke zu vermitteln. Sie sind mehr dazu da, aktuelle Inhalte hochzuladen und wirken daher ehrlicher und authentischer (vgl. Berner 2018). Es geht darum, Inhalte in Echtzeit zu liefern und zu versuchen, Top of Mind bei der Community zu sein (vgl. Smith 2018). Das Oversharing wirkt deswegen weniger abschreckend, weil die Community wahrscheinlich weniger negativ auf Quantität reagiert, da die Inhalte nach 24 h verschwinden. Besonders erfolgreiche Inhalte können hingegen permanent in den Highlights auf dem Profil gespeichert werden.

Instagram Stories bieten außerdem die Chance, eine neue Zielgruppe anzusprechen. Somit sollten hier stets relevante Tags verwendet werden, damit die Story innerhalb der

Explore Page über mehrere Wege gefunden werden kann (vgl. Taylor 2016). Zusätzlich können die Stories genutzt werden, um den Traffic auf dem Profil, auf der Webseite oder anderen Kanälen zu steigern. Ab 10.000 Followern bietet die Plattform Unternehmensprofilen die Integration von Links an. Ist die Reichweite geringer, gibt es dennoch verschiedene Möglichkeiten, die User auf externe Online-Inhalte, beispielsweise in der Profilbeschreibung, aufmerksam zu machen. Die Instagram Stories können die Sichtbarkeit des Unternehmensprofils erhöhen. Instagram bietet hierfür eine Vielzahl an Instagram-Story-Positionierungen innerhalb der App. Von Tag zu Tag werden Stories immer häufiger und intensiver genutzt. Es kommen zunehmend neue Features für Unternehmen dazu, durch die die Performance verbessert werden kann (vgl. Esch 2018).

Zusammenfassend lässt sich das Potenzial von Instagram Stories so beschreiben:

- Die steigende Nutzerzahl sorgt für eine hohe Reichweite.
- Stories bieten einem Unternehmen einen authentischen und persönlichen Kommunikationsweg mit der Community.
- Die Stories können von der Community über unterschiedliche Seiten wie zum Beispiel die Explore Page entdeckt werden. So kann auch eine neue Zielgruppe angesprochen werden.
- Die Integration von Personen-, Locations- und Hashtags sorgen für zusätzliche Sichtbarkeit.
- Durch das Vollbildformat erhält eine Story die gesamte Aufmerksamkeit eines Nutzers.
- Instagram bietet immer mehr Visualisierungsmöglichkeiten in Form von beispielsweise Stickern, Tags, Emojis und GIFs.
- Die Integration eines Links kann den Traffic der Webseite steigern. Ein Link ist allerdings erst ab 10.000 Abonnenten einsetzbar.
- Mit kurzen Vorschauen und Einblicken hinter die Kulissen können die Stories den Nutzern Exklusivität bieten.
- Alle Insights und Beiträge werden automatisch im Archiv gespeichert.
- Story-Beiträge, die besonders gut bei der Community ankommen, können permanent als Highlight im Profil gespeichert werden.
- Die Stories bieten inzwischen die Möglichkeit, Werbeanzeigen zu schalten sowie die Umsetzung von Content in Zusammenarbeit mit Influencern. So kann User-generated Content erzeugt werden.

Mark Zuckerberg ist der Meinung, dass das Feature zukünftig mehr an Bedeutung gewinnen wird und stets ausgebaut werden sollte:

> „Another important shift we're seeing across the industry is the growth of Stories. We expect Stories are on track to overtake posts in feeds as the most common way people share across all social apps. That's because Stories is a better format for sharing multiple quick video clips throughout your day. The growth of Stories will have an impact on how we build products and think about our business, including WhatsApp and Instagram, which are the #1 and #2 most-used Stories products in the world" (Zuckerberg 2018).

Vor allem seit Anfang 2018 gibt es zahlreiche neue Features, welche das Potenzial der Stories zu erhöhen vermögen. Es wurden unter anderem neue Features wie Shoppable Tags eingeführt, mit denen die Produkte direkt in der Story zum Shop verlinkt werden können. Bereits veröffentlichte Stories, auf denen ein Profil markiert wurde, können von dem jeweiligen Account in die Story geladen werden. Es gibt zudem die Möglichkeit, eine Story aus anderen Apps, wie beispielsweise Spotify, zu veröffentlichen. Des Weiteren kann ein Beitrag im Profil direkt in die Story geladen werden, sodass die Sichtbarkeit des Beitrags erhöht wird (vgl. Laurence 2017).

36.3 Bamberg Virtual Reality Tour

36.3.1 Projektdefinition

Bei der Bamberg VR Tour können bis zu acht Personen an einer Stadtführung durch die historische Altstadt Bambergs teilnehmen (vgl. https://www.vr-tours.info/). Zusätzlich erhalten die Teilnehmer an den verschiedenen Sehenswürdigkeiten Einblicke durch eine Virtual-Reality-Brille, in der sie 360-Grad-Panoramen von Räumen sehen, die nicht öffentlich zugänglich sind. Die Tour wird aktuell über zwei Bamberger Touristenbüros verkauft. Informationen zur Tour lassen sich entweder dort oder über die eigene VR-Tour-Webseite erlangen.

36.3.2 Planungsprozess

Situationsanalyse
Die Bamberg VR Tour ist das erste Projekt der Visionsbox, mit dem das Potenzial von Instagram Stories auch mithilfe von bezahlten Werbeanzeigen getestet wird. Vor der Umsetzung der Instagram Stories sollte sich über die Social-Media-Performance der Konkurrenz informiert werden. Das kann bei der Umsetzung der eigenen Marketingstrategie hilfreich sein, da somit ein Überblick über die jeweilige Wettbewerbspositionierung erlangt werden kann. Die Erkenntnisse einer solchen Analyse können so zur Verbesserung des eigenen Auftritts führen. In Bezug zur Bamberg VR Tour gibt es aktuell kein vergleichbares Profil, da diese Tour die erste ihrer Art in Deutschland ist. Es gibt zwar 360-Grad-Panoramen anderer Städte, jedoch bislang keine Stadtführung mit Virtual Reality.

Ziel- und Zielgruppendefinition
Um das Ziel für eine Instagram-Story-Strategie zu definieren, musste zunächst festgelegt werden, was überhaupt mit der Nutzung des Features erreicht werden soll. Anhand der konkreten Zielsetzung einer Kampagne sollte der Zweck der Plattformnutzung und die damit verbundene Erfolgsaussicht definiert werden (vgl. Warkentin 2015). Laut einer

Studie von eMarketer werden folgende Punkte als übergeordnete Ziele innerhalb des Instagram-Einsatzes genannt: Die Emotionalisierung des Unternehmens, Erreichbarkeit der Zielgruppe, Steigerung der Bekanntheit, Generierung von Website Traffic, Kundenbindung, Erhöhung der Reichweite, Aufbau eines positiven Images, Verbesserung der Kundennähe sowie schließlich die Gewinnung von Neukunden (vgl. Grygielewicz 2015; o. V. 2016). Kampagnenziele können mithilfe der SMART-Kriterien definiert werden. Diese sollen danach spezifisch, messbar, attraktiv, realistisch und terminiert sein. Es ist wichtig, die Ziele so konkret wie möglich zu formulieren. Dabei lassen sie sich durch qualitative und quantitative Messgrößen beschreiben. Es liegt nahe, sich realistische und realisierbare Ziele zu setzen, damit diese auch erfüllt werden können und der Mitarbeiter motiviert ist, das Ziel umzusetzen. Es sollte herausfordernd, aber realisierbar sein. Mithilfe des sogenannten Social Listenings kann der richtige Content für die richtige Zielgruppe kreiert werden. Social Listening steht für das Beobachten der eigenen Zielgruppe. Dabei folgt man dieser auf Instagram, um zu sehen, welche Art des Contents sie teilen und welcher Content ihnen gefällt. Dabei kann das „Hidden Following Feature" von Instagram genutzt werden. Mit einem Klick auf das Herz-Icon innerhalb der App kann einem User gefolgt werden, ohne dass es dieser sieht. Somit kann verfolgt werden, welche Beiträge dem User gefallen. Das kann helfen, den eigenen Content an die Zielgruppe soweit anzupassen, dass dieser auf der Instagram Explore Page integriert wird (vgl. Taylor 2016).

Es stellte sich also folgende Frage: Ist die Aufgabe innerhalb der geplanten Zeit und den zur Verfügung stehenden Mitteln machbar? Zur Beantwortung dieser Frage war es sinnvoll, sich einen Zeitplan zu erstellen, damit die Aufgaben zum richtigen Zeitpunkt erfüllt werden (vgl. Warkentin 2017). Das Ziel für die Instagram-Story-Strategie sollte vorher möglichst genau definiert werden. Im Falle der Bamberg VR Tour sollen mithilfe der Instagram Stories die Bekanntheit des Projektes sowie das generelle Interesse an Virtual Reality gesteigert werden, damit die nächsten Touren ausgebucht sein sollte.

Die Instagram-Community besteht hauptsächlich aus einer jungen Zielgruppe im Alter zwischen 14 und 29 Jahren; doch auch die Anzahl älterer Nutzer wächst (vgl. Abb. 36.1). Zu den 70 Prozent der jungen Nutzer kommen etwa 21 % im Alter zwischen 30 und 49 Jahren dazu, etwa 10 % sind älter als 49. Die Business-Optionen bieten dabei immer mehr Wege, die Plattform wirkungsvoll zu Werbezwecken zu nutzen. Wichtig ist es dabei, die Zielgruppe nach demografischen Merkmalen und Interessen zu definieren, um sie so gezielt anzusprechen. Demografische Merkmale der Instagram-Abonnenten werden bei einem Business-Profil ab 100 Followern im Profil angezeigt.

Da mit dem Projekt der Bamberg VR Tours nicht die eigenen Abonnenten angesprochen werden sollten, konnte die Zielgruppe nicht anhand der Instagram Analytics innerhalb des eigenen Accounts definiert werden. Für das Projekt wurde anders an die Definition der Zielgruppe herangegangen. In diesem Fall wurde die Gewinnung der Zielgruppe folgendermaßen geplant: Zuerst wurde eine Videoanzeige im Instagram und Facebook Newsfeed veröffentlicht. Diese Anzeige wurde über eine von der

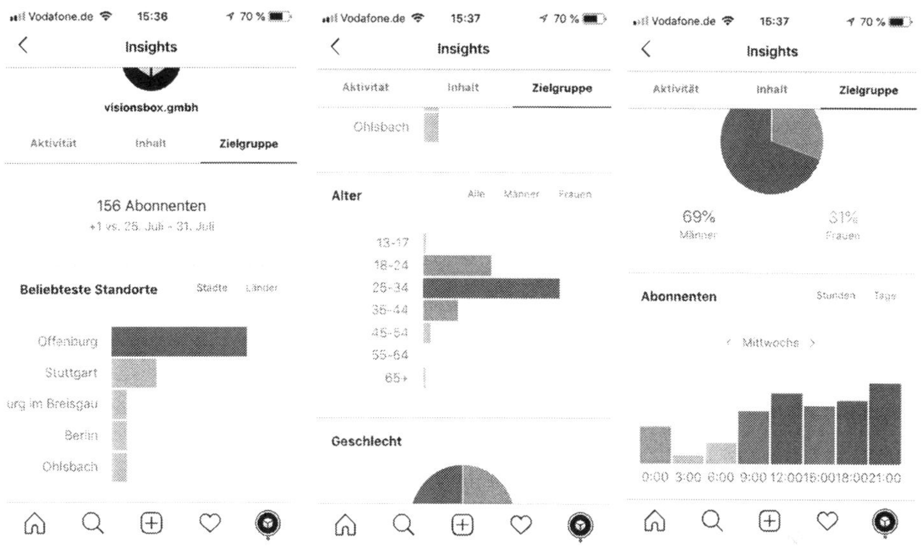

Abb. 36.1 Insights der eigenen Abonnenten. (Quelle: Aufnahme Instagram Analytics visionsbox. gmbh)

Visionsbox selbst definierte Zielgruppe geschaltet. Da das Ziel zunächst einmal eine Reichweitengenerierung war, wurde die Zielgruppe für die Videoanzeige weitläufig definiert. Angesprochen werden sollte eine Zielgruppe im Alter zwischen 20 und 45 Jahren (männlich und weiblich), welche sich aktuell in Bamberg oder in einem Umkreis von bis zu 80 km Entfernung aufhielt. Im detaillierten Targeting konnten dann spezifische Interessen der Zielgruppe ausgewählt werden. Im Falle der Bamberg Tours sollen Personen eingeschlossen werden, welche sich unter anderem für Virtual Reality, digitale Trends, Innovation etc. interessieren. Die Videoanzeige wurde über den Zeitraum von einer Woche an die genannte Zielgruppe ausgespielt. Die Anzeige erreichte, wie von Facebook zuvor analysiert, täglich bis zu 2000 Menschen. Die Nutzer, die das Video bis zu 60 % oder mehr angesehen haben, wurden anschließend in eine sogenannte Custom Audience gespeichert. Danach wurde ein A/B-Test ausgeführt. Hierbei wird zum einen die gewonnene Custom Audience aus der Video-Anzeigenschaltung und zum anderen eine selbst erstellte, spezifischere Zielgruppe angesprochen. Die eigenerstellte Zielgruppe kann dabei eine automatisch generierte Lookalike Audience von Facebook sein oder eine nach selbst ausgewählten Interessen formulierte Zielgruppe. Wir entschieden uns für eine selbstdefinierte Zielgruppe. Diese kann im Facebook Werbeanzeigenmanager genau nach Interessen und Ausschlusskriterien festgelegt werden. Diese beiden Zielgruppen wurden daraufhin innerhalb des A/B-Tests in zwei Gruppen eingeteilt und jeweils mit zwei unterschiedlich gestalteten Foto-Ads über die Instagram Stories kontaktiert. Diese Anzeigen werden ebenfalls jeweils eine Woche ausgespielt. Anschließend wurde die erfolgreichere Anzeige an die erfolgreichere Zielgruppe nochmals eine Woche lang ausgespielt.

Hashtags und Content

Ziel war es, mit einem für die Tour passend ausgewählten Hashtag User-generated Content zu erzeugen. Teilnahmebedingung am Gewinnspiel war es, ein Foto in die Story hochzuladen und mit dem Hashtag BambergVRtours zu versehen. Somit wurden auch die Abonnenten der Gewinnspielteilnehmer auf die Tour aufmerksam gemacht. Der Hashtag BambergVRtours wurde extra für das Gewinnspiel erstellt. Vorher wurde kein Beitrag unter diesem Hashtag hochgeladen. Um zu sehen, wer am Gewinnspiel teilnimmt, konnte einfach dem Hashtag gefolgt werden. Darunter sind anschließend alle Beiträge sichtbar, die zu diesem Hashtag veröffentlicht worden waren. Um zusätzlich darüber informiert zu werden wer mitmachte, wurden die Beiträge mit dem VISIONSBOX-Account markiert. Dadurch erhielt das Profil immer einen Hinweis in den Direktnachrichten.

Gewinnspiele in Stories

Ein weiteres Beispiel für eine Instagram-Story-Anzeige kann auch die Umsetzung eines Gewinnspiels sein. Mithilfe dessen kann die Interaktion der Community gefördert und die Bekanntheit des Unternehmens gesteigert werden. Bevor ein Gewinnspiel umgesetzt wird, sollte das Ziel, die Zielgruppe, der Zeitraum, das verfügbare Budget, die Art der Promotion sowie der Mehrwert für die Zielgruppe definiert werden. Die Umsetzung des Gewinnspiels hängt davon ab, welches Ziel erreicht werden soll. Dabei gibt es verschiedene Möglichkeiten, ein Gewinnspiel umzusetzen und die Community zur Interaktion anzuregen. Typische Gewinnspielumsetzungen können sein:

- In der Story per Direktnachricht antworten – ein Gewinnspiel mit beispielsweise einer Frage in der Story veröffentlichen und die User per Direktnachricht antworten lassen.
- Teilnahme eines Gewinnspiels über einen Umfrage-Sticker oder den Emoji-Slider.
- Teilnahme durch das Posten eines eigenen Fotos in der Story mit einem bestimmten Hashtag und/oder der Markierung des Accounts.

In den Teilnahmebedingungen müssen alle rechtlich wichtigen Rahmenbedingungen enthalten sein. Diese beinhalten die Nennung des Veranstalters, was in diesem Fall die VISIONSBOX GmbH & Co.KG war. Es folgen Teilnahme- und Datenschutzbedingungen, welche Informationen über den Start- und Endtermin des Gewinnspiels beinhalten. Bei einem Gewinnspiel, welches über Facebook oder Instagram veröffentlicht wird, ist es wichtig, den Disclaimer in den Teilnahmebedingungen zu integrieren. Dieser besagt, dass Facebook oder Instagram in keiner Verbindung zu dem Gewinnspiel stehen, das heißt es weder sponsert, unterstützt oder organisiert (vgl. Roth 2017).

36.4 Umsetzungsphase

36.4.1 Carousel Ad als Gewinnspiel

Für eine Test-Tour durch Bamberg, bei der Foto- und Videoaufnahmen erstellt werden sollen, wurde ein Gewinnspiel über die Instagram Stories geschaltet. Ziel war es, erste Bekanntheit für die Tour und acht Leute für die Teilnahme an der Test-Tour zu generieren. Die Anzeige bestand aus drei Teilen in Form einer Carousel Ad (vgl. Abb. 36.2). Dabei wurde die Community dazu aufgefordert, selbst ein Foto in der eigenen Story hochzuladen und dieses mit dem Unternehmens-Account @visionsbox.gmbh zu markieren und #BambergVRTours zu integrieren. Dadurch, dass die User zur Teilnahme des Gewinnspiels selbst ein Foto hochladen mussten, gab es das Potenzial eines viralen Effektes. Andere User, die die Anzeige nicht selbst erhalten haben, konnten somit zusätzlich auf die Tour aufmerksam gemacht werden. Mithilfe des Hashtags und der Account-Markierung wurden alle Inhalte der Teilnehmer wahrgenommen.

Ziel der Anzeige war es, erst einmal so viel Reichweite wie möglich zu generieren. Da eine Anzeige 15 Sekunden lang geschaltet wurde, wurde die Zeit in die drei einzelnen Beiträge innerhalb der Karussell-Anzeige aufgeteilt. Somit war jedes Bild fünf

Abb. 36.2 Gewinnspiel Carousel Ad. (Quelle: Aufnahmen eigene Anzeige)

Sekunden sichtbar. Der User hatte genug Zeit, sich die Anzeige in Ruhe anzuschauen. Zusätzlich konnte die Anzeige vor- und zurückgeklickt, sowie angehalten werden. Der Call-to-Action „Mehr dazu" führte zur Webseite der Bamberg VR Tour, in der die Teilnahmebedingungen integriert sind.

In Bezug zum Ziel der Reichweitengenerierung wurde eine breite Zielgruppe angelegt. Angesprochen wurden Personen (weiblich und männlich), wohnhaft in Bamberg und 80 km Umkreis im Alter von 20–45 Jahren, die sich unter anderem für Kunst, Unterhaltung, Sport, Medien, Digitale Trends, Kulturtourismus, Innovation, die Universität in Bamberg oder Virtual Reality interessieren (vgl. Abb. 36.3). Die Anzeige wurde drei Tage lang mit einem Tagesbudget von zehn Euro geschaltet.

Auswertung

Mit einem Budget von 30 EUR und einer Reichweite von 16.852 wurden 20.576 Impressionen erzeugt. Die Anzeige wurde von 31 Leuten angeklickt. Somit ergeben sich ein CPC von 0,82 EUR und ein CPM von 1,23 EUR. Ernüchternd musste allerdings festgestellt werden, dass trotz der Reichweite keiner bei dem Gewinnspiel teilgenommen hat. Die Ursache lässt sich nicht explizit benennen. Dennoch können einige Punkte genannt werden, die hätten anders umgesetzt werden sollen. Bei der nächsten Umsetzung eines Gewinnspiels sollte eine spezifischere Zielgruppe ausgewählt werden. Anhand der Instagram-Community sollte eine jüngere Zielgruppe angesprochen werden. Diese sollte vorher in einem Splittest getestet werden. Des Weiteren war wahrscheinlich die Hemmung zu groß, ein eigenes Foto in der Story zu posten. Hierbei wäre eine Direktnachricht oder eine Umfrage besser als Gewinnspielteilnahme geeignet. Alternativ könnte das Gewinnspiel über einen üblichen Post laufen, welcher dann in der Story beworben wird. Die Anzeigenschaltung von drei Tagen Laufzeit war vermutlich zu kurz, da sich die Community zu schnell entscheiden musste, ob sie mitmachen soll. Hier würde das Ergebnis bei einer Laufzeit von mindestens einer Woche sicherlich anders aussehen.

Abb. 36.3 Zusammenfassung Gewinnspiel. (Quelle: Eigene Darstellung)

36.4.2 Video Ad

Wie oben geschildert, wurde ein Video der Bamberg VR Tour innerhalb des Facebook Newsfeeds, auf Facebook als Vorschlag nach dem Abspielen eines anderen Videos und im Instagram Newsfeed als Anzeige geschaltet (vgl. Abb. 36.4).

Die Anzeige wurde an die in der Abbildung (Abb. 36.5) aufgeführte Zielgruppe ausgespielt. Die Anzeige erreichte laut vorheriger Facebook Prognose täglich bis zu knapp 3000 Menschen. Die Nutzer, die das Video mindestens zu 50 % angesehen hatten, wurden anschließend als Custom Audience gespeichert.

Die Video Ad lief mit einem Tagesbudget von fünf Euro fünf Tage lang (vgl. Abb. 36.6). Im Werbeanzeigenmanager konnte die Kampagne nach Video-Interaktionen und nach Platzierung gefiltert werden. Somit veranschaulicht die Analyse pro Tag und pro Ausspielungsplatzierung alle Interaktionen. Dabei wurden nicht nur Reichweite, Impressionen und Kosten angezeigt, sondern auch wie viele Personen das Video drei Sekunden, zehn Sekunden und wie viele das Video zu 25, 50, 75 und zu 100 % angeschaut hatten.

Auswertung
Mit einem Budget von 36,42 EUR haben 91 Personen das Video zu 100 % angeschaut und 179 zu 50 %. Die Kampagne hat mit einer Reichweite von 2699 insgesamt 4165 Impressionen erzielt. Auf die Kanäle, Platzierung und Geräte aufgeteilt, erzielte die Anzeige im Facebook Newsfeed auf Mobilgeräten die höchste Reichweite von 1800, damit 2834 Impressionen und im Instagram Newsfeed 590 Impressionen mit einer Reichweite von 548 (vgl. Abb. 36.7).

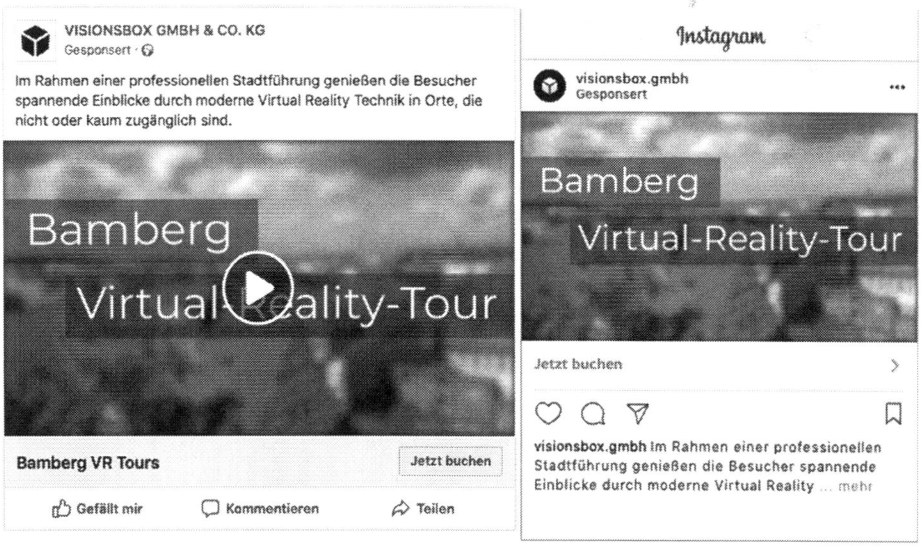

Abb. 36.4 Video Ad Facebook und Instagram Newsfeed. (Quelle: Aufnahme eigene Anzeige)

Abb. 36.5 Zielgruppendefinition Video Ad. (Quelle: Aufnahme aus Facebook Werbeanzeigenmanager 2018)

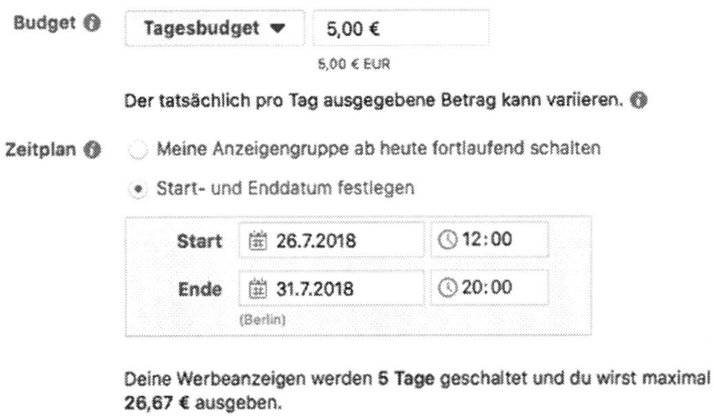

Abb. 36.6 Budgetplanung und Timing. (Quelle: Aufnahme aus Facebook Werbeanzeigenmanager 2018)

36.4.3 A/B-Test Carousel Ad

Nach der Schaltung der Videoanzeige wurde jeweils ein A/B-Test im Facebook Newsfeed als auch in den Instagram Stories umgesetzt. Die Video Ad wurde anhand einer Kampagne über Instagram und Facebook parallel geschaltet (vgl. Abb. 36.8). Somit wurde sie automatisch an der erfolgreichsten Platzierung am öftesten ausgespielt. Um nochmals

Kampagnenname					Impressi	2-sekür Aufrufe fortlaufe	Kos sekür	3-sekün Videoaui	Koste sekün	sekün Videoaui	Koste sekün	Reich
Bamberg Video					4.165	979	0,04 €	886	0,04 €	235	0,15 €	2.699
2018-07-2...	Facebook	Feed: New...	Computer		586	—	—	173	0,05 €	55	0,16 €	320
2018-07-2...	Facebook	Feed: New...	Mobilgerät		2.834	798	0,03 €	574	0,04 €	149	0,15 €	1.800
2018-07-2...	Instagram	Feed	Mobilgerät		590	149	0,02 €	117	0,03 €	22	0,17 €	548
2018-07-2...	Facebook	Feed: Vorg...	Mobilgerät		155	33	0,04 €	22	0,06 €	9	0,15 €	115

Abb. 36.7 Ausschnitt Kampagnenmessung Video Ad. (Quelle: Aufnahme aus Facebook Werbeanzeigenmanager 2018)

Abb. 36.8 Carousel Ad Splittest IG Story. (Quelle: Eigene Darstellung)

zu testen, ob Facebook für das Projekt die besser performende Plattform ist, wurden zwei A/B-Tests getrennt voneinander angelegt. Dabei wurde zum einen eine Lookalike Audience aus der gewonnenen Custom Audience der ersten Video-Anzeigenschaltung angesprochen, und zum anderen eine nach Interessen erstellte eigene Zielgruppe (Abb. 36.9). Zielgruppe A wohnt aktuell in Bamberg beziehungsweise in 60 km Umkreis Entfernung und Zielgruppe B hält sich aktuell in der Stadt oder in 40 km Umkreis auf.

Hinsichtlich der Zieldefinition war die Überlegung, ob es sinnvoller wäre, die Anzeige auf Conversions oder auf Traffic zu optimieren. Prinzipiell wäre die Ausspielung nach

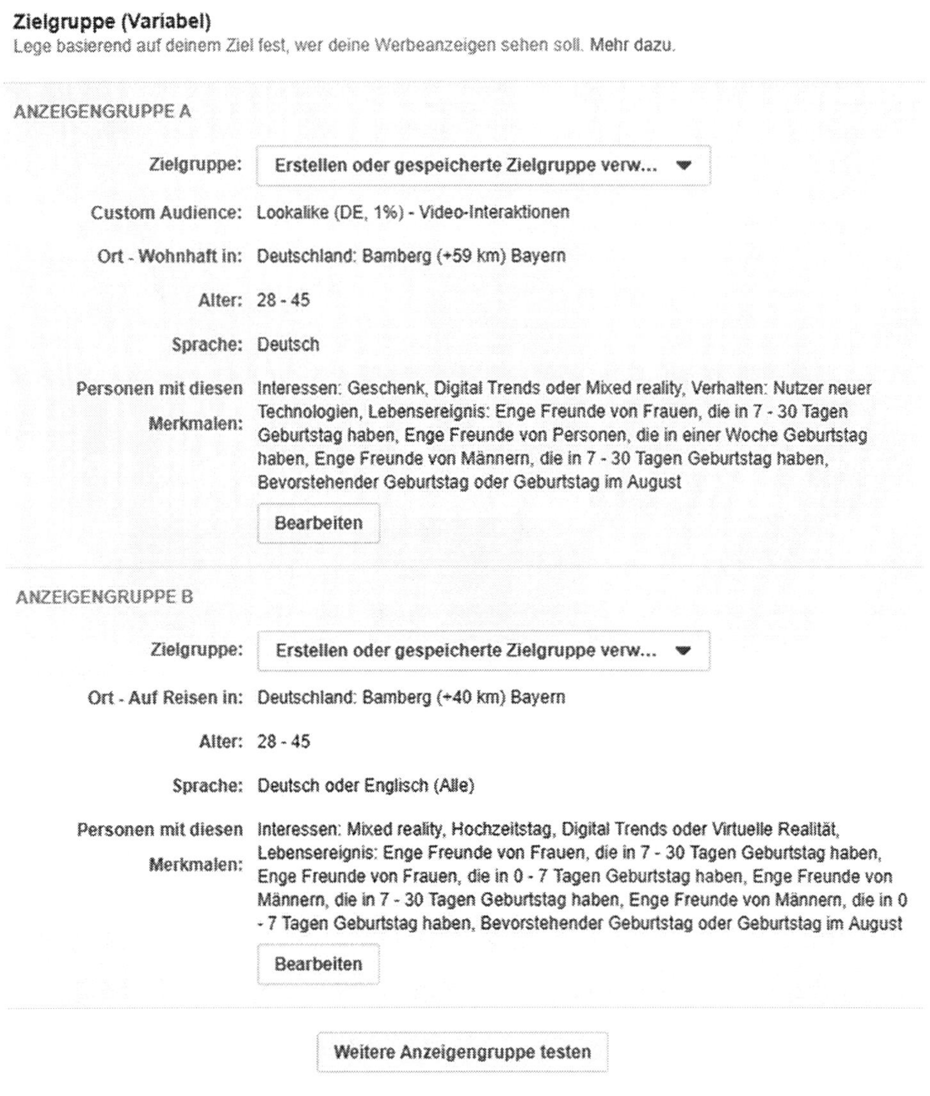

Abb. 36.9 Zielgruppe Splittest IG Story. (Quelle: Aufnahme aus Facebook Werbeanzeigenmanager 2018)

Conversions sinnvoller, da somit der Streuverlust minimiert wird. Anhand von Erfahrungsdaten spielt Facebook die Anzeige dann an die Personen aus, bei denen die Wahrscheinlichkeit einer Conversion höher ist. Um die Kampagne nach diesem Ziel zu messen, muss dafür der Facebook Pixel auf der Webseite integriert werden. Wie bereits erwähnt, existieren in Bezug zur neuen DSGVO keine einheitlichen und eindeutigen rechtlichen Rahmenbedingungen zur Anwendung des Facebook Pixels. Ohne eine 100-prozentige rechtliche Absicherung war das Risiko der Einbindung für die VISIONSBOX zu hoch. Daher wurde die Anzeige mit dem Ziel Traffic optimiert. Somit wurden alle User angesprochen, bei der die Wahrscheinlichkeit eines Webseitenbesuches gegeben ist. Im Werbeanzeigenmanager konnte ausgewählt werden, wie der Splittest umgesetzt werden sollte. Dabei gibt es die Möglichkeit, den Inhalt der Werbeanzeige, die Auslieferungsoptimierung, die Zielgruppe oder die Platzierung gegeneinander zu testen. Die Carousel Ad testet die oben genannten Zielgruppen gegeneinander. Mit einem Tagesbudget von zehn Euro wurde die Anzeige von Dienstag, den 07.08. bis zu Samstag, den 11.08.2018 ausgespielt. Somit erhielt jede Zielgruppe ein Tagesbudget von fünf Euro, welches dem Mindesttagessatz für einen solchen Splittest entspricht.

Auswertung

Parallel wurde ein ähnlicher Splittest auf Facebook geschaltet. Im Vergleich dazu lief die Anzeige über die Instagram Stories deutlich besser. Mit einem Budget von 17,64 EUR erreichte die Carousel Ad eine Reichweite von 1697 und eine daraus resultierende Impressions-Zahl von 1783. Auf Facebook hingegen wurden mit einem Budget von 16,46 EUR und einer Reichweite von 861 2162 Impressions erzeugt. Insgesamt haben 24 Personen den Link über die Instagram Stories und fünf Personen über Facebook angeklickt. Pro Link-Klick wurden 0,73 EUR ausgegeben. Mit den Ergebnissen in den Grafiken wird deutlich, dass die Anzeigengruppe A die bessere Performance ablieferte (vgl. Abb. 36.10 und 36.11).

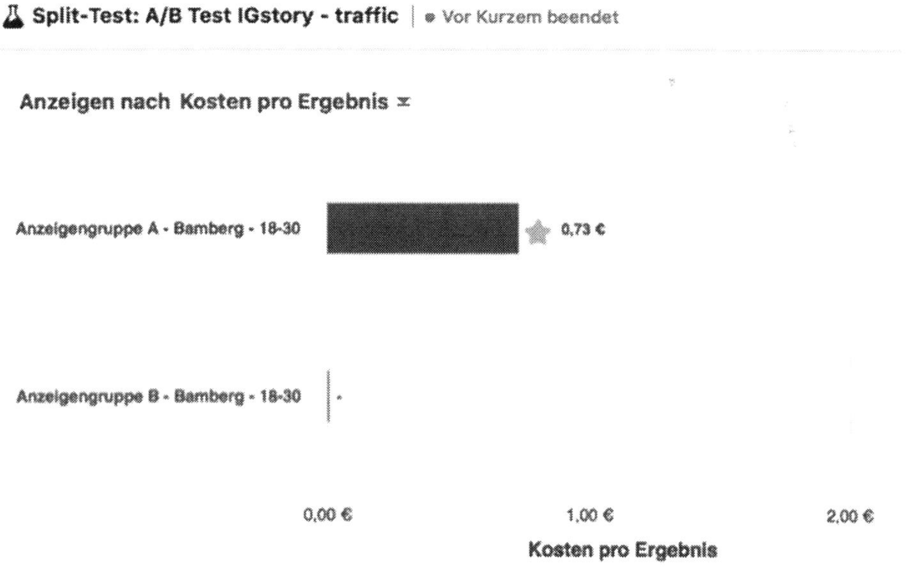

Abb. 36.10 Auswertung Splittest-Zielgruppen. (Quelle: Aufnahme aus Facebook Werbeanzeigenmanager 2018)

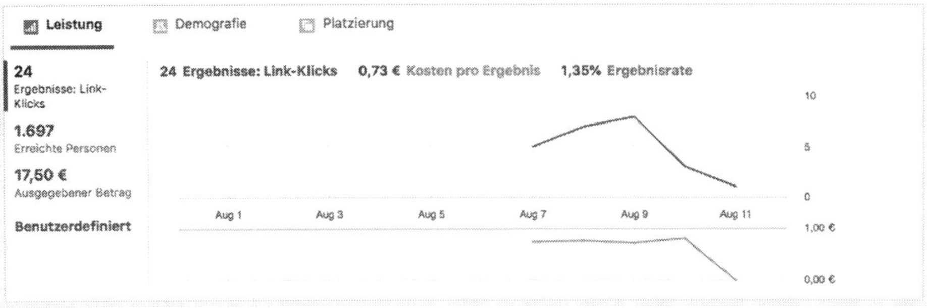

Abb. 36.11 Splittest Links Klicks und CPC. (Quelle: Aufnahme aus Facebook Werbeanzeigenmanager 2018)

36.4.4 Ausspielung Werbeanzeige

Anschließend wurde eine finale Videoanzeige innerhalb der Instagram Stories an die Personen ausgespielt, die bereits auf der Webseite waren. Somit konnten explizit die Leute angesprochen werden, die Interesse an der Tour haben. Diese Anzeige wurde an die Anzeigengruppe A des vorherigen Splittests ausgespielt. Die Video Ad sollte eine Woche lang mit einem Tagesbudget von fünf Euro laufen. Ziel war es, durch die Anzeige genügend Besucher zu generieren, die die Tour für die nächsten beiden Wochen buchen. Dabei wurde die Videoanzeige nach Abklärung der rechtlichen Bedingungen des Facebook Pixels auf Conversions optimiert.

36.5 Fazit

Insgesamt wurden mit der Instagram-Story-Strategie, mit einem Budget von 95 EUR, eine Reichweite von 22.000 und eine Anzahl von über 28.000 Impressions erzielt. Gemäß der Auswertung von Google Analytics waren insgesamt 78 Personen auf der Bamberg VR Tours Webseite. Damit wurde ein erster Meilenstein für die Vermarktung des Projektes gelegt.

Zukünftig soll für das Projekt der Bamberg VR Tours ein eigener Instagram-Account sowie eine eigene Facebook-Seite erstellt werden. Über diesen Account kann dann gezielt mit Hilfe von Content, Advertising und gegebenenfalls einem Influencer Inhalte über das Profil veröffentlicht werden. Innerhalb der Profilbeschreibung soll kommuniziert werden, dass alle Beiträge der Community mit Verwendung des Hashtags BambergVRTours auch in dem Profil gepostet werden dürfen. Somit müssen nicht alle Inhalte selbst erstellt, sondern können durch die Umsetzung von User-generated Content genutzt werden.

Literatur

Adamek, K.N.: Instagram erfolgreich nutzen – Teil 4: Die Instagram-Story als Kundenmagnet, digitallotsen.ruhr, 27.10.2017. https://digitallotsen.ruhr/die-instagram-story-als-kundenmagnet/. Zugegriffen: 18. Apr. 2018

Berner, I.: Instagram-Stories: So erzielen Unternehmen den optimalen Effekt, Blogvertising, 08.06.2018. https://www.blogvertising.de/instagram-storys-werden-bei-unternehmen-immer-wichtiger/. Zugegriffen: 9. Aug. 2018

Czaja, S.: Instagram Story: Jetzt mit Umfragen, Chancen und Risiken für Influencer und Brands, Social Media Agency One. https://socialmediaone.de/instagram-story-umfragen-chancen-risiken-influencer/ (2017). Zugegriffen: 16. Juli 2018

Esch, U.: Instagram Stories: Der ultimative Guide mit How-to's, Tipps und Tricks. Ulrich Esch. http://ulrichesch.de/instagram-stories-anleitung/ (2018). Zugegriffen: 26. Apr. 2018

Firsching, J.: Verbesserter Upload für Instagram Stories: Bis zu 10 Fotos oder Videos auf einmal in Instagram Stories veröffentlichen, Futurebiz.de, 25.04.2018. http://www.futurebiz.de/artikel/upload-instagram-stories-mehrere-inhalte/. Zugegriffen: 18. Juli 2018

Grau, C.: Instagram Stories als Marketinginstrument. In: Zerres, C. (Hrsg.) Schriftenreihe „Arbeitspapiere für Marketing und Management", Arbeitspapier Nr. 36, Offenburg (2018)

Grygielewicz, M.: Werbung auf Instagram: Erste Gehversuche mit dem Power Editor, HORIZONT (11.09.2015). http://www.horizont.net/marketing/kommentare/Werbung-auf-Instagram-Erste-Gehversuche-mit-dem-Power-Editor-136311. Zugegriffen: 26. Apr. 2018

Kobilke, K.: Marketing mit Instagram. MITP, Frechen (2017)

Kopp, O.: Content Marketing: Strategie, Ziele, Funktionsweise ...von Inhaltsmarketing, Aufgesang, 31.05.2016. https://www.sem-deutschland.de/content-marketing/. Zugegriffen: 8. Aug. 2018

Laurence, C.: 13 reasons why instagram stories need to be part of your strategy. Plann. https://www.plannthat.com/instagram-stories/ (2017). Zugegriffen: 14. Juni 2018

Neumann, W. (2018): Professionals guide to instagram marketing

o. V.: Status quo Social Media Marketing in Deutschland – Strategien und Ziele deutscher Unternehmen, tobesocial.de (12. Januar 2016). http://tobesocial.de/blog/studie-social-media-ziele-strategie-deutscher-b2b-b2c-unternehmen-facebook-agentur-marketing. Zugegriffen: 26. Apr. 2018

o. V.: Instagram Stories – Täglich aktive Nutzer weltweit 2018 | Statistik, Statista. https://de.statista.com/statistik/daten/studie/659687/umfrage/taeglich-aktive-nutzer-von-instagram-stories-weltweit/ (2018). Zugegriffen: 23. Juli 2018

Roth, P.: Instagram Gewinnspiele – Der ultimative Guide mit Regeln, Tipps und Tools für Unternehmen, allfacebook.de (28. November 2017). https://allfacebook.de/instagram/instagram-gewinnspiele. Zugegriffen: 8. Aug 2018

Smith, M.: 10 ways to step up your instagram stories content, Social Media Today (12. Juni 2018). https://www.socialmediatoday.com/news/10-ways-to-step-up-your-instagram-stories-content/525447/. Zugegriffen: 9. Aug. 2018

Tantau, B.: Instagram gegen Snapchat: Wer hat die besseren Stories? bjoerntan-tau.com: So geht erfolgreiches Internet Marketing! https://bjoerntantau.com/instagram-snapchat-stories-07102016.html (2016). Zugegriffen: 4. Okt. 2018

Taylor, L.: The ultimate guide to getting on the instagram explore page, Later Blog, 19.08.2016, https://later.com/blog/how-to-get-on-instagram-explore-page/. Zugegriffen: 22. Juli 2018

Warkentin, N.: Instagram Tipps: Bewährte Ideen für mehr Follower, karrierebibel.de (23. April 2015). https://karrierebibel.de/instagram-tipps/. Zugegriffen: 26. Okt. 2018

Warkentin, N.: SMART-Methode: Ziele richtig setzen, karrierebibel.de (10. April 2017). https://karrierebibel.de/smart-methode/. Zugegriffen: 26. Apr. 2018

Zuckerberg, M.: Focus in 2018. https://www.facebook.com/zuck/posts/10104501954164561. Zugegriffen: 4. Okt. 2018

Caroline Grau ist Marketing-Managerin bei der VISIONSBOX GmbH & Co. KG. Ihre Schwerpunkte liegen in der Erstellung von Marketingkonzepten für Print und Online. Des Weiteren ist sie verantwortlich für die redaktionellen und grafischen Inhalte für die unternehmenseigene Webseite sowie Social-Media-Kanäle. Zusätzlich arbeitet sie als Junior Social Media Marketing Managerin bei der Online Punk GmbH, bei der sie weitere Social Media Accounts sowie den Blog pflegt.

Dr. Christopher Zerres ist Professor für Marketing an der Hochschule Offenburg. Seine Schwerpunkte in Lehre und Forschung liegen auf Social Media- und Online-Marketing sowie Marketing-Controlling. Zuvor war er bei einer Unternehmensberatung sowie einem internationalen Automobilzulieferer tätig. Christopher Zerres ist Autor zahlreicher Publikationen zu den Bereichen Management und Marketing.

Kai Wißmann ist Leiter Marketing und Vertrieb bei der VISIONSBOX GmbH & Co. KG. Seine Schwerpunkte liegen bei der Neukundengewinnung und der Entwicklung der Agenturstrategie. Begonnen hat er beim Spielfilm- und Seriensender TELE 5 im Bereich Business Development und Vertrieb. Anschließend war er neben der VISIONSBOX zusätzlich Dozent an der Hochschule Offenburg, unter anderem für das Themengebiet Filmanalyse und Medienethik. Bewegtbild sowohl in Produktion als auch Analyse, steht damit im Zentrum aller Aufgabenbereiche.

FSC
www.fsc.org
MIX
Papier | Fördert gute Waldnutzung
FSC® C083411